"十二五"普通高等教育本科国家级规划教材

普通物理学教程

热学（第四版）

主　编　秦允豪
副主编　黄凤珍　应学农

高等教育出版社·北京

内容提要

本书及其前身先后获得国家教委优秀教材一等奖、国家级优秀教材二等奖,先后被评为普通高等教育精品教材、"十二五"普通高等教育本科国家级规划教材。本书在继续发扬我国物理教学严谨扎实的传统作风基础上,吸取美国教学灵活、求新、切合实际、注意创新的优点,在"实"的基础上进一步做到"活、新、宽",注意热学和天、地、生、化、医、气象、工程等学科特别是和实际应用以及科研前沿间的联系,注意物理思维方法训练,特别是创新能力的培养。

为了便于各类学校教师从中选择内容进行教学,本书把教学内容分为三个层次四种印刷字体,任课教师可以根据学时多少和学生水平灵活地选择讲解。每章后面还配有不少阅读材料,可以开拓学生知识面,激发学生学习兴趣,有利于培养学生综合知识能力特别是创新能力。本书既有适应新世纪人才培养要求的先进性,又有符合我国各类高校物理教学实际情况的教学适用性,加上书中内容丰富多彩的趣味性,受到广大同行、专家和学生的好评。

本书作为高等院校物理类、技术类相关专业的教材,也可供其他专业的读者参考。

图书在版编目(CIP)数据

普通物理学教程.热学/秦允豪主编.--4版.--北京:高等教育出版社,2018.8(2024.12重印)
ISBN 978-7-04-048890-6

Ⅰ.①普… Ⅱ.①秦… Ⅲ.①热学-高等学校-教材
Ⅳ.①O4

中国版本图书馆 CIP 数据核字(2017)第 278556 号

PUTONG WULIXUE JIAOCHENG REXUE

策划编辑	程福平	责任编辑 程福平	封面设计 赵 阳	版式设计 范晓红	
插图绘制	杜晓丹	责任校对 张 薇	责任印制 耿 轩		

出版发行	高等教育出版社	网　　址	http://www.hep.edu.cn
社　　址	北京市西城区德外大街 4 号		http://www.hep.com.cn
邮政编码	100120	网上订购	http://www.hepmall.com.cn
印　　刷	山东临沂新华印刷物流集团有限责任公司		http://www.hepmall.com
开　　本	787mm×1092mm　1/16		http://www.hepmall.cn
印　　张	24.25	版　　次	2002 年 1 月第 1 版
字　　数	500 千字		2018 年 8 月第 4 版
购书热线	010-58581118	印　　次	2024 年 12 月第 14 次印刷
咨询电话	400-810-0598	定　　价	52.00 元

本书如有缺页、倒页、脱页等质量问题,请到所购图书销售部门联系调换

普通物理学教程

热学
(第四版)

主 编 秦允豪

副主编 黄凤珍 应学农

1 计算机访问http://abook.hep.com.cn/1250772，或手机扫描二维码、下载并安装Abook应用。

2 注册并登录，进入"我的课程"。

3 输入封底数字课程账号（20位密码，刮开涂层可见），或通过Abook应用扫描封底数字课程账号二维码，完成课程绑定。

4 单击"进入课程"按钮，开始本数字课程的学习。

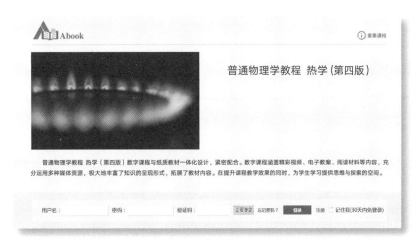

普通物理学程 热学（第四版）数字课程与纸质教材一体化设计，紧密配合。数字课程涵盖精彩视频、电子教案、阅读材料等内容，充分运用多种媒体资源，极大地丰富了知识的呈现形式，拓展了教材内容。在提升课程教学效果的同时，为学生学习提供思维与探索的空间。

课程绑定后一年为数字课程使用有效期。受硬件限制，部分内容无法在手机端显示，请按提示通过计算机访问学习。

如有使用问题，请发邮件至abook@hep.com.cn。

扫描二维码
下载Abook应用

精彩视频

阅读材料

物理学家简介

http://abook.hep.com.cn/1250772

序

　　虽则当代科学发展的前沿未必都能在基础课教科书中得到充分的反映,但是由于学科视野的开拓和技术环境的变迁,必然会导致基础课教科书做出相应的变革,从而体现了新陈代谢的规律。

　　秦允豪教授在南京大学执教多年,长期承担了普通物理学中"热学"课程的任务,积累了丰富的教学经验和体会。这本经过多次修改和补充的教材就是他多年心血的结晶。一方面他力图保持我国物理教学严谨扎实的传统,另一方面也广泛吸取国外教学灵活求新的优点。这本教材的特色在于对于基本概念的阐述力求透彻清楚,层次分明,突出了规律与现象之间的联系,如书中对分子运动概念的引入,对能量均分定理的说明都可以作为例证,满足了基础课施教的要求。但它也尽可能触及一些学科发展新的生长点,诸如包含耗散结构、熵与信息的关系等内容,使教材丰满充实,卓具时代气息,新颖可喜。总之,这是一本优秀的基础物理教材,值得推荐给广大的讲授或学习基础物理课的教师和学生。

冯端

1999 年 5 月 28 日

第四版编者的话

——在热学课程中如何培养学生的创新能力

一、情况介绍

本教材的前身是 1990 年在南京大学出版社出版的《热学》,1995 年获得国家教委优秀教材一等奖。1999 年在高等教育出版社作为面向 21 世纪课程教材、"九五"国家级重点教材出版,并于 2002 年获得全国普通高等学校优秀教材二等奖。2002 年 1 月出版了第二版,它和 2004 年出版的《普通物理学教程 热学(第二版)习题思考题解题指导》一起于 2006 年被评选为江苏省高等学校精品教材。编者主讲的热学课程 2005 年被评选为国家级精品课程,使用的教材就是第二版。2011 年 1 月出版了《普通物理学教程 热学》(第三版),它于 2011 年被评选为普通高等教育精品教材。2012 年出版了《普通物理学教程 热学(第三版)习题思考题解题指导》。2014 年《普通物理学教程 热学》(第三版)以及和它配套的教辅一起被评选为"十二五"普通高等教育本科国家级规划教材。

二十多年来该教材一直得到全国广大教师、学生以及知名专家的一致好评。1992 年 10 月,当时长期担任中国物理学会副理事长兼教学委员会主任、北京大学物理系系主任的赵凯华教授,对 1990 年出版的《热学》教材的评价为:"秦允豪的热学教材在他多年 CUSPEA 辅导基础上,广泛吸取国外教学优点,并保持我国严谨扎实传统,很好地体现了实、新、宽、活的特点。长期以来我国物理教材总是给人以'千人一面'的感觉,许多书大同小异,缺乏特色和新意。秦允豪的教材则不然,不仅在物理概念上阐述清晰,而且注意物理模型和物理思想的分析;在讲解物理规律的同时,强调了规律与现象之间的联系。本教材最大特点是广泛从现代物理最新成就中提炼出适合基础教学的新颖内容,使教材丰满、充实,具有时代特色,它体现了今后改革的方向,是我国当前一本比较难得的优秀物理教材,应给予充分肯定。"

二、热学教材和热学课程改革的教学理念来自于杨振宁先生的教学思想

杨振宁先生从 20 世纪 80 年代开始曾经做过一系列有关我国物理教学现状的报告,到现在仍然有指导意义。他说:"物理学是一个多方面的学科,是一个活的科学,不是一个死的科学,是一个新的学科,是一个跟实验非常接近的学科,而不是整天在公式内打滚的学科。我之所以这样说,是因为中国有不少学生,确实被引导到一个死的物理学、旧的物理学以及跟实验完全没有关系的方向去了……应当多对新的东西,活的东西,与现象直接有关系的东西发生兴趣……不客气地说,中国过去几十年念物理养成了念死书的习惯……物理学要有骨干,还要有血有肉。有血有肉的物理学才是活的物理学……演算是物理学的一部分,

但不是最重要的部分。物理学最重要的部分是与现象有关的。绝大部分物理学是从现象中来的。现象是物理学的根源……我希望大家多注意新的东西,活的东西,与现象关系密切的东西。"详细内容可以看二维码资源"杨振宁教学思想初探"。本人认为,我们必须改变我国传统教学理念,重理论,轻实践,重前人知识的积累,轻知识创新的现状,在基础理论课程中让学生在对物理以及和物理有关的其他领域的现象的探索中感受活的物理学和新的物理学。从而拓宽学生的知识面,培养学生分析并解决问题的能力和创新思维能力。

文档:杨振宁
教学思想初探

三、热学教材和教学内容的"实""新""宽"就是从物理现象着手教好活的物理学,培养学生创新能力的重要体现

(一)"实",其一是指严谨扎实。正如20世纪八九十年代担任中国物理学会理事长的冯端院士在为该书所作的序中所说的:"一方面他力图保持我国物理教学严谨扎实的传统,另一方面也广泛吸取国外教学灵活求新的优点。这本教材的特色在于对基本概念的阐述力求透彻清楚,层次分明,突出了规律与现象之间的联系,如书中对分子运动概念的引入,对能量均分定理的说明都可以作为例证,满足了基础课施教的要求。"

其二是指加强学生的实践能力。对于理论课程,主要是指加强理论联系实际,联系物理现象的能力的培养。从现象中归纳出物理规律,得到物理规律以后,用它来解释新的现象,解决实际问题。

其三是指加强实际应用。例如在教材中有关太阳能热水器(选读材料3.6)、电冰箱(§4.7.3)、冷暖两用的热泵式空调器(§4.7.4)、汽油机和柴油机(§4.6.3)等内容,这些都是人们在生活中经常会接触到的,对于一个学习过普通物理的学生,最好能够了解的一些科普知识。

(二)"新",指创新意识和创新能力的培养

创新能力的培养不是到工作以后再来培养的,而应该从幼儿园开始做起,但是从小学到中学,中考和高考成为压倒一切的指挥棒,因此就谈不上什么创新能力的培养。到了大学阶段有条件而且应该将它放到重要位置。可惜我国传统的教学思想和教学模式对创新能力的培养严重不适应。虽然我们不能够苛求学生有什么创新成果,但是应该逐步培养他们的创新意识,使得他们随时随地的关心、观察并且去思考周围的一切事物、现象的成因和发展趋势,它可以是物理学的,也可以是其他学科的,甚至社会各个方面的。而不是仅仅注意教师所教的内容,满足于每门考试都得到高分并且考上研究生就行了。显然在传统教学理念教学下的这样的学生的创新能力是得不到多少培养的。创新能力培养应该从低年级开始,应该在低年级基础理论课程中就开始培养。在基础理论课程中可以让学生了解当今科技的热点、新发现、新成就及应用前景,使之产生浓厚兴趣并从中得到思想上的启迪与动力,从而产生时代紧迫感,建立创新意识,为创新能力培养打下良好基础。对科技前沿的介绍,基础课与科普讲座不同的是,它必须与教学水平相适应。为此,教师应对科技前沿及高新技术中相关内容加以精选提炼,突出物理思想、物理思考方法,深入浅出地讲授,使广大低年级学生都能接受。在课堂上教师不可能也没有必要去讲述这么多知识,这完全可以通过教材

来解决。学生按照自己的兴趣利用课外阅读教材中的内容来学习新知识。对于学生来说,教材是增加知识的最好途径之一,并且是最有效的,因为这些知识的讲述方法是学生最容易接受和理解的。可惜传统教材对此很不重视。最近一段时间内编写的新教材已经有不少改进,但是还做得很不够。在本书中反映科学前沿的内容如:宇宙膨胀(选读材料 4.1)、暗物质(选 4.1.6)、暗能量(选 4.1.6)、白矮星、中子星、黑洞(选读材料 6.1)等。这些都是学生比较关心的热点问题。

(三)"宽",不仅指拓宽专业口径和拓宽知识面,更要有比较强的综合各学科知识的能力。创新能力培养是要建立在宽阔的知识面以及综合知识的能力培养的基础上的。学问不是单维而是多维的。知识面广的话解决问题时可资利用工具多,思考问题会左右逢源,能起到触类旁通作用,这说明思维具有广阔性。拓宽知识面的传统做法,是让学生修学多门相关学科的课程。但长期以来,在严格按照分科讲授知识,"各人自扫门前雪,休管他人瓦上霜"传统思想以及按部就班、透彻法的教学观点影响下,各学科之间,同一学科的各门课程之间已形成很多壁垒。教学中很多横向联系内容被拒之门外,学生综合各科知识能力没有得到长足发展。在基础课教学中应适当加强物理学中各分支学科间相互联系及物理学与其他学科间的横向联系,在联系、比较和综合过程中培养学生的综合能力和科学思维方法,为创新能力培养打下宽实基础。

杨振宁先生在对学生的多次谈话中都强调:"要培养广泛的兴趣,不要把自己禁锢在狭窄的范畴内。一个人兴趣比较广,可以应付整个学术界前沿方面的千变万化的新情况……从中国传统影响的地方训练出来的人,普遍的兴趣会过于狭小……在这种教育制度下,有许多人往往变成胆子小,他们从训练阶段开始,就养成一种习惯,不敢发'奇想',觉得先哲已经这样那样做过了,我是那样的渺小,怎么能超过前人?",他还指出:"广泛的兴趣,宽广的知识面,能够使学生对于物理学中新的东西有一定的敏感性,独立思考的能力则保证他们有自己的想法,而不是跟在别人的屁股后面跑,这样才能真正学有所成。"

本书的宽,具体体现在以下几点。

(1)在本书中,有很多热学与天文、地质、气象、生物、化学、医学等联系的实例。如熵与信息(选读材料 5.2)、化学反应动力学以及催化剂和酶(选读材料 3.2)、温室效应(选读材料 3.4)等。

(2)本书中介绍一些"三不管"的内容,也是"宽"的一种体现。既然是"三不管",那么他必然是多学科的交叉点,它一定是培养综合知识的很好例子。多年来,在物理专业的物理学教学中有一些"三不管"的内容。例如辐射传热,它是自然界中到处存在,和科学技术以及人们的生活、生产的各方面都密切相关的重要现象。但是在热学学习阶段学生没有学过量子统计中的玻色统计,没有办法得到热辐射的基本定律——斯特藩-玻耳兹曼定律,所以不能讲。热力学统计物理课程中,认为辐射传热属于普通物理内容而不讲。近代物理中,认为它是热学问题不应该讲,所以这是"三不管"的内容。本人认为辐射传热是三种基本传热方式之一,热学中应该介绍。学时不够就安排在"选读材料 3.3 辐射传热"中介绍。没有学习过玻色统计,就把热辐射的光子气体被容器壁的吸收或者被容器壁的反射类比于理想气体分子与容器壁发生碰撞以及被反弹的过程,然后再做分析,最后得到斯特藩-玻耳兹曼定律。这样就能够分析辐射传热,并且介绍一些简单的辐射传热问题,包括温室效应。

另外,为什么天空是蓝色的? 为什么日出日落时太阳是红色的? 这是每个人从儿童开始就存在的疑问。这也是物理教学中的"三不管"内容。在本教材中,作为涨落的一种现象,在"选 1.4.1 为什么天空是蓝色的? 为什么日出日落时太阳是红色的?"中做了非常简单地介绍。

"新"和"宽"采用的是渗透法。杨振宁先生指出:"中国传统的学习方法是一种'透彻法'。懂得透彻很重要,但是若对不能透彻了解的东西就抗拒,这不好。渗透法学习的好处,一是可以吸收更多的知识;二是对整个的动态有所掌握,不是在小缝里,一点、一点地学习"。

(四)"活",热学教材和教学内容上的"活"就是在"实""新""宽"的基础上进一步强调科学思维方法的训练,特别是强调创新思维能力的培养。现行教学中过分强调逻辑思维而忽略形象思维(或称直觉思维);重演绎法而轻归纳法;多数学推演而少联系现象;过度强调严密性。但逻辑严谨并不一定能导致科技创新。科学发现技术创新常常不是首先在严密推理中,而是首先在想象力自由发挥中萌发的。要培养学生创新能力,必须使学生学会从现象的观察、分析出发,把合理想象与逻辑推理结合起来,把研究对象主要特征突出出来,成为理想模型后再作分析讨论的方法。

1. 教材中的"活"体现在数量级估计、量纲分析法(选读材料 3.1)等的应用上。特别是利用数量级的估计来解释一些物理现象。数量级估计是解决实际问题中非常重要的方法,因为它有利于一开始就从整体上把握住事物的度(或者量),然后再决定如何进一步的深入解决问题。在教材中有不少数量级估计的实际例子。例如:

(1)由云雾中的水滴和雨滴的半径的数量级的不同,来估计它们自由下落的终极速度数量级是多少,从而说明为什么云雾能够悬浮在空中(请见§3.1.3中"二、云、雾的形成 · 为什么云悬挂在空中不下落?"),而雨却能够落到地面。

(2)通过树叶中水的扩散的数量级估计,说明植树造林对于调节气候的作用(§3.2.1)。

(3)在布朗运动中利用涨落大小的公式(1.17)估计布朗粒子大小的数量级。在讲到布朗粒子的扩散公式(§3.2.2 看作布朗粒子运动的扩散公式 $\overline{x^2} = 2Dt$)时,估计在人的肺中氧气分子从肺泡中心扩散到肺泡壁的时间的数量级,说明人的呼吸过程中是如何通过扩散在肺中自动进行物质的交换的。

(4)在牛顿冷却定律(§3.4.2)中估计集成电路的散热的数量级,说明在计算机中为什么应该对于微处理器(CPU)设置冷却装置。

(5)在热辐射中估计太阳表面温度(选 3.3.3),估计地球表面的平均温度(选 3.3.4)。

2. 热学教材中的"活"体现在从物理现象中抽象出物理模型进行分析,从而得到物理规律的使用上。

例如:回转气体的分布是十分重要的空间分布,它有十分广泛的应用,除了台风、龙卷风之外,还有离心分离技术(离心分离获得浓缩铀,高速离心机分离出大分子,例如病毒分子)等。回转气体的中心是低气压,这可以通过玻耳兹曼统计方便地得到,传统教材中是以一个习题出现。因为理论物理和普通物理的一个区别在于理论物理更强调理论方法,而普通物理更注意物理现象和物理模型。显然在整个普通物理教学计划中,回转气体的分布仅仅以一个习题出现是很不够的。因此本书在§2.6.2节中专门介绍回转气体分布,分布的导出是利用对图2.15这样的L形玻璃管插入水中旋转的模型的分析中得到的。

另外,利用重力场中悬浮粒子的空间分布、麦克斯韦速度分布以及回转气体的空间分布这3种分布公式,用归纳法得到玻耳兹曼分布。这比较通常的普通物理学教材中只用2种分布就归纳得到玻耳兹曼分布要好一些。

又如:饱和气体是比较容易在水平液面上凝结的,但是和能水平液面达到平衡的饱和气体所在的空间中是不可能产生液滴的。只有有了足够过饱和程度的过饱和气体,并且在空间存在足够大的凝结核的情况下才能够产生不断增大的液滴,这是降水的基本条件。在热力学统计物理的教材中都有"液滴的形成"这一节,一般采用自由能极小的方法来导出液滴形成的临界半径。这种自由能极小方法具有典型性,因为类似方法可以应用于其他方面,是必须介绍的,这也是理论物理方法的魅力所在。理论物理更加注意数学方法,但这样一来物理图像可能不够鲜明。考虑到在热学中讨论相变时要涉及过冷和过热现象,而利用液滴形成的条件就可以非常方便的说明这些一级相变现象,所以在热学教学中有必要分析液滴形成的条件。我们知道水平液面和液滴附近的饱和蒸气压的不同是因为液滴存在弯曲液面的表面张力,表面张力使得半径为r的球的球内的压强要比球外的压强大,由此而产生毛细现象。我们就在"§6.4.2 汽化和凝结"中设想这样一个物理模型:在图6.14(a)那样的密闭容器中有一部分水,同时插入半径为r的毛细管,这时毛细管中的水面不是平面而是凹曲面,产生附加压强,从而液面上升了h高度。利用这样的模型就可以定量地证明:在液滴(它是凸液面)附近的饱和蒸气压要大于平液面附近的饱和蒸气压。并且r越小,过饱和蒸气压越大,液滴越难形成,越难生长。相反在气泡内部(它是凹液面附近)的饱和蒸气压要小于平液面的饱和蒸气压,说明液体内部的气泡非常容易生成。采用这样的模型,物理概念和物理图像十分清楚,推导十分简单,并且得到定量的公式是和统计物理得到的公式完全一致的。国内其他热学教材对于只有过饱和蒸气才可能产生液滴的分析都是定性的,并不能够让人信服。

上面介绍的利用毛细管插入有部分水的密闭容器中的方法,以及利用L形玻璃管在水中旋转的方法都是利用物理模型来进行分析的普通物理方法,不仅物理图像清晰,并且数学推导简单,这正是普通物理方法的魅力所在。当然在物理学的其他领域,物理模型都在应用,但是在普通物理中的物理模型比较简单,最适合让学生逐渐的学会这种物理分析方法。所以在普通物理学教学中应该特别强调物理模型方法的训练。

3. 热学教材中的"活"还反映在近似方法的应用上。任何实际问题都是比较复杂的,一般都需要做一些简化处理,或者建立简化模型(也就是物理模型),或者采用近似方法等。而近似方法是应用得最多的。在本教材中应用近似方法的例子很多。

例如:在§1.6.2 中单位时间内碰在单位面积器壁上平均分子数以及§1.6.3 中理想气体压强公式都是利用近似方法而十分简单地导出的。我们知道对于平衡态的理想气体,分子向空间各个方向等概率地运动,所以从器壁以外任何方向,向单位面积器壁运动的气体分子,都有可能碰撞到这个面积上,但是分子的速度有大小。单位时间内即使是都在相同方向,向该器壁运动的分子,有些分子碰得上器壁,有些分子还没有到达器壁。所以情况是比较复杂的。但是假如器壁上存在一个单位面积的洞,单位时间内碰在单位面积器壁上平均分子数就等于单位时间内穿过该洞的分子数。实际上这是一个粒子流的问题。既然是"流",那么就可以和水流有些类比了。但是水流只有一个方向运动,而气体分子是各个方向运动过来的;另外水流中每个分子的流动速度是相同的,而气体分子的运动速度从零到无穷大都有。这样我们就要做一个简化模型。既然气体分子向空间各个方向等概率运动,这就是在三维空间中的等概率运动,所以我们就可以假定气体分子只在 x, y, z 轴的正向和相反方向的 6 个方向上等概率运动。同时假定气体分子的运动速率都是相同的平均速率。这样我们就可以设想如图1.6 那样的柱体。在柱体中所有向柱体的底运动的分子,也就是假定柱体的底是一个洞的时候,单位时间内能够穿过该洞的分子数。它应该等于单位时间内碰撞在单位面积上的分子数。要计算柱体中的分子数是十分简单的,只要把柱体的体积乘以向柱体的底运动的气体分子数密度就是我们要的结果了。这样得到的结果是 $\frac{1}{6}n\bar{v}$,而准确的结果是 $\frac{1}{4}n\bar{v}$,所以这既是利用简化物理模型进行分析问题的方法,也是一种近似方法。但是这种方法的引入,不仅数学计算大大简化了,并且物理图像清晰,突出了"流"的概念。其他各种"流",电流就是电荷流动产生的"流",热流就是能量流动产生的"流",它们都类似于水流,都可以设想一个柱体的方法来解决。更加重要的是通过这个例子使得学生知道怎么样通过分析和类比来得到简化模型的,这就是创新思维。创新思维的方法就是在这样的一个个具体例子的分析介绍中逐步培养出来的。

而在§1.6.3 中理想气体压强公式的推导中,利用了上面得到的单位时间内碰撞在单位面积上的分子数为 $\frac{1}{4}n\bar{v}$,然后考虑每一个分子碰撞一次给容器壁 $2m\bar{v}$ 的冲量,还应用了 $\overline{v^2} \approx (\bar{v})^2$ 的近似关系,从而得到气体压强公式。

又如热电子发射(见§2.5.4)是一个重要的物理现象,例如荧光灯(日光灯就是其中的一种)、显像管都是它的应用。但是它一直是普通物理教学的空白点。热力学统计物理和固体物理中都由于数学计算太复杂而讲不了,这也是一个"三不管"的内容。分析热电子发射的困难是它要应用量子统计中的费米统计。因为金属原子构成金属晶体时,每个金属原子最外层的价电子必须脱离原来的离子,而成为被整个晶体所共有的自由电子,它们能够在整个金属的范围内自由运动,是类似于理想气体分子那样的粒子。而热电子发射就是自由电子在加热的情况下脱离金属对它的束缚而逸出金属表面的现象。要计算单位时间内在单位面积上逸出金属表面的电子数,完全可以类似于理想气体分子那样处理。问题在于金属中的自由电子不是经典粒子,是费米粒子,麦克斯韦分布不适用,而要用量子统计中的费米统计分布公式 $\dfrac{1}{e^{\frac{\varepsilon-\mu}{kT}}+1}$,由于分母上加了 1,因此要先做级数展开然后做近似处理,即使如此,数学计算仍然十分复杂。实际上,假如在费米分布公式中,假定分母上的指数项比"1"大得多,就可以把"1"忽略,经过变换得到的就是玻耳兹曼分布。这说明玻耳兹曼分布就是费米分布的"零级近似"。所以在本书中,假定金属中自由电子是经典粒子服从麦克斯韦速度分布,从而导出热电子发射率公式,然后和应用费米统计导出的理查森公式进行比较,发现指数因子完全相同,而幂指数仅仅差 2。因为在通常的情况下,理查森公式中的指数因子比幂指数起的作用大得多。所以用麦克斯韦速度分布导出的理查森公式定性地解释热电子发射的现象已经足够了。这一例子的引入,既增加了一个麦克斯韦速度分布应用的例子,也填补了物理知识上的一个空缺。更重要的是使得学生知道,思维是可以多角度的进行的。采用简化模型(虽然这模型并不一定符合实际情况),另辟蹊径以后,把问题简化了,数学处理大大简单了,得到的结果仍然有十分好的参考价值,这种近似处理方法非常有用。

4. 教材中的"活"还反映在介绍一些和科学技术有关的社会上的热点问题上。虽然某些内容和热学没有非常直接的关系,但是通过介绍能够开拓学生的视野,激发学生的广泛兴趣和求知欲。杨振宁先生也讲:"要培养广泛的兴趣,不要把自己禁锢在狭窄的范畴内"。例如转基因食品的问题在社会上特别是网络中被炒得沸沸扬扬,绝大多数搞不清楚,不少人把它看为洪水猛兽。而什么是转基因,基因是怎样转的,虫不吃转基因植物是不是因为转基因食品中有了农药因而有毒了? 这些问题很少有材料能够通俗地把它说清楚。在转基因问题上的通俗介绍太少了,因而不少认为经过国家食品药品监督局批准上市的转基因食品是安全的人,也没有办法去宣传自己的观点。因为基因 DNA 的双螺旋形结构是和生物的负熵相联系的,所以在"选读材料 5.4 转基因技术"中,比较简单和通俗地介绍了基因技术在这方面的应用。雾霾也是社会上人人关心的问题,而雾和霾是紧密联系的,教材中既然介绍雾为什么能够浮在空中,那么霾也一样能够。所以在选读材料 3.7 中专门介绍雾霾。另外,温室效应怎么会发生的,为什么大气中的二氧化碳气体会产生温室效应的,这是比较复杂的问题,也是和热辐射直接联系,就在选读材料 3.4 中做专门介绍。

5. 教材中的"活"还反映在对一些似是而非的现象的讨论上。例如"选读材料 5.5 超流氦的喷泉效应,它违背热力学第二定律吗?"在常压下,温度降低到 4.2K 时氦气就开始液化了,这种液氦其基本性质和通常的液体没有区别,我们把这样的液氦称为氦 I。但是当温度降低到 2.17K 及以下温度时,液氦就具有超流动性,即它具有能够毫无阻碍的通过非常细小的缝隙的性质,也就是说它毫无黏滞性。我们把这种液氦称为超流氦(又称为氦 II),它是一种量子液体,超流动性就是一种宏观量子现象。在选读材料 5.5 中的图 5.14 中表示在杜瓦瓶中装有超流氦,内中竖直放置两端开口的玻璃小容器,小容器中紧密地塞满了十分细小的红粉,虽然其中的缝隙非常非常小,但是超流氦能够毫无阻碍的通过。现在用强光照射红粉,发现会产生喷泉。有人认为这是违背热力学第二定律的,红粉把光能转化为热,超流氦吸收了这个热能全部转化为机械功而形成喷泉。这现象与热力学第二定律产生的矛盾可以通过超流体的二流体模型来非常清楚地说明,产生喷泉的机械能只不过是红粉产生的热能中的一部分,这并不是从单一热源吸收的热量全部转化为机械功,它不违背热力学第二定律。这个例子的引入还使得学生了解液氦奇异的超流现象,这是一种自然界中很少出现的宏观量子效应。这样也能够激发学生的兴趣。

6. 教学内容和教材中的"活"还反映在它的习题和思考题上。

（1）除了国内传统的习题外,还有不少习题选自美国、英国、俄罗斯等一流大学以及国内的研究生考试试题,其中大部分选自美国 10 多所一流大学(俗称常青藤大学,如哈佛大学、普林斯顿大学、麻省理工学院、耶鲁大学、芝加哥大学等)的 Qualify(博士生资格考试)试题和 CUSPEA(中美联合招收博士研究生考试)的试题。它们涉猎面广、生动活泼且联系实际。有的数学运算并不复杂,但对培养物理思考方法十分有利。最近几年我国参加国际奥林匹克物理竞赛的集训队都一直使用《普通物理学教程 热学(第三版)习题思考题解题指导》作为主要参考书。

（2）书中有很多的思考题是编者近 50 年中教学经验的总结与积累。其中很多都曾经在任教 20 年中几乎年年开设的"热学"课程的课堂讨论中,被选为讨论题。50 多年来我国出版的物理教材中有很多习题解,但是有思考题解的很少。2004 年和 2012 年分别出版了和第二版以及第三版配套的《习题思考题解题指导》中(第二版仅是部分)对思考题做了详细解答。

7. 教材中的"活"还体现在教材内容安排的灵活性上。

全国各地的大部分设有物理学专业的高等学校,从全国一流大学到地方学院,师范专科学校以及工科院校的热学课程都在使用本教材。这些学校学生水平相差悬殊,教学学时参差不齐,教学要求各不相同,学生毕业以后的去向也不同。为什么这么多的学校都能够使用本教材,除了上面介绍的特点外,内容安排的灵活性也是一个重要原因。不同学校可以按照自己学校的定位,学时的多少,学生水平如何等实际情况,从教材中方便灵活地选出相应的教学内容进行教学。具体介绍请见"如何使用本教材?"。教材这样处理以后就有相当大的灵活性。加上教材有适合培养学生科学思维和物理思考方法,适应时代发展需要的先进性;有知识面广泛,科学前沿介绍丰富,应用的实例又非常多的知识性;再有书中不少内容都是学生非常感兴趣的。这些特点非常适合各类院校使用,也能够适合同一学校中不同学生的需要,适合于因材施教。

上面介绍了本教材是如何加强学生创新能力培养的。下面说明第四版是如何在第三版的基础上做出修订的?

（一）考虑到有些学校(主要是一些工科学校的物理学专业以及一些技术

类专业)的热学课程其教学只有 32 学时,还有一些学校学生基础比较薄弱,热学教师感觉到 5 号宋体印刷的内容还是太多,从中取舍教学内容有一定困难。在第四版修订中把原来 5 号宋体印刷的很多内容用方正姚体文字印刷,文字开头用"□"标出,目录中也用上标"□"表示。这样整个教学内容有四个层次,四种字体:它们依次为 5 号宋体、5 号方正姚体、5 号楷体、小 5 号宋体。另外还有选读材料。详细情况请见"怎样使用本教材?"

(二) 第四版比第三版增加了如下选读材料:选读材料 1.3 高速铁路与高速列车;选读材料 2.6 微波和微波炉;选读材料 3.7 雾霾天气;选读材料 4.3 汽轮机·燃气轮机·喷气发动机;选读材料 5.4 转基因技术;选读材料 6.4 水和冰的结构和特殊性质·水是生命之源;选读材料 6.5 雨·雪·雹 的形成;选读材料 6.8 石墨和石墨烯。

(三) 第四版删去了第一版到第三版的编者的话,同时删去了书最后的索引,节省下来的篇幅用来增加选读材料的内容。

第四版编写和出版过程中得到高等教育出版社高建、缪可可,特别是责任编辑程福平同志的帮助,也得到了南京大学物理学院吴小山教授的支持和帮助,高等教育出版社提供了不少二维码资料,程福平同志也帮助编者做了一些二维码,编者在此表示衷心感谢!

怎样使用本教材？

（一）教材中教学内容的取舍

从全国各地的部属院校一直到地方学院、师范专科学校以及工科院校的物理学专业，其中大部分学校的热学课程都在使用本教材。这些学校学生基础相差悬殊，教学学时参差不齐（教学学时有 32 学时的，有 48 学时的，也有 64 学时的），教学要求各不相同，学生毕业以后的去向也不同。为了适应这种情况，第二版和第三版中的内容都用三种字体印刷。所有 5 号宋体印刷的内容，是针对热学课程为 48 学时的学校，按照少而精的原则所确定的最低要求，原则上所有学生都必须熟悉或者掌握。而所有 5 号楷体印刷的内容（在开头常常用"※"标出），它们仍然是比较重要的基本内容，但是教师可以根据各个学校的具体情况有选择地讲授。所有小 5 号宋体印刷（常常在开头用"＊"标出）的内容，基本上是扩展性的内容，可以让学生自主学习，其中包括所有的选读材料。这样处理以后效果非常好。但是对于 32 学时的学校（这里主要指一些工科学校物理学专业以及一些技术性专业的热学课程）以及某些学生基础比较薄弱的学校，热学教师感觉到 5 号宋体印刷的内容还是太多，从中取舍教学内容有一定困难。第四版中把原来 5 号宋体印刷的很多内容用方正姚体印刷，文字开头用"□"标出，目录中也用上标"□"表示。

说得明确一些：(1) 对于 32 学时的学校建议采用 5 号宋体的内容教学，若时间允许可以在目录中用上标"□"表示的、用方正姚体印刷的内容中选择一些讲解。(2) 对于 48 学时的学校，基本上应该讲解 5 号宋体和方正姚体印刷（目录中用上标"□"表示）的内容，时间不够可以舍去一些方正姚体印刷的内容。时间充裕可以在 5 号楷体印刷的内容（在目录中用上标"※"标出）中选取一些讲解。(3) 对于 64 学时的学校，建议热学课程讲解所有 5 号宋体印刷的和所有方正姚体印刷（目录中用上标"□"表示）的内容，再讲解一些 5 号楷体印刷（在目录中用上标"※"标出）的内容。

另外，假如某些学校在本课程中不准备讲第六章物性与相变。我们建议：(1) 在第四章中一定要讲"□ §4.2.3 其他形式的功"中的表面张力功，同时适当补充" §6.3.1 表面张力与表面能"的相关内容。表面张力是自然界中的一个非常重要的现象，物理专业的学生应该要了解；(2) 在第一章" §1.7.3 范德瓦耳斯方程"中得到了范德瓦耳斯方程以后适当补充讲解"□ §6.4.3 真实气体等温线"使学生了解气液相变具体过程。同时让学生从"＊ §6.4.4 范德瓦耳斯等温线"中简单地知道，范德瓦耳斯方程是能够统一描述气液相变的全过程的，至于为什么如此，可以降低要求，甚至一带而过。

（二）为了节省篇幅，每章最后不列出重点内容和重点公式，它们在正文中加框表示之。另外，在《普通物理学教程 热学习题思考题解题指导》的每一章都列出了知识点以及基本要求。

（三）教材中的思考题非常具有启发性，其中不少是编者近 50 年教学经验的总结与积累，是编者在 20 多年中几乎年年开设的"热学"课程的课堂讨论中被选定的讨论题，课堂讨论效果非常好。赵凯华教授对于编者主持的讨论课的评价为"采用启发式讨论式的教学方法，精心组织各教学环节，启发、引导学生独立思考，发挥学生科学想象力，针对学生长期形成缺乏相互研讨习惯的弱点，精心设计课堂讨论。由于讨论题能启发学生积极思考，使学生很快进入'角色'，讨论中又重视发挥教师启发引导作用，学生普遍反映课堂讨论效果好，收获大，兴趣浓"。编者建议热学任课教师可以尝试进行课堂讨论。

目录

第一章

导　论

热学(heat)有两种理解:其一是热物理学(thermal physics)的简称,它有宏观描述和微观描述两种方法;其二是指我国物理学专业的热学课程,它主要由分子动理学理论、热力学和物态与相变三大部分组成.本章作为导论,在宏观上要介绍热物理学最基本的概念:平衡态,温度、压强以及它们满足的物态方程;从微观上要介绍物质的微观模型,并且利用它来描述温度、压强以及各种物态方程.作为学生的课外阅读材料,在温度中提供选读材料 1.1 实用温度计简介;在物质的微观模型中提供选读材料 1.2 热膨胀现象、选读材料 1.3 高速铁路与高速列车以及选读材料 1.4 天空中的涨落;在物态方程中提供选读材料 1.5 范德瓦耳斯方程中的 b 是分子固有体积 4 倍的证明.

□ §1.1　宏观描述方法与微观描述方法

§1.1.1　热学的研究对象及其特点

热物理学是研究有关物质的热运动以及与热相联系的各种规律的科学.它与力学、电磁学及光学一起共同被列为经典物理学的四大基石.

宇宙中处处是物质,宏观物质都由大量微观粒子组成,微观粒子处于永不停息的无规热运动中.正是大量微观粒子的无规热运动,才决定了宏观物质的热学性质.热学研究的对象有如下特征:

热物理学渗透到自然科学各部门,所有与热相联系的现象都可用热学来研究.例如台风、龙卷风、火山爆发等.关于火山爆发请见二维码视频.热物理学研究的是由数量很大的微观粒子所组成的系统.例如 1 mol 物质中就包含有 $6×10^{23}$ 个分子.从力学可知,若方形刚性箱的光滑底面上有两三个弹性刚球,只要知道它们的初始位置及初始速度,就可通过解微分方程确定任一球在任一时刻的位置与速度.若有二三十个球,甚至有几百个、上千个球,仍可利用计算机解出.可是,容器中的气体分子是如此之多,即使有一个"超人",他从宇宙大爆炸[1]那一刻起与宇宙同时诞生,并与宇宙现今的年龄[2]相当,他每秒数 10 个分子,从他出生那天起不间断地数到现在还仅数了 10^{-7}mol 的分子.显然,人类不可能造出一部能计算 10^{23} 个粒子运动方程的计算机.即使能求出 10^{23} 个粒子中每一个粒子的位置

视频:火山爆发

[1] 关于宇宙大爆炸见选读材料 4.1.

[2] 宇宙的年龄约为($137±2$)亿年的数量级,合 10^{17} s.见选4.1.5.

及速度随时间变化的函数关系,对我们也毫无意义,因为我们所关心的是气体的宏观性质,即相应微观量的统计平均值.热物理学研究的对象的这一特点决定了对它的描述有宏观的与微观的两种不同的描述方法.

§1.1.2　宏观描述方法与微观描述方法

在粒子数足够多的情况下,大数粒子①将遵从一定的统计规律性.例如气体内部分子之间频繁地相互碰撞,就个别分子说来,其运动速度的方向和大小完全是随机地不断变化的,因而每个分子的动能也大小不一,随时在变.但从整体说来,在一定宏观条件下,却有一定的统计规律可循.例如,在一定的温度下,气体分子的平均动能具有确定的数值.微观分子运动越剧烈,分子平均动能就越大,在宏观上反映出气体的温度也越高.这说明,虽然组成宏观物体的大量微观粒子的运动是杂乱无章的,每个粒子的动能也是随机变化的,但大数粒子组成的一个整体却存在着统计相关性.这种相关性迫使这个集体要遵从一定的统计规律.对大数粒子统计所得的平均值就是平衡态系统的宏观可测定的物理量②.系统的粒子数越多,统计规律的准确程度也越高.相反,粒子数少的系统的统计平均值与宏观可测定量之间的偏差较大,有时甚至失去它的实际意义.正因为如此,热学有宏观描述方法(热力学方法)与微观描述方法(统计物理学的方法)之分,它们分别从不同角度去研究问题,自成独立体系,相互间又存在千丝万缕的联系.

> 热力学是热物理学的宏观理论.它从对热现象的大量的直接观察和实验测量中所总结出来的普适的基本定律出发,应用数学方法,通过逻辑推理及演绎,得出有关物质各种宏观性质之间的关系,宏观物理过程进行的方向和限度等结论.

热力学基本定律是自然界中的普适规律,只要在数学推理过程中不加上其他假设,这些结论也具有同样的可靠性与普遍性.这是热力学方法的最大优点.我们可以把这种方法应用于任何宏观的物质系统.不管它是天文的、化学的、生物的……系统,也不管它涉及的是力学现象、电学现象……只要与热运动有关,总应遵循热力学规律.爱因斯坦(Einstein,1879—1955)总是以绝对信赖的心情寄希望于热力学,在他遇到难以克服的障碍时,常求助于热力学.爱因斯坦晚年时(1949年)说过:"一个理论,如果它的前提越简单,而且能说明各种类型的问题越多,适用的范围越广,那么它给人的印象就越深刻.因此,经典热力学给我留下了深刻的印象.经典热力学是具有普遍内容的唯一的物理理论,我深信,在其

---

①　我们把数量级达到宏观系统量级的粒子称为大数粒子.

②　宏观过程与微观运动的时间尺度相差悬殊(例如,在标准状况下,一个理想气体分子平均每秒与其他分子碰撞 10^9 次).一个看来不随时间变化的宏观状态,对应着大量的瞬息万变的微观状态.所以在对宏观状态进行一次测量的过程中,微观运动已经历了大量不同的状态,可见测量本身就是一种统计平均.由此可理解"统计平均值对应于平衡态的某一宏观可测定量"这一概念.

基本概念适用的范围内是绝对不会被推翻的."①关于爱因斯坦的介绍请见二维码文档"爱因斯坦".热力学是具有最大普遍性的一门科学,它不同于力学、电磁学,因为它不提出任何一个特殊模型,但它又可应用于任何宏观的物质系统.

文档:爱因斯坦

　　但是,热力学也有它的局限性.其一,它只适用于粒子数很多的宏观系统;其二,它主要研究物质在平衡态下的性质,不能解答系统如何从非平衡态进入平衡态的过程;其三,它把物质看为连续体,不考虑物质的微观结构.它只能说明应该有怎样的关系,而不能解释为什么有这种基本关系.要解释原因,需从物质微观模型出发,利用分子动理学理论或统计物理方法(详见§2.1)予以解决.

　　　　统计物理学是热物理学的微观描述方法,它从物质由大数分子、原子组成的前提出发,运用统计的方法,把宏观性质看作由微观粒子热运动的统计平均值所决定,由此找出微观量与宏观量之间的关系.

　　这种描述方法恰好弥补了热力学的不足,使热力学的理论获得更深刻的意义.微观描述方法的局限性在于它在数学上常遇到很大的困难,从而不得不作出简化假设(微观模型),所得的结果常与实验不完全符合.

　　热力学与统计物理学分别从两个不同的角度去研究物质的热运动,它们彼此密切联系,相互补充.宏观描述方法与微观描述方法的紧密结合,使热物理学成为联系宏观世界与微观世界的一座桥梁.

　　本书所涉及的内容不可能覆盖整个热物理学,而主要由三部分组成:(1)热力学基础;(2)统计物理学的初步知识(以其中的分子动理论的内容为主);(3)气体、液体、固体、相变等物性学方面的基本知识.

§1.2　热力学系统的平衡态

§1.2.1　热力学系统

一、系统与介质

　　热学所研究的对象称为热力学系统(简称系统),而与系统存在密切联系(这种联系可理解为存在做功、热量传递或粒子数交换)的系统以外的部分称为外界或介质.

※二、热力学与力学的区别

　　热物理学研究方法不同于其他学科的(宏观)描述方法.例如,刚体力学仅考虑刚体外部的表现.刚体的质心位置是参考某特定时刻的坐标轴定出来的.而位置、时间、质量以及这三者的组合(例如角速度、角动量等)中的某几个独立参量

---

① 引自参考文献 15 的前言.当然,这一概念也可用于局域平衡系统(见§1.2.4)的每一个局域区域.

就构成了刚体的力学坐标.利用力学坐标可描述刚体任一时刻的运动状态.经典力学的目的就在于找出与牛顿运动定律相一致的、存在于各力学坐标之间的一般关系.但是,热力学的注意力却指向系统内部,我们把和系统内部状态有关的宏观物理量(诸如压强、体积、温度等)称为热力学参量,也称热力学坐标.热力学的目的就是要求出与热力学各个基本定律相一致的、存在于各热力学参量间的关系.正因为热力学与力学的目的不同,在热物理学中一般不考虑系统作为一个整体的宏观的机械运动.若系统在作整体运动,则常把坐标系建立在运动的物体上.例如,对于在作旋转运动的系统,其坐标系取在旋转轴上,如 §2.6.2 所介绍的旋转系统.

§1.2.2　平衡态与非平衡态

系统的状态由系统的热力学参量(压强、温度等)来描述.一般它隐含着这样的假定——系统的各个部分的压强与温度都是处处相等的.例如,一容器由隔板把它分隔为相等的两部分,左边充有压强 p_0 的理想气体,右边为真空.若把隔板打开,气体就自发地流入到右边真空容器中(这一现象称为**自由膨胀**,所谓"自由"是指气体向真空膨胀时不受阻碍).在发生自由膨胀时容器中各处压强都不同,且随时间变化.我们就说这样的系统处于非平衡态.只要不受到外界的影响,经过足够长时间后,气体的压强必将趋于均匀一致且不再随时间变化,这时系统已处于平衡态了.对平衡态可作如下定义:

> 在不受外界条件影响下,经过足够长时间后系统必将达到一个宏观上看来不随时间变化的状态,这种状态称为平衡态.

应注意,这里一定要加上"不受外界条件影响"的限制.例如,将一根均匀的金属棒的两端分别与冰水混合物及沸水相接触,这时有热流从沸水端流向冰水端,经过足够长时间后,热流将达到某一稳定不变的数值,这时金属棒各处的温度也不随时间变化,但不同位置处的温度是不同的.整个系统(金属棒)没有均匀一致的温度,系统仍然处于非平衡态而不是平衡态.实际上,热流是由外界影响所致.只要把热流切断以排除外界影响,例如使金属棒不与沸水接触,金属棒各处温度就要变化.又如若有电流流过置于水中的电阻器,经过足够长时间以后,可使电阻器各部分的温度、压强均不随时间变化,这时也不能说电阻器已处于平衡态,因为有电流(电子流)沿电阻器流过,也有热流从电阻器流向周围水中,这也是外界的影响.我们把在有热流或粒子流情况下,各处宏观状态均不随时间变化的状态称为稳恒态,也称稳态或定(常)态.它是非平衡态中最简单的例子.那么是否空间各处压强、粒子数密度等不均匀的状态就一定是非平衡态呢? 未必.例如在重力场中的等温大气,在达到平衡态时,低处的大气压强显然要比高处大.与此相反,若大气中各处气压相等则反而会促使气体在竖直方向流动.又如在静电场中的带电粒子气体,只有当带电粒子受到的静电力与外力数值相等、方向相反时,带电粒子才可能不移动,系统才处于平衡态,这时系统中带电粒子的空间分布可能已不均匀,因而气体压强也不均匀分布.从以上分析可知,不能单纯地把是否"宏观状态不随时间变化"或是否"处处均匀一致"看作平衡态与非平衡态的判别标准.正确的判别方法应该是看系统是否存在热流与粒子流.因为热流和粒子流都是由系统的状态变化或系统受到的外界影响引起的.

需要说明的是,在自然界中平衡是相对的、特殊的、局部的与暂时的,不平衡才是绝对的、普遍的、全局的和经常的.虽然非平衡现象千姿百态、丰富多彩,但也复杂得多,无法精确地予以描述或解析,平衡态才是最简单的、最基本的,故在本教程中主要讨论平衡态及接近达到平衡态时的非平衡过程.

§1.2.3　热力学平衡

我们知道,在力学中物体的平衡条件是合外力和合外力矩同时为零.但是对于热物理学系统,一般不考虑系统的整体运动(例如装有气体的容器的整体平动或转动),而认为系统是处于相对静止状态,那么系统的平衡条件是什么呢?我们先分析一下热流与粒子流.

热流是由系统内部温度不均匀而产生的,故可把温度处处相等看做是热学平衡建立的标准.系统呈现平衡态的条件之一是应满足热学平衡条件:即系统内部的温度处处相等.其次看粒子流.粒子流有两种,一种是宏观上能察觉到的成群粒子定向移动的粒子流.例如,在§1.2.2中所介绍的自由膨胀实验中,就有成群粒子的定向运动.这是由气体内部存在压强差异而使粒子群受力不平衡所致.故气体不发生宏观流动的一个条件是系统内部各部分的受力应平衡.对于一般的系统,其内部压强应处处相等.可是,对于等温大气,虽然不同高度处压强不等,但对任一平行于地面的薄层气体而言,只要从上面对薄层气体的作用力加上这一层气体的重力等于从下面对薄层气体的作用力,气体就处于力学平衡状态,这时将看不到气体的流动.所以系统处于平衡态的第二个条件是应满足力学平衡条件,即系统内部各部分之间、系统与外界之间应达到力学平衡.在通常(例如在没有外场等)情况下,力学平衡反映为压强处处相等.至于第二种粒子流,它不存在由于成群粒子定向运动所导致的粒子宏观迁移.例如,有一隔板将容器分隔为左右两部分,左边充有氧气,右边充有氮气,两边压强、温度都相等.若将隔板抽除,由于氧分子、氮分子的杂乱无章运动,氧气渐渐分散到氮气中,氮气也渐渐分散到氧气中,最后将达到氧、氮均匀混合的状态,这样的过程称之为扩散.在扩散的整个过程中,混合气体的压强处处相等,因而力学平衡条件始终满足,但是我们却看到了氧、氮之间的相互混合,即粒子的宏观"流动".看来,对于非化学纯物质,仅有温度、压强这两个参量不能全部反映系统的宏观特征,还应加上化学组成这一热力学参量,扩散就是因为空间各处化学组成不均匀所致(另外,若混合气体有化学反应,化学组成也要变化).所以,系统达到热力学平衡的第三个条件是化学平衡条件,即在无外场作用下系统各部分的化学组成也应是处处相同的.

> 只有在外界条件不变的情况下同时满足力学平衡条件、热学平衡条件和化学平衡条件的系统,才不会存在热流与粒子流,才能处于平衡态.

或者说：

> 判断系统是否处于平衡态的简单方法就是看系统中是否存在热流与粒子流.

处于平衡态的系统,可以用不含时间的宏观坐标(即热力学参量)来描述.也只有处于平衡态的物理上均匀的系统,才可能在以热力学参量为坐标轴的状态图(如 $p-V$ 图、$p-T$ 图)上以一个确定的点来表示它的状态.只要上述三个平衡条件中有一个不满足,系统就处于非平衡态.这时系统无法用处处均匀的温度 T、压强 p 及化学组成来描述整个系统.

*§1.2.4 非平衡态的宏观描述

对于处于接近平衡的非平衡系统,在局域平衡的假定下,我们仍然能对非平衡态作宏观描述.所谓局域平衡,分两种不同情况,其一:只要在任一时刻把系统划分为很多个称为**子系**的小部分,要求每一子系足够小,使每一子系内部的热力学参量(如温度、压强、化学组成)都处处相等;又要求每一子系足够的大,以包含足够多的粒子,使热力学能够应用于这样的各个子系,则我们就称这样的系统已处于局域平衡.很显然,虽然这些子系的热力学参量是依赖空间坐标与时间的,但这些子系热力学参量的集合就描述了系统在 t 时刻的非平衡态(例如,把所有各子系的内能随时间变化的函数关系加起来就得到系统总内能随时间变化的函数关系).这类理论最成功的例子就是流体力学,它是将时空坐标的五个函数(流体速度的三个分量、密度和压强)组合成封闭的非线性方程组.至于局域平衡第二种情况,将在选读材料 2.3 的(一)中介绍.

§1.3 温度

§1.3.1 温度的概念

在生活中,常用温度来表示物体冷热的程度.但是要分析和解决热学问题,这种仅建立在主观感觉基础上的温度概念,是十分粗浅,也极易产生概念的混淆.热物理学中最核心的概念是温度和热量.由于温度高的物体要热些,它产生热传递时会有热量流出,因而很容易被误解为温度高的物体有较多的热量,温度低的物体有较少的热量,热质说产生的根源就在于此.直到 19 世纪 40 年代,这一错误概念才得以澄清,温度与热量这两个重要概念才得以区分."但是一经辨别清楚,就使得科学得到飞速的发展"(爱因斯坦语)[①].要对温度概念做深入理解,在宏观上应对温度建立严格的科学定义,因而必须引入热平衡的概念与热力学第零定律(见§1.3.2).在微观上,则必须说明,温度是处于热平衡系统的微观粒子热运动强弱程度的量度(见§1.6.4).另外,由于处于局域平衡的子系可出现负温度(见选读材料 2.3),所以还必须对温度概念做出更严格的定义(见§2.6.3).总之,随着对热运动本质理解的逐步深入,人们对温度概念的理解也会越来越深刻.

① 参见参考文献 3,第 1 页.

§1.3.2　热力学第零定律

一、绝热壁与导热壁

设想有一个两端开口的绝热气缸,其中有一个不透气的固定隔板把它分割为两部分.两活塞分别把一定量气体密封在左、右两部分的气缸中.若不管你怎样移动左边气缸中的活塞,总是不会改变右边气缸中气体的状态,我们就称固定于气缸中央的隔板是绝热壁.若右边气体的状态可能随左边活塞的移动而改变,则这种隔板称为透热壁.只要两物体通过透热壁相互接触后达到平衡态,就可称这两物体已经建立热平衡.

二、热力学第零定律

在真空容器中有 A、B、C 三个物体(如图 1.1 所示).若用绝热壁将物体 A 和 B 隔开,而使 A 和 B 分别与物体 C 热接触而达热平衡[如图(a)及图(b)所示].然后再使 A 和 B 相互热接触,而用绝热壁使 A 和 B 与 C 隔开[如图(c)所示].实验表明,只要在整个过程中不受外界影响,而且保证 A 和 B 在相互接触前夕都仍能保持与 C 相接触的同样状态,则 A 和 B 物体相互接触后的状态都不会发生变化.这一实验事实说明:

> 在不受外界影响的情况下,只要 A 和 B 同时与 C 处于热平衡,即使 A 和 B 没有热接触,它们仍然处于热平衡状态,这种规律被称为热平衡定律,也称为热力学第零定律.

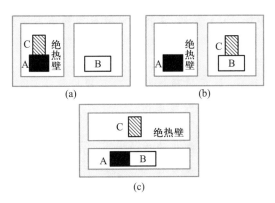

(a)　　　　(b)

(c)

图 1.1　热力学第零定律

热平衡定律是福勒(Fowler)于 1939 年提出的,因为它独立于热力学第一定律、热力学第二定律和热力学第三定律之外,但又不能列在这三个定律之后,故称为热力学第零定律.形象化的说明热力学第零定律请见二维码的动画.

三、热力学第零定律的物理意义

热力学第零定律告诉我们,互为热平衡的物体之间必存在一个相同的特征——它们的温度是相同的.实验也证实,在外界条件不变的情况下把已经达到热平衡的系统中的各个部分相互分开,是绝不会改变每个部分本身的热平衡状

动画:温度、热力学
第零定律

态的,这说明热接触为热平衡的建立创造了条件.热力学第零定律不仅给出了温度的概念,而且指出了判别温度是否相同的方法.由于互为热平衡的物体具有相同温度,在判别两个物体温度是否相同时,不一定要两物体直接热接触,而可借助一个"标准"的物体分别与这两个物体热接触就行了,这个"标准"的物体就是温度计.

需要说明,第零定律只能说明物体之间有没有达到热平衡,即物体间的温度是否相同,而不能比较尚未达到热平衡的物体之间温度的高低.

§ 1.3.3 温标

一、温标的建立

热力学第零定律指出了利用温度计来判别温度是否相同的方法.但要定量地确定温度的数值,还必须给出温度的数值表示法——温标.例如,在固定压强下液体(或气体)的体积,在固定体积下气体的压强,以及金属丝的电阻或低温下半导体的电阻等都随温度单调地、较显著地变化.一般说来,任何物质的任何属性,只要它随冷热程度发生单调的、显著的改变,都可被用来计量温度.从这一意义上来理解,可有各种各样的温度计,也可有各种各样的温标,这类温标称为经验温标.建立一种经验温标需要包含三个要素:(1)选择某种测温物质,确定它的测温属性(例如水银的体积随温度变化);(2)选定固定点[对于水银温度计,若选用摄氏温标(由瑞典天文学家摄尔修斯(Celsius,1701—1744)于 1742 年建立),则把冰的正常熔点定为 0 ℃,水的正常沸点定为 100 ℃];(3)进行分度,即对测温属性随温度的变化关系作出规定(摄氏温标规定 0 ℃到 100 ℃间等分为100 小格,每一小格为 1 ℃).显然,选择不同测量物质或不同测温属性所确定的经验温标并不严格一致.

二、理想气体温标

以气体为测温物质,利用理想气体物态方程中体积(或压强)不变时压强(或体积)与温度呈正比关系所确定的温标称为理想气体温标.理想气体温标是根据气体在极低压强下所遵从的普遍规律来确定的,是利用气体温度计来定标的.气体温度计分为定体气体温度计及定压气体温度计两种.图 1.2 表示了一只比较简单的定体气体温度计.其左边的圆柱形容器为一容积固定的温泡,内中充有测温气体.该温泡与测温物体(玻璃器皿中的液体)热接触,气体压强将随温度而变,其压强数值由被管道相联通的,位于右边的水银压力计测出.

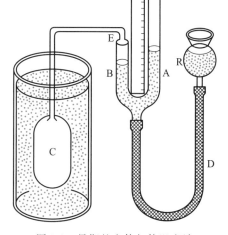

图 1.2 早期的定体气体温度计

定体气体温度计的分度是如此规定的:设 $T(p)$ 表示定体气体温度计与待测系统达到热平衡时的温度数值,由理

想气体定律知

$$T(p) = \frac{pV_0}{\nu R} \qquad （其中 V_0 不变）\qquad (1.1)$$

式中 R 为普适气体常量(详见§1.4.3)，ν 为气体物质的量.设该气体温度计在水的三相点[①]时的压强为 p_{tr}，则

$$p_{\text{tr}} = \frac{\nu R}{V_0} \times 273.16 \text{ K} \qquad (1.2)$$

可见 p_{tr} 仅是该温泡内气体的物质的量的函数，故 p_{tr} 即表示气体质量的多少，若进一步将(1.2)式代入(1.1)式可知，气体温度计压强为 p 时所测出的温度为

$$T(p) = \frac{p}{p_{\text{tr}}} \cdot 273.16 \text{ K} \qquad （体积不变）\qquad (1.3)$$

但是，只有在 $p_{\text{tr}} \rightarrow 0$ 时，即当温泡内气体质量趋于零时的气体才是理想气体(见§1.4.3)，故还应在(1.3)式中加上极限条件

$$T(p) = 273.16 \text{ K} \cdot \lim_{p_{\text{tr}} \rightarrow 0} \frac{p}{p_{\text{tr}}} \qquad （体积不变）\qquad (1.4)$$

实际上在 $p_{\text{tr}} \rightarrow 0$ 时，由于温泡内气体质量已趋于零，温泡在被测温度所显示的压强 p 也趋于零，这样的测温手段似乎失去了价值.而实验可以如下进行:在同一温泡中先后充入不同质量的同一气体，然后测出不同质量气体分别在水的三相点及待测温度(例如水的正常沸点)时的压强 p_{tr} 和 p，由(1.3)式定出与该气体质量对应的 $T(p)$.然后作出 $T(p)$-p_{tr} 图，将曲线延拓到 $p_{\text{tr}} \rightarrow 0$ 时的数值就是所测出的温度.图 1.3(a)是按上述实验方法用充有四种不同气体的四只气体温度计测量水的正常沸点所得的四条曲线.可以看到，在 p_{tr} 不趋于零时，充有不同种类气体的气体温度计的 $T(p)$ 不同，说明它们还不是理想气体，只有在 $p_{\text{tr}} \rightarrow 0$ 时四条曲线才会聚一点.这时的数值 373.15 K 才是严格满足理想气体条件的气体温度计所测出的水在正常沸点时的温度.通常选用性质更接近于理想气体的低压

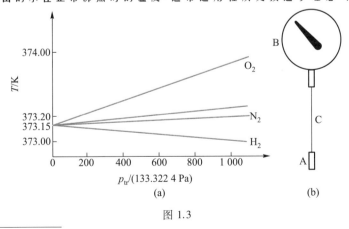

图 1.3

[①]　三相点是指同一化学纯物质的气、液、固三相能同时平衡共存的唯一状态，见§6.5.1.国际上规定水的三相点温度为 273.16 K.

氦气或低压氢气作为气体温度计的测温物质.只要按上述方法严格校正,气体温度计可用作理想气体温标的基本温度计,或用作实际温度测量的标准.由定容气体温度计所定出的低压极限下的温标称为理想气体温标,而(1.4)式就是理想气体温标的分度公式.

※ 实验方法的启示

从上面介绍的气体温度计定标实验中我们可以得到两点启示.(1) 在(1.1)式中温泡的体积 V_0,气体的物质的量 ν 都是不容易测量的,但是由于这两个量不变,因而其比值也不变,而水的三相点时的温度是确定的,这样我们就可以通过测量该温泡中的气体在某一确定状态下的压强(这里就是气体温度计在水的三相点时的压强 p_{tr}),用 p_{tr} 来表示这些不容易测量的物理量,正如(1.2)式所示.(2) 从(1.4)式看到,$p_{tr} \to 0$ 时的 $T(p)$ 是没有办法测量的,但是我们可以在气体温度计可以测量的范围内在 $T(p)$-p_{tr} 的图上测量出一条实验曲线(一般是直线),通过内插到 $p_{tr} \to 0$ 的方法得到(1.4)式确定的 $T(p)$ 值.这样我们就通过实验曲线内插的方法,回避了测量手段上的困难.

[例 1.1]　图 1.3(b) 所示为在低温测量中常用的压力表式气体温度计,图中 A 是温泡,B 是压力表①[其结构见选读材料 1.1 中的图 1.12(b)],两者通过毛细管 C 相连通.毛细管容积比起 A、B 的容积 V_A 和 V_B 都很小可予忽略.测量时先把温度计在室温 T_0 下抽真空后充气到压强 p_0,加以密封,然后将 A 与待测温系统热接触,而 B 仍置于室温 T_0 温度不变,若测得此时 B 的压强读数为 p,试求待测温度 T.

[解]　由于毛细管中气体可予忽略,则可设整个测温系统由 A 和 B 组成,设气体的摩尔质量为 M,并设温度 T_0 时气体质量分别为 m_A 和 m_B.当 A 浸入待测低温环境中时,有质量为 Δm 的气体从 B 进入 A,这时 A、B 中气体质量分别为 $m_A + \Delta m$ 与 $m_A - \Delta m$.根据理想气体物态方程,可列出下列各式.

	温泡 A	压力表 B
测温前	$\dfrac{p_0 V_A}{T_0} = \dfrac{m_A}{M} R$	$\dfrac{p_0 V_B}{T_0} = \dfrac{m_B}{M} R$
测温后	$\dfrac{p V_A}{T} = \dfrac{m_A + \Delta m}{M} R$	$\dfrac{p V_B}{T_0} = \dfrac{m_B - \Delta m}{M} R$

分别将测温前的两式相加与将测温后的两式相加,可发现它们相等,从而得

$$\frac{p_0 (V_A + V_B)}{T_0} = p \left(\frac{V_A}{T} + \frac{V_B}{T_0} \right)$$

由此可得

$$T = T_0 \cdot \frac{p/p_0}{1 + \dfrac{V_B}{V_A} \left(1 - \dfrac{p}{p_0} \right)}$$

这样就可依据压力表的压强读数 p 定出待测温度 T.这种温度计与图 1.2 所示的气体温度计的不同处有如下二点:(1) 压力表的测压强精确度要比水银压强计差,但使用方便;(2) 图 1.2 中的气体温度计作定标用,因而要求温泡内气体要严格遵从理想气体方程,而图 1.3(b) 中

---

①　在中学教材中,压力与压强是两个概念不同的物理量.但在实际应用中,常有人把压强称为压力,很多科技书籍中也如此.

的温度计为一般测量温度用,精确度要求不高,只要温泡内气体能基本适用于理想气体方程即可.

三、摄氏温标与华氏温标

在本节开始时已介绍过摄氏温标(以 t 表示),在摄氏温标建立之前,1714 年德国物理学家华伦海特(Fahrenheit,1686—1736)也是利用了水银体积随温度变化的属性,建立了华氏温标(以" t_F "表示),这是世界上第一个经验温标.他把氯化铵、冰、水混合物的熔点定为 0 ℉,冰正常熔点定为 32 ℉,并作均匀分度,由此定出水的正常沸点为 212 ℉.华氏温标 t_F 与摄氏温标 t 间的换算关系为

$$t_F = \left[\frac{9}{5} \frac{t}{℃} + 32 \right] ℉$$

华氏温标在英、美等英语国家中较为通用.表 1.1 表示了热力学温标、摄氏温标、华氏温标这三种温标间的相互对照关系(数据取自参考书[5]31 页).

表 1.1　三种温标(T、t、t_F)对照表

温标	单位	符号	固定点的温度值				与热力学温标的关系	通用情况
			绝对零度	冰点	三相点	汽点		
热力学温标	K	T	0	273.15	273.16	373.15	$T = T$	国际通用
摄氏温标	℃	t	−273.15	0.00	0.01	100.00	$\dfrac{t}{℃} = \dfrac{T}{K} - 273.15$	国际通用
华氏温标	℉	t_F	−459.67	32.00	32.02	212.00	$\dfrac{t_F}{℉} = \dfrac{9}{5} \cdot \dfrac{T}{K} - 459.67$	英美等国使用

四、热力学温标

从温标三要素知,选择不同测温物质或不同测温属性所确定的温标不会严格一致.事实上也找不到一种经验温标,能把测温范围从绝对零度覆盖到任意的温度.为此应引入一种不依赖测温物质、测温属性的温标.正因为它与测温物质及测温属性无关,它已不是经验温标,因而称为绝对温标或称热力学温标. §5.2.3 中将引入这种温标.国际上规定热力学温标为基本温标,一切温度测量最终都以热力学温标为准.虽然热力学温标只是一种理想化的温标,但它与理想气体温标是一致的.只要在理想气体温标适用(即气体温度计能精确测定)的范围内,热力学温标就可通过理想气体温标来实现.

五、国际实用温标

在理想气体温标能适用的范围内,热力学温标常以精密的气体温度计作为它的标准温度计.但实际测量中要使气体温度计达到高精度很不容易,它需要复杂的技术设备与优良的实验条件,还要考虑许多繁杂的修正因素,限制其使用价值.另外,在高温时气体温度计常失去其使用价值.为了能更好地统一各国之间的温度测量,以便各国自己能较方便地进行精确的温度计量,有必要制定一种国际实用温标.国际实用温标是各国之间协议性的温标.它利用一系列固定的平衡点温度、一些基准仪器和几个相应的补插公式来保证各国之间的温度标准在相

当精确的范围内一致,并尽可能地接近热力学温标,使与热力学温标的误差不会超出精密气体温度计的误差范围.1927 年国际计量大会首次拟定了国际温标(ITS - 27),以后经 1948 年、1960 年、1968 年等几次国际计量大会的修订,使之日趋完善.目前使用的是 1990 年国际温标(ITS - 90),它代替了不久前使用的 1968 年国际实用温标(IPTS-68).ITS-90 温标选取了从平衡氢三相点(13.803 3 K)到铜凝固点(1 357.77 K)间 16 个固定的平衡点温度.国际温标(1990)可分别以热力学温度 T_{90} 及摄氏温度 t_{90} 表示.

$$t_{90} = (T_{90} - 273.15 \text{ K}) \,℃/\text{K}$$

§1.4　物态方程

§1.4.1　物态方程

处于平衡态的系统内部不仅有处处相等的热力学参量[①],而且系统内外的热力学参量间常有一一对应关系.例如,若容器不是绝热的,则系统与外界的温度应相等;若容器中有一可移动的活塞,则力学平衡条件要求容器内外气体的压强应相等.总之,只要系统处于某一确定的平衡态,系统的热力学参量也将同时确定.若系统从一平衡态变至另一平衡态,它的热力学参量也应随之改变.但是不管系统状态如何改变,对于给定的系统,处于平衡态的各热力学参量之间总存在确定的函数关系.例如纯净物的气态、液态和固态的温度 T_i 都可分别由各自的压强 p_i 及摩尔体积 $V_{i,\text{m}}$ [②]来表示,即

$$T_i = T_i(p_i, V_{i,\text{m}})$$

或
$$f_i(T_i, p_i, V_{i,\text{m}}) = 0 \tag{1.5}$$

其中 i 分别表示气体、液体和固体.

> 处于平衡态的某种物质的热力学参量(如压强、体积、温度)之间所满足的函数关系称为该物质的物态方程.

(1.5)式是分别描述气体、液体和固体的物态方程.实际上并不仅限于气、液、固三种情况.有的系统,即使 V、p 不变,温度仍可随其他物理量而变.例如将金属丝拉伸,金属丝的温度会升高,这时虽然金属丝的压强、体积均未改变,但其长度 L 及内部应力 F 都增加,说明金属丝的温度 T 是 F、L 的函数,即

$$f(F, L, T) = 0 \tag{1.6}$$

(1.6)式称为拉伸金属丝的物态方程.除此之外,还可以存在其他各种物态方程.总之,描述平衡态系统各热力学量之间函数关系的方程均称为物态方程.物态方程中都显含有温度 T.物态方程常是一些由理论和实验相结合的方法定出的半

---

① 若有外场作用,平衡态系统的某些热力学参量(如压强等)可能是空间位置的函数,这时可改为用该热力学参量按空间位置的分布函数表示它.

② 本书以下标 m 表示诸摩尔物理量.例如 V_{m} 表示摩尔体积,$V_{i,\text{m}}$ 表示第 i 种物质的摩尔体积.

经验公式.一些简单的物态方程也可在所假设的微观模型基础上,应用统计物理方法导出.在热力学中,物态方程常作为已知条件给出.

□ §1.4.2　体膨胀系数、压缩系数、压强系数　热膨胀现象

一、体膨胀系数、压缩系数、压强系数

知道了一个系统的物态方程,我们就可知道该系统的许多性质.例如,任何纯净物都满足(1.5)式的物态方程,这里有3个变量,若某一变量保持不变,其他两个变量可以建立微商关系(这就是偏微商),因而可由物态方程求得反映系统的重要特性的三个系数:

$$\kappa_T = -\frac{1}{V}\left(\frac{\partial V}{\partial p}\right)_T \tag{1.7}$$

$$\boxed{\beta_p = \frac{1}{V}\left(\frac{\partial V}{\partial T}\right)_p} \tag{1.8}$$

$$\alpha_V = \frac{1}{p}\left(\frac{\partial p}{\partial T}\right)_V \tag{1.9}$$

κ_T 称为等温压缩系数,它表示在温度保持不变的条件下对系统压缩时,单位压强的变化所引起系统体积的变化与原体积之比,即引起体积的相对变化,其倒数称为体积模量.由于物体受压时其体积一般总是要缩小的,所以在 κ_T 的表达式中有个负号,而 $\kappa_T>0$ 也是物质的状态能够稳定存在的稳定性条件.β_p 称为等压体膨胀系数.α_V 称为(相对)压强系数,它表示在体积不变的条件下,单位温度变化所引起的压强的相对变化.

物体在体积增大的同时必然伴随其线度的改变,这一性质是由线膨胀系数 α 来表示的:

$$\boxed{\alpha = \frac{1}{l}\left(\frac{\partial l}{\partial T}\right)_p}$$

对于各向同性(即各个方向的物理性质均相同)物质,在一级近似情况下,体膨胀系数与线膨胀系数之间有如下关系:

$$\boxed{\beta_p = 3\alpha}$$

一个系统的物态方程的精确表达式往往是很复杂的.在热学理论中它往往由实验来确定,而由实验来测定一个纯净物的物态方程,常常是通过测量 κ_T、β_p、α_V 而最后得到的.纯净物的等温压缩系数、等压体膨胀系数和(相对)压强系数之间有一定的关系,知道了任意两个就可求得第三个.知道了一个系统的物态方程,我们就可知道该系统的许多性质.

二、热膨胀现象

实验表明,通常气体、液体和固体的线度及体积(在压强不变的情况下)均随温度升高而增加,这就是热膨胀现象.当温度改变不大时它一般是常量,但是也有特殊情况,例如水有反常膨胀现象,这将在 §6.5.3 的(三)中介绍,表 1.2 列出了一些固体的线膨胀系数.在选读材料 1.2 中介绍了一些自然界中及工程技术中的热膨胀现象.

表 1.2 固体的线膨胀系数

物质	$t/℃$	$\alpha/(10^{-6}℃^{-1})$	物质	$t/℃$	$\alpha/(10^{-6}℃^{-1})$
铝	25	25	黄铜(68 Cu, 32 Zn)	25	18~19
金	25	14.2	殷钢(36 Ni, 64 Fe)	0~100	0.8~12.8
银	25	19	玻璃(平均)	0~300	0.8~12.8
铜	25	16.6	冰	0	5.27
铁	25	12.0	金刚石	0~78	1.2
铂	25	9.0	弹性橡胶	17~75	77

说明:数据取自参考文献 19 的 887 页.

§1.4.3 理想气体物态方程

一、气体实验定律

玻意耳定律 1662 年英国科学家玻意耳(Boyle, 1627—1691)对一定质量的气体的性质进行实验研究得到下述规律:

$$pV = C \tag{1.10}$$

1679 年法国科学家马略特(Mariotte, 1620—1684)也同样独立地建立了上述规律.以后大家一致把(1.10)式称为玻意耳-马略特定律,简称玻意耳定律.实际上玻意耳定律只适用于理想气体,图 1.4 是对多种 1 mol 气体在不同压强下的 pV_m 的数值和 p 之间关系的实验图线.从图线可以看出,所有的气体都偏离了玻意耳定律所应该有的水平线,这也说明玻意耳定律只能用于理想气体.并且压强越大,偏离也越大,不同的气体的偏离状况又是不同的.我们又一次可以看到,

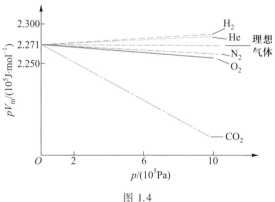

图 1.4

> 只有压强趋于零时的气体才是理想气体.在理想气体条件下,一切不同化学组成的气体在热学性质上的差异趋向消失.

盖吕萨克(Gay-Lussac,1778—1850)定律认为,一定质量的气体在压强保持不变时,体积随温度呈线性变化,

$$V = V_0(1 + \beta_p t)$$

式中 t 为摄氏温度,V 和 V_0 分别表示温度为 t 和 0 ℃ 时气体的体积,β_p 是气体体胀系数,见(1.8)式.实验测量出 $\beta_p = 1/273.15$ ℃,代入上式,由于 $T = (273.15 + t/℃)$ K 为热力学温度,则有 $V = V_0\beta_p T$.对于一定质量的气体在等压条件下的两个不同的状态,有

$$\frac{V_2}{V_1} = \frac{T_2}{T_1} \tag{1.11}$$

查理(Charles,1746—1823)定律认为,一定质量气体保持体积不变时,压强随温度呈线性变化,

$$p = p_0(1 + \alpha_V t)$$

式中 t 为摄氏温度,p 和 p_0 分别表示温度为 t 和 0 ℃ 时的气体压强,α_V 为压强系数,见(1.9)式.实验测量出 $\alpha_V = 1/273.15$ ℃,则有 $p = p_0\alpha_V T$.对于一定质量的气体等体条件下的两个不同的状态,有

$$\frac{p_2}{p_1} = \frac{T_2}{T_1} \tag{1.12}$$

和玻意耳定律一样,盖吕萨克定律和查理定律也只适用于理想气体.

二、理想气体物态方程

为了求出定量理想气体从 (p_1, V_1, T_1) 状态变化到任意的 (p_2, V_2, T_2) 状态之间的关系,可以设想有一个中间状态 (p_1, V_2, T),先使得气体从 (p_1, V_1, T_1) 过渡到 (p_1, V_2, T),这是等压过程,由(1.11)式得到

$$\frac{V_2}{V_1} = \frac{T}{T_1}$$

然后由等体过程变化到 (p_2, V_2, T_2) 状态,利用(1.12)式,得到

$$\frac{p_2}{p_1} = \frac{T_2}{T}$$

联立上述两式,得到定量气体的任何状态有如下关系

$$\frac{p_1 V_1}{T_1} = \frac{p_2 V_2}{T_2} = \cdots = 常量$$

令 1 mol 气体的常量为 R,则得

$$pV_m = RT$$

在标准状况下,$T = 273.15$ K,$p = 1.013 \times 10^5$ N·m^{-2},$V_m = 22.4 \times 10^{-3}$ m^3,代入上式,可得 $R = 8.31$ J·mol^{-1}·K^{-1},称为摩尔气体常量.以上是对气体的物质的量为

1 mol 而言的,若气体的物质的量为 ν ,气体的质量为 m ,气体的摩尔质量为 M , ν = m/M ,则有

$$pV = \frac{m}{M}RT = \nu RT \tag{1.13}$$

这就是**理想气体物态方程**.从宏观上对理想气体做出的定义为:

> 能严格满足理想气体物态方程的气体是理想气体.

[例 1.2]　一端开口、横截面积处处相等的长管中充有压强为 p 的空气.先对管子加热,使它形成从开口端温度 1 000 K 均匀变为闭端 200 K 的稳定的温度分布,然后把管子开口端密封,再使整体温度降为 100 K,试问管中最后的压强是多大? 不考虑长管壁与外界的热传导.

[分析]　开始时长管中气体温度不均匀,但是有一定的温度分布,所以它不处于平衡态.但是对于长管中任一微小长度的气体的内部,其温度都是各自相等的,因而可以认为任一微小长度的气体它们各自处于平衡态,因而它们都有确定的气体质量,或者说都有确定的气体分子数.当整体温度降为 100 K 以后,长管中气体处于平衡态了,显然前后两个状态中长管内的总的分子数是相等的,关键是求出开始时长管中气体的总的分子数,在计算分子数时要先求出长管中的温度分布,然后利用 $p = nkT$ 公式.

[解]　因为长管壁与外界的热传导是零,只有沿管纵向的热传导,又因传热已处于稳定状态,每一横截面处传递热量是相同的,所以管内温度分布是线性的,则管子中气体的温度分布应该是

$$T(x) = \left(200 + \frac{1\,000 - 200}{L}x\right)\ \text{K} \tag{1}$$

由于各处温度不同,因而各处气体分子数密度不同.考虑 $x \sim x + \mathrm{d}x$ 一段气体,它的分子数密度为 $n(x)$,设管子的横截面积为 S ,考虑到 $p = nkT$,而且气体各处压强是相同的,则这一小段中的气体分子数为

$$\mathrm{d}N = Sn(x)\,\mathrm{d}x = \frac{Sp}{kT(x)}\mathrm{d}x$$

管子中气体总分子数为

$$N = \frac{Sp}{k} \cdot \int_0^L \frac{\mathrm{d}x}{T(x)}$$

利用(1)式可得

$$N = \frac{Sp}{k} \cdot \int_0^L \left(200 + \frac{800x}{L}\right)^{-1}\mathrm{d}x$$

设管中气体最后的压强是 p_1 ,温度是 T ,则有

$$N = \frac{SLp_1}{kT}$$

由上面两式相等,最后可以计算出

$$p_1 = \frac{1}{8} \times p \times \ln 5 \approx 0.20p$$

即管中气体最后的压强为 $0.20p$.

§1.4.4　混合理想气体物态方程

从图 1.4 可看到,在 $p \to 0$ 时,各种气体之间的差异已趋消失.这说明只要气体能满足理想气体条件,不管它是什么化学成分,(1.13)式总能适用.若气体由

物质的量为 ν_1 的 A 种气体,物质的量为 ν_2 的 B 种气体等 n 种理想气体混合而成,则混合气体总的压强 p 与混合气体的体积 V、温度 T 间应有如下关系:

$$pV = (\nu_1 + \nu_2 + \cdots + \nu_n)RT \tag{1.14}$$

$$p = \nu_1 \frac{RT}{V} + \nu_2 \frac{RT}{V} + \cdots + \nu_n \frac{RT}{V} = p_1 + p_2 + \cdots + p_n \tag{1.15}$$

(1.14) 式称为混合理想气体物态方程.(1.15) 式中的 $p_1, p_2, \cdots, p_n$ 分别是在容器中把其他气体都排走以后,仅留下第 $i(i=1,2,\cdots,n)$ 种气体时的压强,称为第 i 种气体的分压(常用质谱分析法来测定气体的分压),(1.15) 式称为混合理想气体分压定律,这是英国科学家道尔顿(Dalton,1766—1844)于 1802 年在实验中发现的.它与理想气体方程一样,只有在压强趋于零时才准确地成立.

描述不同情况下同种气体的物态方程可有很多种.在本书 §1.7 中还将介绍几种有代表性的真实气体物态方程.

§1.5　物质的微观模型

前面讨论的平衡态、物态方程及温度等都属于宏观描述方法的内容.本章的以下部分主要讨论微观描述方法.

若要从微观上讨论物质的性质,必须先知道物质的微观模型.本节将从实验事实出发来说明物质的微观模型.

§1.5.1　物质由大数分子组成

古希腊的德谟克里特(Democritus,约公元前 460—前 370)曾想象物质由不可分割的被称为"原子"的粒子组成.伽桑狄(Gassendi,1592—1655)进而假设物质内的原子可在空间各方向上不停地运动,他据此解释了液体、固体、气体三种状态间的转变.1808 年道尔顿提出的原子理论也是以物质结构论为基础的,他从微观物质结构的角度去揭示宏观现象的本质,并引进"原子量"概念.1811 年意大利科学家阿伏伽德罗(Avogadro,1776—1856)引进分子的概念,提出了"在同温同压下相同体积的任何气体都含有相同数目的分子"的阿伏伽德罗分子假说.可是这样一个具有创见性的重要科学假说却遭到包括道尔顿在内的几个权威的反对,被冷落以致湮没了 50 余年.

物质由大数分子所组成的论点是指宏观物体是不连续的,它由大量分子或原子(离子)所组成.有很多现象能说明这一特征.例如气体易被压缩;水在 4×10^9 Pa的压强下,体积减为原来的 1/3;以 2×10^9 Pa 压缩钢筒中的油,发现油可透过筒壁渗出.这些事实均说明气体、液体、固体都是不连续的,它们都由微粒构成,微粒间有间隙.

大家知道,1 mol 物质中的分子数,即阿伏伽德罗常量

$$N_A = 6.02 \times 10^{23} \text{ mol}^{-1} \tag{1.16}$$

1 cm^3 的水中含有 3.3×10^{22} 个分子,即使小如 1 μm^3 的水中仍有 3.3×10^{10} 个分

子,约是目前世界总人口的 5 倍.正因为分子数远非寻常可比,就以"大数"以示区别.大数分子表示分子数已达到宏观系统的数量级.

目前实验上测定阿伏伽德罗常量的常用方法之一是电解方法.例如电解 NaCl 稀溶液时,在阳极上析出氧气,在阴极上析出氢气.在阴极上有如下反应:

$$2H^+ + 2e^- = H_2\uparrow$$

要电解出 2 g 氢气,就需消耗 2 mol 电子的电荷量,即 $Q = 2N_A e$.因 e 的数值可由密立根(Millikan,1868—1953)的油滴实验精确测出[1],这样就可以从耗去的电荷量定出 N_A 来.习惯上把实验精确测出的每析出 1 g 氢气所需的电荷量称为 1 个法拉第(Faraday,1791—1867)常量 F,

$$F = N_A e = 9.65 \times 10^4\ C \cdot mol^{-1}$$

由此定出的 N_A 与(1.16)式完全相同.

§1.5.2 分子热运动的例证——扩散·布朗运动·□涨落

一、分子(或原子)处于不停的热运动中

物质不仅由大数分子组成,而且每个分子都在作杂乱无章的热运动.这一性质也可由很多事实予以说明,这里仅介绍扩散与布朗运动.

(一)扩散

扩散现象人们十分熟知.一滴墨水滴进水中,它会在整个水中扩散而成均匀溶液,这是分子热运动所致.固体中的扩散现象通常不大显著,只有高温下才有明显效果.因温度越高,分子热运动越剧烈,因而越易挤入分子之间.在工业中有很多应用固体扩散的例子.例如渗碳是增加钢件表面含碳成分,提高表面硬度的一种热处理方法.通常将低碳钢制件放在含有碳的渗碳剂中加热到高温并且保温一定时间,使碳原子扩散到钢件的表面,然后通过淬火及较低温度的回火使钢件表面得到极高的硬度和强度,而内部却仍然保持低碳钢的较好的韧性.又如在半导体器件生产中,使特定的杂质在高温下向半导体晶片表面内部扩散、渗透,从而改变晶片内杂质的浓度分布和表面层的导电类型.

(二)布朗运动

分子热运动的最形象化的实验观察是布朗运动.1827 年英国植物学家布朗(Brown,1773—1858)从显微镜中看到悬浮在液体中的花粉在作不规则的杂乱运动.若把视线集中于某一微粒,可看到它好像在不停地作缓慢蠕动,其方向不断改变且毫无规则.图 1.5 画出了直径为 10^{-4} cm、悬浮在水中的藤黄颗粒作布朗运动的情况,把每隔 30 s 观察到的粒子的位置连接起来后即得图中所示的杂乱无章的折线.该折线不是布朗粒子的运动轨迹线,只是人为的连接线.虽然布朗不是第一个观察到布朗运动的人,但他是第一个对这种奇异现象进行一系列研究的人.他曾用保存了 300 年以上的花粉及用无机物微粒作为观察对象,从而排

动画:布朗运动

---

① 美国物理学家密立根于 1909 年前后对元电荷 e 作了精确的测定.以后他又从实验上完全肯定了爱因斯坦的光电效应方程,并从图像中测出当时最好的普朗克常量的数值.关于普朗克常量的引入请见(2.90)式.由于在上述两方面的杰出工作,他于 1923 年被授予诺贝尔物理学奖.

除了布朗粒子是"活的粒子"的假设.科学家们对这一奇异现象研究了 50 年都无法解释,直到 1877 年德耳索(Delsaulx,1828—1891)才正确地指出,这是由于微粒受到周围分子碰撞不平衡而引起的,从而为分子无规则运动的假设提供了十分有力的实验依据.分子无规则运动的假设认为:液体或气体内部分子之间在作频繁的碰撞,每个分子运动方向和速率都在不断地改变.任何时刻,分子的运动速率有大有小,运动方向也各种各样.

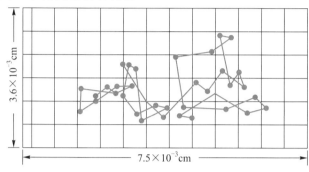

图 1.5　布朗运动

　　按照分子无规运动的假设,液体(或气体)内无规运动的分子不断地从四面八方冲击悬浮的微粒.在通常情况下,这些冲击力的平均值处处相等,相互平衡,因而观察不到布朗运动.若微粒足够小,从各个方向冲击微粒的平均力互不平衡,微粒就会向冲击作用较弱的方向运动.由于各方向冲击力的平均值的方向和大小均是无规则的,因而微粒运动的方向及运动的距离也是无规则.温度越高,布朗运动越剧烈;微粒越小,布朗运动越明显.所以,布朗运动并非分子的运动,但它能间接反映出液体(或气体)内分子运动的无规则性.

视频:气味唤起记忆

　　分子热运动的一个很有意思的例子就是人的鼻子对气味的感觉,甚至会唤起记忆,请见二维码视频"气味唤起记忆"。

　　□ 二、涨落

　　布朗运动不仅能说明分子的无规运动,且更能说明热运动必然有的涨落.热力学仅适于描述大数粒子系统.虽然系统微观统计平均值就是热力学量,但实际上在统计平均值附近还存在偏差.其偏差有大有小,有正有负,这种统计平均值的偏离称为涨落.概率论指出,若任一随机变量 M 的平均值为 $\overline{M}$(说明:以后我们以在某一随机变量上打一横杠表示它的统计平均值),则 M 在 $\overline{M}$ 附近的偏差为 $\Delta M = M - \overline{M}$,显然 ΔM 的平均值 $\overline{M - \overline{M}} = 0$,但均方偏差 $\overline{\Delta M^2} = \overline{(M - \overline{M})^2}$ 不等于零,其相对均方根偏差称为相对涨落或简称涨落.可以证明,在粒子可自由出入的某空间范围内的粒子数的相对涨落反比于系统中粒子数 N 的平方根

$$\frac{\left[\overline{\Delta N^2}\right]^{1/2}}{N} \propto \frac{1}{\sqrt{N}} \tag{1.17}$$

这说明粒子数越少,涨落越明显.现利用这一性质解释布朗运动的形成.考虑悬

浮微粒(并非一定是布朗粒子)在液体中所占的空间范围内的情况:若悬浮微粒尚未移入,则周围液体分子在该区域进进出出,四面八方均有分子进入与逸出,但平均说来,在各个方向上进进出出的分子数都相等,从而达到动态平衡;若微粒已移进这一区域,则上一情况中进入这一区域的分子相当于碰向微粒的分子,上一情况中出来的分子相当于与微粒碰撞后离开的分子.在任一单位表面积上平均碰撞分子数相等,微粒处于力平衡状态.但若悬浮微粒足够小,微粒所占区域内的液体分子数也足够少,由(1.17)式知在这一微小区域内的涨落已相当明显.在微粒移进该区域后,受到各个方向射来的分子的冲击力不能达到平衡而使微粒产生运动.这时,布朗粒子受到四个力作用:重力、浮力、涨落驱动力及布朗粒子在流体中运动造成的黏性阻力.既然涨落驱动力(这是主动力)的大小、方向完全是随机的,而黏性阻力是阻止微粒运动的,故微粒的运动也是无规的,这样的运动就是布朗运动.

※ 三、布朗粒子线度估算

下面估计水中悬浮微粒的线度要多小时才能观察到布朗运动.据(1.17)式,相对涨落决定于 $\dfrac{1}{\sqrt{N}}$.若仪器可检测到 $\dfrac{1}{1\,000}$ 的相对偏差,则布朗粒子所占空间的粒子数 $N_0 < 10^6$.水的分子数密度(即单位体积中的分子数) $n = \dfrac{N_A}{V_m}$,其中 $N_A = 6.02 \times 10^{23}\ \mathrm{mol}^{-1}$,水的摩尔体积 $V_m = 18 \times 10^{-6}\ \mathrm{m}^3 \cdot \mathrm{mol}^{-1}$.因为 $N_0 = nV$,而 $V = \dfrac{4\pi r^3}{3}$ 为布朗粒子所占体积,则这样的布朗粒子的半径约为

$$r_B = \left(\frac{3N_0 V_m}{4\pi N_A} \right)^{1/3} \approx 2 \times 10^{-8}\ \mathrm{m}$$

但在图1.5中藤黄颗粒直径为 $10^{-6}\ \mathrm{m}$(该线度在普通光学显微镜测量范围内),比上面的 r_B 大两个数量级,如何解释呢? 实际上在图1.5中已利用了长时间积累的效果(把每隔30 s观察到的粒子的位置相继连接起来).一般认为布朗粒子的线度(在液体中)为 $10^{-6} \sim 10^{-8}\ \mathrm{m}$,更小的线度已进入通常分子或原子的尺度.从上面的估算可知,布朗粒子的线度恰处于宏观微粒与微观粒子之间的过渡范围,它兼有微观运动(如涨落)和宏观运动的某些特征.关于布朗运动,在§2.7.5与§3.2.2中还要进一步讨论.

※ 四、类似布朗运动的涨落的其他实例

(一) 扭摆

日常生活中有不少其他涨落的实例.若把一金属细丝拉紧后两端固定,铅垂放置,且在金属细丝中部固定一面小镜.当小镜转动一个小角度时,金属丝由于扭转将提供一恢复力矩,小镜将作小角度振荡,因而形成一扭摆.当细丝很细、小镜很小时,扭摆十分灵敏.实验发现,灵敏度达到足够时的扭摆即使处于"平衡",小镜也并非完全静止,而绕它平衡位置作小角度、无规则振荡.若将一束水平光线射到小镜上,则在与小镜同高度水平标尺上可看到由小镜反射光线所形成的光斑作无规则摆动.这是由于小镜足够小,周围气体分子对小镜碰撞有涨落,使

小镜受到力矩不能平衡所致.由此可见,一些采用扭丝的测量仪器,其灵敏度的提高,将受到涨落的限制.这是布朗运动的另一例子.

（二）热噪声

又如若把一电阻器连接在一台足够灵敏的电子放大器的两个输入端,可观察到放大器输出电压存在无规涨落.略去放大器本身噪声,该涨落电压是由电阻器中的传导电子无规运动所产生的涨落电流通过线路放大而形成.这种涨落电流称热噪声.约翰孙(Johnson)早在 1928 年即提出热噪声是由于传导电子在导体中做无规热运动而引起的论点.并且他把这种运动看做布朗运动.温度越高,电子热运动越剧烈,电流涨落也越明显,热噪声也越大.热噪声是半导体器件及电子线路中的一种障碍.热噪声电平与温度成正比的关系称为奈奎斯特(Nyguist)定理.例如,量子放大器(也称脉塞)有极高的放大率,它在宇航通讯、军事通讯、红外成像及射电测量中均有广泛应用.由于其放大率特别高,在放大被测信号的同时也把热噪声放大了.为了检测到极微弱的信号,必须减小热噪声电平.为此必须把放大器置于低温条件(如 ≤77 K 温度)下.又如在选读材料 1.1 中所介绍的噪声温度计就利用这一原理来测量温度.

在选读材料 1.4 中还要介绍一种人们司空见惯的现象——晴朗时天空呈现的蓝色,东方日出、西方日落时太阳呈现的红色,这也是一种涨落.

§1.5.3 分子间的吸引力与排斥力

既然物质由彼此不连续的大数分子组成,分子又不停地做无规运动,热运动要使分子尽量散开,但固体、液体却能保持一定体积,这说明分子间还存在相互吸引力.热膨胀,物质呈现气、液、固三种物态以及它们之间的相互转变等现象都和分子间的作用力有关.

一、吸引力和排斥力

很多现象说明分子间存在相互吸引力.例如液体或固体中的分子变为蒸气分子需吸收汽化热或升华热,这是因为汽化时分子需克服分子间吸引力做功.同时,在汽化时还要扩大体积从而克服外界压强作用而做功.早在 1734 年英国的德萨吉利埃(Desaguliers,1683—1744)做了试验.他将一个铅球切下的一部分和另一个铅球切下的部分相互接触、加压并转捻一下,两部分会黏合在一起,需很大的力才能把它们拉开.他还观察到它们之间的实际接触面积仅为名义接触面积的数分之一.可是,你若不借助黏合剂就无法把破碎的玻璃接合起来,除非加热使玻璃熔化.这些事例说明:只有当分子质心相互接近到某一距离内,分子间的相互吸引力才较显著,我们把这一距离称为分子吸引力作用半径.铅较软,只需加相对较小的力就能使两断面上很多分子相互接近到作用半径之内,因而能承受一定拉力.但因为不是两断面间全部分子都在作用半径之内,在断面上固体的微结构受到相当程度的破坏,所以断面的抗拉强度较低.玻璃较硬,两断面间分子不容易靠拢.而玻璃只有在软化后才能使断面接合.还可估计到,胶水、糨糊的黏合作用也是来源于分子间的吸引力,它们成糊状,若在接触面上绝大部分糊状物质分子与纸张表面的分子间距离均小于分子吸引力作用半径,就产生强吸引力,固化以后,就起黏合作用.很多物质的分子引力作用半径约为分子直径的两倍左右,超过这一距离,分子间相互作用力已很小,可予忽略.

若分子间仅有相互吸引力,则分子会无限靠近而受到压缩,最后将压缩为一个几何点.固体、液体能保持一定体积而很难压缩,这正说明分子间不仅有吸引力,而且还存在排斥力.可利用固体的体积、固体中的分子数及固体的微观结构估算出固体分子的平均间距,这一间距也就是分子引力与斥力达到平衡时的距离.分子经过碰撞而相互远离也是排斥力的作用.排斥力也有作用半径.只有两分子相互“接触”“挤压”时才呈现出排斥力.可简单认为排斥力作用半径就是两分子刚好“接触”时两质心间的距离[①].对于同种分子,它就是分子的直径.因为吸引力出现在两分子相互分离时,故排斥力作用半径比吸引半径小.液体、固体受到外力压缩而达到平衡时,排斥力与外力平衡.从液体、固体很难压缩(例如施加 4×10^9 Pa 才能使水的体积减小为 1/3)这一点可说明排斥力随分子质心间距的减少而剧烈地增大.

二、分子力与分子热运动

分子间相互的吸引力和排斥力有使分子聚在一起,并在空间形成某种有序排列的趋向,但分子热运动却力图破坏这种趋向,使分子尽量相互散开.在这一对矛盾中,温度、压强、体积等环境因素起了重要作用.我们知道,气体分子由于受到容器的约束而使热运动范围受到限制.随着气体密度增加,分子平均间距越来越小,分子间相互吸引力不能予以忽略且越来越大.若再将温度降低,分子热运动也渐趋缓慢,在分子力与热运动这对矛盾中,分子力渐趋主导地位.到一定时候,分子吸引力使分子间相互“接触”而束缚在一起,此时分子不能像气体那样自由运动,只能在平衡位置附近振动,但还能发生成团分子的流动,这就是液体.若继续降低温度,分子间相互作用力进一步使诸分子按某种规则有序排列,并在一个平衡位置附近作振动,这就是固体.又如,好像气体总应存在于容器中,其实并不如此.例如地球大气并没有容器把它包住,处于大气中最外面的散逸层(见选 4.2.1 大气层热层结构)中极稀疏的大气是靠地球引力把大气分子拉住而不跑出大气层的.又如早期恒星是由星际云所组成的,使它们成一团气体而不散开,也是依靠了万有引力.无论是分子力还是万有引力,它们都分别与粒子的热运动形成一对矛盾,这一对矛盾的两个方面相互制约和变化,决定了物质的不同的特性.

最后需说明,分子力是一种电磁相互作用力而不是万有引力,这种电磁相互作用力并非仅是简单的库仑力,分子力是由一个分子中所有的电子和核与另一个分子中所有的电子和核之间复杂因素所产生的相互作用的总和.由于分子力是一种电磁相互作用力,故它是一种保守力,它具有势能,称为分子作用力势能,

---

① 这里的“接触”“挤压”,只是为了形象化而引入的.实际上分子和原子并不像皮球那样有确定的边界.因为原子是由原子核及核外的电子云所组成,所以当两分子相互接近时早已发生电子云的交叠,因而出现相互作用力,距离稍远时是引力,距离很近时为斥力.当两分子接近到既无斥力也无引力的临界位置时,就称这两分子刚好“接触”.小于这一距离称为相互“挤压”,大于这一距离称为相互分离.可以理解为在临界位置时两分子质心之间的距离等于两分子半径之和.

这将在§1.7.1中予以介绍.

§1.6　理想气体微观描述的初级理论

§1.6.1　理想气体微观模型

要从微观上讨论理想气体,先应知道其微观结构.实验证实对理想气体可作如下假定:

一、分子本身的线度比起分子之间的距离小得多而可忽略不计

现估计几个数量级.

（一）洛施密特常量

标准状况下1 m^3理想气体中的分子数以n_0表示.因标准状况下1 mol气体占有22.4 L,故

$$n_0 = \frac{6.02 \times 10^{23}}{22.4 \times 10^{-3}} \text{ m}^{-3} = 2.7 \times 10^{25} \text{ m}^{-3} \qquad (1.18)$$

这是奥地利物理学家洛施密特（Loschmidt,1821—1895）首先于1865年据阿伏伽德罗常量N_A算得的.［关于洛施密特常量的数量级之大,可作如此形象化说明:一个人每次呼吸量约为$4 \times 10^{-4} \text{ m}^3$,有$4 \times 10^{-4} \times 2.7 \times 10^{25} \approx 10^{22}$个分子,而地球上全部大气约有$10^{44}$个分子（可从习题2.6.3中估计出）,故一个分子与人体一次呼吸量的关系恰如一次呼吸量中的分子与整个地球大气分子总数之间的关系.］

（二）标准状况下分子间平均距离$\overline{L}$

因每个分子平均分配到的自由活动体积为$\dfrac{1}{n_0}$,由(1.18)式可得

$$\overline{L} = \left(\frac{1}{n_0}\right)^{1/3} = \left(\frac{1}{2.7 \times 10^{25}}\right)^{1/3} \text{ m} = 3.3 \times 10^{-9} \text{ m}$$

（三）氮分子半径

已知液氮（温度为77 K,压强为0.10 MPa）的密度$\rho = 0.8 \times 10^3 \text{ kg} \cdot \text{m}^{-3}$,氮的摩尔质量$M = 28 \times 10^{-3} \text{ kg} \cdot \text{mol}^{-1}$.设氮分子质量为$m$,则$M = N_A m$,$\rho = nm$,其中$n$为液氮分子数密度.显然$\dfrac{1}{n}$是每个氮分子平均分摊到的空间体积.由于液体中分子是相互接触,若假设液氮是由假设为球形的氮分子紧密堆积而成,且不考虑相邻球之间的空隙,则$\dfrac{1}{n} = \dfrac{4}{3}\pi r^3$,其中$r$是氮分子半径.于是得

$$r = \left(\frac{3}{4\pi n}\right)^{1/3} = \left(\frac{3M}{4\pi\rho N_A}\right)^{1/3} = 2.4 \times 10^{-10} \text{ m} \qquad (1.19)$$

比较$\overline{L}$和r,可知标准状况下理想气体的两邻近分子间平均距离约是分子直径的10倍左右.另外,因固体及液体中分子都是相互接触靠在一起的,也可估计到

固体或液体变为气体时体积都将扩大 10^3 数量级.需要说明,在作数量级估计时一般都允许做一些近似假设(例如在前面估计氮分子半径时,假设氮分子是球形的,并且液氮中氮分子做密堆积排列,分子之间没有任何空隙),看起来这些假设似乎太粗糙,但这种近似不会改变数量级大小,因为人们最关心的常常不是前面的系数,而是 10 的指数,故这种近似假设是完全允许的.

二、除碰撞的一瞬间外,分子间互作用力可忽略不计,分子在两次碰撞之间做自由的匀速直线运动[1].

三、处于平衡态的理想气体,分子之间及分子与器壁间的碰撞是完全弹性碰撞,即气体分子动能不因碰撞而损失,在各类碰撞中动量守恒、动能守恒.

以上就是理想气体微观模型的基本假定,热学的微观理论对理想气体性质的所有讨论都是建立在上述三个基本假定的基础上的.

值得注意的是,理想气体还有第四条性质.因为处于平衡态的气体均(不一定是理想气体)具有分子混沌性,分子混沌性的基本精神是:(1)在没有外场时,处于平衡态的气体分子应均匀分布于容器中;(2)在平衡态下任何系统的任何分子都没有运动速度的择优方向,也就是说,平均说来,其分子运动没有哪一个方向的速度会比别的方向的速度更大些,在任一宏观瞬间[2]朝一个方向运动的平均分子数必等于朝相反方向运动的平均分子数;(3)除了相互碰撞外,分子间的速度和位置都相互独立.分子混沌性的基本精神是与统计物理中的分子混沌性假设[3]相一致的.分子混沌性是在处于平衡态的气体具有各向同性(即物质在各方向上的物理性质均相同)的宏观特征的基础上作出的.对于理想气体,分子混沌性可在理想气体微观模型基础上,利用统计物理予以严格证明.

最后需要指出,虽然理想气体是一种理想模型,但实验指出,在常温下,压强在数个大气压以下的一些常见气体(例如 O_2、N_2、H_2、He 等,但是 CO_2、NH_3 等气体除外),一般都能很好地满足理想气体物态方程,这就为理想气体的广泛应用创造了很好的条件.

§1.6.2 单位时间内碰在单位面积器壁上平均分子数 $\Gamma \approx \dfrac{n\bar{v}}{6}$

由于大数粒子的无规则热运动,气体分子随时都与容器器壁发生频繁碰撞.虽然单个分子在何时相碰,以怎样的速度大小和方向去碰,碰在何处完全是随机的,但处于平衡态下大数分子所组成的系统应遵循一定统计规律性,单位时间内

---

① §1.5.3 已指出,不少分子间的引力作用半径约是分子直径的两倍左右.而理想气体中,两分子间平均距离约是分子半径的 10 倍.看起来分子引力半径和两邻近分子间距离相比不是小到可以忽略,似乎分子不会做匀速直线运动.实际上气体分子不是静止不动的,而是在做快速的运动及频繁的碰撞,在 §3.5 的(3.38)式中将指出,常温常压下,理想气体分子两次碰撞间平均走过的路程是分子大小的 200 倍左右,由此可估计到分子在两次碰撞之间的运动过程中基本上不受其他分子作用,因而可忽略碰撞以外的一切分子间作用力.

② 所谓宏观瞬间是指宏观上极短暂的时间,如小至 1 μs.但利用(3.26)式可以估计出,即使在这样非常小的 1 μs 时间内,一个分子却已平均碰撞了 10^3 次或更多.

③ 在非平衡态统计中有所谓的分子混沌性假设.它主要是指在平衡态下,平均说来分子的速度与位置之间没有相互的关联,请见参考文献 19 之 1029 页.

碰撞在单位面积上的平均分子数(简称为气体分子碰撞频率或称气体分子碰壁数,以 Γ 表示)恒定不变.这里介绍一种最简单的求气体分子碰壁数的方法.先作两条简化假设.

(1)若气体分子数密度为 n,则按照§1.6.1的分子混沌性假设,可以假设单位体积中垂直指向长方形容器任一器壁运动的平均分子数均为 $\dfrac{n}{6}$.

(2)每一分子均以平均速率 $\bar{v}$ 运动(实验证实,平衡态气体中诸分子的速率有大有小,从速率接近于零可以一直到速率很大很大.但所有气体分子作为一个整体,它们应该存在一个平均速率 $\bar{v}$,故可假定分子以 $\bar{v}$ 运动).[①]

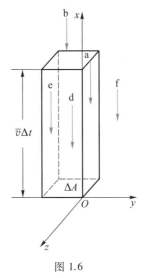

图 1.6

① 注意区别速率和速度,前者为标量,后者为矢量.

根据上述简化假设,可导出气体分子碰壁数 Γ.从图1.6可看出,Δt 时间内碰撞在 ΔA 面积器壁上的平均分子数 ΔN 等于以 ΔA 为底,$\bar{v}\Delta t$ 为高的立方体中所有向 $-x$ 方向运动的分子数.因此 Δt 时间内,所有向 $-x$ 方向运动的分子均移动了 $\bar{v}\Delta t$ 的距离,故在图1.6中的 e、d 分子在 Δt 时刻以前已与 ΔA 相碰;a分子恰在 Δt 时刻与 ΔA 相碰;b分子在 Δt 时刻还未运动到器壁;而 f 分子始终碰不到 ΔA.所以

$$\Delta N = \Delta A \cdot \bar{v}\Delta t \times \frac{n}{6}$$

单位时间内碰在单位面积器壁上的平均分子数

$$\Gamma = \frac{\Delta N}{\Delta A \Delta t} = \frac{n\bar{v}}{6} \qquad (1.20)$$

以后在§2.5.1中将用较严密的方法导出 Γ,所得结果为(2.46)式,此即

$$\Gamma = \frac{n\bar{v}}{4} \qquad (1.21)$$

将(1.20)式与(1.21)式比较后可发现,虽然(1.20)式的推导十分粗糙,但并未产生数量级的偏差.这种采用近似模型的处理方法突出了物理思想,揭示了事物的主要特征,而无需作较繁杂的数学计算,是可取的.虽然上面推导中,假设容器的形状是长方形,实际上(1.20)式和(1.21)式可适于任何形状的容器,只要其中理想气体处于平衡态.

[例1.3] 设某气体在标准状况下的平均速率为 $\bar{v} = 500\ \text{m} \cdot \text{s}^{-1}$,试分别计算 1 s 内碰在 1 cm² 面积及 10^{-19} m² 面积器壁上的平均分子数.

[解] 标准状况下气体分子的数密度 n_0 已由(1.18)式给出,故

$$\Delta N_1 = \frac{n_0 \bar{v}}{6} \cdot \Delta A \Delta t = \frac{1}{6} \times 2.7 \times 10^{25} \times 500 \times 1 \times 10^{-4} \times 1 = 2.25 \times 10^{23}$$

$$\Delta N_2 = \frac{1}{6} \times 2.7 \times 10^{25} \times 500 \times 10^{-19} \times 1 = 2.25 \times 10^{8}$$

这说明气体分子碰撞器壁非常频繁,即使在一个分子截面积的大小范围内(10^{-19} m²),1 s 内

还平均碰撞 $2.25×10^8$ 次.

§1.6.3　理想气体压强公式·□压强的单位换算

一、理想气体压强公式

文档:伯努利

　　早在 1738 年,伯努利(D.Bernoulli,1700—1782)出版了《流体动力学》一书.他在该书中除提出了流体定常流动观点及伯努利方程外,还发展了伽桑狄与胡克(Hooke,1635—1703)的观点,即设想气体压强来自粒子碰撞器壁所产生的冲量,在历史上首次建立了分子动理论的基本概念.他还由此导出玻意耳定律,从而说明了由于分子运动,使气体压强随温度升高而增加.前面讲过,任何宏观可测定量均是所对应的某微观量的统计平均值,所以器壁所受到的气体压强是单位时间内大数分子频繁碰撞器壁所给予单位面积器壁的平均总冲量.这种碰撞是如此频繁,几乎可认为是无间歇的,所施予的力也是恒定不变的(例如例 1.3 已估计出,标准状况下在一个分子截面积上每秒平均碰撞超过 10^8 次).这样,就很容易求出气体作用在单位面积器壁上的力(压强).与推导气体分子碰壁数一样,也可采用不同近似程度的方法来推导气体压强公式.这里先介绍最简单的方法,在 §2.5.2 中也将再做较严密的推导.

　　上节中曾假定,长方容器的单位体积中均各有 $n/6$ 个分子以平均速率 $\bar{v}$ 向 $±x$、$±y$、$±z$ 六个方向运动,因而在 Δt 时间内垂直碰撞在 $y-z$ 平面的 ΔA 面积器壁上的分子数为 $(1/6)n\bar{v}\Delta A\Delta t$(如图 1.6 所示).若每个分子与器壁碰撞是完全弹性的,每次碰撞产生 $2m\bar{v}$ 的动量改变(即向器壁施予 $-2m\bar{v}$ 的冲量),则

$$\left[\begin{matrix}\Delta t \text{ 时间内 } \Delta A \text{ 面积器壁}\\ \text{所受到的平均总冲量}\end{matrix}\right]=\frac{1}{6}n\bar{v}\Delta A\Delta t\cdot 2m\bar{v}$$

单位时间的总冲量是力,单位面积的力是压强,故

$$p=\frac{1}{6}n\bar{v}\cdot 2m\bar{v}\approx\frac{1}{3}nm\overline{v^2} \qquad (1.22)$$

(1.22)式称为气体压强公式.在推导过程中我们利用了平均速率近似等于方均根速率的条件,即

$$\bar{v}\approx\sqrt{\overline{v^2}}=v_{\text{rms}}$$

其中下标 rms 是 root mean square 的缩写,它表示方均根.我们在 §2.3 中将证明,对于理想气体有 $v_{\text{rms}}=1.085\,\bar{v}$ 的关系,见(2.18)式,可见由 $\bar{v}\approx\sqrt{\overline{v^2}}$ 所产生的误差较小.有意思的是,利用较严密的方法所得到的气体压强公式与(1.22)式相同.这是因为在上面推导的过程中,认为气体分子碰壁数是 $\dfrac{n\bar{v}}{6}$ 而不是 $\dfrac{n\bar{v}}{4}$,这样就少计算了总冲量,而以 v_{rms} 代替 $\bar{v}$ 又多计算了总冲量,使最后的结果仍然是准确的.设 $\bar{\varepsilon}_t$ 为每个气体分子的平均平动动能(其中下标 t 表示平动),即

$$\overline{\varepsilon_\iota} = \frac{1}{2} m \overline{v^2} \tag{1.23}$$

将它代入(1.22)式,可得

$$p = \frac{2}{3} n \overline{\varepsilon_\iota} \tag{1.24}$$

早在 1857 年,克劳修斯(Clausius,1822—1888)即得到这一重要关系式. (1.22)式、(1.24)式都称为理想气体压强公式,这两个公式表示了宏观量(气体压强)与微观量(气体分子平均平动动能或均方速率)之间的关系.必须说明,在推导(1.22)式时,认为气体压强是大数分子碰撞在单位面积器壁上的平均冲击力.实际上气体压强不仅存在于器壁,也存在于气体内部,对于理想气体,这两种压强的表达式完全相同(说明:将气压计引入气体内部并不能测定气体内部的压强,因为气压计本身就是一个器壁.气体内部压强由气体性质决定,它与气压计是否引入无关.气体内部压强如何产生,请读者考虑思考题 1.17).

最后还须强调,气体分子碰壁数及气体压强公式均适用于平衡态气体.只要器壁取宏观尺寸,同一容器器壁上的压强必处处相等.布朗粒子就是因为粒子线度已不属宏观范围,涨落使粒子表面受到的压强处处做随机变化,因而会产生布朗运动.

二、理想气体物态方程的另一形式 $p = nkT$

理想气体物态方程可改写为

$$pV = \nu RT = \nu N_A kT$$

即

$$p = \frac{\nu N_A kT}{V} = nkT \tag{1.25}$$

(1.25)式是理想气体方程的另一重要形式,也是联系宏观物理量 (p,T) 与微观物理量 n 间的一个重要公式.其中 k 称为**玻耳兹曼常量**

$$k = \frac{R}{N_A} = 1.38 \times 10^{-23} \text{ J} \cdot \text{K}^{-1} \tag{1.26}$$

R 是描述 1 mol 气体行为的普适常量,而 k 是描述一个分子或一个粒子行为的普适常量,这是奥地利物理学家玻耳兹曼(Boltzmann,1844—1906)于 1872 年引入的.虽然玻耳兹曼常量是从气体普适常量中引出的,但其重要性却远超出气体范畴,而可用于一切与热相联系的物理系统.玻耳兹曼常量 k 与其他普适常量如 e(元电荷)、G(引力常量)、c(光速)、h(普朗克常量)一样,都是具有特征性的常量.也就是说,只要在任一公式或方程中出现某一普适常量,即可看出该方程具有与之对应的某方面特征.例如凡出现 k 即表示与热物理学有关;出现 e 表示与电学有关;出现 G 表示与万有引力有关;出现 c 表示与相对论有关;出现 h 表示是量子问题等.

□三、压强的单位换算

压强,又称压力,这一概念不仅被用于热学,也被用于连续介质力学中(连续介质力学是流体力学与弹性力学的总称).严格说来,在连续介质力学中关于压强的概念与在热学中的概念有些微不同.300多年来,对压强概念的认识不断深化,在实验和使用中积累了大量资料.各国在历史上广泛采用各自不同的单位制,近数十年才趋于统一用国际单位制(SI),其压强单位是帕(Pa),$1\,Pa = 1\,N \cdot m^{-2}$.但由于历史原因,在气象学、医学、工程技术等领域的文献中常用一些其他单位(现已不推荐使用),如:巴(bar)、毫米汞柱(mmHg)或称托(Torr)、毫米水柱(mmH_2O)、标准大气压(atm)、工程大气压(at)、千克力每平方厘米($kgf \cdot cm^{-2}$)、千克力每平方毫米($kgf \cdot mm^{-2}$)、磅力每平方英寸($lb \cdot in^{-2}$)、磅力每平方英尺($lb \cdot ft^{-2}$)等,其单位主要换算关系见表1.3.

表 1.3　压强单位主要换算关系

$1\,Pa = 1\,N \cdot m^{-2} = 1.451 \times 10^{-4}\,lb \cdot in^{-2} = 0.209\,lb \cdot ft^{-2}$
$1\,bar = 10^5\,Pa$
$1\,lb \cdot in^{-2} = 6\,891\,Pa$
$1\,lb \cdot ft^{-2} = 47.85\,Pa$
$1\,atm = 1.013 \times 10^5\,Pa = 1.013\,bar = 14.7\,lb \cdot in^{-2} = 2\,117\,lb \cdot ft^{-2}$
$1\,mmHg = 1\,Torr = 133.3\,Pa$

§1.6.4　温度的微观意义

一、温度的微观意义

在§1.3.1中已指出,从微观上理解,温度是平衡态系统的微观粒子热运动程度强弱的量度.这一观点在历史上最早可追溯到1821年,赫拉帕司(Herapath)提出的如下假设:气体的"原子"均以很大的速度向各方向运动,热是由这些"原子"的运动引起,而温度则正比于其速度.可是当时还无法对这一假定做理论上的验证,直到1860年麦克斯韦(Maxwell, 1831—1879)创立了麦克斯韦速度分布,这将在§2.4中介绍.在这里我们只是在§1.6.2的简化模型基础上作论证.将(1.25)式与(1.22)式对照,可得分子热运动平均平动动能

$$\overline{\varepsilon_\mathrm{t}} = \frac{1}{2} m \overline{v^2} = \frac{3}{2} kT \tag{1.27}$$

它表明分子热运动平均平动动能与绝对温度成正比.绝对温度越高,分子热运动越剧烈.绝对温度是分子热运动剧烈程度的量度,这是温度的微观意义所在.应该指出:(1)$\overline{\varepsilon_\mathrm{t}}$是分子杂乱无章热运动平均平动动能,它不包括整体定向运动动能.只有作高速定向运动的粒子流经过频繁碰撞改变运动方向而成无规则的热运动,定向运动动能转化为热运动动能后,所转化的能量才能计入与绝对温度有关的能量中.(2)从(1.27)式可看到,粒子的平均热运动动能与粒子质量无关,

而仅与温度有关.§2.7 中将从这一性质出发引出热物理中又一重要规律——能量均分定理.

二、气体分子的方均根速率

利用(1.27)式可求出分子的方均根速率

$$v_{\text{rms}} = \sqrt{\overline{v^2}} = \sqrt{\frac{3kT}{m}} = \sqrt{\frac{3RT}{M}} \qquad (1.28)$$

其中 M 是气体的摩尔质量.上式说明温度越高,分子质量越小,分子热运动越剧烈.

表 1.4 是自然界中一些高温、低温温度的典型数值.

表 1.4　自然界中一些高温、低温温度的典型数值

中子星[①]表面温度 10^7 K	中子星中心温度 6×10^9 K
太阳表面温度 6 000 K[②]	太阳中心温度 1.5×10^7 K[②]
太阳日冕[②]温度 10^6 K	地核中心温度 4 000~6 000 K
钨的熔点 3 600 K	铅的熔点 600 K
水的三相点 273.16 K	液氧正常沸点 90 K
液氮正常沸点 77 K	液氧三相点 55 K
液氮三相点 65 K	液氢正常沸点 20 K
液氢三相点 14 K	液氦(^{4}He)正常沸点 4.2 K
液氦(^{4}He)λ 点 2.17 K	液氦(^{3}He)正常沸点 3.3 K
宇宙微波背景辐射温度 2.7 K[③]	稀释制冷机所能达到最低温度 2×10^{-3} K

① 见选 6.1.2.
② 见选 2.1.4.
③ 见选 4.1.6.
④ 由英国兰开斯特大学所创.
⑤ 由日本东京大学所创.
⑥ 核自旋温度是一种子系温度,请见选读材料 2.3 之"子系温度".
⑦ 由芬兰赫尔辛基大学所创.

世界最低温纪录:液态 ^{3}He 最低温度 100 μK[④]"固态 ^{3}He 最低温度 43 μK[⑤];核自旋温度[⑥]最低温度:1990 年 2 月使银样品冷却到 800 pK(1pK = 1×10^{-12} K)[⑦]

[例 1.4]　试求 273 K 时氢分子及空气分子的方均根速率 v_{rms} 及 v'_{rms}.

[解]　$v_{\text{rms}} = \sqrt{\frac{3RT}{M}} = \sqrt{\frac{3 \times 8.31 \times 273}{2 \times 10^{-3}}}$ m·s^{-1} = 1.84×10^3 m·s^{-1}

$v'_{\text{rms}} = \sqrt{\frac{3 \times 8.31 \times 273}{29 \times 10^{-3}}}$ m·s^{-1} = 486 m·s^{-1}

[例 1.5]　在近代物理中常用电子伏(eV)作为能量单位,试问在多高温度下,分子的平均平动动能为 1 eV? 1 K 温度的单个分子热运动平均平动能量相当于多少电子伏?

[解]　1 eV = 1.602×10^{-19} C·V = 1.602×10^{-19} J,由 1 eV = $\frac{3kT}{2}$ 知:

$\qquad$ 1 eV = 7.74×10^3 K 温度的单个分子热运动平均平动能量 $\qquad$ (1.29)

$\qquad$ 1 K 温度的单个分子热运动平均平动能量 = 1.29×10^{-4} eV $\qquad$ (1.30)

*§1.6.5　气体分子碰壁数和 $p = nkT$ 公式的简单应用

气体分子碰壁数(即单位时间内碰撞到单位面积固体表面的平均分子数)和 $p = nkT$ 公式有很多应用,下面介绍几个例子.

一、固体对气体分子的表面吸附

固体表面吸附是一种气体分子碰撞到固体表面时,受到固体表面分子吸引力而附着在固体表面的现象(详细介绍请见选 6.7.2 固体表面吸附).显然,固体表面吸附是和固体的性质有关,和固体分子和气体分子之间的相互作用情况有关,也和气体分子碰撞到固体表面的概率大小有关,这一概率大小具体体现为单位时间内碰撞到单位面积固体表面上的气体平均分子数的多少,即气体分子碰壁数的多少,它可以由(1.21)式表示,即

$$\Gamma = \frac{1}{4} n \bar{v}$$

气体分子碰壁数当然也可以粗略地由(1.20)式表示.考虑到 $\bar{v} \approx \sqrt{\overline{v^2}}$ 以及(1.28)式,再利用(1.25)式,可以知道

$$\Gamma \propto \frac{p}{\sqrt{T}} \tag{1.31}$$

说明气体分子碰壁数和气体压强成正比,和温度的平方根成反比.对于固体表面吸附来说,气体分子碰壁数越大,碰撞固体表面的概率也大,越是有利于吸附.可见在压强一定时气体的温度越低,或者温度一定时气体压强越高,越是有利于吸附.

气体分子碰壁数是表示单位面积上在单位时间内碰撞的分子数,显然,固体的表面积越大,其吸附效率也越高.所以所有的吸附剂(例如活性炭、分子筛、硅胶等)都是多孔性的物质,它们的比表面积都非常大.例如每克活性炭的表面积可以高达 2 700 m^2.

在真空技术(见§3.8.1 稀薄气体的特征·真空)中,常常在真空系统中设置低温吸附阱,例如使得抽真空气体在装有液氮(温度为 77 K)的容器壁周围通过.液氮容器壁外面包裹活性炭等吸附剂,气体分子在周围流过时被处在液氮温度的活性炭吸附剂吸附,从而提高气体真空度.类似的应用还有分子筛,硅胶的吸附,低温吸附泵等.

二、泻流

假设器壁上开有一很小的小孔或狭缝[孔的线度应满足足够小的条件,请见§3.8.2 之 *二、稀薄气体的黏性现象].由于从小孔流出去的分子数比容器中总分子数少得多,气体从小孔的逸出不会影响容器内气体的平衡态的建立.若开有小孔的器壁又较薄,则分子射出小孔的数目是与碰撞到器壁小孔处的气体分子数相等的,气体分子如此射出小孔的过程称为**泻流**.泻流在实验及工程技术中有很多应用.气体向真空容器(例如显像管)内的泄漏,高空飞行的飞机和宇宙飞船中的空气向外界的泄漏都是一种泻流.泻流是一种气体的分子扩散现象,请见§3.8.2 之三.泻流的最重要的应用就是分子束和原子束的获得及其应用,请见§2.5.3.人们是如何来获得分子束和原子束的,请见§2.3.1 分子射线束实验.

另外,利用 $p = nkT$ 公式可以根据真空系统压强的变化估计真空系统中气体分子数的变化.

三、热分子压差

容器被一绝热薄壁隔板分隔为两部分 A 和 B.A、B 分别与温度为 T_1 和 T_2 的热源接触,现使隔板上开一很小的小孔,A、B 中气体可通过小孔以泻流方式互换分子.经足够长时间后将建立动态平衡,这时从 A 逸出进入 B 中的气体分子数等于从 B 逸出进入 A 中的分子数,即

$$\frac{1}{4} n_1 \overline{v_1} \Delta A \Delta t = \frac{1}{4} n_2 \overline{v_2} \Delta A \Delta t$$

若 A、B 中气体是同种的,则利用(1.31)式可得

$$\frac{p_1}{\sqrt{T_1}} = \frac{p_2}{\sqrt{T_2}} \quad \text{或者} \quad n_1 \sqrt{T_1} = n_2 \sqrt{T_2} \tag{1.32}$$

可看到,由于小孔两边气体温度不同,致使达稳态后小孔两边气体压强也不等.这与通常开孔较大时,孔两边的气体压强最后趋于相等的情况截然不同.我们把(1.32)式的左边等式所表示的现象称为**热分子压差现象**;(1.32)式右边的等式所表示的现象被称为**热流逸现象**.在测量低温下真空压强时常需考虑热分子压差修正.例如,在测定置于液氮(温度为 77 K)容器中的压强时,常利用较细的管道将低压气体联通到室温下进行测量.在真空度足够低的情况下,气体通过细管流出到另一真空容器中的分子数,是与通过相同截面积的器壁上的小孔泻流到邻近真空容器中的分子数近似相等的.我们可利用(1.32)式计算在同一真空系统中,不同温区的真空度之间的关系.例如,在室温中的真空仪器所测出的压强是与之联通的处于液氮温度下容器的压强的两倍.若真空容器置于液氮(温度为 4.2 K)中,则室温仪器所测出压强为真空容器压强的 8.4 倍.

§1.7   分子间作用力势能与真实气体物态方程

由玻意耳定律知,一定质量的气体在 T 不变时 $pV =$ 常量.若以 $\dfrac{pV_\mathrm{m}}{RT}$ 为纵坐标,p 为横坐标画出等温线,这些等温线都应平行于横轴,然而实验结果并非如此.图 1.7(a)画出了在不同温度下测定出的氢气的 $\dfrac{pV_\mathrm{m}}{RT} = f(p)$ 的关系曲线.可看到,图中所有曲线并不平行于横轴,说明 $f(p)$ 并非常量,且温度越低偏离越大.本节将定性讨论分子间作用力,还要介绍几种真实气体物态方程.

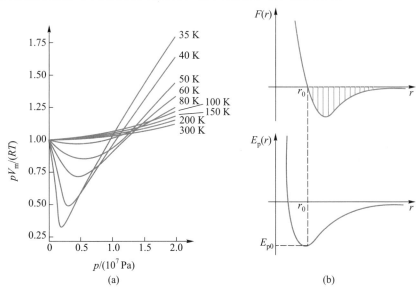

图 1.7

§1.7.1 分子间相互作用势能曲线

分子之间作用力是研究真实气体关键所在.在§1.5.3中已从实验事实出发推断出分子之间引力与斥力的一些主要特征.本小节将在此基础上建立分子相互作用势能曲线.

一、分子作用力曲线

既然两分子相互"接触"时分子排斥力占优势,相互分离时分子间吸引力占优势,则两分子质心间应存在某一平衡距离 r_0,在该距离分子间相互作用力将达平衡.为便于分析,常设分子是球形的,分子间的相互作用是球对称的中心力场.现以两分子质心间距离 r 为横坐标,两分子间作用力 $F(r)$ 为纵坐标,画出两分子间相互作用力曲线,如图 1.7(b) 的上图所示.在 $r=r_0$ 时分子力为零,相当于两分子刚好"接触".当 $r<r_0$ 时,两分子在受到"挤压"过程中产生强斥力,这时 $F(r)>0$ 且随 r_0 减少而剧烈增大.当 $r>r_0$ 时两分子分离,产生吸引力,$F(r)<0$.当 r 增加到超过某一距离 R_0 时,吸引力很小将趋近于零,可认为这一距离就是分子间吸引力的有效半径,简称吸引力作用半径.另外,分子间距在 r_0 到 R_0 区间内,$F(r)$ 从零变到小于零,最后又在负的范围内趋近于零,则 $F(r)$ 必然有一极小值出现.所以可估计到,$F(r)$ 随 r 的变化曲线应该如图 1.7(b) 之上图所示的形状.

二、分子相互作用势能曲线

§1.5.3曾讲到,分子力是一种保守力,而保守力所作负功等于势能 E_p 的增量,故分子作用力势能的微小增量为

$$dE_p(r) = -F(r)dr \qquad (1.33)$$

或

$$F = -\frac{dE_p}{dr}$$

若令 $r\to\infty$ 时的势能 $E_p\big|_{r\to\infty}=0$,则分子间距离为 r 时的势能为

$$E_p(r) = -\int_\infty^r F(r)dr \qquad (1.34)$$

利用(1.34)式,可作出与图 1.7(b) 之上图分子力曲线所对应的相互作用势能 $E_p(r)-r$ 曲线,如图 1.7(b) 之下图所示.例如,上图中打上竖条的面积就等于在平衡位置 $r=r_0$ 时的势能 E_{p0},它是负的.图 1.7(b) 下图的纵轴上已标出 E_{p0},并画出利用(1.34)式所求得的势能曲线.将图 1.7(b) 的上、下图相互对照可知,在平衡位置 $r=r_0$ 处,分子力 $F=0$,故 $\dfrac{dE_p}{dr}=0$,势能有极小值.在平衡位置以外,即 $r>r_0$ 处,$F<0$,势能曲线斜率 $\dfrac{dE_p}{dr}$ 是正的,这时是吸引力.在平衡位置以内,即 $r<r_0$ 处,$F>0$,势能曲线有很陡的负斜率,相当于有很强斥力.两分子在平衡位置附近的吸引

和排斥,和弹簧在平衡位置附近被压缩和拉伸类似,液体和固体中分子的振动就是利用分子力这一特性来解释.由于用势能来表示相互作用要比直接用力来表示相互作用方便有用,所以分子相互作用势能曲线常被用到.

□ §1.7.2　分子碰撞有效直径、固体分子热振动、固体热膨胀

利用分子间势能曲线可以很好地解释分子间对心碰撞及固体分子的振动以及固体的热膨胀现象.

一、用分子势能曲线来解释分子间的对心碰撞

利用势能曲线能定性地解释气体分子间对心碰撞过程.设一分子质心 a_1 固定不动,另一分子质心 a_2 从极远处(这时势能为零)以相对运动动能 E_{k0} 向 a_1 运动.图 1.8(a) 的横坐标表示两分子质心间距离 r,这相当于一个分子 A 的质心固定于原点 O,另一分子 B 以 E_{k0} 的动能从无穷远处向 A 运动,B 的质心坐标就是 r.纵坐标有两个,方向向上的表示势能 E_p,坐标原点为 O;方向向下的纵坐标表示相对运动动能 E_k,坐标原点为 O'.当 a_2 向 a_1 靠拢时,受到分子引力作用的 a_2 具有数值越来越大的负势能,所减少势能变为动能的增量,总能量 $E_p+E_k=E_{k0}$ 是一常量.当 $r=r_0$ 时,两分子相互"接触",这时势能达极小,动能达极大.由于惯性,a_2 还要继续向前运动,两分子相互"挤压"产生骤增的斥力.在图 1.8(b) 中已形象化地分别画出了分子相互"接触"(A)、受到"挤压"(B)、产生最大"形变"(C) 时的"形变"情况.在"形变"过程中,E_p 增加而 E_k 减少.当 $r=d$ 时[d 等于图(b)的(C)中两分子质心间距],动能变为零,势能 $E_p=E_{k0}$.强斥力使瞬时静止分子反向运动,两分子又依次按图(b)中之(C)、(B)、(A)顺序恢复"形变"而后分离.因 d 是两分子对心碰撞时相互接近的最短质心间距,故称

$$d = \text{分子碰撞有效直径}$$

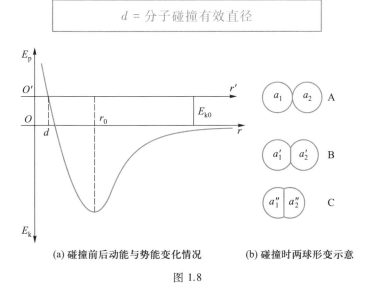

(a) 碰撞前后动能与势能变化情况　　(b) 碰撞时两球形变示意

图 1.8

从图(a)可看到,当温度升高时,E_{k0} 也增加,因而 $O'r'$ 轴升高,d 将减小,说明 d 与气体温度有关.温度越高,d 越小.

　　需要说明,由于原子核外的电子呈电子云分布,因而原子或分子没有明确的边界,也就谈不上有什么明确的直径.通常提到的分子直径有两种:一种指分子的大小,这主要是指由它们组成固体时,最邻近分子间的平均距离.由于固体中的分子(或原子)处于密堆积状态,分子(或原子)均在平衡位置附近作振动.这相当于两个能扩张及收缩的弹性球相互接触时所发生的情况,正如图1.8(b)所示.这时把平衡位置时两分子质心间平均距离 r_0 视作分子直径;另一种理解的分子直径是指两分子相互对心碰撞时,两分子质心间的最短距离,这就是分子碰撞有效直径 d,显然 r_0 与 d 是不同的. r_0 与温度无关,而 d 与分子间平均相对运动动能有关,因而与温度有关.但在通常情况下,两者差异不是很大.

　　还要说明,图1.8中对分子间碰撞的分析仅限于两分子间的对心碰撞(即两分子间的碰撞均在分子联心轴线上发生),实际发生的分子间碰撞是非对心的,因而要引入分子碰撞截面的概念,请见§3.5.1.

二、固体及液体中分子的振动

　　固体或液体中的分子都是(或基本上是)相互紧靠在一起的.两分子在平衡位置时的情况如图1.8中的(b)之A所示.这时两分子质心之间距离就是 r_0.由于固体或液体中的分子均被周围其他分子包围着.一个分子的运动必致使与之"接触"的其他分子发生"形变",因而使分子势能发生改变,其动能也随之而变,所以分子的热运动形式只能是振动.另外,由于固体中分子被邻近分子所束缚,而不能像气体分子那样自由运动.在固体中分子力与热运动这对矛盾中,分子力起了主要作用.分子力的强弱反映为分子相互作用势能对 r 的微商的绝对值的大小,而势能是负的;热运动的强弱反映为动能的大小,而动能总是正的.由于势能的绝对值大小总是大于动能,所以固体中分子的总能量 $E=E_p+E_k<0$,它反映为图1.8(a)中其总能量守恒的那条能量水平线在横坐标轴 r 的下方.图1.9的 r 轴下方有一条虚线段.这条虚线段的纵坐标就是总能量,当两分子质心间距为 r' 时,分子的势能为总能量 E,动能为零.由于 $r'<r_0$,所以分子受到斥力,在斥力作用下分子向右运动,斥力做正功,势能减少,动能增加.动能的数值就是图中水平虚线与该虚线下面的虚曲线两者之间的垂直距离,当分子运动到 r_0 时,其势能取图中 O'' 点表示的数值 E_{p0},这时 $E_k=|E-E_{p0}|$(如图1.9所示),动能最大,分子力为零,但由于惯性它将继续向右运动,当 $r>r_0$ 时为吸引力,吸引力使它减速,当移动到 r'' 时动能变为零,以后又

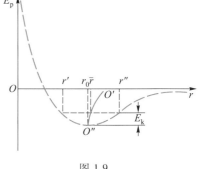

图 1.9

向左运动.由此可见,分子活动范围被限制在 r' 与 r'' 之间,并做往复振动.

　　由此可见,表示固体或液体中的分子的总能量 E 的直线在横坐标轴的下方,分子被束缚在分子势能曲线的势阱中,它只能在该范围内振动.对于气体分子,由于总能量直线在横坐标上方,所以可以自由运动.

三、固体热膨胀的微观解释

对晶体的热膨胀现象可作如下解释:晶体中粒子都在振动,宏观上所看到的晶体线度是由微观粒子振动的平衡位置所决定的.在图 1.9 的相互作用势能曲线中.在 $T \rightarrow 0$ K 时,由于量子效应,粒子在平衡位置 r_0 附近作振幅非常小的零点振动(注意:它并非静止不动),这时两粒子质心间的平均距离为 r_0.随着温度的升高,粒子在零点振动能量基础上增加一个与温度有关的振动动能 E_k,粒子的总能量 E 是 E_k 和分子互作用势能 E_p 之和,这是一仅与温度有关的守恒量.在图中以横轴 r 下的横虚线段表示 E 是一守恒量.这时粒子来回振动于 r' 与 r'' 之间.只要振动的振幅不太大,可认为振动的"平衡位置"位于 r' 和 r'' 的平均值 $\bar{r}$ 处,由图看到 $\bar{r} > r_0$,即

$$\bar{r} = \frac{r' + r''}{2} > r_0$$

$\bar{r} > r_0$ 的原因在于分子势能曲线在势能谷部分的不对称性.粒子振动的"平衡位置"总是随着温度的升高,即总能量水平线的升高,而逐渐偏向右边,诸"平衡位置点"的集合如图中实线 $O'O''$ 所示.这说明固体中相邻分子间平均距离随温度升高而增大,因而引起热膨胀.晶体的热膨胀现象就是这样由晶格振动的非简谐性而产生.说明:所谓非简谐性是指振动的势能曲线在平衡位置的两侧不对称,因为对称的曲线才是简谐振动.

§1.7.3 范德瓦耳斯方程

1873 年荷兰物理学家范德瓦耳斯在克劳修斯的论文的启发下,对理想气体的两条基本假定(即忽略分子固有体积、忽略除碰撞外分子间相互作用力)作出了两条重要修正,得出了能描述真实气体行为的范德瓦耳斯方程.

一、分子固有体积修正

既然理想气体不考虑分子的固有体积,说明理想气体方程中容器的体积 V 就是每个分子可以自由活动的空间.如果把分子看作有一定大小的刚性球,则每个分子能有效活动的空间不再是 V.设 1 mol 气体占有 V_m 体积,分子能自由活动空间的体积为 $V_m - b$.则有

$$V_m - b = \frac{RT}{p}$$

或
$$p = \frac{RT}{V_m - b} \tag{1.35}$$

有人把(1.35)式称为克劳修斯方程.由(1.35)式知,当压强 $p \rightarrow \infty$ 时,气体体积 $V_m \rightarrow b$,说明 b 是气体无限压缩所达到的最小体积.

※二、动理压强与内压强

在考虑分子力对压强的修正时必须对压强产生的机理作进一步分析.

(一)动理压强

我们知道,理想气体压强是单位时间内气体分子碰撞在单位面积器壁上的平均总冲量.这种压强称为(气体)动理压强,以 $p_{动理}$ 表示.则理想气体压强为

$$p_{理} = p_{动理}$$

（二）液体中的静压强

压强不仅可来源于分子热运动,也可来源于分子间作用力.例如液体对器壁产生的静压强不可能来源于分子碰撞器壁产生的冲量,因为我们假定在较长时间内的平均效果来讲液体分子是静止不动即液体分子的平均平动动量为零的,所以液体分子热运动的形式只能是振动.液体对器壁产生的静压强只能由液体分子与邻近的器壁分子间作用力(具体说来是与相邻分子间的排斥力)产生.液体所受压强越大,液体与邻近器壁分子间平均距离越小,排斥力越大.它施于器壁的压力也越大.而器壁分子对邻近液体分子的总的排斥力恰好与外界施于液体的压力相平衡.另外,很易看出,斥力产生的压强与(理想气体中)动理压强的方向是相同的.

（三）气体中的内压强

理想气体中只有动理压强,但真实气体中除了有动理压强外还应有由于分子间吸引力产生的压强(气体中分子间作用力主要反映为吸引力,而排斥力只有在碰撞的一刹那才存在).

由于分子间吸引力与排斥力方向相反,可知吸引力产生的压强也与动理压强方向相反,若把分子吸引力所产生的压强的大小称为内压强,并以 Δp_i 表示,则气体中的压强可表示为分子动理压强与吸引力产生压强之和即

$$p = p_{真动} - \Delta p_i$$

其中 $p_{真动}$ 为真实气体中的动理压强.显然,真实气体内部的动理压强与理想气体内部的动理压强应该相等(为什么相等请考虑思考题 1.25),即 $p_{真动} = p_{理动}$,将它代入上面的等式中,可得到

$$p_{理动} = p + \Delta p_i$$

也就是说理想气体压强

$$p_{理} = p_{理动} = p + \Delta p_i$$

(1.36)

三、分子吸引力修正

设分子在相互分离时的吸引力为球对称分布,吸引力作用半径为 R_0,即只有当两质心间距 $r \leq R_0$ 时才有吸引力.而每一分子均有以 R_0 为半径的吸引力作用球,如图 1.10 所示.在气体内部的任一分子的作用球内,其他分子对它的作用力相互抵消,合力为零.但是靠近器壁的一层厚度为 R_0 的界面层内的气体分子并不如此.例如在器壁表面上有一个分子 A,它的作用球有一半在器壁内,另一半在气体界面层内.若暂不考虑器壁分子对 A 分子的作用,(可以证明,器壁分子在界面层内

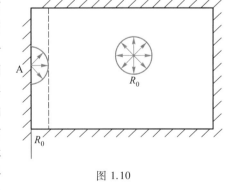

图 1.10

对气体分子的吸引力不会影响气体施于器壁压强的大小请考虑思考题1.24),则半个球的气体分子对 A 的作用力的合力都垂直于器壁指向气体内部,在界面层

中所有分子都大小不等地受到这样的分子合力的作用.气体内部的分子在越过界面层向器壁运动,以及在与器壁碰撞以后返回、穿过界面层的过程中,都受到这样一个指向气体内侧的力,使分子碰撞器壁产生的动量改变要比不考虑分子引力时要小,因此器壁实际受到的压强要比气体内部的压强小,即气体施于器壁的压强减少了一个量值 Δp_i.通常称 Δp_i 为气体的内压强修正量,简称为内压强. 若仪器所测出的气体压强(它就是器壁实际受到的气体压强,因为不管压强计是在器壁上还是在气体内部,对于气体来说它总是个器壁)为 p,则

$$p + \Delta p_i = p_内 \tag{1.37}$$

其中 $p_内$ 是气体内部的压强,它与内压强是两个完全不同的概念.因为气体内部的压强与分子吸引力存在与否无关(因为气体的各向同性使其内部分子受到的周围其他分子对它的吸引力是相互抵消,合力为零的),或者说 $p_内$ 就等于理想气体方程中的压强 p,所以有

$$p_内(V_m - b) = RT$$

$$p + \Delta p_i = \frac{RT}{V_m - b} \tag{1.38}$$

(1.38)式就是同时考虑到分子固有体积修正及分子间吸引力修正后得到的真实气体物态方程.若令 Δk 表示每一分子进入界面层的过程中,由于受到指向气体内部的平均拉力 $\overline{F}$ 作用所产生的平均动量减少量.则分子在与器壁碰撞前的动量为 $mv_x - \Delta k$,碰撞以后变为 $-(mv_x - \Delta k)$,动量改变为 $-2mv_x + 2\Delta k$.故分子每碰撞一次,$\overline{F}$ 所产生平均动量改变为 $2\Delta k$.因而

$$\Delta p_i = [单位时间内碰撞在单位面积上的平均分子数] \times 2\Delta k = \frac{1}{6}n\bar{v} \times 2\Delta k$$

其中 Δk 与向内的平均拉力成正比,而 $\overline{F}$ 又与气体分子数密度 n 成正比.若令 Δk 与 n 的比例系数为 K,则

$$\Delta k = Kn$$

故

$$\Delta p_i = \frac{1}{3}n\bar{v} \cdot Kn = \left(\frac{N_A}{V_m}\right)^2 \cdot \bar{v} \cdot \frac{K}{3} \tag{1.39}$$

可见 Δp_i 反比于 V_m^2,设比例系数为 a,它是一个与气体种类有关的常量,则

$$\Delta p_i = \frac{a}{V_m^2} \tag{1.40}$$

四、范德瓦耳斯方程

将(1.40)式代入(1.38)式可得

$$\left(p + \frac{a}{V_m^2}\right)(V_m - b) = RT \tag{1.41}$$

(1.41)式是表示 1 mol 气体的范德瓦耳斯方程.常量 a 和 b 分别表示 1 mol 范氏气体分子的吸引力修正量与排斥力修正量,其数值随气体种类不同而异,通常由

文档:范德瓦耳斯

实验确定.从(1.39)式与(1.40)式看到 a 与 $\bar{v}$ 有关,因而 a 与温度有关.但一般假定 a 是与温度、压强无关的常量,这说明范德瓦耳斯方程是有相当程度的近似的.若气体不是 1 mol,其质量为 m,体积为 V,则范氏方程可写为

$$\left[p + \left(\frac{m}{M} \right)^2 \cdot \frac{a}{V^2} \right] \left(V - \frac{m}{M}b \right) = \frac{m}{M}RT \qquad (1.42)$$

在上述推导过程中有两个问题值得考虑:(1)从(1.41)式知,当 $p \to \infty$ 时,V_m 趋向 b,即所有气体分子都被挤压到相互紧密"接触"而像固体一样,则 b 应等于分子的固有体积.但理论和实验均指出,b 等于分子固有体积的四倍而不是一倍,这将在选读材料 1.4 中讨论.(2)Δk 由界面层中分子吸引力而产生,这里并未考虑到运动分子在界面层中还受到器壁分子吸引力这一因素.由于器壁分子数密度比气体分子数密度大 2~3 个数量级,器壁分子对碰壁分子作用要比边界层分子对碰壁分子作用强得多,为什么不予考虑? 请读者讨论思考题 1.24.

范氏方程虽然比理想气体方程进了一步,但它仍然是个近似方程.例如对于 0 ℃、10 MPa 的氮气,其误差仅 2%;但对 0 ℃的 CO_2,压强达 1 MPa 时方程已不适用.一般说来,对于压强不是很高(如 5 MPa 以下),温度不是太低的一些常见的真实气体,如氧、氮、氢等气体,范氏方程是很好的近似.范氏方程是许多近似方程中最简单、使用最方便的一个,经推广后可近似地用于液体.范氏方程最重要的特点是它的物理图像十分鲜明,它能同时描述气、液及气液相互转变的性质,也能说明临界点的特征,从而揭示相变与临界现象的特点.范德瓦耳斯是 20世纪相变理论的创始人.关于上述内容,将在§6.4.4 和§6.4.5 中予以介绍.

*§1.7.4 昂内斯方程

于 1908 年首次液化氦气,又于 1911 年发现超导电现象的荷兰物理学家卡末林·昂内斯(Onnes,1850—1926)在研究永久性气体(指氢、氦等沸点很低的气体)的液化时,于 1901 年提出了描述真实气体的另一物态方程——昂内斯方程.

$$pV = A + \frac{B}{V} + \frac{C}{V^2} + \cdots \qquad (1.43)$$

这是以体积展开的昂内斯方程(此外还有以压强展开的昂内斯方程),系数 A、B、C 等都是温度的函数,分别称为第一位力系数、第二位力系数和第三**位力系数**(前称维里系数).位力系数通常由实验确定.

显然,理想气体物态方程是一级近似下的昂内斯方程,其中 $A = \nu RT$,而 B、C、$\cdots$ 均为零.令 $\frac{m}{M} = \nu$,(1.42)式可写为

$$p = \frac{\nu RT}{V - \nu b} - \frac{\nu^2 a}{V^2}$$

因为 $(b/V) \ll 1$,上式中右边第一项可作级数展开

$$\frac{\nu RT}{V} \left(1 - \frac{\nu b}{V} \right)^{-1} = \frac{\nu RT}{V} \left[1 + \frac{\nu b}{V} + \left(\frac{\nu b}{V} \right)^2 + \cdots \right]$$

由于范氏方程是描述压强不太大、气体分子不太稠密情况下的真实气体物态方程,它仅考虑粒子间两两碰撞而不考虑三个以上分子同时碰在一起的情况,故上式仅保留到二级项,即

$$pV = \nu RT + \frac{\nu^2(bRT - a)}{V} \qquad (1.44)$$

若将它与(1.37)式比较,并将昂内斯方程作为气体离开真实气体远近的程度的判据,从而来定位范氏方程,可知范氏方程是一种展开到二级项的昂内斯方程,其第二位力系数为

$$B = \nu^2 bRT - \nu^2 a \tag{1.45}$$

其中第一项与 b 有关,它来自斥力;第二项与 a 有关,它来自引力.这两项符号相反,**可见斥力对 B 的贡献是正的,而引力对 B 的贡献是负的**.对于压强不太大的气体,当温度很高,分子间距离很大时,分子间吸引力对气体性质几乎不影响,这时分子碰撞所产生的排斥力起主要作用,因而有 $a<bRT$,这时 $B>0$.当温度较低、分子间距较小时,分子间吸引力起主要作用($a>bRT$),这时 $B<0$.

*§1.7.5   几种典型的分子作用力势能曲线

由于分子间互作用的规律很复杂,很难用简单的数学公式较精确地描述.在统计物理中,一般是在实验基础上采用一些简化模型来表示分子互作用势能的,每一种模型都可有某一气体物态方程与之对应.下面介绍几种典型的模型.

一、体积趋向于零的刚球模型

作为两分子质心间距离 r 的函数的势能 $E_p(r)$ 满足

$$\begin{cases} E_p(r) \rightarrow \infty & \text{当 } r \rightarrow 0 \\ E_p(r) = 0 & \text{当 } r > 0 \end{cases} \tag{1.46}$$

的关系,如图 1.11(a)所示,它们对应的物态方程是理想气体物态方程.

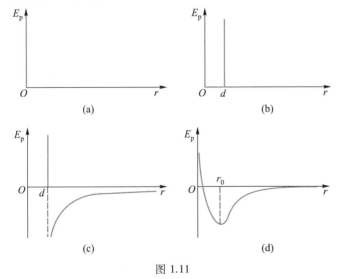

图 1.11

二、刚球模型

考虑到刚球分子占有一定体积,理想气体分子的势能为

$$\begin{cases} E_p(r) \rightarrow \infty & \text{当 } r \leqslant d \\ E_p(r) = 0 & \text{当 } r > d \end{cases} \tag{1.47}$$

如图 1.11(b)所示.对应的方程是克劳修斯方程(1.35)式.

三、萨瑟兰(Sutherland)模型

在刚球模型基础上考虑有吸引力后,其势能为

$$\begin{cases} E_{\mathrm{p}}(r) \to \infty & \text{当 } r \leqslant d \\ E_{\mathrm{p}}(r) = -\Phi_0 \left(\dfrac{r_0}{r} \right)^t & \text{当 } r > d \end{cases} \tag{1.48}$$

其中 t 是常数，$\Phi > 0$，通常 $t = 6$. $-\Phi_0$ 是 $r = r_0$ 时的势能，如图 1.11(c) 所示. 对应的物态方程是范氏方程.

四、米势及伦纳德-琼斯势模型

1907 年米(Mie,1868—1957)指出：分子或原子间互作用势可用式

$$E_{\mathrm{p}}(r) = -\frac{A}{r^m} + \frac{B}{r^n} \tag{1.49}$$

表示，其中 $A > 0$，$B > 0$，$n > m$. 式中第一项为吸引势，第二项为排斥势，且排斥势作用半径比吸引势作用半径小. 1924 年伦纳德-琼斯(Lennard-Jones)又提出了如下半经验公式：

$$E_{\mathrm{p}}(r) = \Phi_0 \left[\left(\frac{r_0}{r} \right)^s - 2 \left(\frac{r_0}{r} \right)^t \right] \tag{1.50}$$

其中 Φ_0 是在平衡位置($r = r_0$)时的势能的大小，s、t 是常数，且 $s > t$. 米势中的系数 A、B、m、n 取不同数值可表示各种不同互作用势，这与昂内斯方程中的系数 A、B、C 等可取不同数值类同. 可粗略地认为米势所对应的方程就是昂内斯方程. 图 1.11(d) 表示了米势或伦纳德-琼斯势的势能曲线.

选读材料 1.1   实用温度计简介

① 更详细可参阅参考文献 19 的 1064 页.

目前，温度测量的方法已达数十种之多，因而温度计及温度传感器也各式各样. 下面按测量方法对温度计作分类介绍[①].

一、膨胀测温法

(一)玻璃液体温度计

最常用的测温液体是水银、酒精与甲苯，而精密温度计几乎都采用汞作为测温液体. 玻璃汞温度计的测量范围为 $-30 \sim 600\ ℃$. 液体温度计的主要缺点是测温范围较小，玻璃有热滞现象(玻璃膨胀后不易恢复原状)，若有液体露出液柱则要进行温度修正等.

(二)双金属温度计

把两种线膨胀系数不同的金属组合在一起，一端固定，当温度变化时，两种金属热膨胀不同，带动指针偏转以指示温度，这就是双金属温度计，如图 1.12(a) 所示. 测温范围为 $-80 \sim 600\ ℃$，它适用于工业上精度要求不高时的温度测量. 双金属片作为一种感温元件也可用于温度自动控制. 当温度超过(或低于)某一温度时，双金属片弯曲而与某导体接触，电路接通，从而作自动控制，如电冰箱中的温度控制器.

二、压力测温法

采用压强作为温度标志的主要有定体气体温度计、压力表式温度计与蒸气压温度计，至于定体气体温度计，前面已作过介绍.

(一)压力表式温度计

图 1.12(b) 所示的就是通常用来测量压强的压力表，也称弹簧管压力表，它是由一个预弯曲的金属管和杠杆、齿轮、游丝等传动零件以及指针、表盘等指示零件组成的. 当压缩流体充入弹簧管时，弹簧管的曲率将在弹性范围内发生变化. 通过杠杆、齿轮等带动指针，在预先刻度的表盘上指示出流体的压强值，目前这种压力表的最高测量压强为 2.5 GPa 左右. 将压力

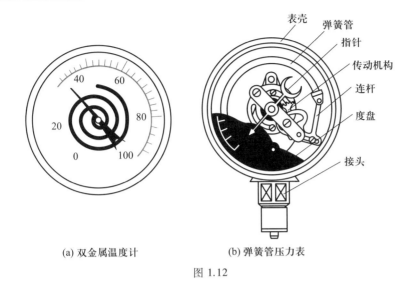

(a) 双金属温度计　　　　　(b) 弹簧管压力表

图 1.12

表通过毛细管与一温泡相连接,就组成了一只压力表式(定体)温度计,如图 1.3(b)所示.温泡中的工作介质分气体和液体两种.气体媒质若用氮气最高可测到500~550 ℃,若用氦气最低可测到 4 K.液体介质一般用水银.

（二）蒸气压温度计

蒸气压温度计是利用纯净物的饱和蒸气压随温度变化关系(见 §6.4)来测温的,常用蒸气压温度计的结构与图 1.3(b)完全一样,不过所充气体在所测温度范围内是饱和蒸气.

三、电磁学测温法

（一）电阻温度计

电阻温度计是根据导体电阻及半导体的电阻随温度变化规律来测量温度的温度计.最常用的电阻温度计都采用金属丝绕制成的感温元件,主要有铂电阻温度计和铜电阻温度计,在低温下还有碳、锗和铑铁电阻温度计.精密的铂电阻温度计是目前最精确的温度计,温度覆盖范围约为 14~903 K,其误差可低到万分之一摄氏度,它是能复现国际实用温标的基准温度计.我国还用一等和二等标准铂电阻温度计来传递温标,用它做标准来检定水银温度计和其他类型的温度计.

（二）温差热电偶温度计

温差热电偶温度计是利用泽贝克效应[①]测量温度的装置.由两种金属导体 A 和 B 组成的回路,如果两个连接点(称为结点)处于不同温度 T_1 和 T_2,两结点间将存在温差电动势.其温差电动势与两结点所在的温度范围、温度差的大小及 A、B 材料的种类有关.

图 1.13(a)表示利用泽贝克效应制作的温差热电偶温度计的测量装置.图中 A 和 B 表示两种不同材料的金属丝,它们分别与第三种材料——性质处处均匀的铜丝 C_1、C_2 构成参考结.这两个参考结均被置于放有冰水混合物(或液氮)的杜瓦瓶中.A 和 B 所构成的测量结 L 置于被测温度区域,C_1 与 C_2 的另一端分别被连接到电势差计 D 上,由 D 所测得的电动势就是该热电偶在被测温度与参考结温度间的温差电动势.由温差电动势与温度的对照表即可确定待测温度的数值.由于温差热电偶温度计灵敏度高,热容小,反应快,可用于自动控制,因而是生产、科研中常用的测温手段.表 1.5 列出了常用温差热电偶的种类、工作温度与温差电动势率.

① 关于泽贝克效应,详见选读材料 6.7.4.

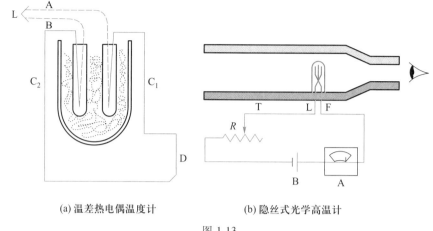

(a) 温差热电偶温度计　　　　　　(b) 隐丝式光学高温计

图 1.13

表 1.5　常用温差热电偶材料

	工作温度	温差电动势率（室温）
镍铬/金铁	4.2~300 K	16 μV/K
铜/康铜	77~673 K	40 μV/K
镍铬/康铜	77~1 273 K	50 μV/K
铂铑/铂	0~1 300 ℃	5.98 μV/K
镍铬/镍硅	0~1 200 ℃	40 μV/K

（三）半导体热敏电阻温度计

半导体热敏电阻温度计是利用半导体器件的电阻随温度变化的规律来测定温度的, 其灵敏度很高. 主要用于低精度测量.

（四）频率温度计

频率温度计是利用物体的自由振荡角频率（也称固有频率）$\omega_0^2 = \dfrac{1}{LC}$ 随温度变化的原理来测量温度的. 在各种物理量的测量中, 频率（时间）的测量准确度最高（相对误差可小到 1×10^{-14}）, 还可以数字化, 故应用很广.

四、辐射测温法

辐射测温法是利用热辐射的斯特藩–玻耳兹曼定律（见选 2.5.4）来测定温度的. 有下面四种类型: (1) 光学温度计, 最常用的是隐丝式光学高温计, 如图 1.13（b）所示。其较简单的测量方法是调节电阻 R 以改变灯丝亮度, 当它与待测光源像的亮度相等时, 灯丝在光源上的像消失, 这时由电流表 A 上读出物体的亮度温度就是待测温度. (2) 辐射温度计是据斯特藩–玻耳兹曼定律来测温的. 测出 1 s 内接收到的总的辐射能来测出绝对黑体的温度, 它能作非接触测量, 甚至是远距离测量. 这在测量高温炉体内的温度时有重要应用. (3) 红外线温度计, 由于温度小于 500 ℃ 的物体主要发射红外线, 所以在该温度范围内的物体的红外辐射能量的大小及其按波长的分布是与它的表面温度有着十分密切关系的. 因此, 通过对物体自身辐射的红外能量的测量, 便能准确地测定它的表面温度, 这就是红外辐射测温所依据的客观基础. 当用红外辐射测温仪测量目标的温度时首先要测量出目标在其波段范围内的红外辐射量, 然后由测温仪计算出被测目标的温度. 例如可以利用红外线温度计来测量人的体温, 而不必接触.在疫情流行时,在机场或者车站等人流大的地方可以利用它来确定旅客有没有发烧,只要把它瞄准旅客的前额.(4)比色高温计是辐射高温计的一种.根据受热物体发出的辐射线中两种波长下辐射强度之比,随物体实际温度变化的原理制成的.

五、声学测温法

（一）声学温度计

它采用声速作为温度标志,根据理想气体中声速的二次方与绝对温度成正比［见(4.68)式］的原理来测量温度.通常用声干涉仪来测量声速,它主要用于低温下热力学温度的测定.

（二）噪声温度计

它利用涨落中的热噪声电平与绝对温度成正比的性质(即奈奎斯特定理,见§1.5.2)来测定温度.

选读材料 1.2　热膨胀现象

自然界和生产生活中到处存在热膨胀现象.下面介绍几个典型的例子.

选 1.2.1　岩石风化

岩石风化是指地表岩石遭受太阳辐射、水、空气等作用而发生的物理形状和化学成分的变化.风化作用可使坚硬完整的岩石逐渐解体,由大块变成小块,最终形成松散的土.风化作用破坏岩石的方式主要有两种,即物理风化和化学风化.物理风化是指岩石在各种机械应力作用下碎裂成小块的过程,也称崩解作用.造成岩石崩解或碎裂的主要作用有以下几种:1.热胀冷缩作用:由于温度变化而引起的膨胀和收缩的交替作用使岩石破坏.组成岩石的多种矿物热膨胀率各不相同,在太阳辐射热的影响下,在日夜温度变化剧烈的地方,岩石中各矿物的温度升降和体积胀缩不一致,而在岩石内部产生压应力和张应力,长期交替变化可削弱矿物颗粒间的连接而发生破坏.2.冰冻作用:又称冰楔作用,即渗入岩石中的水冻结为冰,冰再熔解时体积会反常膨胀(见§6.5.3之"三"),而把岩石撑裂.3.膨胀作用:在地下深处形成的岩石大多受到很高的围限压力,当地壳上升遭受侵蚀,上覆荷载解除后应力释放,岩石随着膨胀而发生开裂.

选 1.2.2　在古代热胀冷缩用于开山凿河

2000 多年前我国兴修的都江堰水利工程(现已被列为世界文化遗产)要凿山开河.虽然火药是我国四大发明之一,但是它还是在公元 904 年首次发明的,火药只是起引火作用,受热或撞击不易引起爆炸,能产生有效爆炸作用的炸药还是到了 1865 年由诺贝尔(出资设立诺贝尔奖的科学家)完成,之后,炸药爆破就被广泛应用.我国古代春秋时期秦国的都江堰水利工程中是利用热胀冷缩方法凿山的.具体说来就是把岩石加热到发红,然后浇冷水,岩石由于热应力的不均匀而产生龟裂,利用裂缝人工凿开岩石并且去除后进行第二次高温加热再突然冷却……

选 1.2.3　伸缩缝　高速铁路中的无缝钢轨

一、伸缩缝

在铁路,桥梁等建筑中为了避免由于气温升高,建筑材料的热膨胀量在空间位置上会积累,从而使得内部应力增加,导致材料变形甚至断裂,因此常常会预留伸缩缝。1.14(a)是一张桥梁伸缩缝的照片。

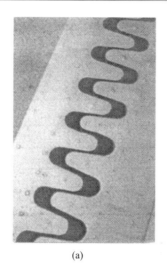
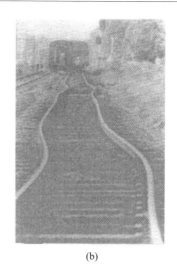

(a)   (b)

图 1.14

二、铁路的有砟轨道

砟(zhǎ)就是岩石、煤等的碎片。在铁路上,指作路基用的小块石头。传统的铁路轨道由两条平行的钢轨组成,钢轨固定放在等间距平行放置的轨枕(就是通常说的枕木)上,钢轨与每一条轨枕都是固定的.轨枕下为小碎石铺成十分平整的地基(即道床),也称为路砟。路砟和轨枕均起加大受力面、减少地面应力,分散火车压力的作用。碎石道床还提高了轨道的弹性和排水性能,使轨道便于维修,用散体材料碎石组成道床的传统轨道形式,也叫普通轨道,即我们最常说的有砟轨道。轨枕和地基之间是不固定的,这样有利于吸收列车上下和左右振动的能量,使得列车运行比较平稳。此外,路砟(小碎石)还有如下作用:减少噪音、吸热、减震、增加透水性等。传统有砟轨道具有铺设简便、综合造价低廉的特点,但容易下陷,维修频繁,维修费用较大。同时,列车速度也受到限制。

图 1.14(b)是一张 20 世纪上半叶美国新泽西州高温天气使得铁轨发生严重扭曲的照片。铁路是严寒季节建造的,由于没有预留足够大的伸缩缝,到了夏天整根铁轨发生热膨胀而伸长,其伸长量即使把缝隙全部填满还远远不能满足热膨胀要求,使得热膨胀受到严重阻碍,内部产生巨大热应力。由于这是有砟铁路,轨道和地基道床之间是不固定的,热膨胀产生的巨大热应力无法有效释放,只能够通过铁轨的变形来达到应力释放。

通常铁路钢轨是短轨的,每根长 12.5~25 m,且钢轨之间预留足够的伸缩缝。伸缩缝的存在会引起火车车厢的振动,限制火车速度的提高。

三、无缝钢轨

现在的火车速度非常快,我们国家的高速列车速度可达 300 km/h,且行车时仍然能够保持平稳。解决振动的有效方法之一是采用超长的无缝钢轨(例如在 2004 年的铁路改造工程中,从上海到南京 303 km 长只用两根整根钢轨,其钢轨是无缝的)。铁路去除了大量的伸缩缝而成为无缝钢轨。通过强有力的扣件将钢轨锁定在轨枕(就相当于枕木)上,轨枕和铁路道床是一体的。利用道床阻力阻止钢轨因为温度变化而产生的胀缩变形,排除了通常存在的钢轨热膨胀伸长量的积累(因为钢轨被扣件扣在轨枕上)而产生的热应力,而成为无缝钢轨,这使得我国的铁路建筑技术达到世界先进水平。更加详细介绍请见选读材料 1.3 高速铁路与高速列车。

选读材料 1.3　高速铁路与高速列车

在我国具有自主知识产权的速度在 300 km/h 以上（最高时速已经超过 480 km/h,创世界纪录）的高速铁路拥有惊人的发展速度,短短几年运行里程已经达到 2×10^4 km,并且以每年 2 000 km 的速度在增加。技术含量赶上甚至在很多方面超过世界上第一个建设高铁,并且已经成功运行数十年的日本。我国以造价低,具有在不同环境和不同温度区域建设高速铁路等方面的丰富经验,在国际上有很强的竞争力,在亚、欧、南美都有我们的高速铁路建设项目。

选 1.3.1　高速铁路的稳定性

我国高速铁路建设水平之高可以用如下的实例予以说明:2015 年夏天,一位在中国旅行的瑞典人,在乘坐京沪高铁时录了一段视频。视频中他将一枚硬币立到高铁车厢的窗台上,这枚硬币竟然坚持了 8 分钟才倒下。故事就发生在京沪高铁南京至常州段。这段视频放出后,不少人都纷纷效仿,做出各种试验,大多比较成功,当然这和高速铁路所处路段平直程度有关。

对于高铁运行的稳定性,可以从三个指标来考察。第一是纵向稳定性,包括列车起停时、加减速时、匀速运行时的平稳性;第二是横向稳定性,主要反应列车的左右摇摆;第三是垂向稳定性,主要是反应列车的上下颠簸。

应该说作为世界上标准最高的高铁线路与列车,CRH380 系列动车组在京沪高铁上行驶时,在这三个指标上都已经达到了一种极致,所以这位外国友人才能够立一枚硬币在高铁上 8 分钟而不倒。

（1）纵向稳定性

如果不是因为看到窗外的参照物在后退,经常会出现列车已经走出很远,你都没有发现的地步。这涉及两个概念。一是加速度（减速度）,反映的是速度变化的快慢;二是加加速度（减减速度）,反应的是加速度变化的快慢。而能够反映高速列车纵向平稳性的指标,就是加加速度。中国高速列车的加加速度非常低。以中车 CRH380A 高速动车组为例,它的加加速度值要求必须小于 0.75 m/s^3。这个指标在全球是顶尖的。这说明不仅我国的高速铁路是世界上最先进之一,也说明我国的高速列车也是最先进之一。

（2）横向稳定性

横向稳定性也就是左右晃动的稳定性。在这个指标上,还是以 CRH380A 型高速动车组为例,在列车以 300 km/h 速度运行时,要求客室中部的横向最大加速度只有 0.42 m/s^2。

（3）垂向稳定性

也就是上下颠簸的稳定程度。对于列车的纵向平稳性,起决定作用的,首当其冲的是列车,但是对于列车横向与垂向稳定性,起决定作用的却是高铁线路。为了保证列车平稳运行,高铁线路首先要平直。所谓平直就是尽量采用直线或者大半径的圆曲线,不能有太多太急的弯道。如时速 350 km 的高铁要求线路的曲线半径一般不小于 7 000 m,而京沪高铁的大多曲线半径不小于 9 000 m,在非常困难的地方最小曲线半径也不低于 7 000 m。而日本、欧洲的很多高铁线路最小曲线半径只有 4 000 m 左右。为了做到线路的平直,中国高速铁路建设大量采用桥梁,一方面可以节约土地征用,另一方面就是能够截弯取直。其次高速铁路线路坡度不能太大。中国的高铁线路大多采用无砟轨道以及无缝钢轨。关于无砟轨道以及无缝钢轨下面还要详细介绍。

当然高铁线路还要严格控制沉降,这也是中国高铁建设热衷采用桥梁的原因之一。桥梁是建立在桩基之上的,根据地质情况不同,桩基的深度也不一样,一般要打到岩石层,有些深度达六七十米深。所以建立在桥梁之上的线路产生的沉降就很小。

选 1.3.2　高速铁路的无砟轨道及无缝长轨

（一）无砟轨道

关于有砟轨道已经在"选 1.2.3"中已经介绍了。在我国普通铁路和快速铁路中一般采用有砟轨道。但是在我国的高速铁路中很多是使用无砟轨道（图 1.15）。无砟轨道是采用混凝土、沥青混合料等整体基础取代散粒碎石道床的轨道结构，它们统称为无砟轨道，感觉上是水泥打底。一般其轨枕是和轨道混凝土浇灌一体而成，而路基也不用碎石了。钢轨直接铺在混凝土路基的轨枕上。钢轨和轨枕之间用强有力的扣件把它死死地扣紧。使得每两根轨枕之间钢轨的热膨胀成为单独的单元，不存在热膨胀量在钢轨线度上的积累，不会产生巨大的热应力。无砟轨道是当今世界先进的轨道技术，可以减少维护、降低粉尘、美化环境，而且列车速度可达 400 km/h 以上。无砟轨道平顺性好，稳定性好，使用寿命长，耐久性好，维修工作少，避免了飞溅道砟。

图 1.15　无砟轨道

（二）无缝长轨

高速铁路是用出厂后每根钢轨都有 500 m 长的无缝长轨铺设的。就是焊接工厂作为原材料的短钢轨，单根也有 100 m 长，是普通铁路单根钢轨长度的 4 倍。与普通焊接不同，在焊接工厂中将 5 根百米钢轨焊接成 500 m 长轨，要经过 12 个车间，经过粗打磨、除锈、焊接、精调、落锤等 16 道工序，最后检验合格才能出厂。钢轨进入焊机后，接头处最高温度达1 400 ℃，钢轨在高温下迅速挤压，两根钢轨融为一根。

在铁路建筑工地的施工过程中再把 500 米的长轨焊接成为所需要长度的无缝钢轨。

无缝钢轨能够明显地提高高速铁路列车的垂向稳定度，大大降低了噪声。列车窗台上，让硬币竖立 8 分钟不倒的重要原因之一，就是使用长轨，从而提高了火车行进的平稳度。

选 1.3.3　高铁列车高速运行对车厢的要求

高铁列车（图 1.16）在制造中由 4 个主要部分组装而成：车体、转向架、车下车顶设备、车内设备。

（一）列车高速运行对车体的要求

高铁列车运行速度非常快，按照通常运行速度 300 km/h（我国运行最高速度已经超过480 km/h）计算，即 83.3 m/s，已经接近飞机的运行速度。在这样高的速度和车厢的形状和横截面大的情况下，会产生大量的湍流（关于什么是湍流，请见 §3.1.1），它受到的空气阻力非常大。其阻力已经不是和速度的 2 次方成正比［请见选读材料 3.1 中的（3.95）式］，而是和速度的 3 次方成正比，甚至出现和速度的 4 次方成正比的项.这也说明列车速度越快，克服阻力做的功也越大.有人对高铁车票价格比动车车票价格高有意见,同样的列车行驶在同样的线路上,为什么价格贵得多? 这是因为动车行驶速度一般为 200 km/h,而高铁为 300 km/h 以上,其空气阻力明显高得多,所以能耗也大得多.为了尽量减少湍流的出现,高铁列车必须是流线型的,为此列车车头做成为子弹形,而且车厢和车厢的连接缝非常窄,车窗和车厢外壳在同一个面上,缝隙很小,好像整个列车是一体的,而整个列车的外表面又非常光滑,这样使得它在高速运行时受到的空气阻力达到最小。另外,一节 25 m 的车厢要保持高速运行,那么就必须严格控制车厢的重心来保持平衡。四个角任意两点之间的重量误差,要求不超过 350 g,也就相当于一小听可乐的重量。

图 1.16　高铁列车

（二）转向架

转向架是列车的"脚",这是一个很像小车的东西,主体是 4 个车轮加一个钢铁框架。而整个车厢就固定在前后两个转向架上。转向架的车轮和铁轨紧密接触。通常铁路车厢都是用弹簧钢做成的弹簧来减少振动的。但是在高铁车厢的转向架中是用空气弹簧来减少振动的,其减振的优越性要明显好得多。所谓空气弹簧就是用特殊橡胶做成的内部充满空气的扁球形物体。车厢就压在它上面。空气弹簧对高铁列车运行的垂向稳定性也起了非常重要的作用。

至于车下车顶设备、车内设备,这里就暂不做介绍了,有兴趣的同学可自行查阅相关资料。

选读材料 1.4　天空中的涨落

选 1.4.1　为什么天空是蓝色的? 为什么日出日落时太阳是红色的?

涨落最迷人的例子是天气晴朗时天空会呈现蓝色,东方日出、西方日落时太阳会呈现红色,这些都是由大气中气体分子数密度涨落(请见选 1.4.2)致使光发生散射而产生.这种散射称为分子散射或称瑞利散射.所谓散射,通俗地讲是被光照射的物体向四面八方再发光的现象.这是与透射、反射与折射完全不同的现象.理论指出,光在气体中散射时,其散射光强度与波长的四次方成反比.在晴朗的天空中,太阳光在通过大气层时,太阳光中的短波成分比长波成分更多地被大气散射.当我们仰望晴空时,看到的是散射光(因为在那些方向并没有光源,即在这些方向上没有太阳),故呈蔚蓝色.清晨和黄昏时,阳光所穿越大气层的厚度比中午时大得多,更多的短波成分被散射掉了,我们看到的旭日和夕阳的透射光是火红的,特别鲜艳.

选 1.4.2　光的散射

光的散射是指光通过不均匀介质时部分光偏离原方向而向四面八方散开传播的现象.而

向四面八方散开的光称散射光.

光的散射中,散射光的波长不发生变化的有丁铎尔散射、分子散射等;散射光波长发生改变的有拉曼散射、布里渊散射和康普顿散射等.丁铎尔散射由英国物理学家丁铎尔(Tyndall)首先提出的,是由均匀介质中的悬浮粒子引起的散射,如空气中的烟、雾、尘埃、乳浊液以及胶体等众多大粒子引起的散射均属此类.真溶液不会产生丁铎尔散射,故化学中常根据有无丁铎尔散射来区别胶体和真溶液.天空中的云为什么是白色的,这也是一种散射现象引起的现象.这是由云中的众多小水滴(小水滴的大小在 10^{-6} m 数量级)引起的散射,其散射光的强度与波长无关,白色的太阳光散射以后仍然是白色的,这也是丁铎尔散射的一个例子.

介质中存在大量不均匀小区域是产生光散射的原因,有光入射时,每个小区域成为散射中心,向四面八方发出同频率的次波,这些次波间无固定相位关系,它们在某方向上的非相干叠加形成了该方向上的散射光.

对气体来说,气体可以划分为一个个与光波长数量级还要小的微小区域,整个气体就是由这一个个微小区域叠加而成.微小区域的不均匀来源于气体分子的热运动,气体分子进进出出,其分子数密度随机变化而产生密度涨落.所以光在气体中的散射是分子散射,这是一种由涨落引起的散射.它类似于丁铎尔散射,不过丁铎尔散射是由于气体中存在众多大粒子而产生的不均匀,而分子散射是由于在微小区域中密度涨落而引起的不均匀.

瑞利(Rayleigh)研究了线度比波长要小的微粒所引起的散射,并于 1871 年提出了瑞利散射规律:特定方向上的散射光强度与波长 λ 的四次方成反比;一定波长的散射光强与 $(1+\cos\theta)$ 成正比,θ 为散射光与入射光间的夹角,称散射角.凡遵守上述规律的散射称为瑞利散射.

在气体液化时,在临界态附近其密度涨落十分明显,也会引起光的散射,使得原来透明的液体变为不透明的乳白色.这称为临界乳光现象,这也是分子散射,详见 §6.4.5.

选读材料 1.5　范德瓦耳斯方程中的 b 是分子固有体积4 倍的证明

范氏方程仅适用于压强不很高、温度不太低时的真实气体,其气体分子应不十分稠密,分子间碰撞主要是两两相互碰撞,三个或三个以上分子同时碰在一起的概率几乎为零.为确定范德瓦耳斯常量 b,可引入"排斥球"概念,若以某分子 A 为研究对象,它的有效直径为 d,则该分子就存在一排斥球,排斥球球心位于分子 A 的质心,排斥球半径等于 d.与此同时还应把所有与分子 A 碰撞的其他分子以一个个质点代替.当某一质点运动到排斥球表面时,就会与分子 A 发生碰撞,但这些质点不可能深入到排斥球内.因为作为范德瓦耳斯方程的微观模型的萨瑟兰模型[由图 1.11 中的(c)所表示,其势能由(1.48)式表示]中,$r<d$ 时 $E_p(r)\to\infty$,说明其他粒子不能进入 $r<d$ 的范围,故排斥球的名称也由此而来.由于范氏方程仅适于分子间两两碰撞的情况,故任一排斥球表面上最多只允许出现一个质点,也就是说,对于任一质点(或分子)来说,它有 (N_A-1) 个排斥球[而不会比 (N_A-1) 个排斥球少].对于 1 mol 气体中某一分子(设为质点 B),其自由活动空间为容器容积减去 (N_A-1) 个排斥球体积.这里尚未考虑分子间相对运动这一因素.实际上任何一个视为质点的分子 B 在向分子 A 运动的过程中,无论它从哪个方向接近球 A,它最多只能出现在排斥球 A 的正向面对它的半个球面上与之相碰撞,而不可能出现在球 A 背面的球面上与之相碰撞,因而真正有效的排斥体积为半个球,而不是一个球.由此可估算出,任一分子被扣除后的有效活动空间为

$$b = (N_A-1)\cdot\frac{1}{2}\cdot\frac{4}{3}\pi d^3 = (N_A-1)\cdot\frac{1}{2}\cdot\frac{4}{3}\pi(2r)^3$$

$$\approx N_A \cdot 4 \cdot \frac{4}{3}\pi r^3 = 4N_A \text{ 个分子固有体积}$$

以上利用了排斥球半径 $d = 2r$ 的性质.

思考题

1.1 太阳中心温度 10^7K,太阳表面温度 6 000 K,太阳内部不断发生热核反应,所产生的热量以恒定不变热产生率从太阳表面向周围散发.试问太阳是否处于平衡态?

1.2 做匀加速直线运动的车厢中放一匣子,匣子中的气体是否处于平衡态? 从地面上看,匣子内气体分子不是形成粒子流了吗?

1.3 为什么热学一般不考虑系统整体机械运动? 做匀加速直线运动的容器中的水面是怎样的?

1.4 人坐在橡皮艇里,艇浸入水中一定深度.到夜晚温度降低了,但大气压强不变,问艇浸入水中深度将怎样变化.分两种情况讨论:(1) 橡皮有弹性可发生形变;(2) 橡皮劲度系数很大,不能形变.

1.5 氢气球可因球外压强变化而使球的体积作相应改变.随着气球不断升高,大气压强不断减少,氢不断膨胀.如果忽略大气温度及空气平均分子质量随高度变化,试问气球在上升过程中所受浮力是否变化? 说明理由.

1.6 试证明道尔顿分压定律等效于道尔顿分体积定律,即 $V = V_1 + V_2 + \cdots + V_n$,其中 V 是混合气体的体积,而 $V_1, V_2, \cdots, V_n$ 是各组分的分体积.所谓某一组分的分体积是指混合气体中该组分单独存在,而温度和压强与混合气体的温度和压强相同时所具有的体积.

1.7 若热力学系统处于非平衡态,温度概念能否适用?

1.8 酒精的密度和大多数物质一样随绝对温度增加而减少,但水在 4℃时的密度反常地达极大值.若玻璃温度计中装有染色的水而不像通常那样装的染色酒精,把它分别与物体 A 和 B 接触,指示的温度分别为 θ_A 和 θ_B.(1) 设 $\theta_A > \theta_B$,试问把 A 和 B 相互接触能否得出结论:热量从 A 传向 B? (2) 若 $\theta_A = \theta_B$,是否可得出结论:A 和 B 接触时一定不会有热量传递?

1.9 系统 A 和 B 原来各自处在平衡态,现使它们互相接触,试问在下列情况下,两系统接触部分是绝热还是透热的,或两者都可能?(1) 当 V_A 保持不变、p_A 增大时,V_B 和 p_B 都不发生变化;(2) 当 V_A 保持不变,p_A 增大时,p_B 不变而 V_B 增大;(3) 当 V_A 减少、同时 p_A 增大时,V_B 和 p_B 均不变.

1.10 在建立温标时是否必须规定:热的物体具有较高的温度,冷的物体具有较低的温度? 是否可作相反的规定? 在建立温标时,是否须规定测温属性一定随温度作线性变化?

1.11 冰的正常熔点是多少? 纯水的三相点温度是多少?

1.12 腌菜时,发现腌菜缸出现了水,菜变咸,这是什么现象? 试问经过足够长时间以后,缸中的菜和水是否都处于平衡态?

1.13 布朗运动是怎样产生的? 涨落与系统中所含的粒子数之间有怎样的关系?

1.14 本章在推导理想气体分子碰壁数及气体压强公式时,什么地方用到理想气体假设? 什么地方用到平衡态条件? 什么地方用到统计平均概念?

1.15 推导气体分子碰壁数与气体压强公式时:(1) 认为单位体积中气体分子分为六组,它们分别向长方容器六个器壁运动,试问为什么可以这样考虑? (2) 为什么可以不考虑由于分子间相互碰撞,分子改变运动方向而碰不到面元 ΔA 这一因素?

1.16 设想有一个极大的宇宙飞船,船中有几十亿人口在做无规运动,这些人有时相碰,有时与船壁碰撞,我们说宇宙是人类组成的“气体”是否有意义? 若有意义的话,估算一下人

类的方均根速率 v_{rms} 是多少?

1.17 为了能求出气体内部压强,可设想在理想气体内部取一截面 ΔA,两边气体将通过 ΔA 互施压力.试从分子动理论观点阐明这个压力是怎样产生的,并证明气体压强同样有

$$p = \frac{nm\overline{v^2}}{3}.$$

1.18 温度的实质是什么?对于单个分子能否问它的温度是多少?对于 100 个分子的系统呢?一个系统至少要有多少个分子我们说它的温度才有意义?

1.19 一辆高速运动的卡车突然刹车停下,试问卡车上的氧气瓶静止下来后,瓶中氧气的压强和温度将如何变化?

1.20 加速器中粒子的温度是否随速度增加而升高?

1.21 一容器的相对两个壁保持在不同的温度上,试问是什么机制使得热量通过气体传递?注意,此时气体的温度是不均匀的.

1.22 什么是分子有效直径 d?为什么它随温度升高而减小?

1.23 什么叫气体内压强?它是怎样产生的?什么叫气体内部的压强?它与气体内压强间有什么关系?

1.24 在推导范德瓦耳斯方程的内压强修正时,并未考虑器壁对碰撞分子的吸引力.器壁分子对碰撞分子的吸引力的合力是指向容器外部的.由于器壁分子数密度要比气体分子数密度大 10^3 数量级,看来这一因素不容忽视.但事实又证明这一因素不必考虑,试解释之.

1.25 理想气体内部压强与范氏气体内部压强是否相同?产生这两种内部压强的原因是否相同?

1.26 为什么说承认分子固有体积的存在也就是承认存在有分子间排斥力?

1.27 试用势能曲线说明固体分子都在平衡位置附近做微小振动.试问固体分子的总能量是正的还是负的?

第一章思考题提示

习题

1.1.1 若可以通过高速计算机应用牛顿运动定律确定系统中一个分子的瞬时位置和瞬时速度,假设计算一个分子所需要的时间是 10^{-9} s.试估计若要计算系统中所有的分子(10^{23} 个分子)的瞬时位置和瞬时速度需要多少年.

1.3.1 在什么温度下,下列一对温标给出相同的读数(如果有的话):(1)华氏温标和摄氏温标;(2)华氏温标和热力学温标;(3)摄氏温标和热力学温标?

1.3.2 定体气体温度计的测温泡浸在水的三相点槽内时,其中气体的压强为 6.7×10^3 Pa.

(1)用温度计测量 300 K 的温度时,气体的压强是多少?(2)当气体的压强为 9.1×10^3 Pa 时,待测温度是多少?

1.3.3 用定体气体温度计测得冰点的理想气体温度为 273.15 K,试求温度计内的气体在冰点时的压强与该气体在水的三相点时的压强之比的极限值.

1.3.4 有一支液体温度计,在 0.101 3 MPa 下,把它放在冰水混合物中的示数 $t_0 = -0.3$ ℃;在沸腾的水中的示数 $t_0 = 101.4$ ℃.试问放在真实温度为 66.9 ℃ 的沸腾的甲醇中的示数是多少?若用这支温度计测得乙醚沸点时的示数是为 34.7 ℃,则乙醚沸点的真实温度是多少?在多大测量范围内,这支温度计的读数可认为是准确的(估读到 0.1 ℃)?

1.3.5 国际实用温标(1990 年)规定:用于 13.803 K(平衡氢三相点)到 961.78 ℃(银在

0.101 MPa 下的凝固点)的标准测量仪器是铂电阻温度计.设铂电阻在 0 ℃ 及 t 时电阻的值分别为 R_0 及 $R(t)$,定义 $W(t) = R(t)/R_0$,且在不同测温区内 $W(t)$ 对 t 的函数关系是不同的,在上述测温范围内大致有

$$W(t) = 1 + At + Bt^2$$

若在 0.101 MPa 下,对应于冰的熔点、水的沸点、硫的沸点(温度为 444.67 ℃)电阻的阻值分别为 11.000 Ω、15.247 Ω、28.887 Ω,试确定上式中的常量 A 和 B.

1.3.6 某种碳电阻温度计的电阻 R' 满足下述方程:

$$\sqrt{\frac{\lg R'}{T}} = a + b\lg R'$$

其中 R' 的单位为 Ω,T 的单位为 K,$a = -1.16$,$b = 0.675$.若该电阻置于液氦恒温器中时所测出的阻值为 1 000 Ω,试问恒温器中的温度是多少?

1.4.1 要使一根钢棒在任何温度下都要比另一根铜棒长 5 cm,试问它们在 0 ℃ 时的长度 l_{01} 及 l_{02} 分别是多少? 已知钢棒及铜棒的线膨胀系数分别为:$\alpha_1 = 1.2 \times 10^{-5}$ K^{-1},$\alpha_2 = 1.6 \times 10^{-5}$ K^{-1}.

1.4.2 一个双金属片是由线膨胀系数为 α_1 和 α_2 的两个金属片组成.此两金属片的厚度均为 d,在温度 T_0 时长度均为 L_0.当温度改变为 ΔT 时,它们可以共同弯曲,呈圆弧状,证明此弧的曲率半径 R 近似为

$$R = \frac{d}{(\alpha_1 - \alpha_2)\Delta T}$$

1.4.3 求氧气压强为 0.1 MPa、温度为 27 ℃ 时的密度.

1.4.4 一个带塞的烧瓶,体积为 2.0×10^{-3} m^3,内盛 0.1 MPa、300 K 的氧气.系统加热到 400 K 时塞子被顶开,立即塞好塞子并停止加热,烧瓶又逐渐降温到 300 K.设外界气压始终为 0.1 MPa.试问:(1)瓶中所剩氧气压强是多少? (2)瓶中所剩氧气质量是多少?

1.4.5 水银气压计 A 中混进了一个空气泡,因此它的读数比实际的气压小.当精确的气压计的读数为 0.102 MPa 时,它的读数只有 0.099 7 MPa,此时管内水银面到管顶的距离为 80 mm.问当此气压计的读数为 0.097 8 MPa 时,实际气压应是多少? 设空气的温度保持不变.

△**1.4.6** 一抽气机转速 $\omega = 400$ r·min^{-1}(即转/分),抽气机每分钟能够抽出气体20 L.设容器的容积 $V = 2.0$ L,问经过多少时间后才能使容器的压强由 0.101 MPa 降为133 Pa,设抽气过程中气体温度始终不变.

1.4.7 在标准状态下给一气球充氢气.此气球的体积可由外界压强的变化而改变.充气完毕时该气球的体积为 566 m^3,而球皮体积可以忽略.(1)若储氢的气罐的体积为 5.66×10^{-2} m^3,罐中氢气压强为 1.25 MPa,且气罐与大气处于热平衡,在充气过程中的温度变化可以不计,试问要给上述气球充气需这样的储气罐多少个? (2)若球皮重量为 12.8 kg,而某一高度处的大气温度仍为 0 ℃,试问气球上升到该高度时还能悬挂多重物品而不至坠下.

1.4.8 两个储着空气的容器 A 和 B,以备有活塞之细管相连接.容器 A 浸入温度为 $t_1 = 100$ ℃ 的水槽中,容器 B 浸入温度为 $t_2 = -20$ ℃ 的冷却剂中.开始时,两容器被细管中的活塞分隔开,这时容器 A 及 B 中空气压强分别为 $p_1 = 0.053 3$ MPa,$p_2 = 0.020 0$ MPa,体积分别为 $V_1 = 0.25$ L,$V_2 = 0.40$ L.试问把活塞打开后气体的压强是多少?

1.4.9 把 1.0×10^5 N·m^{-2}、0.5 m^3 的氮气压入容积为 0.2 m^3 的容器中.容器中原已充满同温、同压下的氧气,试求混合气体的压强和两种气体的分压.设容器中气体温度保持不变.

1.5.1 试估计水分子质量、水分子直径、标准状况下纯水中分子数密度以及分子斥力作用半径的数量级.

1.5.2 试估计水的分子互作用势能的数量级,可近似认为此数量级与每个分子所平均

分配到的汽化热数量级相同.再估计两个邻近水分子间的万有引力势能的数量级,判断分子力是否可来自万有引力.

1.6.1 目前可获得的极限真空度为 $1.3×10^{-11}$ Pa 的数量级,问在此真空度下每立方厘米内有多少个空气分子? 设空气的温度为 300 K.

1.6.2 钠黄光的波长为 $5.893×10^{-7}$ m.设想一立方体的每边长为 $5.893×10^{-7}$ m.试问在标准状态下,其中有多少个空气分子?

1.6.3 一容积为 11.2 L 的真空系统已被抽到 $1.3×10^{-3}$ Pa 的真空.为了提高其真空度,将它放在 300 ℃ 的烘箱内烘烤,使器壁释放出所吸附的气体.若烘烤后压强增为 1.33 Pa,问器壁原来吸附了多少个气体分子?

1.6.4 一容器内储有氧气,其压强为 $p=0.101$ MPa,温度为 $t=27$ ℃,试求:(1)单位体积内的分子数;(2)氧气的密度;(3)分子间的平均距离;(4)分子的平均平动动能.

1.6.5 在常温下(例如 27 ℃),气体分子的平均平动动能等于多少 eV? 在多高的温度下,气体分子的平均平动动能等于 1 000 eV?

1.6.6 1 mol 氢气,其分子热运动动能的总和为 $3.95×10^3$ J,求氢气的温度.

1.6.7 质量为 $10×10^{-3}$ kg 的氮气,当压强为 0.101 MPa、体积为 7 700 cm³ 时,其分子的平均平动动能是多少?

1.6.8 密闭容器内装有氦气,它在标准状况下以 $v=20$ m·s⁻¹ 的速率做匀速直线运动.若容器突然停止,定向运动的动能全部转化为分子热运动的动能,试用近似方法估算平衡后氦气的温度和压强将各增大多少? 不考虑容器器壁的热容.

1.6.9 一密闭容器中储有水及饱和蒸气,水汽的温度为 100 ℃,压强为 0.101 MPa,已知在这种状态下每克水汽所占体积为 $1.67×10^{-3}$ m³,水的汽化热为 $2\,250×10^3$ J·kg⁻¹.(1)每立方米水汽中含有多少分子? (2)每秒有多少水汽分子碰到单位面积水面上? (3)设所有碰到水面上的水汽分子都凝聚为水,则每秒有多少分子从单位水面上逸出? (4)试将水汽分子的平均平动动能与每个水分子逸出所需的能量相比较.

1.6.10 一粒陨石微粒与宇宙飞船相撞,在宇宙飞船上刺出了一个直径为 $2×10^{-4}$ m 的小孔,若在宇宙飞船内的空气仍维持一个大气压及室温的条件,试问空气分子漏出的速率是多少?

1.6.11 一清洁的钨丝置于压强为 $1.33×10^{-2}$ Pa、温度为 300 ℃ 的氧气中.假定(1)每个氧气分子碰撞到钨丝上即被吸附在表面上.(2)氧分子可认为是直径为 $3×10^{-10}$ m 的刚性球.(3)吸附的氧分子按密堆积排列.试问要经过多长时间才能形成一个单分子层.

1.6.12 一球形容器,半径为 R,内盛理想气体,分子数密度为 n,分子质量为 m.(1)若某分子的速率为 v,与器壁法向成 $θ_i$ 角射向器壁进行完全弹性碰撞,问该分子在连续两次碰撞间经过路程是多少? 该分子每秒撞击容器器壁多少次? 每次撞击给予器壁冲量多大? (2)导出理想气体压强公式.在推导中必须做些什么简化的假设?

△**1.6.13** 机械加工工序中,将 1 000 只滚珠(每只质量 1 g)置于边长 $L=2$ m 的水平正方形槽中,给它以总的平动能量 100 J.滚珠做杂乱无章运动.球与球之间及球与器壁之间的碰撞是弹性的.试问它们施于器壁的力是多大?

1.6.14 电子管抽气抽到最后阶段时,还应将真空管内的金属加热再进行抽空,原因是金属表面上吸附有单原子层的气体分子,当金属受热时,此气体分子便释放出来.设真空管的灯丝是用 $r=2.0×10^{-4}$ m,长度 $L=6×10^{-2}$ m 的铂丝绕制成的,每个气体分子的截面积为 $A=9×10^{-20}$ m²,真空管内的容积 $V=25×10^{-6}$ m³.当灯丝加热至 100 ℃ 时,所有吸附的气体分子都从铂丝表面逸出来散布在整个泡内.若这些气体分子不抽出,试问它所产生的压强是多大?

1.7.1　把氧气当作范德瓦耳斯气体,它的 $a = 1.36 \times 10^{-1}$ m^6·Pa·mol^{-2},$b = 32 \times 10^{-6}$ m^3·mol^{-1},求密度为 100 kg·m^{-3}、压强为 10.1 MPa 时氧的温度,并把结果与氧当作理想气体时的结果作比较.

1.7.2　把标准状况下 22.4 L 的氮气不断压缩,它的体积将趋近于多大?计算氮分子直径.此时分子产生的内压强约为多大?已知氮气的范德瓦耳斯方程中的常量 $a = 1.390 \times 10^{-1}$ m^6·Pa·mol^{-2},$b = 39.31 \times 10^{-6}$ m^3·mol^{-1}.

1.7.3　试计算压强为 1.013×10^7 Pa、密度为 100 kg·m^{-3} 的氧气的温度.已知氧气的范德瓦耳斯常量为 $a = 1.360 \times 10^{-1}$ m^6·Pa·mol^{-2},$b = 31.8 \times 10^{-6}$ m^3·mol^{-1}.

1.7.4　在压强为 2.026×10^6 Pa,体积为 820 cm^3 的 2×10^{-3} kg 的氮气的温度是多少?试分别按(1)范德瓦耳斯气体;(2)理想气体计算.已知氮气的范德瓦耳斯常量 $a = 1.390 \times 10^{-1}$ m^6·Pa·mol^{-2},$b = 39.1 \times 10^{-6}$ m^3·mol^{-1}.

1.7.5　已知对于氧气,范德瓦耳斯方程中的常量 $b = 31.8 \times 10^{-6}$ m^3·mol^{-1},试计算氧分子直径.

1.7.6　试分别求出米势(1.49)式与伦纳德-琼斯势(1.50)式的平衡位置 r_0 以及在平衡位置时的势能,设后者的幂指数 s 与 t 间有 $s = 2t$ 的关系.

第一章习题答案

第二章

分子动理学理论的平衡态理论

本章主要在理想气体微观模型的基础上用概论统计的方法来描述气体分子的速度分布(麦克斯韦速率分布和麦克斯韦速度分布以及它们的重要应用——气体分子碰壁数)和空间位置分布(外力场中自由粒子的分布),并由此得到玻耳兹曼分布.在本章的一开始应该介绍统计方法的基本工具——概率论,另外还要介绍能量均分定理.作为学生的课外阅读材料,在麦克斯韦速率分布中提供选读材料2.1地球大气逃逸、月球和行星大气、太阳和太阳风、地球磁层;在气体分子碰壁数中提供选读材料2.2同位素分离获得浓缩铀;在外力场中自由粒子的分布中提供选读材料2.4台风　飓风　龙卷风;在玻耳兹曼分布中提供选读材料2.3子系温度与负温度.作为一个练习,在选读材料2.5中介绍了分子动理论对于光子气体的应用,从而讨论本来属于量子物理领域的热辐射问题,也为第三章中介绍辐射传热和温室效应做准备.另外还介绍了千家万户天天在使用的微波炉的结构和加热原理(选读材料2.6).

※ §2.1　分子动理学理论与统计物理学

热物理学的微观理论是在分子动(理学)理论(简称分子动理论,按照全国科学技术名词审定委员会审定公布的物理学名词,已将"分子运动论""分子动力论"等统一称为分子动理学理论)基础上发展起来的.

早在1738年伯努利曾设想气体压强由分子碰撞器壁而产生(见§1.6.3);1744年俄罗斯科学家罗蒙诺索夫提出热是分子运动的表现,他把机械运动的守恒定律推广到分子运动的热现象中去.到了19世纪中叶,原子和分子学说逐渐取得实验支持,将哲学观念具体化发展为物理理论,热质说也日益被分子运动的观点所取代,在这一过程中统计物理学开始萌芽.1857年克劳修斯首先导出了气体压强公式(1.22)式.1859年英国物理学家麦克斯韦发表论文《气体分子运动论的例证》,首次利用统计方法(即概率观点)导出了速度分布律(见§2.4),后人称之为麦克斯韦速度分布律(详见二维码文档麦克斯韦).由此可得到能量均分定理(见§2.7),以上就是分子动理论的平衡态理论.后来,玻耳兹曼提出了熵的统计解释(见§5.3.8)以及 H 定理;1902年美国物理学家吉布斯(Gibbs,1839—1903)在其名著《统计力学的基本原理》中,建立了平衡态统计物理体系,

文档:麦克斯韦

称为吉布斯统计(后来知道,这个体系不仅适于经典力学系统,甚至更自然地适用于服从量子力学规律的微观粒子,与此相适应建立起来的统计力学称为量子统计);此外还有非平衡态统计物理学.上述三方面的内容都是在分子动理学理论基础上发展起来的.

分子动理学理论方法的主要特点是:它考虑到分子与分子间、分子与器壁间频繁的碰撞,考虑到分子间有相互作用力,利用力学定律和概率论来讨论分子运动及分子碰撞的详情.它的最终及最高目标是描述气体由非平衡态转入平衡态的过程.而后者是热力学的不可逆过程.热力学对不可逆过程所能叙述的仅是孤立体系的熵(关于熵见§5.3.2)的增加,而分子动理学理论则企图能进而叙述一个非平衡态气体的演变过程.诸如:(1)分子由容器上的小孔逸出所产生的泻流(见§1.6.5);(2)定向运动动量较高的分子越过某平面与定向运动动量较低的分子混合所产生的与黏性有关的分子运动过程;(3)热运动动能较大的分子越过某平面,与热运动动能较小的分子混合所产生的与热传导有关的过程;(4)一种分子越过某平面与其他种分子混合的扩散过程;(5)流体中悬浮的微粒受到从各方向来的分子的不均等冲击力,使微粒做杂乱无章的布朗运动;(6)两种或两种以上分子间以一定的时间变化率进行的化学结合,称为化学反应动力学[①].上述非平衡过程的(1)将在本章中讨论,而(2)、(3)、(4)、(5)及(6)将在第三章中讨论.

① 见选读材料3.2.

从广义上来说,统计物理学是从对物质微观结构和相互作用的认识出发,采用概率统计的方法来说明或预言由大量粒子组成的宏观物体的物理性质.按这种观点,分子动理学理论也应归属于统计物理学的范畴.但统计物理学的狭义理解仅指玻耳兹曼统计(其概率分布为玻耳兹曼分布§2.6.3)与吉布斯统计,它们都是平衡态理论,至于分子动理学理论,则仍像历史发展中那样把它看作一个独立的分支理论.在这样的划分下,热物理学的微观理论应由分子动理学理论、统计物理学与非平衡态统计三部分组成.统计物理与分子动理学理论都可认为是一种基本理论,它们都做了一些假设(例如微观模型的假设),其结论都应接受实验的检验,故其普遍性不如热力学.分子动理学理论在处理复杂的非平衡态系统时,都要加上一些近似假设.由于微观模型细致程度不同,理论的近似程度也就不同,对于同一问题可给出不同理论深度的解释.微观模型考虑得越细致,越接近真实,数学处理也越复杂.对于初学者来说,重点应掌握基本物理概念、处理问题的物理思想及基本物理方法,熟悉物理理论的重要基础——基本实验事实.在某些问题(特别是一些非平衡态问题)中可暂不去追求理论的十分严密与结果的十分精确.因为相当简单的例子中常常包含基本物理方法中的精华,它常常能解决概念上的困难并能指出新的计算步骤及近似方法.这一建议对初学分子动理论的学生很有指导意义.本书仅介绍分子动理论的初级理论.

□ §2.2　概率论的基本知识

在§1.6中求气体分子碰壁数及气体压强公式时简单地认为每一分子均以

平均速率运动并以此来代替相应物理量的统计平均,这里有相当大的近似因素在内.就算这样是允许的,也有一个如何求平均速率的问题.解决上述问题的关键是要找到一个因分子速率大小不同,而导致它们出现的概率也不同的规律,我们称它为分子按速率的概率分布律,只有这样才能对速率,以及与速率有关的物理量(例如粒子的动能)进行统计平均.这是下一节所要阐述的.本节将介绍有关概率论及概率分布函数的基本知识.

§2.2.1 伽尔顿板实验

有关概率统计的最直观的演示是伽尔顿板实验,如图 2.1(a)所示.在一块竖直平板的上半部整齐地排列着很多钉子,板的下半部有很多宽度相同、深度相等的整齐竖直小槽,所有钉子露出相同的长度且均与所有槽的深度相同,然后在其上覆盖一块透明玻璃板,这样就制成一块伽尔顿板.做实验时将数量很多的相同小球依次通过漏斗灌入板的入口处.每一小球与一个个钉子发生多次碰撞,改变运动方向,最后小球将依次落入一个个槽内.实验发现,由于无法使小球落入漏斗内的初始状态做到完全相同,即使尽量使小球下落点的高度、水平位置、初速度等都相同,但精确地测定,其初始条件仍会有所差异,而且这种差异是随机的,因而使小球进入哪个小槽完全是随机的.只要小球总数足够多($N \rightarrow \infty$),则每一小槽内都会有小球落入,且第 i 个槽内的小球数 N_i 与总小球数 $N(N = \sum N_i)$ 之比有一确定的分布,若板中各钉子是等距离配置的,则其分布曲线如图2.1(b)所示.其分布曲线对称于漏斗形入口的竖直中心轴.重复做实验(甚至用同一小球投入漏斗 N 次,$N \rightarrow \infty$),其分布曲线都相同.由此可见,虽然各小球在与任一钉子碰撞后是向左还是向右运动是随机的,是由很多偶然因素决定,但最终大量小球的总体在各槽内的分布却有一定的分布规律,这种规律由统计相关性所决定.

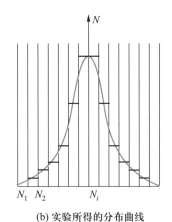

(a) 伽尔顿板   (b) 实验所得的分布曲线

图 2.1 伽尔顿板实验

§2.2.2 等概率性与概率的基本性质

一、概率的定义

在一定条件下,如果某一现象或某一事件可能发生也可能不发生,我们就称这样的事件为随机事件.例如一个刚性的正立方体的六个面上分别标上 1 到 6 个点,俗称骰子.掷一个骰子待它平衡后,哪一面朝上完全是随机的,受到许多不能确定的偶然因素的影响.但若在相同条件下重复进行同一个试验(如掷骰子),在总次数 N 足够多的情况下(即 $N \to \infty$),计算所出现某一事件(如某一面向上)的次数 N_i,则这一事件出现的百分比就是该事件出现的概率

$$P_i = \lim_{N \to \infty} \left(\frac{N_i}{N} \right) \qquad (2.1)$$

这就是对概率的定义.

二、等概率性

在掷骰子时,一般认为出现每一面向上的概率是相等的.因为我们假定骰子是一个规则的正立方体,它的几何中心与质量中心相重合.若在某一面上钻个小孔,在小孔中塞进些铅然后再封上,虽然骰子仍是一个规则的正立方体,但可以肯定,塞铅这一面出现向上的概率最小,而与它相对的一面出现的概率最大,因为我们已经有理由说明塞铅面向上的概率应小些,其相反面向上的概率要大些.由此可总结出一条基本原理:等概率性——在没有理由说明哪一事件出现概率更大些(或更小些)的情况下,每一事件出现的概率都应相等.

注意到任何一种物理理论都包含着若干基本假定,这些假定只能最后由实验检验其推论是否正确.在这种意义上,可以说统计物理学是十分简单而优美的理论,因为它实质上只包含等概率原理这一个基本假定:如果对于系统的各种可能的状态没有更多的知识,就可暂时假定一切状态出现的概率相等.统计物理学如此成功的根本原因,在于系统由大数粒子所组成,因而有更大量的微观状态.而统计的对象越多,其涨落越小[见(1.17)式],统计平均越精确.

三、概率的基本性质

(一) n 个互相排斥事件发生的总概率是每个事件发生概率之和,简称概率相加法则

所谓 n 个互相排斥(简称互斥)的事件是指,出现事件 1,就不可能同时出现事件 2,3,…,n,同样对 2,3,…,n 事件也是如此.例如骰子出现"1"面向上,就不可能同时出现"2""3"…"6"面向上,这六个面向上的事件称互斥事件.若骰子每一面出现的概率为 $\frac{1}{6}$,显然六个面分别向上出现的总概率是 1,其中三个面分别向上出现的总概率是 $\frac{3}{6}$.

(二) 同时或依次发生的,互不相关(或相互统计独立)的事件发生的概率等于各个事件概率之乘积,简称概率相乘法则

把一个骰子连续掷两次,问两次都出现"1"的概率是多少.若骰子是刚性的,

掷第二次出现的概率与第一次掷过与否以及第一次出现的是哪一面向上都无关,我们就说连续两次掷骰子是统计独立的.但若骰子是由软的橡皮泥做的,第一次掷过后,橡皮泥的变形必然要影响第二次的结果,则连续掷两次的事件就不是统计独立的,而是相互关联的.若骰子是刚性的,且每一面向上的概率都是 $\frac{1}{6}$,连续掷两次出现的花样为 11、12、…、65、66 共 36 种,显然这 36 种花样也是等概率的,故连续掷两次均出现"1"面向上的概率是

$$P(11) = \frac{1}{36} = \frac{1}{6} \cdot \frac{1}{6} = P(1) \cdot P(1)$$

有些问题中概率相加法则与概率相乘法则要同时使用.例如要问连续掷两次骰子,使两次出现的数字之和为 8 的概率是多少? 因为出现和数为 8 的花样有 5 种,即 26(或 62)、44、53(或 35),出现每一种花样的概率均为 $\frac{1}{6} \cdot \frac{1}{6}$,所以总的概率为 $\frac{5}{36}$.

§2.2.3　平均值及其运算法则

一、平均值

统计分布最直接的应用是求平均值.以求平均年龄为例,N 人的年龄平均值就是 N 人的年龄之和被除以总人数 N.为此将人按年龄分组,设 u_i 为随机变量(例如年龄),其中出现(年龄)u_1 值的次(或人)数为 N_1,u_2 值的次(或人)数为 N_2……则该随机变量(年龄)的平均值为

$$\bar{u} = \frac{N_1 u_1 + N_2 u_2 + \cdots}{\sum_i N_i} = \frac{\sum_i N_i u_i}{N} \qquad (2.2)$$

因为 $\frac{N_i}{N}$ 是出现 u_i 值的百分比,由(2.1)式知,当 $N \to \infty$ 时它就是出现 u_i 值的概率 P_i,故

$$\bar{u} = P_1 u_1 + P_2 u_2 + \cdots = \sum_i P_i u_i \qquad (2.3)$$

(2.2)式与(2.3)式是从不同角度来说明平均值的概念的.(2.2)式是讲,要求得某随机变量在某 N 个统计单位(如 N 个人)中的平均值,先求出这 N 个统计单位的随机变量(例如年龄)之和,然后再除以 N 个单位数即得该随机变量(如年龄)的平均值.例如:欲求得 N 个分子的平均动能,应先求得 N 个分子的动能之和;欲求得 N 个分子的平均速率,应先求得 N 个分子的速率之和,然后分别除以总分子数即得其平均动能或平均速率.若要利用概率分布来求随机变量 u_i 的平均值 $\bar{u}$,则应先知道 u_i 的概率分布 $P(u_i)$(即出现 u_1 值时的概率 P_1,出现 u_2 值时的概率 P_2……),然后按照(2.3)式即能求得 $\bar{u}$.(2.3)式是从(2.2)式演变来的,在演变过程中还应附加上 $N \to \infty$ 的条件,所以(2.3)式只适用于 N 非常大时的情况.但是运用(2.3)式要比(2.2)式更方便.利用(2.3)式可把求平均值的方法推广到较为复

杂 的 情 况 , 从 而 得 到 如 下 的 求 平 均 值 的 运 算 公 式.

二、平均值运算法则

1. 设 $f(u)$ 是 随 机 变 量 u 的 函 数 , 则

$$\overline{f(u)} = \sum_{i=1}^{n} f(u_i) P_i \tag{2.4}$$

2. $\overline{f(u) + g(u)} = \sum_{i=1}^{n} [f(u_i) + g(u_i)] P_i = \sum_{i=1}^{n} f(u_i) P_i + \sum_{i=1}^{n} g(u_i) P_i$

$$= \overline{f(u)} + \overline{g(u)} \tag{2.5}$$

3. 若 c 为 常 数 , 则

$$\overline{cf(u)} = \sum_{i=1}^{n} [cf(u_i)] P_i = c \overline{f(u)} \tag{2.6}$$

4. 设 两 个 随 机 变 量 u_i 和 v_i 可 分 别 取 值 $u_1, u_2, \cdots; v_1, v_2, \cdots$, 以 P_r 表 示 u 取 值 u_r 时 的 概 率 , 以 P_s 表 示 v 取 值 v_s 的 概 率. 若 u 和 v 是 统 计 独 立 的 ,$f(u)$ 是 u 的 某 一 函 数 ,$g(v)$ 是 v 的 另 一 函 数. 又 知 u 取 值 u_r, 同 时 v 取 值 v_s 的 概 率 为 P_{rs}, 则

$$\overline{f(u) g(v)} = \sum_{r=1}^{n} \sum_{s=1}^{m} f(u_r) g(v_s) P_{rs}$$

$$= \left[\sum_{r=1}^{n} f(u_r) P_r \right] \left[\sum_{s=1}^{m} g(v_s) P_s \right] = \overline{f(u)} \cdot \overline{g(v)} \tag{2.7}$$

在 运 算 中 我 们 应 用 了 两 个 统 计 独 立 的 随 机 变 量 其 概 率 相 乘 法 则

$$P_{rs} = P_r \cdot P_s \tag{2.8}$$

应 该 说 明 , 以 上 所 讨 论 的 各 种 概 率 都 应 是 归 一 化 的 , 即

$$\sum_{r=1}^{n} P_r = 1, \quad \sum_{s=1}^{m} P_s = 1, \quad \sum_{r=1}^{n} \sum_{s=1}^{m} P_{rs} = 1$$

§2.2.4　均方偏差

随 机 变 量 u 会 偏 离 平 均 值 $\overline{u}$, 即 $\Delta u_i = u_i - \overline{u}$. 一 般 其 偏 离 值 的 平 均 值 为 零 (即 $\overline{\Delta u} = 0$) , 但 均 方 偏 差 不 为 零.

$$\overline{(\Delta u)^2} = \sum_{r=1}^{n} (\Delta u_r)^2 P_r = \sum_{r=1}^{n} (u_r - \overline{u})^2 P_r = \overline{u^2 - 2u\overline{u} + (\overline{u})^2}$$

$$= \overline{u^2} - 2\overline{u} \cdot \overline{u} + (\overline{u})^2 = \overline{u^2} - (\overline{u})^2 \tag{2.9}$$

因 为 $\overline{(\Delta u)^2} \geqslant 0$, 所 以

$$\overline{u^2} \geqslant (\overline{u})^2 \tag{2.10}$$

定 义 相 对 方 均 根 偏 差

$$\left[\overline{\left(\frac{\Delta u}{\overline{u}} \right)^2} \right]^{1/2} = \frac{\left[\overline{(\Delta u)^2} \right]^{1/2}}{\overline{u}} = \frac{(\Delta u)_{\text{rms}}}{\overline{u}} \tag{2.11}$$

从(2.9)式可知,当 u 的所有值都等于相同值时,$(\Delta u)_{\text{rms}}=0$,可见相对方均根偏差表示了随机变量在平均值附近散开分布的程度,也称为涨落、散度或散差.这与在§1.5.2中对涨落的定义是一致的.

§2.2.5　概率分布函数

上面所讨论的随机变量都只能取分立的,或称离散的数值.实际上有很多变量是连续变化的,例如粒子的空间位置或粒子的速度.显然,在随机变量取连续值时,上述求平均值公式中的 P_r 也是连续分布的.但是因为测量仪器总有一定的误差,在测量分子速率时,我们测不出分子速率恰好为 100 m/s 的分子数是多少,若仪器的误差范围为 1 m/s,则我们只能测出分子速率从 99.5 m/s 到 100.5 m/s 的分子数是多少.我们也不能讲分子速率恰好处于 100 m/s 的概率,而只能讲分子速率介于某一范围(例如 99.5~100.5 m/s)内的概率.为了能对连续变量的概率分布了解得更清楚,下面举一个有关打靶试验的例子.设想某射击运动员对准靶的中心射击,不管他的射击技术多么高明,总不可能使所射出的每一子弹射击点的几何中心与靶的中心完全重合,一般说来,子弹落在靶的中心的周围.平均说来,射击点越接近靶中心,他的射击技术越高明.图2.2(a)及图2.2(b)是某人在某次射击试验中射击点在靶板上的同一分布图形,只是采用两种不同方式描述这些黑点在板上的分布.一是用直角坐标来描述,如图2.2(a)所示;另一是用极坐标来描述,如图 2.2(b)所示.现仅讨论图 2.2(a),至于图 2.2(b)将在§2.4.4中讨论.现以靶心为原点,以直角坐标 x、y 来表示黑点的空间位置.既然黑点在空间的位置是连续变量,而黑点本身又占有一定的面积,所以不能数出恰好在坐标 x 处有几个黑点,而只能先把靶板平面沿 x 轴划分出很多宽为 Δx 的窄

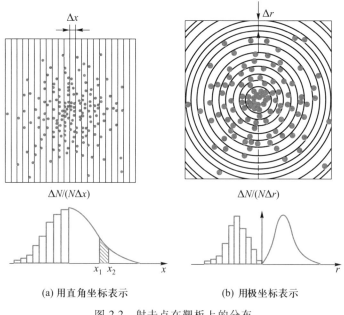

(a) 用直角坐标表示　　　　　　(b) 用极坐标表示

图 2.2　射击点在靶板上的分布

条,Δx 的宽度比黑点的大小要大得多,数出在 $x \sim x+\Delta x$ 的某窄条中的黑点数 ΔN,把它除以靶板上总的黑点数 N 就是黑点处于 $x \sim x+\Delta x$ 这一窄条范围内的概率.显然,Δx 越宽,窄条面积越大,数出的黑点数也越多.为了充分反映出概率分布的特点,我们以 $\dfrac{\Delta N}{N \cdot \Delta x}$ 为纵坐标,以 x 为横坐标,画出图 2.2(a) 下图左半部中的每一根竖条,每根竖条的面积才是粒子数所占的百分比.若令 $\Delta x \to 0$,就得到一条连续曲线,如图 2.2(a) 之下图右半部所示.这时的纵坐标是 $\dfrac{\mathrm{d} N}{\mathrm{d} x \cdot N} = f(x)$,它是在单位长度的范围内的概率,称为黑点沿 x 方向分布的概率密度,它也可说明黑点沿 x 方向的相对密集程度.在曲线中 $x \sim x+\mathrm{d} x$ 微小线段下的面积则表示黑点处于 $x \sim x+\mathrm{d} x$ 范围内的概率,故有

$$\int_{x_1}^{x_2} f(x)\,\mathrm{d} x = \text{位置处于 } x_1 \text{ 到 } x_2 \text{ 范围内的概率}$$

$$\int_{-\infty}^{+\infty} f(x)\,\mathrm{d} x = 1 \qquad (\text{归一化条件})$$

上式中已把积分区域扩展为无穷大.

类似地可把靶板沿 y 方向划分为若干个宽为 Δy 的窄条,数出每一窄条中的黑点数,求出 $f(y) = \dfrac{\Delta N}{N \cdot \Delta y}$,并令 $\Delta y \to 0$,可得到黑点处于 $y \sim y+\mathrm{d} y$ 范围内的概率为 $f(y)\mathrm{d} y$.

现在要问黑点处于 $x \sim x+\mathrm{d} x$,$y \sim y+\mathrm{d} y$ 范围内的概率(即图 2.3 中打上斜线的范围内的黑点数与总黑点数之比)是多少? 因为这样的黑点既要处于 $x \sim x+\mathrm{d} x$ 范围内,又要处于 $y \sim y+\mathrm{d} y$ 范围内,这是同时事件.又因粒子处于 x 坐标与 y 坐标是彼此独立的.按概率相乘法则,粒子处于该面积上的概率为

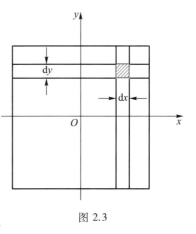

图 2.3

$$f(x)\mathrm{d} x \cdot f(y)\mathrm{d} y = f(x,y)\mathrm{d} x \mathrm{d} y$$

$f(x,y)$ 表示黑点沿平面位置单位面积($\Delta x \Delta y$)上的概率,称为概率密度分布函数,它也表示在这一区域内黑点相对密集的程度.$f(x,y)\mathrm{d} x \mathrm{d} y$ 称为沿平面位置的概率分布函数.若要求出处于 $x_1 \sim x_2$、$y_1 \sim y_2$ 范围内的概率,只要对 x、y 积分.

$$\int_{y_1}^{y_2} \int_{x_1}^{x_2} f(x,y)\,\mathrm{d} x \mathrm{d} y = \int_{y_1}^{y_2} f(y)\,\mathrm{d} y \cdot \int_{x_1}^{x_2} f(x)\,\mathrm{d} x$$

有了概率分布函数就可求平均值.例如,黑点的 x 方向坐标偏离靶心($x=0$)的平均值为

$$\bar{x} = \int_{-\infty}^{+\infty} x f(x)\,\mathrm{d} x$$

同样,x 的某一函数 $F(x)$ 的平均值为

$$\overline{F(x)} = \int_{-\infty}^{\infty} F(x) f(x)\,\mathrm{d} x$$

x、y 的某一函数 $g(x,y)$ 的平均值为

$$\overline{g(x,y)} = \int_{-\infty}^{+\infty} \int_{-\infty}^{+\infty} g(x,y)f(x,y)\,\mathrm{d}x\mathrm{d}y$$

§2.3 麦克斯韦速率分布

气体分子热运动的特点是大数分子无规则运动及它们之间频繁地相互碰撞.分子以各种大小不同的速率向各个方向运动,在频繁的碰撞过程中,分子间不断交换动量和能量,使每一分子的速度不断地变化.处于平衡态的气体,虽然每个分子在某一瞬时的速度大小、方向都在随机地变化着,但是大数分子之间存在一种统计相关性,这种统计相关性表现为平均说来气体分子的速率(指速度的大小)介于 v 到 $v+\mathrm{d}v$ 的概率(即速率分布函数)是不会改变的.

※§2.3.1 分子射线束实验

德国物理学家施特恩(Stern,1888—1969)最早于 1920 年做了分子射线束实验以测定分子射线束中的分子速率分布曲线.以后又不断有人改进设计,其中包括 1934 年我国物理学家葛正权作的测定铋蒸气分子束的速率分布实验.这里仅介绍朗缪尔(Langmuir,1881—1957)的实验,其装置如图 2.4 所示.分子源为真空加热炉,炉中有在室温下蒸气压很低的固体或金属物质,它在高温下蒸发成蒸

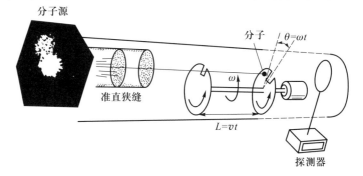

图 2.4 分子射线束实验

气,透过小孔逸出,穿过准直狭缝而成为分子束.放在分子源与探测器间的速度选择器由安装在同一轴上的两相同圆盘构成,该轴旋转角速度 ω 可调节,两盘边缘上都有一小凹槽,但凹槽错开某角度 θ.显然,分子束中能穿过第一个凹槽的分子一般穿不过第二个凹槽,除非它的速率 v 满足如下关系:

$$v = \frac{L\omega}{\theta}$$

其中 L 是两圆盘之间距离.这样,只要调节不同的旋转角速度 ω,就可以从分子束中选择出不同速率的分子来.更确切些说,因为凹槽有一定宽度,故所选择的不是恰好处于某一速率大小的分子,而是某一速率范围 Δv 内的分子数.若在接

收屏上安上能测出单位时间内透过的分子数 ΔN 的探测器,我们就可利用这种实验装置测出分子束的速率从零到无穷大范围内的分布情况.形象化地表示朗缪尔实验请见动画.与上节介绍的黑点在靶板上的分布相类似,以 $\dfrac{\Delta N}{N\Delta v}$ 为纵坐标(其中 N 是单位时间内穿过第一个圆盘上的凹槽的总分子数),以分子的速率 v 为横坐标作一图形,如图 2.5(a)所示.显然,图(a)中每一细长条的面积均表示单位时间内所射出的分子束中,分子速率介于该速率区间内的概率 $\dfrac{\Delta N}{N}$,其中 $\Delta v = 10$ m·s^{-1}.当 $\Delta v \to 0$ 时,即得图(b)所示的一条光滑的曲线,称为分子束速率分布曲线.图中的纵坐标称为分子束速率分布概率密度函数.在 v 到 $v+\mathrm{d}v$ 速率区间内的细长条的面积就表示分子速率介于 $v \sim v+\mathrm{d}v$ 区间范围内的概率

$$F(v) = \frac{\mathrm{d}N}{N\mathrm{d}v}$$

$$\frac{\mathrm{d}N}{N\mathrm{d}v} \cdot \mathrm{d}v$$

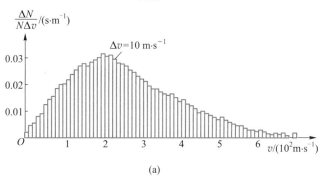

(a)

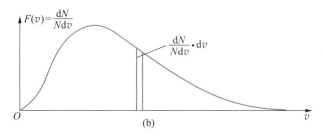

(b)

图 2.5   分子束速率分布曲线

§2.3.2   麦克斯韦速率分布

一、麦克斯韦速率分布

*应说明,图 2.4 的真空加热炉(分子源)中金属蒸气(理想气体)的分子速率分布 $f(v)\mathrm{d}v$ 与从真空加热炉壁小孔逸出的分子束中的分子速率分布 $F(v)\mathrm{d}v$ 并非一回事.$f(v)\mathrm{d}v$ 表示加热炉内气体的分子中其速率介于 $v \sim v+\mathrm{d}v$ 的分子数 $\mathrm{d}N$ 与总分子数 N 之比.

$$f(v)\,\mathrm{d}v = \frac{\mathrm{d}N}{N\mathrm{d}v} \cdot \mathrm{d}v \tag{2.12}$$

因为处于平衡态的分子源中气体分子的平均速度为零,平均说来,每一分子均不改变空间位置,故 $f(v)\,\mathrm{d}v$ 是"静态"的速率分布.但分子束中的分子都在做匀速运动,说明 $F(v)\,\mathrm{d}v$ 是一种"动态"的分布,它表示粒子通量(指单位时间内透过的分子束粒子数)中的速率分布.正因为 $f(v)\,\mathrm{d}v$ 与 $F(v)\,\mathrm{d}v$ 间存在一定的关系[见(2.54)式],故可利用实验测得的图 2.5(b)的曲线求得理想气体速率分布.

　　早在 1859 年,英国物理学家麦克斯韦利用理想气体分子在三个方向上做独立运动的假设导出了麦克斯韦速度分布律,然后得到麦克斯韦速率分布,其速率分布表达式如下:[①]

$$f(v)\,\mathrm{d}v = 4\pi\left(\frac{m}{2\pi kT}\right)^{3/2} \cdot \exp\left(-\frac{mv^2}{2kT}\right) \cdot v^2\,\mathrm{d}v \tag{2.13}$$

其中 k 为玻耳兹曼常量,m、T 分别为气体分子质量及气体温度.(2.13)式中 $f(v)$ 称为麦克斯韦速率分布概率密度,其分布曲线如图 2.6 所示.从曲线看出,虽然气体分子速率可取 $0\sim\infty$ 间一切可能值(实际上任何物体运动速率都不能超过真空中的光速,但在麦克斯韦分布中把速率上限延伸到无穷大不会影响计算,故以后为方便计把速率上限定为无穷大),但速率很大和很小的分子都较少.图中左边打斜条的狭长区域表示速率介于 $v\sim v+\mathrm{d}v$ 的分子数与总分子数之比 $\dfrac{\mathrm{d}N}{N}$,此即(2.13)式.而右边打斜条区域表示分子速率介于 $v_1\sim v_2$ 内的分子数与总分子数之比

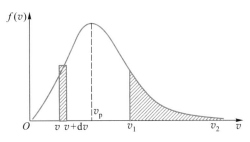

图 2.6　麦克斯韦速率分布

$$\int_{v_1}^{v_2} f(v)\,\mathrm{d}v = \int_{v_1}^{v_2} 4\pi\left(\frac{m}{2\pi kT}\right)^{3/2} \cdot \exp\left(-\frac{mv^2}{2kT}\right) \cdot v^2\,\mathrm{d}v$$

图 2.6 曲线下总面积为

$$\int_0^\infty f(v)\,\mathrm{d}v = \int_0^\infty 4\pi\left(\frac{m}{2\pi kT}\right)^{3/2} \cdot \exp\left(-\frac{mv^2}{2kT}\right) \cdot v^2\,\mathrm{d}v$$

计算积分时,可利用附录 2.1 中的积分公式

$$\int_0^\infty \exp(-\alpha x^2) \cdot x^2\,\mathrm{d}x = \frac{\sqrt{\pi}}{4}\alpha^{-3/2}$$

并令 $\alpha = \dfrac{m}{2kT}$,则

$$\int_0^\infty f(v)\,\mathrm{d}v = 4\pi \cdot \left(\frac{m}{2\pi kT}\right)^{3/2} \cdot \frac{\sqrt{\pi}}{4} \cdot \left(\frac{2kT}{m}\right)^{3/2} = 1$$

说明麦克斯韦速率分布是归一化的.

二、几点说明

（1）麦克斯韦分布适用于平衡态的气体,因为这种分布是麦克斯韦在对理想气体分子在三个直角坐标方向上做独立运动的假设下导出的.在平衡态下气体分子数密度 n 及气体温度都有确定均一的数值,故其速率分布也是确定的,它仅是分子质量及气体温度的函数.其分布曲线随分子质量或温度的变化趋势如图 2.7（a）所示.

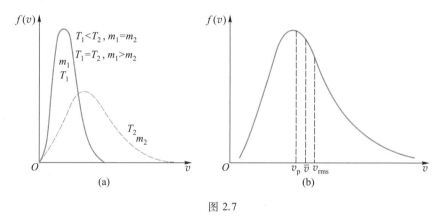

图 2.7

（2）因为 v^2 是增函数,$\exp\left(-\dfrac{mv^2}{2kT}\right)$ 是一个减函数,增函数与减函数相乘得到的函数将在某一值取极值.我们称概率密度取极大值时的速率为**最概然速率**（也称最可几速率）,以 v_p 表示.

（3）麦克斯韦分布本身是统计平均的结果,它与其他的统计平均值一样,也会有涨落,但当粒子数为大数时,其相对方均根偏差是微不足道的.即使对于压强为 $1.3 \times 10^{-11}\mathrm{N \cdot m^{-2}}$ 的超高真空气体（这是目前最先进的技术方能达到的超高真空压强）,利用（1.18）式数据可算出在 273 K 温度下的 1 L 容积中约有 10^6 个分子,由（1.17）式可知其相对涨落约为千分之一.至于常压下的气体,其相对涨落更微小,所以麦克斯韦速率分布可适用于一切处于平衡态的宏观容器中的理想气体.

（4）我们只要记住麦克斯韦速率分布的函数形式为 $Av^2 \cdot \exp\left(-\dfrac{mv^2}{2kT}\right)$ 则通过归一化可求出系数 $A = 4\pi \left(\dfrac{m}{2\pi kT}\right)^{3/2}$.

（5）利用量纲有助于我们对分布公式的记忆,由于 e 的指数的量纲为 1,而

$\dfrac{mv^2}{2}$ 与 kT 是同量纲的,另外,当 $v \to \infty$ 时,$f(v)$ 应趋于零,说明 e 的指数应是负

的,由此可见其 e 指数因子为 $\exp\left(-\dfrac{mv^2}{2kT}\right)$.还应记住,除指数因子之外还有幂函数

因子 v^2、微分元 dv 及归一化系数 A.由于整个 e 指数的量纲为 1,$v^2 dv$ 为 v 的三次

方量纲,而概率分布即百分比的分布的量纲也是 1,可见其系数 A 呈 $\dfrac{1}{v^3}$ 量纲.而

v 的量纲与 $\left(\dfrac{2kT}{m}\right)^{1/2}$ 的量纲相同,所以 A 中应有 $\left(\dfrac{m}{2kT}\right)^{3/2}$ 因子.再记住有 $\dfrac{4\pi}{\pi^{3/2}}$,即可

正确写出麦克斯韦速率分布.

三、三种速率

下面利用概率分布函数求理想气体分子平均速率、均方根速率、最概

然速率.

（一）平均速率

$$\bar{v} = \int_0^\infty v f(v)\, dv = \int_0^\infty 4\pi \left(\frac{m}{2\pi kT}\right)^{3/2} \cdot v^3 \exp\left(-\frac{mv^2}{2kT}\right) dv$$

利用附录 2.1 中公式

$$\int_0^\infty x^3 \cdot \exp(-\alpha x^2)\, dx = \frac{1}{2\alpha^2}$$

令 $\alpha = \dfrac{m}{2kT}$,可得

$$\bar{v} = 4\pi \left(\frac{m}{2\pi kT}\right)^{3/2} \cdot \frac{1}{2} \left(\frac{2kT}{m}\right)^2 = \sqrt{\frac{8kT}{\pi m}} = \sqrt{\frac{8RT}{\pi M}} \qquad (2.14)$$

（二）方均根速率 v_{rms}

因

$$\overline{v^2} = \int_0^\infty v^2 f(v)\, dv = \int_0^\infty 4\pi \left(\frac{m}{2\pi kT}\right)^{3/2} \cdot \exp\left(-\frac{mv^2}{2kT}\right) \cdot v^4\, dv = \frac{3kT}{m}$$

故

$$v_{rms} = \sqrt{\frac{3kT}{m}} = \sqrt{\frac{3RT}{M}} \qquad (2.15)$$

其结果与(1.28)式完全相同.

（三）最概然速率 v_p

因为速率分布函数是一连续函数,若要求极值可从极值条件

$$\left. \frac{df(v)}{dv} \right|_{v=v_p} = 0$$

得

$$v_p = \sqrt{\frac{2kT}{m}} = \sqrt{\frac{2RT}{M}} \qquad (2.16)$$

可见 m 越小或 T 越大，v_p 越大.图 2.7(a)画出了两条麦克斯韦速率分布曲线,其最概然速率 $v_{p2}>v_{p1}$.所谓最概然速率 v_p 的物理意义是:在速率分布曲线中任一速率附近取相同的 Δv 范围(Δv 很小),把 $f(v)$ 和 Δv 相乘得到的竖条面积 $f(v)\Delta v$ 是在分子速率在 v 附近 Δv 范围内的概率.那么 $v_p\Delta v$ 是所有竖条中面积最大的,也就是分子速率在 v_p 附近的概率是最大的.

（四）三种速率之比

$$v_p : \bar{v} : v_{rms} = 1 : 1.128 : 1.224 \qquad (2.17)$$

它们三者之间相差不超过 23%,而以方均根速率为最大,如图 2.7(b)所示.这三种速率在不同的问题中各有自己的应用.在讨论速率分布,比较两种不同温度或不同分子质量的气体的分布曲线时常用到最概然速率;在计算分子平均自由程、气体分子碰壁数及气体分子之间碰撞频率时则用到平均速率;在计算分子平均动能时用到方均根速率.

在§1.6 的理想气体分子碰壁数及理想气体压强公式的证明中我们曾用到 $v_{rms} \approx \bar{v}$ 的近似条件,由(2.17)式知

$$\frac{v_{rms}}{\bar{v}} = 1.085 \qquad (2.18)$$

其偏差仅 8.5%.但采用这种近似后,§1.6 中的数学处理要简单得多.

[例 2.1]　试求氮分子及氢分子在标准状况下的平均速率.

[解] (1)氮分子平均速率

$$\bar{v} = \sqrt{\frac{8RT}{\pi M}} = \sqrt{\frac{8 \times 8.31 \times 273}{3.14 \times 0.028}}\ \mathrm{m \cdot s^{-1}} = 454\ \mathrm{m \cdot s^{-1}} \qquad (2.19)$$

(2)氢分子平均速率

$$\bar{v} = 1.70 \times 10^3\ \mathrm{m \cdot s^{-1}}$$

以上计算表明,除很轻的元素如氢、氦之外,其他气体的平均速率一般为数百米每秒数量级.

§2.4　麦克斯韦速度分布

前面已指出,麦克斯韦是先导出速度分布,然后再从速度分布得到速率分布的.本节介绍麦克斯韦速度分布.为了说明速度分布的含意,先介绍速度空间的概念.

§2.4.1　速度空间

一、速度空间中的代表点

要描述气体分子的速度大小和方向,需引入速度矢量这一概念.速度矢量的方向和大小恰与此瞬时该分子速度的大小、方向一致.若把其中分子的速度矢量沿 x、y、z 方向的投影 v_x、v_y、v_z 作直角坐标图,且把所有分子速度矢量的起始点都平移到图 2.8(a)的公共原点 O 上.在平移时,矢量的大小、方向都不变.平移后,仅以矢量的箭头端点的点来表示这一矢量,而把矢量符号抹去,这样的点称为代表点.这种

以速度分量 v_x、v_y、v_z 为坐标轴,以从原点向代表点所引矢量来表示分子速度方向和大小的坐标系称为由直角坐标表示的速度空间.它是人们想象中的空间坐标,所描述的不是分子的空间位置,而是分子速度的大小与方向.

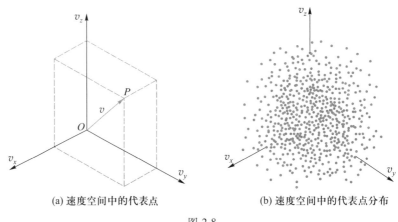

(a) 速度空间中的代表点　　　　　(b) 速度空间中的代表点分布

图 2.8

二、代表点在速度空间中的分布

若把某一瞬时所有分子所对应的速度矢量都标在图 2.8(a) 中所示的速度空间中,就构成代表点在速度空间中的一种分布图形,如图 2.8(b) 所示.将图 2.8(b) 与图 2.2(a) 之上图子弹打在靶板上的射击点的分布比较,可发现这两种图形十分相似.所不同的是图 2.2(a) 代表 N 个射击点在靶板上的分布,而图 2.8(b) 表示在某一瞬时 N 个分子在速度空间中的分布.前面已指出,在图 2.2(a) 中,黑点位于 $x \sim x+\mathrm{d}x, y \sim y+\mathrm{d}y$ 范围内的概率是以 $f(x,y)\mathrm{d}x\mathrm{d}y$ 来表示的,其中 $\mathrm{d}x\mathrm{d}y$ 为这一区域面积的大小,$f(x,y)$ 是黑点的概率密度.同样我们也可在三维速度空间中,在 $v_x \sim v_x+\mathrm{d}v_x, v_y \sim v_y+\mathrm{d}v_y, v_z \sim v_z+\mathrm{d}v_z$ 区间内划出一个体积为 $\mathrm{d}v_x\mathrm{d}v_y\mathrm{d}v_z$ 的微分元,如图2.9(a) 所示,数出在这微分元中的代表点的数目 $\mathrm{d}N(v_x, v_y, v_z)$,并把

$$f(v_x, v_y, v_z) = \frac{\mathrm{d}N(v_x, v_y, v_z)}{N\mathrm{d}v_x\mathrm{d}v_y\mathrm{d}v_z} \tag{2.20}$$

称为坐标为 v_x、v_y、v_z 处的速度分布概率密度,利用它可说明在图 2.9(a) 中体积为 $\mathrm{d}v_x\mathrm{d}v_y\mathrm{d}v_z$ 的小体积元中代表点的相对密集程度.为了能对 (2.20) 式了解得更清楚,我们作如下讨论:

首先问,在 N 个分子中速度 x 分量落在 $v_x \sim v_x+\mathrm{d}v_x$ 范围内分子数是多少?与图 2.2(a) 类似,在速度空间中划出一个垂直于 v_x 轴的厚度为 $\mathrm{d}v_x$ 的无穷大平板,如图 2.9(b) 所示.不管速度的 y、z 分量如何,只要速度 x 分量在 $v_x \sim v_x+\mathrm{d}v_x$ 范围内,则所有这些分子的代表点都落在此很薄的无穷大平板中.若设此平板中代表点数为 $\mathrm{d}N(v_x)$,则 $\dfrac{\mathrm{d}N(v_x)}{N}$ 表示分子速度处于 $v_x \sim v_x+\mathrm{d}v_x$ 而 v_y、v_z 为任意值范围内的概率.显然这一概率与板的厚度 $\mathrm{d}v_x$ 成比例,并有

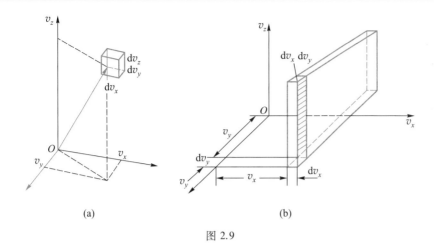

图 2.9

$$\frac{\mathrm{d}N(v_x)}{N} = f(v_x)\,\mathrm{d}v_x \tag{2.21}$$

$f(v_x)$ 称气体分子 x 方向速度分量概率密度,$f(v_x)\,\mathrm{d}v_x$ 称分子 x 方向速度分量概率分布函数.同样可分别求出垂直于 v_y 轴及 v_z 轴的无穷大薄平板中代表点数 $\mathrm{d}N(v_y)$ 及 $\mathrm{d}N(v_z)$,而

$$\frac{\mathrm{d}N(v_y)}{N} = f(v_y)\,\mathrm{d}v_y, \qquad \frac{\mathrm{d}N(v_z)}{N} = f(v_z)\,\mathrm{d}v_z \tag{2.22}$$

分别表示 y 及 z 方向速度分量的概率分布函数.根据处于平衡态的气体的分子混沌性假设,分子速度没有择优取向,故 $f(v_x)$、$f(v_y)$、$f(v_z)$ 应具有相同形式.

若我们进一步问,分子速率介于 $v_x \sim v_x + \mathrm{d}v_x$,$v_y \sim v_y + \mathrm{d}v_y$,而 v_z 任意的范围内的分子数 $\mathrm{d}N(v_x, v_y)$ 是多少? 显然这些分子的代表点都落在图 2.9(b) 中一根平行于 v_z 轴、截面积为 $\mathrm{d}v_x\mathrm{d}v_y$ 的无穷长的方条中. 这一长方条是由垂直于 v_x 轴厚度为 $\mathrm{d}v_x$ 的无穷大薄平板与另一垂直于 v_y 轴的厚度为 $\mathrm{d}v_y$ 的无穷大薄平板相交而截得.因为分子落在垂直于 v_x 轴的平板内的概率是 $f(v_x)\,\mathrm{d}v_x$,分子落在垂直于 v_y 轴的平板内的概率是 $f(v_y)\,\mathrm{d}v_y$,则分子落在无穷长方柱体中的概率就是分子同时处于这两个平板内的概率.由相互独立的同时事件概率相乘法则可知,分子落在方柱体内的概率为

$$f(v_x)\,\mathrm{d}v_x f(v_y)\,\mathrm{d}v_y = \frac{\mathrm{d}N(v_x, v_y)}{N} \tag{2.23}$$

式中 $\mathrm{d}N(v_x, v_y)$ 为在方柱体内的代表点数.

最后要问,分子速度在 $v_x \sim v_x + \mathrm{d}v_x$,$v_y \sim v_y + \mathrm{d}v_y$,$v_z \sim v_z + \mathrm{d}v_z$ 范围内的概率是多少? 则只需在图 2.9(b) 中再作一垂直于 v_z 轴的、厚度为 $\mathrm{d}v_z$ 的无穷大薄平板,平板与柱体相交截得一体积为 $\mathrm{d}v_x\mathrm{d}v_y\mathrm{d}v_z$ 的小立方体,计算出在小立方体中的代表点数 $\mathrm{d}N(v_x, v_y, v_z)$. 而 $\dfrac{\mathrm{d}N(v_x, v_y, v_z)}{N}$ 就是所要求的概率.因为 v_x、v_y、v_z 相互独立,故

$$\frac{dN(v_x, v_y, v_z)}{N} = f(v_x, v_y, v_z)\, dv_x dv_y dv_z = f(v_x)\, dv_x \cdot f(v_y)\, dv_y \cdot f(v_z)\, dv_z$$

$$(2.24)$$

我们看到(2.20)式所示的速度分布概率密度 $f(v_x, v_y, v_z)$ 是分子分别按速度的 x、y、z 方向分量分布的概率密度 $f(v_x)$、$f(v_y)$、$f(v_z)$ 的乘积,而分子处于任一微小速度范围 $dv_x dv_y dv_z$ 内的概率是 $f(v_x, v_y, v_z)$ 与 $dv_x dv_y dv_z$ 的乘积.

§2.4.2 麦克斯韦速度分布

麦克斯韦最早用概率统计的方法导出了理想气体分子的速度分布,这一分布可表示为:

$$f(v_x, v_y, v_z)\, dv_x dv_y dv_z = \left(\frac{m}{2\pi kT}\right)^{3/2} \cdot \exp\left[-\frac{m(v_x^2 + v_y^2 + v_z^2)}{2kT}\right] \cdot dv_x dv_y dv_z \quad (2.25)$$

将(2.24)式与(2.25)式对照可知,麦克斯韦速度分布有

$$\boxed{\frac{dN(v_x, v_y, v_z)}{N} = f(v_x)\, dv_x \cdot f(v_y)\, dv_y \cdot f(v_z)\, dv_z} \quad (2.26)$$

其中
$$\boxed{f(v_i)\, dv_i = \left(\frac{m}{2\pi kT}\right)^{1/2} \cdot \exp\left(-\frac{mv_i^2}{2kT}\right) \cdot dv_i} \quad (2.27)$$

i 可分别代表 x、y、z. 若已知(2.27)式,且知系统总分子数为 N,欲求分子速度的 x 分量在 $v_x \sim v_x + dv_x$ 内而 v_y、v_z 任意的那些分子的分子数 $dN(v_x)$,则只需将(2.26)式乘以 N 后,沿 v_z 和 v_y 方向从 $-\infty$ 积分到 $+\infty$ 便可得到在垂直于 v_x 轴的无穷大平板中的代表点数 $dN(v_x)$,故

$$dN(v_x) = Nf(v_x)\, dv_x \int_{-\infty}^{\infty} f(v_y)\, dv_y \int_{-\infty}^{\infty} f(v_z)\, dv_z$$

$$= N\left(\frac{m}{2\pi kT}\right)^{1/2} \cdot \exp\left(-\frac{mv_x^2}{2kT}\right) dv_x \cdot \int_{-\infty}^{\infty} \left(\frac{m}{2\pi kT}\right)^{1/2} \cdot$$

$$\exp\left(-\frac{mv_y^2}{2kT}\right) dv_y \cdot \int_{-\infty}^{\infty} \left(\frac{m}{2\pi kT}\right)^{1/2} \exp\left(-\frac{mv_z^2}{2kT}\right) \cdot dv_z$$

$$(2.28)$$

利用附录 2.1,可将(2.28)式化为

$$\boxed{f(v_x)\, dv_x = \frac{dN(v_x)}{N} = \left(\frac{m}{2\pi kT}\right)^{1/2} \cdot \exp\left(-\frac{mv_x^2}{2kT}\right) \cdot dv_x} \quad (2.29)$$

这就是(2.27)式中 i 为 x 时的式子.(2.29)式中的 $f(v_x)$ 的概率分布曲线如图2.10 所示,它对称于纵轴.图中打上斜线的狭条的面积即(2.29)式.

最后说明,由于麦克斯韦在导出麦克斯韦速度分布律过程中没有考虑到气体分子间的相互作用,故这一速度分布律一般适用于处于平衡态的理想气体.

麦克斯韦首次用概率统计的方法来讨论微观过程,为统计物理学的诞生奠

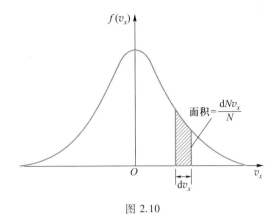

图 2.10

定重要基础.1872 年,玻耳兹曼创立了气体输运理论,从研究非平衡态分布函数着手建立了 *H* 定理[①].玻耳兹曼根据 *H* 定理证明,在达到平衡状态后,气体分子的速度分布律趋于麦克斯韦分布,从而更严密地导出了麦克斯韦分布.

①关于 *H* 定理,请见参考书[3] 93 页.

※ §2.4.3　相对于 v_p 的(麦克斯韦)速度分量分布与速率分布·误差函数

附录 2.1 中的定积分公式都是从 0 积分到无穷大的,有时需计算气体分子速度分量 v_x(或速率)在某一给定范围内的分子数或概率,这时可把麦克斯韦速度分布(2.25)式或气体分子速率分布(2.13)式分别作变量变换,使之变换为相对于最概然速率 v_p 的速度分量分布或速率分布的形式.

一、相对于 v_p 的速度分量(麦克斯韦)分布

令 $u_x = \dfrac{v_x}{v_p}$,其中 v_p 为最概然速率,则(2.27)式变换为

$$\frac{\mathrm{d}N(u_x)}{N} = \frac{1}{\sqrt{\pi}} \cdot \exp(-u_x^2) \cdot \mathrm{d}u_x \qquad (2.30)$$

若要求出分子速度 x 方向分量小于某一数值 v_x 的分子数所占的比率,则可对上式积分

$$\frac{\Delta N(0 \sim v_x)}{N} = \int_0^{v_x} \frac{\mathrm{d}N(v_x)}{N} = \frac{1}{\sqrt{\pi}} \cdot \int_0^{u_x} \exp(-u_x^2) \mathrm{d}u_x \qquad (2.31)$$

只要将被积函数 $\exp(-u_x^2)$ 展开为幂级数,逐项积分,即可求出(2.31)式.在概率论和数理统计中称(2.31)式为误差函数,以 $\mathrm{erf}(x)$ 表示

$$\mathrm{erf}(x) = \frac{2}{\sqrt{\pi}} \cdot \int_0^x \exp(-x^2) \mathrm{d}x \qquad (2.32)$$

误差函数有表可查,如表 2.1 所示.

表 2.1　误差函数 erf(x)

x	erf(x)	x	erf(x)
0	0	1.2	0.910 3
0.2	0.222 7	1.4	0.952 3
0.4	0.428 4	1.6	0.976 3
0.6	0.603 9	1.8	0.989 1
0.8	0.742 1	2.0	0.995 3
1.0	0.842 7		

[例 2.2]　试求在标准状况下氮分子速度的 x 分量小于 $800 \text{ m} \cdot \text{s}^{-1}$ 的分子数占全部分子数的百分比.

[解]　首先求出 273 K 时氮气分子(摩尔质量 $M = 0.028 \text{ kg} \cdot \text{mol}^{-1}$)的最概然速率

$$v_p = \sqrt{\frac{2RT}{M}} = 402 \text{ m} \cdot \text{s}^{-1} \tag{2.33}$$

$$u_x = \frac{v_x}{v_p} = \frac{800}{402} \approx 2$$

由(2.31)式知

$$\frac{\Delta N(0 \sim v_x)}{N} = \frac{1}{\sqrt{\pi}} \int_0^2 \exp(-u_x^2) \, du_x = \frac{\text{erf}(2)}{2} \tag{2.34}$$

由表 2.1 查得 erf(2) = 0.995 3,故这种分子所占百分比为 $\frac{1}{2} \times 0.995\ 3 = 49.8\%$.

二、相对于 v_p 的麦克斯韦速率分布

令 $u = \dfrac{v}{v_p}$,可将(2.13)式变换为

$$\frac{dN_u}{N} = \frac{4}{\sqrt{\pi}} \cdot \exp(-u^2) \cdot u^2 du \tag{2.35}$$

利用(2.35)式可求得在某一速率附近微小范围内的气体分子数所占的百分比. 再利用(2.32)式的误差函数又可求得在 $0 \sim v$ 范围内的分子数

$$\Delta N(0 \sim v) = N \left[\text{erf}(u) - \frac{2}{\sqrt{\pi}} \cdot u \cdot \exp(-u^2) \right] \tag{2.36}$$

(2.35)式及(2.36)式的证明读者可在课外习题中完成.

[例 2.3]　试求在标准状况下氮分子速率介于 $200 \text{ m} \cdot \text{s}^{-1}$ 到 $205 \text{ m} \cdot \text{s}^{-1}$ 范围内的分子数所占的百分比.

[解]　利用(2.33)式及 $u = \dfrac{v}{v_p} = \dfrac{200}{402} \approx 0.5$,可知

$$du = \frac{dv}{v_p} = \frac{205 - 200}{402} \approx 0.012$$

由于 du 很小,利用(2.35)式,可近似得到

$$\frac{dN_u}{N} \approx \frac{4}{\sqrt{\pi}} \cdot \exp[-(0.5)^2] \cdot 0.5^2 \cdot 0.012 = 0.35\%$$

※§2.4.4 从麦克斯韦速度分布导出速率分布

麦克斯韦速率分布(2.13)式可从麦克斯韦速度分布(2.25)式导出.前面讲到,图 2.2(a)及图 2.2(b)分别是用直角坐标及极坐标描述黑点在靶板上分布的.我们已介绍过图 2.2(a),现介绍图 2.2(b).若用相等的 Δr 为间隔,在靶板上画出很多个同心圆,从里到外数出每个圆环中的黑点数 ΔN,以 $\dfrac{\Delta N}{N\Delta r}$ 为纵坐标,r 为横坐标画出竖条,就如图 2.2(b)下图左半部所示.若令 $\Delta r \rightarrow 0$,就得到示于右半部的一条光滑的曲线,它表示离靶心不同距离处存在黑点的概率.考虑到麦克斯韦速率分布是指分子速率处于 $v \sim v+\mathrm{d}v$ 的概率,它不管速度的方向而只论速度的大小.在速度空间中,所有速

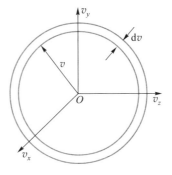

图 2.11 速度空间中的球壳

率介于 $v \sim v+\mathrm{d}v$ 范围内的分子的代表点应该都落在以原点为球心,v 为半径,厚度为 $\mathrm{d}v$ 的一薄层球壳中,如图 2.11 所示,球壳的体积为 $4\pi v^2 \mathrm{d}v$.根据分子混沌性假设,气体分子速度没有择优方向,在各个方向上应是等概率的,这说明代表点的数密度 D 是球对称的.D 仅是离开原点的距离 v 的函数.设代表点的数密度为 $D(v)$,则在球壳内代表点数

$$\mathrm{d}N_v = D(v) \cdot 4\pi v^2 \mathrm{d}v \tag{2.37}$$

在麦克斯韦速度分布律中已给出了位于图 2.9(a)所示速度空间中的体积元 $\mathrm{d}v_x \mathrm{d}v_y \mathrm{d}v_z$ 中的代表点数,它就是(2.26)式再乘以 N.显然,速度空间中的代表点数密度(单位体积中的代表点数)$D(v)$ 就是 $Nf(v_x, v_y, v_z)$,故

$$D(v) = Nf(v_x, v_y, v_z) = N\left(\frac{m}{2\pi kT}\right)^{3/2} \cdot \exp\left(-\frac{mv^2}{2kT}\right) \tag{2.38}$$

将(2.38)式代入(2.37)式,可得

$$\mathrm{d}N_v = 4\pi N\left(\frac{m}{2\pi kT}\right)^{3/2} \cdot \exp\left(-\frac{mv^2}{2kT}\right) \cdot v^2 \mathrm{d}v$$

即

$$\frac{\mathrm{d}N_v}{N} = f(v)\mathrm{d}v = 4\pi\left(\frac{m}{2\pi kT}\right)^{3/2} \cdot \exp\left(-\frac{mv^2}{2kT}\right) \cdot v^2 \mathrm{d}v \tag{2.39}$$

这就是前面(2.13)式所表示的麦克斯韦速率分布.

※§2.4.5 绝对零度时金属中自由电子的速度分布与速率分布(费米球)

金属原子:是由金属离子实和最外层的价电子构成的.金属原子构成金属时是由金属离子按照一定的规则相互结合而构成结构十分有序且密实的金属晶

体.而金属的价电子脱离了原来的离子实,能在整个金属所占有的空间范围内自由运动的电子,我们称它为自由电子.金属自由电子模型指出,金属中的价电子是无相互作用的自由电子.在 $T \to 0 \, \mathrm{K}$ 时,自由电子的速度分布可表示为在速度空间中的一个费米(Fermi,1901—1954)球.它的球心位于原点,球的半径为 v_F(称为费米速率,是一个与金属种类有关的常量).具体说来,电子状态位于速度空间中费米球外的概率密度为零,位于球内的概率密度为常量,设为 D_e,则 D_e 可如下求出:由归一化条件知 $\frac{4}{3} \pi v_\mathrm{F}^3 D_e = 1$,故 $D_e = \frac{3}{4 \pi v_\mathrm{F}^3}$.其速率分布可表示为

$$f(v)\,\mathrm{d}v = \begin{cases} 0 & \text{当 } v > v_\mathrm{F} \\[2mm] 4\pi v^2\,\mathrm{d}v \cdot D_e = \dfrac{3v^2}{v_\mathrm{F}^3}\,\mathrm{d}v & \text{当 } v \leqslant v_\mathrm{F} \end{cases} \tag{2.40}$$

图 2.12 即表示这种速率分布.利用(2.40)式可求出 $\bar{v}$ 与 $\overline{v^2}$

$$\bar{v} = \int_0^{v_\mathrm{F}} v f(v)\,\mathrm{d}v = \int_0^{v_\mathrm{F}} \frac{3}{v_\mathrm{F}^3} v^3\,\mathrm{d}v = \frac{3}{4} v_\mathrm{F}$$

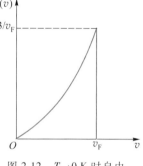

图 2.12　$T \to 0 \, \mathrm{K}$ 时自由电子速率分布

$$\overline{v^2} = \int_0^{v_\mathrm{F}} v^2 f(v)\,\mathrm{d}v = \int_0^{v_\mathrm{F}} \frac{3}{v_\mathrm{F}^3} v^4\,\mathrm{d}v = \frac{3}{5} v_\mathrm{F}^2 \tag{2.41}$$

通常以 $E_\mathrm{F} \left(E_\mathrm{F} = \dfrac{m_e v_\mathrm{F}^2}{2} \right)$ 来表示费密(球表)面的能量(其中 m_e 为电子质量),称为费米能.不同的金属其 E_F 值不同,一般它取 eV 的量级.例如,铜的 $E_\mathrm{F} = 1.1 \times 10^{-18} \, \mathrm{J}$,而 $m_e = 9.1 \times 10^{-31} \, \mathrm{kg}$,由此知 $T \to 0 \, \mathrm{K}$ 时铜中自由电子平均速率

$$\bar{v} = \frac{3}{4} v_\mathrm{F} = \frac{3}{4} \sqrt{\frac{2 E_\mathrm{F}}{m_e}} = 1.2 \times 10^6 \, \mathrm{m} \cdot \mathrm{s}^{-1} \tag{2.42}$$

说明即使在 $T \to 0 \, \mathrm{K}$ 时,金属中自由电子还在以 $10^6 \, \mathrm{m} \cdot \mathrm{s}^{-1}$ 的数量级的平均速率运动着,这是经典理论无法解释的(按照麦克斯韦分布,$T \to 0 \, \mathrm{K}$ 时的 $\bar{v} \to 0$).

在 §2.5.4 中将讨论加热后的金属,其自由电子可逸出金属表面的现象,这称为热电子发射。

※§2.5　气体分子碰壁数及其应用

§1.6.2 已用最简单的方法导出了单位时间内碰撞在单位面积器壁上的平均分子数的近似公式 $\Gamma \approx \dfrac{n \bar{v}}{6}$.在推导中简单地把立方容器中的全部气体分子分为相等的六组,每一组都各垂直于一个器壁运动,且认为每一分子的速率都为 $\bar{v}$.本节将用较为严密的方法导出 Γ(通常有两种导出方法:一种是利用速率分布;另一种是利用速度分布,这里仅介绍后者).接着将利用速度分布来证明气体压

强公式.然后本节将介绍气体分子碰壁数的一些重要应用.

§2.5.1 由麦克斯韦速度分布导出气体分子碰壁数

若容器内装有分子数密度为 n 的理想气体.内壁上有一 dA 的面积元.dA 上总是有从各方向射来的各种速度的分子与之相碰.现以 dA 的中心 O 为原点,画出一直角坐标,其 x 轴垂直于 dA 面元,如图 2.13(a)所示.为了表示容器内气体分子的速度方向,还引入一个速度坐标.速度坐标的方向正好与以 O 为原点的位置坐标方向相反,如图 2.13(b)所示.

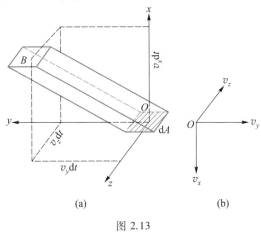

(a)   (b)

图 2.13

现在我们在位置空间中任意确定一个 B 点,它的坐标为 x,y,z;同时给定一个 dt 的微小时间.则 B 点必然和如下的某一速度矢量相对应,它的速度分量满足 $x=v_x dt,y=v_y dt,z=v_z dt$.显然在 B 点附近的小体积元内的气体分子,只要其速度矢量在 $\boldsymbol{v} \sim \boldsymbol{v}+d\boldsymbol{v}$(说明:$\boldsymbol{v} \sim \boldsymbol{v}+d\boldsymbol{v}$ 相应于速度分量区间:$v_x \sim v_x+dv_x$,$v_y \sim v_y+dv_y$,$v_z \sim v_z+dv_z$)范围内的分子,在 dt 时间内均可运动到 dA 面元与之相碰撞.实际上,只有在以 dA 为底,$v_x dt$ 为高,其母线与 BO 直线平行的斜柱体中的所有速度矢量为 $\boldsymbol{v} \sim \boldsymbol{v}+d\boldsymbol{v}$ 的分子,在 dt 时间内均会与 dA 碰撞(这类似于图 1.6 的长方柱体内向面元 ΔA 运动的分子).这些碰壁分子的总数等于单位体积内速度矢量在 $\boldsymbol{v} \sim \boldsymbol{v}+d\boldsymbol{v}$ 范围内的分子数与斜柱体体积的乘积(说明:下面以 N 右上角加一撇表示碰撞器壁分子数以区别于容器中的分子数 N),即

$$dN'(v_x,v_y,v_z) = nf(v_x)f(v_y)f(v_z)\,dv_x dv_y dv_z \cdot v_x dt dA \tag{2.43}$$

从(2.43)式可看出,不同的 v_x、v_y、v_z 对应于不同的分子数 $dN'(v_x,v_y,v_z)$.那么,dt 时间内,速度分量在 $v_x \sim v_x+dv_x$,$-\infty<v_y<+\infty$,$-\infty<v_z<+\infty$ 范围内的,碰撞在 dA 面元上的分子数 $dN'(v_x)$ 是多少呢? 显然 $dN'(v_x)$ 应等于 $dN'(v_x,v_y,v_z)$ 对 v_y、v_z 的积分,即

$$dN'(v_x) = nf(v_x)v_x dv_x \cdot \int_{-\infty}^{\infty} f(v_y)\,dv_y \cdot \int_{-\infty}^{\infty} f(v_z)\,dv_z \cdot dA dt$$
$$= nf(v_x)v_x dv_x dA dt \tag{2.44}$$

若要求出 dt 时间内碰撞在面元 dA 上所有各种速度分子的总数 N',则还应对 v_x

积分.考虑到所有 $v_x < 0$ 的分子均向相反方向运动,它们不会碰到 dA 上,所以 v_x 应从 0 积分到无穷大而不是从 $-\infty$ 积分到 ∞.于是,

$$
\begin{aligned}
N' &= n \int_0^\infty f(v_x) v_x \mathrm{d}v_x \cdot \mathrm{d}A\mathrm{d}t \\
&= n \int_0^\infty \left(\frac{m}{2\pi kT}\right)^{1/2} \cdot \exp\left(-\frac{mv_x^2}{2kT}\right) \cdot v_x \mathrm{d}v_x \cdot \mathrm{d}A\mathrm{d}t \\
&= n \sqrt{\frac{kT}{2\pi m}} \mathrm{d}A\mathrm{d}t = \frac{1}{4} n\bar{v}\mathrm{d}A\mathrm{d}t
\end{aligned}
\tag{2.45}
$$

其中 $\bar{v} = \sqrt{\dfrac{8kT}{\pi m}}$ 为麦克斯韦分布的平均速率.单位时间内碰在单位面积上总分子数为

$$
\boxed{\Gamma = \frac{N'}{\mathrm{d}A\mathrm{d}t} = \frac{1}{4} n\bar{v}}
\tag{2.46}
$$

对于理想气体,利用 $p = nkT$,则有

$$
\Gamma = \frac{n}{4} \sqrt{\frac{8kT}{\pi m}} = \frac{p}{\sqrt{2\pi mkT}}
\tag{2.47}
$$

这说明压强增加,或温度降低,气体分子碰壁数都将增加.虽然我们在导出 (2.46) 式时利用了麦克斯韦速度分布,但实际上对任意速度分布,只要系统处于平衡态且粒子间没有相互作用,均有 $\Gamma = \dfrac{1}{4} n\bar{v}$ 的关系.

在结束本小节之前需要说明,在导出 $\Gamma = \dfrac{n\bar{v}}{4}$ 的过程中,均未考虑气体分子在向 dA 面元运动时会与其他分子碰撞,从而改变运动方向这一因素.当然,受到碰撞改变了方向的分子就碰不到 dA 上.但是只要气体处于平衡态,这并不会影响最后结果,因为平均说来,单位时间内有多少分子因碰撞而改变运动方向,也必然有多少分子来补充,使速度分布不随时间变化.另外,在 (2.45) 式及 (2.48) 式中,我们对 v_x 积分是从 0 积到无穷大的,也就是说,在图 2.13 中柱体的高应该是无穷大,实际上气体被限制在有限大小的容器中.这里已采用了近似,但这一近似假定对任意小的宏观容器都能适用,请读者考虑思考题 2.19.

§2.5.2 气体压强公式的导出·*简并压强

一、气体压强公式的严密导出

我们知道,气体压强是在单位时间内大数气体分子碰撞器壁而施于单位面积器壁的平均冲量.一个速度分量为 v_x、v_y、v_z 的分子,对图 2.13 中面元 dA 做完全弹性碰撞时将施予器壁 $2mv_x$ 的冲量,而与 v_y、v_z 的大小无关.在 dt 时间内,所有速度分量在 $v_x \sim v_x + \mathrm{d}v_x$,$-\infty < v_y < \infty$,$-\infty < v_z < \infty$ 范围内的、碰撞在面元 dA 上的分子数 $\mathrm{d}N'(v_x)$ 已由 (2.44) 式给出,则所有这些分子由于碰撞而给予面元 dA 的总冲量为

$$\Delta I(v_x) = \mathrm{d}N'(v_x) \cdot 2mv_x$$

只要对上式中的 v_x 积分,即可求出在 $\mathrm{d}t$ 时间内,所有各种速度的分子碰撞在 $\mathrm{d}A$ 上的总冲量 I.考虑到所有 $v_x<0$ 的分子均碰不到 $\mathrm{d}A$ 上,故

$$I = \int_0^\infty 2mv_x \cdot \mathrm{d}N'(v_x)$$

单位时间的冲量为力,单位面积的力为压强,利用(2.44)式便可求得气体分子给予器壁的压强为

$$p = \frac{I}{\mathrm{d}A\mathrm{d}t} = 2nm\int_0^\infty f(v_x)v_x^2\mathrm{d}v_x = 2nm \cdot \frac{1}{2}\int_{-\infty}^\infty f(v_x)v_x^2\mathrm{d}v_x = nm\,\overline{v_x^2} \quad (2.48)$$

这里已利用了被积函数 $f(v_x)v_x^2$ 是偶函数的性质(即被积函数从 0 积分到 ∞ 是和从 $-\infty$ 积分到 0 的数值是相等的,它等于从 $-\infty$ 积分到 ∞ 的数值的一半).考虑到处于平衡态的理想气体其分子的运动无择优取向,故

$$\overline{v_x^2} = \overline{v_y^2} = \overline{v_z^2} = \frac{\overline{v^2}}{3}$$

将上式代入(2.48)式,即得

$$p = \frac{nm\,\overline{v^2}}{3} \qquad (2.49)$$

它与§1.6.3 中证明的气体压强公式一致.注意到在(2.49)式的证明中并未利用麦克斯韦分布,说明(2.49)式具有普适性,只要是非相对论的 $(v \ll c)$ 无相互作用的系统,上式总能适用.

※二、简并压强

按照量子理论,在 $T \to 0\ \mathrm{K}$ 温度下的金属中的自由电子以 $10^6\ \mathrm{m \cdot s^{-1}}$ 数量级的平均速率在运动着[见(2.42)式],金属表面相当于装有自由电子的容器壁,通俗地理解,自由电子与器壁表面碰撞所产生的压强称为费米压强,也称简并压强.下面来求铜的简并压强.由 $\rho = nm$ 可求出数密度 n.铜为一价金属,每个原子提供一个自由电子,已知铜的 $\rho = 8.9 \times 10^3\ \mathrm{kg \cdot m^{-3}}$,$m = 64 \times 1.67 \times 10^{-27}\ \mathrm{kg}$.已知 $T \to 0\ \mathrm{K}$ 时,在金属铜中自由电子的费米能 $E_\mathrm{F} = \frac{1}{2}m_e v_\mathrm{F}^2 = 1.1 \times 10^{-18}\ \mathrm{J}$,而 $T \to 0\ \mathrm{K}$ 时铜的均方速率 $\overline{v^2} = \frac{3}{5}v_\mathrm{F}^2$,即(2.41)式,这时它的简并压强可由(2.49)式求出,即

$$p_\mathrm{F} = \frac{1}{3}nm_e\,\overline{v^2} = \frac{\rho}{3m}m_e \cdot \frac{3}{5}v_\mathrm{F}^2$$

$$= \frac{2\rho}{5m}E_\mathrm{F} = 3.7 \times 10^{10}\ \mathrm{N \cdot m^{-2}} \qquad (2.50)$$

其数量级达 $10^4\ \mathrm{MPa}$.在超密态物质白矮星、中子星中(见选 6.1.1 和选 6.1.2),存在大量的电子或中子,它们的速率分布也十分类似于 $T \to 0\ \mathrm{K}$ 时的自由电子速率分布,因而也存在简并压强.由于数密度惊人地大,故简并压强惊人地高,在这些星体的演变中简并压强起了十分重要的作用.

§2.5.3 分子(原子)束技术与速率分布

一、分子(原子)束技术

原子束和分子束是研究原子和分子的结构以及原子和分子同其他物质相互

作用的重要手段.固体、液体和稠密气体中的分子间距较小,有复杂的相互作用,很难研究单个孤立分子的性质.稀薄气体中分子间距较大,其相互作用随压强的减小变弱,但因分子无规运动,使得对分子本身的探测和研究较困难.在分子束或原子束中,分子或原子做准直得很好的定向运动,它们之间的相互作用可予忽略,因此可认为束流是运动着的孤立原子或分子的集合,利用它来研究分子或原子的性质及其相互作用较为理想.所以分子束或原子束技术在原子物理、分子物理以及气体激光动力学、等离子体物理、化学反应动力学,甚至在空间物理、天体物理、生物学中都有重要应用.它也是研究固体表面结构的重要手段.在历史上,很多重要实验都应用了分子(原子)束技术.例如,在§2.3.1 中介绍的施特恩做的验证麦克斯韦分布的实验.他在 1922 年利用分子束技术与格拉赫(Gerlach)一起合作做了施特恩-格拉赫实验,从而发现了质子的磁矩.他由于发展了分子束技术并成功地发现了质子磁矩,而荣获了 1943 年诺贝尔物理学奖.

在分子射线束实验,图 2.4 中的左端,已表示了某种产生分子束的装置(图中称为分子源),这是一只薄壁加热炉,内中产生某种蒸气(例如钠、银的原子蒸气).蒸气分子穿过小孔逸出到加热炉外的真空容器中,由于小孔外有一组准直狭缝,逸出的绝大部分分子都被准直狭缝挡住,仅有极少量分子可穿过准直狭缝而形成分子射线束(即分子束).

二、分子(原子)束速率分布

在§2.3.1 中曾指出,从分子束实验中所测得的分子束速率分布不同于麦克斯韦速率分布,现对此予以说明.因为从加热炉器壁上的小孔逸出的分子就是在加热炉内无碰撞地向小孔运动的分子,在 dt 时间内从 dA 面积的小孔逸出的分子数可写为

$$N' = \frac{1}{4}n\bar{v}dAdt = \frac{n}{4}\int_0^{+\infty} vf(v)dv \cdot dAdt \tag{2.51}$$

由上述积分式可知,分子束中速率为 $v \sim v+dv$ 范围内的分子数是

$$\Delta N_v = \frac{n}{4}vf(v)dv \cdot dAdt$$

将麦克斯韦速率分布表达式代入,得

$$\Delta N_v = \frac{n}{4} \cdot 4\pi\left(\frac{m}{2\pi kT}\right)^{3/2} \cdot \exp\left(-\frac{mv^2}{2kT}\right) \cdot v^3 dv \cdot dAdt \tag{2.52}$$

因为气体分子是辐射状地从小孔射出的,从各个方向射出的分子的速率分布都相同,所以从小孔射出的总分子数中的速率分布就等于分子束中的速率分布 $F(v)dv$.考虑到 $\bar{v} = \sqrt{\dfrac{8kT}{\pi m}}$,则**分子束速率分布** $F(v)dv$ 可表示为

$$F(v)dv = \frac{\Delta N_v}{\frac{n}{4} \cdot \bar{v}dAdt} = 4\pi\left(\frac{m}{2\pi kT}\right)^{3/2} \cdot \sqrt{\frac{\pi m}{8kT}} \cdot \exp\left(-\frac{mv^2}{2kT}\right) \cdot v^3 dv$$

$$= \frac{m^2}{2(kT)^2} \cdot \exp\left(-\frac{mv^2}{2kT}\right) \cdot v^3 dv \tag{2.53}$$

分子束速率分布也可用如下方法求得.因为分子束中的分子处于宏观运动状态（它不同于处于平衡态的理想气体,从宏观上看,平衡态气体的分子均处于静止状态）,因而分子束的速率分布函数正比于 $f(v) \cdot v$,故

$$F(v)\mathrm{d}v = Af(v)v\mathrm{d}v \tag{2.54}$$

由归一化条件可得 $\int_0^{+\infty} F(v)\mathrm{d}v = 1$ 而 $A\int_0^{+\infty} vf(v)\mathrm{d}v = A\overline{v}$,可知 $A = \dfrac{1}{\overline{v}} = \sqrt{\dfrac{\pi m}{8kT}}$. 将它代入(2.54)式即可得(2.53)式.利用(2.53)式可求出分子束的平均速率及方均根速率分别为

$$\overline{v_{\text{束}}} = \sqrt{\frac{9\pi kT}{8m}}$$

$$\sqrt{\overline{(v_{\text{束}}^2)}} = \sqrt{\frac{4kT}{m}} \tag{2.55}$$

它们分别比麦克斯韦速度分布中的 $\overline{v}$ 及 v_{rms} 要大些.这是因为气体分子处于动态,因而速度大的分子逸出的机会相对多些.

应该注意,泻流是一种宏观粒子流,所以存在泻流的气体处于非平衡态.我们在推导中利用了只适用于平衡态理想气体的麦克斯韦分布,这是一种近似.但只要在宏观上很短的时间 $\mathrm{d}t$ 内逸出的气体分子数与容器中总分子数相比小得多,这种近似完全适用.

§2.5.4 热电子发射

在生活中和科学技术中有很多热电子发射现象的实例.显像管中的电子束就是从加热金属表面逸出的电子受到电场加速而形成的.由自由电子经典模型可知,金属中的自由电子的势能要比金属外空气中的游离电子低 W 的逸出功.自由电子逸出金属表面所需做的功可由热运动能量提供,只要从金属内部"碰撞"到金属表面上的自由电子的动能大于 W,它就能穿透金属表面进入自由空间,这就是热电子发射现象.

由于位于金属表面的自由电子所受到的晶格离子的吸引力的合力方向是沿金属表面法向指向金属内部的,若将沿金属表面法向向外的方向定为 x 正方向,则只有速度分量 v_x 满足 $v_x > v_x^{\min}$ 条件的自由电子"碰"到金属表面上时才能逸出金属表面.其中 $v_x^{\min}$ 与逸出功 W 之间有如下关系:

$$W = m_{\mathrm{e}} \frac{(v_x^{\min})^2}{2} \tag{2.56}$$

这说明,在单位时间内从单位面积金属表面逸出的电子数应等于在单位时间内"碰撞"在单位面积金属表面上,并满足 $\dfrac{m_{\mathrm{e}} v_x^2}{2} > W$ 条件的电子数,而逸出金属表面的自由电子数就是热电子发射强度 J_{e}.

金属中的自由电子是遵从量子统计的费米分布的.而理想气体分子是经典分子,它所适用的麦克斯韦分布不适用于自由电子.由于利用费米分布公式来计

算热电子发射时数学计算十分复杂,不仅在普通物理中,即使在理论物理课程中也无法讨论.现在我们假定麦克斯韦分布能近似适用于金属中的自由电子.由此来导出热电子发射公式.从第四版"编者的话"中已经指出,麦克斯韦分布实际上是费米分布的"零级近似",所以这种近似处理是完全允许的.利用(2.44)式可得

$$J_e = \int_{v_x^{\min}}^{\infty} n f(v_x) v_x \mathrm{d}v_x \tag{2.57}$$

其中 n 是金属中的自由电子数密度.现将(2.29)式代入(2.57)式,则

$$J_e = \int_{v_x^{\min}}^{\infty} n \left(\frac{m}{2\pi kT}\right)^{1/2} \cdot \exp\left(-\frac{mv_x^2}{2kT}\right) \cdot v_x \mathrm{d}v_x = n\left(\frac{kT}{2\pi m}\right)^{1/2} \int_{W/kT}^{\infty} \exp(-u) \mathrm{d}u$$

$$= n\left(\frac{kT}{2\pi m}\right)^{1/2} \cdot \exp\left(-\frac{W}{kT}\right) \propto T^{1/2} \cdot \exp\left(-\frac{W}{kT}\right) \tag{2.58}$$

这就是表示热电子发射强度的理查森(Richardson)公式.应用量子统计,考虑到电子气体不遵从麦克斯韦分布,所求得的更精确的结果是

$$J_e \propto T^2 \cdot \exp\left(-\frac{W}{kT}\right) \tag{2.59}$$

下面对(2.58)式与(2.59)式做一些比较.金属的脱出功 W 约为几电子伏.由(1.29)式知这相当于数万开下的热运动能量,而金属的熔化温度约为数千开,说明 $W \gg kT$,可见(2.58)式及(2.59)式中的指数因子起了主要作用.至于两式中的另一因子 $T^{1/2}$ 及 T^2 的差异对 J_e 所产生的影响已显得不甚重要.所以,在热电子发射中应用麦克斯韦分布所产生误差并不大.

正因为 $W \gg kT$,在室温下 $v_x > v_x^{\min}$ 的电子几乎为零,所以只有在温度较高,且选用 W 较小的金属时才能明显地看到热电子发射现象.日光灯管、显像管、示波管及其他电子管中发射电子的阴极均由灯丝来加热,就是这个原因.

电子发射除利用加热外,也可利用光的照射或施加一定强电场.前者称为**光电效应**,后者称为**电子的场致发射**.它们的基本原理十分类似,所不同的仅是在单个自由电子热运动能量上再附加上一个光子的能量或电场能量,使总能量超过 W.

§2.6　外力场中自由粒子的分布·玻耳兹曼分布

按照分子混沌性假设,处于平衡态的气体其分子数密度 n 处处相等,但这仅在无外力场条件下才成立.若分子受到重力场、惯性力场等作用,n 将有一定的空间分布,这类分布均可看做是玻耳兹曼分布的某种特例.

§2.6.1　等温大气压强公式·*悬浮微粒按高度分布

一、等温大气压强公式

我们知道,大气压强是随高度增加而减少的,这是因为大气分子受到重力作用而致.但由于大气温度也随高度而改变,加之大气中存在十分剧烈的气体复杂

流动,因而大气的温度和压强变化十分复杂.现假设大气是等温的且处于平衡态,则大气压强随高度变化是怎样的? 现考虑在大气中垂直高度为 $z \sim z + \mathrm{d}z$, 面积为 A 的一薄层气体(见图2.14),下部大气施予它向上的作用力为 pA,上部气体施予向下的力为 $(p + \mathrm{d}p)A$,该薄层气体受到的重力为 $mg = \rho(z)gA\mathrm{d}z$, 其 $\rho(z)$ 为在 z 处的大气密度.该系统达到平衡的条件为

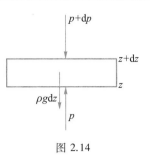

图 2.14

$$pA = (p + \mathrm{d}p)A + \rho(z)gA\mathrm{d}z$$
$$\mathrm{d}p = -\rho(z)g\mathrm{d}z \tag{2.60}$$

由此得到在对流层中大气温度随高度增加而减少的关系.考虑到理想气体有 $\rho = \dfrac{pM}{RT}$ 关系,并假定大气温度处处相等,并设重力加速度 g 不随高度而变,对 (2.60)式积分,则有

$$\int_0^p \frac{\mathrm{d}p}{p} = -\int_0^z \frac{mg}{kT}\mathrm{d}z$$

$$p(z) = p(0) \cdot \exp\left(-\frac{Mgz}{RT}\right) \tag{2.61}$$

其中 $p(z)$ 及 $p(0)$ 分别是高度 z 处及海平面处的大气压强,M 为大气分子的摩尔质量.也可把(2.61)式改写为气体分子数密度随高度的分布公式,则

$$n(z) = n(0) \cdot \exp\left(-\frac{Mgz}{RT}\right) \tag{2.62}$$

※二、等温大气标高

因指数上量纲为 1,故(2.61)式中 $\dfrac{kT}{mg}$ 具有高度的量纲.定义**大气标高** H

$$H = \frac{kT}{mg} = \frac{RT}{Mg} \tag{2.63}$$

它有如下物理意义:(1)在高度 $z = H$ 处的大气压强为 $z = 0$ 处大气压强的 $1/e$. (2)设把整个大气分子都压缩为环绕地球表面的、其密度与海平面处大气密度相等的一层假想的均匀大气层,则这一层大气的厚度也是 H.大气标高是粒子按高度分布的特征量,它反映了气体分子热运动与分子受重力场作用这一对矛盾之间的关系.kT 表示了分子热运动平均能量的数量级.气体分子热运动越剧烈, 它们散开到空间各高度使之均匀分布的概率也越大,而重力 mg 又欲使粒子尽量靠近地面.这一对矛盾的相互协调形成稳定的大气压强分布.可以想象,一旦热运动停止,大气中所有分子都会像砂粒一样落到地面.同样若温度足够高,砂粒也可

能像气体分子一样弥漫在空中.以上讨论的是等温大气,实际上,大气温度并非处处相等,而且随高度分布较复杂,所以大气压强随高度的分布也很复杂.

三、悬浮微粒按高度的分布

液体中悬浮的布朗粒子也存在一个与大气分子十分类似的粒子数密度按高度的分布.设想在一竖直放置的容器中装有平均密度为 ρ_0 的溶液,溶液中悬浮有少量布朗粒子(或大分子).每个微粒的质量均为 m,体积均为 V.每个微粒均受到重力 $-mg$ 和浮力 $\rho_0 Vg$ 的作用.若微粒的密度为 ρ,则 $V = \dfrac{m}{\rho}$.每一微粒受到的合力方向向下,其大小为

$$F = -mg + \rho_0 Vg = -m^* g \qquad (2.64)$$

其中

$$m^* = m\left(1 - \frac{\rho_0}{\rho}\right) \qquad (2.65)$$

m^* 是考虑了浮力后微粒的等效质量.这些微粒都在做无规则热运动.可把这些置于溶剂中的分子或悬浮微粒看作在真空背景中的、有效质量为 m^* 的、在重力场中的"理想气体分子".若竖直容器的温度 T 是处处均匀的,在容器底部及高度 z 处微粒数密度分别为 $n(0)$ 及 $n(z)$,类似于(2.62)式有

$$n(z) = n(0) \cdot \exp\left(-\frac{m^* gz}{kT}\right) \qquad (2.66)$$

1908年法国科学家佩兰(Perrin,1870—1942)通过观测各种胶体溶液中微粒数随高度分布,利用(2.66)式,首次从实验上测出了表征原子—分子论特征的阿伏伽德罗常量 N_A 及分子、原子的近似大小,利用 N_A 又可定出玻耳兹曼常量 k,为此他获得1926年诺贝尔物理学奖.

可注意到,无论是理想气体分子还是悬浮微粒,它们相互之间的作用力均可忽略,因而以上讨论的都是自由粒子在重力场中的分布.

※§2.6.2 旋转体中粒子径向分布·※超速离心技术

一、旋转体中粒子径向分布

我们知道在旋转体中,若把坐标系取在旋转体上,则旋转体中每一个粒子都受到惯性离心力作用,这和重力场中每一个粒子都受到重力作用是类似的,既然重力场中粒子在空间存在一个与位置有关的分布,可以想象得到在旋转体内的粒子在旋转空间也存在一个位置分布。为此我们设想这样一个物理模型:将弯成 L 形的两端开口的玻璃管的一端竖直插入水中(如图2.15所示),使玻璃管绕竖直中心轴以角速度 ω 旋转,可发现在竖直管内的水面将上升高度 h,ω 越大,h 也越高.现以水平管中距旋转中心轴 r 到 $r+dr$ 的一段气体作为研究对象.设其中气体的密度为 $\rho(r)$,而管的横截面积 A 在整个管中处处均匀,则这段气体的质量 $m_0 = \rho(r) \cdot A \cdot dr$.设在横管中 r 处气体的压强为 $p(r)$,在 $r+dr$ 处气体的压强为 $p(r+dr) = p(r) + dp$.在 r 处有方向向右的力 $p(r) \cdot A$ 作用在 dr 的那段气体上,在 $r+dr$ 处有方向向左的力 $[p(r)+dp] \cdot A$ 作

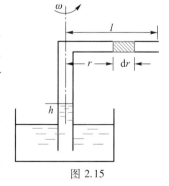

图 2.15

① 为什么要把坐标系取在旋转体上,请考虑思考题 1.3.

用在 dr 气体上.若把坐标系取在以 ω 角速度旋转的旋转体中①,则旋转体中每一物体都应受到惯性离心力作用.从 r 到 $r+dr$ 处一段气体的惯性离心力是 $m_0\omega^2 r = \rho(r)\cdot A dr\cdot\omega^2 r$,其方向沿径向向外.达到平衡时应有

$$[p(r)+dp]A = p(r)A + \rho(r)A dr\cdot\omega^2 r$$
$$dp = r\rho(r)\omega^2 dr \tag{2.67}$$

因 $\rho(r)=n(r)\cdot m\left[n(r)$ 是在 r 处气体的分子数密度$,n(r)=\dfrac{p}{kT}\right]$,代入上式可得

$$\frac{dp}{p} = \frac{m\omega^2}{kT}\cdot r dr \tag{2.68}$$

积分后可得

$$p(r) = p(0)\cdot\exp\left(\frac{m\omega^2 r^2}{2kT}\right) \tag{2.69}$$

$$n(r) = n(0)\cdot\exp\left(\frac{m\omega^2 r^2}{2kT}\right) \tag{2.70}$$

*二、超速离心技术与同位素分离

(2.69)式及(2.70)式可用于分离大分子、病毒、DNA 及其他微粒,也可用于测量微粒的质量.超速离心机转速可在 $25\sim 10^4$ r/s 之间改变,从而使悬浮在液体中的微粒或大分子所受到的惯性离心力可远大于重力.在十分大的惯性离心力作用下,不同质量粒子组成的混合物将在径向被很明显地分离开.通常将惯性离心力加速度与重力加速度 g 进行比较.例如,若旋转半径为 6 cm,转速为 10^3 r/s,则惯性离心力加速度可达 6 000 g.正因为在超速离心力作用下分离效果较明显,因而这种方法也被广泛地应用于同位素分离,现在已经替代泻流法用来分离同位素 ^{235}U(见选读材料 2.2).

※§2.6.3 玻耳兹曼分布

回转体中气体粒子数密度沿径向的分布(2.70)式与等温大气在重力场中的分布(2.61)式十分类似,所不同的仅是用 $-\dfrac{m\omega^2 r^2}{2}$ 代替了(2.61)式中的 mgz.注意到在图 2.15 中 $r\sim r+dr$ 的分子所受到的惯性离心力为 $m\omega^2 r$,它是一种保守力,而保守力所做的负功等于势能的增加.设在 $r=0$ 处的势能为 $E_p(0)=0$,则在 $r=r$ 处的势能可如下求出

$$E_p(r) = -\int_0^r m\omega^2 r dr = -\frac{1}{2}m\omega^2 r^2 \tag{2.71}$$

可见(2.70)式中的指数是粒子的惯性离心力势能与 kT 之比的负值.注意到麦克斯韦速度分布(2.25)式中的指数也是粒子的动能与 kT 之比的负值.这三种分布都是按粒子能量的分布,它们都有一个称为"玻耳兹曼因子"的因子 $\exp\left(-\dfrac{\varepsilon}{kT}\right)$,因而

$$\exp\left(-\frac{\Delta\varepsilon}{kT}\right) = \exp\left(-\frac{\varepsilon_1-\varepsilon_2}{kT}\right) = \frac{N_1}{N_2} \tag{2.72}$$

它表示在温度 T 时,分子或粒子处于能量差为 $\varepsilon_1-\varepsilon_2$ 的 1、2 两种不同状态(即在

重力势能的两种不同状态;在分子动能的两种不同状态;在粒子惯性离心力势能的两种不同状态……)上的粒子数密度之比.具有玻耳兹曼因子的分布称为玻耳兹曼分布

$$n_1 = n_2 \exp\left(-\frac{\varepsilon_1 - \varepsilon_2}{kT}\right) \tag{2.73}$$

其中 n_1 和 n_2 分别是在温度为 T 的系统中,处于粒子能量为 ε_1 的某一单粒子状态与粒子能量为 ε_2 的另一单粒子状态上的粒子数密度.应该强调,n_1 及 n_2 并不代表系统中粒子能量分别为 ε_1 及 ε_2 的所有各种单粒子状态上的粒子数密度的总和.因为同一能量一般可有多个不同的单粒子状态.例如,对于那些处于速度空间中以原点为中心、v 为半径的球面上的理想气体分子,它们的能量均相同,但速度方向不同,因而单粒子状态也各不相同(因为一种速度矢量就表示粒子的一种状态).玻耳兹曼分布仅是一种描述粒子处于不同能量的(单个)状态上有不同的概率的一种分布.粒子处于能量相同的各单粒子状态上的概率是相同的;粒子处于能量不同的各单粒子状态的概率是不同的,粒子处于能量高的单粒子状态上的概率反而小.

文档:玻耳兹曼

玻耳兹曼分布是一种普遍的规律.对于处于平衡态的气体中的原子、分子、布朗粒子,以及液体、固体中的很多粒子,一般都可应用玻耳兹曼分布,只要粒子之间相互作用很小而可予忽略.这是玻耳兹曼于 1868 年在推广了麦克斯韦分布后而建立的适于平衡态气体分子的能量分布律.(其严密的推导必须采用统计物理方法.在本节中用归纳法导出是很不严密的.)

在 §1.6.4 中的(1.27)式已得到微观粒子热运动平均能量与热力学温度间的关系,而(2.73)式却能为我们提供用来表示温度的另一表达式

$$T = \frac{\varepsilon_1 - \varepsilon_2}{k\ln\dfrac{n_2}{n_1}} \tag{2.74}$$

它表示处于平衡态的系统,在(无相互作用)粒子的两个不同能量的单个状态上的粒子数的比值与系统的温度及能量之差之间有确定的关系.这一关系对于处于局域平衡的子系温度及负温度(如产生激光的系统)却有重要意义,关于负温度请见选读材料 2.3.

§2.7 能量均分定理

在 §1.6.4 中已得到 $\overline{\varepsilon_t} = \dfrac{3}{2}kT$,本节将在此基础上,通过与实验测量值的比较,得到能量均分定理,并指出这一定理的局限性.

§2.7.1 理想气体热容

一、热容

我们知道,存在温度差时所发生的传热过程中,物体升高或降低单位温度所吸收或放出的热量称为物体的热容.若以 ΔQ 表示物体在升高 ΔT 温度的某过程中吸收的热量,则物体在该过程中的热容 C 定义为

$$C = \lim_{\Delta T \to 0} \cdot \frac{\Delta Q}{\Delta T} = \frac{\text{d}Q}{\text{d}T} \qquad (2.75)$$

每摩尔物体的热容称为摩尔热容 C_m,单位质量物体的热容称为比热容 c,则

$$C = \nu C_m, \qquad\qquad C = mc \qquad (2.76)$$

物体升高相同的温度所吸收的热量不仅与温度差及物体的性质有关,也与具体过程有关.在等体过程中气体与外界没有相互做功,所吸收热量全部用来增加内能;在等压过程中吸收热量除用来增加内能外,还需使气体膨胀对外做功,所以定压热容总比定容热容大(至少相等,见 §4.4.2).一般常以 C_V、C_p、$C_{V,m}$、$C_{p,m}$、c_V、c_p 分别表示物体的定容热容、定压热容、摩尔定容热容、摩尔定压热容及比定容热容、比定压热容.

二、理想气体热容与理想气体内能

对于单原子理想气体,只有热运动平动动能,没有势能,由(1.27)式知每一分子的热运动平均平动动能 $\overline{\varepsilon_t} = \frac{3kT}{2}$,故摩尔内能为

$$U_m = N_A \cdot \frac{3}{2}kT = \frac{3}{2}RT \qquad (2.77)$$

由于在等体过程中不做功,所吸收热量就等于内能增加,即 $\text{d}Q = \text{d}U$,由(2.77)式知,单原子理想气体的摩尔定容热容

$$C_{V,m} = \frac{3}{2}R \qquad (2.78)$$

另外,从理想气体热运动无择优取向知

$$\frac{1}{2}m\overline{v_x^2} = \frac{1}{2}m\overline{v_y^2} = \frac{1}{2}m\overline{v_z^2} = \frac{1}{3} \cdot \frac{1}{2}m\overline{v^2} \qquad (2.79)$$

由(1.25)式知

$$\frac{1}{2}m\overline{v_x^2} = \frac{1}{2}m\overline{v_y^2} = \frac{1}{2}m\overline{v_z^2} = \frac{kT}{2} \qquad (2.80)$$

说明在理想气体中,x、y、z 三个方向的平均平动动能都均分 $\frac{kT}{2}$.但是将这一规律用来解释表 2.2 所列的双原子及多原子气体时,却与实验事实并不完全相符.

表 2.2　在 0 ℃时几种气体$\dfrac{C_{V,m}}{R}$的实验值

单原子气体	He	Ne	Ar	Kr	Xe	单原子 N
$\dfrac{C_{V,m}}{R}$	1.49	1.55	1.50	1.47	1.51	1.49
双原子气体	H_2	O_2	N_2	CO	NO	Cl_2
$\dfrac{C_{V,m}}{R}$	2.53	2.55	2.49	2.49	2.57	3.02
多原子气体	CO_2	H_2O	CH_4	C_2H_4	C_3H_6	NH_3
$\dfrac{C_{V,m}}{R}$	3.24	3.01	3.16	4.01	6.17	3.42

*§2.7.2　自由度与自由度数

　　双原子分子、多原子分子及单原子分子之间的差别在于它们的分子结构各不相同,描述它们的空间位置状态所需独立坐标数也就不同.若要解释单原子、双原子、多原子理想气体热容的差异,必须引用力学中自由度这一概念.

> 　　描述一个物体在空间的位置所需的独立坐标称为该物体的自由度.而决定一个物体在空间的位置所需的独立坐标数称为自由度数.①

　　※大家知道,确定一个质点的空间位置需 x、y、z3 个独立坐标,故自由度数是 3 个.若把质点限制在 Oxy 平面内,质点在 z 方向受到约束而不自由,这时它的自由度数就只有两个.确定一个刚体定点转动的空间位置需要 α、β、γ3 个方位角,它的自由度数也是 3 个.为了能理解这 3 个转动自由度,可设想有一刚性轻质圆环(如图 2.16 所示).圆环上固定两个质量、大小均相等的均质球 p、q.p、q 质心连线通过圆环中心.然后将这圆环放在竖直平面内,其竖直中心轴为 A-A'.现设想该圆环绕 A-A' 轴旋转.圆环在空间回转出一个像地球表面一样的球面(如图所示),而圆环相当于地球的经线.球 p 质心的轨迹为一纬线,它绕 A-A' 轴转过的角度为 α.然后设想圆环又绕轴 B-B' 旋转(B-B' 垂直于圆环所在平面并通过圆环中心 O),所转过角度为 β.很显然,当刚性哑铃状联结的 p、q 球绕其中心 O 做定点转动时,p、q 球质心连接线在空间的方位,可由 α、β 角唯一地确定.最后又令哑铃状连接的 p、q 球绕它们自己的中心轴 C-C' 旋转.

---

　　①　这里对自由度的定义与力学中对自由度的定义有所不同.力学中的自由度等价于这里的自由度数.这是因为在热学中要特别强调是何种性质的独立坐标(是平动的、转动的、还是振动的独立坐标),因而把独立坐标称为自由度,独立坐标数称为自由度数.

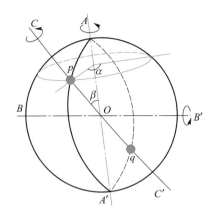

图 2.16 刚体定点转动的三
个转动自由度

这时不仅确定了 p、q 球质心连接线在空间的方位,而且确定了该刚体绕它们的中心轴转过的角度 γ. 这样,α、β、γ 就是由 p、q 组成的刚性哑铃做定点转动所需的 3 个转动自由度. 虽然图 2.16 是针对由两个圆球所组成的刚体来分析的,但对圆环上固定有 3 个或 N 个球(甚至不是圆环,而是一个任意刚体),则绕它们的质心做定点转动所需独立坐标仍然是绕 A-A'、B-B'、C-C' 轴转动的 3 个角度.

若一个刚体既在空间平动,又以各种可能方式做转动,要确定这一刚体的空间位置就需 x、y、z 及 α、β、γ 6 个独立坐标,它的自由度数是 6 个. 与此相类似,刚性的多原子分子(所谓刚性分子是指分子中诸原子质心间距不会改变的分子)也有 3 个平动、3 个转动自由度. 而双原子分子本身很像一个哑铃,它们每个原子的质量几乎都集中在半径为 10^{-15} m 范围内的原子核上,而分子的线度为 10^{-10} m. 对于双原子分子,它绕自己的中心轴转动的转动惯量仅是绕另外两个轴转动的转动惯量的 10^{-10}(转动惯量与回转半径平方成正比,因半径之比为 10^{-15} m/(10^{-10} m)$= 10^{-5}$,故转动惯量之比为 10^{-10})而可予忽略,故绕自身中心轴转动的自由度不必考虑. 由此看来,刚性双原子分子以及其他刚性的线型分子(线型分子是指组成分子的原子都联结在同一条联心直线上的分子),它们都只有 3 个决定空间位置的平动自由度及两个决定转动位置的转动自由度,其自由度数为 5 个.

若是非刚性分子,相邻两原子间相对位置还可改变,原子间作用力可使它们振动,所对应的自由度称振动自由度. 非刚性双原子分子有一个沿两质心连线振动的振动自由度,其总自由度数为 6 个.

单原子分子由于原子质量几乎集中于半径为 10^{-15} m 的原子核上,其转动惯量不必考虑,因而仅有 3 个平动自由度. 双原子分子的自由度数最多为 2×3 个.

> N 个原子组成的多原子分子的自由度数最多为 $3N$ 个.

对此可这样理解:按照自由度是描述物体空间位置所需的独立坐标的定义,不管物体是否受力,只要它在某一独立坐标上可产生位移,它就具有这一坐标的自由度. 虽然非刚性分子中的每一原子均受到周围其他原子的作用力,但它仍能在任意方向上产生位移,所以要描述由 N 个原子所组成的非刚性分子的空间运动状态,仍需 $3N$ 个独立坐标. 一般说来,在这 $3N$

个自由度中,有三个(整体)平动、三个(整体)转动及 $3N-6$ 个振动自由度.

为了对 N 个原子组成的分子共有 $3N$ 个自由度这一点能认识更清楚,下面举一个例子.

CO$_2$ 气体分子的自由度

CO$_2$ 气体分子是线型对称分子 O—C—O,3 个原子分布在一条直线上,如图 2.17 所示.

它共有 $3\times3 = 9$ 个自由度.其中 3 个平动自由度;与线型分子 O$_2$ 分子类似也只有 2 个转动自由度,余下 4 个只能是振动自由度.图 2.17 就表示了这 4 个振动自由度是怎样振动的? 图(1)表示 C 原子不动,两个 O 原子同时向 C 原子靠拢(或同时离开 C 原子)的这种振动,它是纵振动.图(2)表示两个 O 原子都不动,C 原子垂直于联心线做横振动.因为 C 原子可以在互相垂直的两个方向上振动,所以这种振动有两种不同的振动模式,它们的振动频率是相同的,当然,C 原子可在垂直于轴线的任意方向上振动,但这种振动可看作

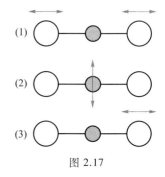

图 2.17

相互垂直的两种横振动模式的叠加.第四种振动模式表示在图(3),C 原子和左边的 O 原子都不动,而右边的 O 原子沿联心线做纵振动.当然也可以左边的 O 原子沿联心线做纵振动,右边的 O 原子不动.但是这两种振动是完全相同的,因为两个 O 原子是相同而且对称分布的,所以它们属于同一种振动模式.这样 CO$_2$ 分子具有 4 种独立振动模式,因而具有 4 个简正振动自由度.

CO$_2$ 分子所有各种形式的振动都可以看做这 4 种简正振动模式的组合.例如:所有如图(2)那样的,两个 O 原子都不动,C 原子在垂直于联心线的平面内做任意方向的横振动,都可以看作为图(2)所表示的两个振动方向互相垂直的两个振动模式的组合.而两个 O 原子以及 C 原子在联心线上作任意的运动都可以看作图(1)和图(3)这两种振动模式的组合.若 C 原子(或 O 原子)的运动方向既不在联心线上,也不垂直于联心线,则这种振动可以看作所有 4 种简正振动模式的组合.

§2.7.3 能量均分定理

若把 §2.7.1 中所述的,单原子分子理想气体的平均平动动能均分于三个平动自由度中,则每一自由度均分到 $\dfrac{kT}{2}$ 平均动能的规律推广到转动及振动自由度中,认为每一转动及振动自由度也均分 $\dfrac{kT}{2}$ 的平均动能,并考虑到刚性分子无振动自由度这一点,对照表 2.2 中的一些数据,可发现常温下的 H$_2$、N$_2$、O$_2$、CO、NO、HCl 气体属刚性的双原子分子气体,每个分子的平均动能为 $\overline{\varepsilon}_t = 5\times\dfrac{kT}{2}$,$C_{V,m} \approx \dfrac{5R}{2}$,而 H$_2$O、CH$_4$ 气体属刚性的多原子分子气体,它们有三个平动、三个转动自由度,因而 $C_{V,m} \approx 3R$.看来我们已找到有关理想气体平均动能的一条普遍规律:

> 能量按自由度均分定理(简称能量均分定理)——处于温度为 T 的平衡态的气体中,分子热运动动能平均分配到每一个分子的每一个自由度上,每一个分子的每一个自由度的平均动能都是 $\dfrac{kT}{2}$.

关于自由度的定义请见 §2.7.2 中方框中的描述.能量均分定理仅限于均分平均动能.对于振动能量,除动能外,还有由于原子间相对位置变化所产生的振动势能(注意:要将分子中原子间的振动势能与分子间的势能区分开来.理想气体不存在分子间互作用势能).由于分子中的原子所进行的振动都是振幅非常小的微振动,可把它看作简谐振动.在一个周期内,简谐振动的平均动能与平均势能相等,所以对于每一分子的每一振动自由度,其平均势能和平均动能均为 $\dfrac{kT}{2}$,故一个振动自由度均分 kT 的能量,而不是 $\dfrac{kT}{2}$.若某种分子有 t 个平动自由度、r 个转动自由度、v 个振动自由度,则每一分子的总的平均能量的

$$\overline{\varepsilon} = (t + r + 2v) \cdot \frac{1}{2}kT = \frac{1}{2}ikT \tag{2.81}$$

其中 $i = t + r + 2v$.

需要强调:(1)(2.81)式中的各种振动、转动自由度都应是确实对能量均分定理作全部贡献的自由度,因为自由度会发生"冻结"(请见 §2.7.6).具体说来,对于温度不是很高的常见气体,O_2、N_2、H_2、CO、H_2O 等,其分子都呈刚性分子,说明其振动自由度已被冻结.故 O_2、N_2、H_2、CO 分子的平均动能为 $\overline{\varepsilon} = \dfrac{5kT}{2}$(说明:对于 H_2 气还应附加温度不是很低的条件,请见图2.19),对于水汽分子,其 $\overline{\varepsilon} = 3kT$.

(2)只有在平衡态下才能应用能量均分定理,非平衡态不能应用能量均分定理.

(3)能量均分定理本质上是关于热运动的统计规律,是对大量分子统计平均所得结果,这可以利用统计物理作严格证明.

(4)能量均分定理不仅适用于理想气体,一般也可用于液体和固体(请见 §2.7.7及 §6.2.2).

(5)对于气体,能量按自由度均分是依靠分子间大量的无规则碰撞来实现的,详细分析请见 §2.7.4.对于液体和固体,能量均分则是通过分子间很强的相互作用来实现的.

关于能量均分定理,历史上最早可追溯到 1845 年,沃特斯顿(Waterston)根据分子动理论的假说导出了理想气体物态方程,并提出混合气体中分子速度二次方的平均值与分子质量成反比,因而他首次提出了能量均分定理的思想.1860 年,麦克斯韦在只考虑分子平动自由度的情况下提出能量均分定理的说法.1868 年,玻耳兹曼将这一说法推广到包括分子内部其他自由度的情况.

*§2.7.4   能量按自由度均分的物理原因

一、能量均分来自理想气体分子的混沌性

我们是在平衡态下气体分子热运动无择优取向的基础上将(2.80)式进行推广而得到能量均分定理的.能量均分定理与大量实验结果相符这一事实,又反过来进一步说明了平衡态理想气体不仅在平动自由度中无择优取向,在转动自由度及振动自由度(只要这些自由度确实对能量均分定理作全部贡献)中也不存在择优取向.

二、理想气体分子混沌性来自大数粒子间的相互作用

气体从非平衡态演化为平衡态的过程是借助于频繁的碰撞来达到的.一个在某一自由度上动能较大的分子与另一个动能较小的分子发生非对心完全弹性碰撞时,一般总要发生动能从一个分子转移到另一个分子,从这一自由度转移到另一自由度,从这种形式的自由度(例如平动)转移到另一种形式的自由度(例如转动)的能量上去的过程.例如设想分子 A 和 B 发生非对心弹性碰撞①,碰撞前 A 分子以速率 v 向 x 方向运动,而 B 分子静止,如图 2.18(a)所示.碰撞以后不仅 A 分子在 y 方向有了平动动能,原来静止的 B 分子也具有了 x、y 方向的平动动能,而且由于碰撞前一瞬间 A 分子相对于 A、B 分子的公共质心有一角动量,由碰撞前后总角动量守恒知,A、B 分子将发生图示的逆时针方向转动,因而具有转动动能.在这一碰撞过程中就同时发生动能从一个分子转移给另一个分子,从 x 方向自由度的动能转移到 y 方向自由度动能,从平动动能转移到转动动能的过程.一个温度不均匀、处于非平衡态的不与外界发生能量转移的系统,在发生了大量的粒子间碰撞以后,能量就从温度较高、平均动能较大的分子转移到温度较低、平均动能较小的分子上去.系统最后趋于均匀而达到平衡态.气体就是在这样的频繁的碰撞、趋于平衡态的过程中发生不同粒子间、不同自由度间能量的转移的.形象化的描述能量均分定理请见二维码动画.

① 在§1.7.2 中的图 1.8 中分析过.

动画:能量均分定理

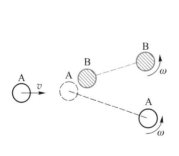

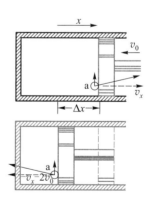

(a) A、B 两分子作非对心碰撞

(b) 分子a与运动活塞碰撞时的速度变化

图 2.18

下面再介绍一个例子.设活塞在某一时刻以 v_0 速率压缩气体.气体分子 a 刚与活塞接触时的情况由图 2.18(b)的上图所示,这时它具有 v_x 的速度分量.经碰撞后它反向离开活塞的情况示于下图.由于碰撞需要一定的时间,在这段时间内 a 分子受到

活塞的推动而移动了 Δx 距离,活塞对它做了功,因而它离开活塞时的 x 方向速度分量要增加.对此可作如下分析.若把坐标系取在活塞上,则 a 相对于活塞的 x 方向速度分量为 $v_x + v_0$.设 a 与活塞做完全弹性碰撞,由动量守恒、机械能守恒可知,在运动坐标系中,碰撞以后的 a 分子的 x 方向分速度为 $-(v_x + v_0)$.把它转换为地面坐标系,则碰撞后 a 分子的 x 方向分速度为 $-(v_x + 2v_0)$.分子每与活塞碰撞一次,它在 x 方向的分速度的大小就增加 $2v_0$,x 方向自由度的动能也增加一个相应的数值.单位时间内碰撞在活塞上的分子数越多,气体的 x 方向自由度的能量也增加得越多.可惜这种 x 方向运动的"择优"的优势不能长久保持.只要这些已碰壁过的分子再与其他分子碰撞,它们额外所得的 x 方向自由度的平均动能将逐渐从一个分子转移到另一个分子,从 x 方向自由度转移到 y、z 方向以及转动(可能还有振动)自由度能量上去,最后达到能量均分.只要活塞移动得足够缓慢,系统中的平衡态能建立,能量均分总能成立.外界对系统所做的功就是这样来完成的.

﹡§2.7.5　能量均分定理用于布朗粒子

将描述重力场中的气体及悬浮微粒按高度分布的(2.66)式和(2.62)式进行比较,可以发现,有效质量为 m^* 的悬浮微粒与气体分子无多大区别,唯一差异是粒子质量不同.同样,虽然组成气体分子的化学元素及分子结构可能多种多样,但在同一温度下的气体分子的方均根速率 $v_{rms} = \sqrt{\dfrac{3kT}{m}}$ 却仅与分子质量大小有关,m 越大,v_{rms} 越小.一些高分子,如 DNA(脱氧核糖核酸)分子的质量达 10^{-21} kg 数量级,设这种分子的密度为 10^3 kg·m^{-3},则一个 DNA 分子的体积为 10^{-24} m^3,分子的线度约为 10^{-8} m,这正好位于在 §1.5.2 中所估计的,能在水中产生布朗运动的线度范围内.可见大分子就是一种布朗粒子.不仅布朗粒子与分子无本质差别,而且布朗粒子与尘埃、沙粒等其他宏观微粒也无本质差异,只不过这些宏观微粒的 v_{rms} 更小而已.所以能量均分定理可用于估计布朗粒子及其他宏观微粒的无规则热运动动能.设布朗粒子速度的 x、y、z 分量分别为 v_x、v_y、v_z,则

$$\frac{1}{2}m\overline{v_x^2} = \frac{1}{2}m\overline{v_y^2} = \frac{1}{2}m\overline{v_z^2} = \frac{1}{2}kT \tag{2.82}$$

或

$$v_{rms} = \sqrt{\frac{3kT}{m}} \tag{2.83}$$

(2.83)式常被用于估计大分子或布朗微粒的 v_{rms}.例如相对分子质量为 10^4 的室温下的大分子的分子质量为 1.67×10^{-23} kg,其 $v_{rms} = 27.3$ m·s^{-1}.若粒子是质量为 10^{-9} kg 的室温下的微小砂粒,它的线度约为 10^{-4} m,而 $v_{rms} = 3.5 \times 10^{-6}$ m·s^{-1},它 1 s 内的方均根位移比砂粒本身的线度还要小得多,当然就看不到砂粒做布朗运动了.

﹡§2.7.6　能量均分定理的局限　﹡自由度的冻结

一、能量均分定理的局限

能量均分定理并不如想象的那么完美,它并不能应用于一切处于平衡态的理想气体分子.例如,表 2.2 中所列的 CO_2 气体的有关数据就出现了矛盾.

若认为 CO_2 是刚性分子(三原子排列在一直线上),则 $C_{V,m} = \dfrac{5R}{2}$.若认为是

非刚性分子,则 $C_{V,m}=\dfrac{(3+2+2\times4)R}{2}=\dfrac{13R}{2}$.但实验却测出 CO_2 在 $0\,℃$ 时的 $C_{V,m}=$ $3.24\,R$.又如按能量均分定理,理想气体的定容热容应是常量而不应是温度的函数.实验却指出,在温度变化范围较大时双原子气体的 $C_{V,m}$ 随温度升高而阶梯形增加.图 2.19 就表示了氢气的 $C_{V,m}$ 随温度而变化的情形.在低温时它的 $C_{V,m}$ 为

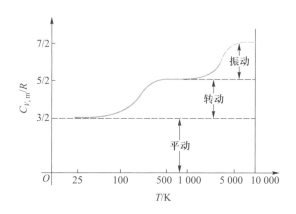

图 2.19　氢气 $C_{V,m}$-T 曲线

$\dfrac{3R}{2}$,在常温时为 $\dfrac{5R}{2}$,只有在温度非常高时才有点接近 $\dfrac{7R}{2}$,但是在温度还未升到能足够显示 $C_{V,m}=\dfrac{7R}{2}$ 时,氢分子已热离解为氢原子了.实验显示其他双原子分子气体的 $C_{V,m}$ 也有与氢气相类似的变化情形.

*二、自由度的"冻结"

　　如何来解释上述矛盾呢? 如前所述,对于理想气体分子,它不仅有热运动平动动能,还有热运动转动动能、热运动振动动能以及振动势能.与(2.79)式及(2.80)式相类似,由(2.81)式知,多原子理想气体的定容热容为

$$C_V = C_V^{\mathrm{t}} + C_V^{\mathrm{r}} + C_V^{\mathrm{v}} = \frac{1}{2}Nk(t+r+2v) \tag{2.84}$$

其中 C_V^{t},C_V^{r},C_V^{v} 分别为 N 个分子的平动自由度、转动自由度和振动自由度对定容热容的贡献.从(2.84)式可以看出每一分子的每一平动或转动自由度对定容热容的贡献均为 $k/2$,每一分子的每一振动自由度对定容热容的贡献均为 k.因为系统中 N 个分子都对热容作贡献,所以还要乘以 N.实际上,并非每一分子的每一个自由度都对热容作贡献.自由度可以被"冻结".只要某一分子的某一自由度已被"冻结",则这一分子的这一自由度对定容热容就不作贡献;也并非所有分子的同一自由度同时被"冻结"或同时被"解冻".自由度的"冻结"或"解冻"都是在某一特定温度范围内逐渐进行的.不同种类的分子,同种分子的不同种类自由度被"冻结"或"解冻"的温度范围也各不相同.例如,由图 2.19 可见,氢气在低温下的 $C_{V,m}^{\mathrm{r}}$ 及 $C_{V,m}^{\mathrm{v}}$ 均为零,这时只有平动自由度对热容有贡献,故 $C_{V,m}=\dfrac{3R}{2}$.温度升高到 $50\,K$ 以上时,两个转动

自由度开始被解冻,这时 $C_{V,\mathrm{m}}^{\mathrm{r}}=2(k/2)\cdot N_{\mathrm{r}}$,$N_{\mathrm{r}}$ 表示转动自由度已被"解冻"的分子数.N_{r} 随 T 的增加而逐渐增加,温度升到接近室温时,$N_{\mathrm{r}}\approx N_{\mathrm{A}}$,这时几乎所有分子的转动自由度都已"解冻",$C_{V,\mathrm{m}}=\dfrac{5R}{2}$.当温度升到 1 000 K 以上时,振动自由度开始"解冻",这时 $C_{V,\mathrm{m}}^{\mathrm{v}}=2(k/2)N_{\mathrm{v}}$,$N_{\mathrm{v}}$ 是振动自由度已被"解冻"的分子数.因氢气的振动自由度全被"解冻"的温度要超过 5 000 K,但氢气在 2 200 K 左右时即离解为原子氢,故实验上测不出氢气的 $C_{V,\mathrm{m}}=\dfrac{7R}{2}$ 的结果.利用自由度"冻结"的理论还能很成功地解释经典的能量均分定理所不能解释的其他热容反常现象.至于为什么自由度会被"冻结",为什么随着温度升高自由度会逐渐"解冻",一切经典理论对此都无法解释.按照量子理论,分子的转动和振动能量都不能连续地改变,而只能按某个数值的整数倍变化,因而它们的能量是分能级的.在这样假设的基础上,利用统计力学所求出的热容的表达式就与实验结果符合得相当好.

※§2.7.7　固体的热容·杜隆–珀蒂定律

若简单地把晶体中每一化学键都看成一只弹簧,则整个晶体就相当于由弹簧连接而成的粒子群体,任一粒子的位移必牵动整个晶体中的每个粒子发生位移,由于晶体中的粒子均被束缚于如图 1.9 所示的势能谷中,稍受扰动,它就要在平衡位置附近振动,所以晶体的热运动只能是整个群体的振动,这正如在 §1.7.2 的二中所分析的那样.

前面已经用能量均分定理讨论了气体的摩尔内能,并指出,在所有的自由度都作贡献的情况下,N_{A} 个原子所组成的多原子分子气体的摩尔内能为 $U_{\mathrm{m}}=\left[3+3+(3N_{\mathrm{A}}-6)\times 2\right]\dfrac{kT}{2}$.固体的热振动在形式上与多原子分子中原子的振动十分类同,所不同的是组成多原子分子的原子数较少,而组成晶体的粒子数却取宏观粒子数数量级.所以我们完全可把固体类比为由 N 个"原子"所组成的"大分子",这时能量均分定理也能被用来讨论固体的热容.由于固体处于静止状态,它的平动和转动不必考虑,故 $3N_{\mathrm{A}}$ 个自由度全是振动自由度,于是固体的摩尔内能为

$$U_{\mathrm{m}}=3N_{\mathrm{A}}\cdot 2\cdot\frac{kT}{2}=3RT$$

我们知道,固体的热膨胀系数很小,即由于温度变化所产生的体积膨胀很少,从而对外做的功很小,反映为在等压过程中吸的热与等体过程吸的热相比相差很少,因而 $C_{p,\mathrm{m}}$ 与 $C_{V,\mathrm{m}}$ 之差甚小.粗略地考虑,可不必区分定压热容还是定容热容,而以 C_{m} 表示晶体的摩尔热容.

$$
\begin{aligned}
C_{\mathrm{m}} &= \frac{\partial U_{\mathrm{m}}}{\partial T}=\frac{\mathrm{d}U_{\mathrm{m}}}{\mathrm{d}T}\\
&= 3R\approx 25\ \mathrm{J\cdot mol^{-1}\cdot K^{-1}}
\end{aligned}
\tag{2.85}
$$

① 数据取自参考文献 1 第 221 页.

表 2.3　几种固态元素的摩尔热容①

物　　质		摩尔热容 $C_m/(\text{J} \cdot \text{mol}^{-1} \cdot \text{K}^{-1})$	物　　质		摩尔热容 $C_m/(\text{J} \cdot \text{mol}^{-1} \cdot \text{K}^{-1})$
铝	Al	25.7	铜	Cu	24.7
金刚石	(C)	5.65	锡	Sn	27.8
铁	Fe	26.6	铂	Pt	26.3
金	Au	26.6	银	Ag	25.7
硅	Si	19.6	硼	B	10.5

此式称为杜隆–珀蒂定律,是法国科学家杜隆(Dulong,1785—1838)和珀蒂(Petit,1791—1820)于 1818 年通过室温附近测量的热学数据总结出的规律.表 2.3 给出了几种固体元素在室温下的摩尔热容,将表中数值与本页上式比较,可发现铝、金、银、铜等金属都能符合很好,但对其他元素,特别是金刚石,相差较为悬殊.在 §2.7.6 中曾讨论过气体热容的反常现象.不少气体的振动自由度只有在温度极高时才有贡献.实验也证实晶体的热容有类似的反常现象.图 2.20 表示了实验测得的铜在低温下的摩尔定容热容随温度变化的曲线.可看到在高温下 $C_{V,m} = 3R$ 的关系符合得很好,但在低温下,振动自由度会发生冻结.当温度趋近绝对零度时,几乎所有的振动自由度都被冻结,这时 $C_{V,m} \to 0$.在量子统计中若引入德拜温度 Θ 这一特征量(任一种晶体均有一德拜温度与之相对应)后,则可以证明,当 $T \gg \Theta$ 时,$C_{V,m} = 3R$,当 $T \ll \Theta$ 时,$C_{V,m} = AT^3$,其中 A 为一常量.这说明在接近 $T \to 0$ K 时,晶体的 $C_{V,m}$ 是正比于 T^3 的.

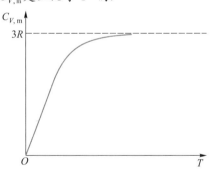

图 2.20　固体的热容与温度关系

　　经典能量均分定理应用于晶体热容上的失败,不仅反映在自由度冻结上,也反映在它不能解释常温下金属中自由电子对热容不作贡献这一点上.按经典理论,自由电子气体是"单原子"理想气体,单价金属的自由电子对摩尔热容应有 $\dfrac{3R}{2}$ 的贡献.从表 2.2 可见,所有金属的自由电子对热容均不作贡献,实际上其热容在常温或低温下与 T 成正比,且非常小.对于这一反常现象,量子统计能给予很好的解释.

　　杜隆-珀蒂定律是将能量均分定理应用于由元素结晶形成的固体而得到的. 若将能量均分定理应用于固体化合物,例如 NaCl 晶体,情况也有所类似. 1 mol NaCl 晶体是由 1 mol $\cdot$ N_A 个 Na^+ 离子及 1 mol N_A 个 Cl^- 离子所组成,故它的 $C_{V,m}$ =49.9 J $\cdot$ mol^{-1} $\cdot$ K^{-1} $\approx 6R$. 又如三原子的固体化合物的 $C_{V,m}$ =73.6 J $\cdot$ mol^{-1} $\cdot$ K^{-1} $\approx 9R$……这样的规律称为科普(Kopp)-诺依曼(Neunmann)规则,也称焦耳-科普定律. 它与杜隆-珀蒂定律一样,仅适用于温度足够高的范围内,且主要适于简单的离子晶体.

附录 2.1　一些定积分公式

　　令通式 $I(n)$ (其中 n 为零或正整数)为

$$I(n) = \int_0^\infty \exp(-\alpha x^2) \cdot x^n \mathrm{d}x \tag{2.86}$$

作变数变换 $y = \alpha^{1/2} x$,可得

$$I(n) = \alpha^{-(n+1)/2} \int_0^\infty \exp(-y^2) \cdot y^n \mathrm{d}y$$

即

$$I(0) = \alpha^{-1/2} \int_0^\infty \exp(-y^2) \mathrm{d}y$$

可证明

$$\int_0^\infty \exp(-y^2) \cdot \mathrm{d}y = \frac{1}{2}\sqrt{\pi}$$

故

$$I(0) = \frac{1}{2}\sqrt{\pi}\,\alpha^{-1/2} \tag{2.87}$$

而

$$I(1) = \alpha^{-1} \int_0^\infty \exp(-y^2) y \mathrm{d}y = \frac{1}{2}\alpha^{-1} \tag{2.88}$$

至于其他的 $I(n)$,可通过 $I(0)$ 或 $I(1)$ 对 α 求微商而得. 因为由(2.86)式可得如下通式

$$-\frac{\partial}{\partial \alpha} I(n-2) = -\frac{\partial}{\partial \alpha} \int_0^\infty \exp(-\alpha x^2) \cdot x^{n-2} \mathrm{d}x$$

$$= \int_0^\infty \exp(-\alpha x^2) \cdot x^n \mathrm{d}x = I(n) \tag{2.89}$$

例如令 $n=2$,得

$$I(2) = -\frac{\partial}{\partial \alpha} I(0) = -\frac{1}{2}\sqrt{\pi}\frac{\partial}{\partial \alpha}\alpha^{1/2} = \frac{1}{4}\sqrt{\pi}\,\alpha^{-3/2}$$

$$I(3) = \int_0^\infty \exp(-\alpha x^2) \cdot x^3 \mathrm{d}x = -\frac{\partial}{\partial \alpha} I(1) = \frac{1}{2}\alpha^{-2}$$

$$I(4) = \int_0^\infty \exp(-\alpha x^2) \cdot x^4 \mathrm{d}x = -\frac{\partial}{\partial \alpha} I(2) = \frac{3}{8}\sqrt{\pi}\,\alpha^{-5/2}$$

选读材料 2.1 地球大气逃逸、月球和行星大气、太阳和太阳风、地球磁层

选 2.1.1 地球大气逃逸

与热电子发射(见 §2.5.4)相类似,地球大气外层分子也可由于热运动而克服地球万有引力逸出到太空中,这就是地球大气逃逸.

在离地球中心距离为 R 的高层大气中,必有某些气体分子的速率大于从该处脱离地球引力而逃逸的最小速率,应满足

$$\frac{Gm_E m}{R} = \frac{1}{2}mv_{min}^2$$

故

$$v_{min} = \sqrt{\frac{2Gm_E}{R}} = \sqrt{2Rg}$$

其中 g 是在 R 处的重力加速度,m_E 是地球质量.实际上,在大气中那些大于 v_{min} 的气体分子,在向上运动过程中仍然会与其他分子碰撞而改变速度的方向和大小,使它不可能逸出大气层.而离开地面 500 km 以上的大气散逸层(见选 4.2.1)中的气体十分稀薄,是地球大气的最外层,向外层空间运动的分子受到碰撞的概率很小,这时速率大于 $\sqrt{2Rg}$ 的向上运动的分子有极大的可能无碰撞地逸出地球引力范围.这就是地球大气逃逸.

选 2.1.2 月球大气

月球的直径是地球的 0.27 倍,质量是地球的 0.012 倍.它的重力加速度为地球的 1/6.有人可能会注意到,我们看到月球总是同一面朝着地球,总是看不到月球的背面,这是为什么?原因是月球的自转周期和公转周期是完全一致的(都是 2 360 591.6 s).因为月球自转的同时也在公转的这种运动可以看为刚体平面平行运动,所以利用力学中的有关知识就很容易解释这一现象.月球表面布满了无数个坑洞,科学家根据从月球带回的岩石做检验,推测月球在 45 亿~38 亿年前,曾受到许多巨大陨石的撞击,在月球表面上留下了无数的陨石坑.

对月球的实测表明,月球表面大气层十分稀薄,表面大气压仅为 1.3×10^{-7} Pa,而且大气成分比较复杂,随时空多变.美国科学家日前宣称,月球上确实有冰存在,这就可能为探索月球奥秘的人们提供饮用水,也可将冰分解为氢和氧,从而为火箭提供燃料.

月球没有大气层.因为月球的重力加速度只有地球的 1/6,月球的直径是地球的 0.27 倍,所以月球表面上的逸出速率为 2 380 m/s.虽然这个速率比月球大气的平均速率大,但是月球大气的逸出速率与月球大气的平均速率的比值要比地球大气的逸出速率与地球大气的平均速率的比值小得多,而任一气体分子通过碰撞在不断地改变速率大小,月球在数十亿年的演化过程中几乎全部的大气分子都能超过逸出速率而纷纷逸出月球.即使月球可以不断产生气体,这些气体分子也会不断离开月球而飞到太空中去.我们知道,地球有大气,所以会发生大气的分子散射现象,因而我们在白天看到地球的天空是蓝色的(见选读材料 1.4).但是月球没有大气层,在月球上看不到分子散射现象,月球的天空始终是黑色的.

由于月球上没有大气,再加上月面物质的热容量和热导率又很低,因而月球表面昼夜的温差很大.白天,在阳光垂直照射的地方温度高达 127 ℃;夜晚,温度可降低到零下 −183 ℃.这些数值,只表示月球表面的温度.用射电观测可以测定月面土壤中的温度,而且所用的射电波

的波长越长,越能探测到月面土壤中较深处的温度.这种测量表明,月面土壤中较深处的温度很少变化,这正是由于月面物质热导率低造成的.

月球磁场的性质可以为月球内部构造研究提供重要的依据,因而备受月球科学家们的关注.月球没有全球性的偶极磁场.然而,在采集回来的月球岩石样品中却发现月岩具有天然的剩余磁化组分,表明月球在历史上可能曾经有过一个全球性的磁场.

1958—1976 年,在冷战背景下,美国和苏联展开了以月球探测为中心的空间竞赛,掀起了第一次探月高潮.在将近 20 年的时间里,美国和苏联共发射 83 个月球探测器,成功 45 个.1969 年 7 月,美国阿波罗 11 号飞船实现了人类首次登月,人类的第一次在月球上留下了脚印.之后,阿波罗 12、14、15、16、17 和苏联的月球号 16、20 和 24 进行了载人或不载人登月取样,共获得了 382 kg 的月球样品和难以计数的科学数据.月球探测取得了划时代的成就.随着冷战的结束,1976 年以后,人类长达 18 年没有进行过任何成功的月球探测行动.进入 21 世纪以后又掀起新一轮的探测月球的高潮.

中国首个月球探测计划"嫦娥工程",于 2003 年 3 月 1 日启动,分三个阶段实施,第一阶段,发射环绕月球的卫星,深入了解月球,这已经完成.2008 年和 2010 年,月球探测器"嫦娥一号"和"嫦娥二号"先后发射升空,环绕月球飞行,发回了月球的很多清晰的照片和资料;第二阶段发射月球探测器,在月球表面上进行实地探测;第三阶段,送机器人上月球,建立观测站,实地实验采样并返回地球,为载人登月及月球基地选址做准备.整个计划大概需要二十年的时间.

选 2.1.3　行星大气

太阳系中有八大行星、64 个行星的卫星、彗星及小行星、外海王星天体(国际天文学联合会大会 2006 年投票决定,不再将传统九大行星之一的冥王星视为行星,因为它太小而将其称为"矮行星",归入外海王星天体中)、行星际间介质等,它们都围绕太阳旋转.

一、内层行星

太阳系内层依次包含水星、金星、地球、火星四个行星,它们都称为类地行星,或者称为地球型行星或岩石行星,都以硅酸盐岩石和金属为主要成分的行星.它们的共同特点还有:高密度、自转速度慢、固态表面、没有光环、卫星较少.

水星是最小的行星,比月球大 1/3,同时也是最靠近太阳的行星.水星上的温差是整个太阳系中最大的,温度变化的范围为 90 K 到 700 K.相比之下,金星的温度略高些(虽然它离开太阳要远些),且更为稳定.水星的大气很稀薄(几乎不存在),其原因和月球类似.

金星是太阳系中唯一一颗没有磁场的行星.金星的大气主要由二氧化碳组成,并含有少量的氮气.金星的大气压强非常大,为地球的 90 倍,相当于地球海洋中 1 km 深度时的压强.大量二氧化碳的存在使得温室效应(什么是温室效应见选读材料 3.4)在金星上大规模地进行着.如果没有这样的温室效应,温度会比现在下降 400 ℃.在近赤道的低地,金星的表面极限温度可高达 500 ℃,这使得金星的表面温度甚至高于水星.虽然它离太阳的距离要比水星远两倍,并且得到的阳光只有水星的四分之一.尽管金星的自转很慢,但是由于热惯性和浓密大气的对流,昼夜温差并不大.大气上层的风只要 4 天就能绕金星一周来均匀地传递热量.

金星浓厚的云层把大部分的阳光都反射回了太空,所以金星表面接收到的太阳光比较少,大部分的阳光都不能直接到达金星表面.金星热辐射的反射率大约是 60%,可见光的反射率更大.所以说,虽然金星比地球离太阳的距离要近,它表面所得到的光照却比地球少.如果没有温室效应的作用,金星表面的温度就会和地球很接近.金星的温室效应所产生的严重后果为地球上的人们控制二氧化碳气体的排放树立了一个反面教材.

火星是离开太阳最远的类地行星.它有明显的四季变化,这是它与地球最主要的相似之处.但除此之外,火星与地球相差就很大了.火星表面是一个荒凉的世界,空气中二氧化碳占了95%.前面讲到,浓厚的二氧化碳大气造成了金星上的高温,但在火星上情况却正好相反.火星大气十分稀薄,大气压强为700 Pa.因而不容易保存热量.这导致火星表面温度极低,平均地表温度-63 ℃,在夜晚,最低温度则可达到-123 ℃.火星被称为红色的行星,这是因为它表面布满了氧化物,因而呈现出铁锈红色.火星表面的大部分地区都是含有大量的红色氧化物的大沙漠,还有赭色的砾石地和凝固的熔岩流.

火星两极存在冰冠,火星大气中含有水分.从火星表面获得的探测数据证明,在远古时期,火星曾经有过液态水,而且水量特别大.这些水在火星表面汇集成一个个大型湖泊,甚至海洋.在火星表面可以看到的众多纵横交错的河床,可能就是当时经水流冲刷而成的.

人们一直以它与地球的相似而认为火星可能存在外星生命.40多年来,苏联、美国、日本、俄罗斯和欧洲共发起30多次火星探测计划,其中三分之二以失败告终,但研究一直没有排除火星上存在生命的可能性.近期的科学研究表明目前还不能证明火星上存在生命,相反的,越来越多的迹象表明火星更像是一个荒芜死寂的世界.尽管如此,某些证据仍然向我们指出火星上可能曾经存在过生命.例如对在南极洲找到的一块来自火星的陨石的分析表明,这块石头中存在着一些类似细菌化石的管状结构.所有这些都继续使人们对火星生命的是否存在保持极大的兴趣,成为探测火星的重要课题.

二、外层行星

太阳系的外层依次包含木星、土星、天王星、海王星,它们都称为外层行星.这些行星又称为类木行星,它们都是气态行星,都主要由氢和氦构成,密度低,自转速度快,大气层厚,有光环和很多卫星.而在火星和木星之间的小行星带组成了区别内层行星和外层行星的标志.

木星是夜空中最亮的几颗星之一,仅次于金星.木星的赤道半径为地球的11.2倍,体积为地球的1 500多倍,质量是地球的318倍,是太阳系所有其他行星总质量的两倍半.如此庞大的木星平均密度却相当低,只有1.33 g/cm³(地球平均密度为5.25 g/cm³).木星有十六颗卫星,可以认为木星是一个小太阳系.1979年3月,美国"旅行者"1号发现木星周围有环,这样,木星成为太阳系中除土星和天王星外第三个有环的行星.木星的成分绝大部分是氢和氦,这和太阳相似.木星离太阳比较远,表面的平均温度约为-108 ℃,木星内部散放出来的热,是它从太阳接受的热的两倍以上,所以如果木星只靠太阳的热来加温,表面温度还会再低20 ℃.木星有着非常大的重力,加上温度比较低,所以它能够保留住氢和氦这种轻的气体.木星拥有非常大的磁场,表面磁场的强度超过地球的10倍.

木星表面有两个奇异现象,其一是木星的云带.木星虽然巨大无比,但它的自转速度却是太阳系中最快的,比地球的自转快了近两倍半.如此快速的自转周期在半径很大的木星表面造成极其复杂的花纹,这些花纹几乎平行于赤道,称为木星的云带,云带可分为好几层,云带的颜色和温度不同,有明带暗带之分.其二是木星的大红斑,它位于赤道南侧.颜色有时鲜红,有时略带棕色或淡玫瑰色.大红斑的内部存在着环流结构,它原来是木星大气云层中的一个大旋涡.旋转的巨大旋涡有些类似地球上的台风、龙卷风(见选读材料2.4).大红斑的旋涡以100 m/s以上速度、6天为一个周期逆时针方向旋转,至今已有300多年的历史.

土星是太阳系第二大行星.表面是液态氢和氦的海洋,上方覆盖着厚厚云层.在太阳系的行星中,土星的光环最惹人注目,它使土星看上去就像戴着一顶漂亮的大草帽.观测表明构成光环的物质是碎冰块、岩石块、尘埃、颗粒等,它们排列成一系列的圆圈,绕着土星旋转.

土星的体积是地球的745倍,质量是地球的95.18倍.在太阳系八大行星中,它像木星一样被色彩斑斓的云带所缭绕,并被较多的卫星所拱卫.它由于快速自转而呈扁球形.赤道半径约为60 000 km.土星的平均密度只有0.70 g/cm³,比水还轻,是八大行星中密度最小的.土星有稠密的大气,其大气的主要成分是氢和氦,还有甲烷、氨等.土星表面的平均温度约为-139 ℃,比木星低.

天王星和海王星大气的主要成分是氢和氦,温度十分低,天王星大气的最低的温度只有49 K.它是太阳系内温度最低的行星.海王星内部有热源——它辐射出的能量是它吸收的太阳能的两倍多.虽然它离开太阳比天王星更远,但是其大气温度却比天王星高.

选 2.1.4　太阳

太阳和地球的平均距离是 1.5×10^{11} m,太阳的半径为 7×10^{8} m,质量是 2×10^{27} kg.按质量计,氢约占 71%,氦约占 27%,其他元素占 2%.太阳的年龄约为 50 亿年.由于太阳的温度非常高,所以整个太阳都是等离子体.

太阳从中心向外可分为太阳核心区、辐射区、对流层、光球和大气层(色球、日冕).如图 2.21所示.

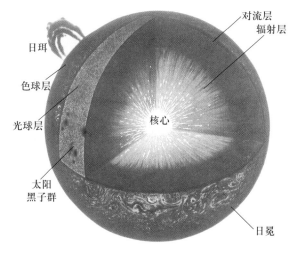

太阳内部结构示意图

图 2.21

太阳核心区约位于 0~0.25 的太阳半径范围内.密度约为水的 158 倍;温度约为 1.5×10^{7} K.在如此高温高密度的环境下,可发生热核反应.太阳核心所发生的热核反应,可能是氢-氢链反应,也可能是碳循环链反应以及其他形式的反应.这些热核链反应可放出巨大内部能量(光子)以及中微子.其中光子需经过约两百万年的时间,才能慢慢借着碰撞与再辐射的方式穿过致密的太阳辐射层穿到太阳表面,而中微子却不会与太阳内部物质发生碰撞作用,因此可以自由地穿过太阳内部高密度区到达太阳表面.每平方米太阳表面所发出的热量相当于 1 个63 000 kW 的发电站的能量.地球离太阳有 1.5×10^{8} km 之遥,从太阳获得的热量仅仅是太阳总辐射能量的 22 亿分之一.太阳核心之外为太阳辐射层,在 0.25~0.86 太阳半径范围内.在辐射层外面是对流层和光球.

光球就是我们实际看到的太阳圆面,它有一个比较清楚的圆周界线,平常所说的太阳半径就是按照这个界线确定的.当我们用肉眼观看光球时,觉得它似乎是一个光滑的固体表面.然而光谱分析揭示,光球的表面是气态的,其平均密度只有水的几亿分之一,厚度达 500 km.光球以下的太阳对可见光是不透明的,阳光从光球向外传播进太空之中,并将能量也带离了太阳.通常所说的太阳的表面是指光球的表面,太阳的半径就是指光球的半径.太阳光的光谱与来自 6 000 K 的黑体非常相似,所以一般认为太阳的表面温度是 6 000 K.

太阳在光球之上的部分总称为大气层,太阳的大气层的最底部是温度最低的色球,往上是很薄的过渡区,然后是日冕,最外面是太阳圈.太阳日冕可以一直延伸到几个太阳半径(甚至更远的距离)的太阳外层空间,它是由高度电离的原子(主要是质子)和自由电子组成的等离子体,其大小和形状与太阳活动情况有关.太阳的射电辐射大部分产生于日冕之内.日冕的温度有数百万开,目前还没有理论可以完整的说明日冕的高温.

选 2.1.5　太阳风

太阳大气的温度非常高,所以组成大气的原子只能以等离子体出现,即由质子(或者极少量的氦核)和电子所组成.太阳大气日冕中的速度比较高的粒子可以逃逸出去,这是一种持续不断地,以 200~800 km/s 的速度由太阳径向向外运动的等离子体流.这种物质虽然与地球上的空气不同,但它们流动时所产生的效应与空气流动十分相似,所以称它为太阳风.自从人造地球卫星上天,发现太阳风以后,经过 50 多年的研究,对太阳风的物理性质有了基本了解.初看起来,好像太阳风类似于地球上的大气逃逸,但是至今人们仍然不太清楚太阳风是怎样起源和怎样被加速的.

太阳风的密度与地球上的风的密度相比,是非常稀薄而微不足道的,一般情况下,在地球附近的行星际空间中,每立方厘米有几个到几十个粒子.而地球表面,可以认为标准状况下风的密度就是洛施密特数:$n_0 = 2.7 \times 10^{25}$ m^{-3}[见 §1.6.1 之(1.18)式].太阳风虽然十分稀薄,但它刮起来的猛烈程度,却远远胜过地球上的风.在地球上,12 级台风的风速是 32.5 m/s 以上,而太阳风的风速,在地球附近却经常保持在 350~450 km/s,是地球风速的上万倍,最猛烈时可达 800 km/s 以上.太阳风有两种:一种是它持续不断地辐射出来,速度较小,粒子含量也较少,被称为持续太阳风;另一种是在太阳活动时辐射出来,速度较大,粒子含量也较多,这种太阳风被称为扰动太阳风.扰动太阳风对地球的影响很大,当它抵达地球时,往往引起很大的磁暴与强烈的极光,同时也产生电离层骚扰.太阳风的存在,给我们研究太阳以及太阳与地球的关系提供了方便.

太阳风使彗星绕过太阳时形成长长的向着反太阳方向延伸的彗尾(在远离太阳时,彗星呈现球形).当人们欣赏美丽的彗尾的时候就可以想象太阳风的存在(假如没有太阳风,彗星应该是球形的).另外,在地球高纬区看到的多彩的极光现象,也是进入地球磁场的太阳风粒子经加速后在地球大气中沉降产生的.关于彗星的介绍请见二维码视频"彗星模型"和"彗星的彗尾".

太阳风的发现是 20 世纪空间探测的重要发现之一.

视频:彗星模型

选 2.1.6　地球磁层——地球生命的第一把保护伞

过去人们一直认为地球磁场和一根大磁棒的磁场一样,磁感应线对称分布,逐渐消失在星际空间.人造卫星的探测结果纠正了人们的错误认识,绘出了全新的地球磁场图像:地球磁层.当太阳风到达地球附近空间时,太阳风与地球的偶极磁场发生作用,把地球磁场压缩在一个固定的区域里,这个区域就叫磁层.太阳风在地球磁层的外面流过,如图 2.22(a)所示.为什么太阳风会压缩地球磁场呢? 这是因为太阳风相当于一种电流,它会产生磁场,也就是说它的磁感应线包围在太阳风的外面,太阳风的磁感应线和地球的磁感应线是不能相交的,所以会把地球的磁感应线压缩而成为地球磁层.地球磁层像一个头朝太阳的蛋形物,它的外壳叫做磁层顶,如图 2.22(b)所示.地球的磁感应线被压在"壳"内.在背着太阳的一面,壳拉长,尾端呈开放状,磁感应线像小姑娘的长发,"飘散"到一二百万千米以外.

视频:彗星的彗尾

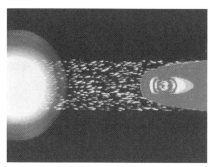

视频:太阳风暴 1

(a) 太阳风从地球磁层外面流过，图右
部的中心是地球，外面是地球磁层

(b) 地球磁层

图 2.22

　　正因为太阳风的磁感应线和地球的磁感应线是不能相交的，太阳风就不能进入地球磁层内，不能进入地球的大气，也就避免了这些能量非常大的，速度非常高的带电粒子流对地球的侵蚀，特别是对生命的摧残.可以设想，假如地球没有磁场，这种风速比 12 级台风还要高上千倍的太阳风直接吹到地球表面会是怎样的情况？再加上它是带电粒子，地球表面上的任何生命都无法生存.所以说，地球磁层是地球上生命的第一把保护伞(地球上生命的第二把保护伞是臭氧层，见选读材料 4.2).我们也能够理解为什么宇航员从宇宙飞船中出来做太空行走，或者是在月球表面行走时必须穿能够阻挡太阳风侵蚀的宇宙服了.太阳风的视频介绍请见二维码视频"太阳风暴 1"与"太阳风暴 2".

视频:太阳风暴 2

　　太阳风构成人类活动的外层空间环境.太阳大气的扰动，太阳黑子的激烈活动都会通过太阳风传到地球，通过与地球磁场的相互作用，会引起一系列影响人类活动的事件.例如通信卫星失灵、高纬区电网失效以及短波通信和长波导航质量下降等.太阳风的变化还可能会引起气象和气候的变化.由于 21 世纪人类进一步利用地球的外层空间环境，空间环境预报(或叫"空间天气"预报)将会十分重要.搞清楚太阳风的起源及其加热和加速机制对于建立有效的空间天气预报体系有着十分重要的意义.

选读材料 2.2　同位素分离获得浓缩铀

　　铀是存在于自然界中的稀有放射性元素.根据国际原子能机构的定义，丰度为 3% 的 ^{235}U 为核电站发电用低浓缩铀，^{235}U 丰度大于 80% 的铀为高浓缩铀，其中丰度大于 90% 的称为武器级高浓缩铀，主要用于制造核武器.获得铀是非常复杂的系列工艺，要经过探矿、开矿、选矿、浸矿、炼矿、精炼等流程，而浓缩分离是其中最后的流程，需要很高的科技水平.获得 1 kg 武器级 ^{235}U 需要 200 t 铀矿石.由于涉及核武器问题，铀浓缩技术是国际社会严禁扩散的敏感技术.目前除了几个核大国之外，日本、德国、印度、巴基斯坦、阿根廷等国家都掌握了铀浓缩技术.

　　现时的核电站使用的是铀核燃料.铀有三种同位素，即 ^{234}U、^{235}U 和 ^{238}U.其中的 ^{234}U 不会发生核裂变，^{238}U 在通常情况下也不会发生核裂变，而 ^{235}U 这种同位素原子能够轻易发生核裂变，^{235}U 的含量却又是很低，约占 0.7%，绝大部分是 ^{238}U，它占了 99.2%.这就相当于煤饼厂或炼油厂，生产出的煤饼里大部分是泥沙，当然也就没法燃烧.根据研究结果，在铀核燃料中 ^{235}U 的含量要达到 3% 以上才能燃烧.提纯浓缩 ^{235}U 含量的技术比较复杂，因为元素的各种同位素，如同"孪生姐妹"，无论在物理性质和化学性质上都十分相似，通常采用各种物理提纯方法或者化学提纯方法收效都甚微,代价却很高.现时用来提纯^{235}U 的主要方法有气体扩散法、气体离心法等,其中以气体扩散法最成熟,制造第一颗原子弹用的铀核材料就是用这种方法制造出来的.而获得反应堆和核武器所需要的浓缩铀通常采用气体离心法,气体离心分离机是其中的关键设备,因此美国等国家通常把拥有该设备作为判断一个国家是否进行核武器研究的标准.所有这些提纯方法,它们的工艺过程都比较复杂,办厂投资高,运转过程中消耗的能量也高,而且产量低,生产出的铀核燃料成本大.因此,科学家一直在找新提纯方法.现在,激光科学工作者提出用激光进行提纯,或许这种方法能够大大地降低生产铀燃料的成本.下面介绍气体扩散法和气体离心法的基本原理.

一、气体扩散法

气体扩散法也就是泻流方法.假设器壁上开有一很小的小孔或狭缝(孔的线度应满足足够小的条件).若开有小孔的器壁又较薄,则分子射出小孔的数目是与碰撞到器壁小孔处的气体分子数相等的,气体分子如此射出小孔的过程称为泻流(见 §1.6.5).而气体分子碰壁数是由(2.46)表示的.

从 $\bar{v} = \sqrt{\dfrac{8kT}{\pi m}}$ 知,在 T 一定时 $\bar{v}$ 与 $m^{1/2}$ 成反比;又 $\Gamma = \dfrac{n\bar{v}}{4}$,说明质量小的分子易于逸出小孔,这就为同位素分离提供了一种十分有用的方法.若一容器由疏松的器壁所构成,它含有极大量的可透过气体分子的小孔.从小孔穿出的分子被抽入收集箱中.设容器中充满由质量分别为 m_1 和 m_2 的两种分子所组成的混合理想气体,其分子数密度分别为 n_1 及 n_2.若 $m_1 < m_2$,则容器中 m_1 分子减少的速率大于 m_2 分子减少的速率,从而使容器中的 $\dfrac{n_1}{n_2}$ 逐步减小.现用稳定的新鲜气体流来补充因泻流而减少的气体,使容器的 n_1 及 n_2 始终保持恒定.因容器外保持真空,故从容器外回流入容器的分子可不予考虑.显然在单位时间内逸出的两种分子数分别为 $\dfrac{n_1 \bar{v}_1}{4} \cdot A$ 及 $\dfrac{n_2 \bar{v}_2}{4} \cdot A$,其中 A 是所有小孔面积之和.由于温度相同,故单位时间内逸出的两种分子数之比为 $\dfrac{n_1 \bar{v}_1}{n_2 \bar{v}_2} = \dfrac{n_1}{n_2} \cdot \left(\dfrac{m_2}{m_1}\right)^{1/2}$.若把逸出的分子立即抽送到收集箱中,则在收集箱中两种气体的分子数密度之比 $\dfrac{n_1'}{n_2'}$ 就等于从小孔逸出的气体中两种分子的数密度之比,故

$$\frac{n_1'}{n_2'} = \frac{n_1}{n_2} \cdot \left(\frac{m_2}{m_1}\right)^{1/2}$$

因为 $m_1 < m_2$,故 $\dfrac{n_1'}{n_2'} > \dfrac{n_1}{n_2}$ 或 $\dfrac{n_1'}{n_2'} > \dfrac{n_2'}{n_2}$.说明经过泻流以后,质量小的气体的相对富度将增加.核工程中就利用这一性质来分离天然铀中的 ^{238}U(富度 99.3%)和 ^{235}U(富度 0.7%)两种同位素.为了把可裂变的 ^{235}U 从天然铀中分离出来,首先要把固态的铀转换成铀的气态化合物六氟化铀(UF_6),然后用上面介绍的泻流分离法逐级提高 $^{235}UF_6$ 的浓度.将 $n_1 = 0.7\%$,$n_2 = 99.3\%$ 及 $\dfrac{m_1}{m_2} = \dfrac{235+19\times6}{238+19\times6} = \dfrac{349}{352}$ 代入上式,可知通过第一级分离,U^{235} 的富度将从 0.7% 提高到 0.703%.若采用多级泻流,并且把已经泻流出来的气体抽出后逐级加浓,这样大约需数千级的级联分离,才能获得较纯的 $^{235}UF_6$ 气体.

二、气体离心法

气体离心法就是利用 §2.6.2 旋转体中粒子径向分布中所说的超速离心技术来分离而获

得浓缩铀.它同样是要把固态的铀转化为气态的六氟化铀,然后在离心分离机中进行分离.由于离心分离机的转动速度可以大幅提高,回转半径可以增加,分离效率可以明显高于气体扩散法,当然这样的技术要求也非常高,代价也非常大.但是仍然要通过上千级甚至数千级的分离才能获得武器级的^{235}U.

选读材料 2.3 子系温度与负温度

一、子系温度、局域平衡

在玻耳兹曼分布中曾对温度作出另一种定义[见(2.74)式],而该式是仅对系统中某两个能级(ε_1、ε_2)上的粒子数 n_1 及 n_2 而言.若系统已处于平衡态,则将任意两个能级上的粒子数代入(2.74)式所得温度 T 都应相等.若整个系统未处于平衡态,但某些自由度却已各自处于热平衡,则对于每一个已处于平衡的自由度来说,已处于**局域平衡**(注意:这样的局域平衡与§1.2.4中所讲的,系统的空间各微小部分均瞬时处于平衡的局域平衡有所不同)①,若把处于局域平衡的自由度的系统称为子系,则这一自由度系统的温度称为子系温度,如振动自由度温度、转动自由度温度,或把自由度概念再扩大一些,而有电子自旋温度(关于什么是自旋,请见底注②)、核自旋温度、杂质系统的温度等.在§1.6.4表1.4的最后一行中,有迄今世界最低温记录8×10^{-10} K,这是指的样品铜的原子核自旋系统的温度,这也是子系温度,而且只能维持在很短的时间之内.因为子系的"环境"温度(如铜的晶格)要远比这一温度高得多,能量会很快地从晶格传入子系之内,使子系温度与晶体的温度相同.

二、负温度

在子系温度中很有实际意义的是负温度系统.负温度只能发生在由数个能级组成的子系中(例如两个能级并且每个能级上只有一个状态组成的系统).在系统的某两个能级中,若高能级上粒子数高于低能级上粒子数(这称为粒子数反转),而且这样的状态能相对稳定地维持一定时间而处于局域平衡,我们就称这样的两能级系统组成一个子系,这一子系就处于负温度状态.但子系以外的所有能级所组成的系统仍然属于正温度状态,它相当于是子系的环境.例如,设系统是由 N 个原子组成的晶体,晶体相当于是一个大分子,所有的原子都在作集体的振动,它们有一定的能级结构.在平衡状态下,粒子在能级上的分布是确定的.在这种分布中必然是较高能级上的粒子数小于较低能级上的粒子数.但是假如出现这样的情况,在某两个能级上,其高能级上的粒子数大于低能级上的粒子数,而且这样的状态仅能够保持一非常短的时间.假如我们把这样的两能级系统孤立出来看作一个子系,而且认为该子系已经处于热平衡,它的热平衡温度一定是负的,这就是负温度.可是这样的子系并不是孤立的.它本身是晶体能级系统的一部分.负温度的存在破坏了晶体的平衡.晶体要尽量降低系统的总能量,这就迫使两能级系统上的粒子从高能级跳到晶体的其他低能级上去,把多余的能量传

---

① 关于什么是局域平衡的更详细介绍,请见参考书[19]的1034页.

② 实验指出,原子中的电子和质子等粒子都有自旋磁矩.通俗地(但并不确切地)理解是它们都在绕各自的中心轴作自转.由于它们带有电荷,按安培定则它们都相当于一根根小磁针,其磁性大小分别以电子和质子的自旋磁矩 μ_e 及 μ_p 表示(由于其质量 $m_p = 1\,840\,m_e$,故 $\mu_p = \dfrac{\mu_e}{1\,840}$).由于电子的自转方向可取不同方向,则描述自旋取向的自由度是电子自旋自由度.需要指出,中子不带电,但中子仍然有自旋磁矩.可见把粒子的自旋看作粒子在作自转,这只不过是一种形象化的比喻而已.对于自旋的正确理解要借助量子力学.

递给晶体系统(也就是说,热量从负温度系统传递到正温度系统),最后子系和晶体能级系统一起达到热平衡.子系的负温度已变化为正温度了.§4.1.2指出,系统建立平衡态所需的时间称为弛豫时间.假如晶体系统(实际上它就是二能级子系的热源环境)的弛豫时间达到5 min,则负温度最多也只能存在5 min.

从以上的介绍可以看出:

1. 负温度只能存在于系统的子系中,子系只能存在很短的时间,超过这个时间它就要变为正温度了.

2. 负温度的温度不是比绝对零度低,相反它比无穷大温度还要高.两能级系统从负温度变为正温度过程中,热量是从负温度系统传递到正温度的晶体系统中的.由于热量只能自发地从高温传到低温,所以负温度比任何正温度高.在负温度时两能级系统发生粒子数反转,它的总能量要比一半粒子在高能级,另一半粒子在低能级时的总能量要大.从(2.74)式可以看到,后一情况的温度是无穷大.所以负温度比无穷大温度还要高.

激光只能在负温度系统中产生.所以讨论负温度是十分有意义的.

选读材料 2.4 台风 飓风 龙卷风

一、台风、飓风

台风和飓风都是一种比较强烈的热带风暴,它们均由气体旋转运动形成的.台风这一名称主要被用于中国等地区,它主要指其中心风力达到8级以上的热带风暴.在北太平洋西部热带或副热带洋面上,在海洋面温度超过26 ℃以上时,由于近洋面气温高,局部积聚的湿热空气大规模膨胀上升,使近洋面气压降低,外围空气源源不断地补充流入上升至高空过程中,周围低层空气乘势向中心流动,流动过程中出现沿地球自转的径向运动的速度分量,地球的自转使得有径向运动速度分量的流动气体受到科里奥利力的作用.周围低层空气向中心流动过程中都或多或少地受到科里奥利力的作用.任何一支流动气体的存在,必然有另外一支流动方向相反的流动气体同时存在,它们受到的科里奥利力的大小相同方向相反,从而形成一对力偶,所有向中心流动的气体,在一对对科里奥利力力偶的共同作用下形成回转运动,从而形成空气旋涡.而空气旋涡中心的低层空气上升中会膨胀变冷,其中的水汽冷却凝结形成水滴时,要放出热量,又促使低层空气不断上升.这样近洋面的旋涡中心的气压下降得更低,空气旋转得更加猛烈,最后形成了台风.由于在赤道附近沿地球自转的径向运动的速度分量接近于零,所以科里奥利力接近于零,而向南北两极增大,但是又受到地球自转的回转半径逐步减少的限制,所以台风基本发生在大约离赤道5个纬度以上的洋面上.由§2.6.2中的"一、旋转体中粒子径向分布"中图2.15知道气流的旋转使台风中心(称为台风眼)气压很低,低气压使云层裂开变薄,有时还可见到日月星光.惯性离心力将云层推向四周,形成高耸的壁,狂风、暴雨均发生在台风眼之外.这些现象均可利用(2.69)式予以解释.台风的直径一般为几百千米,最大可达1 000 km.

在东太平洋和大西洋形成的"热带风暴"被称为**飓风**.所有这些发生在热带海洋上的大气旋涡统称为**热带气旋**.关于飓风的形象化的介绍请见二维码视频"飓风的形成".

二、龙卷风

龙卷风又称龙卷、龙吸水等,是一种相当猛烈的天气现象,由快速旋转并造成直立中空管状的气流形成.龙卷风大小不一,直径仅几米到几百米,但形状一般都呈上大下小的漏斗状(如图2.23所示),"漏斗"上接积雨云(极少数情况下为积云云底),下部一般与地面接触并且时常被一团尘土或碎片残骸等包围.龙卷风也是一种猛烈的气旋,但龙卷风生成和消失迅

视频:飓风的形成

视频:龙卷风之一

速.大多数龙卷风直径约 75 m,风速在 64 km/h 至 177 km/h 之间,可横扫数千米.还有一些龙卷风风速可超过 480 km/h,直径达 1.6 km 以上,移动路程超过 100 km.

由于气流的旋转性很强,从图 2.15 知道龙卷风中心气压很低,当龙卷风的底运动到地面上或者水面上时,其中心的低气压可以把地面上的尘土、泥沙和物体,或者把水面上的水甚至把鱼和漂浮物夹卷而上,落到别的地方.当龙卷风的底运动到屋面上时,由于龙卷风的中心是低气压,而屋内是正常大气压,屋内空气向上的作用力比屋面上面的空气向下的作用力大得多,从而可掀屋面,也可拔树,所以龙卷风的破坏力是非常大的.

从"龙卷风之一"及"龙卷风之二"两个二维码视频可知道龙卷风威力如何大,它可以把重型卡车掀倒,把飞机吹得在竖直方向悬在空中,无所适从.龙卷风中心的低气

视频:龙卷风之二

图 2.23　龙卷风

压把火焰吸入而成火龙,当然也可吸入地面上的水而成为水龙,等等.

选读材料 2.5　热辐射——分子动理论对于光子气体的应用

热辐射,特别是辐射传热,是在生产、生活和科学研究中随时会遇到的重要现象.由于热辐射属于量子问题,其最基本定律——普朗克定律——必须通过量子统计才能严密导出,所以在普通物理的热学中常常回避辐射传热的介绍,而在所有的后继课程中也不会涉及,它往往是大学物理教学中的一个盲点.应该说,在热学教学中不介绍辐射传热是一个很大的缺陷,特别是减少温室效应防止全球气候变暖问题被列为世界上最重大的急于解决的问题之一时,是应该向广大学习物理学的学生普及这一知识的.考虑到在一般的高等学校的热学课程中没有足够的时间讲授辐射传热,所以在本教材中作为选读材料来做比较系统的简单介绍,特别强调它的重要应用,作为学生的自学内容.首先在第二章中,使得学生能够利用本来仅仅适用于经典物理的分子动理论,引入一些光量子的基本假定,粗略地导出斯特藩-玻耳兹曼定律,这是本选读材料的内容.然后在选读材料 3.3 中介绍辐射传热,在选读材料 3.4 中介绍温室效应.

选 2.5.1　光子的主要特征

虽然光子是静止质量等于零的、以光速运动的粒子,但是热辐射光子气体和理想气体分子有些类似,只要引入光量子的基本假定,就同样可以利用分子动理论来讨论.

实验证实光波的能量只能一份一份地改变.根据量子理论,N 个频率为 ν 的光子的能量为

$$E = Nh\nu \tag{2.90}$$

其中 $N = 1, 2, 3\cdots, h$ 为普朗克常量.有能量就有质量.根据相对论,光子的静止质量为零,但由质能公式 $E = mc^2$ 知,N 个光子的质量为

$$m = \frac{Nh\nu}{c^2} \tag{2.91}$$

有质量,又有运动速度,它就有动量.因为光波以光速 c 传播,所以这 N 个同向运动的光子的动量为

$$p = mc = \frac{Nh\nu}{c} \tag{2.92}$$

从以上三式可看到,光波的能量、质量和动量都是一份一份地改变的,而不能非整数份改变,我们就称光波的能量、动量是量子化的.量子化改变的最小单位就是光量子,简称光子.每个光子的能量、质量和动量分别为

$$\varepsilon = h\nu, \quad m = \frac{h\nu}{c^2}, \quad p = \frac{h\nu}{c} \tag{2.93}$$

既然光子具有粒子的所有特征,我们有理由认为光子是一种粒子.光子与实物粒子不同,其粒子数是不守恒的.物体向外发射光波能量的同时,不断地向外发射光子,物体在吸收光波能量的同时也不断地吸收光子.一般说来,同一物体表面,在同一时间间隔内发射与吸收的光波能量不相等,发射与吸收光子数也不相等.

选 2.5.2　热辐射　普朗克定律　黑体

一、热辐射

热辐射是物体由于具有温度而辐射电磁波的现象.由于电磁波的传播无须任何介质,所以热辐射是在真空中唯一的传热方式.一切温度高于绝对零度的物体都能发射热辐射,温度愈高,辐射出的总能量就愈大.为了维持物体的热辐射,就应补充物体所损失的能量.这部分能量可由发射物体自身提供(例如太阳或其他恒星),或由外界供给(例如白炽灯),也可以由其他形式来补充.同时它也在吸收投射到它的表面的热辐射能量.若一个物体被空腔所包围,或它本身就是一个空腔,只要单位时间从该物体单位表面积上向空腔发射的热辐射能量等于从空腔吸收的热辐射能量,则不仅物体的内能不变,而且空腔内光子气体的能量也不变,这样的辐射称为平衡热辐射,这时物体的温度称为辐射平衡温度.任何温度下的平衡热辐射的光谱都是连续谱,其波长覆盖范围理论上可从 0 直至 ∞,但是都在某一波长 $\lambda_{\max}$ 出现一个极大值,在 $\lambda_{\max}$ 附近的某一范围内的电磁波的强度占整个热辐射强度的主要部分.当温度为 500 ℃ 以下时,热辐射中最强的波长在红外区,温度更低时在远红外区.当物体的温度在 500 ℃ 以上时,辐射中最强的波长区域开始进入可见光区.随着温度的逐步上升,物体由开始时呈现的暗红色,而后由红变黄……,当温度达到 6 000 K 时,其热辐射的最强的波长区域覆盖整个可见光区域,这就是太阳光.因为太阳的表面温度也是 6 000 K,人类是一直在太阳光的环境中生长的,所以人类的眼睛所能够看见的波长区域(可见光)也就是太阳光的最强的波长区域.通常以辐射出射度来表征物体表面向外发射热辐射强度的高低.定义:

辐射出射度 $\mathscr{M}(T) = \{$单位时间内从单位面积表面上向外发射各种波长能量的总和$\}$

$\mathscr{M}(T)$ 的单位是 W·m^{-2},它随温度增加而急剧增加.要确定物体在某一温度 T 平衡的辐射出射度就需确定物体辐射任意一波长 λ 的能力,物体在温度 T 的单位表面积、单位时间内所发射出的波长在 λ 到 $\lambda+d\lambda$ 范围内的能量称为单色辐射出射度,或者称为单色辐射能力,用 $\mathscr{M}(\lambda, T)$ 表示,单位为 W·m^{-2}·μm^{-1}.$\mathscr{M}(T)$ 和 $\mathscr{M}(\lambda, T)$ 的大小都与温度有关,所以都把它们表示为温度的函数.另外,它们也和物体的性质有关.

二、普朗克定律

普朗克定律揭示了黑体的单色辐射出射度 $\mathscr{M}(\lambda, T)$ 按照波长的分配规律.即表示了黑体单色辐射能力和波长、热力学温度之间的函数关系(关于什么是黑体,下面将说明).图2.24 表示了按照普朗克定律粗略地画出的黑体单色辐射能力 $\mathscr{M}(\lambda, T)$ 按照波长 λ 的分布曲线.我们看见,在每一确定的温度下,都有一条分布曲线.但在某一波长 $\lambda_{\max}$ 处曲线达到最大值.如果将不同温度的两曲线进行比较,可以发现温度越高,出现的峰值越大,同时整个曲线下的面积也越大,这表明该温度下黑体的辐射出射度(它就是所有波长的单色辐射出射度的总和)

越大.另外,温度越高,其 λ_{max} 也越低.

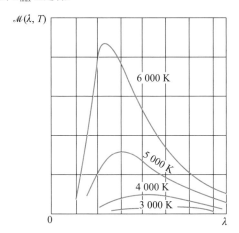

图 2.24　黑体的单色辐射能力随温度以及波长的分布规律曲线

三、黑体

实验还发现,$\mathscr{M}(T)$ 不仅是温度的函数,也与物体的种类及表面情况有关.物体表面向空间发射电磁波的同时,也受到空间热辐射的照射,定义:

总辐照度 $\mathscr{E}=\{$单位时间内投射在单位表面上的总辐射能量$\}$

物体表面受到辐照后,一部分能量被吸收,一部分能量被反射,另一部分能量被透射.定义:

吸收率 $\alpha=\{$单位时间内单位表面吸收的能量与总辐照度之比$\}$

反射率 $\gamma=\{$单位时间内单位表面反射的能量与总辐照度之比$\}$

透射率 $\delta=\{$单位时间内单位表面透射的能量与总辐照度之比$\}$

故 $\alpha+\gamma+\delta=1$,若透射的能量可予忽略,则

$$\alpha=1-\gamma \tag{2.94}$$

一般说来,α 不仅是温度的函数,也是波长的函数.即同一固体表面,在同一温度下,对不同波长的光波的吸收率不同(因而反射率不同).对于平衡热辐射,物体辐射能量的收支应达到平衡.单位面积物体表面在单位时间内发射的热辐射能量应该等于它吸收投射到它的表面的热辐射能量.这时有

$$\mathscr{M}=\alpha\mathscr{E} \tag{2.95}$$

若物体表面能全部吸收投射到它上面的任何波长的光波能量,而不会反射任何能量,这种表面称作黑体.

黑体像质点、刚体、理想气体一样也是一种理想化的模型.在自然界中不存在真正的黑体.例如煤烟、黑色的珐琅质对太阳光的吸收能力也不超过 99%.实验室中常用在内壁上涂以煤烟的开一小孔的空腔来做成黑体,如图 2.25 所示.若有一束光线从空腔外穿过小孔射入空腔内,光线被内壁多次反射,每反射一次就被吸收掉相当大比例的能量,经过多次反射后,射入的光线能量几乎全部被腔壁所吸收.由于小孔面积远比空腔壁面积小得多,从小孔向外穿出的辐射能量近似为零.所以,这样一种开有小孔的空腔可认为是黑体.例如在白天从远处看开有窗户的建筑物内部是黑色的,从窗户射入的可见光经

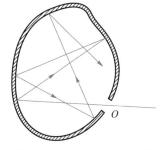

图 2.25　空腔可以看为黑体

多次反射后从窗户射出的很少,而室内无照明光源,墙壁只辐射红外线,人们的眼睛看不到,因而看到窗户呈黑色.在金属冶炼中,炼钢炉常在炉壁上开一小孔,光测高温计(请见选读材料1.1)测量炉内温度,而这开有小孔的空腔(冶炼炉)可以近似看作黑体.需说明,黑体仅表示它的表面的吸收率为1,并不一定看上去是黑色的.这是因为除考虑吸收特性外,还要考虑黑体的辐射特性.例如当炼钢炉不工作时,从观察孔看进去炉内确呈黑色,但当炉温升到一千多摄氏度时看进去是红色的,因为在这样的温度下主要发射红色光.在这两种情况下炼钢炉可近似看作黑体的这一性质并未改变.严格说来,只有当黑体的温度趋于绝对零度时,它不发射任何热辐射能量,也不反射任何投射在它表面的辐射能,这时才真正是黑色的.由于人的眼睛只能见到可见光,在500 ℃以下物体所发射的热辐射以红外线为主,可见光十分微弱,人眼不可觉察.在500 ℃以下的物体(不一定是黑体)在黑暗中虽然呈现黑色,但是它仍然向外发射热辐射.假如它的温度比室温高,我们站在它附近会感觉到温热.温度更高,我们会有灼热感.又如,人的皮肤有黑、白、黄之分,这说明对可见光而言,不同的皮肤对不同的波长有不同的吸收率.但对红外线来说,却都可近似认为是黑色的,因为它们的吸收率都高达0.98 ± 0.01.一些红外取暖器会受人青睐的原因有二,一是人的皮肤对红外线的吸收率近似为1,人的皮肤吸收百分比高,故取暖效果好;二是发射红外线的发热器温度较低,使用寿命长.

按照黑体的定义,黑体的吸收率α_b(以下标 b 表示黑体)应为 1.

$$\alpha_b = 1$$

若把一与空腔温度相同的黑体引入空腔内部,设空腔内的总辐照度为$\mathscr{E}$,由(2.95)式知,黑体的辐射出射度$\mathscr{M}_b$与空腔内的总辐照度$\mathscr{E}$间应有如下关系:

$$\mathscr{M}_b = \alpha_b \mathscr{E} = \mathscr{E} \tag{2.96}$$

选 2.5.3　光压

一、光线束的光压

因为光子具有动量,受到光线束照射的器壁也就受到光子流的冲击,这时器壁被施予一压强,称作光压.光压与受照射物体表面对光波的反射率γ有关.若一束平行光垂直投射到某一物体表面上,设该表面的反射率为γ,总辐照度为$\mathscr{E}$,问这束光对这表面所施的光压是多少? 设在单位时间内,垂直于光线行进方向的单位截面积上所通过的光子数为J_n,这束光可能不是单色光,它可能有各种频率的光子,设每个光子的平均能量为$h\bar{\nu}$,因而光子的平均频率为$\bar{\nu}$.由(2.93)式知,每个光子的平均动量为$\bar{p}=\dfrac{h\bar{\nu}}{c}$.在 dt 时间内垂直投射在 ΔA 面积器壁上的光子数为$J_n dt \Delta A$,其中有$(1-\gamma)J_n dt \Delta A$ 个光子被吸收,有$\gamma J_n dt \Delta A$ 个光子被反射,这束光子在 dt 时间内施予 ΔA 面积器壁上的总冲量便为

$$\Delta I = (\gamma+1)J_n \cdot \frac{h\bar{\nu}}{c} \cdot \Delta A dt \tag{2.97}$$

物体表面所受到的光压则为

$$p = (\gamma+1)J_n \cdot \frac{h\bar{\nu}}{c} = \frac{\mathscr{E}(1+\gamma)}{c} \tag{2.98}$$

其中$\mathscr{E}=J_n \cdot h\bar{\nu}$是总辐照度.

二、平衡辐射光子气体的光压

物体表面随时向空间各个方向发射各种频率的光波,同时它也吸收从各个方向射来的各种频率的光波.达到平衡辐射时,空腔中应充满由向各方向运动的、能量各种各样的光子所组成的光子气体.实验已完全证实热辐射的这种各向同性特征.平衡热辐射的光子气体与理想气体十分类同:(1) 它在空间传播也没有择优取向;(2) 粒子与粒子之间也没有相互作用;

（3）光子气体也由各种能量的粒子所组成,不过光子都以光速 c 运动,其能量差异来自光子的频率不同.从以上分析可知,分子动理论对于理想气体的讨论方法也可应用于热辐射中.

既然平衡热辐射光子气体类同于理想气体,我们有理由认为,在空腔内部,单位体积的 n 个光子中有 $n/6$ 个光子垂直于某一空腔壁以光速 c 运动.在 dt 时间内能抵达 ΔA 表面的光子数是以 ΔA 为底,cdt 为高的长方体内的光子数,即

$$\Delta N = \frac{n}{6} \cdot cdt\Delta A$$

因空腔壁在吸收从空腔内部发射来的光子能量的同时,也在向空间发射光子.在平衡辐射时两者的总光子数及总的光子能量相等,因而总动量数值相等,方向相反.于是,光子气体施予器壁的压强为

$$p = \frac{nc}{6} \cdot \frac{2h\bar{\nu}}{c} = \frac{nh\bar{\nu}}{3} = \frac{u}{3} \tag{2.99}$$

其中

$$u = \frac{Nh\bar{\nu}}{V} = \frac{U}{V} \tag{2.100}$$

$U = Nh\bar{\nu}$ 是空腔中光子气体的总能量,称为光子气体的内能.$u = U/V$ 是单位体积中的光子气体能量,称为光子气体的能量密度.(2.99)式称为平衡辐射光子气体压强公式.在 §5.2.2 的例 5.2 中,将利用卡诺定理证明平衡热辐射光子气体的能量密度为

$$u(T) = aT^4 \tag{2.101}$$

利用量纲分析法可以求出常量 a,其结果为

$$a = \frac{Ak^4}{c^3h^3}$$

其中 A 是量纲为 1 的量,利用量子统计可证明 $A = \frac{8\pi^5}{15}$,故 $a = 7.56 \times 10^{-16}$ N · m^{-2} · K^{-4}.将(2.101)式代入(2.99)式可得

$$p = \frac{aT^4}{3} \text{(黑体表面)} \tag{2.102}$$

此式仅适用于空腔中(或黑体表面)的平衡热辐射压强的计算.

[例 2.4]　（1）试求 $T = 300$ K 的黑体表面的辐射光压.(2) 若认为太阳表面为一黑体,设太阳表面温度 6 000 K,试问太阳表面的辐射压强为多大？（3）若太阳中心温度为 10^7 K,试求太阳中心的辐射压强的数量级.

[解]　（1）$p_1 = \frac{aT_1^4}{3} = \frac{1}{3} \times 7.56 \times 10^{-16} \times 300^4$ N · m^{-2} = 2×10^{-6} N · m^{-2},可见在室温下黑体表面热辐射所产生的光压仅为 2×10^{-6} N · m^{-2},因辐射压太小,故通常可不必考虑.

（2）$p_2 = \frac{1}{3} \times 7.56 \times 10^{-16} \times 6\,000^2$ N · m^{-2} = 0.33 N · m^{-2}.虽然辐射压仍不大,但太阳大气压强很低,辐射光压不能忽略.

（3）$p_3 = \frac{1}{3} \times 7.56 \times 10^{-16} \times 10^{28}$ N · m^{-2} ~ 10^{12} N · m^{-2} 达 10^7 倍大气压,说明太阳中心的辐射压强非常大,它在恒星演化中起十分重要的作用.在恒星中,辐射压强、分子热运动压强与万有引力压强之间的抗衡决定了恒星演变的整个过程.

三、光压的实验验证

远在 1748 年欧拉(Euler,1707—1783)即已指出光压的存在,而 19 世纪发展起来的光的电磁理论也证实了光会产生光压,并作出了定量计算.要观察光压,一般是观察光对真空中薄

片的压力,如图 2.26 所示.有数片一面光亮、一面涂黑的金属小箔片,亮面和黑面相反地固定在一根金属丝的两端,两根这样的金属丝固定在竖直的轴上,轴可以自由转动,整个装置放在一个抽空的玻璃罩内,当一束强光照到这些金属箔上时,它们便转动起来.细究起来,驱使薄片转动的力不仅来自强光束照射薄片产生的光压,也来自于容器中气体分子的热运动.这是因为容器中的残存气体分子在光照的薄片表面处热运动动能较大,也会对薄片有一压力,这种效应称为辐射计效应.俄国物理学家列别捷夫(Lebedev, 1866—1912)于 1899 年成功地消除了辐射计效应,测量到的光压与理论相符合.

图 2.26　光压的实验验证

选 2.5.4　斯特藩-玻耳兹曼定律

若在空间充有平衡辐射光子气体,光子可向各方向以光速 c 运动,且单位体积中有 n 个光子,每一光子的平均能量为 $h\bar{\nu}$,利用(2.46)式可知,单位时间内投射在单位面积器壁表面上的光子数为 $\Gamma = nc/4$,且单位时间内投射在单位面积物体表面上的能量 $\mathscr{E}$(总辐照能)为

$$\mathscr{E} = \frac{1}{4}nc \cdot h\bar{\nu} = \frac{1}{4}acT^4 \tag{2.103}$$

这里已利用了(2.100)式和(2.101)式.对于黑体,由(2.96)式知 $E = \mathscr{M}_b$,则黑体的辐射出射度为

$$\mathscr{M}_b = \frac{1}{4}acT^4 = \sigma T^4 (\text{对于黑体}) \tag{2.104}$$

其中 $\sigma = 5.670 \times 10^{-8}$ W·m^{-2}·K^{-4},称为斯特藩-玻耳兹曼常量.(2.104)式是由斯特藩(Stefan, 1835—1893)于 1879 年通过实验确立的,而他的学生玻耳兹曼 1884 年根据热力学理论给予论证的,故称为斯特藩-玻耳兹曼定律,关于斯特藩的详细介绍请见二维码文档斯特藩.它常被用来测定物体的表面温度.选读材料 1.1 中介绍的辐射高温计就是利用辐射出射度的测定来确定黑体表面温度的.例如虽然铁的吸收率比 1 要小,但对于炼钢炉来说,炉子开的小孔可视为黑体,故利用(2.104)式可确定炉内铁的温度.

医学上有一种热像图或称为红外线扫描仪的仪器,它是利用红外线扫描仪成像原理制成的.由于人体皮肤热辐射的能量和它的温度有关,利用(2.104)式并借助极为灵敏的红外线探测仪对人体体表进行扫描,按照每点辐射能量的大小作出体表的温度分布图,这就是**热像图**.热像图对临床诊断很有用.由于生理或病理的原因,人体体表温度不均匀一致,例如浅表静脉上面温度为 35 ℃,内乳动脉上面温度为 31 ℃,乳癌上面温度可达 36 ℃,故测定热像图常被用来普查乳腺癌.红外扫描成像仪军事上用作夜视仪,是实战、侦察中的重要设备.

文档:斯特藩

选读材料 2.6　微波和微波炉

一、微波

微波是指频率从 300 MHz 至 3 000 GHz 范围的电磁波,其相应的波长从 1 m 至 0.1 mm.这段电磁频谱包括分米波(频率从 300 MHz 至 3 GHz)、厘米波(频率从 3 GHz 至 30 GHz)、毫米波(频率从 30 GHz 至 300 GHz)和亚毫米波(频率从 300 GHz 至 3 000 GHz)四个波段.

从电子光学和物理学的观点看,微波这段电磁谱具有不同于其他波段的如下重要特点:

1. 似光性和似声性 微波的波长很短,比地球上一般物体如飞机、舰船、汽车、坦克、火箭、导弹、建筑物等的尺寸相对要小很多,或在同一量级.这使微波的特点与几何光学相似,即所谓似光性.因此,使用微波工作,能使电路尺寸减小,使系统更加紧凑,可以设计成体积小、波束很窄、方向性很强、增益很高的天线系统,接收来自地面或宇宙空间各种物体反射回来的微弱信号,从而确定物体的方位和距离,分析目标特征.雷达以及射电望远镜都是利用这一性质设计发展而成的.

由于微波的波长与物体如实验室中的无线电设备的尺寸具有相同的量级,使得微波的特点又与声波相近,即所谓似声性.例如微波波导类似于声学中的传声筒.喇叭天线和缝隙天线类似于声学喇叭、萧和笛.微波谐振腔类似于声学共鸣箱等.

2. 穿透性 微波照射于物体介质体时,能深入物质内部.微波能穿透电离层,成为人类探测外层空间的"宇宙窗口".微波能穿透云雾、雨、植被、积雪和地表层,具有全天候和全天时的工作能力,成为遥感技术的重要手段.微波能穿透生物体,成为医学透热疗法的重要手段.毫米波还能穿透等离子体,是远程导弹和航天器重返大气层时实现通信和制导的重要手段.

3. 非电离性 微波的量子能量还不够大,不足以改变物质分子的内部结构或破坏分子间的键.而由物理学知道,分子、原子和原子核在外加电磁场的周期力作用下所呈现的许多共振现象都发生在微波范围,因而微波作为探索物质的内部结构和基本特性提供了有效的研究手段.另一方面,利用这一特性和原理,可研制许多用于微波波段的器件.

4. 信息性 由于微波的频率很高,所以在不太大的相对带宽下,其可用的频带很宽,可达数百甚至上千兆赫.这是低频无线电波无法比拟的.这意味着微波的信息容量很大.所以现代多路通信系统,包括卫星通信系统,几乎无例外的都是工作在微波波段.另外,微波信号还可提供相位信息、极化信息、多普勒频率信息,这在目标探测、遥感、目标特征分析等应用中是十分重要的.

二、微波炉

微波炉(microwave oven)是一种用微波加热食品的现代化烹调灶具.微波炉由电源,磁控管,控制电路和烹调腔等部分组成.电源向磁控管提供大约 4 000 V 高压,磁控管在电源激励下,产生频率为 2 450 MHz 的微波,再经过波导系统,耦合到烹调腔内.在烹调腔的进口处附近,有一个可旋转的搅拌器,因为搅拌器是风扇状的金属,旋转以后对微波具有各个方向的反射,所以能够把微波能量均匀地分布在烹调腔内.一般的食物主要由水组成,其次是脂肪、蛋白质等.它们都是极性分子(关于水的分子结构图形请见"选 6.4.3 水的分子结构·氢键"中的图 6.31 之左图).对于极性分子,虽然它们都是电中性的,但是它们的正电荷中心和负电荷中心不重合,它们具有一定的电偶极矩.在电磁场的作用下,极性分子的电偶极矩也以这样的速度跟着电磁场转,高频旋转时受到相邻分子间的相互作用,产生了类似摩擦的现象,电磁场做的功转化为热,这样就把电磁能转化为热能.微波炉加热食品的最大优点来源于微波的穿透性,它能够对一定深度内的食品(通常是 2~5 cm 深度)同时得到加热,不像一般的加热方法只能够先加热食品的表面,然后通过热传导把热量逐渐传递到食品内部,所以微波炉加热的速度快.但是对于大块食品,微波穿透不到内部,所以在加热中途应该停下来把食品内外翻一翻再启动微波炉,使得加热均匀.

微波的发热现象是由发现宇宙背景辐射温度为 2.7 K[请见"选 4.1.6 热宇宙模型"中的(4)之①]的 1965 年诺贝尔物理学奖的获得者,美国的雷达工程师彭齐亚斯发现的.他在第二次世界大战期间(1945 年)做雷达实验时偶然发现口袋里的巧克力块融化发黏,他怀疑是自己的体温引起的,后来在连续多次的试验中才发现了微波的热效应.利用这种热效应,1945 年美国发布了利用微波的第 1 个专利,1947 年美国的雷声公司研制成世界上第 1 个微波炉——雷达炉.经过人们不断改进,1955 年家用微波炉才在西欧诞生,20 世纪 60 年代开始进入家庭,20 世纪 70 年代,由于辐射安全性、操作方便性及多功能等问题的解决,使得微波炉造价不断下降,它才进一步得到推广使用,并形成了一个重要的家庭产业,同时在品种和技术上不断提高.进入 20 世纪八九十年代,控制技术、传感技术不断得到应用使得微波炉得以广泛地普及.

水是食品中普遍存在的,所以它能够有效地加热食品.但是玻璃、陶瓷以及很多塑料,它们不是由极性分子组成,微波炉不会加热它们.电磁波具有穿透性,对于不同的物质穿透的厚度是不同的.但是对于一般的玻璃、陶瓷、塑料容器微波是完全能够穿透的.玻璃、陶瓷容器是十分好的微波炉容器,它们耐高温并且不会释放有毒物质.对于塑料微波容器具有严格要求,首先要求它在足够高的温度下是无毒的,并且能够耐足够高的温度.塑料还有一个老化问题,塑料微波容器使用时间不能太长,加热的温度不能太高.

微波炉安全问题受到人们的关注.电磁波的辐射分为电磁辐射和电离辐射.受到电磁辐射的物质其分子结构不会发生改变,因而其物质的性质也不变.而受到电离辐射照射的物质的分子或者原子都会发生电离反应,从而改变了物质的性质.能够发生电离辐射的电磁波只能够是紫外线以及频率更高的 X 射线、γ 射线.例如紫外线灯能够用来杀菌,经过紫外线长期照射人的皮肤就可能导致皮肤癌,γ 射线可以杀死癌细胞.微波的频率比红外线还要小,当然它对于任何物质没有破坏性,因而是十分安全的.所以微波炉加热的食品会对人致癌之说完全是误导.但是对于高强度的微波照射还是值得重视的,这来源于微波的加热作用.特别是男性,男性精子特别惧怕温度升高,这会破坏精子的活性.正因为如此所以男性的生殖器暴露在体外,这样它的温度要比体内低.由于微波炉的结构已经保证微波的泄漏量非常少,所以一般来说,微波炉对于人是安全的.

对于微波炉来说,除了前面讲到的对于食品的热效应之外,还有生物效应.由于微生物细胞液吸收微波的能力优于周围的其他介质,因此在微波电磁场中的微生物细胞将迅速破裂而导致菌体细胞死亡.

微波炉采用经特殊处理的钢板制成内壁,根据微波炉内壁所引起的反射作用,使微波来回穿透食物,加强热效率.但炉内不得使用金属容器,否则会影响加热时间,甚至引起炉内放电打火.

思考题

2.1　速率分布函数的物理意义是什么? 试说明下列各量的意义:

(1) $f(v)\mathrm{d}v$;(2) $Nf(v)\mathrm{d}v$;(3) $\int_{v_1}^{v_2}Nvf(v)\mathrm{d}v$.

2.2　试问速率从 v_1 到 v_2 之间分子的平均速率是否是 $\int_{v_1}^{v_2}vf(v)\mathrm{d}v$? 若是,其理由是什么? 若不是,则正确答案是什么?

2.3　两容器分别储有气体 A 和 B,温度和体积都相同,试说明在下列各种情况下它们的分子速度分布是否相同:(1) A 为氮,B 为氢,而且氮和氢的质量相等,即 $m_A=m_B$;(2) A 和 B 均为氢,但 $m_A\neq m_B$;(3) A 和 B 均为氢,而且 $m_A=m_B$,但使 A 的体积等温地膨胀到原体积的二倍.

2.4　恒温器中放有氢气瓶,现将氧气通入瓶内,某些速度大的氢分子具备与氧分子复合的条件(如速率大于某一数值的氢分子和氧分子碰撞后才能复合)而复合成水,同时放出热量.问瓶内剩余的氢分子的速率分布应该改变吗? (因为氢气分子中速率大的分子减少了;另外,因为这是放热反应).若氢气瓶为一绝热容器,情况又如何?

2.5　图 2.27(a)所示为麦克斯韦速率分布曲线,图中 A、B 两部分面积相等,试说明图中 v_0 的意义.试问 v_0 是否就是平均速率?

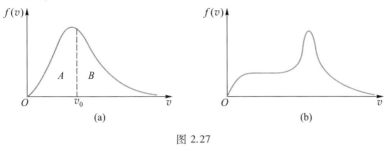

图 2.27

2.6　空气中含有氮分子和氧分子,问哪种分子的平均速率较大? 这个结论是否对空气中的任一个氮分子都适用?

2.7　解释为什么混合气体处于热平衡状态时,每种气体分子的速率分布情况与在容器体积、温度不变情况下该种气体单独存在(而其他种类气体分子全部被抽除)时分子的速率分布情况完全相同.

2.8　设分子的速率分布曲线如图 2.27(b)所示,试在横坐标轴上大致标出最概然速率、平均速率和均方根速率的位置.v_p 在何处? 是否一定有 $\bar{v} > v_p$ 关系? v_{rms} 与 $\bar{v}$ 何者大?

2.9　气体分子速率与最概然速率之差不超过 1% 的分子占全部分子的百分之几? 是否要利用误差函数? 能否利用简便的方法得出结果?

2.10　处于热平衡状态下的气体,其中是否有一半分子速率大于最概然速率、平均速率、均方根速率?

2.11　$f(v_x)\mathrm{d}v_x$ 表示什么? $f(v_x)\mathrm{d}v_x \cdot f(v_y)\mathrm{d}v_y$ 表示什么? $f(v_x)\mathrm{d}v_x \cdot f(v_y)\mathrm{d}v_y \cdot f(v_z)\mathrm{d}v_z$ 表示什么? $f(v_x, v_y, v_z)$ 又表示什么? 试利用速度空间形象化地说明.

2.12　何谓速度空间?速度空间中的一个点代表什么? 一个体积元 $\mathrm{d}v_x\mathrm{d}v_y\mathrm{d}v_z$ 代表什么? 如何求得在速度空间中代表点的数密度? 什么是概率密度?

2.13　既然在麦克斯韦速度分布中,最概然速度出现在速度矢量等于零处(见图 2.10),这不就说明气体中速率很小的分子占很大比例吗? 这与上一节所指出的速率很大与很小的分子都很少的说法是否矛盾? 如何理解最概然速度? 它与最概然速率有何不同?

2.14　图 2.10 表示了 $f(v_x)\mathrm{d}v_x$ 的分布曲线,试问 $f(v_x)\mathrm{d}v_x f(v_y)\mathrm{d}v_y$ 的概率分布图形是怎样的? 这仍然是一条曲线吗? $f(v_x)\mathrm{d}v_x \cdot f(v_y)\mathrm{d}v_y \cdot f(v_z)\mathrm{d}v_z$ 的分布图形又是怎样的? 你能想象出来吗?

2.15　试说明,麦克斯韦速度分布与速率分布分别表示分子处于速度空间中什么范围内的概率.

2.16　在麦克斯分布中并未考虑到分子之间相互碰撞这一因素.实际上由于分子之间碰撞,气体分子速率在瞬息万变,但只要是平衡态的理想气体,麦克斯韦分布总能成立.为什么?

2.17　为什么说麦克斯韦分布本身就是统计平均的结果(实际上还可出现在统计平均值附近的涨落)? 对此应如何理解? 其涨落的数量级是多大?

2.18　为什么在证明气体分子碰壁数及理想气体压强公式时不考虑气体分子间相互碰撞这一因素?

2.19　在(2.44)式中对 v_y 和 v_z 都从 $-\infty$ 积分到 $+\infty$,在(2.45)式中对 v_x 从 0 积分到 $+\infty$. 这说明 $\Gamma = n\bar{v}/4$ 公式仅适用于体积为无穷大的容器.但实验证明它可适用于一切宏观尺寸的容器,为什么?

2.20   若定义图 2.4 中的分子束强度为单位时间内穿过准直狭缝的分子数,试问下列情况下分子束强度(即单位时间内所透过的分子数)如何变化? (1) 加热炉小孔面积扩大四倍;(2) 加热炉中温度不变,其压强增加四倍;(3) 加热炉温度、压强均不变,但使用一种分子质量四倍于原来分子质量的气体.

2.21   试问泻流分子的速度分布与麦克斯韦速率分布的主要区别在哪里? 为什么?

2.22   为什么速率较大的分子逸出小孔的概率较大?

2.23   有人认为(2.69)式中的指数上应是 $\dfrac{-m\omega^2 r^2}{2kT}$ 而不是 $\dfrac{m\omega^2 r^2}{2kT}$,其理由如下:气体以 ω 角速度做整体回转运动时,距转轴 r 处分子具有 $\dfrac{m\omega^2 r^2}{2}$ 的动能.按照玻耳兹曼分布,玻耳兹曼因子的指数应是负的,而不应是正的,你对此有何看法?

2.24   试确定下列物体的自由度数:(1)小球沿长度一定的直杆运动,而杆又以一定的角速度在平面内转动.(2)长度不变的棒在平面内既平动又滚动.(3)在三维空间里运动的任意物体.

2.25   试确定小虫的自由度:(1)小虫在平面上爬,分两种情况讨论,小虫可看作质点及小虫不可看作质点.(2)小虫在一根直圆棒上爬,棒的直径比小虫大得多.也分小虫可看作质点及小虫不可看作质点两种情况.(3)小虫在一根弹簧表面上爬,弹簧丝的直径比小虫线度大得多,小虫可视为质点.分弹簧在振动与弹簧不在振动两种情况讨论.

2.26   试问为什么温度不太高时的 O_2、N_2、CO 及室温下的 H_2 等常见双原子分子理想气体,其摩尔内能是 $\dfrac{5}{2}RT$,而不是 $\dfrac{7}{2}RT$.

2.27   能量均分定理中均分的能量是动能还是动能和势能的总和? 每一个振动自由度对应的平均能量是多少? 为什么?

2.28   既然理想气体是忽略分子间互作用势能的,为什么在(2.81)式中还有势能?

2.29   微观上如何理解分子与分子,分子与器壁碰撞是非弹性的? 并举出分子与器壁作非弹性碰撞的实例.

2.30   推导理想气体压强公式时,假设分子与器壁间的碰撞是完全弹性的.实际上器壁可以是非弹性的.只要器壁和气体温度处处相同,弹性和非弹性的效果没有什么不同,为什么?

第二章思考题提示

习题

2.2.1   在图 2.28 中列出了某量 x 的值的三种不同的概率分布函数的图线.试对于每一种图线求出常量 A 的值,使在此值下函数成为归一化函数.然后计算 x 和 x^2 的平均值,在(a)情形下还求出 $|x|$ 的平均值.

2.2.2   量 x 的概率分布函数具有形式 $f(x) = A e^{-ax^2} \cdot 4\pi x^2$,式中 A 和 a 是常量,试写出 x 的值出现在 7.999 9 到 8.000 1 范围内的概率 P 的近似表示式.

2.3.1   求 0 ℃、10^5 Pa 下,1.0 cm³ 氮气中速率在 500 m·s⁻¹ 到 501 m·s⁻¹ 之间的分子数.

2.3.2   求速率在区间 $v_p \sim 1.01 v_p$ 内的气体分子数占总分子数的比率.

2.3.3   请说明麦克斯韦分布中,在方均根速率附近某一小的速率区间 dv 内的分子数随气体温度的升高而减少.

2.3.4   根据麦克斯韦速率分布律,求速率倒数的平均值 $\overline{(1/v)}$.

2.3.5   (1)某气体在平衡温度 T_2 时的最概然速率与它在平衡温度 T_1 时的方均根速率

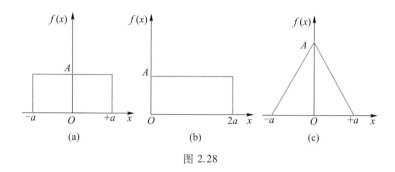

图 2.28

相等, 求 $\dfrac{T_2}{T_1}$. (2) 已知这种气体的压强为 p、密度为 ρ, 试导出其方均根速率的表达式.

△**2.3.6**　试将麦克斯韦速率分布化为按平动动能的分布, 并求出最概然动能. 它是否等于 $\dfrac{1}{2}mv_p^2$? 为什么?

△**2.3.7**　已知温度为 T 的混合理想气体由分子质量为 m_1、物质的量为 ν_1 的分子及由分子质量为 m_2、物质的量为 ν_2 的分子所组成. 试求: (1) 它们的速率分布; (2) 平均速率.

2.3.8　证明在麦克斯韦速率分布中, 速率在最概然速率到与最概然速率相差某一小量的速率之间的分子数与 $\sqrt{T}$ 成反比, 处于平均速率附近某一速率小区间内的分子数也与 $\sqrt{T}$ 成反比.

2.4.1　因为固体的原子和气体分子之间有力的作用, 所以在真空系统中的固体表面上会形成厚度为一个分子直径的那样一个单分子层, 设这层分子仍可十分自由地在固体表面上滑动, 这些分子十分近似地形成二维理想气体. 如果这些分子是单原子分子, 吸附层的温度为 T, 试给出表示分子处于速率为 v 到 $v+\mathrm{d}v$ 范围内的概率 $f(v)\mathrm{d}v$ 表达式.

2.4.2　分子质量为 m 的气体在温度 T 处于热平衡. 若以 v_x、v_y、v_z 及 v 分别表示分子速度的 x、y、z 三个分量及其速率, 试求下述平均值: (1) $\overline{v_x}$; (2) $\overline{v_x^2}$; (3) $\overline{v_x v^2}$; (4) $\overline{v_x^2 v_y}$; (5) $\overline{(v_x+bv_y)^2}$.

2.4.3　证明: 教材中相对于 u 的麦克斯韦速率分布函数 (2.35) 式.

$$\frac{\mathrm{d}N_u}{N} = \frac{4}{\sqrt{\pi}} \cdot \exp(-u^2) \cdot u^2 \mathrm{d}u$$

2.4.4　设气体分子的总数为 N, 试证明速度的 x 分量大于某一给定值 v_x 的分子数为

$$\Delta N(v_x \sim +\infty) = \frac{N}{2}[1 - \mathrm{erf}(u_x)]$$

其中
$$u_x = \frac{v_x}{v_p}$$

2.4.5　求麦克斯韦速度分布中速度分量 v_x 大于 $2v_p$ 的分子数占总分子数的比率.

2.4.6　若气体分子的总数为 N, 求速率大于某一给定值 v 的分子数, 设 (1) $v=v_p$; (2) $v=2v_p$.

△**2.5.1**　一容积为 1 L 的容器, 盛有温度为 300 K, 压强为 3.0×10^4 N·m^{-2} 的氩气, 氩的摩尔质量为 0.040 kg, 若器壁上有一面积为 1.0×10^{-3} cm^2 的小孔, 氩气将通过小孔从容器内逸出, 经过多长时间容器里的原子数减少为原有原子数的 $\dfrac{1}{e}$?

2.5.2　一容器被一隔板分成两部分, 其中气体的压强分别为 p_1、p_2, 两部分气体的温度均为 T, 摩尔质量均为 M. 试证明: 如果隔板上有一面积为 A 的小孔, 则每秒通过小孔的气体质

量为

$$\frac{\mathrm{d}m}{\mathrm{d}t} = \sqrt{\frac{M}{2\pi RT}}(p_1 - p_2)A$$

2.5.3　处于低温下的真空容器器壁可吸附气体分子,这叫做"低温泵",它是提高真空度的一种简便方法.考虑一半径为 0.1 m 的球形容器,器壁上有一面积为 $1\ \mathrm{cm}^2$ 的区域被冷却到液氮温度(77 K),其余部分及整个容器均保持 300 K.初始时刻容器中的水蒸气压强为 1.33 Pa,设每个水分子碰到这一小区域上均能被吸附或被凝结在上面,试问要使容器的压强减小为 1.33×10^{-4} Pa,需多少时间?

2.5.4　有人曾用泻流法测量石墨的蒸气压.他们测得在 2 603 K 的温度下有 $0.648\times10^{-3}\mathrm{kg}$ 的碳在 3.5 h 内通过 3.25 mm^2 的小孔.假定碳的蒸气分子是单原子的,试估计石墨在 2 603 K时的蒸气压强.

2.5.5　若使氢分子和氧子的 v_{rms} 等于它们在地球表面上的逃逸速率,各需多高的温度?若使氢分子和氧分子的 v_{rms} 等于月球表面上的逃逸速率,各需多高的温度?已知地球半径为 6 400 km,月球半径是地球半径的 0.27 倍,月球的重力加速度是地球的 0.165 倍.

△**2.5.6**　气体的温度为 $T=273$ K,压强 $p=1.01\times10^2$ N·m^{-2},密度 $\rho=1.24\times10^{-3}$ kg·m^{-3},试求:(1) 气体的摩尔质量,并确定它是什么气体.(2) 气体分子的方均根速率.

2.5.7　当液体与其饱和蒸气共存时,气化率与凝结率相等.设所有碰到液面上的蒸气分子都能凝结为液体,并假定当把液面上的蒸气迅速抽去时,液体的气化率与存在饱和蒸气时的气化率相同.已知水银在 0 ℃时的饱和蒸气压为 0.024 6 N·m^{-2},问每秒通过每平方厘米液面有多少千克水银向真空中气化.

△**2.5.8**　一带有小孔(小孔面积为 A)的固定隔板把容器分为体积均为 V 的两部分.开始时,左方装有温度为 T_0、压强为 p_0 的单原子分子理想气体,右方为真空.由于孔很小,因而虽然板两边分子数随时间变化,但仍可假定任一时刻近似为平衡态.又整个容器被温度为 T_0 的热源包围.试求:(1)在 t 到 $t+\mathrm{d}t$ 时间内从左方穿过小孔到达右方的分子数;(2)左方压强的具体表达式(它是时间的函数);(3)最后达到平衡时气体与热源一共交换了多少热量?

△**2.5.9**　容器中某一器壁面是由很多能穿透分子的小孔的膜构成.容器内的气体可穿过小孔逸出到容器外面的、始终维持高真空的大容器中.已知容器内充满温度为室温、压强为 p_0 的氦气,则一小时后容器内压强将降为 $\dfrac{p_0}{2}$.若容器内装的是压强为 p_0 的氦气与氖气所组成的混合理想气体,且氦气与氖气的百分比相等,试问经一小时后氦气、氖气的分子数密度之比 $\dfrac{n_{\mathrm{He}}}{n_{\mathrm{Ne}}}$ 是多少? 试以氦气与氖气的摩尔质量之比 $\dfrac{M_{\mathrm{He}}}{M_{\mathrm{Ne}}}$ 表示.试问为什么要先用纯氦气测一下容器中压强降低一半所需的时间?

△**2.5.10**　试证分子束中的气体分子的平均速率及方均根速率分别为

$$\overline{v_{\bar{\mathrm{x}}}} = \sqrt{\frac{9\pi kT}{8m}}\ ;\ \sqrt{\overline{v_{\bar{\mathrm{x}}}^2}} = \sqrt{\frac{4kT}{m}}$$

△**2.5.11**　从一容器壁的狭缝射出一分子束,(1)试求该分子束中分子的最概然速率 v_{p} 和最概然能量 ε_{p}.并问:(2)求得的 v_{p} 和 ε_{p} 与容器内的 v_{p} 和 ε_{p} 是否相同,为什么? (3)ε_{p} 是否等于 $\dfrac{mv_{\mathrm{p}}^2}{2}$,为什么?

△**2.5.12**　暴露在分子质量为 m、分子数密度为 n、温度为 T 的理想气体中的干净的固体表面以某一速率吸收气体分子[其单位为分子数/(s·m^2)].若固体对撞击到表面上的、其速度法向分量小于 v_r 的分子的吸收概率为零,而对大于 v_r 的分子的吸收概率为 1,试求吸收速

率(单位时间内在单位面积表面上吸收的分子数)的表达式.

△**2.6.1**　试证若认为地球大气是温度为 0 ℃ 的等温大气,则把所有大气分子压缩为一层环绕地球表面的、温度为 0 ℃ 的、压强为一个大气压的均匀气体球壳,这层球壳厚度就是大气标高.

2.6.2　试估计质量为 10^{-9} kg 的砂粒能像地球大气一样分布的等温大气温度的数量级.

△**2.6.3**　若认为大气为温度 273 K 的等温大气,试估计地球大气的总分子数及总质量.

△**2.6.4**　试估计大气中水汽的总质量的数量级.可认为大气中水汽全部集中于紧靠地面的对流层中,对流层平均厚度为 10 km,对流层中水汽平均分压为 665 Pa.

2.6.5　已知超速离心机以 ω 角速度转动,胶体密度为 ρ,溶剂密度 ρ_0,测得与离心机的轴相距为 r_2 及 r_1 处质点浓度之比为 α,试问胶体分子的摩尔质量 M 是多少?

2.6.6　拉萨海拔约 3 600 m,设大气温度 300 K,处处相等.(1)当海平面上气压为 1.01×10^5 Pa时,拉萨的气压是多少? (2)某人在海平面上每分钟呼吸 17 次,他在拉萨应呼吸多少次才能吸入相同质量的空气.

2.6.7　若把太阳大气层看作温度为 $T_日 = 5\ 500$ K 的等温大气,其重力加速度 $g_日 = 2.7 \times 10^2$ m·s^{-2} 可视为常量,太阳粒子平均摩尔质量 $M_日 = 1.5 \times 10^{-3}$ kg,试问太阳大气标高是多少?

2.6.8　在等温大气模式中,设气温为 5 ℃,同时测得海平面的大气压和山顶的气压分别为 1.01×10^5 Pa 和 0.78×10^5 Pa,试问山顶海拔是多少?

2.6.9　已知温度为 T 的理想气体在重力场中处于平衡状态时的分布函数为

$$A\left(\frac{m}{2\pi kT}\right)^{3/2} \cdot \exp\left(-\frac{mv^2}{2kT} - \frac{mgz}{kT}\right) \cdot \mathrm{d}v_x \mathrm{d}v_y \mathrm{d}v_z \cdot \mathrm{d}x \mathrm{d}y \mathrm{d}z$$

其中 z 为由地面算起的高度.(1)试求出系数 A.(2)试写出一个分子其 x、y 坐标可任意取,z 坐标处于 $z \sim z+\mathrm{d}z$,其速度处于 $v_x \sim v_x+\mathrm{d}v_x$、$v_y \sim v_y+\mathrm{d}v_y$、$v_z \sim v_z+\mathrm{d}v_z$ 间的概率.(3)试写出一个分子其 x、y、z 坐标及 v_y、v_z 均可任取,但 v_x 处于 $v_x \sim v_x+\mathrm{d}v_x$ 间的概率.(4)一个分子的 v_x、v_y、v_z 及 x、y 坐标均可任取,其高度处于 $z \sim z+\mathrm{d}z$ 间的概率是多少?

△**2.6.10**　在高层大气中的重力加速度是大气高度 h 的函数.设地球表面大气压强为 p_0,大气层的温度为 T 且处处相等,地球半径为 R_E,试求在 h 高度处的大气压强 $p(h)$.

2.7.1　求常温下质量 $m_1 = 3.00$ g 的水蒸气与 $m_2 = 3.00$ g 的氢气组成的混合理想气体的摩尔定容热容.

2.7.2　某种气体分子由四个原子组成,它们分别处在四面体的四个顶点上.(1)求这种分子的平动自由度数、转动自由度数和振动自由度数;(2)根据能量均分定理求这种气体的摩尔定容热容.

2.7.3　一粒小到肉眼恰好可见,质量约为 10^{-11} kg 的灰尘微粒落入一杯冰水中.由于表面张力而浮在液体表面作二维自由运动,试问它的方均根速率是多大?

2.7.4　有一种生活在海洋中的单细胞浮游生物,它完全依赖热运动能量的推动在海水中浮游,以便经常与新鲜的食物相接触.已知海水的温度为 27 ℃,这种生物的质量为 10^{-13} kg,试问它的方均根速率是多大? 在一天中它浮游的平均总路程是多大?

2.7.5　27 ℃ 观察到直径 1×10^{-6} m 的烟尘微粒的方均根速率为 4.5×10^{-3} m·s^{-1},试估计烟尘密度.

第二章习题答案

第三章

输运现象与分子动理学理论的非平衡态理论

在第二章中已利用分子动理学理论讨论了处于平衡态的理想气体的微观过程,本章将讨论非平衡态气体的微观过程,特别是那些在接近平衡时的非平衡态过程.分子动理学理论的"最终及最高目标是描述气体由非平衡态转入平衡态的过程"(见§2.1).而这些近平衡的非平衡过程中最为典型的例子是气体的黏性、扩散现象和热传导现象.这三种过程分别对应于§2.1中所列出的(2)、(3)、(4),它们都称为输运现象.实际上热量传递并不限于热传导一种形式,还可借助于对流传热和辐射传热.为了对微观过程了解更深刻,首先应该对这些输运现象的宏观规律做比较系统的介绍,此即§3.1—§3.4;然后利用分子动理学理论做微观分析,这就是§3.5—§3.8.辐射传热是在科学技术和生产,生活中经常会遇到的重要现象,但是它需要有近代物理的准备知识,而在近代物理课程中不会涉及,在热学课程中一般没有时间讲解,所以在选读材料 3.3 中介绍辐射传热.防止温室效应进一步发展,控制二氧化碳的排放是当前全球迫切需要解决的重大问题之一,但是温室效应产生的机制是比较复杂的,所以除了在选 3.3.4 中介绍温室减少辐射传热知识之外,还要在选读材料 3.4 中专门介绍温室效应.配合对流传热,在选读材料 3.5 和选读材料 3.6 中分别介绍了大气环流和太阳能热水器.另外在选读材料 3.1 中介绍了量纲分析法,在选读材料3.2中介绍了分子动理论应用到化学和生物学中的实例——化学反应动力学 催化剂与酶.在§3.1.4 中介绍了为什么云悬挂在空中而不下落,考虑到雾霾天气是困惑我国广大居民的重大环境污染问题,霾与雾是密不可分的,在选读材料 3.7 中介绍了雾霾天气.

§3.1 黏性现象的宏观规律

§3.1.1 牛顿黏性定律 层流 ※湍流与混沌

一、层流

流体在河道、沟槽及管道内的流动情况相当复杂,它不仅与流速有关,还与管道、沟槽的形状及表面情况有关,也与流体本身性质及它的温度、压强等因素有关.若流体在平直圆管内流动,当流速较小时,流体做分层平行流动,流体质点的轨迹(一般说它随空间坐标 x、y、z 和时间 t 而变)是有规则的光滑曲线(最简单的情形是直线).在流动过程中,相邻质点的轨迹线彼此仅稍有差别,流体不同质点的轨迹线不相互混杂,这样的流动称为层流.

层流是发生在流速较小,更确切些说是发生在雷诺数[见选读材料 3.1 中的(3.93)式]较小时的流体流动中,例如,对于直圆管,当雷诺数超过 2 300 左右时,流体流动将变为湍流.

※ 二、湍流

湍流是局部速度、压力等力学量在时间和空间中发生不规则脉动的流体流动,又称为紊流.湍流是在大雷诺数下发生的.其流体微团的轨迹极其紊乱,随时间变化很快,这时若不用统计方法引入某些物理量的平均值,就难于描述流体的流动,所以研究湍流必须采用统计力学或统计平均的方法.图 3.1 中的(a)、(b)分别表示了在水流中的层流与湍流的情况.(c)图表示了一支香烟的烟雾.烟雾中的下段(竖直流动部分)是层流.上段为湍流,这时烟雾发生随机的转折.而层流能保持多长的流程则与受到外界扰动情况有关,因而具有极大的随机性,一般只能存在很短的距离.这一现象很易用湍流的性质予以解释.

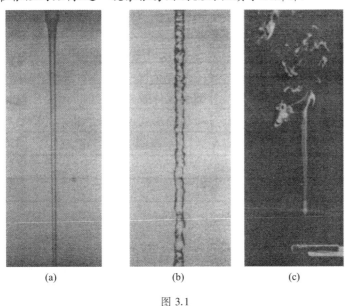

(a)　　　　　(b)　　　　　(c)

图 3.1

湍流中最重要的现象是由这种随机运动引起的动量、热量和质量的传递,其传递速率比层流高好几个数量级.湍流利弊兼有.一方面它强化传递和反应过程,另一方面极大地增加摩擦阻力和能量损耗.鉴于湍流是自然界和各种技术过程中普遍存在的流体运动状态(例如,风和河中水流,飞行器和船舶表面附近的绕流,流体机械中流体的运动,燃烧室、反应器和换热器中工质的运动,污染物在大气和水体中的扩散等),因而研究、预测和控制湍流是认识自然现象、发展现代技术的重要课题之一.在选 1.3.3 中讲到高速列车为了尽量减少湍流所产生的流体阻力而做成流线型形状.在二维码视频"边界层"中就是研究者为了尽量减少飞

视频:边界层

机在飞行过程中产生的涡流(湍流中有许多涡流)而采取的一些措施,使贴近飞机表面的气流是层流而不是湍流,由此来减少空气的阻力.他们把这一层层流称为边界层.

※三、混沌

以前认为宏观规律是确定性的,不会像微观过程那样具有随机性,因而湍流是宏观随机性的一个特例.但是 20 世纪 70 年代,人们发现自然界中还有很多其他宏观随机性的例子.也就是说,在自然界中普遍存在一类在决定性的动力学系统中出现貌似随机性的宏观现象,人们称它为混沌.

动力学系统通常由微分方程等所描述,"决定性"指方程中的系数都是确定的,没有概率性的因素.从数学上说,对于确定的初始值,决定性的方程应该给出确定的解,从而描述系统的确定性行为.但是,在某些非线性系统中,这种过程会因为初始值极微小的扰动而产生很大的变化.也就是说,系统对初始值有极敏感的依赖性.即失之毫厘,差之千里.有人称为"蝴蝶效应".夸张一些说,在北京的某一蝴蝶拍一拍翅膀,可能会在华盛顿发生一场暴风雨.这说明这类现象对初始条件十分敏感.而这种对初始值依赖的敏感性,从物理上看,其过程的发生好像是十分随机的.但是这种"假随机性"与方程中有反映外界干扰的随机项或随机系数而引起的随机性不同,它是决定性系统内部所固有的,可以称为"内禀随机性".20 世纪七八十年代学术界掀起了混沌理论的热潮,波及整个自然科学.在媒体报道下,又将"混沌"一词传播到社会上.

应该强调,我们在前面 §1.6.1 中提到了分子混沌性,其实这个"混沌性"与这里所讲的"混沌"其含义完全不同.分子混沌性来源于 19 世纪 70 年代玻耳兹曼所提出的分子混沌性假设,这是一种针对微观现象作的假设.而混沌是指在决定性的动力学系统中出现的貌似随机性的宏观现象.它是一种对初始条件依赖十分明显的非线性现象.关于线性与非线性将在 §3.3.1 中介绍.

四、定常流动中的黏性现象

流体作层流时,通过任一平行于流速的截面两侧的相邻两层流体上作用有一对阻止它们相对"滑动"的切向作用力与反作用力,使流动较快的一层流体减速,流动较慢的一层流体加速,我们称这种力为黏性力,也称为内摩擦力.

设想在流体中有两块相距一定距离水平放置的其长度非常长的相同平行平板.其中一块静止,另一块在外力 F 作用下以恒定速度 u_0 做水平运动.由于运动平板的带动,附近的流体产生流动.又由于流速不大,达到稳态时流体将分成许多不同速度的水平薄层而作层流(见图 3.2).流体的最高层将黏附在运动平板上以速度 u_0 运动,它与次一层流体间发生相对运动.顶层流体受到黏性阻力,使次一层流体向前加速运动.这时次一层流体又与次下一层流体间发生相对运动,因而带动次下一层流体向前加速运动,次下一层流体又受到其下一层流体的阻力……最后,附着在静止平板上的最下一层流体也受到一向前的作用力,但这个力被静止平板对它的作用力所平衡.随着运动平板不断向前移动,最后总能达到一种稳定流动的状态,从这个位置开始,各层流体的流速不再随时间变化,这种流动称为**定常流动**,其流速随高度的分布$u(z)$如图 3.2 所示.对于每一层面积为 dA 的流体说来,由于流速不变,上一层流体对它作用的与运动方向相同的推力 dF 必等于下一层流体对它作用的与运动方向相反的阻力 dF',使每一层流体的 合力均为零.对于面积 dA 的相邻两流体层来说,作用在上一层流体上的阻力 dF' 必等于作用在下一层流体上的加速力 dF,这种力就称为黏性力.显然,平板 C 也 受到向左的外力 F',而 $F' = -F$.

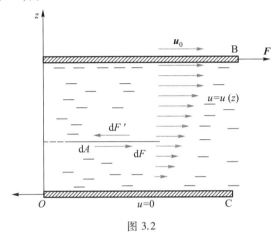

图 3.2

五、牛顿黏性定律

显然,在图 3.2 所示的定常流动中,每一层流体的截面积相等,而且作用在 每一层流体上的黏性力 F 或 F' 的数值均相等.实验又测出在这样的流体中的 流速 $u(z)$ 的速度梯度 $\dfrac{du}{dz}$ 是处处相等的,而且在切向面积相等时流体层所受到 的黏性力的大小是与流体流动的速度梯度的大小成正比的.考虑到相邻两层流 体中,相对速度较大的流体总是受到阻力,即速度较大一层流体受到的黏性力的 方向总与流动速度方向相反,故

$$F = -\eta \cdot \frac{du}{dz} \cdot A \qquad (3.1)$$

其比例系数 η 称为流体的**黏度**,它的单位是帕斯卡秒(Pa·s),$1\ \mathrm{Pa \cdot s} = 1\ \mathrm{N \cdot}$ $\mathrm{s \cdot m^{-2}} = 1\ \mathrm{kg \cdot m^{-1} \cdot s^{-1}}$.(3.1)式称为**牛顿黏性定律**.

显然,黏度与流体的流动性质直接有关.流动性好的流体其黏度相对小些. 例如,水比糖浆流动性好、煤油比汽油流动性好,因而水与煤油的黏度分别比糖 浆与汽油的黏度小.气体较液体易于流动,因而气体的黏度小于液体.此外,实验 也发现黏度与温度有关.气体的黏度随温度升高而增加,液体的黏度随温度升高 而减小.表 3.1 列出了各种流体的黏度.[①]

① 数据部分取 自参考文献 3.

表 3.1　各种流体的黏度

流体	t /℃	η /(mPa·s)	流体	t /℃	η /(mPa·s)	流体	t /℃	η /(mPa·s)
水	0	1.7	甘油	0	10 000	水汽	0	0.008 7
	20	1.0		20	1 410	CO_2	20	0.012 7
	40	0.51		60	81	H_2	20	0.008 9
血液	37	4.0	空气	0	0.017 1	N_2	0	0.016 7
机油 （SAE10）	30	200		20	0.018 2	O_2	0	0.019 9
蓖麻油	20	9 860		40	0.019 3	CH_4	0	0.010 3

六、切向动量流密度

若定义在单位时间内,相邻流体层之间所转移的沿流体层切向的定向动量为动量流 $\dfrac{dp}{dt}$,在单位横截面积上转移的动量流称为动量流密度 J_p(下角 p 表示输运的是动量),则

$$J_p = \frac{dp}{dt} \cdot \frac{1}{A}$$

因为黏性力

$$F = \frac{dp}{dt} = J_p \cdot A \tag{3.2}$$

将它代入(3.1)式可得

$$J_p = -\eta \frac{du}{dz} \tag{3.3}$$

式中负号表示定向动量总是沿流速变小的方向输运的.

[例 3.1]　旋转黏度计是为测定气体的黏度而设计的仪器,其结构如图 3.3 所示.扭丝悬吊了一只外径为 R、长为 L 的内圆筒,筒外同心套上一只长亦为 L、内径为 $R+\delta$ 的外圆筒($\delta \ll R$),内、外筒间的隔层内装有被测气体.使外筒以恒定角速度 ω 旋转,这时内筒所受到的气体黏性力产生的力矩被扭丝的扭转力矩 G 所平衡.G 可由装在扭丝上的反光镜 M 的偏转角度测定.试导出被测气体的黏度表达式.

[解]　因内筒静止,外筒以 $u = \omega R$ 的线速度运动,夹层中的流体有 $\dfrac{\omega R}{\delta}$ 的速度梯度(因 $\delta \ll R$,可认为夹层内的速度梯度处处相等),气体将对内圆筒表面施予黏性力,按照牛顿黏性定律黏性力对扭丝作用的合力矩为

$$G = 2\pi RL \cdot \eta \cdot \frac{\omega R}{\delta} \cdot R = \frac{2\pi R^3 L \omega \eta}{\delta}$$

故气体的黏度为

$$\eta = \frac{G\delta}{2\pi R^3 L \omega}$$

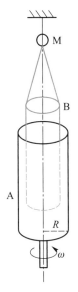

图 3.3 旋转黏度计

※**七、非牛顿流体**

人们日常接触的流体中还有一些不遵从牛顿黏性定律的流体,人们称它为非牛顿流体.它分为三类:(1)其速度梯度与互相垂直的黏性力间不呈线性函数关系,如泥浆、橡胶、血液等;(2)其黏度会随时间而变或与流体此前的历史过程有关(这都称为时效),如油漆等凝胶物质;(3)对形变具有部分弹性恢复作用,如沥青等黏弹性物质.

八、气体黏性微观机理

我们知道,单位时间内的动量改变就是力.若流动较快的一层流体在单位时间内失去一定的定向运动动量,则它就受到一定的减速力;相反,流动较慢的一层流体在单位时间内从流动较快的流体中得到了那份失去的定向动量,它就被作用一数值相等的加速力.实验证实,常压下气体的黏性就是由这种流速不同的流体层之间的定向动量的迁移产生的.由于气体分子无规则的(平动)热运动,在相邻流体层间交换分子对的同时,交换了相邻流体层的定向运动动量,结果使流动较快的一层流体净失去了定向动量,流动较慢的一层流体净得到了定向动量,黏性力由此而产生.对此我们可作如下的类比:假定有两列平板列车沿着两条平行的铁轨匀速同向行驶,其中一列列车的速度较另一列列车快,每一列列车上均站有一排相等数量的人,他们在两列列车间相互掷质量相同的沙袋.因为任何一个沙袋被掷上另一列列车后,它的速度随即变为该列列车所行驶的速度,因而在两列车之间产生动量的迁移,致使较慢的列车受到加速力,较快的列车受到减速力.黏性力就相当于这样的一对作用力与反作用力.

以上讨论的仅是常压下的气体.对于压强非常低的气体(称为克努森气体),其黏性的机理与此不同,这将在§3.8.2中讨论.至于液体黏性的微观机理,它与气体黏性不同,这将在§6.2.2中予以讨论.

□ **§3.1.2 泊肃叶定律·**※**管道流阻**

一、泊肃叶定律

从动力学观点看来,要使管内流体做匀速运动,必须有外力来抵消黏性力,这个外力就是来自管子两端的压强差 Δp.现以长为 L,半径为 r 的水平直圆管为例来讨论不可压缩黏性流体(其黏度为 η)的流动,并把单位时间内流过管道截面上的流体体积 $\dfrac{\mathrm{d}V}{\mathrm{d}t}$ 称为体积流率[也称为(体积)流量].泊肃叶定律指出,对于水平直圆管有如下关系:

$$\frac{\mathrm{d}V}{\mathrm{d}t} = \frac{\pi r^4 \Delta p}{8\eta L} \tag{3.4}$$

这是法国生理学家泊肃叶(Poiseuille,1799—1869)于1841年在研究血液在动脉和静脉中的流动时所得到的重要公式.从泊肃叶定律可以看出,流体流过管道时会产生压强降,这是克服流体的黏性力所必需的来自外界的推动力.压强降不仅与管道长度和管径有关,也与流体的体积流率有关.流量越大,压降也越大.因为流量大时流速大,因而流体中速度梯度大,黏性力也大,所以压降大.(3.4)式的证明可利用动力学方法,也可借助量纲分析法.

*下面利用量纲分析法(其简单介绍详见选读材料 3.1)导出该式.经过简单的物理分析即可知,在定常流动中的体积流率 $\dfrac{\mathrm{d}V}{\mathrm{d}t}$ 仅与管道半径 r、黏度 η、管道中的压强梯度 $\dfrac{\Delta p}{L}$ 有关.若分别以 L、T、M 表示长度、时间、质量的量纲,上述各物理量的量纲可分别表示为:

$$\dim \frac{\mathrm{d}V}{\mathrm{d}t} = \mathrm{L}^3 \cdot \mathrm{T}^{-1}, \qquad \dim \frac{\Delta p}{L} = \mathrm{M} \cdot \mathrm{T}^{-2} \cdot \mathrm{L}^{-2}$$
$$\dim r = \mathrm{L}, \qquad \dim \eta = \mathrm{M} \cdot \mathrm{T}^{-1} \cdot \mathrm{L}^{-1}$$

设

$$\frac{\mathrm{d}V}{\mathrm{d}t} \propto r^\alpha \eta^\beta \left(\frac{\Delta p}{L} \right)^\gamma \tag{3.5}$$

其中 α, β, γ 为待定常数,将上述各物理量的量纲代入(3.5)式,得

$$\mathrm{L}^3 \mathrm{T}^{-1} = \mathrm{L}^\alpha \mathrm{M}^\beta \mathrm{T}^{-\beta} \mathrm{L}^{-\beta} \mathrm{M}^\gamma \mathrm{T}^{-2\gamma} \mathrm{L}^{-2\gamma}$$

等式两边各量纲上的指数都应相等,则有

$$\begin{cases} 3 = \alpha - \beta - 2\gamma & \text{对于 L} \\ -1 = -\beta - 2\gamma & \text{对于 T} \\ \beta + \gamma = 0 & \text{对于 M} \end{cases}$$

从三个恒等式可解出 $\alpha = 4, \beta = -1, \gamma = 1$,故

$$\frac{\mathrm{d}V}{\mathrm{d}t} \propto r^4 \eta^{-1} \frac{\Delta p}{L}$$

设比例系数为 κ,则

$$\frac{\mathrm{d}V}{\mathrm{d}t} = \kappa r^4 \eta^{-1} \frac{\Delta p}{L}$$

用力学分析方法可得到 $\kappa = \dfrac{\pi}{8}$,因而泊肃叶定律可表示为

$$\frac{\mathrm{d}V}{\mathrm{d}t} = \frac{\pi r^4 \Delta p}{8 \eta L} \tag{3.6}$$

应该注意到,(3.6)式仅适用于水平直圆管,且流体流量不大,流体在管内的流动呈层流的情况,若流体流量变大,因而出现湍流流动时,(3.6)式已不适用.最后需说明,这里是用不太严格的量纲分析法导出泊肃叶定律的,严格的证明要用力学分析方法.

※ **二、管道流阻**

若在(3.6)式中令 $\dfrac{\mathrm{d}V}{\mathrm{d}t} = \dot{V}$ 称为体积流量,令流阻

$$R_{\mathrm{F}} = \frac{8\eta L}{\pi r^4} \tag{3.7}$$

则(3.6)式可表示为

$$\frac{\mathrm{d}V}{\mathrm{d}t} = \frac{\Delta p}{R_{\mathrm{F}}} \tag{3.8}$$

(3.8)式的物理意义是:在流阻一定时,单位时间内的体积流量 $\dot{V}$ 与管子两端压强差 Δp 成正比.这与电流的欧姆定律十分类似,而(3.7)式与电阻定律十分类似.所不同的是流阻与管径的四次方成反比.半径的微小变化会对流阻产生更大的影响.由(3.7)式可见黏度 η 与电阻率相对应,所以 η 是决定流体流动性质的重要特征量.实际上(3.8)式也可应用于水平圆弯管等情况,不过这时已不能利用(3.7)式计算流阻.与电阻的串并联相类似,如果流体连续通过几个水平管,则总的流阻等于各管流阻之和,即

$$R_{F总} = R_{F1} + R_{F2} + \cdots + R_{Fn}$$

当几个水平管并联时,流体的总流阻和各支管流阻间有如下关系:

$$\frac{1}{R_{F总}} = \frac{1}{R_{F1}} + \frac{1}{R_{F2}} + \cdots + \frac{1}{R_{Fn}}$$

[例 3.2]　成年人主动脉的半径约为 $r = 1.3 \times 10^{-2}$ m,试求在一段 0.2 m 长的主动脉中的血压降 Δp.设血流量 $\dot{V} = 1.00 \times 10^{-4}$ m$^3 \cdot$ s^{-1},血液黏度 $\eta = 4.0 \times 10^{-3}$ Pa $\cdot$ s.

[解]

$$R_F = \frac{8\eta L}{\pi r^4} = 7.14 \times 10^4 \text{ Pa} \cdot \text{s} \cdot \text{m}^3$$

$$\Delta p = R_F \cdot \dot{V} = 7.14 \text{ Pa}$$

这一结果说明通常情况下在人体的主动脉中血液的压强降落是微不足道的.但是,当病人患有动脉粥样硬化后,动脉通径显著减小,由于压降 Δp 与 r^4 成反比,因而流经动脉的压降将明显增加.在动脉流阻增加后,为了保证血液的正常流动就必须加强心脏对血液的压缩,在临床上的反映就是血压的升高.心脏由于长期超负荷运转致使心脏发生病变,如心脏扩大、心律失常等,这就是心血管病的一种表现.关于人体内血管中血液流动情况的介绍请见二维码视频"血液的流动".

视频:血液的流动

　§3.1.3　斯托克斯定律 · [※] 为什么云悬挂在空中不下落?

一、斯托克斯定律

当物体在黏性流体中运动时,物体表面黏附着一层流体,这一流体层与相邻的流体层之间存在黏性力,故物体在运动过程中必须克服这一阻力 F.若物体是球形的,而且流体的雷诺数小于1,可以证明[其证明见选读材料 3.1 之(3.94)式]球体所受阻力

$$F = 6\pi\eta vR \tag{3.9}$$

其中 R 是球的半径,v 是球相对于静止流体的速度,η 是流体的黏度.(3.9)式是斯托克斯(Stokes,1819—1903)于 1851 年得到的,称为斯托克斯公式.黏性流体的运动方程最早由纳维(Navire)提出.后来,斯托克斯于 1845 年进一步完善了它,并最后证明了(3.9)式.

[※] 从(3.9)式看到,由斯托克斯定律表示的小球受到的黏性阻力是和小球的速度的 1 次方成正比的.但是斯托克斯定律仅适用于其雷诺数 $Re = \dfrac{\rho vr}{\eta}$ 比 1 小得多(见选读材料 3.1)的情况.当雷诺数比 1 大时,例如 $Re = 10^3 \sim 10^5$ 时,发现其阻

力 F 和黏度无关,并且和小球运动的速度的 2 次方,即 v^2 成正比,具体说来 $F = 0.2\pi\rho R^2 v^2$,此即"选读材料 3.1 量纲分析法简介"中的 (3.95) 式,这时小球受到的阻力明显增加.假如小球速度进一步增加,其阻力的表达式中将出现速度的 3 次方甚至 4 次方项目.由此可见,要使得汽车,火车得到高速度并不容易,至于飞机则更难.

※ 二、云、雾的形成·为什么云悬挂在空中不下落?

斯托克斯定律在云雾的形成中起了重要的作用.我们知道云雾是由微小的水滴组成.雨滴同样是水滴,为什么雨滴会从天空下落到地上,而云雾却可悬浮在空中? 实际上,云、雾中的小水滴和雨滴中的小水滴的行为不同,是因为其水滴的半径的数量级不同.为了解决这一问题,我们可以来估计一下它们的数量级.

首先讨论云、雾中的小水滴,它的半径的数量级大约为 $r_1 = 10^{-6}$ m.假定斯托克斯公式能够适用于这样的小水滴在重力的作用下的下落情况,那么它们从静止开始加速,随了速度的增加,黏性阻力增加,当小水滴的重力等于黏性阻力时,这时小水滴的速度称为终极速度,以 $v_{max,1}$ 表示,则

$$\frac{4}{3}\pi r^3 \rho_水 g = 6\pi r v_{max,1} \eta$$

其中 $\rho_水$ 为水的密度,η 为空气的黏度.由此得到

$$v_{max,1} = \frac{2\rho_水 g r^2}{9\eta}$$

将表 3.1 中 20 ℃ 时空气的黏度 $\eta = 18.2 \times 10^{-8}$ Pa·s 以及 $\rho_水$、g 的数值代入,可以得到 $v_{max,1} \sim 10^{-4}$ m·s^{-1}.然后将这一数值代入到雷诺数 $Re = \frac{\rho v r}{\eta}$ 中,计算出雷诺数明显小于 1,它满足斯托克斯公式适用条件,说明终极速度 $v_{max,1} \sim 10^{-4}$ m·s^{-1} 的数据是可以相信的.我们发现 $v_{max,1} \sim 10^{-4}$ m·s^{-1} 是如此之小,每秒才下降 0.1 mm,人的眼睛无法发现小水滴的下落,小水滴这样缓慢的运动会被气体的流动所完全掩盖,所以它们能够悬浮在空中,这就是云、雾.

假如小水滴的大小为 $r_2 = 10^{-3}$ m,同样假定斯托克斯公式能够适用于这样的小水滴在重力的作用下的下落,利用表示终极速度的上式计算,得到 $v_{max,2} \sim 10^2$ m·s^{-1},代入到 $Re = \frac{\rho v r}{\eta}$ 中计算得的雷诺数明显大于 1,说明小水滴半径为 $r_2 = 10^{-3}$ m 时,斯托克斯公式不能使用.现在假定 $F = 0.2\pi\rho R^2 v^2$ 公式能够适用于它,设雨滴从静止下落达到的小球终极速度为 $v_{max,3}$,则

$$\frac{4}{3}\pi r^3 \rho_水 g = 0.2\pi\rho r^2 v_{max,3}^2$$

由此计算得到 $v_{max,3} \sim 2$ m·s^{-1}.将它代入到雷诺数公式中,得到雷诺数大约为 240,和 $F = 0.2\pi\rho R^2 v^2$ 式适用条件为 $Re = 10^3 \sim 10^5$ 相差不多,说明该式能够近似适用,$v_{max,3} \sim 2$ m·s^{-1} 的结果还是比较可信的.我们看到,$v_{max,3} \sim 2$ m·s^{-1} 将使得雨滴下落到地面,这样就形成雨.

从以上的分析可以看到,云、雾中的小水滴和雨滴中的小水滴的行为不同,来源于水滴的半径的数量级的不同,因而它们受到黏性阻力适用的公式也不同,所以数量级估计是十分重要的.

§3.2 扩散现象的宏观规律

§3.2.1 菲克定律·*自扩散与互扩散

当物质中粒子数密度不均匀时,由于分子的热运动使粒子从数密度高的地方迁移到数密度低的地方的现象称为扩散.考虑一个在气体中扩散的例子:把一容器用隔板分隔为两部分,其中分别装有两种不会产生化学反应的气体 A 和 B.两部分气体的温度、压强均相等,因而气体分子数密度也相等.若把隔板抽除,经过足够长时间后,两种气体都将均匀分布在整个容器中.其形象化的描述请见二维码动画互扩散.

动画:互扩散

*一、自扩散与互扩散

实际的扩散过程都是较为复杂的,它常和多种因素有关.即使在上面所举的简单的例子中,所发生的也是 A 和 B 气体间的互扩散.互扩散是发生在混合气体中,由于各成分的气体空间分布不均匀,各种组成分子均要从高密度区向低密度区迁移的现象.由于发生互扩散的各种气体分子的大小、形状不同,它们的扩散速率也各不同,所以互扩散仍是较复杂的过程.为了讨论简化,我们考虑自扩散.自扩散是互扩散的一种特例.这是一种使发生互扩散的两种气体分子的差异尽量变小,使它们相互扩散的速率趋于相等的互扩散过程.较为典型的自扩散例子是同位素之间的互扩散.因为同位素原子仅有核质量的差异,核外电子分布及原子的大小均可认为相同,因而扩散速率几乎是一样的.例如若在 CO_2 气体(其中碳为 ^{12}C)中含有少量的碳为 ^{14}C 的 CO_2,就可研究后者在前者中由于浓度不同所产生的扩散.具有放射性的 ^{14}C 浓度可利用 β 衰变仪检测出.

二、菲克定律

1855 年法国生理学家菲克(Fick,1829—1901)提出了描述扩散规律的基本公式——菲克定律.菲克定律认为在一维(如 z 方向)扩散的粒子流密度(即单位时间内在单位截面上扩散的粒子数)J_N 与粒子数密度梯度 $\dfrac{dn}{dz}$ 成正比,即

$$J_N = -D \frac{dn}{dz} \tag{3.10}$$

其中 J_N 中的下角 N 表示输运的是粒子数.式中的比例系数 D 称为扩散系数,其单位为 $m^2 \cdot s^{-1}$.式中负号表示粒子向粒子数密度减少的方向扩散.若在与扩散方向垂直的流体截面上的 J_N 处处相等,则在(3.10)式两边各乘以流体的截面

积及扩散分子的质量,即可得到单位时间内气体扩散的总质量 $\dfrac{\mathrm{d}m}{\mathrm{d}t}$ 与密度梯度 $\dfrac{\mathrm{d}\rho}{\mathrm{d}z}$ 之间的关系

$$\frac{\mathrm{d}m}{\mathrm{d}t} = - D\,\frac{\mathrm{d}\rho}{\mathrm{d}z} \cdot A \tag{3.11}$$

※菲克定律也可用于互扩散,其互扩散公式表示为

$$\frac{\mathrm{d}m}{\mathrm{d}t} = - D_{12}\,\frac{\mathrm{d}\rho_1}{\mathrm{d}z} \cdot A \tag{3.12}$$

其中 D_{12} 为"1"分子在"2"分子中做一维互扩散时的互扩散系数,$\mathrm{d}m_1$ 为 $\mathrm{d}t$ 时间内输运的"1"质量数,ρ_1 为"1"的密度.表3.2列出了一些气体的自扩散系数与互扩散系数.扩散系数的大小表征了扩散过程的快慢.对常温常压下的大多数气体,其值为 $10^{-4} \sim 10^{-5}\ \mathrm{m^2 \cdot s^{-1}}$;对低黏度液体约为 $10^{-8} \sim 10^{-9}\ \mathrm{m^2 \cdot s^{-1}}$;对固体则为 $10^{-9} \sim 10^{-15}\ \mathrm{m^2 \cdot s^{-1}}$.必须指出,上面所述的气体均是指其压强不是太低时的气体,至于在压强很低时的气体的扩散与常压下气体的扩散完全不同,而称为克努森扩散,或称为分子扩散.气体透过小孔的泻流就属于分子扩散,详见§3.8.2.

① 该表选自参考文献19的847页表3.

表 3.2　气体的扩散系数(标准大气压、常温)[1]

气　　体	自扩散 $D/(10^{-4}\ \mathrm{m^2 \cdot s^{-1}})$	气　　体	互扩散 $D_{12}/(10^{-4}\ \mathrm{m^2 \cdot s^{-1}})$
H_2	1.28	$H_2 - O_2$	0.679
O_2	0.189	$H_2 - N_2$	0.793
CO	0.175	$H_2 - CO_2$	0.538
CO_2	0.104	$O_2 - N_2$	0.174
Ar	0.158	$O_2 -$ 空气	0.178
N_2	0.200	空气 $- H_2O$	0.203
Ne	0.473	空气 $- CO_2$	0.138

[例3.3]　两个容器的体积都为 V,用长为 L、截面积为 A 很小($LA \ll V$)的水平管将两容器相联通.开始时左边容器中充有分压为 p_0 的一氧化碳和分压为 $p - p_0$ 的氮气所组成的混合气体,右边容器中装有压强为 p 的纯氮气.设一氧化碳向氮中扩散及氮向一氧化碳中扩散的扩散系数都是 D,试求出左边容器中一氧化碳分压随时间变化的函数关系.

[解]　设 n_1 和 n_2 分别为左、右两容器中一氧化碳的数密度,管道中一氧化碳的数密度梯度为 $\dfrac{n_1 - n_2}{L}$,从左边容器流向右边容器的一氧化碳粒子流率为

$$\frac{\mathrm{d}N_1}{\mathrm{d}t} = - D\,\frac{n_1 - n_2}{L} \cdot A$$

等式两边分别除以容器体积 V,因 $\dfrac{N_1}{V} = n_1$,故

$$\frac{\mathrm{d}n_1}{\mathrm{d}t} = - D\,\frac{n_1 - n_2}{VL} \cdot A$$

又因一氧化碳总粒子数守恒,即 $n_1 + n_2 = n_0$,或 $n_2 = n_0 - n_1$,$n_1 - n_2 = 2n_1 - n_0$,将它们代入上式可得

$$\frac{dn_1}{2n_1 - n_0} = -\frac{DA}{LV}dt$$

两边积分,考虑到在 $t = 0$ 时,$n_1(0) = n_0$,故

$$\ln\left[\frac{2n_1(t) - n_0}{n_0}\right] = -\frac{2DAt}{LV}$$

$$n_1(t) = \frac{1}{2}n_0\left[1 + \exp\left(-\frac{2DAt}{LV}\right)\right]$$

由于一氧化碳分压 $p_1 = n_1kT$,$p_0 = n_0kT$,故

$$p_1 = \frac{1}{2}p_0\left[1 + \exp\left(-\frac{2DAt}{LV}\right)\right]$$

式中包含一指数衰减项,可见当 $t \to \infty$ 时,$p_1 \to \frac{p_0}{2}$.

三、气体扩散的微观机理

与气体黏性相类似,扩散是在存在同种粒子的粒子数密度空间不均匀性的情况下,由于分子热运动所产生的宏观粒子迁移或质量迁移.应把扩散与流体由于空间压强不均匀所产生的流动区别开来.后者是由成团粒子整体定向运动所产生.而前者产生于分子杂乱无章的热运动,它们在交换粒子对的同时,交换了不同种类的粒子,致使这种粒子发生宏观迁移.以上讨论的都是气体的扩散机理,至于液体与固体,由于微观结构不同,其扩散机理也各不相同.

*四、树叶的水分散失

菲克定律不仅在物理学中,而且在化学,特别是在生物学中都有重要的应用.每一个生命系统都可分成许多组织,组织由细胞组成,细胞之间及细胞与外界之间都由细胞膜(有些还有细胞壁)分隔开,较高组织有循环、呼吸和消化等系统.这些系统常常是通过扩散来交换物质的,如在肺泡中氧转移到毛细血管中,毛细血管中 CO_2 进入肺泡,也是通过扩散来进行的,请见[例 3.4].下面介绍水如何从植物的叶向大气中散发的.图 3.4 为树叶的局部横断面.由图可见,在叶的中层有很多细胞,细胞间有相互联通的空气隙,空气隙通过位于叶背面的气孔与大气相通.细胞蒸发出的水汽通过气孔扩散到大气中.图中某气孔放大图形中的 ρ_1、ρ_2 分别为大气及叶内的水汽密度,L 为气孔厚度,箭号表示扩散方向.设水汽扩散系数 $D = 2.4 \times 10^{-5}$ $m^2 \cdot s^{-1}$,气孔截面积 $A = 8.0 \times 10^{-11}$ m^2,$L = 2.5 \times 10^{-5}$ m,$\rho_2 = 0.022$ $kg \cdot m^{-3}$,$\rho_1 = 0.011$ $kg \cdot m^{-3}$,由菲克定律知该气孔 1 h 内向外扩散的水汽质量

$$m = \frac{1}{L}DA(\rho_2 - \rho_1)t = 3.0 \times 10^{-9}\ kg$$

虽然 m 很小,但一片叶子气孔数可达 10^6,说明一片树叶 1 h 可散失 3 g 水,一棵大树有很多树叶,其散失水分相当可观.由此可见,绿化不仅可为人类提供充足氧气,也能使空气湿润,并调节气温(在烈日下,树叶将蒸发出更多水汽,吸收更多汽化热).

*§3.2.2 看作布朗粒子运动的扩散公式 $\overline{x^2} = 2Dt$

在 §3.2.1 中所研究的扩散是仅在一维(如 z 轴)方向上存在分子数密度梯度情况下的扩散.有很多扩散现象是在 x、y、z 三个方向上均存在分子数密度梯度的情况下发生的.我们经常

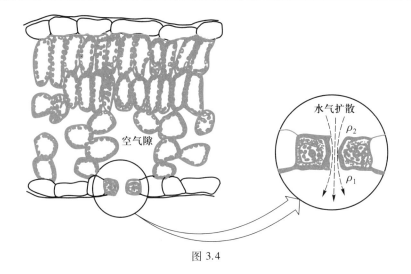

图 3.4

看到这样一种现象,若在空间某处积聚某种粒子,由于热运动,这些粒子要向周围分散开来,这就是可以看做布朗粒子无规则行走的扩散.布朗粒子与气体分子本无本质区别,其轨迹均是无规则的.无论是布朗粒子,还是与背景气体不同的另一种气体分子,只要知道它们在背景气体中的扩散系数,就可知道其扩散的快慢,现在我们以布朗粒子为例予以说明.若 $t=0$ 时刻在空间某处 O 点积聚了布朗粒子,现以某一布朗粒子作研究对象,则该粒子将等概率地向空间任何方向运动.现以 O 点为原点,某方向作为 x 方向,设经过 t 时间的位移在 x 方向上的投影为 $x(t)$,显然 $\overline{x(t)} \equiv 0$, $\overline{x^2(t)} \neq 0$.爱因斯坦最早于 1905 年证明了

$$\overline{x^2(t)} = 2Dt, \quad D = \frac{kT}{6\pi\eta r} \tag{3.13}$$

其中 η 为气体的黏度,r 为布朗粒子半径,D 为该布朗粒子在背景气体中的扩散系数.1908 年法国物理学家朗之万(Langevin,1872—1946)采用他自己称之为"无比简单的方法",同样导出了(3.13)式.该推导方法的介绍请见参考文献 3 的第 258 页.若采用布朗粒子无规则行走的模型,也能导出(3.13)式,详细推导请见参考文献 4 的第 198 页.(3.13)式有很重要的应用,利用它来估算扩散所需的时间特别方便.

[例 3.4]　在人的肺中,氧气通过扩散从肺内转移到毛细血管内,而二氧化碳也从毛细血管转移到肺内,这两种转移都在肺泡内进行.已知肺泡的"半径"为 $r=10^{-4}$ m,氧气在空气中的扩散系数 $D=1.78\times10^{-5}$ m$^2\cdot$s^{-1},试估计氧气从肺泡中心扩散到肺泡壁上的毛细血管所需的时间.

[解]　由(3.13)式知,氧气分子从肺泡中心扩散到肺泡壁所需时间的数量级为

$$t = \frac{\overline{r^2}}{2D} \sim 10^{-4} \text{ s}$$

由于氧气透过毛细血管壁所需时间,较氧分子从肺泡中心扩散到肺泡壁所需的时间少得多,而总的扩散时间为上述两者时间之和,可见总的扩散时间远小于人呼吸的周期,因而能保证一次呼吸所吸进的大部分氧气都能进入毛细血管,并继续扩散到红细胞中与血红蛋白分子结合.

§3.3　热传导现象的宏观规律

当系统与外界之间或系统内部各部分之间存在温度差时就有热量的传输,

这称为热传递.热传递有热传导、对流与辐射三种方式,本节将讨论热传导.

§3.3.1　傅里叶定律·※线性输运与非线性输运

一、傅里叶定律

将一均匀棒之两端与温度不同的两热源接触,在棒上将出现一个温度的连续分布.若在棒上沿轴向作一系列垂直于轴的横截面,将棒划分出一个个小单元,则相邻单元间由于存在温度差而发生热量传输.热量就是这样从高温端传到低温端的.1822 年法国科学家傅里叶(Fourier,1768—1830)在他所出版的《热的分析理论》一书中详细地研究了热在介质中的传播问题.他在热质说思想的指导下提出了傅里叶定律.该定律认为热流(单位时间内通过的热量)$\dot{Q}$ 与温度梯度 $\dfrac{\mathrm{d}T}{\mathrm{d}z}$ 及横截面积 A 成正比,即

$$\dot{Q} = -\kappa \cdot \frac{\mathrm{d}T}{\mathrm{d}z} \cdot A \tag{3.14}$$

其中比例系数 κ 称为热导率,单位为 $\mathrm{W \cdot m^{-1} \cdot K^{-1}}$,其数值由材料性质决定.表 3.3 列出了各种材料在常温下的热导率.(3.14)式中负号表示热流方向与温度梯度方向(即温度增加方向)相反,说明热量总是从温度较高处流向温度较低处.若引入热流密度 J_T(单位时间内在单位截面积上流过的热量),则

$$J_\mathrm{T} = -\kappa \cdot \frac{\mathrm{d}T}{\mathrm{d}z} \tag{3.15}$$

(3.14)式及(3.15)式适用于热量沿一维流动的情况.若系统已达到稳态,即处处温度不随时间变化,因而空间各处热流密度也不随时间变化,这时利用(3.14)式、(3.15)式来计算传热十分方便.若各处温度随时间变化,情况就较为复杂,通常需借助热传导方程来求解.

热传导是由于分子热运动强弱程度(即温度)不同所产生的能量传递.当气体中存在温度梯度时,作杂乱无章运动的气体分子,在空间交换分子对的同时交换了具有不同热运动平均能量的分子,因而发生能量的迁移.固体和液体中分子的热运动形式为振动.温度高处分子热运动平均能量较大,因而振动的振幅大;温度低处分子振动的振幅小.因为整个固体或液体都是由化学键把所有分子连接而成的连续介质,一个分子的振动将导致物体中所有分子的振动,同样局部分子较大幅度的振动也将使其他分子的平均振幅增加.热运动能量就是这样借助于相互连接的分子的频繁的振动逐层地传递开去的.一般液体和固体的热导率较低.但是金属例外,因为在金属中或在熔化的金属中均存在自由电子气体,它们是参与热传导的主要角色,所以金属的高电导率是与高热导率相互关联的.[①]

① 数据取自参考文献 3 之 244 页.

表 3.3　各种材料的热导率①

气体/(0.1 MPa)	$t/℃$	$\kappa/(\mathrm{W\cdot m^{-1}\cdot K^{-1}})$	金属	$t/℃$	$\kappa/(\mathrm{W\cdot m^{-1}\cdot K^{-1}})$
空气	−74	0.018	纯金	0	311
	38	0.027	纯银	0	418
水蒸气	100	0.024 5	纯钢	20	386
氮	−130	0.093	纯铝	20	204
	93	0.169	纯铁	20	72.2
氢	−123	0.098	钢(0.5 碳)	20	53.6
	175	0.251	常见材料	$t/℃$	$\kappa/(\mathrm{W\cdot m^{-1}\cdot K^{-1}})$
氧	−123	0.013 7	沥青	20~25	0.74~0.76
	175	0.038	水泥	24	0.76
液体	$t/℃$	$\kappa/(\mathrm{W\cdot m^{-1}\cdot K^{-1}})$	红砖	−	~0.6
液氨	20	0.521	玻璃	20	0.78
CCl_4	27	0.104	大理石	−	2.08~2.94
甘油	0	0.29	松木	30	0.112
	0	0.561	橡木	30	0.166
水	20	0.604	冰	0	2.2
	100	0.68	绝缘材料	$t/℃$	$\kappa/(\mathrm{W\cdot m^{-1}\cdot K^{-1}})$
汞	0	8.4	石棉	51	0.166
液氮	−200	0.15	软木	32	0.043
发动机油	60	0.140	刨花	24	0.059

※二、线性输运与非线性输运

前面所讨论的在非平衡状态下发生的输运规律(牛顿黏性定律、菲克定律、傅里叶定律,也包括后面将要介绍的牛顿冷却定律以及已经熟悉的欧姆定律)等,其"流"(动量流、粒子流、热流、电流)都与产生这种流动的"驱动力"(定向运动速度梯度、分子数密度梯度、温度梯度、电势差)成正比,即呈线性关系,所以称为线性输运,是一种线性现象.它是在接近平衡的非平衡状态下发生的现象和规律.若近平衡的非平衡条件不满足则"流"与"力"之间可能不成线性关系.例如在白炽灯泡中的电热丝,流过它的电流和电压之间不呈线性关系.其电热丝的电阻是随温度的上升而增加的.另外,也可能发生这样的情况,这一类"力"可以产生另一类的"流".例如当流体在空间的温度不相同时会产生热流,但是同时可能伴随有粒子流的出现.这是因为流体温度不同其密度也不同,在重力作用下会发生对流,这称为热对流.

※§3.3.2　热欧姆定律

若把温度差 ΔT 称为"温压差"(以 $-\Delta U_T$ 表示,其下角 T 表示"热",下同)把热流 $\dot{Q}$ 以 I_T 表示,则可把一根长为 L、截面积为 A 的均匀棒达到稳态传热时的傅

里叶定律改写为

$$I_\mathrm{T} = \kappa \frac{\Delta U_\mathrm{T}}{L} \cdot A$$

或

$$\Delta U_\mathrm{T} = \frac{L}{\kappa A} I_\mathrm{T} = R_\mathrm{T} I_\mathrm{T} \tag{3.16}$$

其中

$$R_\mathrm{T} = \frac{L}{\kappa A} = \frac{\rho_\mathrm{T} L}{A} \tag{3.17}$$

称为热阻,而 $\rho_\mathrm{T} = \dfrac{1}{\kappa}$ 称为热阻率.可发现(3.16)式、(3.17)式分别与欧姆定律及电阻定律十分类似,我们可把它们分别称为热欧姆定律与热阻定律,注意它们主要适用于均匀物质的稳态传热.这是与描述管道中流体流动的(3.7)式、(3.8)式类似的.与管道的串并联公式相类似,棒状或板状材料的稳态传热也有类似的串并联公式.

需要说明,在(3.17)式中的 R_T 是从傅里叶定律出发所定义的热阻.

[例3.5] 有三块热导率分别为 κ_1、κ_2、κ_3,厚度分别为 d_1、d_2、d_3,截面积都为 A 的相同形状的平板 A、B、C 整齐地叠合在一起后使 A 与 C 分别与温度为 T_1 及 T_2 的两个热源相接触,试求达稳态时在单位时间内流过的热量.

[解] 利用热阻串联公式

$$R_\mathrm{T} = R_\mathrm{T1} + R_\mathrm{T2} + R_\mathrm{T3} = \frac{d_1}{\kappa_1 A} + \frac{d_2}{\kappa_2 A} + \frac{d_3}{\kappa_3 A} = \frac{d}{A}\left(\frac{1}{\kappa_1} + \frac{1}{\kappa_2} + \frac{1}{\kappa_3}\right)$$

由(3.16)式知

$$\dot{Q} = I_\mathrm{T} = \frac{\Delta U_\mathrm{T}}{R_\mathrm{T}} = \frac{\Delta T \cdot A}{d\left(\dfrac{1}{\kappa_1} + \dfrac{1}{\kappa_2} + \dfrac{1}{\kappa_3}\right)} = \frac{(T_2 - T_1) A \kappa_1 \kappa_2 \kappa_3}{d(\kappa_1 \kappa_2 + \kappa_2 \kappa_3 + \kappa_3 \kappa_1)}$$

对于非均匀物质或截面不规则的棒、非棒状材料的热阻、热流的计算,可借助于微分热欧姆定律[①].若把温度梯度 $\dfrac{\mathrm{d}T}{\mathrm{d}z}$ 称为温度场强度 E_T,则(3.15)式可改写为

$$J_\mathrm{T} = -\kappa E_\mathrm{T} \tag{3.18}$$

这就是温度场的微分热欧姆定律.

[例3.6] 一半径为 b 的长圆柱形容器在它的轴线上有一根半径为 a、单位长度电阻为 R 的圆柱形长导线.圆柱形筒维持恒温,里面充有被测气体.当金属线内有一小电流 I 通过时,测出容器壁与导线间的温度差为 ΔT.假定此时稳态传热已达到,因而任何一处的温度均与时间无关,试问待测气体的热导率 κ 是多少?

---

① 这一名称是与电学中的微分欧姆定律类比得来的.该定律表示电流密度 J_e(即单位时间内在单位截面上所流过的电荷量)与导体中的电场强度 E 之间有关系:

$$J_e = \sigma E$$

其中 σ 称为电导率,它是电阻率的倒数.

[解] 利用(3.15)式

$$J_{\mathrm{T}} = -\kappa \frac{\mathrm{d}T}{\mathrm{d}r}$$

设圆筒长为 L,在半径 r 的圆柱面上通过的总热流为 $\dot{Q}$.在 $r\sim r+\mathrm{d}r$ 的圆筒形薄层气体中的温度梯度为 $\frac{\mathrm{d}T}{\mathrm{d}r}$,故

$$\dot{Q} = -\kappa \frac{\mathrm{d}T}{\mathrm{d}r} 2\pi r L$$

达稳态时在不同 r 处的 $\dot{Q}$ 均相同,故

$$\mathrm{d}T = -\frac{\dot{Q}}{2\pi L\kappa} \cdot \frac{\mathrm{d}r}{r}$$

从 a 积分到 b,则

$$\Delta T = -\frac{\dot{Q}}{2\pi L\kappa} \cdot \ln \frac{b}{a}$$

因为 $\dot{Q} = I^2 RL$,故热导率

$$\kappa = \frac{I^2 R \ln \dfrac{b}{a}}{2\pi \Delta T}$$

˚ §3.3.3 多孔绝热技术

由表 3.3 可见,纯金属是高热导率材料,其热导率尤以银和铜最高;空气的热导率最小,仅为 0.024 J·s⁻¹·m⁻¹·℃⁻¹.玻璃的热导率为 0.8 J·s⁻¹·m⁻¹·℃⁻¹,但做成玻璃纤维其热导率降为 0.04 J·s⁻¹·m⁻¹·℃⁻¹,其原因是玻璃纤维中有很多小空气隙.注意到虽然空气热导率很低,但空气通常会发生对流,气体对流的传热效率明显优于气体热传导.若把空气限制在一个个小孔隙中,使其很难对流,其绝热效率明显提高,泡沫聚苯乙烯就是这样的结构,如图 3.5 所示.在泡沫的小孔隙中的气体只能在极小的范围内对流,由于空气的热导率差,其热量传递的主要途径是在聚苯乙烯中,沿着曲曲折折路径,绕过一个个小孔而到达,因而明显增加传热长度,减少了总截面积,大大改善了绝热性能.

泡沫隔热材料也用在航天飞机的外壳的保护上,但是这种材料应该是耐非常高的温度并且是十分轻的.航天飞机开始降落时即使经过减速,其速度仍然很大,在穿过大气层过程中受到非常大的摩擦阻力,温度急速升高,可以达到一千几百摄氏度,假设没有泡沫隔热材料,航天飞机将烧毁.2003 年 2 月 1 日美国哥伦比亚号航天飞机在返航进入地球大气层时造成航天飞机解体,航天飞机上的 7 名宇航员全部遇难.事故原因是 1 月 14 日在发射升空时,一块手提箱大的泡沫隔绝材料在航天飞机发射后 61 s 后脱落,虽然它很轻,但是速度很大,还是把哥伦比亚航天飞机的左翼撞了一个大洞.宇航局在航天飞机 16 天的任务期中没有发现这些损伤,结果在返航时失事了.以后的航天飞机升空中曾经多次发现有泡沫隔热材料脱落,为此宇航员都要进行太空行走,更换损坏的泡沫隔热材料,以避免返航时出事.

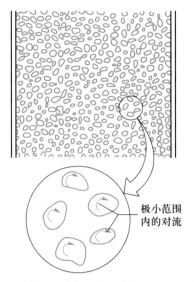

图 3.5 泡沫聚乙烯中有很多孔隙,大大减少了
气体热对流,提高了绝热性能

＊§3.4 对流传热

§3.4.1 自然对流

一、自然对流

所谓对流传热是指借助流体流动来达到传热的过程.室内取暖、大气流动中都伴随有对流传热.对流传热有自然对流与受迫对流之分.

在自然对流中驱动流体流动的是重力.当流体内部存在温度梯度,进而出现密度梯度时,较高温处流体密度一般小于较低温处流体的密度(呈反常膨胀的流体则与此相反,如 0~4 ℃ 的水).若密度由小到大对应的空间位置是由低到高,则受重力作用流体会发生流动.图 3.6 为自然对流的演示实验,图中所示为装有流体的 U 形管,其左、右管温度相同,液面高度也相同.图中的右管底部被加热,流体升温膨胀,密度减小,其液面升高而高于左管.若将旋塞阀"C"打开就可有流体从右管顶部流入左管.左管顶部流体的流入将驱使在管底部液体流进右管,由此产生流体的循环流动,此即自然对流.在对流发生的同时也伴随有热量传递.自然对流有很多实际的应用,见"选读材料 3.5 大气环流——大气中的自然对流传热"和"选读材料 3.6 太阳能热水器".

＊二、受迫对流传热

除了自然对流外,还有受迫对流.受迫对流传热是指在非重力驱动下使流体作循环流动,从而进行热量传输的过程.如在图 4.23 所示的热泵型空调器中,在室内机及室外机中均配有风机,均能加剧热量的散发或积聚.

＊三、人的体温调节

很多恒温动物的体温调节是依靠受迫对流来传热的,当下丘脑检测到血液温度稍有升

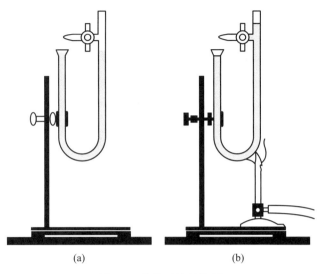

图 3.6　自然对流的演示

高时,汗腺被激活,汗从皮肤表面分泌出,蒸发并吸收汽化热,热量不断从皮肤散发.血液循环源源不断将热量从体内带到体表,皮肤内通过汗腺分泌出汗液,再向外蒸发,从而使体内温度降低.当体内温度偏低时皮肤的汗孔立即收缩,减少蒸发散热.详细情况请见二维码视频"皮肤的功能".在这里血管相当于水管,皮肤相当于散热器,而心脏相当于水泵.人体的体温调节系统十分优秀,在通常情况下,环境温度改变不会使人体温度发生明显的变化.

视频:皮肤的功能

§3.4.2　牛顿冷却定律·＊集成电路的散热

一、牛顿冷却定律

在实际的传热过程中,热传导、辐射与对流这三种形式一般都存在,其过程较为复杂.但对于固体热源,当它与周围介质的温度差不太大(约 50 ℃ 以内)时,单位时间内热源向周围传递的热量$\dot{Q}$是与温度差成正比的[这可从(3.14)式看出],而对流传热也有类似的关系,其经验公式就是牛顿冷却定律

$$\dot{Q} = hA(T - T_0) \tag{3.19}$$

式中 T_0 为环境温度,T 为热源温度,A 为热源表面积,h 是一个与传热方式等有关的常量,称为热适应系数.对于一结构固定的物体(例如某一建筑物),也可将(3.19)式写为如下形式:

$$\dot{Q} = \alpha(T - T_0) \tag{3.20}$$

表 3.4 列出了一些 h 的数值.

表 3.4　自然对流热适应系数 h 的数值(1.01×10^5 Pa 空气中)

装　　　置	热适应系数/$(\mathrm{J \cdot s^{-1} \cdot cm^{-2} \cdot K^{-1}})$
水平板(面向上)	$2.49\times10^{-4}(\Delta T)^{1/4}$

续表

装 置	热适应系数/($J \cdot s^{-1} \cdot cm^{-2} \cdot K^{-1}$)
水平板(面向下)	$1.31 \times 10^{-4} (\Delta T)^{1/4}$
竖直板	$1.77 \times 10^{-4} (\Delta T)^{1/4}$
水平板或竖直管 (直径为 d,d 以 cm 为单位)	$4.18 \times 10^{-4} \left(\dfrac{\Delta T}{d}\right)^{1/4}$

二、集成电路的散热

集成电路的散热是十分重要的问题,特别是当集成度非常高成为大规模甚至超大规模集成电路时,消耗功率十分大时.若集成电路块上发热功率密度(即单位面积上的发热功率)为 40 W·cm^{-2},则已是地球上能接收到的最强的太阳光的 300 多倍.一只 60 W 白炽灯泡若以表面积 120 cm^2 计算,其发热功率密度仅 0.5 W·cm^{-2},我们知道,当灯泡通电数分钟后其玻璃表面就已十分烫手.宇宙飞船返回大气层时,其表面发热功率密度为 100 W·cm^{-2},仅是该集成电路的 2.5 倍.可见,提高集成电路的散热效率非常重要,否则它很快会被烧毁.例如,家用电脑中的微处理器 CPU 就是集成电路块,它专门配有高效散热器和风机作受迫对流冷却,在夏天电脑还置于有空调的工作室内,若冷却不好则电脑"死机",重则 CPU 烧毁就是这个原因.现在解决散热问题是研制大规模集成电路中的最关键问题之一.

*§3.4.3   两相对流传热·热管

一、两相对流传热

伴随有气相和液相的对流流动和气相、液相之间的相互转变的传热过程称为两相对流传热.这时液体从冷端流动到热端吸收汽化热而变为气体,气体又从热端流动到冷端,放出汽化热而变为液体,然后再流动到热端,这样,热量就徐徐不断地从热端传送到冷端.只要参与两相对流的工作物质的汽化热足够高,则较少量的流体流动就可以传输较大的热量,所以它的传热效率一般比较高.

二、热管

应用两相对流传热的典型实例是热管.热管是在汽、液两相对流时伴随有相变传热的传热元件,它是一种结构较复杂、效率高的传热元件.其构造为两端封闭的圆形金属管,如图3.7所示.内壁装镶以多层金属细丝或其他毛细管(被称为管芯),管中充以适当的工作液体.当热管的一端受热而另一端被冷却时,液体在受热端吸热气化,形成的蒸气流至另一端放热凝结.凝结后的液体因管芯的毛细管作用又渗回热端,如此不断循环,从而使热量从高温端不断传到低温端.由于液体的汽化热很大,故传热效率特高,其传热效率远高于银、铜等良导体.它可以很大热量在小的温降的情况下进行热传输.

例如一根最简单的钠热管(不锈钢外壳,不锈钢丝卷成管芯,钠为工作物质)的有效热导率超过 41.8 kJ·s^{-1}·$℃^{-1}$,而热的良导体铜的热导率仅为 0.38 kJ·s^{-1}·$℃^{-1}$.选用不同工作物质的热管可应用于不同的工作温度,其温度范围可从 70 K 覆盖到 2 300 K.热管结构简单,没有噪声,工作方便可靠,已被广泛应用于核反应堆、电机和电器、太阳能利用、化工和轻工、航天、高能物理、军事工程、医疗技术等方面.

热管也可被用来获得均恒的温度分布,如有一种称为"热开关"的热管.它的特点是当热源温度 T 高于工作液体的凝固点 T_m 时热管运行,当 $T<T_m$ 时热管停止工作.它与电路中的开

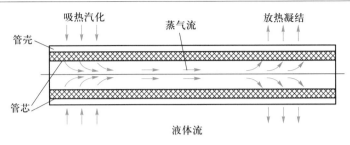

图 3.7 热管的基本结构

关有类似的作用.

§3.5 气体分子平均自由程

§3.1—§3.3 讲到,气体的输运过程来自分子的热运动.当气体中分别存在温度梯度、定向运动速度梯度及分子数密度梯度时,在相邻层之间交换分子对的同时,分别交换了不同的能量、定向动量及质量.初看起来,气体中的输运过程都应十分迅速,因为室温下空气分子平均速率达 $500 \text{ m} \cdot \text{s}^{-1}$ 左右.但实验发现,气体中的扩散速率非常慢.一瓶香水打开后,若没有气流流动,附近的人需经相当长时间才能嗅到;在没有对流时,气体中温度趋于均匀也需相当长时间.克劳修斯最早指出,其原因是气体分子在运动过程中经历十分频繁的碰撞.碰撞使分子不断改变运动方向与速率大小,使分子行进了十分曲折的路程;碰撞使分子间不断交换能量;而系统的平衡也需借助频繁的碰撞才能达到.本节将介绍一些描述气体分子间碰撞特征的物理量:碰撞截面、平均碰撞频率及平均自由程.

§3.5.1 碰撞(散射)截面

§1.7.1 已介绍了分子间的作用力.两分子"分离"时会出现吸引力,在相互"接触"时会出现排斥力.图 1.8 还详细地讨论了两分子在相互碰撞时所发生的"形变"以及势能与动能间的转化,指出在对心碰撞过程中两分子质心间最短平均距离称为分子碰撞有效直径 d.当两分子相对速率较大时,由于分子产生"形变"较大,使分子碰撞有效直径反而变小.图 1.8 是对分子碰撞过程较为直观而又十分简单的定性分析,在分析中假定两分子作的是对心碰撞.实际上两分子作对心碰撞的概率非常小,大量发生的是非对心碰撞.而且由于分子间存在作用力,两分子在相互接近而后分离的过程中并不"接触".若两个刚球分子相互接近,只要不是直接接触,静止的刚球分子绝不会使运动的刚球分子的轨迹线发生偏折,所以刚球分子对心碰撞与非对心碰撞时的分子有效直径相同.但若两分子在相互接近过程中存在相互作用力,情况就有所不同.

图 3.8(a)表示了一束 B 分子(每一分子均视作质点)平行射向另一静止分子 A(其质心为 O)时,B 分子的轨迹线.由图可见,B 分子在接近 A 分子时由于受到 A 的作用而使轨迹线发生偏折.若定义 B 分子射向 A 分子时的轨迹线与离开 A 分子时的轨迹线间的交角为偏折角,则偏折角随 B 分子与 O 点间垂直距离

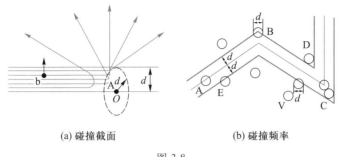

(a) 碰撞截面　　　　　(b) 碰撞频率

图 3.8

b 的增大而减小.令当 b 增大到偏折角开始变为零时的数值为 d,则 d 称为**分子有效直径**.分子有效直径是描述分子之间相对运动时分子之间相互作用的一个特征量,当 $b>d$ 时分子束不发生偏折,说明相对运动的两分子之间没有相互作用.当 $b \leqslant d$ 时,分子束发生偏折,说明相对运动的两分子之间存在相互作用,或者说它们之间发生了碰撞.由于平行射线束可分布于 O 的四周,这样就以 O 为圆心"截"出一半径为 d 的垂直于平行射线束的圆.所有射向圆内区域的视作质点的 B 分子都会发生偏折,因而都会被 A 分子散射,所有射向圆外区域的 B 分子都不会发生偏折,因而都不会被散射,故该圆的面积

$$\sigma = \pi d^2 \tag{3.21}$$

为**分子散射截面**,也称为**分子碰撞截面**.在碰撞截面中最简单的情况是在图 1.11 中所介绍的刚球势.这时,不管两个同种分子相对速率多大,分子有效直径总等于刚球的直径.显然,对于有效直径分别为 d_1、d_2 的两刚球分子间的碰撞,其碰撞截面为

$$\sigma = \frac{1}{4}\pi(d_1 + d_2)^2 \qquad (刚球分子) \tag{3.22}$$

可把刚性分子碰撞截面通俗地理解为古代战争用的盾牌,被碰分子看为一束垂直于盾牌射出的箭.显然,与盾牌截面积相等的范围内射出的箭均能碰到盾牌.

§3.5.2 分子间平均碰撞频率

任一分子在什么时刻遭受碰撞,它与哪一个分子碰撞并不是我们所关心的.我们感兴趣的是单位时间内一个分子平均碰撞了多少次,即分子间的平均碰撞频率.既然所有分子都在作无规热运动,就可任取一分子 A 作为气体分子的代表,设想其他分子都被视作质点并相对静止,这时 A 分子以相对速度(矢量)$\boldsymbol{v}_{12}$ 运动(说明,以后统一以下标"12"表示两分子作相对运动时的诸物理量).§3.5.1 讨论碰撞截面时假定 A 分子固定不动,视作质点的 B 分子相对 A 运动.现在反过来,认为所有其他分子都静止,而 A 分子相对于其他分子运动,显然 A 分子的碰撞截面这一概念仍适用.这时 A 分子可视为截面积 σ 的一个圆盘,圆盘沿圆盘中心轴方向以 v_{12} 速率运动(这相当于一盾牌以相对速率 v_{12} 向前运动,而"箭"则改为悬浮在空间中的一个个小球).圆盘每碰到一个视作质点的其他分子就改变一次运动方向,因而在空间扫出如图 3.8(b)那样的其母线呈折线的"圆柱体".只有那些其质心落在圆柱体内的分子才会与 A 发生碰撞.例如图中的 B 和 C 分子的质心都在圆柱体内,它们都使 A 分子改变运动方向,而图中其他分子的质心均在圆柱体外,它们都不会与 A 相碰撞.单位时间内 A 分子所扫出的"圆柱体"中的平均质点数,就是分子的平均碰撞频率 $\overline{Z}$,故

$$\overline{Z} = n \cdot \pi d^2 \cdot \overline{v_{12}} \qquad (3.23)$$

其中 n 是气体分子数密度,$\overline{v_{12}}$ 是 A 分子相对于其他分子运动的平均速率,而对于同种气体,$\overline{v_{12}} = \sqrt{2} \cdot \overline{v}$.其证明见例 3.8.因而处于平衡态的化学纯理想气体中分子平均碰撞频率为

$$\overline{Z} = \sqrt{2}\, n \overline{v} \sigma \qquad (3.24)$$

其中 $\sigma = \pi d^2$.因为 $p = nkT$,$\overline{v} = \sqrt{\dfrac{8kT}{\pi m}}$,故(3.24)式也可改写为

$$\overline{Z} = \frac{4\sigma p}{\sqrt{\pi m k T}} \qquad (3.25)$$

说明在温度不变时压强越大(或在压强不变时,温度越低)分子间碰撞越频繁.

[例 3.7] 估计在标准状况下空气分子的平均碰撞频率.

[解] 可求得标准状况下空气分子平均速率为 446 m·s^{-1},洛施密特数为 2.7×10^{25} m^{-3}[见(1.18)式],设空气分子有效直径为 3.5×10^{-10} m,将它们代入(3.24)式,可得

$$\overline{Z} = \sqrt{2}\, n \overline{v} \pi d^2 = 6.6 \times 10^9 \text{ s}^{-1} \qquad (3.26)$$

说明分子间的碰撞十分频繁,一个分子一秒钟内平均碰撞次数达 10^9 数量级.

[例 3.8] 设处于平衡态的混合理想气体由"1"与"2"两种分子组成,"1"分子与"2"分子的平均速率分别为 $\overline{v_1}$ 与 $\overline{v_2}$,试用近似证法求出"1"分子相对于"2"分子运动的相对运动平均速率 $\overline{v_{12}}$,并证明对于纯气体,分子间相对运动的平均速率 $\overline{v_{12}} = \sqrt{2} \cdot \overline{v}$,其中 $\overline{v}$ 为该纯气体的分子相对于地面运动的平均速率.

[解] 因为相对运动速率是相对速度矢量的大小(即绝对值),故

$$\overline{v_{12}^2} = |\, \overline{v_{12}}\, |^2 = \overline{v_{12}^2} \qquad (3.27)$$

而相对速度矢量可写为

$$\boldsymbol{v}_{12} = \boldsymbol{v}_2 - \boldsymbol{v}_1$$

其中 $\boldsymbol{v}_2$ 与 $\boldsymbol{v}_1$ 是从地面坐标系看"2"分子及"1"分子的速度矢量,故

$$\boldsymbol{v}_{12}^2 = \boldsymbol{v}_2^2 - 2\boldsymbol{v}_2 \cdot \boldsymbol{v}_1 + \boldsymbol{v}_1^2$$

在等式两边取平均

$$\overline{\boldsymbol{v}_{12}^2} = \overline{\boldsymbol{v}_2^2} - 2\overline{\boldsymbol{v}_2 \cdot \boldsymbol{v}_1} + \overline{\boldsymbol{v}_1^2} \qquad (3.28)$$

其中 $\overline{\boldsymbol{v}_2 \cdot \boldsymbol{v}_1}$ 表示一个分子的速度在另一个分子速度方向上的投影的平均值,设 $\boldsymbol{v}_2$、$\boldsymbol{v}_1$ 间夹角为 θ,则

$$\overline{\boldsymbol{v}_2 \cdot \boldsymbol{v}_1} = \overline{v_1 v_2 \cos\theta}$$

考虑到理想气体分子的速度的大小与方向是相互独立的,$v_1 v_2$ 与 $\cos\theta$ 的乘积的平均值应等

于其平均值的乘积.用球坐标可以证明,$\cos\theta$ 这一偶函数的平均值为零,故

$$\overline{v_1 v_2 \cos\theta} = \overline{v_1 v_2} \cdot \overline{\cos\theta} = 0 \tag{3.29}$$

这时(3.28)式可写成

$$\overline{v_{12}^2} = \overline{v_1^2} + \overline{v_2^2} \tag{3.30}$$

利用近似条件 $\overline{v_{12}^2} \approx \overline{v_{12}}^2$,$\overline{v_1^2} \approx \overline{v_1}^2$,$\overline{v_2^2} \approx \overline{v_2}^2$,上式又可写为

$$\overline{v_{12}}^2 = \overline{v_1}^2 + \overline{v_2}^2, \quad \overline{v_{12}} = \sqrt{\overline{v_1}^2 + \overline{v_2}^2} \tag{3.31}$$

这一公式也可用于混合理想气体中异种分子之间的平均相对运动速率的计算,这时其中的 $\overline{v_1}$ 及 $\overline{v_2}$ 分别是这两种气体分子的平均速率.对于同种气体,$\overline{v_1} = \overline{v_2} = \overline{v}$,故

$$\overline{v_{12}} = \sqrt{2} \cdot \overline{v} \tag{3.32}$$

※§3.5.3 气体分子间相对运动速率分布

前面我们在讨论气体分子平均碰撞频率时,认为其他分子都不动,只有某一分子在运动.实际上所有分子都在运动.所以坐标系应取在其中某个分子质心上,以便求出气体分子按相对运动速率 v_{12} 的概率分布.由(3.31)式可知,混合理想气体分子中质量为 m_A 的 A 种分子与质量为 m_B 的 B 种分子间的平均相对运动速率为

$$\overline{v_{12}} = \sqrt{\overline{v_A}^2 + \overline{v_B}^2} = \sqrt{\frac{8kT}{\pi m_A} + \frac{8kT}{\pi m_B}} = \sqrt{\frac{8kT}{\pi \mu}} \tag{3.33}$$

其中 μ 为折合质量

$$\mu = \frac{m_A m_B}{m_A + m_B}$$

将(3.33)式与麦克斯韦分布的平均速率 $\overline{v} = \sqrt{\dfrac{8kT}{\pi m}}$ 相比较,可知相对运动平均速率与平均速率的差异仅在于分子质量的不同.只要将作相对运动的分子的折合质量 μ 替代相同温度下的麦克斯韦速率分布中的分子质量 m,就可得到异种分子间相对运动速率分布(设其相对运动速率为 v_{12}),故

$$f(v_{12})\mathrm{d}v_{12} = 4\pi\left(\frac{\mu}{2\pi kT}\right)^{3/2} \cdot \exp\left(-\frac{\mu v_{12}^2}{2kT}\right) \cdot v_{12}^2 \mathrm{d}v_{12} \tag{3.34}$$

显然,利用(3.34)式所求出的相对运动平均速率就是(3.33)式.用较严密的方法所导出的混合理想气体异种分子间相对运动速率分布与相对运动平均速率,其结果是完全一致的.[①]

① 详细推导请见参考文献 4 第 175 页.

相对运动平均速率及相对运动速率分布在混合理想气体及化学反应动力学的微观过程分析中是十分重要的.

§3.5.4 气体分子平均自由程

理想气体分子在两次碰撞之间可近似认为不受到分子力作用,因而是自由的.分子两次碰撞之间所走过的路程称为自由程.任一分子的任一个自由程的长

短都有偶然性,但与平均碰撞频率一样,自由程的平均值 $\overline{\lambda}$ 是由气体的状态决定的.一个平均速率为 $\overline{v}$ 的分子,它在 t 秒内平均走过的路程为 $\overline{v} \cdot t$.该分子在行进过程中不断遭受碰撞改变方向从而形成曲曲折折的轨迹线.因在时间 t 内受到 $\overline{Z} \cdot t$ 次碰撞,故平均两次碰撞之间所走过的距离即平均自由程为

$$\overline{\lambda} = \frac{\overline{v}t}{\overline{Z}t} = \frac{\overline{v}}{\overline{Z}} \tag{3.35}$$

将(3.24)式代入(3.35)式可得

$$\overline{\lambda} = \frac{1}{\sqrt{2}\, n\sigma} \tag{3.36}$$

或

$$\overline{\lambda} = \frac{kT}{\sqrt{2}\, \sigma p} \tag{3.37}$$

(3.36)式表示对于同种气体,$\overline{\lambda}$ 与 n 成反比,而与 $\overline{v}$ 无关.(3.37)式则表示同种气体在温度一定时,$\overline{\lambda}$ 仅与压强成反比.

动画:分子平均自由程

早在 1857 年还未发现气体分子速率分布律时,克劳修斯就假定气体分子速率相同而方向不同,并最先引入平均自由程概念.克劳修斯求得的平均自由程公式为 $\frac{0.75}{n\sigma}$.后来,麦克斯韦于 1859 年导出了速率分布后,利用速率分布得到了气体分子平均自由程(3.36)式或(3.37)式,也称为麦克斯韦平均自由程公式.

[例 3.9] 试求标准状况下空气分子的平均自由程

[解] 将标准状态下空气分子平均速率 446 m·s^{-1} 和(3.26)式代入(3.35)式,可得

$$\overline{\lambda} = \frac{\overline{v}}{\overline{Z}} = 6.9 \times 10^{-8} \text{ m} \tag{3.38}$$

将(3.38)式与标准状况下空气分子有效直径 3.5×10^{-10} m 对照,可见在标准状况下,空气分子平均自由程为其分子有效直径的 200 倍左右.该式在 24 页底注①中已被应用.

[例 3.10] 设混合理想气体由分子半径分别为 r_A 和 r_B、分子质量分别为 m_A 和 m_B 的两种刚性分子 A 和 B 组成.这两种分子的数密度分别为 n_A 和 n_B.混合气体的温度为 T.试求出 A 分子总的平均碰撞频率、B 分子总的平均碰撞频率以及 A、B 分子各自的平均自由程.

[解] A 分子的平均碰撞频率 $\overline{Z}_A$ 是 A 分子与 A 分子的平均碰撞频率 $\overline{Z}_{AA}$ 与 A 分子与 B 分子的平均碰撞频率 $\overline{Z}_{AB}$ 之和,即

$$\overline{Z}_A = \overline{Z}_{AA} + \overline{Z}_{AB} \tag{3.39}$$

$$\overline{Z}_{AA} = \sqrt{2}\, n_A \overline{v}_A \sigma_A = \sqrt{2}\, n_A \sqrt{\frac{8kT}{\pi m_A}} \cdot \pi (2r_A)^2 \tag{3.40}$$

$$\overline{Z}_{AB} = n_B \overline{v}_{AB} \sigma_{AB} \tag{3.41}$$

此即 A 分子与 B 分子发生碰撞的平均碰撞频率,又利用(3.31)式可得 A、B 分子间相对运动平均速率为

$$\overline{v}_{AB} = \sqrt{\overline{v}_A{}^2 + \overline{v}_B{}^2} = \sqrt{\frac{8kT}{\pi\mu}} \tag{3.42}$$

其中 μ 为折合质量

$$\mu = \frac{m_A m_B}{m_A + m_B} \tag{3.43}$$

又由(3.22)式知,刚性异种分子间的碰撞截面为

$$\sigma_{AB} = \frac{1}{4}\pi(d_A + d_B)^2 = \pi(r_A + r_B)^2 \tag{3.44}$$

将(3.44)式、(3.42)式、(3.41)式、(3.40)式代入(3.39)式,可得 A 分子平均碰撞频率为

$$\overline{Z_A} = 4\sqrt{2}\,\pi r_A^2 \cdot n_A \sqrt{\frac{8kT}{\pi m_A}} + \pi(r_A + r_B)^2 n_B \sqrt{\frac{8kT}{\pi \mu}} \tag{3.45}$$

同样可求得

$$\overline{Z_B} = 4\sqrt{2}\,\pi r_B^2 \cdot n_B \sqrt{\frac{8kT}{\pi m_B}} + \pi(r_A + r_B)^2 n_A \sqrt{\frac{8kT}{\pi \mu}} \tag{3.46}$$

由于 A 分子的平均自由程 $\overline{\lambda_A} = \dfrac{\overline{v_A}}{\overline{Z_A}}$,故 A 分子与 B 分子各自的平均自由程分别为

$$\left. \begin{aligned} \overline{\lambda_A} &= \frac{1}{4\sqrt{2}\,\pi r_A^2 n_A + \pi(r_A + r_B)^2 n_B \sqrt{\dfrac{m_A}{\mu}}} \\[3mm] \overline{\lambda_B} &= \frac{1}{4\sqrt{2}\,\pi r_B^2 n_B + \pi(r_A + r_B)^2 n_A \sqrt{\dfrac{m_B}{\mu}}} \end{aligned} \right\} \tag{3.47}$$

※§3.6 气体分子碰撞的概率分布

上一节讨论了分子间碰撞的平均频率及平均自由程.虽然它们均能表示分子间碰撞的主要特征,但不能反映分子间碰撞的随机性质,正像引入分子平均速率能说明气体分子在某一温度下平均运动速率的快慢,但不能说明分子的速率分布一样.另外,我们在以前推导气体分子碰壁数及气体压强公式时都没有考虑分子之间的碰撞.严格说来应考虑在单位时间内射向单位面积器壁的分子中,总有一些分子因与其他分子碰撞而改变方向、不能抵达器壁这一因素.实际上,若一分子在 $x=0$ 处刚好被碰撞过,则以后遭受第二次碰撞的时间完全是随机的.所以它在两次碰撞之间所走过的路程也是随机的.为了描述这种随机性质,必须找到它在 x 到 $x+\mathrm{d}x$ 范围内受到碰撞的概率,即分子的自由程处于 x 到 $x+\mathrm{d}x$ 范围内的概率.

§3.6.1 气体分子的自由程分布

导出分子自由程分布的一种方法是制备 N_0 个分子所组成的分子束.分子束中的分子恰好在同一地点($x=0$ 处)刚被碰过一次,以后都向 x 方向运动.分子束在行进过程中不断受到背景气体分子的碰撞,使分子数逐渐减少.只要知道分子束在 x 到 $x+\mathrm{d}x$ 范围内所减少的分子数 $\mathrm{d}N$ 即可得到自由程分布.图 2.4 已描述过如何制备分子束.若分子源中气体的平均自由程较短,而在分子源外由真空泵抽真空的气体的压强很低,因而分子平均自由程要比分子源中的平均自由程长得

多,就可近似认为,从分子源的小孔逸出的分子都是在小孔附近刚被碰撞过一次后逸出的.这样就近似地制备了在 $t=0$ 时刻(即气体分子逸出小孔的时刻),在 $x=0$ 处(即在小孔位置)恰好都碰撞过一次的,向相同方向(x 轴方向)运动的 N_0 个分子.将这一束分子放大后即如图 3.9(a)所示.我们只需考虑分子束与真空容

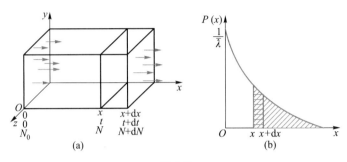

图 3.9

器中气体分子间的碰撞.假如在 t 时刻、x 处剩下 N 个分子,经过 dt 时间,分子束运动到 $x+dx$ 处又被碰撞掉 $|dN|$ 个分子(即自由程为 x 到 $x+dx$ 的分子数为 $|dN|$,因为 dN 是减少的分子数,$dN<0$,故要加个绝对值).又因 dx 是很短的距离,可认为在 $x \sim x+dx$ 距离内所减少的分子数 $|dN|$ 与 x 处的分子数 N 成正比,也与 dx 的大小成正比.设其比例系数为 K,则

$$- dN = KN dx, \qquad \frac{dN}{N} = - K dx \qquad (3.48)$$

对上式积分,可得

$$\ln \frac{N}{N_0} = - \int_0^x K dx \quad 即 \quad N = N_0 \exp(-Kx) \qquad (3.49)$$

(3.49)式表示从 $x=0$ 处射出的刚碰撞过的 N_0 个分子,它们行进到 x 处所残存的分子数 N 是按指数衰减的.对(3.49)式的右式两边微分,有

$$- dN = KN_0 \exp(-Kx) dx$$

$$\frac{- dN}{N_0} = K \exp(-Kx) dx \qquad (3.50)$$

既然 $(-dN)$ 表示 N_0 个分子中自由程为 $x \sim x+dx$ 的平均分子数,则 $\left(-\dfrac{dN}{N_0}\right)$ 是分子的自由程在 $x \sim x+dx$ 范围内的概率.故(3.50)式是分子自由程的概率分布.导出了自由程分布后,就可求平均自由程 $\overline{\lambda}$

$$\overline{\lambda} = K \int_0^\infty \exp(-Kx) x dx = \frac{1}{K} \qquad (3.51)$$

将(3.51)式代入(3.50)式及(3.49)式,就有

$$\frac{N}{N_0} = \exp\left(- \frac{x}{\lambda}\right) \qquad (3.52)$$

$$- \frac{dN}{N_0} = \frac{1}{\lambda} \exp\left(- \frac{x}{\lambda}\right) dx \qquad (3.53)$$

(3.52)式就是分子束行进到 x 处的残存的概率,也是自由程从 x 到无穷大范围内的概率.(3.53)式是以 $\overline{\lambda}$ 来表示的自由程分布,它也就是分子在 $x\sim x+\mathrm{d}x$ 距离内受到碰撞的概率 $P(x)\mathrm{d}x$

$$P(x)\mathrm{d}x = -\frac{\mathrm{d}N}{N_0} = \frac{1}{\overline{\lambda}}\exp\left(-\frac{x}{\overline{\lambda}}\right)\mathrm{d}x \tag{3.54}$$

若以 $P(x) = -\dfrac{\mathrm{d}N}{N_0\mathrm{d}x}$ 为纵坐标,x 为横坐标,将(3.54)式画成图线就如图 3.9(b)所示,其中斜线区域的面积表示了(3.50)式的残存概率.水平线的狭条的面积表示(3.53)式中自由程为 $x\sim x+\mathrm{d}x$ 范围内的概率.

*§3.6.2 气体分子碰撞时间的概率分布

图 3.9(b)中若不是按照坐标 x 来表示碰撞概率,而是按照经过坐标 x 处的时间 t 来表示碰撞概率,就得到按照碰撞时间的概率分布.简单地考虑,可认为每一分子都以平均速率 $\overline{v}$ 运动,因而 $x = \overline{v}t$,$\overline{\lambda} = \overline{v}\cdot\overline{\tau}$,其中 $\overline{\tau}$ 为两次碰撞所经历的平均时间(显然它等于平均碰撞频率的倒数,$\overline{\tau} = \dfrac{1}{Z}$).将它们代入到(3.54)式中可得

$$P(t)\mathrm{d}t = \frac{1}{\overline{\tau}}\exp\left(-\frac{t}{\overline{\tau}}\right)\mathrm{d}t \tag{3.55}$$

这就是分子按碰撞时间的概率分布公式.而

$$\frac{N}{N_0} = \exp\left(-\frac{t}{\overline{\tau}}\right) \tag{3.56}$$

表示在 t 时刻残存分子的概率,或者说是分子在 t 到 $+\infty$ 时间中被碰撞的概率,而 $\overline{\tau}$ 表示分子束中的分子数减少为 $\dfrac{1}{e}$ 所需的时间①.

§3.7 气体输运系数的导出

在 §3.1~§3.3 中已介绍过气体输运现象的宏观规律,并说明气体的黏性、热传导及扩散来源于不均匀气体中的无规热运动,在交换分子对的同时分别把分子原先所在区域的宏观性质(动量、能量、质量)输运到新的区域.本节将利用分子碰撞截面及分子平均自由程来导出气体输运系数的表达式.

*需要说明:(1)这里所讨论的输运过程都是较简单的近平衡非平衡过程,空间宏观不均匀性(如温度梯度、速度梯度、分子数密度梯度)都不大,因而不管分子以前的平均数值如何,它经过一次碰撞后就具有在新的碰撞地点的平均动能、平均定向动量及平均粒子数密度.(2)在这里所讨论的气体是既足够的稀薄(气体分子间平均距离比起分子的大小要大得多,这是理想气体的特征),但又

---

① 实际上,(3.56)式可推广应用于放射性衰变公式,这时式中的 $\overline{\tau}$ 就是放射性原子的平均寿命 τ,而平均寿命 τ 与半衰期 $T_{1/2}$ 之间的关系为 $T_{1/2} = \tau\ln 2$.故以半衰期表示的衰变公式为 $N = N_0\exp[-t\ln 2/T_{1/2}]$,其中 N_0 和 N 分别为 $t=0$ 及 $t=t$ 时刻的放射性原子数.

不是太稀薄(它不是"真空"状态下的气体,关于在"真空"中气体的输运现象将在下一节讨论).

§3.7.1 气体黏度导出

一、气体的黏度

在层流流体中,每个分子除有热运动动量外,还叠加上定向动量.因为热运动动量的平均值为零,故只需考虑流体中各层分子的定向动量.设想有一与定向动量方向平行,与 z 轴垂直的中性平面,它的 z 轴坐标为 z_0.与§1.6.2相类似,可假定单位体积中均有 $\dfrac{n}{6}$ 个分子向 $+z$ 方向运动,每个气体分子的运动速率均为 $\bar{v}$. Δt 时间内从上方穿过 z_0 平面上的 ΔA 面积元向下运动的平均分子数为 $n\bar{v}\Delta A\Delta t/6$,同样从下方穿越 ΔA 面元向上运动的平均分子数也是 $n\bar{v}\Delta A\Delta t/6$. 若再假设所有从上面(或从下面)穿越 z_0 平面的分子,平均说来都分别是在 $(z_0+\bar{\lambda})$ 或 $(z_0-\bar{\lambda})$ 平面处经受了上一次碰撞,因而它们具有 $z_0+\bar{\lambda}$ 及 $z_0-\bar{\lambda}$ 处的分子定向速率 $u_x(z_0+\bar{\lambda})$ 及 $u_x(z_0-\bar{\lambda})$,每个质量为 m 的分子的定向动量分别为 $mu_x(z_0+\bar{\lambda})$ 及 $mu_x(z_0-\bar{\lambda})$,则有

$$\begin{bmatrix} \Delta t \text{ 时间内越过 } z=z_0 \text{ 平面的} \\ \Delta A \text{ 面积向上输送的总动量} \end{bmatrix} = \frac{1}{6}n\bar{v}\cdot mu_x(z_0-\bar{\lambda})\Delta A\Delta t$$

$$\begin{bmatrix} \Delta t \text{ 时间内越过 } z=z_0 \text{ 平面的} \\ \Delta A \text{ 面积向下输送的总动量} \end{bmatrix} = \frac{1}{6}n\bar{v}\cdot mu_x(z_0+\bar{\lambda})\Delta A\Delta t$$

将上面两式相减即得从下方通过 z_0 平面 ΔA 面积向上方净输运的总动量

$$[\text{净动量输运}] = \frac{1}{6}n\bar{v}\cdot[mu_x(z_0-\bar{\lambda})-mu_x(z_0+\bar{\lambda})]\Delta A\Delta t$$

将上式除以 Δt 即得 z_0 平面内的切应力.若 $u_x(z_0+\bar{\lambda})>u_x(z_0-\bar{\lambda})$,则 ΔA 面元上方的动量是净减少的,它受到的切应力方向与定向运动的方向相反;反之,则在 ΔA 面元下方的动量是净增加的,它所受到的切应力方向与定向运动方向相同.这样一类切应力就是黏性力

$$F = \frac{1}{6}n\bar{v}m[u_x(z_0-\bar{\lambda})-u_x(z_0+\bar{\lambda})]\Delta A \tag{3.57}$$

考虑到在近平衡的非平衡条件下,气体定向运动的速度梯度 $\left(\dfrac{\partial u_x}{\partial z}\right)$ 较小;另外气体的压强也并非很低,因而分子平均自由程 $\bar{\lambda}$ 并不很大,这说明在 z 方向间距为 $\bar{\lambda}$ 的范围内,定向速率的变化 Δu_x 与 u_x 相比小得多,故可对 $u_x(z_0\pm\bar{\lambda})$ 作泰勒级数展开并取一级近似,有

$$u_x(z_0+\bar{\lambda}) \approx u_x(z_0)+\left(\frac{\partial u_x}{\partial z}\right)\bar{\lambda} \tag{3.58}$$

$$u_x(z_0-\bar{\lambda}) \approx u_x(z_0)-\left(\frac{\partial u_x}{\partial z}\right)\bar{\lambda} \tag{3.59}$$

将(3.58)式、(3.59)式代入(3.57)式,可得

$$F = \frac{1}{6}n\bar{v}m\left[-2\left(\frac{\partial u_x}{\partial z}\right)\bar{\lambda}\right]\Delta A \tag{3.60}$$

将(3.60)式与(3.1)式比较后即可知黏度为

$$\eta = \frac{1}{3}nm\bar{v}\,\bar{\lambda} \tag{3.61}$$

利用气体的密度 $\rho = nm$ 的关系,气体的黏度可写为

$$\boxed{\eta = \frac{1}{3}\rho\bar{v}\,\bar{\lambda}} \tag{3.62}$$

二、讨论

（一）η 与 n 无关

若在(3.61)式中利用 $\bar{\lambda} = \frac{1}{\sqrt{2}\sigma n}$ 的关系,则有

$$\eta = \frac{m\bar{v}}{3\sqrt{2}\sigma} \tag{3.63}$$

说明黏度与气体分子数密度无关.若 n 加倍,确实在 z_0 平面上、下之间交换的分子对数将加倍,但因平均自由程也减半,它只能输送离 z_0 平面上下距离分别为 $\frac{\bar{\lambda}}{2}$ 处的定向动量,这样净动量的输运率仍不变.气体的黏度 η 在温度一定时与分子数密度（或压强）无关这一特性首先由麦克斯韦于 1860 年得出,并由他在实验上加以证实,这是历史上最早提出的输运过程微观理论.

（二）η 仅是温度的函数

若认为气体分子是刚球,其有效碰撞截面 $\sigma = \pi d^2$ 为常量,则利用 $\bar{v} = \sqrt{\frac{8kT}{\pi m}}$,由(3.63)式可得

$$\eta = \frac{2}{3\sigma}\sqrt{\frac{km}{\pi}} \cdot T^{1/2} \propto \frac{T^{1/2}}{\sigma} \tag{3.64}$$

说明 η 与 $T^{1/2}$ 成正比.对于非刚球分子,σ 与温度有关（正如在图 1.8 中讨论到的,由于分子之间有吸引力,因而 d 随温度增加而减小）,这时 η 随温度的变化率要比 $T^{1/2}$ 快些,实验证实,它近似有

$$\eta \propto T^{0.7} \quad （对于非刚性分子） \tag{3.65}$$

（三）利用(3.64)式可以测定气体分子碰撞截面及气体分子有效直径的数量级

在三个输运系数中,实验最易精确测量的是气体的黏度,利用黏度的测量来确定气体分子有效直径是较简便的.

※（四）黏度公式适用条件为 $d \ll \bar{\lambda} \ll L$

上面所讨论的气体只能是既足够稀薄,又足够稠密,即平均自由程比分子有效直径大得多（$\bar{\lambda} \gg d$）,而 $\bar{\lambda}$ 比起容器线度还是小得多（$\bar{\lambda} \ll L$）的情况.若 $\bar{\lambda}$ 与容

器特征线度 L 相差不多甚至 $\bar{\lambda}$ 比 L 大时,就不能利用层与层之间交换粒子对的模式.故(3.62)式的适用条件是

$$d \ll \bar{\lambda} \ll L \tag{3.66}$$

至于 $\bar{\lambda} \sim L$ 或 $\bar{\lambda} > L$ 的稀薄气体的输运性质将在下一节讨论.

※(五)采用不同近似程度的各种推导方法的实质是相同的

上面对 η 的推导中采用了如下近似:①$\Gamma \approx \dfrac{n\bar{v}}{6}$;②平均说来从上(或下)方穿过 z_0 平面的分子都是在 $z_0 + \bar{\lambda}$(或 $z_0 - \bar{\lambda}$)处经受上一次碰撞的;③未考虑分子在从上(或下)方穿过 z_0 平面时的碰撞概率.若进一步考虑碰撞概率,可证明:平均说来从上(或下)方穿过 z_0 平面的分子都是在 $z_0 + \dfrac{2\bar{\lambda}}{3}\left(\text{或 } z_0 - \dfrac{2\bar{\lambda}}{3}\right)$ 处遭受上一次碰撞的,而单位时间内从上(或下)方穿过 z_0 平面上单位面积的分子是 $\dfrac{n\bar{v}}{4}$ 个,由此仍可求得 $\eta = \dfrac{\rho \cdot \bar{v} \cdot \bar{\lambda}}{3}$.即使是这种较为严密细致的推导,其中仍有一定的近似,其结果与实验仍有一定差别,更深层次的讨论要利用非平衡态统计,其数学处理要复杂得多.实际上,所有不同层次的各种推导方法的实质都是相同的,所得结果的数量级一致.对于初学者来说,应该首先关心输运系数与哪些物理量有关?它的数量级是多少?至于公式中的系数,在不影响数量级的情况下是次等重要的.在推导中应特别注意其物理思想,至于为什么在推导中用 $\dfrac{n\bar{v}}{6}$ 而不用 $\dfrac{n\bar{v}}{4}$,为什么是在 $2\bar{\lambda}$ 距离内而不是在 $2 \times \dfrac{2\bar{\lambda}}{3}$ 距离内交换粒子对等,可暂时不必细究.

§3.7.2   气体的热导率与扩散系数

一、气体的热导率

用导出黏度类似的方法可以得到气体的热导率为

$$\kappa = \frac{1}{3}\rho \, \bar{v} \cdot \bar{\lambda} \frac{C_{V,\mathrm{m}}}{M} \tag{3.67}$$

(3.67)式的推导将在稍后的本节"三"中介绍.

讨论

(1)在(3.67)式中没有考虑到由于温度梯度不同,会在 $z_0 + \bar{\lambda}$ 及 $z_0 - \bar{\lambda}$ 处产生气体分子数密度的差异及平均速率的差异,故 n、ρ、$\bar{v}$ 应是与气体平均温度所对应的数密度、密度及平均速率.这样的近似处理是允许的,因为气体的热导率是在气体没有对流的恒定条件下量度的,每秒内从某一方向通过单位面积的分子数 $n_1 \bar{v}_1$ 必等于从相反方向通过的分子数 $n_2 \bar{v}_2$,也等于与平均温度相对应的数密

度 n 与平均速率 $\bar{v}$ 的乘积 $n\bar{v}$.

（2）与黏度公式（3.62）式相类似，刚性分子气体的热导率与数密度 n 无关，仅与 $T^{1/2}$ 有关.

利用（3.37）式和（2.14）式可把（3.67）式化为

$$\kappa = \frac{2}{3}\sqrt{\frac{km}{\pi}} \cdot \frac{C_{V,\mathrm{m}}}{M} \cdot \frac{T^{1/2}}{\sigma} \tag{3.68}$$

二、气体的扩散系数

用导出黏度类似的方法可以得到气体的扩散系数为

$$\boxed{D = \frac{1}{3}\bar{v} \cdot \bar{\lambda}} \tag{3.69}$$

（3.69）式的推导在稍后的本节"四"中介绍.由于平均速率反比于分子质量，所以对于刚性分子，在温度、压强一定时，气体扩散系数反比于分子质量的平方根.

※三、气体热传导率的导出

如前所述，气体热传导是在热运动过程中交换分子对的同时所伴随的能量传输，其讨论方法与上节类同.其不同的仅是在 z 轴方向不是存在定向运动速率梯度，而是存在温度梯度.现假设在 $z_0+\bar{\lambda}$ 处及 $z_0-\bar{\lambda}$ 处的温度分别为 $T(z_0+\bar{\lambda})$ 及 $T(z_0-\bar{\lambda})$.若 $\frac{\partial T}{\partial z}>0$，则从上方越过 z_0 平面的分子的平均动能 $\varepsilon(z_0+\bar{\lambda})$ 大于从下方越过 z_0 平面的分子平均动能 $\varepsilon(z_0-\bar{\lambda})$.若 $\frac{\partial T}{\partial z}$ 的数值较小，就可假定恰在 $z_0\pm\bar{\lambda}$ 处碰撞过的分子的平均动能仅与 $T(z_0\pm\bar{\lambda})$ 有关，而与碰撞前的动能大小无关.

$$\bar{\varepsilon}(z_0 - \bar{\lambda}) \approx \bar{\varepsilon}(z_0) - \bar{\lambda}\frac{\partial\bar{\varepsilon}}{\partial z}; \quad \bar{\varepsilon}(z_0 + \bar{\lambda}) \approx \bar{\varepsilon}(z_0) + \bar{\lambda}\frac{\partial\bar{\varepsilon}}{\partial z}$$

而那些在 $(z_0+\bar{\lambda})$ 及 $(z_0-\bar{\lambda})$ 处刚碰撞过的分子中，都有 $\frac{1}{6}n\bar{v}\Delta A\Delta t$ 个分子分别从上、下方穿过 z_0 的 ΔA 平面.因而有热流密度（单位时间内在单位截面积上所透过的热量）

$$\begin{aligned}J_{\mathrm{T}} &\approx \frac{1}{6}n\bar{v}\left\{\left[\bar{\varepsilon}(z_0) - \bar{\lambda}\frac{\partial\bar{\varepsilon}}{\partial z}\right] - \left[\bar{\varepsilon}(z_0) + \bar{\lambda}\frac{\partial\bar{\varepsilon}}{\partial z}\right]\right\}\\ &= -\frac{1}{3}n\bar{v}\cdot\bar{\lambda}\frac{\partial\bar{\varepsilon}}{\partial z}\end{aligned} \tag{3.70}$$

因为理想气体的内能就是热运动能量，而理想气体摩尔定容热容

$$C_{V,\mathrm{m}} = \frac{\mathrm{d}U_{\mathrm{m}}}{\mathrm{d}T} = N_{\mathrm{A}}\frac{\partial\bar{\varepsilon}}{\partial T} \tag{3.71}$$

$$J_{\mathrm{T}} = -\frac{1}{3}n\bar{v}\cdot\bar{\lambda}\frac{\partial\bar{\varepsilon}}{\partial T}\cdot\frac{\partial T}{\partial z} = -\frac{1}{3}n\bar{v}\cdot\bar{\lambda}\frac{C_{V,\mathrm{m}}}{N_{\mathrm{A}}}\cdot\frac{\partial T}{\partial z} \tag{3.72}$$

将上式与（3.15）式对照可得气体的热导率

$$\kappa = \frac{1}{3} n \, \bar{v} \cdot \bar{\lambda} \frac{C_{V,m}}{N_A} \qquad (3.73)$$

利用 $\rho = nm$ 关系可得热导率

$$\kappa = \frac{1}{3} \rho \, \bar{v} \cdot \bar{\lambda} \frac{C_{V,m}}{M}$$

即(3.67)式,其中 M 是气体摩尔质量.

※ 四、气体的扩散系数的导出

设容器内含有一种有标记的分子[例如有放射性的 $CO_2(^{14}C)$]和无标记的同类分子[例如 $CO_2(^{12}C)$]所组成的混合理想气体.虽然总的分子数密度及温度都是均匀的,因而不存在宏观流动,但是只要有标记的分子在空间的分布不均匀,就会发生自扩散.现令 n 表示有标记分子的数密度,并认为仅在 z 轴方向存在数密度梯度 $\frac{\partial n}{\partial z}$,则与 §3.7.1 类似,考虑气体中 $z = z_0$ 的某一平面.设在该处的分子数密度为 $n(z_0)$,而在 $(z_0 + \bar{\lambda})$ 处及 $(z_0 - \bar{\lambda})$ 处的分子数密度分别为 $n(z_0 + \bar{\lambda})$ 及 $n(z_0 - \bar{\lambda})$.单位时间内从下面穿越单位面积 z_0 平面的有标记的平均分子数为 $n(z_0 - \bar{\lambda}) \cdot \frac{\bar{v}}{6}$;单位时间内从上方穿越单位面积 z_0 平面有标记的平均分子数为 $n(z_0 + \bar{\lambda}) \cdot \frac{\bar{v}}{6}$,单位时间内在单位面积 z_0 平面上从下方净输运到上方的有标记的平均分子数(即粒子流密度)为

$$J_N = \frac{1}{6} \bar{v} \cdot n(z_0 - \bar{\lambda}) - \frac{1}{6} \bar{v} \cdot n(z_0 + \bar{\lambda})$$

$$= -\frac{1}{3} \bar{v} \left(\frac{\partial n}{\partial z} \right) \bar{\lambda} \qquad (3.74)$$

这里已利用了 $\frac{\partial n}{\partial z}$ 较小,$\bar{\lambda}$ 也不大因而有

$$n(z_0 - \bar{\lambda}) - n(z_0 + \bar{\lambda}) \approx -2 \left(\frac{\partial n}{\partial z} \right) \bar{\lambda} \qquad (3.75)$$

的近似条件.将(3.74)式与(3.10)式对照,可知气体的扩散系数(3.69)式

$$D = \frac{1}{3} \bar{v} \cdot \bar{\lambda}$$

五、应该注意

(一) 前面导出的气体的黏度、热传导系数、扩散系数都仅适用于速度梯度、温度梯度、分子数密度梯度比较小的情况;(二) 其理想气体应该满足 $d \ll \bar{\lambda} \ll L$ 的条件.其中 d 为分子有效直径,L 为容器线度,详见 §3.8.

§3.7.3   与实验结果的比较

[例 3.11]   试估计标准状况下空气的黏度、热导率及扩散系数.

[解] 前面已估算出标准状况下空气的平均自由程 $\overline{\lambda} = 6.9 \times 10^{-8}$ m[见(3.38)式],平均速率 $\overline{v} = 446$ m·s^{-1},空气的摩尔质量为 0.029 kg·mol^{-1},而空气密度为

$$\rho = \frac{0.029}{22.4} \times 10^{-3} \text{ kg·m}^{-3} = 1.29 \text{ kg·m}^{-3}$$

利用(3.62)式、(3.67)式、(3.69)式可得

$$\eta = \frac{1}{3}\rho\overline{v}\,\overline{\lambda} = 13 \times 10^{-6} \text{ N·s·m}^{-2}$$

$$\kappa = \frac{1}{3}\rho\overline{v}\,\overline{\lambda}\frac{C_{V,m}}{M} = 9.5 \times 10^{-3} \text{ J·m}^{-1}\text{·s}^{-1}\text{·K}^{-1}$$

$$D = \frac{1}{3}\overline{v}\,\overline{\lambda} = 1.0 \times 10^{-5} \text{ m}^2\text{·s}^{-1}$$

在上述计算中认为空气是刚性分子,它仅有三个平动自由度和两个转动自由度,故 $C_{V,m} = \frac{5R}{2}$.

将上述计算结果与表 3.1、表 3.2、表 3.3 中所列出的实验测得的有关数据做比较,可见在数量级上无太大差异,但其数值有一定偏差,它主要用于估计数量级.这说明,前面所介绍的仅是关于输运过程微观分析的初级理论,它还存在相当大的局限性.

※将上面导出的理想气体的黏度、热导率的表达式(3.62)式、(3.67)式进行比较可发现

$$\kappa = \eta \frac{C_{V,m}}{M} \text{ 或 } \frac{\kappa M}{\eta C_{V,m}} = 1 \tag{3.76}$$

实验表明,对于一定量的气体,$\frac{\kappa M}{\eta C_{V,m}}$ 的值在常压下虽为常量,但比 1 大,约在 1.5 到 2.5 之间,这说明(3.62)式、(3.67)式中的系数不是 $\frac{1}{3}$.同样,从(3.69)式及 (3.62)式可得

$$\frac{D}{\eta} = \frac{1}{\rho} = \frac{1}{nm} \tag{3.77}$$

实验发现 $\frac{D\rho}{\eta}$ 落在 1.3 到 1.5 之间.这些现象都说明输运系数的初级理论虽有成功之处,但它只是一种近似的理论.查普曼(Chapman)于 1915 年和恩斯库格 (Enskog)于 1917 年用较严密的数学方法得出的公式为

$$\eta = 1.497\frac{\rho\overline{v}\,\overline{\lambda}}{3} \tag{3.78}$$

$$\frac{\kappa M}{\eta C_{V,m}} = \frac{1}{4}(9\gamma - 5) \tag{3.79}$$

其中 $\gamma = \frac{C_{p,m}}{C_{V,m}}$.实验结果证实这两个式子较为准确.事实上,非平衡态过程是十分复杂的,即使是近平衡的非平衡过程,也无法像平衡态那样去精确地描述.

□ §3.8　稀薄气体中的输运过程

※§3.8.1　稀薄气体的特征·真空

一、稀薄气体的特征

上一节所讨论的气体要求它既满足理想气体条件,但又不是十分稀薄,其分子平均自由程要满足如下条件

$$d \ll \bar{\lambda} \ll L \tag{3.80}$$

其中 L 为容器特征线度,d 为分子有效直径.对于理想气体有 $d \ll \bar{\lambda}$ 关系,但现在又加上 $\bar{\lambda} \ll L$ 的限制条件,是因为上一节所讨论的输运现象中考虑了分子之间的碰撞,但未考虑到分子与器壁碰撞时也会发生动量和能量的传输等因素.一般情况下,分子在单位时间内所经历的平均碰撞总次数 $\bar{Z}_t$ 应是分子与分子及分子与器壁碰撞的平均次数之和,即

$$\bar{Z}_t = \bar{Z}_{m-m} + \bar{Z}_{m-w} \tag{3.81}$$

这里统一以下标 m-m 表示分子与分子之间碰撞的诸物理量,以下标 m-w 表示分子与器壁之间碰撞的诸物理量,而以下标 t 表示这两种同类物理量之和.若在上式两边各除以平均速率 $\bar{v}$,并令 $\bar{\lambda}_{m-m} = \dfrac{\bar{v}}{\bar{Z}_{m-m}}, \bar{\lambda}_{m-w} = \dfrac{\bar{v}}{\bar{Z}_{m-w}}, \bar{\lambda}_t = \dfrac{\bar{v}}{\bar{Z}_t}$,则

$$\frac{1}{\bar{\lambda}_t} = \frac{1}{\bar{\lambda}_{m-m}} + \frac{1}{\bar{\lambda}_{m-w}} \tag{3.82}$$

这就是分子平均自由程的更为一般的公式.$\bar{\lambda}_{m-w}$ 由容器形状决定.例如,两无穷大平行板间的气体中的 $\bar{\lambda}_{m-w}$ 就是两平行板之间的距离,所以我们可把 $\bar{\lambda}_{m-w}$ 称为容器的特征尺寸 L.考虑到 $\bar{\lambda}_{m-m}$ 就是以前所讲的分子与分子间碰撞的平均自由程,则(3.82)式可写为

$$\frac{1}{\bar{\lambda}_t} = \frac{1}{\bar{\lambda}} + \frac{1}{L} \tag{3.83}$$

显然,只有当 $\bar{\lambda} \ll L$ 时才有 $\bar{\lambda}_t \approx \bar{\lambda}$ 的关系.由此可见,在 §3.7 讨论的输运现象中加上(3.80)式也即(3.66)式的限制条件是完全必要的.但是随着气体压强的降低,当分子间碰撞的平均自由程 $\bar{\lambda}$ 可以与容器的特征尺寸 L 相比拟,甚至要比 L 大得多时,§3.7 中所得到的一些公式不再适用.

二、真空

对真空这一名词在物理上和工程技术上有完全不同的理解,按照现代物理学的基础理论之一——量子场论,物理世界是由各种量子的系统所组成,而量子场系统能量最低的状态就是真空.[①]根据这种最新的认识,真空并不是其词源的本义——"一无所有的空间"或"没有物质的空间".但在工程技术上所理解的真空技术,是指使气体压强低于地面上人类环境气压的技术(或称为负压),而气体稀薄的程度称为真空度.严格说来,真空度的标准是相对的.充有气体的容器

① 详见参考文献 19 之 1219 页.

越大,能称为高真空的气体的压强也应越低,这是因为它要求所充气体的平均自由程也相应增大.例如在微孔容器中,若孔的大小仅为 10^{-8} m,则即使微孔中气体压强为 1×10^5 Pa 仍可认为微孔容器处于真空中.真空度常可分为如下几个级别:极高真空与超高真空($\bar{\lambda}\gg L$)、高真空($\bar{\lambda}>L$)、中真空($\bar{\lambda}\leqslant L$)、低真空($\bar{\lambda}\ll L$).[①] 表3.5列出了气体某些性质随真空度变化的特征.从表中可见只有低真空时的输运特性才与§3.8的公式符合较好.通常把不满足§3.7输运规律的理想气体称为**克努森(Knudsen)气体**,也称为**稀薄气体**.

① 见参考文献 19 的 1221—1222 页.

表 3.5   真空度变化的某些特征

特 征	真 空 度				
	低	中	高	超高	极高
给定真空度的典型压强/ $(1.33\times10^2\text{ N}\cdot\text{m}^{-2})$	$760\sim1$	$1\sim10^{-3}$	$10^{-3}\sim10^{-7}$	$10^{-7}\sim10^{-11}$	10^{-11} 以下
300 K 时分子数密度/m^{-3}	$10^{25}\sim10^{22}$	$10^{22}\sim10^{19}$	$10^{19}\sim10^{15}$	$10^{15}\sim10^{11}$	10^{11} 以下
300 K 时分子间平均自由程/m	$10^{-8}\sim10^{-5}$	$10^{-5}\sim10^{-2}$	$10^{-2}\sim10^{2}$	$10^{2}\sim10^{6}$	10^{6} 以上
热导率、黏度与压强的关系	无关	由参量 $\bar{\lambda}/L$ 决定	正比于压强	正比于压强	正比于压强

§3.8.2   稀薄气体中的热传导现象及 *黏性现象、*扩散现象

在稀薄气体中,最简单的是 $\bar{\lambda}\gg L$ 的超高真空气体(我们在这里称它为极稀薄气体),这时气体分子主要在器壁之间碰撞,它们在与器壁碰撞的同时,与器壁发生能量或动量的输运,因而产生热传导与黏性现象.

一、稀薄气体的热传导现象

考虑有两块温度分别为 T_1 及 T_2 的平行平板,平板之间的距离 L 比平板的线度小得多,其中充有平均自由程 $\bar{\lambda}\gg L$ 的气体.分子在与温度为 T_1(温度较高)的器壁相碰时获得了一些平均能量,当它与 T_2 器壁碰撞时又失去了所获得的一些平均能量,在两器壁往返运动过程中很少与其他分子相碰.分子在来回碰撞于温度为 T_1 及 T_2 的器壁的同时,把热量从高温平板传到低温平板,这就是极稀薄气体中热传导的基本微观过程.显然,这时在气体中不存在温度梯度,也没有傅里叶定律中那种热传导的概念,但我们仍可作如下的分析:定义单位时间内从单位面积平行板上所传递的能量为热流密度:

$$\left[\text{热流密度}\right]=\left[\begin{array}{c}\text{单位时间内碰撞在单位}\\\text{面积器壁上的分子数}\end{array}\right]\times\left[\begin{array}{c}\text{一个分子在不同温度器壁间来}\\\text{回碰撞一次所平均传递的能量}\end{array}\right]$$

$$(3.84)$$

只要两器壁间的温度差 $\Delta T=T_1-T_2\ll T_1$,就可以认为,只要与温度为 T_1(或 T_2)的

器壁碰撞过一次,这一分子的平均能量就变为 $\dfrac{ikT_1}{2}\left(\text{或}\ \dfrac{ikT_2}{2}\right)$,其中 i 的数值由对能量均分定理作实际贡献的自由度所决定,见(2.81)式.既然一个分子在两器壁间来回碰一次传递的平均能量为 $\dfrac{ik(T_1-T_2)}{2}$,单位时间内,碰撞在单位面积器壁上的平均分子数为 $\dfrac{n\bar{v}}{6}$,则热流密度 J_T 为

$$J_T = -\frac{1}{6}n\bar{v}\cdot\frac{1}{2}ik(T_1-T_2)$$

$$= -\frac{1}{6}n\bar{v}\cdot\frac{C_{V,m}}{N_A}(T_1-T_2) \tag{3.85}$$

可见 J_T 与真空夹层厚度 L 无关.若把上式进一步写为

$$J_T = -\frac{\kappa'(T_1-T_2)}{L} \tag{3.86}$$

并把其中的 κ' 写为

$$\kappa' = \frac{1}{6}n\bar{v}L\frac{C_{V,m}}{N_A} \tag{3.87}$$

$$\kappa' = \frac{1}{6}\rho\bar{v}L\frac{C_{V,m}}{M} = \frac{1}{6}\rho\ \bar{v}\cdot\overline{\lambda}_{m-w}\frac{C_{V,m}}{M} \tag{3.88}$$

称为超高真空下气体的传热系数,则(3.88)式与(3.71)式十分相似,其差异主要在平均自由程上:超高真空气体的分子主要与器壁发生碰撞,所以平均自由程仅由分子与器壁碰撞的平均自由程 $\overline{\lambda}_{m-w}$ 决定;而常压下气体的碰撞则主要发生于分子之间,其平均自由程就是通常所指的 $\overline{\lambda}$.至于(3.71)式及(3.88)式前面的系数是 $\dfrac{1}{3}$、$\dfrac{1}{6}$ 还是 $\dfrac{1}{4}$ 则不是主要的.

若把(3.85)式改写为

$$J_T = -\frac{1}{6}\cdot\frac{mp}{kT}\cdot\sqrt{\frac{8kT}{\pi m}}\cdot(T_1-T_2)\cdot\frac{C_{V,m}}{M} \qquad (L<\overline{\lambda}) \tag{3.89}$$

即

$$J_T \propto pT^{-1/2}(T_1-T_2) \qquad (L<\overline{\lambda}) \tag{3.90}$$

则表明在温度一定的条件下,超高真空气体单位时间内在单位面积上所传递的热量与压强成正比.真空度越高,绝热性能越好.(3.89)式常被用来计算在超高真空情况下两板之间的传热.需要说明的是,虽然(3.84)式的讨论是针对超高真空气〔即($L\ll\overline{\lambda}$)气体〕进行的.但对 $L<\overline{\lambda}$ 的高真空气体也能近似适用,所以(3.89)式及(3.90)式的适用条件放宽为 $L<\overline{\lambda}$.下面介绍一些稀薄气体热传导的实例.

(一)杜瓦瓶

英国物理学家杜瓦(Dewar,1842—1923)在首次液化氢气(其温度为 20 K)时,为了能保存很难液化且汽化热很小的液氢而设计了杜瓦瓶(热水瓶就是一种杜瓦瓶).杜瓦瓶两层壁间气体的真空度越高,气体绝热性能就越好.同时为了

降低辐射传热(在高真空气体中辐射传热已上升为主要因素),因而要在夹层玻璃的内壁上镀银,以减少热辐射吸收率 α,从而降低辐射传热量.在工程技术上的多屏绝热技术有很广泛的应用,其原理见下例.

[**例 3.12**] 在杜瓦瓶的真空夹层中平行插上 N 块热屏,试问这时由气体的热传递所产生的热流密度是原来的多少倍?

[**解**] 只要热屏数足够多,就可认为气体分子只要与器壁(或任一热屏)碰撞一次后,它就具有该器壁(或热屏)所对应的平均能量.现以第 n 块屏为研究对象,设该屏的温度为 T_n,从温度为 T_{n-1} 的第 $(n-1)$ 块屏(温度 $T_{n-1} > T_n$)流向第 n 块屏的热流密度为 φ_{n-1},又从第 n 块屏流向温度为 T_{n+1} 的第 $(n+1)$ 块屏的热流密度为 φ_n,则达稳态时,第 n 块屏的热量收支达到平衡,它的温度不再改变,因而有

$$\varphi_n = \varphi_{n-1} = \varphi$$

其中 φ 为整个夹层的热流密度,由于气体分子来回碰撞于相邻两屏之间,故每一间隔中的 $\frac{1}{6} n \bar{v}$ 都相等,故

$$-\frac{1}{6} n \bar{v} \frac{C_{V,m}}{N_A} (T_{n-1} - T_n) = -\frac{1}{6} n \bar{v} \frac{C_{V,m}}{N_A} (T_n - T_{n+1}) = \varphi = 常量$$

由此可证明任何相邻两屏间的温度差都相等,设杜瓦瓶内外器壁温度分别为 T_0 和 T,则相邻两热屏之间的温度差等于

$$T_0 - T_1 = T_1 - T_2 = \cdots T_{n-1} - T_n = T_n - T_{n+1} \cdots = T_{N-1} - T_N = T_N - T = \frac{T_0 - T}{N+1}$$

设在真空夹层中不加屏时的热流为 $\varphi' = -\frac{1}{6} n \bar{v} \frac{C_{V,m}}{N} (T_0 - T)$,则

$$\varphi = \frac{\varphi'}{N+1}$$

可见设置 N 个屏后,杜瓦瓶的气体传热减少为原来的 $\frac{1}{N+1}$.采用类似方法也可证明,在杜瓦瓶夹层中放置 N 块吸收率为 α 的防辐射屏之后,其辐射传热量也减少为原来的 $\frac{\alpha}{N+1}$.从这些分析可知,多屏真空绝热效率确实很高,目前是低温绝热技术中的一种重要手段.即使不抽真空在被保温物体外面裹上多层吸收率小的保温材料,也能明显减少热传递.

(二) 真空夹层玻璃

在高级轿车、大巴及宾馆的窗户中所用的玻璃常是真空夹层玻璃,在两层玻璃之间是一薄层真空夹层,由于稀薄气体的热传导与气体厚度无关,仅与气体压强有关,所以其绝热性能可以很好,而且有很好的隔音效果.现在也已被用于家庭装饰中.

(三) 热导式真空计

利用稀薄气体的热传导性质(气体极稀薄时其传热量与压强成正比,即使是较稀薄时传热量仍与压强有关)可制成热导式真空计(或称为热电偶真空计).它是一只与真空系统相连通的玻璃管,管内有加热丝,在稳态时管内与管外(环境)间维持一定的温度差 ΔT.按牛顿冷却定律,管向外散发热量与 ΔT 成正比,只要利用热电偶测出 ΔT 即能测出气体导热量,从而确定气体的真空度.详细介绍请见参考文献[4]的 210 页.

*二、稀薄气体的黏性现象

若稀薄气体与容器壁之间存在相对运动,则气体与容器壁之间将存在摩擦,这种摩擦取决于气体分子与运动器壁碰撞时的动量变化.气体分子与运动器壁每碰撞一次即获得了与器壁运动方向相同的平均动量,致使器壁在运动过程中不断将定向运动动量传递给周围的气体分子,因而受到黏性阻力,例如宇宙火箭、卫星在高层大气中运动时所受的阻力.正因为同步卫星、宇宙空间站将长期运行在指定的轨道上,所以它必须运行在气体极度稀薄的,地球大气的最外层[散逸层(见选 4.2.1 大气层热层结构)]区域.另外,航天飞机返回地球表面时,克服黏性阻力做的功全部转变为热,产生的高温可达数千度开,可使之烧毁,所以在航天飞机的外表面要覆盖既隔热又耐高温的隔热板.见 §3.3.3 的最后一段.

与极稀薄气体中的热传导一样,由于极稀薄气体中分子的 $\overline{\lambda_t}$ 仅决定于 $\overline{\lambda_{m-w}}$,即容器特征线度 L,因此极稀薄气体密度的减小并不影响 $\overline{\lambda_t}$,仅仅使参与动量输运的分子数 $n\bar{v}/6$ 减少,所以极稀薄气体的黏度在温度一定时正比于 n,或者说正比于气体的压强.

[例 3.13]　一个厚度可忽略不计的、半径为 R 的薄圆盘,以角速度 ω 在一容器中绕其中心轴转动.容器中充有低压气体,其平均自由程比 R 大得多.若分子碰撞器壁是瞬时的,离开圆盘后又变为杂乱的无规运动,试证明气体分子施于圆盘的力矩为 $\frac{1}{4}\pi nm\,\bar{v}\omega R^4$,其中 n 是分子数密度,m 是分子质量,$\bar{v}$ 为平均速率.

[解]　若圆盘是静止的,每次碰撞只在圆盘法向产生动量改变,圆盘总是处于力平衡状态.若圆盘以角速率 ω 旋转,粒子碰撞到圆盘 r 处得到一附加的切向线速率 ωr,因而有 $m\omega r^2$ 的附加角动量.在圆盘的 $r\sim r+\mathrm{d}r$ 那一圈表面上,单位时间内产生了 $\frac{1}{4}n\bar{v}\cdot m\omega r^2\cdot 2\pi r\mathrm{d}r$ 的角动量,因而形成阻力力矩.考虑到圆盘有上、下两个面,则圆盘受到的总的阻力矩为

$$M_f = 2\cdot\frac{1}{4}n\bar{v}m\omega\cdot 2\pi\int_0^R r^3\mathrm{d}r = \frac{1}{4}\pi nm\,\bar{v}R^4\omega$$

*三、稀薄气体的扩散现象

稀薄气体中也存在扩散现象,这就是在 §1.6.5 中的"二"中所介绍的泻流,或称为分子扩散,以区别于普通的扩散现象,但其孔的线度应满足 $d\ll L\ll\bar{\lambda}$ 的条件.这时小孔两侧气体的压强存在热分子压差(1.32)式,即小孔两侧气体温度不同,其压强也不同.而在 $L\gg\bar{\lambda}$ 时,即使孔两侧气体温度有很大差异,孔两侧气体压强在达到动态平衡时仍能维持相等,这种气体流动称为黏性流动.其详细介绍请见参考文献[4]的第 213 页.

选读材料 3.1　量纲分析法简介

从整体出发,去把握所研究的物理量与哪些物理量及基本常量有关,它们之间存在怎样的函数关系,常可应用量纲分析方法.

一、量纲式

我们知道,国际单位制(SI)适用于科学与工程各分支,它是建立在七个基本单位的基础上的:长度(m)、质量(kg)、时间(s)、电流(A)、物质的量(mol)、温度(K)和发光强度(cd).任一物理量的单位均可由这七个单位导出,称为导出单位.导出单位与基本单位间的依赖关系式称为该导出量的量纲式,并在该物理量的符号前面加上 dim(取 dimension 的前三个字母)表示.而量纲式是由诸基本单位所对应的量纲(称为基本量纲)组成.上述七个基本量纲依次用下述七个大写正体字母表示:L、M、T、I、N、Θ、J.例如,压强 p 的单位是 $\mathrm{N\cdot m^{-2}}=\mathrm{kg\cdot s^{-2}}\cdot$

m^{-1},故压强 p 的量纲式是

$$\dim p = M \cdot T^{-2} \cdot L^{-1}$$

可见任一物理量的量纲式均是基本量纲的幂次单项式.量纲式常被用来换算单位或检验公式、结果是否正确.

二、量纲分析法

由于任一物理方程等式两边的量纲应相同,则常可利用量纲式反推出物理方程,这称为量纲分析法.由于满足相同量纲关系的方程式不止一个,所以最后还得由实验检验所导出方程的正确性.我们知道,很多物理公式均是由某些物理量、物理常量的幂次式和(量纲为 1)常量以及量纲为 1 的因子连续相乘后组成的单项式[例如麦克斯韦速率分布(2.13)式是由物理量 m、T、v 与物理常量 k 的幂次式和量纲为 1 的因子 $\exp\left(-\dfrac{mv^2}{2kT}\right)$ 以及 π、数字连续相乘而成].对于这类情况,其一般式可写为

$$b = \varphi\, c^\alpha d^\beta f^\gamma g^\delta \tag{3.91}$$

它表示物理量 b 是物理量 c、d、f、g 的幂函数与量纲为 1 的因子 φ 连续相乘而组成的单项式,其中 α、β、γ、δ 均为有理数(当然,对于一般情况,b 不一定恰与四个物理量及物理常量有关.可能与三个或五个有关).而(3.91)式的量纲恒等式可写为

$$\dim b = \dim(\varphi\, c^\alpha d^\beta f^\gamma g^\delta) \tag{3.92}$$

这里有两种情况:(1) 第一种情况适于组成物理量 b、c、d、f、g 的基本量纲数 m 大于或等于自变量数 n,且 φ 为一常量(说明:虽然物理常量不是自变量,但物理常量的幂次数正是在量纲分析法中需要求得的,所以在量纲分析中,物理常量仍看作自变量).例如,若(3.92)式的基本量纲为 M、T、L、Θ,且 φ 是常量.则只要把 b、c、d、f、g 的量纲式分别代入(3.92)式,就能把它化为由基本量纲的幂函数单项式所组成的恒等式.由恒等式两边每一基本量纲的幂指数之和分别相等可列出四个方程,从而解得 α、β、γ、δ.这样就可解出(3.91)式,然后由实验检验其正确性,并定出常量 φ,则由量纲分析法构建物理方程已告完成.在 §3.1.2 中导出泊肃叶公式的方法,就是应用这种方法的一例(需要说明:由于在该例中 $\dfrac{\mathrm{d}V}{\mathrm{d}t}$ 是 r、η、Δp、L 的函数,其自变量数是 4,基本量纲数是 3,但若引入压强梯度 $\dfrac{\Delta p}{L}$ 后,其自变量数也与基本量纲数相等了).

(2) 第二种情况是其基本量纲数 m 小于自变量数 n,这时若采用变量分析则必须引入 $n-m$ 个量纲为 1 的因子.下面举一个例子.

若一定形状的物体以速率 v 在黏性流体中运动,现要求出物体所受的黏性阻力 F(忽略重力因素).显然,F 决定于物体的形状,在形状相似(如:同为球体或同为长直圆管)时,它又决定于物体的线度(例如半径)r、运动速率 v、流体的密度 ρ 及黏度 η.可见其自变量数是 4,但基本量纲为 M(质量)、L(长度)、T(时间),只有 3 个.应该还有一个量纲为 1 的因子,现在先写出上述五个物理量的量纲式

$$\dim F = MLT^{-2}; \quad \dim r = L; \quad \dim v = LT^{-1}$$
$$\dim \rho = ML^{-3}; \quad \dim \eta = ML^{-1}T^{-1}$$

设

$$F \sim r^\alpha v^\beta \rho^\gamma \eta^\delta$$

由量纲关系可求得

$$\begin{cases} \gamma + \delta = 1 \\ \beta + \delta = 2 \\ \alpha + \beta - 3\gamma - \delta = 1 \end{cases} \longrightarrow \begin{cases} \delta \quad 不定 \\ \alpha = 2 - \delta \\ \beta = 2 - \delta \\ \gamma = 1 - \delta \end{cases}$$

由此可得

$$F \sim \rho v^2 r^2 \left(\frac{\rho v r}{\eta} \right)^{-\delta} = \rho v^2 r^2 Re^{-\delta}$$

其中

$$Re = \frac{\rho v r}{\eta} \qquad (3.93)$$

称为雷诺数,它是量纲为 1 的因子,在流体力学中有重要的地位.雷诺数越小表示黏性力影响越显著.雷诺数越大意味着惯性力影响越显著.雷诺数是英国力学家、物理学家、工程师雷诺 (Reynolds,1842—1912)在研究平滑管道中层流和湍流之间的过渡时引入的.由于 δ 原则上可取任意值,故黏性阻力的普遍公式为

$$F = C(Re)\rho v^2 r^2$$

其中 $C(Re)$ 称为阻力系数,它是雷诺数 Re 的函数,其函数形式与物体的形状及 Re 的取值范围密切相关,可由实验来确定.对于 $Re<1$ 的低速流动,$C(Re)$ 大致和 Re 成反比,设比例系数为 C_0,这时

$$F = \frac{C_0}{Re}\rho v^2 r^2 = C_0 \eta v r$$

C_0 决定于物体的形状.例如对于球体,则线度 r 就是球的半径,且 $C_0 = 6\pi$,故

$$F = 6\pi \eta r v \qquad (3.94)$$

这就是斯托克斯公式(3.9)式.当 Re 很大时,$C_0/Re = 0.2\pi$,这时

$$F = 0.2\pi \rho r^2 v^2 \qquad (3.95)$$

说明阻力与速度 v 的平方成正比,而与气体黏度无关.对球体,阻力与 r^2 成正比,而对于非球形物体,其阻力与物体阻挡气流运动的截面积成正比.

量纲分析法的关键是要把握住与问题有关的主要物理量和基本常量(如果在这方面有所遗漏就会导致失败).如果所涉及的物理量较少,而且不存在量纲为 1 的因子,就可设想一个幂函数的关系,然后进行量纲分析,并解出各未知幂次的数值,最后还应与实验结果比较以鉴别所得公式是否正确,并定出比例常数.当然,在有些情况下利用量纲分析法不一定能完全确定公式的构造,但也能对公式的建立起指导作用.在学习过程中经常利用量纲分析方法,能培养类比和联想的能力,这对于物理思考方法的培养是很有用的.

选读材料 3.2　化学反应动力学　催化剂与酶

一、化学反应动力学

这是研究化学反应速率的一门科学,也称为化学动力学.通过化学反应而达到平衡态的过程是不可逆过程,其情况都较复杂.在以前,化学反应动力学主要局限于实验上的观察与研究,只是在最近数十年,理论研究才有很大进展.利用分子动理论来研究化学反应的碰撞理论是其中一个重要领域.碰撞理论假定化学反应的发生是借助分子之间的非弹性碰撞来实现的.例如

$$2H_2 + O_2 \rightleftharpoons 2H_2O$$

的气体化学反应,就是在两个氢分子与一个氧分子三者同时碰撞在一起时才可能发生.当然其逆反应(两个水蒸气分子碰在一起生成两个氢分子及一个氧分子)也同时存在.气体反应的速率除与参加反应气体的本身性质及它们所处的温度、压强有关外,也与这三种气体分子的

相对比例有关.在开始时,氢、氧分子多而水汽分子少,这时氢与氧分子相碰机会较多,水汽分子间碰撞机会较少,故正向反应速率较快.随着反应不断进行,氢、氧成分逐步变少,而水汽成分逐步增加,这时正向反应速率逐步变慢.在温度、压强不变的情况下,最后必将达到动态平衡,这时反应不再进行.

化学反应除要求分子间相互碰撞外,还要求参与反应的相互碰撞的分子间的相对运动速率应大于某一最小数值.即使是放热反应,也只有在其相对运动动能超过某一数值 E^*(称为激活能或活化能)时,反应才能发生.图 3.10 表示

$$A + B \rightleftharpoons C$$

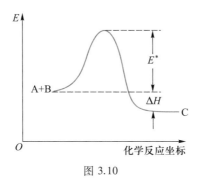

图 3.10

化合反应中能量变化的情况.由图可见,A+B 的能量水平线要比 C 的能量水平线高 ΔH 的能量[ΔH 称为反应热,见式(4.29)].图中的 $\Delta H<0$,说明这是放热反应.但是 A 和 B 碰撞并不一定能发生反应,只有 A 和 B 一起"爬过"高为 E^* 的能量"小丘"后才能进入另一能量更低的"深谷"而成为 C.同样 C 需"爬过"$E^*+|\Delta H|$ 的更高的能量"小丘"后才能分解为 A 和 B.气体化学反应中能"爬过"小丘的能量来源于相对运动动能 $\dfrac{mv_{12}^2}{2}$.只有相互碰撞分子间的相对运动速率 v_{12} 大于某一最小速率 $v_{\min}$,化学反应才能发生.$v_{\min}$ 应满足如下关系:

$$E^* = \frac{1}{2}mv_{\min}^2 \qquad (3.96)$$

可以证明[①]对于激活能为 E^* 的 A+B$\rightleftharpoons$C 的化学反应,在单位时间内,单位体积中发生的 A+B→C 的正向反应的 A、B 分子对数(也称正向反应速率)为

> ① 其证明见参考文献 4 第 178 页.

$$\frac{\mathrm{d}n_{正}}{\mathrm{d}t} = \frac{\pi}{4}(d_A + d_B)^2 \cdot n_A n_B \sqrt{\frac{8kT}{\pi\mu}} \cdot \exp\left(-\frac{E^*}{kT}\right) \qquad (3.97)$$

其中 d_A、d_B、n_A、n_B 分别为 A、B 分子的有效直径与数密度;$\mu = \dfrac{m_A m_B}{m_A + m_B}$ 为 A、B 分子间的折合质量.同样可证明,其逆向反应速率为

$$\frac{\mathrm{d}n_{逆}}{\mathrm{d}t} = \pi d_c^2 \cdot n_c^2 \cdot \sqrt{\frac{8kT}{\pi\mu_c}} \cdot \exp\left(-\frac{E^* + |\Delta H|}{kT}\right) \qquad (3.98)$$

其中 d_c、n_c、μ_c 分别为 C 分子的有效直径、数密度及折合质量,显然 $\mu_c = \dfrac{m_c}{2}$.化学反应的净速率为

$$\frac{\mathrm{d}n_{净}}{\mathrm{d}t} = \frac{\mathrm{d}n_{正}}{\mathrm{d}t} - \frac{\mathrm{d}n_{逆}}{\mathrm{d}t} \qquad (3.99)$$

由于逆向反应所需能量比正向反应高 $|\Delta H|$,故 $\dfrac{\mathrm{d}n_{净}}{\mathrm{d}t}>0$.又因反应开始时 $n_A \gg n_c$,$n_B \gg n_c$,故 $\dfrac{\mathrm{d}n_{净}}{\mathrm{d}t}$ 较大.但随着时间的不断推移,n_A、n_B 逐步减少而 n_c 逐步增加,在温度、压强一定时,定量的反应气体必将达到

$$\frac{\mathrm{d}n_{正}}{\mathrm{d}t} = \frac{\mathrm{d}n_{逆}}{\mathrm{d}t}$$

$$\frac{\mathrm{d}n_{净}}{\mathrm{d}t} = 0 \tag{3.100}$$

的动态平衡.另外,从(3.97)式可见,反应开始时增加 A、B 气体的分压有利于反应速率的提高;升高温度或降低激活能 E^* 能更明显增加反应速率.

需要说明,化学反应动力学中的碰撞理论,只适用于简单气体反应和溶液反应,对复杂反应误差较大.其原因是碰撞理论把分子看为刚性球,把分子间复杂的相互作用简单地看为机械碰撞.但不管如何,碰撞理论仍是化学反应动力学的重要基础,它至今仍然是化学中的一个前沿领域.

二、催化剂

根据国际纯粹与应用化学联合会(IUPAC)于 1981 年提出的定义,催化剂是一种物质,它能够改变反应的速率而不改变该化学反应的反应热.这种作用称为催化作用.涉及催化剂的反应为催化反应.催化剂会诱导化学反应发生改变,而使化学反应变快或减慢或者在较低的温度环境下进行.催化剂在工业上也称为触媒.催化剂自身的组成、化学性质和质量在反应前后不发生变化;它和反应体系的关系就像锁与钥匙的关系一样,具有高度的选择性(或专一性).它所以能加快反应速度,主要是因为它参与反应,改变了反应途径,而新的途径所需激活能 E^* 较小,因而可在较低温度、压强下发生反应,或明显提高化学反应速率.霍普金斯(Hopkins)由于首先注意到酶的催化作用而获诺贝尔生理奖.

三、酶

酶是一类活细胞产生的具有催化活性和高度专一性的特殊蛋白质.像其他蛋白质一样,酶分子由氨基酸长链组成.其中一部分链成螺旋状,一部分成折叠的薄片结构,而这两部分由不折叠的氨基酸链连接起来,而使整个酶分子成为特定的三维结构.不论是动植物,还是人体内的各种反应都是在酶的催化作用下进行的,没有酶就没有生命.

酶和其他催化剂一样,也是通过降低激活能 E^* 来加速反应速度.酶的催化作用有如下特点:① 酶可降低生化反应的反应激活能(或者称为活化能)E^*,使反应更易进行.而且酶在反应前后理论上是不被消耗的,所以还可回收利用.酶催化反应不像一般催化剂需要高温、高压、强酸、强碱等剧烈条件,而可在较温和的常温、常压下进行.酶的催化效率高于一般催化剂(比无机催化剂高 $10^6 \sim 10^{13}$ 量级).② 酶易变性失活,特别是在生物体外,在受到紫外线、热、射线、表面活性剂、金属盐、强酸、强碱及其他化学试剂如氧化剂、还原剂等因素影响时,酶蛋白的二级、三级结构会有所改变.所以酶比一般催化剂易于失活.③ 酶具有高度专一性,一种酶只能催化一类物质的化学反应,它与锁和钥匙一样要求严格契合才能发生反应.酶是仅能促进特定化合物、特定化学键、特定化学变化的催化剂.④ 酶的激活性质是受调节和控制的,从而保证生物机体能有条不紊地新陈代谢.

选读材料 3.3　辐射传热

辐射传热是通过分别发射和吸收热辐射电磁波来完成物体之间热量的传递的,是不需要任何介质,在真空中就能进行的过程,是三种主要的热传递形式之一.在选读材料 2.5 热辐射——分子动理论对于光子气体的应用的前言中已经说明了辐射传热的重要性,也粗略地利用属于经典物理的分子动理论导出了属于量子问题的热辐射基本定律之一——斯特藩-玻耳兹曼定律,并且详细地介绍了黑体的概念.现在我们就可以利用该定律来讨论辐射传热问题.但是在此之前要介绍基尔霍夫定律.在选读材料 3.4 中还要介绍人们十分关心的,也属于辐射传热的温室效应是如何形成的问题.

选 3.3.1　基尔霍夫定律

一、斯特藩-玻耳兹曼定律

在选 2.5.4 中已经导出了斯特藩-玻耳兹曼定律,它揭示了黑体(关于什么是黑体请见选 2.5.2)的辐射出射度与其表面绝对温度之间关系已由(2.104)式表示

$$E_b = \sigma T^4$$

式中的 $\sigma = 5.67 \times 10^{-8}$ W·m^{-2}·K^{-4} 称为斯特藩-玻耳兹曼常量.下标 b 表示为黑体.该式表明黑体的辐射出射度与其表面温度的四次方成正比.我们也可以把上式写为

$$E_b = \sigma T^4 = C_0 \left(\frac{T}{100}\right)^4 \tag{3.101}$$

其中 $C_0 = 5.67$ W·m^{-2}·K^{-4},称为黑体辐射系数

$$C_0 = \sigma_0 \times 10^8 \tag{3.102}$$

二、基尔霍夫定律

普朗克定律和斯特藩-玻耳兹曼都仅描述了黑体发射热辐射的规律,如果还要考虑物体吸收热辐射的情况,就要引入基尔霍夫定律.实际上物体辐射或吸收热辐射的能量多少都与它的温度、表面积、表面的黑度等因素有关,是比较复杂的.但是,在热平衡状态下,辐射体的单色辐射出射度 $E_\lambda(T)$ 与其单色吸收比(或者称为单色吸收率)$\alpha(\lambda, T)$ 的比值只是辐射波长和温度的函数,而与辐射体本身性质无关,这一规律称为基尔霍夫定律,由德国物理学家基尔霍夫(Kirchhoff)于 1859 年建立.式中吸收比 $\alpha(\lambda, T)$ 的定义是:被物体吸收的波长在 λ 到 $\lambda + d\lambda$ 范围内的辐射通量与入射到该物体的辐射通量之比.根据基尔霍夫定律可以知道,某一物体表面,它发射某些波长的热辐射强,那么它对这些波长的热辐射的吸收也强.

对于所有波长的热辐射来说,其总辐射出射度 $E(T)$ 和总的吸收比 α 的比值也只是温度的函数而与辐射体本身性质无关,这也称为基尔霍夫定律.因为黑体的吸收比 $\alpha_b = 1$(其中下标 b 表示为黑体),所以对于吸收比 $\alpha < 1$ 的各种灰体,设其同一温度下的辐射出射度分别为 $E_1, E_2, \cdots, E$;吸收比分别为 $\alpha_1, \alpha_2, \cdots, \alpha$;相同温度下的黑体的辐射出射度为 E_b,黑体的吸收比 $\alpha_b = 1$,则有

$$\frac{E_1}{\alpha_1} = \frac{E_2}{\alpha_2} = \cdots = \frac{E}{\alpha} = E_b = f(T) \tag{3.103}$$

这是基尔霍夫定律的数学表达式.它表明任何物体(灰体)的辐射出射度与吸收率的比值恒等于同温度下黑体的辐射出射度,由此式可知,在任一温度时,物体吸收率越大,其辐射出射度也越大,而黑体的辐射出射度是相同温度下最大的,也就是说单位表面积向外发射的热辐射功率最大.

将(3.101)式代入(3.103)式,得到

$$E = \alpha E_b = \alpha C_0 \left(\frac{T}{100}\right)^4 = C\left(\frac{T}{100}\right)^4 \tag{3.104}$$

式中 C 为灰体辐射系数: $C = \alpha C_0$. 对于实际物体,因 $\alpha < 1$ 故 $C < C_0$. 在这里我们还要引入灰度的概念. 灰度定义为在同一温度下,灰体的辐射出射度与黑体的辐射出射度之比,用 ε 表示

$$\varepsilon = \frac{E}{E_b}$$

$$E = \varepsilon E_b = \varepsilon C_0 \left(\frac{T}{100}\right)^4 \tag{3.105}$$

只要知道灰体的 ε,就可利用上式求出灰体的辐射出射度. 将(3.105)式和(3.104)式比较,可以看到

$$\alpha = \varepsilon \tag{3.106}$$

说明同一温度下,物体吸收率和灰度在数值上是相等的,但是吸收率和灰度是两个不同的概念,吸收率表示物体表面吸收热辐射的性质,而灰度表示了物体表面发射热辐射的性质.

基尔霍夫定律很有应用价值. 我们看到,所有的散热器的表面都是黑色的,例如计算机的微处理器 CPU 的散热器的表面是黑色的,上面还要装上一风扇进行强迫对流冷却. 又比如夏天有人喜欢穿黑色的衣服,这令人费解. 的确,黑色衣服吸收率高,穿黑色衣服在阳光下会感到更热;但在室内,人体温度比周围环境高,吸收率高的物体其辐射出射度也高,就易于向外散发辐射热,这时穿黑色衣服要比穿白色衣服凉爽. 相反,对于保温装置来说其表面的颜色应该是吸收率最小的银白色. 因为这样它的吸收率最低,从外界吸收的热辐射能量最小. 例如热水瓶的真空夹层内壁都镀上银;从锅炉房或者中央空调设备引出的暖气管被裹了保温层后,最外面还包一层银白色的铝皮或者玻璃纤维布;在太空中只存在辐射传热,所以宇宙飞船,航天飞机,空间站,人造卫星的表面都是白色或者银白色的. 对于人造卫星来说,它在绕地球运转时有时朝阳,有时背阳(太阳光被地球遮住). 若卫星表面对热辐射呈高吸收性,则朝阳时温度有较大升高,背阳时吸收率高的表面发射率也高,故温度有明显下降. 所以为了使卫星内部温度恒定,其表面应该具有高反射性.

辐射传热发出的电磁波,理论上是在整个波谱范围内分布,但在人们日常生活中以及工业上所遇到的温度范围内,有实际意义的是波长位于 $0.38 \sim 1\,000\ \mu m$ 之间的热辐射(其中可见光的波长范围是 $0.38 \sim 0.76\ \mu m$,红外线的波长范围是 $0.76 \sim 20\ \mu m$),而且大部分位于红外线(又称热射线)区段中. 所谓红外线加热,就是利用这一区段的热辐射.

物体表面对不同波长的吸收率是不同的,典型例子是月光. 大家知道,月光是"冷光"(所以古人把月亮称为"广寒宫"). 在相同可见光亮度下,月光与太阳光比较,太阳光要明显暖和得多. 这是因为太阳光经过月球表面反射后,已吸纳了绝大部分的红外线(因为月球表面温度很低,它发射的是红外线,根据基尔霍夫定律,物体表面发射哪些频率的热辐射强,则它对这些频率热辐射的吸收也强,所以它对红外线的吸收率明显高于可见光);月球还吸收了可见光中的频率比较低的红色光,经过月球反射后照射到地球上的是青色光,照射到地球上就没有任何暖和的感觉. 但是太阳直接射向地球的光线中被大气层吸收的红外线很少,由于人的皮肤和衣服对红外线的吸收率特强,所以人感到太阳光比月光暖和得多.

选 3.3.2 辐射传热

物体在向外发射辐射能的同时,也会不断地吸收周围其他物体发射的辐射能,并将其重新转变为热能,这种物体间相互发射辐射能和吸收辐射能的传热过程称为辐射传热. 若辐射传热是在两个温度不同的物体之间进行,则传热的结果是高温物体将热量传给了低温物体,

若两个物体温度相同,则物体间的辐射传热量等于零,但物体间辐射和吸收过程仍在进行.

工业上遇到的两固体间的辐射传热多在灰体中进行.两灰体间的辐射能相互进行着多次的吸收和反射过程,因此在计算传热时,要考虑到它们的吸收率、反射率、形状和大小以及两者间的距离及相互位置,这是相当复杂的.图 3.11 所示的为两面积很大的相互平行的两灰体板.因两板很大又很近,故认为从任何一板发射出的辐射全部投到另一板上,并且热射线的透射率等于零(电磁波在固体表面上只能反射,不能透射),即 $\delta = 0$,设对热射线吸收率为 α,反射率为 R,则 $\alpha + R = 1$.

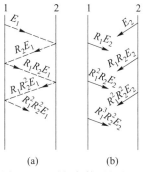

由图(a)可以看出,从板 1 发射的辐射出射度 E_1,对于板 2 来说,就是有和 E_1 相等的能流率 ψ_1 被投射到它上面,即

$$E_1 = \psi_1 \tag{3.107}$$

ψ_1 被板 2 吸收了 $\alpha_2 \psi_1$,被板 2 反射回 $R_2 \psi_1 = R_2 E_1$,这部分又被板 1 吸收和反射……,如此进行一直到 ψ_1 被完全吸收为止.同样从板 2 发射的辐射能 E_2 也有类同的吸收和反射过程,如图(b)所示.

图 3.11　平行灰体平板间的辐射过程

假定两平行板间单位时间内,单位面积上净的辐射传热量也即两板间单位面积辐射能的总能量差为 q_{1-2}:

$$q_{1-2} = \psi_1 \alpha_2 (1 + R_1 R_2 + R_1^2 R_2^2 + \cdots) - \psi_2 \alpha_1 (1 + R_1 R_2 + R_1^2 R_2^2 + \cdots)$$

等号右边中的 $(1 + R_1 R_2 + R_1^2 R_2^1 + \cdots)$ 为无穷级数,它等于 $1/(1 - R_1 R_2)$,代入上式.
若两平行板的面积均为 A,则利用(3.104)式,经过计算,可以得到单位时间内两板之间传递的总热量,即热功率为

$$\Phi_{1-2} = A C_{1-2} \left[\left(\frac{T_1}{100} \right)^4 - \left(\frac{T_2}{100} \right)^4 \right] \tag{3.108}$$

其中 C_{1-2} 为总辐射系数.若两板间的大小与其距离之比不够大时,一个板面发射的辐射能流率只有一部分到达另一面,此份数用角系数 φ 表示,为此得普遍式为:

$$\Phi_{1-2} = A C_{1-2} \varphi \left[\left(\frac{T_1}{100} \right)^4 - \left(\frac{T_2}{100} \right)^4 \right] \tag{3.109}$$

式中 Φ_{1-2} 是净的辐射传热率,A 是辐射面积,T_1、T_2 是高温和低温物体表面的绝对温度,φ 是角系数.角系数的大小不仅和两物体的形状以及几何排列有关,还要和选定的辐射面积 A 相对应.几种简单情况的 φ 值见表 3.6.

表 3.6　辐射传热角系数 φ 值与总辐射系数 C_{1-2} 的计算式

序号	辐射情况	面积 A	角系数 φ	总辐射系数 C_{1-2}
1	极大的两平行面	A_1 或 A_2	1	$C_0 / \left(\dfrac{1}{\varepsilon_1} + \dfrac{1}{\varepsilon_2} - 1 \right)$
2	很大的物体 2 包住物体 1	A_1	1	$\varepsilon_1 C_0$
3	物体 2 恰好包住物体 1,$A_1 \approx A_2$	A_1	1	$C_0 / \left(\dfrac{1}{\varepsilon_1} + \dfrac{1}{\varepsilon_2} - 1 \right)$
4	在 2、3 两种情况之间	A_1	1	$C_0 / \left[\dfrac{1}{\varepsilon_1} + \dfrac{A_1}{A_2} \left(\dfrac{1}{\varepsilon_2} - 1 \right) \right]$

由以上介绍知道,辐射传热的计算是相当复杂的.

选 3.3.3 太阳表面温度的估计

斯特藩–玻耳兹曼定律的一个应用实例是太阳表面温度的估计.太阳处于恒星的主序星阶段,它依靠在太阳内核所发生的一系列热核反应,使质子聚合为氦,从而提供核能,但这些能量却全部由太阳表面以热辐射形式向外散发.应该指出,太阳表面并不像地球或月球表面那样分明,因为太阳是由气体组成的.通常把太阳的表面理解为太阳的光球.有关太阳的简单知识见选 2.1.4.光球的温度称为太阳的"有效温度",所谓太阳表面温度就是指光球有效温度.而太阳的半径就是光球的半径.太阳光谱非常接近于与太阳表面温度相同的黑体辐射光谱.太阳表面温度常由太阳常量 $C_日$ 来确定.太阳常数是指在地球的外层空间垂直于太阳光线的单位面积上,单位时间内所透过的太阳光的总能量(说明:由于太阳光穿过地球大气层时,地球大气要吸收一部分能量,所以一定要在外层空间测定太阳常量),按世界气象组织 1981 年公布的数字,太阳常量的平均值为 $C_日 = 1.368 \text{ kW} \cdot \text{m}^{-2}$,下标"日"表示太阳.另外,天文上也可测出地球到太阳中心之间的平均距离为 $a = 1.5 \times 10^{11}$ m,称作一个天文单位;太阳的半径 $R_日 = 7 \times 10^8$ m.根据上述数据即可用如下方法估计出太阳表面温度 $T_日$.

设太阳表面是黑体,此时太阳表面相应的温度为 $T_日^b$,其中上标 b 表示黑体,下标"日"表示太阳.又设单位时间内,从单位表面积上向外发射的总能量称为太阳的光度,以 $L_日$ 表示,则

$$L_日 = 4\pi R_日^2 \cdot E_b = 4\pi R_日^2 \cdot \sigma (T_日^b)^4$$

上式中的 $T_日^b$ 是把太阳表面看为黑体时的温度,而 E_b 是太阳表面的辐射出射度.这里已经利用了斯特藩–玻耳兹曼定律的(2.104)式.这些能量数值不变地传播到以 a 为半径的球面上,显然这球面的单位面积上所透过的太阳光的功率是和地球上测量出的太阳常量 $C_日$ 一样的.故

$$4\pi R_日^2 \cdot \sigma (T_日^b)^4 = 4\pi a^2 C_日$$

$$T_日^b = \left(\frac{a}{R_日} \right)^{1/2} \cdot \left(\frac{C_日}{\sigma} \right)^{1/4} = 5\ 750 \text{ K} \tag{3.110}$$

实际上,太阳表面并非黑体,其吸收率小于 1.根据基尔霍夫定律,非黑体表面的总辐射出射度要低于相同温度下的黑体表面的辐射出射度.若太阳表面(非黑体)要发射出 $L_日$ 的功率,它的表面温度 $T_日$ 应比 $T_日^b$ 大,通常认为太阳表面温度 $T_日 = 6\ 000$ K.历史上最早测定太阳表面温度的是斯特藩,他于 1879 年利用他所发现的斯特藩定律及他所制作的辐射高温计,测得太阳表面温度为 6 000 K.

选 3.3.4 温室减少热辐射 地球表面平均温度的估计

一、温室减少辐射传热

由于白天受到辐照,大地在夜晚的温度要比周围大气的温度高,大地要向外散发热量.它不仅通过对流传热,也通过热辐射向大气散热.只要在地表加盖一层透明薄膜或建一座玻璃温室就能减少夜晚的辐射传热,这有利于植物生长.由于玻璃或者透明薄膜其透射率 $\delta \neq 0$,所以在选 3.3.2 节中对于图 3.12 中的情况已经不适用,因为它是假定透射率等于零的.这时(3.109)式和(3.110)式不能用来计算.

设玻璃或者透明薄膜面积足够大,其吸收率为 α、透射率为 δ,设大地为黑体,大地、薄膜的总辐射出射度分别为 E_1^b 及 E_2,薄膜向薄膜之外的大气及薄膜与大地间的夹层发射热辐射,大地也向夹层发射热辐射.大地与薄膜也都同时在吸收热辐射,而薄膜从大气吸收到的热辐射很少,可予忽略.这时单位面积大地在单位时间内向夹层空间发射的能量(即能流密度)ψ_1 等于大地黑体的辐射出射度 E_1^b,如图 3.12 所示.这一能流密度垂直投射到薄膜上后被吸收了 αE_1^b,向大气透射了 δE_1^b,剩下的 $(1-\alpha-\delta)E_1^b$ 被反射传回大地,被大地的黑体表面全部吸收,不

出现第二次反射.与此同时,薄膜向夹层发射的能流密度
等于它的辐射出射度 E_2,它垂直投射到大地后也全部被吸
收,没有反射.薄膜同时也向大气发射 E_2 的能流密度.显
然,薄膜的能量收支应该达到平衡,就是说它从大地吸收
了 αE_1^b 的能流密度,向地面和大气发射了 $2E_2$ 的能流密度
而达到平衡,所以 $E_2 = \alpha E_1^b / 2$.薄膜向大气传递的能流密度
为 $\psi_{薄膜} = (\delta + \alpha/2)E_1^b$.假如大地没有覆盖薄膜,晚上向大气
热辐射的能流密度应该为 $\psi_{大地} = E_1^b$.因为 $\alpha + \delta < 1$,所以
$\psi_{薄膜}/\psi_{大地} = (\alpha/2 + \delta) < (\alpha + \delta) < 1$,表明覆盖薄膜以后晚上
可以减少大地向大气的辐射传热量.这是讨论晚上的情况.

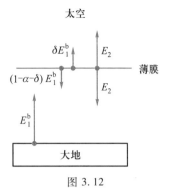

图 3.12

在白天,太阳光线能够透过薄膜,农作物照样能够吸收太阳光.另外,覆盖薄膜也能有效地减
少对流传热.由此看来,覆盖薄膜或者建造温室有利于大地保温.这在农业上有很重要的应用.

我们之所以要专门介绍温室减少辐射传热,是为分析选读材料 3.4 温室效应做准备.因
为温室效应就是指地球大气中在存在的温室气体(这主要指二氧化碳)时,就好像在地球上
覆盖一层薄膜一样,减少了向太空的辐射传热,因而使得地球表面的温度会上升.

二、地球表面平均温度的估计

由于地球被大气层所包围,加之有海洋的调节作用,地球表面不会因昼夜、季节及纬度的
不同产生很大温度差异,这和月球是完全不同的(见选 2.1.2).地球本身不产生热量,在任一
时刻都从太阳吸收能量,同时它也向太空发射热辐射(这是地球向太空传热的唯一方式),能
量收支达到平衡,温度不变.虽然这一温度是随地点、季节而变的,但是总是存在一个全球的
平均温度,现在我们就来估计这一地球表面的平均温度.设地球表面平均温度为 $T_{地}$,地球半
径为 $R_{地}$,太阳常量为 $C_{日}$,则太阳垂直照射到地球表面上的总的热功率为 $\pi R_{地}^2 \cdot C_{日}$.又设地
球对太阳光的吸收率为 $\alpha = 0.7$,反射率为 0.3(说明:从宇宙飞船或月球上看到的地球就是地
球的反射光,也称地光,它与月球是类似的),所以地球吸收太阳光的总功率为

$$P_{吸} = \alpha \pi R_{地}^2 \cdot C_{日} \tag{3.111}$$

虽然地球不断地从太阳吸收能量,但地球表面温度并不升高.这是因为它还不断向太空发射
热辐射能量.地球向太空发射能量要通过大气完成.设地球向太空发射的辐射出射度为 $E_{地}$,
地球表面平均温度为 $T_{地}$,地球表面的灰度为 ε,利用灰体的辐射出射度公式(3.105)式以及
(3.106)式可以得到

$$E_{地} = \varepsilon E_b = \alpha E_b = \alpha C_0 \left(\frac{T_{地}}{100} \right)^4 \tag{3.112}$$

这里已经利用(3.107)式.地球表面向外辐射的总功率是

$$P_{发} = 4\pi R_{地}^2 \cdot E_{地} \tag{3.113}$$

能量收支达到平衡,即(3.111)式等于(3.113)式,可以得到

$$T_{地} = \left(\frac{C_{日}}{4C_0} \right)^{1/4} \times 100 = 278 \text{ K}$$

这一温度的数值偏低了,问题出在哪里? 其中一个重要原因是因为地球表面并不像月球一样
是一个简单的固体表面,它被大气层所覆盖.大气中存在二氧化碳和大量水汽等温室气体,大
气中的温室气体的特殊作用是它好像在地球表面覆盖一层透明薄膜那样,能够减少向太空
发射的红外辐射,它是和本节(一)中讨论的温室减少热辐射的效果是类似的.地球从太空吸
收的能量不变,但是它向太空发射的热辐射能量减少了,地球表面平均温度当然要升高.这时
(3.106)式不再成立,表示地球表面吸收热辐射的吸收率 α 要大于表示地球表面发射热辐射
性质的灰度 ε,而(3.112)式应该写为

$$E_{地} = \varepsilon E_b = \varepsilon C_0 \left(\frac{T_{地}}{100}\right)^4 \tag{3.114}$$

一般认为地球表面对太阳光线的吸收率为 $\alpha = 0.7$，如果假定 $\varepsilon = 0.6$.联立(3.111)式、(3.113)式、(3.114)式可以计算得到地球表面平均温度

$$T'_{地} = \left(\frac{\alpha C_日}{4\varepsilon C_0}\right)^{1/4} \times 100 = 289 \text{ K} \tag{3.115}$$

这一数值比较切合实际.我们看到,温室气体所导致的 ε 的稍有下降,地球表面平均温度就有明显上升(上升 11 K).

我们在上述计算中并未考虑地球内部还有放射性能源不断向外散发.因地球与其他类地星(金星、火星、水星)一样,其放射性能源已近耗尽,不像类木星(木星、土星、天王星等)还有很强的放射性能量向外散发,详细情况见选 2.1.3 行星大气.

选 3.3.5　空腔辐射传热　人体辐射热损失

一、空腔中的辐射传热

若在空腔(一般认为该空腔表面均为凹面,而不存在凸面)内引入温度为 T(T 小于空腔壁的温度 T_w),大小远小于空腔的物体,物体的吸收率为 α,试问物体通过热辐射向空腔壁传递的热量是多少.显然空腔壁可以看为黑体,因为物体的大小远小于空腔,从物体表面发射的任何热辐射都要射到空腔壁上,经过空腔壁的无数次反射,最终将全部被吸收.现在我们可以利用(3.108)式来计算辐射传热的热功率.

$$\Phi_{1-2} = A C_{1-2}\left[\left(\frac{T_1}{100}\right)^4 - \left(\frac{T_2}{100}\right)^4\right]$$

其中 A 为物体面积,C_{1-2} 为总辐射系数,通过表 3.4 中的第二行"很大的物体 2 包住物体 1"查得 $C_{1-2} = \varepsilon C_0$.其中,$C_0 = 5.67$ W·m^{-2}·K^{-4} 称为黑体辐射系数,ε 为物体的灰度.从(3.106)式知道 $\alpha = \varepsilon$,所以(3.108)式可以表示为

$$\Phi_{1-2} = A\alpha C_0\left[\left(\frac{T}{100}\right)^4 - \left(\frac{T_w}{100}\right)^4\right] \tag{3.116}$$

[例 3.14] 把一个涂黑了的、半径为 $R = 0.02$ m 的实心铜球放在真空容器内,容器器壁温度 T_w 为 100 ℃,试问铜球的温度从 $T_1 = 103$ ℃ 降为 $T_2 = 102$ ℃ 所需时间是多少?已知铜的比热容 $c_p = 3.81 \times 10^2$ J·kg^{-1},密度 $\rho = 8.93 \times 10^3$ kg·m^{-3}.

[解] 可认为真空容器就是空腔,而涂黑的铜球近似为一黑体,利用(3.116)式,辐射传热的热功率为

$$\frac{dQ}{dt} = \Phi_{1-2} = A C_0\left[\left(\frac{T}{100}\right)^4 - \left(\frac{T_w}{100}\right)^4\right]$$

$$= A C_0\left[\left(\frac{T}{100}\right)^2 + \left(\frac{T_w}{100}\right)^2\right] \cdot \left[\left(\frac{T}{100}\right) - \left(\frac{T_w}{100}\right)\right] \cdot \left[\left(\frac{T}{100}\right) + \left(\frac{T_w}{100}\right)\right]$$

$$\approx 4 A C_0 T_w^3\left[\left(\frac{T}{100}\right) - \left(\frac{T_w}{100}\right)\right] \times 10^{-6}$$

在上面的计算中,两个方括号内取加号的因子中都认为 $T \cong T_w$,因为 T 和 T_w 之间最多相差 3 ℃,它和它们的绝对温度比较是很小的.再利用 $dQ = mc_p dT$,可有

$$mc_p\frac{dT}{dt} = 4 C_0 T_w^3\left[\left(\frac{T}{100}\right) - \left(\frac{T_w}{100}\right)\right] \times 4\pi R^2 \times 10^{-6}$$

因小球质量 $m = 4\pi R^3 \rho / 3$,代入并积分可得

$$\int_0^t \mathrm{d}t = \frac{R\rho c_p}{12 C_0 T_\mathrm{w}^3 \times 10^{-8}} \int_{T_2}^{T_1} \frac{\mathrm{d}T}{T - T_\mathrm{w}}$$

其中 $C_0 = 5.67 \ \mathrm{W \cdot m^{-2} \cdot K^{-4}}$ 称为黑体辐射系数. 经过积分后可得

$$t = \frac{R\rho c_p}{12 C_0 T_\mathrm{w}^3 \times 10^{-8}} \ln \frac{T_1 - T_\mathrm{w}}{T_2 - T_\mathrm{w}} = 780 \ \mathrm{s}$$

二、人体辐射热散失与基础代谢率

若人赤身裸体,仅考虑辐射热散失,其热量散失功率可作如下估算. 作为一个近似模型,可认为人是在一很大的空腔中,空腔(即环境)温度为 20 ℃,人的体表温度为 33 ℃,人的表面积 $A = 1.7 \ \mathrm{m}^2$,人体向外辐射的是红外线,而皮肤对红外线的吸收率为 0.98,可近似认为是 1. 利用(3.116)式,则人体辐射热散失的功率为

$$P = 1.7 \times 0.98 \times 5.67 \left[\left(\frac{306}{100} \right)^4 - \left(\frac{293}{100} \right)^4 \right] \mathrm{W} = 132 \ \mathrm{W}$$

而人从食物中每天摄取的热量通常可认为是 $2\,500 \times 4.18 \ \mathrm{kJ}$,由此算得其平均摄热功率为 121 W. 而人的基础代谢率(医学名词,是指人在 24 小时内不作任何活动而维持人的正常生命所需的热功率)为 81 W. 由此可见,在 20 ℃环境下长期不穿衣服,仅考虑辐射热损失就很难维持正常生命,这还没有考虑到更为重要的对流传热及蒸发散热的热损失,可见减少人体的辐射传热是十分重要的. 穿了衣服以后,相当于在体外增加了多道防辐射屏(在选 3.3.5 中介绍的覆盖薄膜就是一道防辐射屏),这样能明显减少辐射传热. 实验指出,在皮肤干燥且未穿衣服时其辐射散热约占总散热量的一半,但在运动时或气候炎热时常以蒸发散热为主.

最后需要说明,本选读材料有配套的习题,分别是"选 3.3.1"和"选 3.3.2". 有兴趣的读者可以练习.

选读材料 3.4 温室效应

地球的能量来源是太阳的热辐射,辐射能的输入和输出就决定了地球,特别是地球大气的能量是否平衡. 温室效应是地球辐射平衡中的问题之一. 由于现今温室效应已经使得全球的气候在逐渐变暖,并且产生了严重的影响,控制二氧化碳的排放成为全世界刻不容缓的急需解决的首要问题之一. 温室效应是如何产生的? 它有什么严重后果? 水蒸气也是温室气体,为什么不控制水蒸气的排放? 这些正是我们要向大家介绍的. 作为分析温室效应所必需的基本知识的铺垫,请阅读"选读材料 2.5 热辐射——分子动理论对于光子气体的应用"和"选读材料 3.3 辐射传热",特别是"选 3.3.4 温室减少热辐射"(为什么温室能够减少辐射传热).

一、太阳辐射

太阳可以看成是一个直径为 $1.4 \times 10^9 \ \mathrm{m}$,离地面 $1.5 \times 10^{11} \ \mathrm{m}$ 的球形光源. 入射到地球表面的阳光可以看成是以 $\pm 0.25°$ 入射的平行光束. 图 3.13 给出了大气层外和海平面上太阳当顶时,阳光通量随波长的分布. 由图可以看出,在大气层外,阳光通量与黑体在 6 000 K 时的辐射相似,它几乎包括了整个电磁波谱,其中红外部分约占 50%,可见光部分约占 40%,紫外部分约占 10%. 地球大气层外界的阳光总强度是以太阳常量来表示的. 太阳常量定义为:地球大气层外围与光传播方向垂直的平面上,单位时间内每单位面积接收到的光的总量. 按世界气象组织 1981 年公布的数字,太阳常量的平均值为 $1\,368 \ \mathrm{W/m}^2$. 然而,由于大气中的一些成分具有吸收一定波长光或散射光的性质,因而,通过大气层到达海平面的阳光,其光通量的谱分布有了显著的不同. 图 3.13 中阴影区域表示由于各种大气天然组分的吸收所引起的光减弱.

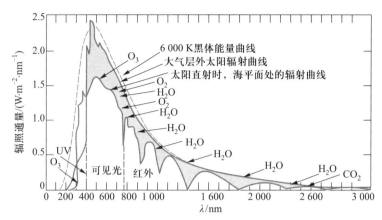

图 3.13   大气层外和海平面上的太阳辐射通量与 6 000 K 黑体辐射的比较

太阳辐射通过大气层到达地面时,大气中的各种组分主要是 N_2、O_2、O_3、水蒸气、CO_2 和尘埃,能够吸收一定波长的太阳辐射,或反射、散射一定波长的辐射.高能量的太阳光量子还可被分子吸收后引起分子解离.

由于 N_2、O_2 及 O_3 的吸收,波长小于 290 nm 的太阳辐射达不到地球表面.而波长为 300~800 nm 的可见光波基本不被大气分子吸收,它们能够透过大气到达地面,即构成一个所谓光谱上的"窗"(称为大气窗),这部分约占太阳光总能量的 40% 左右.波长为 800~2 000 nm 的长波辐射,则几乎都被水分子和二氧化碳分子吸收掉.

二、地球与大气的能量平衡

包围着地球的大气层在相当程度上可以让太阳光线中的波长较短的辐射透到达地面,这部分能量大约占地球接收到的太阳总能量的 70%,剩余的 30% 能量反射回太空.宇航员在太空中看见的地球就是太阳的反射光线.另外,地球表面除了吸收由太阳来的辐射外,它本身也向大气发射热辐射能量.因其地球表面温度平均为 285~300 K,所以发射的热辐射相当于 300 K 时的黑体.辐射的极大值位于 10 μm 处,即主要是红外长波辐射.而地球表面向大气发射的热辐射能量主要被低层大气中的 CO_2 和水汽吸收,也有一部分到达空间和由大气反辐射回到地表.由于在一个比较长的时期内地面的平均温度基本上维持不变,因此可以认为被地球表面吸收的太阳辐射能和地球表面向外发射的长波辐射能其收支是基本平衡的.

三、温室效应

发生于地球和大气间的能量得失过程是和大气中的 O_3、水汽和 CO_2 的光化学作用(例如对于 O_3 来说,就是光化学作用,见选 4.2.2 臭氧层——地球上生命的第二把保护伞)和光吸收作用密切相关的,所以大气中这些成分的变化对地球的能量平衡会产生影响.其中最重要的影响就是地球的温室效应.这是因为温室气体(特别是 CO_2)的增加将增强它们对地面热辐射(它们是处于长波波段)的吸收,从而减少地球对太空的能量散失.当然,温室气体也要发射长波辐射,但是它在向太空发射辐射的同时,也要向地面发射辐射,这部分的能量全部被地面吸收,其总的结果是地面向太空发射的辐射总能量减少,地面的平均温度会有所增加.可以发现,上述情况是和选 3.3.4 中介绍的温室减少热辐射传热中所介绍的情况非常类似的.所以大气中所增加的温室气体好像在地面上空覆盖一层玻璃或者透明薄膜,从而形成一个大的温室.温室效应因此得名.温室效应最突出的例子是金星的大气.金星的大气压强达到 9 MPa(约为地球大气压强的 90 倍),其大气组成绝大部分是 CO_2,说明金星表面被十分浓密的二氧化碳气体所覆盖,而金星的表面极限温度可高达 500 ℃(见选 2.1.3 行星大气).这使得金星的表面温度甚至高于水星(虽然它离太阳的距离要比水星的大两倍,并且得到的阳光只有水星的四分之一),这主要是由 CO_2 气体所产生的严重的温室效应所引起的.

地球从它开始存在的原初大气一直演化到现在,温室效应始终存在,因为大气中的温室气体始终存在.但是人们通常是把目前地球已经处于辐射平衡的情况作为参考点,如果进一步增加大气中的 CO_2 气体和水汽等温室气体的含量,会使得地球表面的平均温度上升,这就是我们常说的温室效应.

实际上,大气中温室气体的增加导致的地面直接向太空发射的长波辐射减少的量所占百分比是非常少的.但是它却破坏了地球的辐射平衡,地面的温度些微增加对地球环境所产生的影响是不能忽视的,并且已经呈现越来越严重的趋势.

温室效应的危害:1.全球气候变暖;2.南极冰盖、北极冰山以及陆地上的冰川熔化,使得海平面上升,部分陆地淹没;3. 土地干旱,沙漠化面积增大;4. 地球上的病虫害增加;5.气候反常,海洋风暴增多以及厄尔尼诺现象等.科学家预测:如果地球表面温度的升高按现在的速度继续发展,到 2050 年全球温度将上升 2~4 ℃,南北极地的冰山将大幅度融化,导致海平面大大上升,一些岛屿国家和沿海城市将淹于水中,其中包括几个著名的国际大城市:纽约,上海,东京和悉尼.

需要说明的是,虽然大气中的水汽和 CO_2 一样也是温室气体,但是大气中水汽的增加将使得云层增厚,而云层的增厚又将减少地面从太阳光线直接吸收的太阳能,使得水汽产生的温室效应并不明显.所以防止温室效应的最有效方法是控制二氧化碳气体的排放,控制燃烧过多煤炭、石油和天然气,从而控制二氧化碳的排放量.另外,海洋中的浮游生物和陆地上的森林,尤其是热带雨林可以吸收大量二氧化碳,通过它们的光合作用使得二氧化碳转变为氧气.所以我们要保护好森林和海洋,不让海洋受到污染以保护浮游生物的生存,我们还要植树造林,不滥伐森林等.21 世纪把节能和发展再生能源和清洁能源看为全球性环境保护的首要任务.太阳能的利用,风力发电,地热发电,燃烧氢、生物柴油等为能源的汽车,正在大力发展中.现在已经把控制全球气候变暖列为国际上最急于解决的重要问题之一,而最有效的方法就是控制二氧化碳的排放.

选读材料 3.5 大气环流——大气中的自然对流传热

一、大气环流

在气象、地质、地理中的很多传热过程都主要是自然对流传热,如大气环流、地幔对流等.其中人们最为关心的是大气中的自然对流现象.大气中由于温度,太阳辐照,重力以及水的物态变化等因素的共同作用,使得大气中的气体流动情况十分复杂.其中最重要的是大气环流.大气环流一般是指地球大气层中具有稳定性的各种气流运行的综合表现.地球上的空气为什么会流动,这是因为地球表面接受的太阳辐射不均匀,导致地球表面形成不同的气压带,由于各地气压高低不同所产生的气压差,于是造成空气的流动.大气环流是大气大范围运动的状态.某一大范围的地区(如欧亚地区、半球、全球),某一大气层次(如对流层、平流层、中层、整个大气圈,见选读材料 4.2)在一个长时期(如月、季、年、多年)的大气运动的平均状态或某一个时段(如一周、梅雨期间)的大气运动的变化过程都可以称为大气环流.

大气环流构成全球大气运行的基本形势,它是全球气候特征和大范围天气形势的原动力.控制大气环流的基本因素是太阳辐射、地球表面的摩擦作用、海陆分布和大地形态等.

大气环流是完成地球-大气系统角动量、热量和水分的输送和平衡,以及各种能量间的相互转换的重要机制,又同时是这些物理量输送、平衡和转换的重要结果.因此,研究大气环流的特征及其形成、维持、变化和作用,掌握其演变规律,不仅是人类认识自然的不可少的重要组成部分,而且还将有利于改进和提高天气预报的准确率,有利于探索全球气候变化,以及更有效地利用气候资源.

大气环流在地球上不少沙漠的形成中起了重要作用,请见二维码视频"沙漠的成因".

视频:沙漠的成因

二、季风

季风是大气环流的一种,是对我国的气候产生主要影响的大气环流.由于大陆和海洋在一年之中增热和冷却程度不同,在大陆和海洋之间大范围的、风向随季节有规律改变的风,称为季风.季风是大范围盛行的、风向随季节变化显著的风系.它的形成是由冬夏季海洋和陆地温度差异所致.

由于海洋的热容量比陆地大得多,所以在冬季大陆气温比邻近的海洋气温低,大陆上出现冷高压,海洋上出现相应的低压,气流大范围从大陆吹向海洋,形成冬季季风.冬季季风在北半球盛行北风,西北风或东北风.在夏季海洋温度相对较低,大陆温度较高,海洋出现高压或原高压加强,大陆出现热低压;这时北半球盛行西南和东南季风,尤以印度洋和南亚地区最显著.西南季风大部分源自南印度洋.另一部分东南风主要源自西北太平洋,以南风或东南风的形式影响我国东部沿海.

三、海陆风

海陆风则是大气中较小范围内的自然对流.湖水或者海水的热容量很大,晴朗白天陆地温度升高快于湖海,热气流上升,气压相应较低,下层空气自海面流向陆地,形成海风;夜间陆地冷却快于湖海,气压相应较高,下层空气流向海面,形成陆风.海陆风不仅存在海边或者湖边,就是在比较宽阔的水面附近也同样存在.

选读材料 3.6　太阳能热水器

太阳能热水器是一个光热转换器,有好多种形式,它也被用于家庭中.我们这里介绍的是家用太阳能热水器中比较简单的,也是在城市和农村被广泛使用的,真空集热管式太阳能热水器.它主要有储水箱、真空集热管、支架、反光板四部分组成.如图 3.14 所示.储水箱的外观为一个留有多个插孔的圆柱形物体,储水箱由内、外两部分组成,外部为保温性能很好的发泡聚酯保温层,内部供储水用.真空集热管像一个被拉长的热水瓶内胆,由一大一小两支玻璃管套合而成,外层为透明,内层为涂有光谱吸收选择性很好的涂层,内外管之间抽成真空,它是太阳能热水器的核心,用于最大限度地吸收太阳光辐射后的热能,又能够尽量避免向周围散发热量.玻璃内管充满水,其上端和储水箱的底部相连通,其下端是封闭的.支架支撑着整台太阳能热水器,用于固定储水箱和真空管.反光板把从真空集热管之间的缝隙中透过的太阳光反射后被真空集热管的背阳部分吸收.

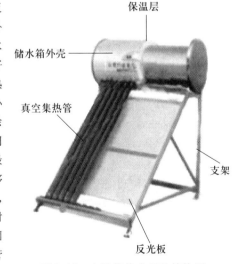
图 3.14　太阳能热水器的结构图

真空集热管的玻璃内管的管壁的朝阳部分附近的水被管壁加热后温度上升,而管壁背阳部分的水温度上升很少,在管壁朝阳和背阳部分的水的温度差超过一定数值时,就会发生自然对流.朝阳部分的水温度上升后密度降低而沿管壁朝阳面上升,最后进入储水箱的上部.而储水箱上部的温度比较低的水由于密度比较大而流动到储水箱底部,再进入真空集热管而沿管壁背阳面一直下降到管底,最后流动到管壁朝阳面,替代管壁朝阳面原来上升的水留下的空缺,这样就构成一个自然对流的回路,见图 3.15.在这一过程中真空集热管吸收的太阳能被传递到储水箱中.只要有太阳光的照射,自然对流传热就能不断地进行,储水箱中的水会不断地加热,一直到储水箱吸收的热量和储水箱向周围散发的热量相等为止.考虑到阴天和冬天太阳光太弱,有的太阳能热水器还附加有电加热器.

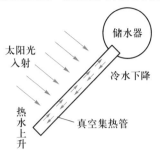

图 3.15　太阳能热水器的原理图

选读材料 3.7　雾霾天气

一、什么是霾(mái)

霾也称灰霾(烟雾),一般指空气中的灰尘、硫酸、硝酸、有机碳氢化合物等粒子等使大气发生混浊的现象.霾粒子的分布比较均匀,而且灰霾粒子的尺度比较小,从 $0.001\sim10$ μm,平均直径大约在 $1\sim2$ μm 左右,肉眼看不到空中飘浮的颗粒物.由于灰尘、硫酸、硝酸等粒子组成的霾,其散射波长较长的光比较多,因而霾看起来呈黄色或橙灰色.霾的主要来源是燃煤的废气、汽车等的尾气及地表的灰尘.

二、雾

雾霾,顾名思义是雾和霾.但是雾和霾的区别很大.将目标物的水平能见度在 $1\,000\sim10\,000$ m 的这种现象称为轻雾或霭(Mist).形成雾时大气湿度应该是饱和的(如有大量凝结核存在时,相对湿度不一定达到 100% 就可能出现饱和).由于液态水或冰晶的微粒组成的雾的散射是一种大粒子散射,称丁铎尔散射(见选 1.4.2).其散射光与波长关系不大,因而雾(包括天空的云)看起来呈乳白色或青白色和灰色.

雾是由大量悬浮在近地面空气中的微小水滴或冰晶组成,是近地面层空气中水汽以气溶胶为凝结核凝结(或凝华)而成的产物.关于什么是气溶胶请见选读材料 6.5 雨·雪·雹.雾多出现于秋冬季节,雾的存在会降低空气透明度,使能见度恶化,如果目标物的水平能见度降低到 $1\,000$ m 以内,我们就将悬浮在近地面空气中的水汽凝结(或凝华)物的天气现象称为雾(Fog).气象学对于雾的定义是大气中悬浮的水汽凝结,其能见度低于 $1\,000$ m 时的大气现象.关于雾在“§3.1.3 中的二、云、雾的形成·　为什么云悬挂在空中不下落”中已经做了详细分析.雾本身不是污染,但产生雾的大气环境处于比较稳定的状态,空气中的污染物(它们常常是微小水滴或冰晶的凝结核)不易向外扩散,造成集聚效应,会使污染越来越重.同样,城市污染物在低气压、风小的条件下,与低层空气中的水汽相结合,也会加重雾的程度.”

三、雾霾

雾霾是雾和霾的混合物,早晚湿度大时,雾的成分多.白天湿度小时,霾占据主要地位.雾是自然天气现象.虽然它以灰尘作为凝结核,但总体无毒无害;霾的核心物质是悬浮在空气中的烟、灰尘等物质,空气相对湿度低于 80%,颜色发黄.气体能直接进入并黏附在人体下呼吸道和肺叶中,对人体健康有伤害.雾霾天气的形成主要是人为的环境污染,再加上气温低、风小等自然条件导致污染物不易扩散.2014 年 1 月 4 日,国家首次将雾霾天气纳入 2013 年自然灾情进行通报,主要是通报 PM2.5 在空气中的含量.PM2.5 指的是空气动力学当量直径小于等于 2.5 微米的颗粒物.

四、雾霾天气是一种大气污染状态

雾霾是对大气中各种悬浮颗粒物含量超标的笼统表述,尤其是 PM2.5,被认为是造成雾霾天气的"元凶".随着空气质量的恶化,阴霾天气现象出现增多,危害加重.中国不少地区把阴霾天气现象和雾合并在一起作为灾害性天气预警预报.统称为"雾霾天气".一般相对湿度小于 80% 时的大气混浊,视野模糊导致的能见度恶化是霾造成的,相对湿度大于 90% 时的大气混浊,视野模糊导致的能见度恶化是雾造成的,相对湿度介于 80%~90% 时的大气混浊,视野模糊导致的能见度恶化是雾和霾的混合物共同造成的,但其主要成分是霾.霾的空气层厚度比较厚,可达 1~3 km.其实雾与霾从某种角度来说是有很大差别的.比如:出现雾时空气潮湿;出现霾时空气则相对干燥,其空气相对湿度通常在 60% 以下.霾的日变化一般不明显.当气团没有大的变化,空气团较稳定时,持续出现时间较长,有时可持续 10 天以上.雾和霾的天气现象有时可以相互转换的.

五、雾霾天气形成原因

① 是因为这些地区近地面空气相对湿度比较大,地面灰尘大,地面的人和车流使灰尘容易搅动起来;② 是因为没有明显冷空气活动,风力较小,大气层比较稳定,由于空气的不流动,使空气中的微小颗粒聚集,飘浮在空气中;③ 是因为天空晴朗少云,有利于夜间的辐射降温,使得近地面原本湿度比较高的空气温度降低以后达到饱和而凝结形成雾;④ 是因为汽车尾气成为主要的污染物排放源.近年来城市的汽车越来越多,排放的汽车尾气是形成雾霾的一个因素;⑤ 是因为工厂制造出的二次污染;⑥ 是因为冬季取暖排放了大量的 CO_2 等污染物.气象专家表示,由于大雾本身呈现一种不均匀的现象.因此,会出现同一城市雾霾程度不同.

六、为什么城市特别是大城市雾霾天气特别严重

这主要是空气中悬浮的大量微粒和气象条件共同作用的结果.① 在水平方向静风现象增多.城市里大楼越建越高,阻挡和摩擦作用使风流经城区时明显减弱.静风现象增多,不利于大气中悬浮微粒的扩散稀释,容易在城区和近郊区周边积累.② 垂直方向上出现逆温.正常垂直方向上的温度分布应该是高空的气温比较低,低空的空气温度比较高.这样容易发生上下空气之间的对流.假如反过来,高空的气温比低空的空气温度高,那么高空的空气温度比较高,密度就比较低,它应该浮在上面,而低空空气温度比较低,密度比较大,就应该沉在下面.这样垂直方向上的空气流动不会发生.这种现象称为逆温现象.出现这种现象以后,地面上空构成一个逆温层.它好比一个锅盖覆盖在城市上空,使得大气层低空的空气垂直运动受到限制,空气中悬浮微粒难以向高空飘散而被阻滞在低空和近地面.③ 空气中悬浮颗粒物和有机污染物的增加.随着城市人口的增长和工业发展、机动车辆猛增,导致污染物排放和悬浮物大量增加.

七、雾霾天气对于人体的伤害

据专家介绍,雾气看似温和,里面却含有各种对人体有害的细颗粒、有毒物质达 20 多种,包括了酸、碱、盐、胺、酚等,以及尘埃、花粉、螨虫、流感病毒、结核杆菌、肺炎球菌等,其含量是普通大气水滴的几十倍.对于健康的影响主要是这些:

① 这些物质会对人体的呼吸道产生影响.其中有害健康的主要是直径小于 10 μm 的气溶胶粒子,如矿物颗粒物、海盐、硫酸盐、硝酸盐、有机气溶胶粒子、燃料和汽车废气等.对于 10 μm 以上的颗粒,人的鼻腔的绒毛和黏液足以黏附它们.2.5 μm(即 PM2.5)以下颗粒,它能直接进入并黏附在人体呼吸道上,引起急性鼻炎和急性支气管炎等病症.1 μm 以下的颗粒能

够直接进入肺泡中,甚至进入血液循环.对于支气管哮喘、慢性支气管炎、阻塞性肺气肿和慢性阻塞性肺疾病等慢性呼吸系统疾病患者,雾霾天气可使病情急性发作或急性加重.如果长期处于这种环境还会诱发肺癌.② 雾霾天对人体心脑血管疾病的影响也很严重,会阻碍正常的血液循环,导致心血管病、高血压、冠心病、脑溢血的发作,可能诱发心绞痛、心肌梗死、心力衰竭等,也能够使慢性支气管炎患者出现肺源性心脏病等.③ 不利于儿童成长.④ 影响心理健康.

思考题

3.1 定量理想气体分别进行等体加热与等压加热时,其分子的平均碰撞频率与平均自由程和温度的变化关系各如何?

3.2 双原子理想气体经可逆绝热膨胀其体积扩大一倍,则其平均自由程改变了多少倍?

3.3 为什么在日光灯管中为了使汞原子易于电离而对灯管抽真空? 为什么大气中的电离层出现在离地面很高的大气层中?

3.4 容器内储有 1 mol 气体,设分子的平均碰撞频率为 $\overline{Z}$,试问容器内所有分子在 1 s 内平均相碰的总次数是多少?

3.5 如果认为两个分子在离开一定距离时,相互间存在有心力作用,则这时分子的有效直径、碰撞截面和平均自由程等概念是否还有意义?

3.6 由于分子引力作用范围比分子直径大数倍,所以在分子之间的距离与其有效直径 d 相比大数倍的时候气体分子的运动方向就已发生偏折.(1) 请说明,即使气体的密度为常数,所测得的平均自由程也与温度有关;(2) 这时的平均自由程是随温度升高而增大还是减小? (3) 这时所测得的平均自由程的数值与公式 $\overline{\lambda} = \dfrac{1}{\sqrt{2}\,\pi d^2 n}$ 算得的值相比较,哪个大? 哪个小? 为什么?

3.7 在讨论三种运输过程的微观理论时,我们做了哪些简化假设? 提出这些假设的根据是什么?

3.8 分子热运动和分子间的碰撞在输运过程中各起什么作用? 哪些物理量体现它们的作用?

3.9 把计算黏性流体的黏性力公式 $F = -\dfrac{1}{3}\rho\,\overline{v}\cdot\overline{\lambda}\,\dfrac{\mathrm{d}u}{\mathrm{d}z}\mathrm{d}A$,写成 $F = \dfrac{1}{3}\rho\,\overline{u}\cdot\overline{\lambda}\,\dfrac{\mathrm{d}\overline{v}}{\mathrm{d}z}\mathrm{d}A$,行吗? 请说明 u 和 $\overline{v}$ 在构成黏性流体的黏性力的机制中各起什么作用(其中 u 为流体的流动速度,$\overline{v}$ 为分子热运动的平均速率).

3.10 在稀薄气体中的输运现象与在 §3.1、§3.2、§3.3 中讨论的输运现象有什么不同? 它们的适用条件分别是什么? 两种情况下的热量、动量及粒子迁移量各是如何计算的? 在这两种情况下的热流、动量流及粒子流的密度分别与 T、p 间有什么关系,为什么?

第三章思考题提示

习题

3.1.1 一细金属丝将一质量为 m、半径为 R 的均质圆盘沿中心轴铅垂吊住.盘能绕轴自由转动.盘面平行于一大的水平板,盘与平板间充满了黏度为 η 的液体.初始时盘以角速度 ω_0 旋转.假定圆盘面与大平板间距离为 d,且在圆盘下方液体的任一竖直直线上的速度梯度都相等,试问在时间为 t 时盘的旋转角速度是多少?

3.1.2　密立根油滴实验是用 X 射线照射使油滴带电,同时使荷电油滴在平行板电容器两板间所受电力与所受重力作比较,从而测定电子电荷.实验中要确定油滴的半径 r_0.他是通过测定油滴在无外场情况下,在空气中竖直下降的终极速度 v_{max} 来确定 r 的,设油的密度 ρ、空气密度 ρ' 及其黏度 η 均已知,试问 r 是多少?

3.1.3　在地球表面被晒热的地区,其上空形成一股竖直向上的稳定气流,其速度为 $0.2\ \mathrm{m \cdot s^{-1}}$.在气流里有一球形尘埃,以恒定速度 $0.04\ \mathrm{m \cdot s^{-1}}$ 向上运动.尘埃的密度 $\rho = 5.00 \times 10^3\ \mathrm{kg \cdot m^{-3}}$,空气的密度 $\rho_0 = 1.29\ \mathrm{kg \cdot m^{-3}}$,空气的黏度 $\eta = 1.62 \times 10^{-5}\ \mathrm{Pa \cdot s}$.(1)试确定尘埃的半径 r;(2)试证空气相对于尘埃的运动是层流.

△**3.1.4**　有两个半径都为 a、底面在同一水平高度上的圆柱形高容器,用一根内径为 r、长为 l 的细管($a \gg r$)将两容器的底部联通.容器中储有密度均为 ρ、黏度均为 η 的同种液体.初始时两容器的液面高度不同,但流体的流速是慢的,试问两容器液面的高度差降为原来一半所需的时间是多少?

3.3.1　组成地壳和地球表层的石头的热导率为 $2\ \mathrm{W \cdot m^{-1} \cdot K^{-1}}$.从地球内部向外表面单位面积的热流大约为 $20\ \mathrm{mW/m^2}$.(1)设地球表面的温度为 300 K.试估计,在深度为 1 km、10 km、100 km 处的温度.(2)估计在什么深度中温度为 1 600 ℃.在此温度时地壳变成具有延伸性,使得其上的板块可以缓慢移动.

△**3.3.2**　设人体表面的热流约为 100 W 时,人体的新陈代谢过程所维持的体表温度大约为 300 K.(1)估计一下,在环境温度为 270 K 时要穿多厚衣服身体才能感到舒适.已知衣着散热的热导率约为 $3\ \mathrm{mW \cdot m^{-1} \cdot K^{-1}}$.人的表面积为 $1.7\ \mathrm{m^2}$.(2)试问,你得到的结果和实际情况是否符合?如何解释?

△**3.3.3**　两个长圆筒共轴套在一起,两筒的长度均为 L,内筒和外筒的半径分别为 R_1 和 R_2,内筒和外筒分别保持在恒定的温度 T_1 和 T_2,且 $T_1 > T_2$,已知两筒间空气的导热系数为 κ,试证明:每秒由内筒通过空气传到外筒的热量为

$$\dot{Q} = \frac{2\pi\kappa L}{\ln\dfrac{R_2}{R_1}}(T_1 - T_2)$$

3.3.4　欲测氮的热导率,可将它装满于半径 $r_1 = 0.50$ cm 及 $r_2 = 2.0$ cm 的两共轴长圆筒之间.内筒的筒壁上有电阻丝加热,已知内筒每厘米长度上所绕电阻丝的阻值为 $0.10\ \Omega$、加热电流为 1.0 A.外筒保持恒定温度 0 ℃.过程稳定后,内筒温度为 93 ℃.试利用上题结果求出氮气的热导率.在实验中氮气的压强很低(约数千帕),所以对流可以忽略.

3.3.5　设一空心球的内半径为 r_1,温度为 T_1,外半径为 r_2,温度为 T_2,球内热传导的速率 $\dot{Q}$ 恒定.则当空心球的热导率为 κ 时,内外表面的温度差是多少?

3.3.6　两根金属棒 A、B 尺寸相同,A 的热导率是 B 的两倍,用它们来导热.设高温处与低温处的温度保持恒定,求将 A、B 并联使用和串联使用时热传递能量之比(设棒的侧面是绝热的).

△**3.3.7**　半径 $a = 0.1$ m 的铀球,在原子裂变过程中以 $H = 5.5 \times 10^3\ \mathrm{W \cdot m^{-3}}$ 的体积热产生率均匀地、恒定不变地散发出热量.已知铀的热导率 $\kappa = 46\ \mathrm{W \cdot m^{-1} \cdot K^{-1}}$,试问达稳态时,铀球的中心与外表面间的温度差是多少?

△**3.4.1**　热容为 C 的物体处于温度为 T_0 的介质中,若以 P_0 的功率加热,它所能达到的最高温度为 T_1.设系统的漏热遵从牛顿冷却定律,试问加热电路切断后,物体温度从 T_1 降为 $\dfrac{T_1 + T_0}{2}$ 时所需的时间是多少?

△**3.4.2**　一物体其初始温度为 T_i,被置于温度 T_0 为恒定的房间内,由于对流与辐射传热

而被冷却.这一传热过程遵从牛顿冷却定律 $\dot{Q}=hA(T-T_0)$,其中 A 是物体表面积, h 为一常量.已知物体比热容为 C,质量为 m,试求出物体在时间为 t 时的温度.

3.5.1 既然可把分子碰撞有效直径理解为两分子作对心碰撞时两分子质心间的最短距离,我们就可把被碰撞的分子看作半径为 d 的刚性球,所有参与碰撞的分子都可看作质点.试利用 $\varGamma=\dfrac{n\bar{v}}{4}$ 算出单位时间内碰撞在半径为 d 的刚性球面上的平均分子数,从而导出气体分子间平均碰撞频率的表达式.

3.5.2 在高度为 2 500 km 的高空处,每立方厘米大约有 1.0×10^4 个分子,试问分子的平均自由程是多少? 这样的平均自由程说明了什么?

3.5.3 某粒子加速器中,粒子在压强为 1.33×10^{-4} Pa、温度为 273 K 的容器中被加速,若气体分子直径为 2.0×10^{-10} m,试问气体分子的平均自由程是多少?

3.5.4 在气体放电管中,电子不断与气体分子碰撞.因电子的速率远大于气体分子平均速率,可认为后者静止不动.设电子的直径比起气体分子的有效直径 d 可忽略不计,气体分子数密度为 n,试求:电子与气体分子碰撞的碰撞截面及平均自由程.

3.5.5 试估计宇宙射线中质子抵达海平面附近与空气分子碰撞时的平均自由程.设质子直径为 10^{-15} m,宇宙射线速度很大.

△**3.5.6** 从反应堆(温度 $T=4\,000$ K)中逸出的一个氢分子(直径为 2.2×10^{-10} m)以方均根速率进入一个盛有冷氩气(氩原子的有效直径为 3.6×10^{-10} m,氩气温度为 300 K)的容器,氩原子的数密度为 4.0×10^{25} m^{-3}.试问:(1)若把氢分子与氩原子均看作刚性球,它们相碰时质心间最短距离是多少? (2)氢分子在单位时间内受到的碰撞次数是多少?

3.6.1 某种气体分子的平均自由程为 10 cm,在 10 000 段自由程中,(1)有多少段长于 10 cm? (2)有多少段长于 50 cm? (3)有多少段长于 5 cm 而短于 10 cm? (4)有多少段长度在 9.9~10 cm 之间? (5)有多少段长度刚好为 10 cm?

3.6.2 某一时刻氧气中有 N 个分子都刚与其他分子碰撞过,问经过多少时间后其中尚有一半未与其他分子相碰? 设氧分子都以平均速率运动,氧气温度为 300 K,在给定的压强下氧分子的平均自由程为 2.0 cm.

△**3.6.3** 由电子枪发出一束电子射入压强为 p 的气体中,在电子枪前相距 x 处放置一收集电极,用来测定能自由通过(即不与气体分子相碰)这段距离的电子数.已知电子枪发射的电子流强度为 100 μA,当气压 $p=100$ N·m^{-2}、 $x=10$ cm 时,到达收集极的电子流强度为 37 μA.(1)电子的平均自由程为多大? (2)气压降到 50 N·m^{-2} 时,到达收集极的电子流强度是多少?

3.6.4 显像管的灯丝到荧光屏的距离为 20 cm.要使灯丝发射的电子有 90% 直接到达荧光屏上,在途中不与空气分子相碰,问显像管至少要保持何等的真空度? 设空气分子有效直径为 3.0×10^{-10} m,气体温度为 27 ℃.

3.7.1 气体的平均自由程可通过实验测定(例如由测量气体的黏度算出气体的平均自由程).现在测得 $t=20$ ℃,压强为 1.0×10^5 Pa 时氩和氖的平均自由程分别为 $\bar{\lambda}_A=9.9\times10^{-8}$ m, $\bar{\lambda}_N=27.5\times10^{-8}$ m,试问:(1)氖和氩的有效直径之比是多少? (2) $t=20$ ℃, $p=2.0\times10^4$ Pa 时 $\bar{\lambda}_A$ 等于多少? (3) $t=-40$ ℃, $p=1.0\times10^5$ Pa 时 $\bar{\lambda}_N$ 等于多少?

3.7.2 在标准状态下,氦气的黏度为 η_1,氩气的黏度为 η_2,它们的摩尔质量分别为 M_1 和 M_2.试问:(1)氦原子与氦原子碰撞的碰撞截面 σ_1 和氩原子与氩原子碰撞的碰撞截面 σ_2 之比等于多少? (2)氦的热导数 κ_1 与氩的热导数 κ_2 之比等于多少? (3)氦的扩散系数 D_1 与氩的扩散系数 D_2 之比等于多少? (4)此时测得 $\eta_1=1.87\times10^{-3}$ N·s·m^{-2} 和 $\eta_2=2.11\times10^{-3}$ N·s·m^{-2}.用这些数据近似地估算碰撞截面 σ_1 和 σ_2.

3.7.3 某种单原子气体,摩尔质量为 M,温度为 T,压强为 p.已知一个分子在行进 x m 的路程中受碰撞的概率为 $1-1/e^2$,则该分子的平均自由程是多少? 该气体的黏度及热导系数分别是多少(认为分子是刚性的,分子直径是 d)?

3.8.1 杜瓦瓶夹层的内层外径为 10.0 cm,外层的内直径为 10.6 cm,瓶内盛着冰水混合物,瓶外室温为 25 ℃.

(1)如果夹层内充有 10^5 Pa 的氮气,近似地估算由于气体热传导所引起的、单位时间内通过单位高度杜瓦瓶流入的热量.取氮分子有效直径为 3.1×10^{-10} m.(2)要使热传导流入的热量为(1)的答案的 1/10,夹层中气体的压强需降低到多少?

△**3.8.2** 在热水瓶里灌进质量 $m = 1.00$ kg 的水.热水瓶胆的内表面 $S = 700$ cm^2,瓶胆内外容器的间隙 $d = 5.00$ mm,间隙内气体压强 $p = 1.00$ Pa.假设热水瓶内的热量只是通过间隙内气体的热传导而散失,试确定约多少时间内水温从 90 ℃ 降为 80 ℃,取环境温度为20 ℃.假定夹层内的气体热导率正比于气体压强.

3.8.3 热水瓶胆两壁间相距 $L = 0.4$ cm,其间充满温度 $t = 27$ ℃ 的氮气,氮分子的有效直径 $d = 3.1 \times 10^{-8}$ cm,问瓶胆两壁间的压强降低到多大数值以下时,氮的热导系数才会比它在 0.1 MPa 下的数值明显减小,从而使瓶胆具有隔热性能.

3.8.4 在压强为 p、温度为 T 的极稀薄气体中有两片板 A 和 B 各以速率 v_A 和 v_B 相互平行地运动,试求作用在单位表面积上的黏性力.设气体的摩尔质量为 M.

△**选 3.3.1** 有两个同样大小的、经过黑化的小球,一个是铜的,一个是铝的.用丝线把它们吊在一正在熔化的冰块的大空洞里.发现铝的温度从 3 ℃ 降到 1 ℃ 化了 10 min,而铜球经同样的温度变化则花了 14.2 min.问铝和铜的比热之比是多少? (Al 和 Cu 的密度分别为2.7× 10^3 kg · m^{-3} 和 8.9×10^3 kg · m^{-3}.)①

△**选 3.3.2** 一块非常大的温度为 100 ℃ 的黑色金属平板平行放在完全相同的另一块温度为 10 ℃ 的平板上方,它们都有水流使之保持恒定,两板之间为真空.另有 2 块与之相同的金属板,相互平行地插入两板之间,它们之间都不接触.试问达稳态时:(1)被插入的 2 块板的温度分别是多少? (2)板的插入对总的热流产生什么影响?①

① 本习题是与选读材料 3.3 辐射传热配套的.

第三章习题答案

第四章

热力学第一定律

在第一章中我们对平衡态以及描述平衡态的物态方程、状态参量、温度及物质微观模型等作了介绍.第二章、第三章中分别介绍了分子动理学理论的平衡态理论与非平衡理论.本章与第五章将主要介绍热物理学的宏观描述——热力学第一定律和热力学第二定律.另外在本章的选读材料 4.1 中介绍了宇宙大爆炸与宇宙膨胀;在选读材料 4.2 中介绍了大气层结构和臭氧层;在选读材料 4.3 中介绍了汽轮机·燃气轮机·喷气发动机.

§4.1 可逆与不可逆过程

§4.1.1 准静态过程

在§1.2 讲到,系统达到平衡态后,它的状态可在状态图上以一个点表示[图 4.1(a) 的 $p-V$ 图中 i 点就表示这一状态].只要介质状态不变,系统状态也不会变.但是一旦外界条件变化,系统平衡态必被破坏,以后系统在外界决定的新条件下达到新的平衡.实际变化过程中,往往新平衡态尚未达到,外界已发生下一步变化,因而系统经历一系列非平衡态.虽然初态 i 与末态 f 都是平衡态,它们在 $p-V$ 图上都可用一个点表示,但中间某些状态不是平衡态,它们不能以点表示.这种不能确切地描述的非平衡变化过程常以一条随意画的虚线表示[如图 4.1(a) 中的线段 $i-B-f$].一种理想的状态变化过程是,外界的状态参量每次只作一微小变化,只有当系统达到平衡态后,外界才作下一个微小变化,直到系统

动画:快速过程与无限缓慢过程

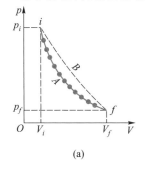

(a)

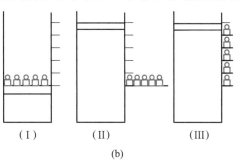

(b)

图 4.1

最后达到终态 f(平衡态).因为从 i 到 f 的状态变化过程中所经历的每一个中间状态都是平衡态,它们在 $p-V$ 图上都分别有一个确定的点与之对应[如图 4.1(a)中 $i-A-f$ 所示],这些相差微小的点可以联结为一条实线,这条实线就代表了准静态变化过程.

> 严格说来,准静态过程是一个进行得无限缓慢,以致系统连续不断地经历着一系列平衡态的过程.

虽然准静态过程是不可能达到的理想过程,但我们可尽量趋近它.对通常的实际过程而言,我们只要求准静态过程的状态变化足够缓慢即可.而缓慢是否足够的标准是弛豫时间,见 §4.1.2.下面举一例子说明非准静态过程与准静态过程的区别.

图 4.1(b)(Ⅰ)中活塞将一定量的气体密封在导热性能很好、截面积为 A 的气缸中.活塞上还压有很多重量相等的小砝码,这时气体处于平衡态.若将全部砝码移到右边相同高度的搁板上(我们就称它为"水平移走"),由于活塞上方所施的力突然减少一定数值,活塞将迅速推向上,经过很多次振动后活塞稳定在某一高度,如图 4.1(b)(Ⅱ)所示.这时气体压强等于大气压强再加上活塞重量产生的压强.该过程中气体温度始终与外界温度相同.显然,在活塞向上冲的过程中,气体经历的所有的中间状态都是非平衡态.图 4.1(b)(Ⅲ)表示另一种变化过程.从(Ⅰ)出发,每次仅"水平移走"一个质量同为 m 的小砝码,每次都要等到缓慢上升的活塞稳定在新的平衡位置以后,才移走下一个小砝码.这样依次取走所有小砝码后,活塞到达的高度应与(Ⅱ)一样.由于气缸传热性能很好,可认为气体经历每一中间状态的温度都与外界温度相同.在从(Ⅰ)变到(Ⅲ)的过程中外界压强每次只作很小的变化 $\left(\Delta p=\dfrac{mg}{A}\ll p\right)$,且变化足够缓慢,因而可近似认为任一时刻系统内部压强处处相等,系统经历的每一个中间状态都是平衡态,都可在状态图(如 $p-V$ 图)上以一个点表示,这些点所联结成的曲线称为准静态过程曲线.请见二维码动画:快速过程与无限缓慢过程.

热量传递过程中有类似问题.把一温度 T 的固体与一温度 T_0 的恒温热源接触,设 $T<T_0$,热量源源不断从热源输入固体中,最后固体温度也变为 T_0.该过程是否是准静态过程?这要看经历的每一中间状态是否是平衡态.因为热传导由温度差所产生,热量从与热源接触部位逐步传递到离热源最远部位的过程中,固体温度处处不同,它不满足热学平衡条件,因而经历的每一个中间状态都不是平衡态,故该过程不是准静态过程.这时只有初态与末态才能在 $p-V$ 图上分别以确定的点表示其状态,而中间过程却只能以一条虚线表示.要使物体温度从 T_1 变为 T_0 过程是准静态的,应要求任一瞬时,物体中各部分间温度差均在非常小范围 ΔT 之内($\Delta T/T\ll 1$,其中 T 为这一瞬时物体平均温度).例如可采用一系列温度彼此相差 ΔT 的恒温热源,这些热源的温度从 T_1 逐步增加到 T_0.先使物体与 $T_1+\Delta T$ 热源相接触,物体温度从 T_1 升高到 $T_1+\Delta T$ 过程中,物体中温度差最多为 ΔT,而 $\Delta T\ll T_1$,可近似认为热平衡条件仍成立.当物体温度处处均变为

$T_1+\Delta T$ 后,再使它与温度为 $T_1+2\Delta T$ 的热源接触,待整个物体温度处处变为 $T_1+2\Delta T$……直到系统与温度为 T_0 的热源接触并达热平衡为止.在这样的过程中,中间经历的每一个状态都可认为是平衡态,因而整个过程可认为是准静态过程.

再如在等温等压条件下氧气与氮气互扩散过程中所经历的任一中间状态.氮气与氧气的成分都处处不均匀,可见该系统不满足化学平衡条件,它经历每一个中间状态都不是平衡态,因而是非准静态过程.其他如两种液体相互混合、固体溶解于水、渗透等过程都是不满足化学平衡条件的非准静态过程.

既然准静态过程要求经历的每一个中间状态都是平衡态,那么

> 只有系统内部各部分之间及系统与外界之间都始终同时满足力学、热学、化学平衡条件的过程才是准静态过程.而在实际过程中的"满足"常常是有一定程度的近似的.具体说来,只要系统内部各部分(或系统与外界)间的压强差、温度差,以及同一成分在各处的浓度之间的差异分别与系统的平均压强、平均温度、平均浓度之比很小时,就可认为系统已分别满足力学、热学、化学平衡条件了.

但是,实际上我们不易测出系统内部各部分的压强、温度及其浓度,为此我们必须引入一个新的物理量,利用这个物理量就可判断任一实际过程是否满足准静态的条件,这个物理量就是弛豫时间.

*§4.1.2 弛豫时间

弛豫时间是如此定义的:处于平衡态的系统受到外界的瞬时微小扰动后,若取消扰动,系统将回复到原来的平衡状态,系统所经历的这一段时间就称为弛豫时间 τ[①],这类过程称为弛豫过程.利用弛豫时间可以把准静态过程需要进行得"足够缓慢"这一条件解释得更清楚.例如对于活塞压缩气缸中的气体这一过程.若活塞改变气体的任一微量体积 ΔV 所需的时间 Δt 与弛豫时间 τ 比较始终满足

$$\Delta t \gg \tau$$

的条件,就能保证(在宏观上认为)体积连续改变的过程中的任一中间状态,系统总能十分接近(或无限接近)力学平衡,我们称它已满足力学平衡条件.显然这里的弛豫时间是专门针对力学平衡而言的,现以 τ_F 表示之.同样对于系统的热学平衡也应有一个弛豫时间 τ_T,称为热弛豫时间.只要外界温度微小改变所需时间 $\Delta t \gg \tau_T$,则可认为系统经历的任一中间状态均满足热学平衡条件.同样,混合气体中某组分作微小瞬时改变后趋于平衡所需时间称为化学弛豫时间.对于同一系统这三个弛豫时间一般不等.例如,气体中压强趋于平衡靠分子的频繁碰撞以交换动量.由于气体分子间的碰撞十分频繁[标准状况下 1 个空气分子平均碰撞频率为 6.5×10^9 次/s,见(3.26)式],加之在压强不均等时总伴随有气体的流动,故 τ_F 一般很小.由于系统受到外界瞬时扰动(例如气缸中活塞作瞬时压缩)后,即形成声波,声波在容器内来回传播.正因为是扰动,我们可预期到,声波经过几次来回传播即可建立新的平衡态,故可利用声速 c 来估算 τ_F 的数量级:

$$\tau_F \propto \frac{L}{c} \tag{4.1}$$

① 请见参考文献 19 的 1033 页,或参考文献 [6]的 16 页.

其中 L 为容器的线度,一般空气中声速为 $330 \mathrm{~m} \cdot \mathrm{s}^{-1}$ 左右,若 $L=0.3 \mathrm{~m}$,则 $\tau \sim 10^{-3} \mathrm{s}$.现由此来分析转速为 $150 \mathrm{~r} \cdot \mathrm{min}^{-1}$ 的四冲程内燃机.其整个压缩冲程的时间为 $0.2 \mathrm{~s}$,与 $10^{-3} \mathrm{~s}$ 相比尚大两个量级.由此可见,若把活塞在气缸中的压缩近似看作准静态过程来分析,尚不致产生大的误差.在压强、温度处处相等的混合理想气体中浓度的均匀化需要借助于气体扩散,使气体分子作大距离的位移,其弛豫时间可延长至数十分钟甚至更大.同一系统中温度均等化所需时间也要比压强均等化所需时间长得多.

弛豫时间和系统的线度有关.线度愈大的系统,其弛豫时间愈长.例如一个水平长管中气体的压强或温度均等化过程要比在小容器中均等化所需时间长得多.在§1.2.4 中提到的非平衡态的局域平衡就是利用局域的小系统的弛豫时间很小这一特点来定义的.

§4.1.3　可逆与不可逆过程

以前我们在力学及电磁学中所接触到的,所有不与热相联系的过程都是可逆的.例如质量分别为 m_A、m_B 的粒子,它们的速度分别为 v_A、v_B,若它们发生完全弹性碰撞后的速度分别为 v'_A 和 v'_B,则只要使碰撞后的 m_A、m_B 粒子同时反向返回,其速度分别为 $-v'_A$ 和 $-v'_B$,若它们再次发生碰撞,碰撞以后的速度也必然为 $-v_A$ 和 $-v_B$.显然,这样的过程是可逆的.又如在北京以一定功率发射的电磁波,在上海接收到的强度必然与在上海以相同功率发射,在北京接收到的电磁波的强度相等①.事实上在自然界中确有一类逆向不能进行或不能完全回到原状态的过程,这就是不可逆过程.例如若粒子 m_A 与 m_B 之间发生的碰撞是非弹性的,则在正向碰撞过程中已有一部分动能转化为热能,在反向碰撞过程中又有一部分动能转化为热能,其速度的大小必然不能回复到原来数值,这样的过程是不可逆的.又如我们把某人从桌子上跳到地上这一现象拍成电影,若把电影胶卷倒来放映,观众将看到他是从地上跳到桌子上的.这是因为机械运动的时间之矢可以逆倒,因而是可逆的,观众才会信以为真,很多特技摄影就是这样来完成的.但如果将一些明显是不可逆的现象(即时间之矢不可逆转的现象)拍成电影,然后倒过来放映,例如看到电影中出现大量气体分子全部自发地聚集到容器一角的过程,或看到由火焰加热的烧水壶中的水,它最后会结冰这一类影片时,观众肯定会大惑不解!上述现象不可能出现,因为它的逆过程是不可能自发发生的.在不可逆现象中时间的方向是确定的.因为时间不能倒过来变化,所以这类现象的逆过程不可能出现.一切生命过程都是不可逆的.在非生命的过程中也有一大类问题是不可逆的,这些可逆、不可逆的问题正是热学要研究的.

单凭人的直觉去判断过程是可逆还是不可逆是很不科学的.应对可逆过程及不可逆过程给出一个如下的科学定义:系统从初态出发经历某一过程变到末态.若可以找到一个能使系统和外界都复原的过程(这时系统回到初态,对外界也不产生任何影响),则原过程是可逆的.若总是找不到一个能使系统与外界同时复原的过程,则原过程是不可逆的.例如在图 4.1(b)中,若活塞与气缸间无摩擦,则从(Ⅰ)变为(Ⅲ)的过程可认为是可逆的.因为它的逆过程可这样进行:自

---

① 以上均忽略摩擦与损耗.因为摩擦与损耗均伴随有机械能与电磁能向热能的转化,这是与"不与热相联系"的假定相违背的.

上而下十分缓慢地把一个个小砝码水平移到活塞上,气体将缓慢地被压缩,最后回到原始状态(Ⅰ).逆过程中气体与外界的状态都是正向膨胀过程中系统与外界的状态的重演,仅变化顺序相反而已.最后,不仅气体回到原来状态,而且所有小砝码及活塞都回到初始高度.正向过程中吸的热等于逆向过程中放的热,外界状态完全复原,这样的过程是可逆过程.若图4.1(b)中活塞与气缸间是有摩擦的,则(Ⅰ)变为(Ⅲ)的逆过程回不到初态(Ⅰ),除非外界额外再对气体做附加功,且附加功的数值等于克服气体黏性及摩擦力所做的总功.经过这样一个正过程后,系统回到原来状态,外界的能量也收支平衡(做的功等于吸的热),好像外界也回到原来状态.但是,它已给外界产生了不可消除的影响,这个影响就是把克服摩擦做的功转化为热量释放到外界.外界给系统的是功,而系统还给外界的是热量,虽然功和热量都是转移的能量,但这两者并不等价.

又如在图4.1(b)中(Ⅰ)变为(Ⅱ)的过程也是不可逆的.因为要使活塞回到原来高度,外界需压缩气体对它做功;又因初末态相同,理想气体内能不变,所做的功应全部转化为热量传给外界.虽然最后系统也回到原来状态,但同样外界给系统的是功,系统还给外界的是热量,从而产生了影响.

从上面所举例子可看出:从图4.1(b)的(Ⅰ)变为(Ⅲ)是可逆的,因为(Ⅰ)变为(Ⅲ)的过程为准静态过程且在该过程中没有摩擦这一从功自发转化为热的耗散现象[①].从(Ⅰ)变为(Ⅱ)是不可逆的,因为(Ⅰ)变为(Ⅱ)是非准静态过程.由此可估计到存在这样一个规律:

> 只有无耗散的准静态过程才是可逆过程.

两个条件只要有一条不满足,就不可能是可逆过程.大量实验事实证实这样的表述是完全正确的.利用这一规律很易解释:气体向真空自由膨胀及流体无抑制的膨胀的过程都始终不满足力学平衡条件(系统不是处处压强相等);物体在有限温度差下的热传递过程始终不满足热学平衡条件;在扩散、溶解、渗透及很多化学反应中都始终不满足化学平衡条件(同一成分的浓度不是处处相等),因而它们都是不可逆过程.

§4.2 功和热量

§4.2.1 功是力学相互作用下的能量转移

在力学中知道,在外力作用下,物体的平衡将被破坏,在物体运动状态发生改变的同时,将伴随有能量的转移.这个转移的能量就是功.而热力学系统达到

---

① 在自然界中功自发转化为热的例子除摩擦过程外,其他的例子还有:液体或气体流动时克服黏性力做的功转化为热量;电流克服电阻做的功转化为热量;日光灯镇流器工作时,由于硅钢片的磁滞使电磁功转化为热量;电介质电容器工作时发热也是由于电磁功转化为热量所致……我们把所有这些机械功、电磁功自发转化为热量的过程统称为耗散过程.

平衡态的条件却是同时满足力学、热学和化学平衡条件.我们可将力学平衡条件被破坏时所产生的对系统状态的影响称为"力学相互作用".例如图 4.1(b)中从(Ⅰ)变为(Ⅲ)的过程中,由于气体施予活塞方向向上的压力始终比外界向下的压力大一点儿,所以气体能克服重力及大气压强做功而准静态地膨胀.

> 在力学相互作用过程中系统和外界之间转移的能量就是功.

热力学认为,力学相互作用中的力是一种广义力,它不仅包括机械力(如压强、金属丝的拉力、表面张力等),也包括电场力、磁场力等.所以功也是一种广义功,它不仅包括机械功,也应包括电磁功.还应注意:

（1）只有在系统状态变化过程中才有能量转移,系统处于平衡态时能量不变,因而没有做功.

> 功与系统状态间无对应关系,说明功不是状态参量.

（2）只有在广义力(例如压强、电动势等)作用下产生了广义位移(例如体积变化和电荷量迁移)后才做了功,这是与在力学中"只有当物体受到作用力并在力的方向上发生位移后,力才对物体做功"是一样的.

（3）在非准静态过程中,由于系统内部压强处处不同,且随时在变化,很难计算系统对外做的功.例如在图 4.1(b)之(Ⅰ)中,若突然把活塞抬高,气缸中各部分气体压强随时都在变化,很难说出气体推动活塞的力是多少.在以后的讨论中,系统对外做功的计算通常均局限于准静态过程.

（4）功有正负之分,我们将外界对气体做的功以 W 表示,气体对外做的功以 W' 表示.显然,对于同一过程,$W' = -W$.

§4.2.2　体积膨胀功

一、体积膨胀功

气缸中有一无摩擦且可上下移动的截面积为 A 的活塞,内中封有流体(液体或气体),见图 4.2(a).设活塞外侧的压强为 p_e,在 p_e 作用下,活塞向下移动距离 $\mathrm{d}x$,则外界对气体所做元功为

$$\text{đ}W = p_e A \mathrm{d}x$$

由于气体体积减小了 $A\mathrm{d}x$,即 $\mathrm{d}V = -A\mathrm{d}x$,所以上式又可写成

$$\text{đ}W = -p_e \mathrm{d}V$$

在无摩擦的准静态过程(即可逆过程)中,外界施予气体的压强 p_e 等于气体的压强 p,若以 p 代 p_e,上式可写成

$$\text{đ}W = -p\mathrm{d}V \quad 或 \quad \text{đ}W' = p\mathrm{d}V \tag{4.2}$$

(4.2)式是在无限小的可逆过程中,外界对气体所做元功的表达式,它是系统状态参量 p、V 的函数.$\text{đ}W > 0$,表示外界对系统做正功,这时 $\mathrm{d}V < 0$,即气体被压缩;$\text{đ}W < 0$,表示气体对外做正功,这时 $\mathrm{d}V > 0$,气体向外膨胀.在系统的体积从 V_1 变为 V_2 的可逆过程中

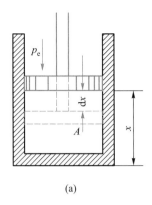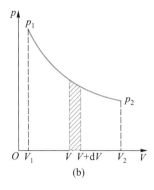

图 4.2

$$W = -\int_{V_1}^{V_2} p\,\mathrm{d}V \qquad (\text{外界对系统所做的总功}) \tag{4.3}$$

在 $p-V$ 图上,功可表示为过程曲线与横坐标之间的面积.例如(4.2)式的 ɑW 就是图 4.2(b)中 $V\sim V+\mathrm{d}V$ 区间内曲线下的面积(图中以斜线表示).(4.3)式中的 W 就是 $V_1\sim V_2$ 区间内曲线下的面积.

按说,只要知道 p 与 V 的函数关系就可用(4.3)式计算功.但一般说来,p 不仅是 V 的函数,也是温度的函数.在热力学中碰到的常是多元函数的问题,其中最简单的是两个自变量的情况,例如 $T=T(p,V)$.每一种准静态变化过程都对应于 $p-V$ 图中某一曲线,这时 p 与 V 才有一一对应关系.例如,理想气体等温过程有 $p=RT/V$,其中 R、T 是常量.在用解析法求等温过程功时,就应把上式代入(4.3)式积分;在用图线法求功时,应先在 $p-V$ 图上画出等温线(例如图 4.3 曲线 CD),曲线下的面积就是等温功.若同样从图中 C 变到 D,但不沿等温线 $C-D$ 变化,而沿先等压后等体的 $C-A-D$ 曲线变化,或沿先等体后等压的 $C-B-D$ 曲线变化,从图中可看出,这三条曲线下的面积均不等,说明功与变化路径有关,功不是系统状态的属性,它不是状态的函数.在无穷小变化过程中所做的元功 ɑW 不满足多元函数中全微分的条件.ɑW 仅表示沿某一路径的无穷小的变化,故在微分号 d 上加一杠 ɑ 以示区别.

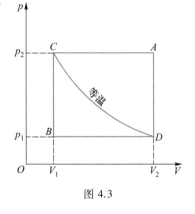

图 4.3

二、理想气体在几种可逆过程中功的计算

(一) 等温过程

在图 4.1(b)从(Ⅰ)变到(Ⅲ)的过程中,导热性能很好的气缸始终与温度为 T 的恒温热源接触,因为过程进行得足够缓慢,任一瞬时系统从热源吸收的热量已足够补充系统对外做功所减少的内能,使系统的温度总是与热源的温度相等(更确切地说,它始终比热源温度低一很小的量).故这是一个等温过程,只要在(4.3)式中将 $p = \dfrac{\nu R T}{V}$ 代入(其中 ν 为气体的物质的量)就可求得等温功.

$$W = - \int_{V_1}^{V_2} p \mathrm{d}V = - \nu R T \int_{V_1}^{V_2} \frac{\mathrm{d}V}{V} = - \nu R T \ln \frac{V_2}{V_1} \tag{4.4}$$

等温膨胀时 $V_2 > V_1$,$W < 0$,说明气体对外做功.利用 $p_1 V_1 = p_2 V_2$ 的关系,(4.4)式也可写为

$$W = - \nu R T \ln \frac{V_2}{V_1} = \nu R T \ln \frac{p_2}{p_1} \qquad (等温过程) \tag{4.5}$$

(二)等压过程

设想导热气缸中被活塞封有一定量的气体,活塞的压强始终保持常量(例如把气缸开端向上竖直放置后再加一活塞,则气体压强等于活塞的重量所产生的压强再加上大气压强).然后使气体与一系列的温度分别为 $T_1 + \Delta T$、$T_1 + 2\Delta T$、$T_1 + 3\Delta T$、$\cdots$、$T_2 - \Delta T$、T_2 的热源依次相接触,每次只有当气体的温度均匀一致,且与所接触的热源温度相等时,才使气缸与该热源脱离,然后使它与下一个温度稍高的热源相接触,如此进行直至气体温度达到终温 T_2 为止,这就是准静态地等压加热过程.这样的过程在 p-V 图上是一条平行于 V 轴的直线,所做的功为

$$W = - \int_{V_1}^{V_2} p \mathrm{d}V = - p \int_{V_1}^{V_2} \mathrm{d}V = - p(V_2 - V_1) \tag{4.6}$$

利用物态方程可把(4.6)式化为

$$W = - p(V_2 - V_1) = - \nu R(T_2 - T_1) \qquad (等压过程)$$

(三)等体过程

若将图 4.2 中的活塞用鞘钉卡死,使活塞不能上下移动.然后同样使气缸依次与一系列温度相差很小的热源接触,以保证气体在温度升高过程中所经历的每一个中间状态都是平衡态,这样就进行了一个可逆等体(积)过程,在 p-V 图上表示为一条平行于 p 轴的直线.在等体过程中 $\mathrm{d}V = 0$,故 $W = 0$.

§4.2.3　其他形式的功

上面讨论了体积功,下面讨论一些其他形式的功.

一、拉伸弹性棒所做的功

弹性棒拉伸时将发生形变,但体积不一定发生变化.即使体积可变,其改变量与总体积之比也微乎其微,一般可不考虑.因为整个弹性棒是由分子之间作用力把它联结起来的,所以弹性棒两端受到外力作用而达到平衡时,被任一横截面所分割的弹性棒的两部分之间均有相互作用力,它们不仅大小相等,方向相反,而且其数值必与棒两端所施加的外力相等.

设外力 F 使弹性棒伸长 $\mathrm{d}l$[图 4.4(a)],则外力所做元功为

$$\mathrm{d}W = F \mathrm{d}l \tag{4.7}$$

因为 F 方向与位移 $\mathrm{d}l$ 方向一致,故在 $F\mathrm{d}l$ 前取正号.F 一般是 l 及温度 T 的函

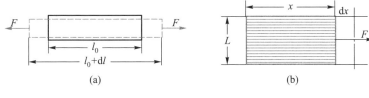

图 4.4

数,最简单的是遵守胡克定律的弹性棒.胡克(Hooke,1635—1703)于 1678 年发现的胡克定律认为,当线应力 σ (即单位面积上的作用力 $\dfrac{F}{A}$)不超过该种材料的弹性极限时,弹性棒的正应力与正应变 ε ($\varepsilon = \dfrac{\Delta l}{l_0}$,其中 Δl 是棒的绝对伸长量,l_0 是不受外力时棒的长度,也称为自由长度)成正比.即

$$\frac{F}{A} = \frac{E\Delta l}{l_0} \tag{4.8}$$

其比例系数 E 称为弹性模量,也称杨氏模量.因而

$$E = \frac{F/A}{\Delta l/l_0} = \frac{\sigma}{\varepsilon}$$

它决定于棒的材料性质及所处的温度,而与棒的具体尺寸无关.

二、表面张力功

很多现象说明液体表面有尽量缩小表面积的趋势.液体表面像张紧的膜一样,可见表面内一定存在着张力.可设想在表面上任画一条线,该线两旁的液体表面之间存在相互作用的拉力,拉力方向与所画的线垂直.液体表面上出现的这种张力称为表面张力.定义单位长度所受到的表面张力称为表面张力系数,以 σ 表示,其单位为 N·m^{-1}.为了能研究表面张力所做的功,把一根金属丝弯成 π 形,再挂上一根可移动的无摩擦的长为 L 的直金属丝构成一闭合框架,如图 4.4(b)所示.将此金属丝放到肥皂水中慢慢拉出,就在框上形成一层表面张力系数为 σ 的肥皂膜.由于表面张力的存在,直金属丝要向左移动以缩小表面积.若外加一方向向右的外力 F,其数值为 $F = 2\sigma L$,就能使金属丝达到平衡.现在在 F 作用下使金属丝向右移动 dx 距离,F 克服表面张力所做的元功为

$$\text{d}W = 2\sigma L\text{d}x = \sigma\text{d}A \tag{4.9}$$

(计算中考虑到肥皂膜有上、下两个表面,所以金属丝受到的表面张力为 $2\sigma L$,所扩张的肥皂膜表面积为 $\text{d}A = 2L\text{d}x$.)

　※三、可逆电池所做的电功

可逆电池是这样一种电池,当电流反向流过电池时,电池中将反向发生化学反应.理想的蓄电池就是一种可逆电池.一般的电池不可能可逆,因为电池有内阻,为了尽可能减少电池内阻这一不可逆因素所产生的影响,应使电池中所通过的电流很小.为此在电路中串接一反电动势,如图4.5所示.将可逆电池与一分压器相连接,当分压器的电压 U_{ab} 与可逆电池电动势 $\mathscr{E}$ 相等时,电流计指示为零.适当调节分压器,使电压比 $\mathscr{E}$ 小一无穷小量,这时可逆电池铜极上将输出无穷

小量正电荷 dq, dq 通过外电路从可逆电池正极流到负极,于是电池组(即可逆电池的介质)对可逆电池做元功

$$\text{đ}W = \mathcal{E}dq \qquad (4.10)$$

在 $dq < 0$ 时,可逆电池放电,对外做功;$dq > 0$ 时,可逆电池充电,外界对电池做正功.

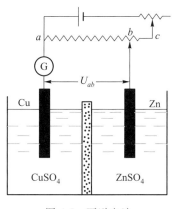

图 4.5　可逆电池

※ 四、功的一般表达式

综上所述,在准静态过程中外界对系统所做元功可表示为

$$\text{đ}W_i = Y_i dx_i \qquad (4.11)$$

的形式,其中 x 称为广义坐标,dx_i 称为广义位移,下标 i 对应于不同种类的广义位移.前面所提到的 V、l、A、q 等都是不同 i 的广义坐标.广义坐标是广延量,广延量的特征是:若系统在相同情况下质量扩大一倍,则广延量也扩大一倍.Y 称为广义力,前面提到的 $-p$、F、σ、$\mathcal{E}$ 都是不同下标 i 的广义力.广义力都是强度量.强度量的特征是:当系统在相同情况下质量扩大一倍时,强度量不变.注意到 $\text{đ}W = -pdV$ 的元功与(4.11)式差一个负号,所以可认为压强的广义力是负的,即 $Y = -p$.

§4.2.4　热量与热质说

一、热量

当系统状态的改变来源于热学平衡条件的破坏,也即来源于系统与外界间存在温度差时,我们就称系统与外界间存在热学相互作用.作用的结果有能量从高温物体传递给低温物体,这样传递的能量称为热量.

> 热量和功是系统状态变化中伴随发生的两种不同的能量传递形式,是不同形式能量传递的量度,它们都与状态变化的中间过程有关,因而不是系统状态的函数.

一个无穷小的过程中所传递的热量只能写成 $\text{đ}Q$ 而不是 dQ,因为它与功一样,不满足多元函数的全微分条件.这是功与热量类同之处.功与热量的区别在于它们分别来自不同的相互作用.功由力学相互作用所引起,只有产生广义位移时才伴随功的出现;热量来源于热学相互作用,只有存在温度差时才有热量传递.此外,还有第三种相互作用——化学相互作用.扩散、渗透、化学反应等都是由化学相互作用而产生的现象.

二、热质说

认为热量是能量传递的一种形式的观点直到 1850 年左右才被人们普遍接受.在历史上存在着"热是物质"(即"热质说")与"热来源于运动"(即"热动说")这两种不同观点的争论.在牛顿力学刚开始建立的 17 世纪,笛卡儿(Descartes,1596—1650)、玻意耳、胡克和牛顿(Newton,1642—1727)都把热看成是运动的一种形式,但是这种理论只有相当微弱的实验证据作基础,以致到 18 世纪

最终被抛弃.热质说则认为,热是一种可以透入一切物体之中不生不灭的无重量的流体.较热的物体含热质多,较冷的物体含热质少,冷热不同的物体相互接触时,热质从较热物体流入较冷物体中.

※认为热是物质的说法最早见于古希腊的德谟克里特(Democritus,约前460年—前370年)等的著作中,以后又受到伽桑狄的支持.后来,哈雷大学的施塔耳(Stahl,1660—1734)也引入了"燃素"的错误理论(他认为燃烧着的物质放出一种称为"燃素"的物质).此后"热质说"逐渐占了统治地位.虽然"热质说"理论的本身是错误的,但在当时确能利用它来简易地解释不少热学现象,对科学的发展起了推动作用.1714年华伦海特改良了温度计,建立了华氏温标,从此热学走上了实验科学的道路.布莱克(Black,1728—1799)于1755年发明了冰量热器,并将温度和热量区分为两个不同的概念.他在"热质说"理论的指导下,提出了热质与冰结合成水,热质再与水结合成汽,从而引入了比热和潜热的概念,奠定了量热学的基础.他又将"热"称为"热的份量","温度"称为"热的强度",第一个澄清了"热"和"温度"这两个混淆的概念.从布莱克的工作可见,热质说在启发和解释热学实验时曾起过积极作用,它能成功地说明混合量热法的规律.受到布莱克辅导的瓦特(Watt,1736—1819)从理论上分析了蒸汽机的主要缺陷,从而改进了蒸汽机;傅里叶(Fourier,1768—1830)于1822年在《热的分析理论》一文中建立了傅里叶定律(见§3.3.1).同样卡诺(Carnot,1796—1832)于1824年从热质说出发,对热机进行了科学探讨,从而得出了他的卡诺定理(见§5.2).第一个利用实验事实来批判热质说错误观点的是英国伯爵朗福德(Rumford,1753—1814).他在1798年发表论文,论述用钝钻头加工炮筒时摩擦生的热是"取之不尽的",从而否定了热质守恒的错误观点.他由此得出结论:热是运动.次年戴维(Davy,1778—1829)做了两块冰相互摩擦而使之完全熔化的实验.水的容热本领大于冰,即摩擦后物质的容热本领变大了.显然这和热质说相矛盾,从而支持了热是运动的学说.但是热是能量转移的一种形式的正确观点的建立最终将决定于热与机械运动之间相互转化的思想能否被人们普遍接受,其关键在于测定出热功当量的具体数值.

§4.3 热力学第一定律

§4.3.1 能量守恒与转化定律

※一、历史上能量转化的实验研究

到19世纪上半叶,已有很多种能量转化的形式被发现.蒸汽机是热能转化为机械能的典型例子.1800年意大利科学家伏打(Volta,1745—1827)制造了第一个伏打电堆(他称之为"人造发电器"),这是化学能转化为电能的例子;化学家拉瓦锡(Lavoisier,1743—1794)与李比希(Liebig,1803—1873)先后提出了动物的体热和它的机械活动的能量可能来自食物中的化学能的思想;瑞士出生的俄国物理学家、化学家赫斯(Hess,1802—1850)于1840年通过实验建立了赫斯

定律,实际上这就是适用于化学反应的热力学第一定律,也即化学反应过程中的能量守恒原理;1820 年奥斯特(Oersted,1777—1851)发现了电流的磁效应;1831年法拉第发现了电磁感应现象,这是电能和磁能之间的转化;1821 年泽贝克发现了温差电现象(见选 6.6.4),1840 年焦耳(Joule,1818—1889)最早研究了电流的热效应并发现了焦耳-楞次(Lenz,1804—1865)定律($Q = 0.24I^2Rt$).从 1840 年到 1879 年焦耳进行了多种多样的实验,致力于精确测定功与热相互转化的数值关系——热功当量,并于 1850 年发表了实验结果,其热功当量相当于4.157 J·cal^{-1}.但他仍精益求精,迟至 1878 年,他还有测定热功当量结果的报告.他以近 40 年的实验研究为第一定律的建立提供了无可置疑的实验基础.他先后采用磁电机实验、桨叶搅拌实验、水通过多孔塞实验[见图 4.20(a)]、空气压缩与稀释实验等,测得大量的热功当量数据.尽管所用方法、设备和材料各异,但结果相差不远,并且随着实验精度的提高而趋于同一数值.这种精益求精的实验研究精神为后人提供了很好的范例.他将多年的实验结果写成论文发表在英国皇家协会《哲学学报》1850 年 140 卷上,从而为热运动与其他运动的相互转化及运动守恒等问题,提供了无可置疑的重要证据.

1956 年国际规定的热功当量精确值为

$$J = 4.186\ 8\ \text{J} \cdot \text{cal}^{-1}$$
$$= 4.184\ 0\ \text{J} \cdot \text{cal}_{\text{th}}^{-1}$$

其中 cal 和 cal_{th} 分别表示国际蒸汽表卡和热化学卡.国际单位制早已规定热量单位为 J(焦耳).由于历史原因,在某些场合仍有人把卡同 J 并用.但不管如何,热功当量这个词最终将被废除.即使如此,焦耳热功当量实验的历史意义将永存.

※二、能量守恒与转化学说的建立

能量守恒原理是 19 世纪物理学的最伟大的概括,它的历史从各种观点看都值得重视.历史上第一个发表论文,阐述能量守恒原理的人是德国医生迈耶(Mayer,1814—1878).1840 年他在从荷兰去爪哇的船上当医生.到爪哇时为治疗肺炎他用当时的治疗方法为病人放血,发现静脉血非常红,这种生理现象启发他思考其中的道理.他根据拉瓦锡的理论提出如下观点,动物的热是燃烧过程中产生的,即动物的体温是血液和氧结合的结果.热带气温高,维持体温耗的氧较少.血液中剩下许多未使用的氧,所以血鲜红.他认为燃烧热的发生源不是肌肉而是血液,由此他产生了热功当量的思想.1842—1848 年他连续发表论文,具体论述了在自然界中普遍存在的机械能、热能、化学能、电磁能、光和辐射能之间的相互转化.1842 年迈耶在《论无机界的力》一文中提出了机械能和热量相互转化的原理,并由空气的摩尔定压热容与摩尔定容热容之差 $C_{p,m} - C_{V,m}$[称为迈耶公式,见(4.37)式]计算出热功当量的数值.他在 1845 年出版的《论有机体的运动和新陈代谢》一书中,描述了运动形式转化的 25 种情况.焦耳是通过大量严格的定量实验去精确测定热功当量,从而证明能量守恒概念的;而迈耶则从哲学思辨方面阐述能量守恒概念.后来德国生理学家、物理学家亥姆霍兹(Helmholtz,1821—1894)发展了迈耶和焦耳的工作,讨论了当时的力学的、热学的、电学的、化学的

文档:焦耳

各种科学成就.严谨地认证了如下规律:在各种运动中的能量是守恒的.并第一次以数学方式提出了能量守恒与转化定律.关于焦耳的介绍请见二维码文档"焦耳".

三、能量守恒与转化定律的内容

> 自然界一切物体都具有能量,能量有各种不同形式,它能从一种形式转化为另一种形式,从一个物体传递给另一个物体,在转化和传递中能量的数量不变.

这一定律也被表示为:第一类永动机(不消耗任何形式的能量而能对外做功的机械)是不能制作出来的.

半个多世纪中很多科学家冲破传统观念束缚而作出不懈探索,直到1850年,科学界才公认热力学第一定律是自然界的一条普适定律,而迈耶、焦耳、亥姆霍兹是一致公认的热力学第一定律的三位独立发现者.

§4.3.2　内能定理

一、内能是态函数

将能量守恒与转化定律应用于热效应就是热力学第一定律,但是能量守恒与转化定律仅是一种思想,它的发展应借助于数学.马克思讲过,一门科学只有达到了能成功地运用数学时,才算真正发展了.另外,数学还可给人以公理化方法,即选用少数概念和不证自明的命题作为公理,以此为出发点,层层推论,建成一个严密的体系.热力学也理应这样发展起来.所以下一步应该建立热力学第一定律的数学表达式.第一定律描述功与热量之间的相互转化,正如在§4.2中谈到的,功和热量都不是系统状态的函数,我们应找到一个量纲也是能量的,与系统状态有关的函数(即态函数),把它与功和热量联系起来,由此说明功和热量转换的结果其总能量还是守恒的.

在力学中,外力对系统做功,引起系统整体运动状态的改变,使系统总机械能(包括动能和外力场中的势能)发生变化.系统状态确定了,总机械能也确定了,所以总机械能是系统状态的函数.而在热学中,介质对系统的作用使系统内部状态发生改变,它所改变的能量发生在系统内部.

> 内能是系统内部所有微观粒子(例如分子、原子等)的微观的无序运动能以及总的相互作用势能两者之和.内能是状态函数,处于平衡态系统的内能是确定的.内能与系统状态间有一一对应的关系.

二、内能定理

从能量守恒原理知:系统吸热,内能应增加;外界对系统做功,内能也增加.若系统既吸热,外界又对系统做功,则内能增量应等于这两者之和.为了证明内能是态函数,也为了能对内能作出定量化的定义,先考虑一种较为简单的情况——绝热过程,即系统既不吸热也不放热的过程.焦耳做了各种绝热过程的实验,其结果是:一切绝热过程中使水升高相同的温度所需要做的功都是相等的.

这一实验事实说明,系统在从同一初态变为同一末态的绝热过程中,外界对系统做的功是一个常量,这个常量就被定义为内能的改变量,即

$$U_2 - U_1 = W_{绝热} \qquad (内能定理)$$

(4.12)

因为 $W_{绝热}$ 仅与初态、末态有关,故内能是态函数.

需要说明:(1) 我们这里只从绝热系统和外界之间功的交往来定义内能,这是一种宏观热力学的观点,它并不去追究微观的本质.从微观结构上看,系统的内能应是如下能量之和:① 分子以及组成分子的原子的无规热运动动能;② 分子间互作用势能;③ 分子(或原子)内电子的能量;④ 原子核内部能量.分子动理论主要研究其中的①、②两项.(2) 确定内能时可准确到一个不变的加数 U_0(微观考虑,不同的 U_0 反映为考虑不同的结构层次).对一个系统进行热力学分析时所涉及的不是系统内能的绝对数值,而是在各过程中内能的变化,其变化量与 U_0 无关,故常可假设 $U_0 = 0$.(3) 热学中的内能只用于描述系统的热力学与统计物理学的性质,它一般不包括作为整体运动的物体的机械能.(4) 按照 §1.2.4 所述,内能概念也可推广到非平衡态系统中.(5) 某些书籍中所提到的热能实际上就是指物体的内能.由于热能概念易被误解为"热",而"热"又会被错误地理解为"热量"而产生混淆,故一般不用热能这一名称.

三、热力学第一定律的数学表达式

若将(4.12)式推广为非绝热过程,系统内能增加还可来源于从外界吸热 Q,则

$$U_2 - U_1 = Q + W \qquad (热力学第一定律一般表达式)$$

(4.13)

这就是热力学第一定律的数学表达式.前面已讲到,功和热量都与所经历的过程有关,它们不是态函数,但两者之和却成了仅与初末状态有关、而与过程无关的内能改变量了.

对于无限小的过程,(4.13)式可改写为

$$dU = đQ + đW \qquad (无限小过程第一定律表达式)$$

(4.14)

因为 U 是态函数,它能满足多元函数中全微分条件,故 dU 是全微分.正如前面所讲到的功和热量不是态函数,$đQ$、$đW$ 仅表示沿某一过程变化的无穷小量,它们均不满足全微分条件.

对于准静态过程,利用(4.1)式可把(4.14)式改写为

$$dU = đQ - pdV \qquad (准静态过程第一定律表达式)$$

(4.15)

或 $$đQ = dU + pdV$$

(4.16)

这是克劳修斯最早于 1850 年就理想气体情形写出的第一定律数学表达式.

§4.4 热容与焓

§4.4.1 定容热容与内能

在§2.7.1中曾指出热容 $C = \dfrac{\mathrm{d}Q}{\mathrm{d}T}$ [(2.75)式]. 一个物体吸收热量后,它的温度变化情况决定于具体的过程及物体的性质,热容正集中概括了物体吸收了热量后的温度变化情况. 我们知道,物体吸收热量与变化过程有关. 以理想气体为例,在图 4.6 中从温度为 T 的状态 a 出发变为 $T+\mathrm{d}T$,可有无穷多条变化曲线. 虽然它们温度的升高 $\mathrm{d}T$ 都是相同的,但吸收的热量却各不相同,所以在不同过程中热容是不同的. 其中常用到的是比定容热容 c_V、比定压热容 c_p 以及摩尔定容热容 $C_{V,\mathrm{m}}$ 及定压摩尔热容 $C_{p,\mathrm{m}}$.

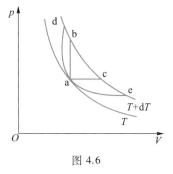

图 4.6

在热力学第一定律(4.16)式中,等体(积)过程 $\mathrm{d}V=0$. 在一个小的变化过程中有

$$(\Delta Q)_V = \Delta U \tag{4.17}$$

其中下标 V 表示是在体积不变条件下的变化. 由(4.17)式可知:

在等体过程中吸收热量等于内能增量.

由(2.75)式及(2.76)式知,比定容热容 c_V 及摩尔定容热容 $C_{V,\mathrm{m}}$ 分别为

$$c_V = \lim_{\Delta T \to 0} \frac{(\Delta Q)_V}{m \Delta T} = \lim_{\Delta T \to 0} \left(\frac{\Delta u}{\Delta T} \right)_V = \left(\frac{\partial u}{\partial T} \right)_V \tag{4.18}$$

$$C_{V,\mathrm{m}} = \left(\frac{\partial U_{\mathrm{m}}}{\partial T} \right)_V \tag{4.19}$$

$$C_V = m c_V = \nu C_{V,\mathrm{m}} \tag{4.20}$$

其中 m 表示物体的质量;u 表示单位质量内能,称为比内能;U_{m} 表示摩尔内能. 上式说明物体的定容热容等于物体在体积不变条件下内能对温度的偏微商. 一般内能是温度和体积的函数 $U=U(T,V)$,故 c_V 也是 T、V 的函数. (4.17)式也表明

任何物体在等体过程中吸收的热量就等于它内能的增量[①].

① 这是针对仅有体积功的情况而言的.

这与在上一节中所讲到的"内能改变等于在绝热过程中所做的功"一样,都是从不同角度来阐明内能概念的.

§4.4.2　定压热容与焓

对于定压过程,(4.16)式可改写为

$$(\Delta Q)_p = \Delta(U + pV) \tag{4.21}$$

定义函数

$$H = U + pV \qquad (焓的定义) \tag{4.22}$$

称为焓.因为 U、p、V 都是状态函数,故它们的组合 H 也是态函数.与内能类似,通常把 h、H_m 分别称为比焓(单位质量的焓)和摩尔焓.比定压热容与摩尔定压热容的定义分别为

$$c_p = \lim_{\Delta T \to 0} \frac{(\Delta Q)_p}{m\Delta T} = \lim_{\Delta T \to 0}\left(\frac{\Delta h}{\Delta T}\right)_p = \left(\frac{\partial h}{\partial T}\right)_p$$

$$C_{p,m} = \left(\frac{\partial H_m}{\partial T}\right)_p \tag{4.23}$$

整个物体的定压热容为

$$C_p = mc_p = \nu C_{p,m} \tag{4.24}$$

(4.23)式表明:

在等压过程中吸收的热量等于焓的增量.

例如,黏度较小的流体在管道中流过时其压强降落常常很小,这时可近似认为流体所经历的是等压过程,故黏度较小的流体在流过管道时所吸收的热量就是它的焓的增量.需要说明,一般把 H 和 C_p 看做是 T、p 的函数,而把 U 和 C_V 看作是 T、V 的函数.当然也可把 H 和 C_p 看做 T、V 的函数,把 U 和 C_V 看做是 T、p 的函数,但这样用起来很不方便.

因为地球表面上的物体一般都处在恒定大气压下,而物态变化以及不少的化学反应都在定压下进行,且测定比定压热容在实验上也较易于进行(测定比定容热容就相当困难,因为样品要热膨胀,在温度变化时很难维持样品的体积恒定不变),所以在实验及工程技术中,焓与定压热容要比内能与定容热容更有重要的实用价值.在工程上常对一些重要物质在不同温度、压强下的焓值数据制成图表以供查阅,这些焓值都是与参考态(例如对某些气体可规定为标准状态)的焓值之差.对于等压过程,可通过查焓值求出所吸收的热量.

[例 4.1]　从表中查得在 0.101 3 MPa、100 ℃ 时水与饱和水蒸气的单位质量焓值分别为 419.06×10³ J·kg⁻¹ 和 2 676.3×10³ J·kg⁻¹,试求此条件下的汽化热.

[解]　水汽化是在等压下进行的.汽化热也是水汽化时焓值的差.故

$$Q = h_汽 - h_水 = 2\,257.2 \times 10^3 \text{ J·kg}^{-1}$$

*§ 4.4.3 化学反应中的反应热、生成焓及赫斯定律

一、反应热、反应焓

在等温条件下进行的化学反应所吸、放的热量称为反应热(放热为负、吸热为正).若化学反应是在密闭容器中作等体反应,其吸放热量以 Q_V 表示,则由第一定律知:

$$Q_V = \Delta U = U_2 - U_1 \tag{4.25}$$

其中 U_1 与 U_2 分别为参加反应物质与生成物质的内能.但很多化学反应往往是在等压条件下(例如在大气中)进行反应的,其吸放热量 Q_p 等于焓的增量 ΔH,故

$$\Delta H = Q_p = H_2 - H_1 \tag{4.26}$$

其中 H_1、H_2 分别为参加反应物质与生成物质的焓.在没有特别声明的情况下,其"反应热"均指定压情况下的反应热,并称为反应焓.

二、生成焓、标准生成焓

研究化学反应中吸、放热量规律的学科称为热化学.在热化学中把计算反应焓的参考点定为 $p_0 = 0.101\ 3\ \text{MPa}$,$T_0 = 298.15\ \text{K}$ 的纯元素物质状态(即规定在此状态下物质的焓为零).热化学中常使用生成焓与标准生成焓这类名词.定义由纯元素合成某化合物的摩尔反应焓为该物质的生成焓.而在 $0.101\ 3\ \text{MPa}$ 下的生成焓称为标准生成焓.同样,在 $0.101\ 3\ \text{MPa}$ 下的反应热称为标准反应热.

三、赫斯定律

一般的化学反应可表示为

$$\nu_1 A_1 + \nu_2 A_2 \rightarrow \nu_3 A_3 + \nu_4 A_4$$

其中 A_1、A_2 是参加化学反应的物质,A_3、A_4 为化学反应生成物;ν_1、ν_2、ν_3、ν_4 分别为满足化学反应平衡条件所必需的系数.上述反应方程可改写为

$$\nu_3 A_3 + \nu_4 A_4 - \nu_1 A_1 - \nu_2 A_2 = 0 \tag{4.27}$$

(4.27)式中考虑到生成物的各元素质量是增加的,故前面系数为正;反之反应物各元素质量是减少的,故系数为负.对于一般的化学反应,反应物及生成物并非两种,则有

$$\sum_{i=1}^{n} \nu_i A_i = 0 \tag{4.28}$$

(4.27)式及(4.28)式都称为化学反应平衡方程.例如"水-煤气"反应有

$$CO + H_2O \rightarrow CO_2 + H_2$$

其中 A_1、A_2、A_3、A_4 分别为 CO、H_2O、CO_2、H_2;而 ν_1、ν_2、ν_3、ν_4 分别为 -1、-1、$+1$、$+1$.于是反应平衡方程为

$$CO_2 + H_2 - CO - H_2O = 0$$

设(4.28)式中各物质在一定温度、压强下的摩尔焓分别为 $H_{1,m}$,$H_{2,m}$,$\cdots$,则在该温度、压强下的反应热为

$$\Delta H = \sum_{i=1}^{n} \nu_i H_{i,m} = \nu_1 H_{1,m} + \nu_2 H_{2,m} + \cdots + \nu_n H_{n,m} \tag{4.29}$$

前面提到,早在第一定律建立之前,赫斯即从实验上建立了赫斯定律.赫斯定律认为,化学反应的热效应只与反应物的初态和末态有关,与反应的中间过程无关.赫斯定律是热化学的基本定律,它可以作为种种结论的基础,这些结论有助于简化发生在等压及等体过程中化学反应的计算.值得注意的是,虽然反应热、生成焓及赫斯定律是针对化学反应而定义的.但它可推广应用于非化学反应的情况,例如核反应、粒子反应、溶解、吸附等情况.

[例 4.2] 已知下列气体在 $p \rightarrow 0$,$t = 25\ ℃$ 时的焓值

$H_{1,m}$(氢气) $= 8.468 \times 10^3\ \text{J} \cdot \text{mol}^{-1}$

$$H_{2,m}(氧气) = 8.661 \times 10^3 \text{ J} \cdot \text{mol}^{-1}$$

$$H_{3,m}(水蒸气) = -2.290\ 3 \times 10^5 \text{ J} \cdot \text{mol}^{-1}$$

试求在定压下,下列化学反应的反应热

$$H_2 + \frac{1}{2}O_2 \rightarrow H_2O$$

设反应前各物质均是气体.

[解] 在本题中的反应热

$$\Delta H = H_{3,m} - H_{1,m} - \frac{1}{2}H_{2,m} = -2.418\ 3 \times 10^3 \text{ J} \cdot \text{mol}^{-1}$$

这是生成 1 mol 水蒸气的总焓变.在等压过程中的焓变就是吸放的热量,而负值表示放热,说明生成 1 mol 水蒸气要放热 $2.418\ 3 \times 10^3$ J.

事实上,上述等压、等温下的化学反应可以以两种不同方式完成.除了上面的这种燃烧形式之外,还可采用将氧气和氢气组成一个可逆燃料电池的方法,反应时除在等压膨胀过程中做了体积功之外,还做了电功.尽管在这两种不同方式过程中吸放的热量和做的功各不相同,但其差值 ΔU 却是相等的.这两种反应方式的主要区别在于:前者将化学能主要转化为热释放给环境,而后者将化学能大部分转化为电能传递给外界.关于氢、氧燃料电池请见习题 4.4.8.

§4.5 第一定律对气体的应用

§4.5.1 理想气体的内能·焦耳实验

我们知道,物质的内能是分子无规热运动动能与分子间互作用势能之和.分子间互作用势能随分子间距离增大而增加,所以体积增加时,势能增加,说明内能 U 是体积 V 的函数;而温度 T 升高时,分子无规热运动动能增加,所以 U 又是 T 的函数.一般说来,内能是 T 和 V 的函数.理想气体的分子互作用势能为零,它的内能是否与体积有关呢? 焦耳于 1845 年所做的著名的自由膨胀实验,就是对这一问题的实验研究.

一、焦耳实验

图 4.7 为焦耳实验的示意图,气体被压缩在左边容器 A 中,右边容器 B 是真空.两容器用较粗的管道连接,中间有一活门可以隔开.整个系统浸在水中,打开活门让气体从容器 A 中冲出进入 B 中,然后测量过程前后水温的变化.焦耳测得水温始终不变.容器 B 中原为真空,从容器 A 中首先冲入容器 B 中的气体并未受到阻力.虽然稍后进入 B 中的气体要推动稍早进入 B 中的气体做功,但这种系统内部各部分之间做的功,不能算作系统对外做的功,所以在自由膨胀过程中,系统并不对外做功,即 $W = 0$.又因为在自由膨胀时,气体流动速度很快,热量来不及传递,因而是绝热的,即 $Q = 0$.将热力学第一定律(4.13)式应用于本实验,可知在自由

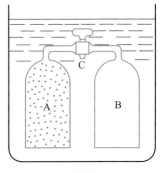

图 4.7

膨胀过程中恒有

$$U_1(T_1,V_1) = U_2(T_2,V_2) = 常量 \qquad (自由膨胀) \tag{4.30}$$

二、焦耳定律

焦耳所做的气体自由膨胀实验的结果表明气体的温度总是不变.而自由膨胀过程又是等内能的过程,这说明该种气体的内能仅是温度的函数,与体积的大小无关.另外,在做焦耳实验时所充入容器 A 中的气体的压强都比较低,温度也维持在常温下,完全可认为焦耳实验所用的气体是理想气体.由焦耳实验可得如下结论:

理想气体内能仅是温度的函数,与体积无关.

这是理想气体的又一重要特征,通常称之为焦耳定律.注意:对于一般的气体(即非理想气体),因为 $U = U(T,V)$,内能还是 V 的函数,所以气体向真空自由膨胀时温度是要变化的.

到现在为止,可把理想气体宏观特性总结为:(1)严格满足 $pV = \nu RT$ 关系;(2)满足道尔顿分压定律 $p = p_1 + p_2 + \cdots + p_n$;(3)满足阿伏伽德罗定律;(4)满足焦耳定律:即 $U = U(T)$.这四点都只有在气体压强趋于零时才能严格成立,这种气体就是理想气体.

三、理想气体定容热容及内能

因为 $U = U(T)$,由(4.20)式知理想气体的定容热容

$$C_V = \frac{\mathrm{d}U}{\mathrm{d}T}; \quad C_V = \nu C_{V,m}; \quad C_{V,m} = \frac{\mathrm{d}U_m}{\mathrm{d}T} \tag{4.31}$$

都仅是温度的函数,即

$$\mathrm{d}U = \nu C_{V,m}\mathrm{d}T \qquad (理想气体任何过程) \tag{4.32}$$

对上式积分即可求出内能的改变

$$U_2 - U_1 = \int_{T_1}^{T_2} \nu C_{V,m}\mathrm{d}T \qquad (理想气体任何过程) \tag{4.33}$$

从(4.31)式、(4.32)式可以看出:虽然理想气体经历的过程多种多样,可以是等压的、等体的、等温的、甚至也可以是非准静态的,但是在整个过程中内能的改变总是等于其初、末态温度与该过程分别相等的该气体等体过程中吸放的热量,这是因为内能是状态的函数,而理想气体的内能只是温度的函数.

四、理想气体的定压热容及焓

因为 $U = U(T)$,而

$$H = U + pV = U(T) + \nu RT \tag{4.34}$$

也仅是温度的函数.由(4.23)式可得理想气体的定压热容

$$C_p = \frac{\mathrm{d}H}{\mathrm{d}T}; \qquad C_p = \nu C_{p,m}; \qquad C_{p,m} = \frac{\mathrm{d}H_m}{\mathrm{d}T} \tag{4.35}$$

它们也都仅是温度的函数.同样有

$$\mathrm{d}H = \nu C_{p,\mathrm{m}}\mathrm{d}T \qquad （理想气体）$$

经积分可得

$$H_2 - H_1 = \int_{T_1}^{T_2} \nu C_{p,\mathrm{m}}\mathrm{d}T \ （理想气体） \tag{4.36}$$

五、$C_{p,\mathrm{m}} - C_{V,\mathrm{m}} = R$

将(4.31)式、(4.34)式代入到(4.35)式,可得

$$C_{p,\mathrm{m}} - C_{V,\mathrm{m}} = R \qquad （理想气体） \tag{4.37}$$

它表示摩尔定压热容比摩尔定容热容大一个摩尔气体常量.这是 1842 年迈耶在《论无机界的力》一文中从空气的 $C_{p,\mathrm{m}} - C_{V,\mathrm{m}}$ 求得的关系,故称为迈耶公式.这一点不难理解.因为 1 mol 气体在等压过程中比在等体过程中多做 $R(T_2 - T_1)$ 的功,因而要多吸收 $R(T_2 - T_1)$ 的热量,反映在摩尔热容上便有 $C_{p,\mathrm{m}} - C_{V,\mathrm{m}} = R$ 的关系.$C_{p,\mathrm{m}} - C_{V,\mathrm{m}} = R$ 是理想气体的一个重要特征.虽然一般说来理想气体的 $C_{p,\mathrm{m}}$ 和 $C_{V,\mathrm{m}}$ 都是温度的函数,但它们之差却肯定是常量.

§4.5.2　理想气体的等体、等压、等温过程

前面已指出,理想气体有 $\mathrm{d}U = \nu C_{V,\mathrm{m}}\mathrm{d}T$ 的关系.考虑到(4.16)式以后,我们就可把应用于理想气体准静态过程的第一定律表达式写为

$$đQ = \nu C_{V,\mathrm{m}}\mathrm{d}T + p\mathrm{d}V \tag{4.38}$$

下面具体讨论理想气体的几个过程.

一、等体(积)过程

当系统的体积不变时,系统对外界做的功为零,它所吸的热量等于系统内能的增加.对于理想气体有

$$đQ = \nu C_{V,\mathrm{m}}\mathrm{d}T$$

$$Q = \int_{T_1}^{T_2} \nu C_{V,\mathrm{m}}\mathrm{d}T \qquad （等体过程,理想气体） \tag{4.39}$$

由(4.38)式可知,它也等于系统内能的改变 ΔU.

二、等压过程

有很多变化过程都可认为是在等压条件下进行的.因为等压过程中有 $đQ = \mathrm{d}H$,由(4.35)式知理想气体在等压过程中吸收的热量为

$$đQ = \nu C_{p,\mathrm{m}}\mathrm{d}T$$

$$Q = \nu \int_{T_1}^{T_2} C_{p,\mathrm{m}}\mathrm{d}T \qquad （等压过程,理想气体） \tag{4.40}$$

动画:等体等压过程　其内能改变仍为

$$U_2 - U_1 = \nu \int_{T_1}^{T_2} C_{V,\mathrm{m}} \mathrm{d}T \qquad （理想气体，一般过程） \tag{4.41}$$

三、等温过程

理想气体在等温过程中内能不变，故 $đQ = -đW = p\mathrm{d}V$. 若气体被等温压缩，则外界对气体所做的正功全部转化为热量 Q 向外释放. 在作等温膨胀时气体从外界吸收的热量 Q 全部转化为气体对外做的功. 利用(4.3)式可知，在准静态等温膨胀中

$$Q = -W = \nu RT \ln \frac{V_2}{V_1} \qquad （等温过程，理想气体） \tag{4.42}$$

§4.5.3 绝热过程

一、一般的绝热过程

如果系统在整个变化过程中不和外界交换热量，这样的过程称为绝热过程. 绝对的绝热过程不可能存在，但可把某些过程近似看作绝热过程. 例如被良好的隔热材料包围的系统中所进行的过程；又如若过程进行得很快（如汽车发动机中对气体的压缩仅需 0.02 s），系统来不及和外界发生明显的热量交换的过程. 与此相反，在深海中的洋流，循环一次常需数十年，虽然它的变化时间很长，但由于海水质量非常大，热容很大，洋流与外界交换的热量与它本身的内能相比微不足道，同样可把它近似看作绝热过程.

在绝热过程中，因 $Q = 0$，系统绝热膨胀对外做了多少功，内能就减少多少. 任何系统（不一定是理想气体）在任何绝热过程（不一定是可逆过程）中内能的增量必等于外界对系统做的功，即

$$U_2 - U_1 = W_{绝热} \qquad （绝热过程，一般情况） \tag{4.43}$$

二、理想气体准静态绝热过程方程

由(4.38)式知理想气体在准静态绝热过程中有

$$- p\mathrm{d}V = \nu C_{V,\mathrm{m}} \mathrm{d}T \tag{4.44}$$

(4.44)式是以 T、V 为独立变量的微分式. 我们习惯于在 $p\text{-}V$ 图上表示各种过程，故应把它化作以 p、V 为独立变量式子. 对理想气体方程 $pV = \nu RT$ 两边微分，有

$$p\mathrm{d}V + V\mathrm{d}p = \nu R\mathrm{d}T$$

即

$$\mathrm{d}T = \frac{p\mathrm{d}V + V\mathrm{d}p}{\nu R} \tag{4.45}$$

将上式代入(4.44)式，可得

$$(C_{V,\mathrm{m}} + R)p\mathrm{d}V = - C_{V,\mathrm{m}} V\mathrm{d}p$$

因 $C_{p,\mathrm{m}} = C_{V,\mathrm{m}} + R$ [见(4.37)式]，若令比热容比 γ 表示为

$$\gamma = \frac{C_{p,m}}{C_{V,m}} \qquad (\text{比热容比})$$ (4.46)

则(4.45)式可化为

$$\frac{\mathrm{d}p}{p} + \gamma \frac{\mathrm{d}V}{V} = 0$$ (4.47)

若在整个过程中温度变化范围不大,则 γ 随温度的变化很小,可视为常数,对上式两边积分可得如下关系

$$p_1 V_1^{\gamma} = p_2 V_2^{\gamma} = \cdots = \text{常量} \qquad (\text{准静态绝热过程,理想气体})$$ (4.48)

这就是 γ 为常数时的理想气体在准静态绝热过程中的压强与体积间的变化关系,称为泊松(Poisson,1781—1840)公式.它与描述理想气体等温过程的玻意耳定律 $pV = \text{常量}$ 的形式有些类似,所不同的仅在 V 的指数上.

若要求出 $p - V$ 图的等温线上某点的斜率,只要对 $pV_m = C$ 式两边微分,得 $V_m \mathrm{d}p = -p \mathrm{d}V_m$,再在两边分别除以 $\mathrm{d}V_m$ 即可.实际上这就是在等温条件下进行的微商,故这是偏微商,可在偏微商符号右下角标以下标"T",表示温度不变,则

$$\left(\frac{\partial p}{\partial V_m}\right)_T = -\frac{p}{V_m}$$ (4.49)

至于在 $p - V$ 图的绝热线上某点的斜率,也可在(4.47)式两边分别除以 $\mathrm{d}V_m$ 求得,这样得到的斜率也是偏微商(我们在偏微商符号的右下角标以"S",表示这是绝热过程),从而得到

$$\left(\frac{\partial p}{\partial V_m}\right)_S = -\frac{\gamma p}{V_m}$$ (4.50)

将(4.49)式与(4.50)式比较,可知在 $p - V$ 图中这两条曲线的斜率都是负的,且绝热线斜率的大小比等温线斜率大 γ 倍,即 $\gamma = \frac{C_{p,m}}{C_{V,m}} > 1$.说明绝热线 A 要比等温线 B 陡.绝热曲线要比等温曲线陡的原因是:当气体从等温曲线与绝热曲线相交点出发压缩相同体积时,在等温过程中压强的增大来源于体积的减少;而从理想气体定律知,压强的增大不仅可来源于体积的缩小,还可来源于温度的升高.由于在绝热过程中的温度是要升高的(这是因为外界对系统做功,使系统内能增加而温度升高),所以压强的升高要大于相同体积压缩量情况下的等温过程.将 $p = \frac{\nu RT}{V}$ 及 $V = \frac{RT}{p}$ 分别代入泊松公式(4.48)式中,可得

$$TV^{\gamma-1} = \text{常量} \qquad (\text{准静态绝热过程,理想气体})$$ (4.51)

$$\frac{p^{\gamma-1}}{T^{\gamma}} = \text{常量} \qquad (\text{准静态绝热过程,理想气体})$$ (4.52)

(4.48)式、(4.51)式和(4.52)式都称为绝热过程方程.它们的独立变量各不相同,其常数的数值也各不相同.应该强调不同种类的理想气体的 γ 及 $C_{V,\mathrm{m}}$ 的数值是不同的.由§2.7.3 可知,单原子理想气体(如氦、氖等)的 $C_{V,\mathrm{m}}=\dfrac{3R}{2}$, $\gamma=\dfrac{5}{3}=$ 1.67;常温下常见的某些双原子理想气体(如氧、氮、氢等)的 $C_{V,\mathrm{m}}=\dfrac{5R}{2}$, 即 $\gamma=\dfrac{7}{5}=$ 1.4.

三、理想气体绝热过程中的功及温度变化

只要利用(4.43)式求得绝热过程中内能的减少量,就可得到外界对系统做的功,即

$$\boxed{W_{\text{绝热}} = U_2 - U_1 = \nu C_{V,\mathrm{m}}(T_2 - T_1) \qquad (\text{理想气体})}$$

由上式可得

$$W_{\text{绝热}} = \frac{\nu R}{\gamma - 1}(T_2 - T_1)$$

$$W_{\text{绝热}} = \frac{p_2 V_2 - p_1 V_1}{\gamma - 1} \tag{4.53}$$

因(4.43)式可适用于不可逆过程,故(4.53)式也适用于初末态均为平衡态的一切可逆、不可逆的理想气体绝热过程.对于可逆绝热过程,也可直接从(4.48)式求出功来,即

$$W_{\text{绝热}} = -\int_{V_1}^{V_2} p\,\mathrm{d}V = -\int_{V_1}^{V_2} p_1\left(\frac{V_1}{V}\right)^{\gamma} \mathrm{d}V \tag{4.54}$$

$$= \frac{p_1 V_1}{\gamma - 1} \cdot \left[\left(\frac{V_1}{V_2}\right)^{\gamma-1} - 1\right] \tag{4.55}$$

四、理想气体的绝热压缩与绝热膨胀

[例 4.3]　气体在气缸中运动速度很快,而热量传递很慢,若近似认为这是一绝热过程.试问要把 300 K、0.1 MPa 下的空气分别压缩到 1 MPa 及 10 MPa,则末态温度分别有多高?

[解]　(4.52)式可写为

$$T_2 = T_1\left(\frac{p_2}{p_1}\right)^{\frac{\gamma-1}{\gamma}} \tag{4.56}$$

对于空气,$\gamma=1.4$,$\dfrac{\gamma-1}{\gamma}=\dfrac{0.4}{1.4}=0.285\,7$. 若 $\dfrac{p_2}{p_1}=10$,则末态温度为

$$T_2 = 300 \text{ K} \cdot 10^{0.285\,7} = 579 \text{ K} = 306 \text{ ℃}$$

若 $\dfrac{p_2}{p_1}=100$,则末态温度为

$$T_2 = 300 \text{ K} \times 100^{0.285\,7} = 1\,118 \text{ K} = 845 \text{ ℃}$$

实际的末态温度还要高,因气缸中活塞还要克服摩擦做功,这部分能量也转化为热.

※上例说明压缩比 $\dfrac{p_2}{p_1}$ 愈大,末态温度也越高.一般气缸中均用油润滑,而润滑油的闪点(即着火温度)仅为 300 ℃ 左右,可见若压缩比过大,就可能使润滑

油起火燃烧(若所压缩的是空气).另外,高压缩比也给机械设计及材料性能提出更为苛刻的要求.那么怎样才能得到高压(例如数百个大气压)气体呢? 一般采用分级压缩、分级冷却的方法,如图 4.8 所示.若要将温度为 T、压强为 p 的气体压缩到温度为 T、压强为 p'' 的气体,一种方法是沿 $A-C-E$ 曲线经等温压缩得到.但准静态等温过程要求变化十分缓慢,此法无实用价值.另一种是从 A 态先绝热压缩到压强 p'',然后让压缩气体流过冷却器,等压冷却到原来温度 T,这一过程在图中用曲线 $A-F-E$ 表示,这就是前面介绍的单级压缩.在压缩比 p''/p 较大时这是不利的.另外,看到整个过程中所做的功即 $A'-A-F-E-E'-A'$ 所围的面积很大.若分两级压缩,第一次先从压强 p 绝热压缩到压强为 p' 的 B 态,然后通过水冷却器等压冷却到温度同为 T 的 C 点,接着第二次绝热压缩到 D 态,又经第二次等压冷却到终态 E.显然 B、D 态的温度要比 F 态低得多,且总压缩功也比一级压缩减少 $B-F-D-C-B$ 这一块面积,效率也要高些.从图 4.8 还可看到气体压缩过程越接近于等温压缩,效率越高.改善气缸冷却条件(例如在气缸外装有气缸套,让冷却水在气缸套中流过)及分级压缩都是提高效率的途径.

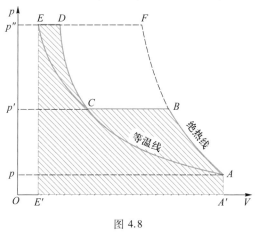

图 4.8

与压缩过程相反,气体在绝热膨胀时对外做功,温度要降低,这是获得低温的一个重要手段.显然,气体膨胀时绝热条件越好,降温效果越显著.

[例 4.4] 如图 4.9 所示,气体置于体积为 V 的大瓶中,一根截面积为 A 的均匀玻璃管插入瓶塞中.有一质量为 m 的小金属球紧贴着塞入管中作为活塞,球与管内壁的摩擦可忽略不计.原先球处于静止状态(设此时坐标 $x=0$,并取竖直向上为 x 正方向),现将球抬高 x_0(且 $x_0A\ll V$),并从静止释放,小球将振动起来,试求小球的振动周期 T,设瓶中气体为比热容比 γ 的理想气体.

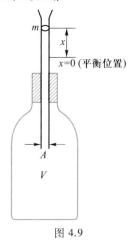

图 4.9

[解] 由于球的重力的压缩,瓶内气体达到平衡时的压强 p_0 略大于大气压强 p_0.有 $p=p_0+\dfrac{mg}{A}$ 的关系.因振动很快,瓶中气体来不及与外界传递热量,可认为是绝热过程,且由此产生的温度变化较小,就可利用 $pV^\gamma=C$ 的关系于 $x=0$ 及 $x=x(x<x_0)$ 两种状

态. 设 $x = x$ 时瓶中气体压强为 p', 则

$$\left(p_0 + \frac{mg}{A} \right) V^\gamma = p' (V + Ax)^\gamma$$

$$p' = \frac{p_0 + \dfrac{mg}{A}}{\left(1 + \dfrac{Ax}{V} \right)^\gamma}$$

因为 $\dfrac{Ax}{V} \ll 1$, 利用近似公式 $(1+z)^{-n} \approx 1 - nz$ (当 $z \ll 1$ 时), 则小球受到的不平衡力 F 为

$$F = \left[p' - \left(p_0 + \frac{mg}{A} \right) \right] \cdot A = -\frac{\gamma A^2}{V} \cdot \left(p_0 + \frac{mg}{A} \right) x$$

说明 F 确是一种准弹性恢复力, 其准弹性系数及振动周期分别为

$$k' = -\frac{\gamma \left(p_0 + \dfrac{mg}{A} \right) A^2}{V}$$

$$T = 2\pi \sqrt{\frac{m}{k'}} = 2\pi \sqrt{\frac{mV}{\gamma \left(p_0 + \dfrac{mg}{A} \right) A^2}}$$

故比热容比为

$$\gamma = \frac{4\pi^2 mV}{A^2 T^2 \left(p_0 + \dfrac{mg}{A} \right)}$$

利用这一关系就可测出气体的比热容比 γ. 这就是洛恰特 (Ruchhardt) 于 1929 年设计的测 γ 的方法, 由于要求所用的玻璃管与小球密封性好且摩擦小, 所以不易精确测量.

※ § 4.5.4　大气温度绝热递减率

我们知道, 在大气的对流层 (在温带地区, 对流层是离地面高度 10 ~ 12 km 以下的区域, 赤道及两极地区其高度又各不相同) 中的温度是随高度增加而降低的, 高度越高, 温度越低. 因为这种温度递减来源于理想气体的绝热过程, 故称它为大气温度绝热递减. 升高单位高度所降低的温度称为大气温度绝热递减率.

一、大气温度绝热递减率

我们先用简单的方法导出大气温度绝热递减率. 设想有一团气体沿某一山坡非常缓慢地上升. 它上升了 dz 高度, 必须克服重力做功. 其能量来源于它的内能减小, 所以它的温度要降低. 另外, 在上升了 dz 高度处的大气压强也要降低. 在 § 2.6.1 讲述等温大气压强公式时曾导出了大气压强随高度 z 变化的微分表达式

$$dp = -\rho(z)g\,dz \tag{4.57}$$

由于气体的上升十分缓慢, 是准静态的, 它的压强始终等于周围的大气压强. 又由于大气压强的变化非常小, 所以我们在应用能量守恒定律时可近似认为这团气体上升 dz 高度过程中的压强近似不变. 而在等压过程中降低温度 dT 所

释放的热量为 $(đQ)_p$ [应该注意,$(đQ)_p$ 中有一部分是用于克服大气压强做等压膨胀功用的]

$$(đQ)_p = C_{p,m} dT$$

这部分热量的释放就来源于气体内能的减小.当然现在气体没有释放热量,而是把这个能量用于克服重力做功,所做的功为 $\overline{M}g dz$,其中 $\overline{M}$ 为空气分子的平均摩尔质量.[①]因而有

$$C_{p,m} dT = -\overline{M}g dz$$

$$\frac{dT}{dz} = -\frac{\overline{M}g}{C_{p,m}}, \quad dT = -\frac{\overline{M}g}{C_{p,m}} dz \tag{4.58}$$

设地面处 $(z=0)$ 及高度 z 处大气温度分别为 T_0 及 $T(z)$,则对上式积分,可得

$$T(z) - T_0 = -\frac{\overline{M}g}{C_{p,m}} \cdot z \tag{4.59}$$

这说明气体上升(或下降)达平衡时的温度是随高度增加而线性下降的.因为它始终等于周围的大气温度,所以这就是干燥大气平衡温度随高度绝热递减的分布公式(它仅适用于对流层中的干燥大气).将空气的 $\overline{M} = 28.8 \times 10^{-3}$ kg·mol^{-1},$C_{p,m} = \frac{7R}{2}$ 代入,可知在对流层中的干燥大气,每上升 1 km,温度降低 9.7 ℃.

*二、大气温度绝热递减率的较严密推导

前面已经给出大气压强随高度 z 变化的微分表达式(2.60)式,下面用较严密方法导出它.

因 $\rho = p\overline{M}/RT$,则

$$\frac{dp}{dz} = -\frac{\overline{M}g}{RT} \cdot p \tag{4.60}$$

$$\frac{\partial p}{\partial z} = \left(\frac{\partial p}{\partial T}\right)_S \cdot \frac{dT}{dz} \tag{4.61}$$

式中下标 S 表示准静态绝热过程.它可以这样求出:对(4.52)式两边微分:

$$(\gamma - 1)\frac{p^{\gamma-2}}{T^{\gamma}} dp - \gamma \frac{p^{\gamma-1}}{T^{\gamma+1}} dT = 0$$

两边同除以 $(\gamma-1) \cdot \left(\frac{p^{\gamma-2}}{T^{\gamma}}\right) dT$,则有

$$\left(\frac{\partial p}{\partial T}\right)_S = \frac{\gamma}{\gamma - 1} \cdot \frac{p}{T} = C_{p,m} \frac{p}{RT} \tag{4.62}$$

因(4.60)式与(4.61)式相等,同时将(4.62)式代入,可得

---

① 由大气等温公式(2.61)式知,分子质量不同的气体的密度随高度分布曲线不同,故空气这一混合气体在不同高度的气体成分不同,因而不同高度的空气摩尔质量不同.为简单计,引入空气摩尔质量对高度的平均值,其数值为 0.028 8 kg·mol^{-1}.

$$\frac{\mathrm{d}T}{\mathrm{d}z} = -\frac{\overline{M}g}{C_{p,m}}; \quad \mathrm{d}T = -\frac{\overline{M}g}{C_{p,m}} \cdot \mathrm{d}z$$

这就是(4.58)式.

*三、湿空气的大气温度绝热递降率

对于潮湿空气,由于在温度降低时可能释放汽化热,其情况有所不同.未饱和空气中水蒸气含量最多仅 3%~4%,空气的行为与相对湿度关系不大,(4.58)式仍可适用.但对于水蒸气已达饱和的空气来说,气团上升、温度下降过程中将释放汽化热,而水的汽化热是很大的,这时(4.58)式不能适用.对于这类问题仍从第一定律出发进行分析,不过(4.44)式应写成

$$-p\mathrm{d}V = \nu C_{V,m}\mathrm{d}T + L_{v,m}\mathrm{d}\nu_{汽} \tag{4.63}$$

其中 $L_{v,m}$ 为水的摩尔汽化热,$\nu_{汽}$ 为空气中水汽的物质的量.(4.63)式比(4.44)式多了一项,利用 $p\mathrm{d}V + V\mathrm{d}p = \nu R\mathrm{d}T$ 并令 $x_{汽} = \dfrac{\nu_{汽}}{\nu}$ 为水汽的浓度,则与(4.58)式推导方法类同,可得

$$\left(\frac{\mathrm{d}p}{\mathrm{d}T}\right)_S = C_{p,m} \cdot \frac{p}{RT} + L_{v,m} \cdot \frac{p}{RT} \cdot \frac{\mathrm{d}x_{汽}}{\mathrm{d}T}$$

将它代入(4.61)式,可得湿空气的绝热递减率为

$$\frac{\mathrm{d}T}{\mathrm{d}z} = -\frac{\overline{M}g}{C_{p,m}} - \frac{L_{v,m}}{C_{p,m}} \cdot \frac{\mathrm{d}x_{汽}}{\mathrm{d}z} \tag{4.64}$$

通常认为湿空气的绝热递减率为 $0.65\ ℃ \cdot km^{-1}$,这一数据可用于估算对流层中大气的温度.

[**例 4.5**] 如图 4.10 所示,潮湿空气绝热地持续流过山脉.气象站 M_0 和 M_3 测出大气压强都是 $p_0 = 100\ kPa$,气象站 M_2 测出大气压强 $p_2 = 70\ kPa$.在 M_0 处空气温度是 $20\ ℃$.随着空气上升,在压强 $p_1 = 84.5\ kPa$ 的 M_1 处开始有云形成.空气由此继续上升,经 $1\ 500\ s$ 后到达山脊的 M_2 站,上升过程中空气中水蒸气凝结成雨落下.设上空潮湿空气的面密度为 $\rho_S = 2\ 000\ kg/m^2$,潮湿空气单位质量可凝结出的水的质量为 $w = 2.45\ g/kg$ 雨水.已知空气的比定压热容为 $c_p = 1\ 005\ J \cdot kg^{-1} \cdot K^{-1}$.在 M_0 处,相应于 p_0 和 T_0 的空气密度 $\rho_0 = 1.189\ kg \cdot m^{-3}$,水的单位质量汽化热为 $l_v = 2\ 500\ kJ \cdot kg^{-1}$.(1) 试求出 M_1 处的温度 T_1 及 M_1 高出 M_0 的高度 h_1;(2) 试求在山脊 M_2 处测出的温度 T_2;(3) 试求出由于空气中水蒸气的凝结,在 $3\ h$ 内形成的降雨量.设在 M_1 与 M_2 间的降雨是均匀的;(4) 试求出山脊背后 M_3 处测出的温度 T_3,讨论 M_3 处空气状态,并与 M_0 处相比较.

[**解**] (1) $M_0 \rightarrow M_1$,一定量湿空气从 M_0 上升到 M_1 处满足准静态绝热条件,设 M_1 处气体压强为 p_1,则由(4.52)式知

$$T_1 = T_0\left(\frac{p_1}{p_0}\right)^{\frac{\gamma-1}{\gamma}} = 293\left(\frac{84.5}{100}\right)^{\frac{1.4-1}{1.4}}\ K = 279\ K$$

又由(4.59)式可知

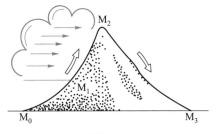

图 4.10

$$T_0 - T_1 = \frac{\overline{M} g z}{C_{p,m}}$$

$$h_1 = z = (T_0 - T_1) \frac{C_{p,m}}{\overline{M} g} = \frac{\frac{7}{2} \times 8.31 \times (293 - 279)}{28.8 \times 10^{-3} \times 9.8} \text{ m} = 1\,443 \text{ m}$$

（2）$M_1 \rightarrow M_2$，潮湿空气继续上升过程中仍然与外界没有热量交换，但由于在温度降低过程中有部分水蒸气凝结为雨落下.凝结过程中释放的热量被其他空气吸收.应该说，它不满足绝热条件.但我们可把这两种情况同时发生的过程理解为是先后单独发生的.即湿空气从 M_1 上升到 M_2 中先作准静态绝热膨胀，温度从 T_1 降为 T_x 而没有水蒸气的凝结.然后再在 T_x 温度有部分水蒸气凝结为雨水，它所释放的热量被其他空气吸收，温度再升高 ΔT.由于题设汽化热 l_v 与温度无关，故这样的计算不会影响结果.利用（4.52）式类似求得 T_1 的方法可求得 $T_x = 265$ K.由 $l_v w = (1-w) c_p \Delta T$ 知

$$\Delta T = \frac{l_v w}{(1 - w) c_p}$$

由于 $w = 2.45$ g/kg $= 0.002\,45 \ll 1$，所以 $1-w \approx 1$，因此

故

$$\Delta T \approx \frac{l_v w}{c_p}$$

$$T_2 = T_x + \Delta T = 271 \text{ K}$$

（3）降雨量是指在一定时间内在一定面积水平面上积存的雨水高度.若在 1 m^2 面积上积存 1 kg 的水，则雨水高度为 1 mm，故降雨量为 1 mm.由题知上空潮湿空气从 M_1 上升到 M_2 所需时间为 $t = 1\,500$ s，潮湿空气单位面积的质量为 ρ_S，而其可凝结的水的质量为 $\rho_S w$，并认为雨水的析出是随时间 t 均匀地进行的，则在单位时间内，在单位面积上凝结的雨水为 $\rho_S w/t$，在 $t_{降雨} = 3$ h 时间内，每平方米面积上降下的雨水为 $(\rho_S w/t) \cdot t_{降雨} = 35.3 \text{ kg} \cdot \text{m}^{-2}$，其 3 h 降雨量为 35 mm.

（4）$M_2 \rightarrow M_3$ 设 M_3 处的压强为 p_3，温度为 T_3，则由（4.52）式可求得 $T_3 = 300$ K.M_3 的大气与 M_0 相比，温度升高 7 K，气体要干燥些.

焚风：以上例子说明当湿空气在越过高山时若有云雨的形成，则到山背后会变成干热天气，这一现象在气象上称为焚风.在阿尔卑斯山北麓、高加索山、北美洛基山东麓等地区经常会出现焚风.焚风的另一典型现象出现在美国加州的死谷.它在高大的内华达山脉的阴影之下.太平洋温暖的湿润空气在越过山脉时温度降低形成雨，而越过山脉后形成温度较高而十分干燥的天气，从而形成沙漠，请见二维码视频"沙漠的成因".

视频:沙漠的成因

*§4.5.5　气体声速公式

气体中的声波是依靠每一局部气体的周期性压缩、膨胀，从而形成疏密相间的波——纵波的.声波传播的速度决定于介质的密度和它的弹性性质.牛顿最早导出了声速公式，声速

$$c = \sqrt{-\frac{V}{\rho} \cdot \frac{\Delta p}{\Delta V}}$$

因为任何物质被压缩（$\Delta p > 0$）时体积均减小（$\Delta V < 0$），所以在上式的根号中有一负号.考虑到 Δp 很小，上式可写为

$$c = \sqrt{-\frac{V}{\rho} \cdot \frac{\partial p}{\partial V}} = \sqrt{-\frac{V}{\rho} \cdot \frac{\partial p}{\partial \rho} \cdot \frac{\mathrm{d} \rho}{\mathrm{d} V}}$$

因 $\rho = \dfrac{m}{V}$，$\dfrac{\mathrm{d} \rho}{\mathrm{d} V} = -\dfrac{m}{V^2}$，代入上式可得

$$c = \sqrt{\frac{\partial p}{\partial \rho}} \qquad (4.65)$$

拉普拉斯(Laplace,1749—1827)指出,声波在气体中传播时这种压缩膨胀过程都是在绝热条件下进行的.对此可这样来理解:声波在气体中传播时形成疏密相间又周期性变化的区域,密区与疏区中心之间的距离均为 $\frac{\lambda}{2}$(λ 是声波波长).疏区变密时受到压缩而温度升高,密区变疏时膨胀而温度降低,温度互换的时间为 $\frac{\tau}{2}$(τ 为声波周期).一般说来,当声波在气体中传播时,在半个周期内从较高温度的密区向较低温度的疏区传递的热量要比把疏区气体压缩为密区时所需做的功小得多,因而可认为密区膨胀和疏区被压缩都是在绝热条件下进行的.既然声波在气体中的传播是绝热压缩及绝热膨胀的周期性变化过程,则气体的声波(纵波)不仅是气体密度(或压强)随空间位置作周期性变化的一种波动,也是温度随空间位置作周期性变化的一种波动,这是因为在准静态绝热过程中,温度随压强同步变化之故.

考虑了绝热压缩因素后,(4.65)式可写为

$$c = \sqrt{\left(\frac{\partial p}{\partial \rho}\right)_S} \quad 或 \quad c = \sqrt{\frac{1}{\rho \kappa_S}} \qquad (4.66)$$

其中

$$\kappa_S = -\frac{1}{V_m} \cdot \left(\frac{\partial V_m}{\partial p}\right)_S \qquad (4.67)$$

称为绝热压缩系数,下标 S 表示为准静态绝热过程[它与等温压缩系数(1.7)式的差别为压缩的条件不同,前者为绝热,后者为等温],V_m 为摩尔体积.将(4.50)式代入(4.66)式,并利用 $\rho = \frac{M}{V_m}$ 则

$$c = \sqrt{\frac{\gamma p V_m}{M}} = \sqrt{\frac{\gamma R T}{M}} \qquad (4.68)$$

这就是理想气体声速公式,说明理想气体声速仅是温度的函数,且与 γ 有关.将空气的 $\gamma = 1.40, M = 0.029$ kg·mol^{-1} 及 $T = 273$ K 代入上式,可求得 0 ℃时干燥空气的声速为 331.0 m·s^{-1}.实验测得为 331.5 m·s^{-1},说明结果符合得很好.因为气体声速可较精确地测定,我们可利用(4.68)式测定比热容比 γ,它要比例题4.4所介绍的洛恰特方法精确得多.对于干燥空气,若令 $T_0 = 273$ K 时的声速为 331.5 m·s^{-1},则温度为 t 的室温时的声速可由(4.68)式求得

$$c = \sqrt{\frac{\gamma R T_0}{M}}\left(1 + \frac{t}{273}\right)^{1/2} \approx \sqrt{\frac{\gamma R T_0}{M}}\left(1 + \frac{t}{2 \times 273}\right)$$
$$= 331.5(1 + 0.001\,83\,t) \text{ m·s}^{-1}$$

即每升高 1 ℃,其声速增加 0.607 m·s^{-1}.

若将(4.68)式与麦克斯韦分布的平均速率(2.14)式比较,发现气体的声速与其平均速率的比值仅与 γ 有关.

$$\frac{c}{\bar{v}} = \sqrt{\frac{\gamma \pi}{8}}$$

不仅气体的声速,而且液体、固体等物质的声速也可用(4.66)式计算.由此可见,物质的声速是由物态方程所决定的,故声速是表征物质性质的一个重要物理量.另外,声速也被用来估算气体达到平衡所需的弛豫时间,正如在§4.1.2中提到的.

§4.5.6　多方过程

一、多方过程方程

气体所进行的实际过程往往既非绝热,也非等温.例如在气缸中的气体的实际进行的压缩与膨胀过程就是如此.现在我们先来比较一下理想气体等压、等体、等温及绝热四个过程的方程,它们分别是 $p=C_1$,$V=C_2$,$pV=C_3$,$pV^\gamma=C_4$.这四个方程都可以用

$$pV^n = C \qquad (多方过程,理想气体) \tag{4.69}$$

的表达式来统一表示,其中 n 是对应于某一特定过程的常数.显然,对绝热过程 $n=\gamma$,等温过程 $n=1$,等压过程 $n=0$.而对于等体过程,可这样来理解其中的 n,在(4.69)式两边各开 n 次根,则

$$p^{1/n}V = 常量$$

当 $n\to\infty$ 时,上式就变为 $V=C_2$ 的形式.所以等体过程相当于 $n\to\infty$ 时的多方过程.(4.69)式称理想气体多方过程方程,指数 n 称多方指数.现将等压、等温、绝热、等体曲线同时画在 $p-V$ 图上,并标出它们所对应的多方指数.这些曲线都起始于同一点,如图 4.11 所示.从图上可看到,n 是从 $0\to 1\to\gamma\to\infty$ 逐级递增的.实际上 n 可取任意值.例如在气缸中的压缩过程是处于 $n=1$

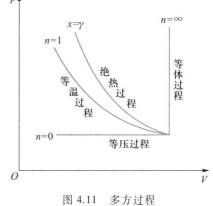

图 4.11　多方过程

到 $n=\gamma$ 曲线之间的区域,即 $1<n<\gamma$.当然 n 也可取负值,这时多方曲线的斜率是正的.多方过程可作这样的定义:

> 所有满足 $pV^n=$ 常量的过程都是理想气体多方过程,其中 n 可取任意实数.

因为多方方程是由绝热方程 $pV^\gamma=$ 常量推广来的,它也应与绝热方程一样适用于 C_V 为常量的理想气体所进行的准静态过程.与绝热过程一样,若以 T、V 或 T、p 为独立变量,可有如下多方过程方程:

$$TV^{n-1} = 常量 \tag{4.70}$$

$$\frac{p^{n-1}}{T^n} = 常量 \tag{4.71}$$

二、多方过程中的功

利用与(4.53)式或(4.55)式类似的推导方法可求得多方过程中的功.其结果与(4.53)式、(4.55)式完全一样,只要将式中的 γ 以 n 代替即可.

三、多方过程摩尔热容

设多方过程的摩尔热容为 $C_{n,m}$,则 $\mathrm{d}Q=\nu C_{n,m}\mathrm{d}T$,将它代入(4.38)式中,有

$$\nu C_{n,m}\mathrm{d}T = \nu C_{V,m}\mathrm{d}T + p\mathrm{d}V$$

在两边分别除以 $\nu\mathrm{d}T$,并利用 $V=\nu V_m$ 关系,则有

$$C_{n,m} = C_{V,m} + p\left(\frac{\mathrm{d}V_m}{\mathrm{d}T}\right)_n = C_{V,m} + p\left(\frac{\partial V_m}{\partial T}\right)_n \tag{4.72}$$

式中的下标 n 表示是沿多方指数为 n 的路径变化. 对(4.70)式两边求导

$$V_m^{n-1}\mathrm{d}T + (n-1)TV_m^{n-2}\mathrm{d}V_m = 0$$

再在两边除以 $\mathrm{d}T$,并注意到这是在多方指数不变的情况下进行的偏微商,则

$$\left(\frac{\partial V_m}{\partial T}\right)_n = -\frac{1}{n-1}\cdot\frac{V_m}{T}$$

将 $p=\dfrac{RT}{V_m}$ 及上式一起代入(4.72)式,可得

$$C_{n,m} = C_{V,m} - \frac{R}{n-1} = C_{V,m}\cdot\frac{\gamma-n}{1-n} \qquad (\text{多方过程热容,理想气体})$$

$$\tag{4.73}$$

从(4.73)式可看到,因 n 可取任意实数,故 $C_{n,m}$ 可正、可负. 若以 n 为自变量,$C_{n,m}$ 为函数,画出 $C_{n,m}-n$ 的曲线如图 4.12 所示. 从图中可知,当 $n>\gamma$ 时,$C_{n,m}>0$,这时若 $\Delta T>0$,则 $\Delta Q>0$,是吸热的;若 $1<n<\gamma$,则 $C_{n,m}<0$,在 $\Delta T>0$ 时 $\Delta Q<0$,说明温度升高反而要放热,这是多方负比热容的特征. 气体在气缸中被压缩的时候,若外界对气体做功的一部分用来增加温度,另一部分向外放热,这时 $C_{n,m}<0$. 这称为多方负热容,即系统升温时($\Delta T>0$),反而要放热.

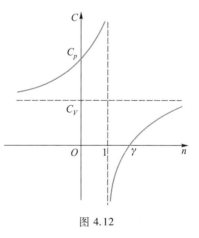

图 4.12

表 4.1 列出了理想气体在等体、等压、等温、绝热、多方过程中的过程方程、功、热量与热容的诸公式.

※ 四、恒星的多方负热容

多方负热容在恒星演化过程中是一个十分重要的普遍现象. 万有引力使恒星收缩,因而引力势能降低,所降低的引力势能的一部分以热辐射形式向外界放热,另一部分能量使自身温度升高. 这一过程在幼年期恒星(如星际云、红外星)中是十分重要的,因为幼年期的恒星温度较低,不能发生像现今太阳内部发生的热核反应,产生热核反应的温度应达到 10^8 K 的数量级(说明:现今的太阳在恒星演化过程中处于主序星,即青年期阶段). 从幼年期恒星变为主序星,就依靠恒星的引力收缩,多方负热容可使星体温度升高到能产生热核反应的温度.

表 4.1　理想气体热力学过程的主要公式①

过程	过程方程式	初态、终态参量间的关系	外界对系统做的功	系统从外界吸收的热量	摩尔热容
等体	$V=$ 常量	$V_2=V_1$；$\dfrac{T_2}{T_1}=\dfrac{p_2}{p_1}$	0	$C_V(T_2-T_1)$	$C_{V,\mathrm{m}}=\dfrac{R}{\gamma-1}$
等压	$p=$ 常量	$p_1=p_2$；$\dfrac{T_2}{T_1}=\dfrac{V_2}{V_1}$	$-p(V_2-V_1)$ 或 $-\nu R(T_2-T_1)$	$C_p(T_2-T_1)$	$C_{p,\mathrm{m}}=\dfrac{\gamma R}{\gamma-1}$
等温	$pV=$ 常量	$T_2=T_1$；$\dfrac{p_2}{p_1}=\dfrac{V_1}{V_2}$	$-p_1V_1\ln\dfrac{V_2}{V_1}$ 或 $-\nu RT_1\ln\dfrac{V_2}{V_1}$	$p_1V_1\ln\dfrac{V_2}{V_1}$ 或 $\nu RT_1\ln\dfrac{V_2}{V_1}$	∞
绝热	$pV^\gamma=$ 常量	$\dfrac{p_2}{p_1}=\left(\dfrac{V_1}{V_2}\right)^\gamma$ $\dfrac{T_2}{T_1}=\left(\dfrac{V_1}{V_2}\right)^{\gamma-1}$ $\dfrac{T_2}{T_1}=\left(\dfrac{p_2}{p_1}\right)^{\frac{\gamma-1}{\gamma}}$	$\dfrac{1}{\gamma-1}(p_2V_2-p_1V_1)$ 或 $\dfrac{p_1V_1}{\gamma-1}\left[\left(\dfrac{V_1}{V_2}\right)^{\gamma-1}-1\right]$ 或 $C_V(T_2-T_1)=\dfrac{\nu R}{\gamma-1}(T_2-T_1)$	0	0
多方	$pV^n=$ 常量	$\dfrac{p_2}{p_1}=\left(\dfrac{V_1}{V_2}\right)^n$ $\dfrac{T_2}{T_1}=\left(\dfrac{V_1}{V_2}\right)^{n-1}$ $\dfrac{T_2}{T_1}=\left(\dfrac{p_2}{p_1}\right)^{\frac{n-1}{n}}$	$\dfrac{1}{n-1}(p_2V_2-p_1V_1)$ 或 $\dfrac{p_1V_1}{n-1}\left[\left(\dfrac{V_1}{V_2}\right)^{n-1}-1\right]$ 或 $\dfrac{\nu R}{n-1}(T_2-T_1)$	$\nu C_{V,\mathrm{m}}(T_2-T_1)$ $-\dfrac{\nu R}{n-1}(T_2-T_1)$ $=\nu\left(C_{V,\mathrm{m}}-\dfrac{R}{n-1}\right)\cdot$ $(T_2-T_1)\quad(n\neq1)$	$C_{V,\mathrm{m}}-\dfrac{R}{n-1}$ $=C_{V,\mathrm{m}}\cdot$ $\dfrac{\gamma-n}{1-n}$

[例 4.6]　已知 1 mol 氧气经历如图 4.13(a) 所示从 A 变为 B(AB 延长线经过原点 O) 的过程, 已知 A、B 点的温度分别为 T_1、T_2. 求在该过程中所吸收的热量.

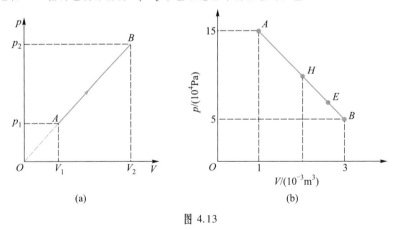

(a)　　　　　　　　　　(b)

图 4.13

[解]　解法 I: 从第一定律出发. 设 A 点及 B 点的压强、体积分别为 p_1、p_2、V_1、V_2, 从 A 点变为 B 点的过程中系统对外做的功等于梯形 A-V_1-V_2-B 的面积, 即

$$-W=\frac{1}{2}(p_1+p_2)(V_2-V_1)$$

A、B 状态的温度分别为

$$T_1 = \frac{p_1 V_1}{R}$$

$$T_2 = \frac{p_2 V_2}{R} \tag{4.74}$$

从 A 变为 B 的内能的变化为 $C_{V,m}(T_2-T_1)$. 从 A 变为 B 吸收的热量为

$$Q = C_{V,m}(T_2 - T_1) + \frac{1}{2}(p_1 + p_2)(V_2 - V_1)$$

$$= C_{V,m}(T_2 - T_1) + \frac{1}{2}(p_2 V_2 - p_1 V_1 + p_1 V_2 - p_2 V_1) \tag{4.75}$$

由图中相似三角形知

$$\frac{p_1}{p_2} = \frac{V_1}{V_2} \quad 即 \quad p_1 V_2 - p_2 V_1 = 0$$

将上式及 (4.74) 式同时代入 (4.75) 式,考虑到氧气的 $C_{V,m} = \frac{5}{2}R$,可得

$$Q = \left(C_{V,m} + \frac{R}{2} \right)(T_2 - T_1) = 3(T_2 - T_1)R$$

解法 Ⅱ:从图 4.13(a) 可看到 pV^{-1} = 常量,说明这是 $n=-1$ 的多方过程. 利用 (4.73) 式可求得所吸收的热量为

$$Q = C_{n,m}(T_2 - T_1) = \frac{1}{2}C_{V,m}(T_2 - T_1)(\gamma + 1) = 3(T_2 - T_1)R$$

与解法 Ⅰ 结果相同. 比较后可知,利用多方比热容公式计算多方过程中的功和热量要简便些.

[例 **4.7**]   理想气体经历 $V = \frac{1}{K} \cdot \ln\frac{p_0}{p}$ 的热力学过程,其中 p_0 和 K 是常量. 试问:(1) 当系统按此过程体积扩大一倍时,系统对外做了多少功?(2) 在这一过程中的热容是多少?

[**解**]   (1)过程方程可写为

$$p = p_0 \exp(-KV)$$

所做功为

$$W = \int_V^{2V} p_0 \exp(-KV)\,\mathrm{d}V = \frac{p_0}{K} \cdot \exp(-KV)[1 - \exp(-KV)]$$

(2)对过程方程两边取对数后再求微分,可得

$$\mathrm{d}V = -\frac{1}{Kp}\mathrm{d}p \tag{4.76}$$

将它代入 $\mathrm{d}Q = C_V \mathrm{d}T + p\mathrm{d}V$ 中,得

$$\mathrm{d}Q = C_V \mathrm{d}T - \frac{1}{K}\mathrm{d}p$$

两边各除以 $\mathrm{d}T$,则

$$C = \frac{\mathrm{d}Q}{\mathrm{d}T} = C_V - \frac{1}{K} \cdot \frac{\mathrm{d}p}{\mathrm{d}T} \tag{4.77}$$

把 (4.76) 式代入 $p\mathrm{d}V + V\mathrm{d}p = \nu R\mathrm{d}T$ 中,两边各除 $\mathrm{d}T$,则

$$\frac{\mathrm{d}p}{\mathrm{d}T} = \frac{\nu R}{V - 1/K} \tag{4.78}$$

将 (4.78) 式代入 (4.77) 式,可得过程热容为

$$C = C_V - \frac{\nu R}{KV - 1} \tag{4.79}$$

[例 4.8] 1 mol 单原子理想气体经历如图 4.13(b)所表示的 $A \rightarrow B$(为一直线)的过程, 试讨论从 A 变为 B 的过程中吸、放热的情况.

[解] 可估计到在 $A \rightarrow B$ 过程中, 气体温度先升高后下降, 其中必存在一温度最高的状态 H 点. 显然 $A \rightarrow B$ 直线方程为

$$p = -\frac{1}{2} \times 10^8 V + 2 \times 10^5$$

其中 V 的单位为 m^3, p 的单位为 Pa. 因 $pV = \nu RT$, 可知 $A \rightarrow B$ 过程中有

$$T = \frac{pV}{\nu R} = \frac{2 \times 10^5 V - 5 \times 10^7 V^2}{\nu R}$$

由 $V = V_H$ 时温度取极值条件可得 $V_H = 2 \times 10^{-3}$ m^3, 说明 H 点恰在 $A \rightarrow B$ 直线的中点. 从 A 变到 H 的过程中温度升高, 内能增加, 气体又对外做功, 所以要吸热. 而从 H 变到 B 的过程中, 气体仍对外做功, 但温度在降低中, 显然在 $H \rightarrow B$ 中既有吸热区, 也有放热区, 其中必存在一个从吸热转化为放热的过渡点 E, 下面就具体求出 E 点的坐标.

由图知, 在 $H \rightarrow B$ 过程中温度不断降低, 即 $\Delta T < 0$. 又从图 4.12 知, 当 $n > \gamma$ 时, $C_{n,m} > 0$, 说明在 $\Delta T < 0$ 时 $\Delta Q < 0$, 系统是放热的; 当 $1 < n < \gamma$ 时 $C_{n,m} < 0$, 说明在 $\Delta T < 0$ 时是吸热的; 只有 $n = \gamma$ 时 $C_{n,m} = 0$, 这时既不吸热也不放热. 虽然 $H \rightarrow B$ 不是多方过程曲线, 但其中任一微小线段均可看作某一多方曲线的一小部分. 既然 E 点是吸放热的过渡点, 则通过 E 点的绝热线斜率一定等于 $A \rightarrow B$ 直线的斜率. (4.50) 式已给出

$$\left(\frac{\partial p}{\partial V}\right)_S \Bigg|_{V = V_E} = -\frac{\gamma p}{V_E} \tag{4.80}$$

而直线斜率为 $\dfrac{\mathrm{d}p_E}{\mathrm{d}V_E} = -5 \times 10^7$ Pa·m^{-3}, 取 $\gamma = \dfrac{5}{3}$, 则有

$$-\frac{5}{3}(2 \times 10^5 - 5 \times 10^7 V_E)\frac{1}{V_E} = -5 \times 10^7$$

$$V_E = 2.5 \times 10^{-3} \ m^3$$

§4.6 热机

§4.6.1 热机·□蒸汽机

热机是把燃料燃烧产生的热能转化为功的机械装置。按照燃料燃烧的场合来分, 可以分为外燃式和内燃式。前者燃料的燃烧发生在热能转化为功的机械的外面。后者燃料的燃烧发生在热能转化为功的机械的内部。如果按照热能转化为功的机械的运动方式来分, 又可分为往复式(就是直线运动的)和旋转式。外燃式往复式的热机就是蒸汽机。内燃式往复式的热机就是内燃机, 这将在 §4.6.3 内燃机循环(汽油机和柴油机)中介绍。属于外燃式旋转式的热机就是汽轮机, 属于内燃式旋转式的热机就是燃气轮机和喷气发动机, 它们都这将在选读材料 4.3 中介绍。

□一、蒸汽机

18 世纪第一台蒸汽机问世以后, 经过许多人的改进, 特别是纽科门(Newcomen, 1663—1729)和瓦特的工作(瓦特花了近 20 年时间, 从热功及机械结构两方面作了多种改进), 使蒸汽机成为普遍适用于工业的万能原动机, 但当时的

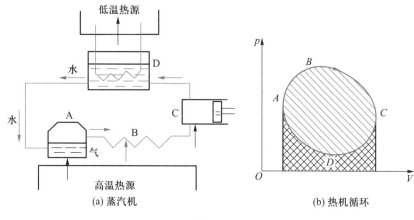

图 4.14

热机效率也仅约 3%(即只能把 3% 的燃烧热转化为功).下面以活塞式蒸汽机为例,介绍一般热机的工作原理.图 4.14(a)所示为一简单的活塞式蒸汽机的流程图.高压锅炉 A 中的水受到高温热源加热变为温度比较高的高压饱和蒸气(饱和蒸气也可以称为湿蒸气),进入过热器 B 中继续加热而成为温度更高,压强更高的非饱和的干蒸气,然后进入气缸 C 中绝热膨胀推动活塞对外做功,从 C 中流出的低压蒸气进入冷凝器 D,向低温热源(图中所示为通有冷却水的盘管)放热而冷凝为水,水重新进入锅炉加热,如此周而复始的循环.工作物质(水)进行一系列的循环过程,每一次循环中都把向高温热源吸收的热量中的一部分用于气缸对外做机械功,而其余的能量则以热量方式向低温热源释放.工作物质每经过一次循环后都回到原来状态.所以,一个热机至少应包括如下三个组成部分:(1)循环工作物质;(2)两个以上的温度不相同的热源,使工作物质从高温热源吸热,向低温热源放热;(3)对外做功的机械装置.关于蒸汽机的发明史及详细介绍请见二维码文档"蒸汽机"和二维码视频"蒸汽机的发明.历史上有一个非常有意思的利用蒸汽机做成寺庙中的自动门的装置,这是埃及亚历山大的海伦设计的请见二维码视频"自动门".

动画:热机(蒸汽机)

文档:蒸汽机

视频:蒸汽机的发明

视频:自动门

　　需要说明,从 2007 年我国最后一台蒸汽机车停止使用后,古老的活塞式蒸汽机已经完全退出我国的历史舞台.但是蒸汽机的另外一个分支——汽轮机仍然是世界上(包括我国)火力发电的主要力量.汽轮机的简单流程图仍然可以用图 4.14 之(a)来表示,只不过将图中的气缸 C 用汽轮机代替.而汽轮机的做功是这样实现的,高压蒸气推动汽轮机中的叶轮高速旋转,叶轮带动发电机旋转而发电,从而把热能转化为机械能,最后转化为电能.关于汽轮机的简单介绍请见选读材料 4.3 汽轮机·燃气轮机·喷气发动机.

　　二、热机循环

　　工作物质从高温热源吸热所增加的内能不能全部转化为对外做的有用功,因为它还要向外放出一部分热,这是由循环过程的特点决定的.所谓循环过程是指系统(即工作物质)从初态出发经历一系列的中间状态最后回到原来状态的过程.例如图 4.14(b)表示理想气体任意的一个准静态循环过程.在 $A \to B$ 过程中,温度升高,内能增加,对外做功,因而是吸热的.但是系统经状态 B 以后,最终总要回到 A 点,为了回到原状态,原来升高的温度要降低(因而内能要减少),原来增加的体积要减少(因而外界要对系统做功),从第一定律知它必然要放热.所以任何热机不可能仅吸热而不放热,也不可能只与一个热源相接触.从图可见,$A \rightarrow B \rightarrow C$ 过程中系统对外做功,而 $C \rightarrow D \rightarrow A$ 过程中外界对系统做功,故循环过程的净功就是 p - V 图上循环曲线所围的面积.对于在 p - V 图上顺时针变化的循环,系统从较高温度的热源吸热,向较低温度热源放热,对外做出净功,这就是热机.而逆时针变化的循环是系统从温度较低热源吸热,向温度较高热源放热.在整个循环中外界对系统做净功,这是制冷机或热泵.关于制冷机和热泵,后面将专门讨论.由此可见:

> 在 p - V 图上顺时针循环为热机,逆时针循环为制冷机.

三、热机效率的定义

既然热机不可能把从高温热源吸的热量全部转化为功,人们就必然关心燃料燃烧所产生的热中,或热机从高温热源吸的热中,有多少能量转化为功的问题.前者是总的热效率的问题,后者是热机效率的问题.热机效率 $\eta_{热}$ 定义为

$$\eta_{热} = \frac{W'}{Q_1} \tag{4.81}$$

其中 W' 为热机输出净功的数值(说明:在 W 上打撇表示系统对外做的功),Q_1 为热机从高温热源吸取的总热量.设系统向低温热源放的总热量为 $|Q_2|$,且整个循环中 $\Delta U = 0$,则由第一定律可得

$$|Q_1| - |Q_2| = |W'| \tag{4.82}$$

故

$$\eta_{热} = \frac{|Q_1| - |Q_2|}{|Q_1|} = 1 - \frac{|Q_2|}{|Q_1|} \qquad (热机效率) \tag{4.83}$$

若系统不止与两个热源相接触,设有 m 个高温热源与 n 个低温热源,热机向它们吸、放的热量分别为 $Q_{1i}(i = 1, 2, 3, \cdots, m)$ 及 $Q_{2i}(i = 1, 2, 3, \cdots, n)$,则循环中吸的总热 Q_1 及放的总热 Q_2 分别为

$$Q_1 = \sum_{i=1}^{m} Q_{1i}, \quad Q_2 = \sum_{i=1}^{n} Q_{2i} \tag{4.84}$$

热机循环效率的定义仍为(4.83)式,不过式中 Q_1、Q_2 应该用(4.84)式来表示.

§4.6.2 卡诺热机

法国工程师卡诺在对蒸汽机作热力学研究时所采用的方法与众不同,他对蒸汽机作的简化、抽象的程度要比上一节提到的普通的热力学循环过程还要彻底得多.他设想在整个循环过程中仅与温度为 T_1、T_2 的两个热源接触,整个循环

由两个可逆等温过程及两个可逆绝热过程组成,如图 4.15 所示.[①]其中 $1 \to 2$ 和 $3 \to 4$ 是温度分别为 T_1 及 T_2 的等温膨胀和等温压缩过程,$2 \to 3$ 及 $4 \to 1$ 分别是绝热膨胀和绝热压缩过程.这样的热机称为卡诺热机.卡诺热机的工作物质不一定是理想气体,可以是其他任何物质.在循环中工作物质从 T_1 热源吸热 Q_1,向 T_2 热源放热 $|Q_2|$,向外输出功 W'.

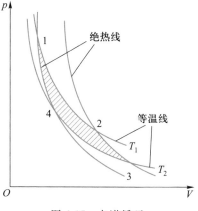

图 4.15 卡诺循环

现在来研究以理想气体为工作物质的卡诺循环的效率.设图 4.15 中 1、2、3、4 点对应的体积分别为 V_1、V_2、V_3、V_4.显然,在 $1 \to 2$ 等温膨胀过程中吸热

$$Q_1 = \nu R T_1 \ln \frac{V_2}{V_1} \qquad (4.85)$$

在 $3 \to 4$ 等温压缩过程中放热

$$Q_2 = \nu R T_2 \ln \frac{V_4}{V_3} \qquad (4.86)$$

$2 \to 3$ 为绝热膨胀过程.设气体的比热容比为 γ,利用(4.51)式有

$$T_1 V_2^{\gamma-1} = T_2 V_3^{\gamma-1}$$

即

$$\frac{V_2}{V_3} = \left(\frac{T_2}{T_1}\right)^{1/(\gamma-1)} \qquad (4.87)$$

$4 \to 1$ 是绝热压缩过程,同样有

$$T_2 V_4^{\gamma-1} = T_1 V_1^{\gamma-1}$$

即

$$\frac{V_1}{V_4} = \left(\frac{T_2}{T_1}\right)^{1/(\gamma-1)} \qquad (4.88)$$

因(4.87)式等于(4.88)式,故

$$\frac{V_2}{V_1} = \frac{V_3}{V_4} \qquad (4.89)$$

将(4.89)式、(4.85)式、(4.86)式代入(4.83)式,可得卡诺热机效率为

$$\eta_{卡热} = \frac{T_1 - T_2}{T_1} = 1 - \frac{T_2}{T_1} \qquad \text{(卡诺热机效率,理想气体为工质)}$$

$$(4.90)$$

我们发现可逆卡诺热机效率公式非常简单,它与工作物质是何种气体无关,

[①] 卡诺是在热质说的基础上引入卡诺循环并证明卡诺定理的(见§5.2.1).下面介绍的以理想气体为工质的卡诺循环是克拉珀龙(Clapeyron,1799—1864)在卡诺病逝以后于 1836 年应用瓦特创立的示功图(即 $p-V$ 图)分析方法对卡诺循环所作的解析.

也与 $\dfrac{V_2}{V_1}$ 或 $\dfrac{V_3}{V_4}$ 无关,而仅与高温热源及低温热源的温度 T_1、T_2 有关(这说明只要卡诺循环的 T_1、T_2 不变,任意可逆卡诺热机效率始终相等).但是非卡诺循环却完全不同,循环效率与工作物质(例如单原子或双原子理想气体)及循环曲线形状有关.

从卡诺定理(见§5.2.1)知,要提高热机效率应尽量提高高温热源温度或尽量降低低温热源温度,而低温热源最低温度常是室温或江、河、地下水的水温,故提高热机效率的主要途径是升高高温热源温度.在图 4.14(a)中加一过热器,不仅可使蒸气变为干蒸气,它绝热膨胀降温后不会有水冷凝出[若出现冷凝水而又不能及时将冷凝水排出,水会积存在气缸中,则可使气缸发生水击(这时的气缸变为"水压机"),因而严重破坏机械系统],同时也可提高高温热源温度.在火力发电厂中,提高效率的主要方法是升高蒸气压强,以便升高蒸气温度.目前 3×10^5 kW,6×10^5 kW 等大型汽轮机的蒸气压强接近或者超过水的临界压强[①],其蒸气温度可以高达 565 ℃,称为亚临界或者超临界状态的汽轮机,电站的热效率可以达到 40%。比较详细的介绍请见选读材料 4.3 汽轮机.

※§4.6.3　内燃机循环

将燃料燃烧过程移到气缸内部的热机称为内燃机.由于内燃机把燃料的燃烧移到气缸内部,与蒸汽机相比可明显升高高温热源温度,因而效率高于蒸汽机.内燃机主要有奥托循环与狄塞尔循环两种形式.

一、等体加热循环(奥托循环)

德国工程师奥托(Otto,1832—1891)于 1876 年仿效卡诺循环设计了使用气体燃料的火花点火式四冲程内燃机,所使用的工作物质主要是天然气体及汽油蒸气,这种内燃机也称为汽油机.图 4.16 表示了汽油机的简单结构:气缸、活塞、

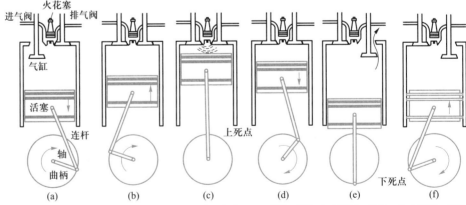

0—1 过程:进气　1—2 过程:压缩　2—3 过程:加热　3—4 过程:膨胀　4—1 过程:排气　1—0 过程:扫气

图 4.16　汽油机工作原理图

---

① 　水的临界压强为 21.8 MPa,临界温度为 647 K.关于什么是临界压强与临界温度,请见§6.4.5.

曲轴与连杆系统,以及进气阀、排气阀及火花塞.图中(a)、(b)、(c)、(d)、(e)、(f)分别表示在汽油机一个循环中的进气、压缩、点火、膨胀、排气和扫气六个过程.对这类汽油机的热力学过程进行简化,即成为奥托循环,在 $p-V$ 图上表示的循环过程如图 4.17 所示,现分述如下:(1) $(0 \to 1)$ 吸气:由于旋转中飞轮的惯性,活塞从气缸的上死点 l_1 向下运动时,进气阀同时打开,从气化器①吸入 0.1 MPa室温下的空气及燃料气体(如汽油蒸气、煤气等)的混合气体,直到活塞移动到气缸的下死点 l_2 为止(说明:活塞向上运动时由于旋转着的飞轮的惯性,只有移到上死点 l_1 后它才可能反向运动,同样向下运动的活塞也只有移动到下死点 l_2 后才能向上运动.在 l_1、l_2 处活塞、连杆与曲柄②成一条直线.这一过程即图 4.16 的(a)及 4.17 图中的 $(0 \to 1)$ 过程. (2) $(1 \to 2)$ 绝热压缩:活塞到达 l_2 后向上运动,压缩混合气体(因活塞运动速度很快,可认为这是一个绝热过程),直到活塞移动到即将到达上死点 l_1 的时刻.此时气体温度上升到可燃点.这就是图 4.16 的(b)及图4.17中的 $(1 \to 2)$ 过程. (3) $(2 \to 3)$ 等

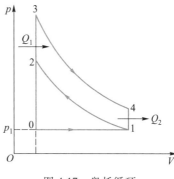

图 4.17 奥托循环

动画:内燃机

体加热:此刻图 4.16 中的火花塞放出电火花,点燃气体,如图 4.16(c)所示,因为活塞在死点附近运动速度很小,而燃烧过程十分迅速,可认为燃烧是在等体下发生.温度、压强同时增加.整个过程中气体吸入 Q_1 的燃烧热,在图 4.17 中即 $(2 \to 3)$ 过程. (4) $(3 \to 4)$ 绝热膨胀:燃烧生成的气体推动已经过上死点 l_1 的活塞向下运动,对外做功,这就是图 4.16 中的(d).与 $(1 \to 2)$ 类似,可认为这是一个绝热过程,温度和压强同时降低直到活塞运动到 l_2 为止.该过程在 4.17 中即对应于 $(3 \to 4)$ 过程.(5) $(4 \to 1)$ 排气并等体放热:在图 4.16(e)图中的排气阀打开,部分气体逸出,气体在等体下降低压强同时放出热量,在图 4.17 中所对应的是 $(4 \to 1)$ 过程.(6) $(1 \to 0)$ 扫气,由于飞轮惯性,活塞向上运动,将残余气体排出.在图 4.16 及图 4.17 中分别对应于(f)及 $(1 \to 0)$ 过程.

*在计算热机效率时,同样应利用前面所提到的理想循环过程的所有近似条件,并假定循环过程中的气体保持定量[实际上在 $(4 \to 1)$ 过程中气体有流失].整个循环仅在 $(2 \to 3)$ 等体吸热 Q_1,$(4 \to 1)$ 等体放热 Q_2.设气体摩尔定容热容为 $C_{V,m}$,则

$$Q_1 = \nu C_{V,m}(T_3 - T_2)$$
$$Q_2 = \nu C_{V,m}(T_1 - T_4)$$

由(4.83)式可得热机效率

$$\eta_热 = 1 - \frac{|Q_2|}{|Q_1|} = 1 - \frac{T_4 - T_1}{T_3 - T_2}$$

---

① 气化器,又称化油器,是汽油机中用以使燃料与空气混合成合适的可燃混合物的部件.

② 曲柄是一种往复运动、旋转运动相互转换传递动力的轴.轴的中段呈"π"形状,活塞的往复运动通过连杆传给曲轴,使其旋转并输出动力.在往复式压缩机中,动力机的旋转动力通过曲柄与连杆的作用而传递至活塞,使其往复运动(如图 4.16 所示).

因为$(1 \rightarrow 2)$和$(3 \rightarrow 4)$是绝热过程,由(4.51)式可得

$$\frac{T_2}{T_1} = \left(\frac{V_1}{V_2}\right)^{\gamma-1} \; 及 \; \frac{T_3}{T_4} = \left(\frac{V_1}{V_2}\right)^{\gamma-1}$$

上两式相等,可得

$$\frac{T_2}{T_1} = \frac{T_3}{T_4} = \frac{T_3 - T_2}{T_4 - T_1}$$

故

$$\eta_{热} = 1 - \frac{T_4 - T_1}{T_3 - T_2} = 1 - \frac{T_1}{T_2} = 1 - \left(\frac{V_1}{V_2}\right)^{1-\gamma} = 1 - K^{1-\gamma} \qquad (4.91)$$

其中$K = \dfrac{V_1}{V_2}$称绝热容积压缩比.可见K越大,效率越高.但K大时,将使气体处于图中"3"点的状态时有过高的压强,而"3"点正好位于左死点,这时曲柄与活塞成一直线,气缸内气体燃烧所产生的高压强非但不能产生推动活塞运动的动力,相反会给曲柄两端连接键及飞轮、曲柄等产生很大的冲击力.所以过大的K将引起所谓爆震现象,对机件保养不利.另外,汽油机的压缩比大于 10 时,可能会使汽油蒸气与空气的混合气体在尚未压缩到"2"点时,温度即升到足以引起混合气体爆发的程度.现假设K为 7,算得奥托循环的效率为

$$\eta = 1 - 7^{-0.4} = 0.55 = 55\%$$

实际的汽油机中,由于气体并非准静态地变化,也由于运动部件之间的摩擦、气体湍流、气体不完全燃烧以及存在热传导等不可逆因素,其效率低于此数,一般仅 40% 左右.

[例 4.9] 估计一部典型的汽车发动机的实际效率.已知燃烧汽油分子(C_8H_{18})产生 57 eV 的能量,发动机功率为 6 kW,它每 20 min 燃烧 1 L 汽油,1 L 汽油质量为 0.7 kg,试求此热机的效率.

[解] 燃烧 1 L 汽油所输出的功为

$$W' = 6 \times 10^3 \times 20 \times 60 \text{ J} = 7.2 \times 10^6 \text{ J}$$

发动机吸收的热量Q_1为一个汽油分子氧化所产生的热量与一升汽油中汽油分子数的乘积.一个汽油分子质量为:

$$(8 \times 12 + 18 \times 1) \times 1.67 \times 10^{-27} \text{ kg} = 1.9 \times 10^{-25} \text{ kg}$$

故 1 L 汽油(0.7 kg)中大约有3.68×10^{24}个分子,则

$$Q_1 = (3.68 \times 10^{24})(57 \text{ eV})(1.6 \times 10^{-19} \text{ J} \cdot \text{eV}^{-1}) = 3.4 \times 10^7 \text{ J}$$

汽油发动机的实际效率为

$$\eta_{热} = \frac{W'}{Q} = 21\%$$

二、等压加热循环(狄塞尔循环)

德国工程师狄塞尔(Diesel,1858—1913)于 1892 年提出了压缩点火式内燃机的原始设计.所谓压缩点火式就是使燃料气体在气缸中被压缩到它的温度超过它自己的点火温度(例如,气缸中气体温度可升高到 600 ℃ ~ 700 ℃,而柴油燃点为 335 ℃),这时燃料气体在气缸中一面燃烧,一面推动活塞对外做功.1897年最早制成了以煤油为燃料的内燃机,以后改用柴油为燃料,这就是我们通常所称的柴油机.这种内燃机的简化循环称为狄塞尔循环,也称为等压加热循环.其循环过程如图 4.18 所示,其循环曲线如图 4.19 所示.

(1) $(0 \rightarrow 1)$ **吸气**:活塞从图中上死点l_1移动到下死点l_2的过程中,吸气阀打开,吸入大气中的空气. (2) $(1 \rightarrow 2)$ **空气绝热压缩**:因活塞移动较快,近似

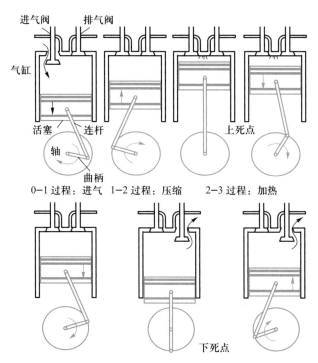

图 4.18 四冲程柴油机工作原理图

认为是绝热的. (3)（2 → 3）等压加热.（1 → 2）绝热压缩终了时,空气温度已超过燃料的燃点,这时利用高压油泵徐徐将燃油(如柴油)通过喷油嘴喷入气缸中,燃油与高温空气混合后燃烧,这时的活塞已过了上死点 l_1,即将(或已经)向下运动.气体在气缸内一面燃烧,温度升高,一面推动活塞对外做功,在准静态近似下认为是等压过程. (4)（3 → 4）绝热膨胀:当燃料燃烧完后,气体温度不可能再升高,气缸中的气体继续推动活塞绝热膨胀,直到它移动到下死点 l_2 位置.在膨胀过程中压强、温度均降低. (5)（4 → 1）排气阀打开,等体放热.
（6）（1 → 0）扫气.

　　*下面计算狄塞尔循环效率.在整个循环中仅在（2 → 3）中等压吸热 Q_1,（4 → 1）中等体放热 Q_2.

$$Q_1 = \nu C_{p,\mathrm{m}}(T_3 - T_2), \quad Q_2 = \nu C_{V,\mathrm{m}}(T_1 - T_4)$$

$$\eta_{\text{热}} = 1 - \frac{|Q_2|}{|Q_1|} = 1 - \frac{C_{V,\mathrm{m}}(T_4 - T_1)}{C_{p,\mathrm{m}}(T_3 - T_2)}$$

$$= 1 - \frac{T_4 - T_1}{\gamma(T_3 - T_2)} \tag{4.92}$$

（1 → 2）为绝热过程,有

$$\frac{T_2}{T_1} = \left(\frac{V_1}{V_2}\right)^{\gamma-1} = K^{\gamma-1} \tag{4.93}$$

K 称为绝热容积压缩比.因（2 → 3）为等压过程,有

$$\frac{T_3}{T_2} = \frac{V_3}{V_2} = \rho \tag{4.94}$$

ρ 称为定压容积压缩比.由上两式可得

$$T_3 = \rho K^{\gamma-1} T_1 \qquad (4.95)$$

对于$(3 \rightarrow 4)$的绝热过程,也有

$$\frac{T_4}{T_3} = \left(\frac{V_3}{V_4}\right)^{\gamma-1} \qquad (4.96)$$

将(4.95)式代入(4.96)式,从图中又可知 $V_1 = V_4$,则

$$T_4 = \rho^{\gamma} T_1 \qquad (4.97)$$

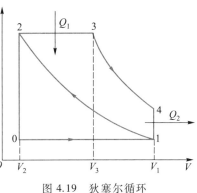

图 4.19　狄塞尔循环

将(4.93)式、(4.95)式、(4.97)式代入(4.92)式中,可得狄塞尔循环效率为

$$\eta_{热} = 1 - \frac{\rho^{\gamma} - 1}{\gamma(\rho - 1)K^{\gamma-1}} \qquad (4.98)$$

从(4.98)式知,容积压缩比K越大,效率也越高,这与奥托循环是类似的.由于ρ比 1 大得多,比热容比 $\gamma > 1$,故在K相同的情况下,狄塞尔循环效率比奥托循环低.但由于狄塞尔循环是在过了左死点l_1位置喷油燃烧的,不会出现奥托循环中可能发生的早燃及爆震现象,就没有压缩比小于 10 的限制条件,K可达 15~20 之间,柴油机效率可高于汽油机,而一般的汽油机的效率仅为 40% 左右.柴油机比汽油机笨重而能发出较大功率,因而常用作大型卡车、工程机械、机车和船舶的动力装置.

§4.7　焦耳-汤姆孙效应与制冷机

§4.7.1　制冷循环与制冷系数

一、制冷循环

设想将图 4.14(b) 的 $p-V$ 图上的顺时针闭合循环曲线(热机循环)改为逆时针闭合循环,则曲线所围面积是外界对系统所做的净功,它转化成热最后向外释放.由于循环方向相反,原来是从温度较高的热源吸热的,现在则是向温度较高的热源放热;原来是向温度较低的热源放热的,现在却从温度较低的热源吸热.系统经过一个循环后,从温度较低的热源取走了一部分热量传到温度较高的热源上去了.这正是制冷机的原理.

二、制冷系数

为了能对制冷机的性能作出比较,需对制冷机效率作出定义.在制冷机中人们关心的是从低温热源吸走的总热量$|Q_2|$,其代价是外界必须对制冷机做功W,故定义制冷系数 $\eta_{冷}$

$$\eta_{冷} = \frac{|Q_2|}{W} = \frac{|Q_2|}{|Q_1| - |Q_2|} \qquad （制冷系数） \qquad (4.99)$$

因为 $\eta_{冷}$ 的数值可以大于 1,故 $\eta_{冷}$ 不称为制冷机效率而称为制冷系数.

三、可逆卡诺制冷机的制冷系数

所谓可逆卡诺制冷机是由一个温度为 T_1 的可逆等温压缩过程(这时放热

Q_1)、一个温度为 T_2($T_2 < T_1$)的可逆等温膨胀过程(这时吸热 Q_2)以及一个可逆绝热压缩过程、一个可逆绝热膨胀过程所组成的逆向循环来代表的.其循环曲线与图 4.15 相仿,不过循环方向与它相反.我们若仍用图 4.15 来分析,显然制冷机在 T_1 及 T_2 热源吸热或放热的数值是分别与热机放热与吸热的数值相等的.不难证明

$$\eta_{卡冷} = \frac{T_2}{T_1 - T_2} \qquad (\text{卡诺机制冷系数,理想气体}) \qquad (4.100)$$

从(4.100)式可以看到,制冷温度越低,制冷系数也越小.若 T_2 为绝对零度,则制冷系数为零.

§4.7.2 焦耳-汤姆孙效应

使物体温度降低的常用方法有下列五种:①通过温度更低的物体来冷却;②通过吸收潜热[例如:汽化热、吸附热(见选 6.7.2)、溶解热、稀释热(如稀释制冷机,见参考文献 27)等]来降温;③通过绝热膨胀降温;④通过节流膨胀降温;⑤温差电制冷(见选 6.7.4).大多数制冷机都是通过工(作介)质气体液化来获得低温热源,通过液化工质的蒸发吸热来提供制冷量的.由于气态工质降温后能以液态出现的有效手段是节流效应,故在本节中专门介绍焦耳-汤姆孙效应(也称节流效应).1852 年焦耳和汤姆孙(W.Thomson,也称开尔文勋爵,Lord Kelvin,1824—1907)在研究气体内能性质时做了气体自由膨胀实验,同时设计了多孔塞实验,由此发现了焦耳-汤姆孙效应.其实验过程示意于图 4.20(a).一个绝热良好的管子 L 中,装置一个对气流有较大阻滞作用的多孔物质(如棉絮一类东西)制成的多孔塞 H.实验中使气体从多孔塞左边持续不断地流到多孔塞右边,并达到稳定流动状态,在多孔塞两边维持一定的压强差.实验发现,这时在多孔塞两边的气体的温度一般并不相等,其温度差异与气体的种类及多孔塞两边的压强数值有关.这种在绝热条件下,高压气体经过多孔塞流到低压一边的稳定流动过程称为节流过程.目前在工业上常常通过使气体通过节流阀或毛细管来实现节流膨胀的.下面分析节流的热力学过程.设想在一两端开口的绝热气缸的中心有一多孔塞.多孔塞两边各有一个活塞.在活塞上分别作用有 $F_1 = A_1 p_1$ 及 $F_2 =$

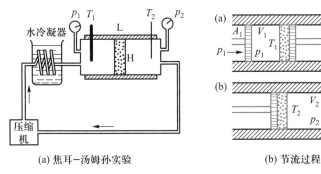

(a) 焦耳-汤姆孙实验	(b) 节流过程

图 4.20

$A_2 p_2$ 的恒定不变的外力, 且 $A_1 = A_2$, $F_1 > F_2$. 开始时多孔塞左边被封有一定量气体, 其压强、体积、温度分别为 p_1、V_1、T_1, 而多孔塞右边没有气体. 如图4.20(b)上图所示. 在外力 F_1 的推动下, 气体缓慢穿过多孔塞进入右边. 但多孔塞右边的气体始终维持压强 p_2, 其温度为 T_2. 当气体全部穿过多孔塞以后, 气体在右边的体积为 V_2, 如图 4.20(b) 下图所示. 我们以这部分气体为研究对象. 显然气体在穿过多孔塞过程中, 左边活塞对它所做的功为

$$W_1 = p_1 A_1 l_1 = p_1 V_1$$

同时推动右边活塞做功, 其数值为

$$W_2 = -p_2 A_2 l_2 = -p_2 V_2$$

外界对定量气体所做的净功为 $p_1 V_1 - p_2 V_2$. 设气体都在左边时内能为 U_1, 气体都在右边时内能为 U_2 (若定量气体有整体运动, 还应考虑整体运动动能和重力势能的变化, 通常节流前后这些能量的变化不大, 可以略去), 注意到绝热过程 $Q = 0$, 则由第一定律知

$$U_2 - U_1 = p_1 V_1 - p_2 V_2 \tag{4.101}$$

或

$$U_1 + p_1 V_1 = U_2 + p_2 V_2$$

即

$$H_1 = H_2 \tag{4.102}$$

这就是说, (绝热) 节流过程前后的焓不变. 实验表明, 所有的理想气体在节流过程前后的温度都不变. 对于实际气体, 若气体种类不同, 初末态的温度、压强不同, 节流前后温度的变化情况也就不同. 一般的气体 (如氮、氧、空气等), 在常温下节流后温度都降低, 这叫做节流制冷效应 (或称正节流效应); 但对于氢气、氦气, 在常温下节流后温度反而升高, 称为负节流效应.

　※低温工程中利用节流制冷效应来降低温度. 为了研究在不同压强、温度下的不同种类气体经节流后的温度变化, 常由实验在 $T - p$ 图上作出各条等焓线. 实验过程如下: 高压一边的压强 p_i 和温度 T_i 先可任意选定, 然后使另一边的压强维持 p_f($p_f < p_i$) 不变, 测量节流后的温度 T_f. 接着做第二次测量, 使 p_i 保持原来数值, 改变 p_f 到另一数值, 再测量节流后的温度, 这样选取不同的 p_f, 测量对应的不同的 T_f. p_f 是这个实验的自变量, T_f 是应变量. 这样可在 $T - p$ 图上得到若干个点. 这些点的焓都等于气体在 T_i、p_i 时的焓值. 由这些点所联结起来的曲线就是等焓线. 图 4.21(a) 表示了实验测定的 8 个等焓点. 从图中可看到若节流在 "i" 点和 "4" 点的状态间进行, 温度将升高; 若改在 "i" 点与 "7" 点之间进行, 温度就降低. 利用等焓线能很方便地确定节流后的温度. 注意: 等焓线并非是气体节流过程中的状态变化曲线, 因为节流过程是个不可逆过程, 它的中间状态都是非平衡态, 无法用热力学参数来表示它. 一条等焓线仅是具有相同焓的平衡态的点的轨迹而已. 图4.21(b)画出了氮的等焓线. 等焓线的斜率叫做焦耳-汤姆孙系数

$$\mu = \left(\frac{\partial T}{\partial p} \right)_H \tag{4.103}$$

任一条等焓线的最高点处的 μ 值均等于零. 把这些点联结起来的曲线称为转换曲线, 在图 4.21(b) 中以虚线表示. 转换曲线以内的区域 μ 为正, 称为节流制冷区; 转换曲线以外的区域 μ 为负, 称为节流制热区. 我们从所有理想气体节流后

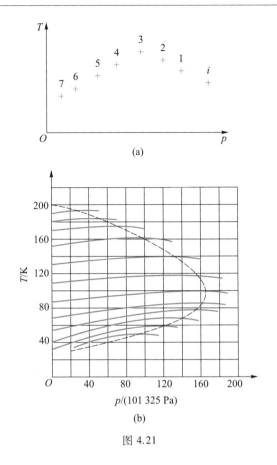

图 4.21

温度都不改变,而实际气体节流后温度改变这一点可估计到,节流过程中气体温度的变化是与气体分子间相互作用的情况密切相关的.

§4.7.3　气体压缩式制冷机

使气体制冷工质先后经压缩、冷却、节流膨胀等手段最后制得低温液体的制冷机称为气体压缩式制冷机,它分为如下两种.

一、蒸气压缩式制冷机

气体被压缩、冷却到室温后通过节流膨胀就能使气体液化的制冷机称为蒸气压缩式制冷机,如冷库用的冷冻机〔以氨(沸点 −33.35 ℃)为制冷工质〕、冰箱与空调(以前用氟利昂为制冷剂,由于它会破坏臭氧层,现已使用对臭氧层不起破坏作用的新制冷工质[1].蒸气压缩式制冷机的循环过程示于图 4.22.(1) 气态制冷工质被压缩机 A 压缩后成为温度较高、压强较大的蒸气;(2) 压缩蒸气进入冷凝器 B 中冷却(通常冷却方法有两种:一种是水冷,另一种是空气冷却).蒸气温度降到室温后释放出汽化热而逐渐变为液体,直到全部被液化.在整个冷却

---

[1]　按国际环保组织的协议,我国已经在 2005 年前彻底与氟利昂分手.现使用环戊烷型无氟组合聚醚等能替代氟利昂的新产品.

动画:电冰箱

过程中共释放 Q_1 的热量.(3) 压强较高、室温下的液体进入节流阀或毛细管 C 进行焦耳-汤姆孙膨胀使温度降低,在节流后的产物中已有部分液体变为蒸气.(4) 低温液体和相同温度的蒸气一起进入蒸发器 D 中.经过吸热,液体全部蒸发为蒸气,然后温度逐渐升高到接近室温,最后蒸气全部进入压缩机 A 并开始第二次循环.

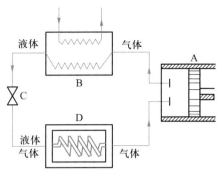

图 4.22 蒸气压缩式制冷机

二、深度冷冻制冷机

若工作气体被压缩冷却到室温后经节流尚不能使气体液化,即其液化温度还远低于节流后温度,这时必须改用另一种称为深度冷冻的循环.在深度冷冻制冷机中,高压气体经热交换器冷却到足够低温度后分为两路:一路经膨胀机绝热膨胀降温(其降温效果明显高于节流降温),然后将膨胀后的低压气体去冷却另一路高压气体.另一路被冷却后的高压气体进入最后一级热交换器进一步冷却后,节流膨胀产生部分液体,而未被液化的低温蒸气经过逐级热交换器升温吸热到接近室温后再进入压缩机作第二次循环.属于这类制冷机的主要有液氮机(0.101 MPa 时的液氮温度为 77 K)、液氦机(0.101 MPa 时的液氦温度为 4.2 K)及制氧机[工业上制得氧气是先将空气液化、然后在气液共存情况下,利用氧的沸点(90 K)较高,易于冷凝;氮的沸点(77 K)较低易于蒸发的特点,利用分溜等方法将氧、氮分离的].

※§4.7.4 热泵型空调器

制冷机不仅可用来降低温度,也可用来升高温度.例如,冬天取暖,常采用电加热器,它把电功直接转化为热后被人们所利用,实际上这是很不经济的.若把电功输给一台制冷机,使它从温度较低的室外或江、河的水中吸取热量向需取暖的装置输热,这样除电功转化为热外,还额外从低温热源吸取了一部分热传到高温热源去,取暖效率当然要高得多,这种装置称为热泵.早在 1852 年开尔文即有利用热泵取暖的设想,1927 年有人利用这一原理使他家中暖和起来,1938 年起有热泵型空调器出售,现今它已成市场上的热门产品.它实际上就是一台冷冻机,不过将两只热交换器分别装于室内与室外,并借助一只四通阀对流出压缩机的高压气体的流向进行切换.在冬天[如图 4.23(a)所示],温度较高的较高压气体流进室内热交换器[位于图(a)右半部]被室内空气冷却,从而升高室内温度(这时室内热交换器起冷凝器作用).被冷却而呈液态的高压流体经毛细管节流降温而进入室外热交换器[位于图(a)左半部]蒸发吸热,最后流进压缩机.在夏天[如图(b)所示],从压缩机流出的较高温较高压气体进入室外热交换器放热冷却而成液态,再经毛细管节流降温而进入室内热交换器蒸发吸热,最后回流入压缩机.室内与室外热交换器均配有一台风机使之作受迫对流传热.

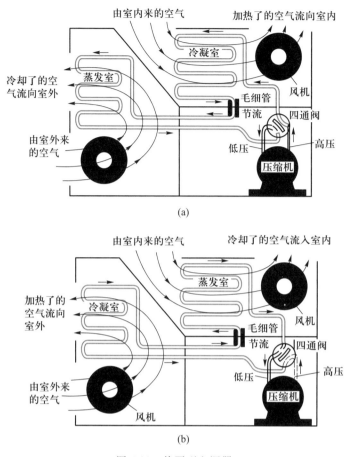

由室内来的空气
加热了的空气流向室内
冷凝室
蒸发室
冷却了的空气流向室外
毛细管
节流
四通阀
风机
由室外来的空气
低压
高压
压缩机

(a)

由室内来的空气
冷却了的空气流入室内
蒸发室
加热了的空气流向室外
冷凝室
毛细管
节流
四通阀
风机
由室外来的空气
低压
高压
压缩机
风机

(b)

图 4.23　热泵型空调器

选读材料 4.1　宇宙大爆炸与宇宙膨胀

选 4.1.1　宇宙是有限的还是无限的？

千百年来,人们都在思考这样的问题:宇宙是有限的还是无跟的? 若宇宙无限,由于宇宙的物质在大尺度[例如,在大于 10^8 l.y.(l.y.为光年)的尺度]内是均匀分布的,若以地球为中心画出一个个同心球面,相邻同心球面之间的距离都是 10^8 l.y.,这样整个宇宙就由一个个厚度相等、密度相同的同心球壳构成.虽然恒星射到地球的光强与距离平方成反比.但球壳内恒星数却与同心球壳的体积成正比,而球壳的体积是和离开地球距离的平方成正比的.把和离开地球距离的平方成反比和离开地球距离的平方成正比的两种因素组合在一起,每一个球壳内的恒星发射到地球的光的总强度也应相同.若宇宙无限,把所有球壳发射到地球的光强加起来将是一个确定的数值.则天空各处应一样明亮.也就是说,不对着太阳看和对着太阳看应一样;夜里与白天对着天空看,光强也应一样,而事实并非如此,这个问题是奥伯斯(Olbers)于 1926 年首先提出,并称为奥伯斯佯谬.另外,从万有引力考虑,由于万有引力也遵从平方反比定律,把上面论点应用于万有引力,则若宇宙是无限的,远处天体对地球的万有引力也将导致发散.而事实是地球主要只受太阳系(特别是太阳与月球)的万有引力影响.这是西利格(Seeliger)于 1894 年提出的引力佯谬.从上述两个佯谬都可说明,宇宙应该是有限的.

若宇宙是有限的,则宇宙的中心在哪里? 从 20 世纪初到现在的天文观测均说明宇宙是无中心的,宇宙是无中心的又是有限的,这就产生了矛盾,其矛盾的解决需借助广义相对论.

选 4.1.2   爱因斯坦的静态宇宙模型

爱因斯坦在 1917 年创立宇宙模型时,人们对宇宙的总体面貌的了解很少.他主要凭直觉作了两个简化假设:(1) 宇宙在空间上是均匀而各向同性的(这一简化假设现在称为宇宙学原理);(2) 宇宙在时间上是静止不变的. 爱因斯坦宇宙模型主要依据他于 1915 年创立的广义相对论.根据广义相对论,由于受到万有引力影响,宇宙空间应该是弯曲的,也就是说光线在宇宙中走的不是直线,而是曲线.爱因斯坦的宇宙是一个"有限无界"的宇宙模型.他认为,在万有引力作用下,物质的存在将使光线弯曲,物质愈多弯曲愈甚.虽然宇宙平均密度很低,时空弯曲很小,但是因为宇宙尺度很大,微小弯曲在大范围内的积累效果不能忽略(正如我们看到的水面是平面,但是在长距离内积累的结果,地球的海平面是球面),因而宇宙空间是严重弯曲的.为了形象化说明爱因斯坦宇宙模型,我们可考虑一个二维宇宙:对于二维空间的球面,它既没有边界也没有中心,因此爱因斯坦宇宙模型是一个有限而无边、无中心的宇宙.当然,实际的宇宙是三维的,要描述三维的、弯曲的、无边的、无中心的宇宙需要四维空间,而我们是生活在三维空间中,要形象地描述四维空间是不可能的.正如站在地球表面(二维)的人看不出地球是个球体(三维).但是在人造卫星上拍到的照片,地球确实是个球体.所以我们只能通过比喻和想象来理解它.正因为爱因斯坦所假定的宇宙在时间上是静止不变的.所以爱因斯坦宇宙模型是一个静态宇宙模型.

实际上宇宙并非处于静态.1922 年苏联数学家弗里德曼(A.Freedmann,1888—1925)把静态宇宙模型修正为动态宇宙模型.根据动态宇宙模型,宇宙处于膨胀或者收缩中.对于二维宇宙模型而言,它相当于是一个可以胀大或者缩小的肥皂泡.

选 4.1.3   宇宙膨胀、哈勃定律和宇宙大爆炸

一、宇宙膨胀和哈勃定律

1910 年以后,天文学家发现了不少银河系以外星系的谱线向波长变长的方向偏移的实例.其最令人信服的解释是这些星系由于向我们退行而发生多普勒效应,光波波长变长而发生多普勒红移.1929 哈勃提出星系视向退行速度 v 和星系与地球间距离 D 大致呈线性关系的经验规律,即

$$v = HD$$

称为哈勃定律.其中 H 称为哈勃常量.现今的测定给出哈勃常量的值为

$$H_0 = 40 \sim 100 \text{ km} \cdot \text{s}^{-1}/\text{Mpc}$$

其中 pc 称为秒差距. 1 pc = 3.26 l.y.,Mpc 为兆秒差距.需要说明,按照哈勃定律,宇宙膨胀是一种全空间的、均匀的膨胀.膨胀前后的介质都是均匀的.既然膨胀前后宇宙始终处处均匀,我们所处的位置不可能有任何特殊性.也就是说,从任何星系出发,都会看到一切星系都以它自身为中心向四周分散开,并且服从同样的哈勃定律.宇宙中任何一处都可以看为宇宙的中心.哈勃定律证实了德西特(de Sitter,1872—1934)与弗里德曼的关于宇宙膨胀的预言,现已证实这一预言是无可怀疑的事实.

二、宇宙大爆炸

20 世纪 40 年代伽莫夫(Gamow)最早提出了宇宙大爆炸的假说.他从宇宙膨胀以及哈勃定律出发推测出,宇宙是通过一次大爆炸,从一个奇点诞生出一个温度非常高,密度非常大的

宇宙的.空间与时间由此从零开始产生.

我们很易理解,如果宇宙在过去一直是按照哈勃定律在膨胀着,则宇宙必然是通过一次大爆炸而诞生的.

按照哈勃定律,星系退行速度 $v = HD$.这说明:离开我们距离 D 的星系退行速度为 v ,离开我们 $2D$ 距离的星系退行速度为 $2v$ ……现在考虑图 4.24 图中水平方向表示空间距离,竖直方向表示时间.设某一星系在 $t = t_0$ 时刻位于 O 点,在它右方相距 D 的 A 点有一星系,以 v 的速度退行于它,在 $2D$ 距离的 B 点有另一星系以 $2v$ 速度退离,在 $3D$ 距离处的 C 处有第三个星系以 $3v$ 速度退离(图中分别以 1 个、2 个、3 个矢量表示 v, $2v$, $3v$).以后经过 τ 时间(即 $t = t_0 + \tau$ 时刻),星系 O 在 O' 点,星系 A 移动了 τv 距离到 A' 点;星系 B 移动了 $2\tau v$ 距离到 B' 点;星系 C 移动了 $3\tau v$ 距离到 C' 点,如图所示.由相似三角形关系即可看出, $A'A$、$B'B$、$C'C$ 的延长线必交于时间轴上的同一点,而这一点也正是 $t = 0$ 时刻,这说明所有 O、A、B、C 星系(包括宇宙中所有天体)都是在 $t = 0$ 时刻开始从一个奇点分离出的,这就是宇宙大爆炸.

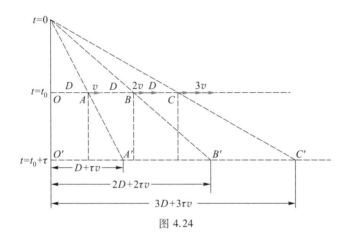

图 4.24

选 4.1.4　宇宙年龄

宇宙在不断膨胀,宇宙外不存在任何时间和空间,宇宙不可能从"外界"吸收任何能量,但这种"绝热"膨胀只能是克服万有引力做功.由于宇宙在早期曾经一度处于热平衡中,所以宇宙在体积迅速扩大的过程中,引力势能迅速增加,平均动能减小,温度降低.宇宙的温度、线度、时间都能用来表征宇宙的年龄,由于时间与温度这两个参数都能更直接的与宇宙演化各阶段物理状态相联系,因而被更多地用到.

由哈勃定理可知,每两个星系均以正比于它们之间距离的相对速度分离,其比例系数 H 称为哈勃常量.目前认为 $H = 71 (\mathrm{km \cdot s^{-1}})/\mathrm{Mpc}$,从宇宙学上定义 $1\ \mathrm{Mpc} = 3.26 \times 10^6\ \mathrm{l.y.}$,而 $1\ \mathrm{l.y.} = 9.45 \times 10^{15}\ \mathrm{m}$.由于所有的星系均在宇宙大爆炸时刻,从一点出发相互分离,其分离速度为 v ,如果 v 始终是一个常量,则可推测出,从宇宙大爆炸开始分离到现在所经历的时间将是现今星系之间的距离 D 与 v 之比,就是哈勃常量 H 的倒数,下面就进行具体的计算.

$$t = \frac{D}{v} = \frac{1}{H} = \frac{1\ \mathrm{Mpc}}{71\ \mathrm{km \cdot s^{-1}}}$$

$$= \frac{3.26 \times 10^6 \times 3 \times 10^8\ \mathrm{m \cdot s^{-1}}}{71 \times 10^3\ \mathrm{m \cdot s^{-1}}}\mathrm{a} = 1.38 \times 10^{10}\ \mathrm{a}\ [1]$$

① a 是时间的单位"年"的符号.

由此估算出宇宙的年龄为 1.38×10^{10} a. 更精确的估算值为 $(1.37 \pm 0.02) \times 10^{10}$ a.

需要说明：宇宙的年龄一直是天文学界梦寐以求的,不管天文学家为之付出了多少的努力,到现在,我们得到的有关这个基本数字的结果,也只是一大堆各式各样的数字,没有准确的答案.由于现在流行的宇宙学是从理论性的猜测中发家的,而且,这些猜测也已经被不完整数据所扭曲,这样,使得对宇宙年龄的研究难上加难.

所谓宇宙线度也就是大爆炸那时刻产生的信息按光速传播到现今所传播的距离,所以宇宙线度为 $(1.37 \pm 0.02) \times 10^{10}$ l. y..

选 4.1.5　热宇宙模型

大爆炸产生的宇宙是一盘极高温、极高密度的处于平衡热辐射的"羹汤". 其持续时间仅 10^{-43} s,称为普朗克时间.其宇宙线度仅 10^{-35} m,称为普朗克长度,其温度达到 10^{32} K. 宇宙的空间和时间由此而产生.在这一空间以外不存在别的空间,在这一时间以前不存在任何时间.宇宙的这一时期称为普朗克时期.

在这里要说明什么是平衡热辐射? 我们知道任何物体在任何温度下都要发射电磁波,同时也在吸收电磁波,两者相平衡时,称为平衡热辐射(请见选读材料 2.5).平衡热辐射时的温度是确定的,谱线分布也是确定的,这就是选 2.5.2 中的图 2.24 所表示的普朗克分布.从 §5.2.2 的 (5.11) 式可以看到,单位体积的平衡热辐射光子气体的平均能量(称为能量密度)正比于绝对温度的四次方,因而每个光子平均能量也正比于绝对温度的四次方.

大爆炸以后的宇宙,边膨胀边降温,不断发生正反粒子相碰撞湮灭为两个光子的反应,同样两个有足够能量的光子相遇会发生变为正反粒子的反应.湮灭反应和产生反应必须满足质能守恒关系.由于整个宇宙处于热平衡态,所以这样的模型称为热宇宙模型. 其热宇宙中的光子的平均能量为 kT.其中 k 为玻耳兹曼常量,T 为宇宙所处的绝对温度.

（1）随着宇宙的膨胀,当温度降低到

$$2m_p c^2 = 2kT_1, \quad 2m_p c^2 > 2kT_1$$

时(其中 m_p 为质子的质量,它表示正、反两个质子的质能等于它们的热运动平均能量),由此可以求得在此时的温度

$$T_1 = \frac{1.67 \times 10^{-27} \times 9 \times 10^{16}}{1.38 \times 10^{-23}} \text{K} \sim 10^{12} \text{ K}$$

从此时刻开始正反质子被湮灭的数量将大于两个有足够能量的光子变为正反质子的数量,正反质子逐步减少,最后反质子全部被湮灭而消失,相同数量的质子也被湮灭. 而原来质子比反质子多出的一点就是现在宇宙中的全部质子.

（2）当温度降低到

$$T_2 = 3 \times 10^9 \text{ K}$$

时,这时宇宙的年龄为 180 s,所有的中子都被结合到原子核中形成氦核.其氦丰度(即氦的质量占宇宙中全部实物粒子质量的百分比)为 23 %,氢核为 77 %.氦核的形成是出现现今宇宙的最关键的一步,因为自由中子的半衰期只有 10.1 min,若不是 3 min 内中子被结合到氦核中,则最后宇宙中的所有中子将全部衰变为质子,就不会有元素出现,也不会存在现今我们这个五彩缤纷的世界了.

（3）当温度降低到

$$2m_e c^2 \sim 2kT_3$$

时(其中 m_e 为电子的质量),正反电子开始被湮灭而逐步减少.以后正电子将全部被湮灭.

（4）当温度降低到 $T = 3\,000\,\text{K}$,这时宇宙的年龄为 $t = 3.8 \times 10^5$ a,电子与原子核结合组成中性的原子,其产生的后果有两个方面：

① 光子不再与带电粒子、电子、质子、氦核发生相互作用,中断了热辐射和物质之间的热接触,使宇宙的内容物质变为透明(即它们脱离了与热辐射光子之间相互作用,而热辐射光子是向空间各个方面传播的,而且各种不同频率的光子在不断地产生和消失中,因而是不透明的).光子气体随着宇宙的膨胀而降低平衡热辐射温度,到现今平衡热辐射光子气体的温度已经降为 2.7 K,这称为宇宙背景辐射温度,是宇宙大爆炸的遗迹.1965 年美国的彭齐亚斯(Penzias)与威尔孙(R.W.Wilson)发现了这一背景辐射温度,得到了宇宙大爆炸学说的最有力的实验验证,因而获得 1978 年诺贝尔物理学奖.

② 实物粒子氢原子结合为星云,然后在万有引力作用下变为红外星,主序星(如现今的太阳),巨星,然后经过超新星爆发而演变为白矮星,中子星,甚至黑洞.

选 4.1.6　暗能量和暗物质

一、暗能量

名列美国《科学》杂志 1998 年十大科学突破的榜首的是:宇宙中可能存在一种"反引力".研究指出,美国劳伦斯、伯克利等实验室的 15 位天文学家通过对超新星爆发的研究发现,宇宙在不断加速膨胀中.这些天文学家利用哈勃望远镜和设在夏威夷、澳大利亚、智利的地面望远镜,对来自距地球 7~10 Gl.y.(即 70~100 亿光年)远的 14 颗超新星的光的亮度变化进行分析,结果表明,宇宙中的恒星和星系正以越来越快的速度向四面分散,这说明宇宙膨胀的速度是越来越快,而不是越来越慢.以后的各种测量,进一步证实宇宙在不断加速膨胀,由此可以推断,宇宙中可能存在一种未知的力(当时称为"反引力"),或者存在一种未知的能量(称为"暗能量")在起作用,正是这种力与万有引力抗衡,使宇宙不断加速膨胀.这意味着宇宙可能会永远膨胀下去,而不是像一些科学家所预言的那样会走向"大分裂"或"大坍塌".

早先,在宇宙学中,暗能量只是某些人的猜想,指一种充溢空间的、具有负压强的能量.按照相对论,这种负压强在长距离类似于一种反引力.如今,这个猜想是解释宇宙加速膨胀和宇宙中失落物质等问题的一个最流行的方案.

暗能量主要有两种模型:宇宙学常量(即一种均匀充满空间的常能量密度)和 quintessence(即一个能量密度随时空变化的动力学场).要区分这两种宇宙学常量可能需要对宇宙膨胀的高精度测量和对膨胀速度随时间变化更深入的理解.因为宇宙膨胀速度由宇宙学物态方程来描写,所以测量暗物质的物态方程是当今观测宇宙学的最主要问题之一.

暗能量:它是一种不可见的、能推动宇宙运动的能量,宇宙中所有的恒星和行星的运动皆是由暗能量来推动的.之所以暗能量具有如此大的力量,是因为最近 WMAP 数据显示,它在宇宙的结构中约占总物质的 73%,占绝对统治地位.暗能量是近年宇宙学研究的一个里程碑性的重大成果.支持暗能量的主要证据有两个.一是对遥远的超新星所进行的大量观测表明,宇宙在加速膨胀.按照爱因斯坦引力场方程,加速膨胀的现象推论出宇宙中存在着压强为负的"暗能量".另一个证据是,近年对微波背景辐射的研究,精确地测量出宇宙中物质的总密度.所有的普通物质与暗物质加起来大约只占其 1/3 左右,所以仍有约 2/3 的短缺.这一短缺的物质称为暗能量,其基本特征是具有负压,在宇宙空间中几乎均匀分布或完全不结团.

二、暗物质

要提及暗能量,我们不得不先提及另外一个和它密切相关的概念——暗物质.之所以将其称为暗物质而不是物质,就是因为它虽然能参与万有引力相互作用,但是它不参与电磁相互作用,这是和普通物质有着根本性的区别.普通物质就是那些在一般情况下能用眼睛或借助仪器或者工具看得见的东西,小到原子、大到宇宙星体,近到身边的各种物体,远到宇宙深处的各种星系,总是能与光或者某种波动发生相互作用,或者它在一定的条件下自身就能发光、折射、反射、吸收光线,从而被人们可以感知、看见、摸到或者借助仪器可以测量得到.但是暗物质恰恰相反,它根本不与光发生作用更不会发光,因为不发光又与光不发生任何作用,所以不会反射、折射或散射光,即对各种波和光它们都是百分之百的透明体!所以在天文上用光的手段绝对看不到暗物质,不管是电磁波、无线电还是红外线、γ 射线、X 射线这些统统都毫无用处,它不被人们的感知所感觉也不被目前的仪器所观测,故此为了区分普通物质和这种特殊的物质而将这种特殊的物质称之为"暗物质".

暗物质是如何被发现的?科学家计算宇宙中星系与星系之间以及星球与星系之间的万有引力时发现,原有星球及星系的质量所产生的万有引力不足以维持诸星系现有的状态.或者说依靠现有星球及星系的质量所产生的万有引力,宇宙将是一盘散沙.能够维持现有星系的状态,则宇宙的构成必须还有另外一部分我们检测不到的物质存在,这就是暗物质.

暗能量和暗物质比较,更为奇特.暗能量只有物质的作用效应而不具备物质的基本特征(它没有万有引力),所以都称不上物质,故将其称之为"暗能量".暗能量虽然也不被人们所感觉也不被目前各种仪器所观测出来,但是人们凭借理性思维可以预测并感知到它的确存在.近几年来,由于微波背景辐射的细致观测,呈现以下一些惊人的观测结果和数据:

(a)宇宙年龄是(137 ± 2)亿年

(b)哈勃常量是 $71 \ \mathrm{km \cdot s^{-1} \cdot Mpc^{-1}}$

(c)宇宙呈现以下结构,宇宙总质量(100%)≈(重子+轻子)(4.4%)+热暗物质(≤2%)+冷暗物质(≈20%)+暗能量(73%),而总密度 $\Omega_0 = 1.02 \pm 0.02$,亦即恰好差不多等同于平直空间所要求的临界密度.这个公式说明,在宇宙总质量中,暗物质占有 22%,暗能量占有 73%,在整个宇宙中我们目前所看到的星系只占整个宇宙物质的约 4% 左右,其余约 96% 的物质都是我们无法检测,目前无法了解的东西.

"暗能量"的压力是负数、负值,压力是正值时就是我们所通常说的"压力概念",这很好理解,物质的密度越大压力则越大,而负值的压力就不是通常所说的压力了.更为关键的是这种负压力 p 却"负"得很大,大得让人不敢想象?正是因为这种负压力的存在,使得它能够抵御万有引力的作用,使得宇宙在加速膨胀.

暗能量会不会是一种人类尚没有发现、更不曾知道的、全新的物质形态?有人寓言,这种新的物质形态的一经出现和被发现必将导致物理学理论的新的大突破和新的革命!

在新世纪之初美国国家研究委员会发布一份题为《建立夸克与宇宙的联系:新世纪 11 大科学问题》的研究报告,科学家们在报告中认为,暗物质和暗能量应该是未来几十年天文学研究的重中之重,"暗物质"的本质问题和"暗能量"的性质问题在报告所列出的 11 个大问题中分列为第一、第二位.

选读材料 4.2　大气层结构和臭氧层

选 4.2.1　大气层热层结构

大气是指包围在地球表面并随地球旋转的空气层.它不仅是维持生物体的生命所必需的,而且参与地球表面的各种过程,如水循环、化学和物理风化、陆地上和海洋中的光合作用及腐败作用等,各种波动、流动和海洋化学也都与大气活动有关.

　一、原始大气

地球早期的大气层与现今的大气层完全不相同,富含火山喷发气体,例如二氧化碳.现在的大气层只含有极少量的二氧化碳,而富含氧气.其改变原因是早期的生命形式——微生物体吸入二氧化碳而排出氧气.这些微生物聚集在一起被称为藻青菌,依靠光合作用合成有机物,它们与早期那些制造氧气的有机体极为类似.推测原始大气为甲烷(CH_4)、氨(NH_3)、氢(H_2)、水(H_2O)等所组成.因为火山爆发所喷出的气体是二氧化碳(CO_2)、氨(NH_3)、氮(N_2)、二氧化硫(SO_2)、甲烷(CH_4)、氢(H_2)和水蒸气(H_2O),这些气体在地球冷却前飞向空中,等到地球冷却,喷出的气体因重力而覆盖地球形成最原始的大气.其中水蒸气凝结成为水,而二氧化碳、二氧化硫溶于水中变成溶液,因此大气剩下氨、氢和甲烷,这就是被我们所认为的原始大气.它们最后演变为现今的大气.

二、现今大气

主要成分为氮(78.084%)、氧(0.934%)、氩(0.934%)、二氧化碳(0.038 3%)、水(0%~4%)等,组成比率因时因地不同,而有所差异,其中以二氧化碳变动率最大.

地表大气平均压力为 $1.01×10^5$ Pa,相当于每平方厘米地球表面包围 1 034 g 空气.地球总表面积为 510 100 934 km^2,所以大气总质量约为 $5.2×10^{15}$ t,相当于地球质量的 10^{-6}.大气随高度的增加而逐渐稀薄,高度 100 km 以上,空气的质量仅是整个大气圈质量的百万分之一.

三、大气的热分层

按气温垂直分布对大气分层,可以分为以下几层:

(一)对流层

对流层是大气的最底层,其厚度随纬度和季节而变化.在赤道附近为 16~18 km;在中纬度地区为 10~12 km,两极附近为 8~9 km.夏季较厚,冬季较薄.

这一层的显著特点:一是气温随高度升高而递减,大约每上升 100 m,温度降低 0.65℃,这称为地球大气温度绝热直降率,请见§4.5.4.由于贴近地面的空气受地面发射出来的热量的影响而膨胀上升,上面冷空气下降,故在垂直方向上形成强烈的对流,对流层也正是因此而得名.二是密度大,大气总质量的大约 3/4 集中在此层.在对流层中,因受地表的影响不同,又可分为两层.在 1~2 km 以下,受地表的机械、热力作用强烈,通称摩擦层,或边界层,亦称低层大气,排入大气的污染物绝大部分活动在此层.在 1~2 km 以上,受地表影响变小,称为自由大气层,主要天气过程如雨、雪、雹的形成均出现在此层.对流层和人类的关系最密切.

(二)平流层

从对流层顶到约 50 km 的大气层为平流层.在平流层下层,即 30~35 km 以下,温度随高度降低变化较小,气温趋于稳定,所以又称同温层.在 30~35 km 以上,温度随高度升高而升高.平流层的特点:一是空气没有对流运动,平流运动占显著优势;二是空气比下层稀薄得多,水汽、尘埃的含量甚微,很少出现天气现象;三是在高约 15~35 km 范围内,有厚约 20 km 的一层臭氧层(详细了解请见选 4.2.2),因臭氧具有吸收太阳光短波紫外线的能力,故使平流层的温度升高.

(三)中间层

从平流层顶到 80 km 高度称为中间层.这一层空气更为稀薄,温度随高度增加而降低.

(四)热层

从 80 km 到约 500 km 称为热层.这一层温度随高度增加而迅速增加,层内温度很高,昼夜变化很大,热层下部尚有少量的水分存在,因此偶尔会出现银白并微带青色的夜光云.

(五)逃逸层

热层以上的大气层称为逃逸层.这层空气在太阳紫外线和宇宙射线的作用下,大部分分子发生电离,使质子的含量大大超过中性氢原子的含量.逃逸层空气极为稀薄,其密度几乎与太空密度相同,故又常称为外大气层.由于空气受地心引力极小,气体及微粒可以从这层飞出地球引力场进入太空.逃逸层是地球大气的最外层,该层的上界在哪里还没有一致的看法.实际上地球大气与星际空间并没有截然的界限.逃逸层的温度随高度增加而略有增加.

四、大气中的电离层

上面介绍的是大气按照温度的垂直分布进行分层,即大气的热分层.大气也可以按照电子浓度的垂直分布进行分层,这就是大气中的电离层.

从高度 60 km 一直到 80 km 以上的热层中的大气已经非常稀薄,在这里阳光中的紫外线和 X 射线可以使得空气分子被电离为自由的电子与正离子,在它们合并前可以短暂地自由活动,并且太阳光对大气分子的电离与离子重新捕获自由电子的这两个过程会达到平衡,在这个高度就造成一个等离子体(关于什么是等离子体请见选读材料 6.2),这就是电离层.电离层从宏观上呈现中性.电离层在垂直方向上呈分层结构,一般划分为三层.D 层(距地面高度 60~80 km)、E 层(100~120 km)、F1 层(200 km)、F2 层(200~900 km),请见图 4.25 的左侧,图中不仅标出了各层,并且标出了电离层中的电子浓度的数量级.电离层被用来反射和传送无线电信号.反射后的信号回到地球表面,可以再次被反射到电离层.虽然地球是球形的,但是中波和短波都能借助电离层以及地面的反射传播到很远的距离,特别是用于短波通信.

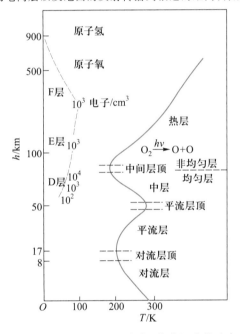

图 4.25　大气中的温度、电子密度、化学组成的垂直分布

选 4.2.2　臭氧层——地球上生命的第二把保护伞

一、臭氧层

自然界中的臭氧,大多分布在距地面 15~35 km 的大气中,人们称之为臭氧层,见图 4.26.臭氧层中的臭氧主要是紫外线制造出来的.大家知道,太阳光线中的紫外线分为长波和短波两种,当大气中(含有 21%)的氧气分子受到短波紫外线照射时,氧分子会分解成原子状态.氧原子的不稳定性极强,极易与其他物质发生反应.如与氢(H_2)反应生成水(H_2O),与碳(C)反应生成二氧化碳(CO_2).同样的,氧原子与氧分子(O_2)反应时,就形成了臭氧(O_3).臭氧形成后,由于其比重大于氧气,会逐渐地向臭氧层的底层降落,在降落过程中随着温度的变化(上升),臭氧不稳定性愈趋明显,再受到长波紫外线的照射,再度还原为氧.臭氧层就是保持了这种氧气与臭氧相互转换的动态平衡.

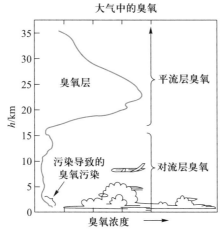

图 4.26　大气中的臭氧分布

二、大气臭氧层的三种作用

其一为保护作用.太阳中的长波紫外线能够杀菌.但是波长为 200~315 nm 的中短波紫外线,它对生物的杀伤力应该更强.即使对于其个体比较大的人类,也有比较大的损伤.例如,人类受到中短波紫外线的照射就容易得皮肤癌.但是臭氧层能够吸收太阳光中的波长小于 300 nm 的中短波紫外线,当它穿过平流层时,绝大部分被臭氧层吸收.至于长波紫外线它对生物细胞的伤害要比中波紫外线轻微得多.因此,臭氧层就成为地球一道天然屏障,使地球上的生命免遭强烈的中短波紫外线伤害.所以说臭氧层是地球上生命的第二把保护伞.地球上生命的第一把保护伞是地球磁层,它阻挡了太阳风对地球的侵蚀和对生命的杀戮,请见选 2.1.6.然而,现在地球上的臭氧层正在遭到破坏.

其二为加热作用.臭氧吸收太阳光中的紫外线并将其转化为热能加热大气,由于这种作用大气温度结构在高度 50 km 左右有一个峰,地球上空 15~50 km 存在着升温层(见图4.25).正是由于存在着臭氧才有平流层的存在.而地球以外的星球因不存在臭氧和氧气,所以也就不存在平流层.

其三为温室气体的作用.在对流层上部和平流层底部,即在气温很低的这一高度,臭氧的作用同样非常重要.如果这一高度的臭氧减少,则会产生使地面气温下降的动力.

三、臭氧层的破坏——臭氧层损耗与"臭氧洞"

臭氧(O_3)的化学性质十分活泼,很容易跟其他物质发生化学反应.实际上,在臭氧层内,臭氧的形成是众多物质参与一系列化学反应达到化学平衡的结果.臭氧在遇到 H、OH、NO、Cl、Br 时,就会被催化,加速分解为 O_2.氯氟烃之所以被认为是破坏臭氧层的物质就是因为它们在太阳辐射下会分解出 Cl 和 Br 原子,成为破坏臭氧的催化剂(一个氯原子可以破坏 10 万个臭氧分子).

早在 1984 年,英国科学家首次发现南极上空出现臭氧洞,近年来,南极上空的臭氧洞有恶化的趋势.目前不仅在南极,在北极上空也出现了臭氧减少现象.这是人为的因素导致的对臭氧层的破坏.人为的消耗臭氧层的物质主要是:广泛用于冰箱和空调制冷、泡沫塑料发泡、电子器件清洗的氯氟烷烃(CFCs)以及用于特殊场合灭火的溴氟烷烃(Halon,哈龙)等化学物质.而 CFCs 物质的非同寻常的稳定性使其在大气同温层中很容易聚集起来,其影响将持续一个世纪或更长的时间.这些物质被称为消耗臭氧层物质,国际社会为了保护臭氧层,将这些物质列入淘汰或受控制使用的名单中,因此也称这些物质为"受控物质".目前,冰箱和空调(见

§4.7.3 和 §4.7.4)中都采用很少对臭氧层产生破坏作用的绿色制冷剂了.

选读材料 4.3 汽轮机·燃气轮机·喷气发动机

(一) 汽轮机

汽轮机是将蒸汽的能量转化成为机械功的外燃(这和内燃机不同)旋转式动力机械.又称蒸汽透平.主要用作发电用的原动机,也可直接驱动各种泵、风机、压缩机和船舶螺旋桨等.汽轮机和蒸汽机的主要差别是它是旋转式动力机械,旋转式是几乎所有动力机械所直接要求的.而蒸汽机是往复式运动的,它必须再增加一套把往复式运动转变为旋转式运动的机械装置.

汽轮机是广泛用于火力发电和核电站的动力机械.由锅炉产生的高温高压的非饱和的干蒸气进入汽轮机内依次经过一系列环形配置的喷嘴和动叶,将蒸汽的热能转化为汽轮机转子旋转的机械能膨胀做功,使叶片转动而带动发电机发电,做功后的废气经凝汽器凝结为水,再经过循环水泵、凝结水泵、给水加热装置等送回锅炉循环使用,这样组成一个热力循环,这样的循环图基本可以用 §4.6.1 的图 4.14 的(a)来表示,只不过把其中的气缸 C 用汽轮机代替.汽轮机是一种透平机械,又称蒸汽透平.高温高压的蒸汽在透平中推动叶片高速旋转从而膨胀做功.与往复式蒸汽机相比,汽轮机中的蒸汽流动是连续的、高速的,单位面积中能通过的流量大,因而能发出较大的功率.大功率汽轮机可以采用较高的蒸汽压力和温度,故热效率较高.汽轮机的另外一个优点是因为它是旋转运动的动力机械.而绝大多数的动力要求都是旋转的,所以汽轮机比起往复式蒸汽机节省了把往复运动转变为旋转运动的庞大机械设备.按照蒸汽在汽轮机中,以不同方式进行能量转化,可以构成了不同工作原理的汽轮机.

汽轮机本体主要由静子和转子两大部分组成.静子包括静叶栅、气缸、隔板、进排汽部分等.转子包括动叶栅(或者称为动叶片)、主轴、叶轮和联轴器等.在汽轮机中,一对静叶栅和动叶栅以及有关的结构部分,组成将蒸汽热能转化成机械功的基本单元,称之为汽轮机的级.由级的多少分为单级和多级汽轮机.

1. 汽轮机按工作原理分,可以分为冲动式汽轮机和反动式汽轮机.在冲动式汽轮机中,蒸汽主要在喷嘴叶栅中膨胀降压,增加流速,蒸汽热能被转化为动能.进入动叶栅改变流动方向,推动叶栅做周向运动,蒸汽的动能进一步转化为机械能.在反动式汽轮机中,蒸汽不但在静叶栅中膨胀,而且在动叶栅中同样膨胀加速,蒸汽不但给动叶片以推动力,而且在流出动叶片时给动叶片以反作用力.

2. 按蒸汽参数分类,一般可以分为低压(1.3 MPa)、中压(6 MPa)、高压(~9 MPa)、超高压(~13.5 MPa)、亚临界(~16.5 MPa)或超临界(~24 MPa)汽轮机(说明:这里所说的临界,是指水的临界点状态的压强——临界压强,水的临界压强是 22.0 MPa,水的临界温度是 647.3 K,有关临界点的知识详见 §6.4.5).由于高温金属材料性能的限制,目前汽轮机中使用的最高蒸汽温度在 565 ℃ 左右.世界一些先进国家正在研究发展超临界汽轮机,其蒸汽参数为:压强 ~35 MPa,温度 ~600 ℃.

3. 按排汽方式分类:汽轮机可分为凝汽式和背压式两类.凝汽式汽轮机的排汽在低于大气压的状态下进入凝汽器凝结成水,所以其排汽温度可以比室温低,按照卡诺定理(见 §5.2.1),工作于相同高温热源和相同低温热源之间的热机以可逆卡诺热机的效率最高,而可逆卡诺热机的效率由 §4.6.2 的(4.90)式表示.由此可见,要提高热机的效率必须尽量提高高温热源的温度和尽量降低低温热源的温度.而凝汽式汽轮机的低温热源的温度已经降低到最低,超高压、亚临界或超临界的汽轮机的高温热源越来越高,所以它们具有越来越高的热能—电能转化率,广泛应用于大功率发电机组.对于蒸汽压力为 16.5 MPa、蒸汽温度达到 535 ℃ 的亚临界汽轮机,电站的热效率约为40%,它广泛用于 $3×10^5$ kW 和 $6×10^5$ kW 发电机组中,而超临界汽轮机其效率更高.至于背压式汽轮机,它的排汽压力高于大气压力,排汽可作为工业用汽源,一般效率较低,功率较小,但可以废物利用.

（二）燃气轮机

最简单的燃气轮机装置包括三个主要部件(见图 4.27):压气机(吸气并且进行压缩的装置)、燃烧室、涡轮机(即通过叶片膨胀做功的透平).空气经过压气机压缩增压以后送入燃烧室,而经过泵增压的燃料通过喷油嘴向燃烧室喷出雾化的油料也送入燃烧室,然后与空气混合点火并燃烧.燃烧所产生的燃气温度明显升高,压强明显增加,然后流入涡轮机中边膨胀边推动叶轮旋转做功,做功后的气体排向大气并向大气放热.而压气机的叶轮旋转所需要的能量也由涡轮机提供.重复上述升压、吸热、膨胀与放热过程,连续不断地将燃料的化学能转化成热能,进而转化成机械能.

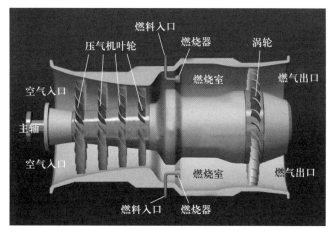

图 4.27　燃气轮机示意图

燃气轮机是以连续流动的气体为工质带动叶轮高速旋转,将燃料的能量转化为有用功的内燃旋转式动力机械,是一种旋转叶轮式内燃热力发动机.它不同于一般的往复式运动做功的内燃机,因而节省了把往复运动转变为旋转运动的庞大的机械装置.燃气轮机属于热机的一种,就必须遵循热机的做功原则:在高压下输入能量,低压下释放能量.燃气轮机有重型和轻型两类.重型的零件较为厚重,大修周期长,寿命可达 10 万小时以上.轻型的结构紧凑而轻,所用材料一般较好,其中以飞机上使用的燃气轮机例如螺旋桨发动机结构为最紧凑、最轻,但寿命较短.

燃气轮机的主要优点是小而轻.燃气轮机占地面积小,当它被用于坦克、某些特殊需要的车、船以及螺旋桨飞机发动机等运输机械时,既可节省空间,也可装备功率更大的燃气轮机以提高车、船和飞机的速度.燃气轮机的主要缺点是效率不够高,在部分负荷下效率下降快,空载时的燃料消耗量高.提高效率的关键是提高燃气的初温.其次是提高压缩比,研制级数更少而压缩比更高的压气机.再次是提高各个部件的效率.燃气轮机能在无外界电源的情况下迅速起动,机动性好.

（三）涡轮喷气发动机

涡轮喷气发动机属于燃气轮机的另外一种.其工作原理简单归纳起来如下(见图 4.28):(1)用压气机把空气从进气口吸进去,进行压缩以后进入燃烧室;(2)喷油嘴向燃烧室喷出雾化的油料;(3)点火装置将高压空气和雾化油混合气点燃;(4)混合气燃烧膨胀,推动蜗轮旋转,从旋转的涡轮中流出的高温高压燃气,在尾喷管中继续膨胀,以高速沿发动机轴向通过喷口向后排出.这一速度比气流进入发动机的速度大得多,使发动机获得了反作用的推力.而涡轮和压气机是同轴的,所以推动涡轮做的功也就是推动压气机加速旋转所做的功.这样压气机将旋转得更快,吸入空气更多,压缩产生的压强更大,使得在燃烧室中膨胀的气体的数量和压强都进一步明显增加,从喷口向后排出的气体的数量和速度大大增加.一般来讲,当气流从燃烧室出来时的温度越高,压强越大,输入的能量就越大,涡轮发动机的推力也就越大.下图是典型轴流式涡轮喷气发动机示意图.

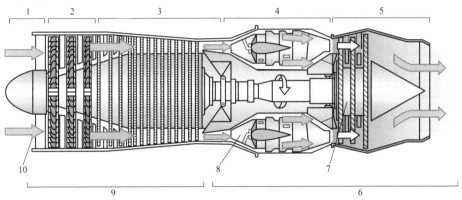

一个典型的轴流式涡轮喷气发动机图解(蓝色箭头为气流流向)

1—吸入;2—低压压缩;3—高压压缩;4—燃烧;5—排气;6—热区域;

7—涡轮机;8—燃烧室;9—冷区域;10—进气口

图 4.28　轴流式涡轮喷气发动机示意图

　　虽然轴流式涡轮喷气发动机和螺旋桨式飞机发动机都是燃气轮机.但是前者最后排出气体的能量(主要是气体的动能)没有被利用,而后者是全部都利用了.有的轴流式涡轮喷气发动机,为了进一步利用排出气体中尚没有燃烧的燃料的能量,在后面再增加一级燃烧装置,排出气体的速度可以进一步增大.我们看到一些最新型的喷气战斗机的尾部的喷气口是红色的,就是这样的喷气发动机.

思考题

4.1　可逆过程必须同时满足哪两个条件?

4.2　为什么等压加热过程要考虑系统依次与很多个温度相差很小的热源接触?若用炉子加热一块固体,试问此过程是否是准静态等压过程?为什么?

4.3　有人说:"任何没有体积变化的过程就一定不对外做功".对吗?

4.4　能否说"系统含有热量"?能否说"系统含有功"?

4.5　什么是广义功?什么是广义力?什么是广义位移?它们之间存在何种关系?为何将压强看作广义力时要加个负号?

4.6　什么是强度量?什么是广延量?强度量乘广延量得出的是广延量还是强度量?广延量乘或除广延量分别得出什么量?试分别对液体薄膜系统(状态参量为 σ、A、T)及可逆电池系统(状态参量为 $\mathscr{E}$、q、T)写出与(4.15)式类似的热力学第一定律表达式.

4.7　试问在定压下进行的 $H_2 + \dfrac{1}{2}O_2 \rightarrow H_2O$ 的气体反应是系统对外做功还是外界对系

统做功?

4.8 判断下列说法是否正确? 为什么? (1) 只要系统与外界没有功、热量及粒子数交换,在任何过程中系统的内能和焓都是不变的;(2) 在等压下搅拌绝热容器中的液体,使其温度上升,此时未从外界吸热,因而是等焓的;(3) 若要计算系统从状态"1"变为状态"2"的热量可如此进行 $\Delta Q = \int_{Q_1}^{Q_2} dQ = Q_2 - Q_1$.

4.9 功是过程改变量,它与所进行的过程有关,但为什么绝热功却仅与初末态有关,与中间过程无关? 热量与进行过程有关,但为什么在等体条件下吸收的热量与中间过程无关?

4.10 将一电池与一浸在水中的电阻器连接后放电,试问在下列情况下的热量、功及内能的变化分别是怎样的? (1) 以水及电阻丝为系统;(2) 以水为系统;(3) 以电池为系统;(4) 以电池、电阻丝、水为系统.

4.11 为什么任何气体向真空自由膨胀的过程都是等内能的? 若一隔板把容器分隔为两部分,左边压强为 p_0,右边压强为 $\dfrac{p_0}{2}$,试问将隔板抽除后所发生的过程是否是等内能的?

4.12 设某种电离化气体由彼此排斥的离子所组成,当这种气体经历绝热真空自由膨胀时,气体的温度将如何变化? 为什么?

4.13 有人说,焦耳-汤姆孙膨胀是一个可逆过程,其理由是,节流过程是在 $T-p$ 图上画出的等焓线,既然等焓线是平衡态点的集合,节流过程当然是一个可逆过程了.试问这种说法是否正确? 为什么?

4.14 理想气体的准静态绝热膨胀、向真空自由膨胀及节流膨胀都是绝热的.同样是绝热膨胀,怎么会出现三种截然不同的过程? 它们对外做功的情况分别是怎样的?

4.15 节流膨胀与准静态绝热膨胀的降温效率何者高? 为什么?

4.16 分别在 $p-V$ 图、$p-T$ 图和 $T-V$ 图上画出理想气体下列过程曲线:(1) 等体;(2) 等压;(3) 等温;(4) 绝热.

4.17 证明理想气体的等温压缩系数 $\kappa = -\dfrac{1}{V}\left(\dfrac{\partial V}{\partial p}\right)_T$ 等于 $\dfrac{1}{p}$ (p 是气体压强).然后将 κ 与弹簧的劲度系数相对比,说明气胎中气体好像一个劲度系数可变的弹簧,在压缩开始时很易使气体"屈服",以后就越来越困难.

4.18 将 1 mol 氮气与 1 mol 氦气从相同状态出发准静态绝热膨胀使体积各增加一倍.试问所需功何者大? 为什么?

4.19 一定量理想气体从图 4.29(a)状态 1 变到状态 2,一次经由过程 A,另一次经由过程 B.或者由(b)图中的状态 3 变为状态 4,一次经由过程 C,另一次经由过程 D.试问在这些个过程中吸收的热量 Q_A 与 Q_B 何者大? Q_C 与 Q_D 何者大? 过程中做的功 W_C 与 W_D 的符号如何?

4.20 在蒸气压缩式制冷机中,从冷凝器流出的液体经节流后温度降低了,并有部分液体变为同温度的蒸气,试解释为什么温度降低反而使液体蒸发?

4.21 试判别下三种说法对否? (1)"系统经一个正循环后,系统本身没有变化."(2)"系统经过一个正循环后,不但系统本身没有变化,而且外界也没有变化."(3)"系统经一个正循环后,再沿相反方向进行一逆卡诺循环,则系统本身以及外界都没有任何变化."

4.22 任何可逆热机效率是否都可表示成 $\eta = 1 - \dfrac{T_2}{T_1}$?

第四章思考题提示

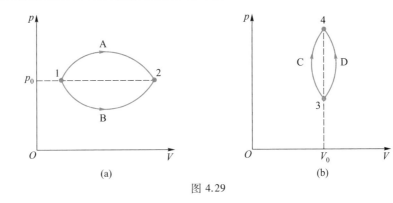

图 4.29

习题

4.2.1　1 mol 气体作准静态等温膨胀,由初体积 $V_{i,m}$ 变成终体积 $V_{f,m}$,试计算这过程中所做的功.若物态方程式是:

$$(1)\, p(V_m - b) = RT \quad (R\,、b\ 是常量)$$

$$(2)\, pV_m = RT\left(1 - \frac{B}{V_m}\right) \quad (R = 常量, B = f(T))$$

4.2.2　一理想气体作准静态绝热膨胀,在任一瞬间压强满足 $pV^\gamma = K$,其中 γ 和 K 都是常量,试证由 $(p_i、V_i)$ 变为 $(p_f、V_f)$ 状态的过程中所做功为　$W = \dfrac{p_i V_i - p_f V_f}{\gamma - 1}$.

4.4.1　某金属在低温下的摩尔定容热容与温度的关系为

$$C_{V,m} = \frac{aT^3}{\Theta^3} + bT$$

其中 Θ 称为德拜特征温度,Θ、a、b 都是与材料性质有关的常量,式中第一项是金属中晶格振动对比热的贡献,第二项是金属中自由电子对比热的贡献.试问该金属的温度由 $0.01\,\Theta$ 变为 $0.02\,\Theta$ 过程中,每摩尔有多少热量被传送?

4.4.2　已知范德瓦耳斯气体物态方程为 $\left(p + \dfrac{a}{V_m^2}\right)(V_m - b) = RT$,其内能为 $U_m = cT - \dfrac{a}{V_m^2} + d$,其中 a、b、c、d 均为常量,试求:(1)该气体从 V_1 等温膨胀到 V_2 时所做的功;(2)该气体在等体下温度升高 ΔT 所吸收的热量.

4.4.3　在 24 ℃ 时水蒸气的饱和蒸气压为 2 982.4 N·m^{-2},若已知在这条件中水蒸气的比焓是 2 545.0 kJ·kg^{-1},水的比焓是 100.59 kJ·kg^{-1},求在此条件下水蒸气的凝结热.

4.4.4　实验数据表明,在 0.1 MPa,300~1 200 K 范围内铜的摩尔定压热容为 $C_{p,m} = a + bT$,其中 $a = 2.3 \times 10^4$ J·mol^{-1}·K^{-1},$b = 5.92$ J·mol^{-1}·K^{-2},试计算在 0.1 MPa 下,温度从 300 K 增到 1 200 K 时铜的摩尔焓的改变.

4.4.5　若把氮气、氢气和氨气都看作理想气体($p \to 0$),由气体热力学性质表可查到它们在 298 K 时的焓值分别为 8 669 J·mol^{-1},8 468 J·mol^{-1} 和 $-29\,154$ J·mol^{-1},试求在定压下氨的合成热.氨的合成反应为:$\dfrac{1}{2}N_2 + \dfrac{3}{2}H_2 \to NH_3$.

4.4.6　设 1 mol 固体的物态方程可写为 $V_m = V_{0,m} + aT + bp$;摩尔内能可表示为 $U_m = cT - apT$,其中 a、b、c 和 $V_{0,m}$ 均是常量.试求:(1)摩尔焓的表达式;(2)摩尔热容 $C_{p,m}$ 和 $C_{V,m}$.

4.4.7　体积为 1 m³ 的绝热容器中充有压强与外界标准大气压强相同的空气,但容器壁有裂缝,试问将容器从 0 ℃ 缓慢加热至 20 ℃,气体所吸收的热量是多少? 已知空气的比定压热容为 $c_p = 0.99 \text{ kJ} \cdot \text{kg}^{-1} \cdot \text{K}^{-1}$,摩尔质量 $M = 0.029 \text{ kg}$,比热容比 $\gamma = 1.41$.

4.4.8　燃料电池是燃料的化学能不经过热机,而利用化学反应直接转化为电能的装置,图 4.30(a)所示是燃料电池一例.它的正电极及负电极被电解液分隔开(这与电解电池相似),现把氢气和氧气连续通入多孔 Ni 电极,Ni 电极是浸在 KOH 电解液中的,在两极进行的化学反应如图所示,这燃料电池在两极进行的化学反应是:正极:$2H_2 + 4OH^- \rightarrow 4H_2O + 4e^-$;负极:$2H_2O + 4e^- + O_2 \rightarrow 4OH^-$.其总效果是 $2H_2(气) + O_2(气) \rightarrow 2H_2O(液)$,若燃料电池工作于 298 K 定压下,在反应前后焓的改变为 $\Delta H = -571.6 \text{ kJ} \cdot \text{mol}^{-1}$,两极电压为 1.229 V,试求这燃料电池能源转化的效率.

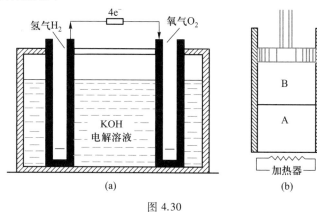

图 4.30

4.5.1　图 4.30(b)表示有一除底部外都是绝热的气筒,被一位置固定的导热板隔成相等的两部分 A 和 B,其中各盛有 1 mol 的理想气体氮.今将 334.4 J 的热量缓慢地由底部供给气体,设活塞上的压强始终保持为 0.101 MPa,求 A 部和 B 部温度的改变以及各吸收的热量(导热板的热容可以忽略).若将位置固定的导热板换成可以自由滑动的绝热隔板,重复上述讨论.

4.5.2　分别通过下列过程把标准状态下的 0.14 kg 氮气压缩为原体积的一半:(1) 等温过程;(2) 绝热过程;(3) 等压过程.试分别求出在这些过程中气体内能的改变,传递的热量和外界对气体所做的功.设氮气可看作理想气体,且 $C_{V,m} = \frac{5}{2}R$.

4.5.3　在标准状态下的 0.016 kg 的氧气,分别经过下列过程从外界吸收了 334.4 J 的热量.(1) 若为等温过程,求终态体积.(2) 若为等体过程,求终态压强.(3) 若为等压过程,求气体内能的变化.设氧气可看作理想气体,且 $C_{V,m} = \frac{5}{2}R$.

4.5.4　为确定多方过程方程 $pV^n = C$ 中的指数为 n,通常取 $\ln p$ 为纵坐标,$\ln V$ 为横坐标作图.试讨论在这种图中多方过程曲线的形状,并说明如何确定 n.

4.5.5　室温下一定量理想气体氧的体积为 2.3 L,压强为 0.1 MPa,经过一多方过程后体积变为 4.1 L,压强为 0.05 MPa.试求:(1)多方指数 ;(2)内能的变化;(3)吸收的热量;(4)氧膨胀时对外界所做的功.设氧的 $C_{V,m} = \frac{5}{2}R$.

4.5.6　1 mol 理想气体氮,原来的体积为 8.0 L,温度为 27 ℃,设经过准静态绝热过程体积被压缩为 1.0 L,求在压缩过程中,外界对系统所做的功.设氦气的 $C_{V,m}=\dfrac{3}{2}R$.

4.5.7 0.020 kg 的氦气温度由 17 ℃ 升为 27 ℃.若在升温过程中:(1) 体积保持不变;(2) 压强保持不变;(3) 不与外界交换热量.试分别求出气体内能的改变,吸收的热量,外界对气体所做的功.设氦气可看作理想气体,且 $C_{V,m}=\dfrac{3}{2}R$.

4.5.8 利用大气压随高度变化的微分公式 $\dfrac{\mathrm{d}p}{p}=-\dfrac{Mg}{RT}\mathrm{d}z$,证明高度 h 处的大气压强为

$$p = p_0\left(1-\dfrac{Mgh}{C_{p,m}T_0}\right)^{\frac{\gamma}{\gamma-1}}$$

其中 T_0 和 p_0 分别为地面的温度和压强,M 为空气的平均摩尔质量.假设上升空气的膨胀是准静态绝热过程.

4.5.9 证明若理想气体按 $V=\dfrac{a_0}{\sqrt{p}}$ 的规律膨胀,则气体在该过程中的热容 C 可由下式表示 $C=C_V-\dfrac{a_0^2}{TV}$.

4.5.10 若气体是理想气体,其定压热容和定容热容是常量,证明气体单位质量内能 u 和单位质量焓 h 均可用声速 c 及比热容比 γ 表示为

$$u = \dfrac{c^2}{\gamma(\gamma-1)}+\text{常量}, \quad h = \dfrac{c^2}{\gamma-1}+\text{常量}$$

4.5.11 用绝热壁制成一圆柱形的容器,在容器中间放置一无摩擦的、绝热的可动活塞,活塞两侧各有物质的量为 ν 的理想气体;开始状态均为 p_0、V_0、T_0.设气体摩尔定容热容 $C_{V,m}$ 为常量,$\gamma=1.5$.将一通电线圈放在活塞左侧气体中,对气体缓慢加热.左侧气体膨胀,同时通过活塞压缩右方气体,最后使右方气体压强增为 $27\dfrac{p_0}{8}$.试问:(1) 对活塞右侧气体做了多少功?(2) 右侧气体的终温是多少?(3) 左侧气体的终温是多少?(4) 左侧气体吸收了多少热量?

4.5.12 在原子弹爆炸后 0.1 s 所出现的"火球"是半径约 15 m,温度为 300 000 K 的气体球,试做一些粗略假设,以估计温度变为 3 000 K 时气体球的半径.

4.5.13 下面描述一测量气体比热容比 $\gamma=\dfrac{C_{p,m}}{C_{V,m}}$ 的方法.理想气体被封在直立气缸中,活塞上放一重物,重物、活塞总重量为 m,活塞与气缸有同样截面积 A,气体是被密封的,活塞气缸间的摩擦很小,大气压强为 p_0,活塞保持平衡时气体体积为 V_0.现使活塞偏离平衡位置一距离后释放,活塞就以频率 ν 振动起来,由于气体来不及与外界交换热量,所以气体压强及体积的改变是绝热的.试利用 m、g、A、p_0、V_0 及 ν 来表示 γ.

△**4.5.14** 两端开口的 U 形管中注入水银,直到水银的全长为 h 时,(1)若将一边管中水银压下,然后使水银振荡,试证:不计摩擦时,振动周期 $T_1=2\pi\sqrt{\dfrac{h}{2g}}$;(2)若把管的左端封闭起来,使被封在管内气柱高度为 L,然后使水银柱振荡,假设摩擦可忽略,空气是理想气体,而气压计水银柱高度为 h.试证这时周期变为 $T_2=2\pi\sqrt{\dfrac{h}{2g+\gamma h_0 g/L}}$;(3)试证 $\gamma=\dfrac{2L}{h_0}\left[\left(\dfrac{T_1}{T_2}\right)^2-1\right]$.

△**4.5.15**　若某声波的波长等于标准状态下氧分子的平均自由程,已知氧分子的直径为 3.00×10^{-10} m,试问该声波的频率是多少?

△**4.5.16**　有 28 g 氮气经其摩尔热容 $C_{1,m}=2R$ 的准静态过程,从标准状态开始体积膨胀了 4 倍.试问:(1)该过程满足什么样的方程? (2)在该过程中对外做了多少功,改变了多少内能,吸(或放)了多少热量?

△**4.5.17**　定量理想气体经历 $p=a+bV$(a、b 为常量)的过程方程,求气体的摩尔热容.从摩尔热容表达式能说明什么问题?

△**4.5.18**　理想气体经摩尔热容为 $C_m=C_0+\dfrac{a}{T}$ 的准静态过程,其中 C_0、a 是常量,试求该过程所满足的方程.

4.6.1　已知某种理想气体在 p-V 图上的等温线与绝热线的斜率之比为 0.714,现 1 mol 该种理想气体在 p-T 图上经历如图 4.31(a)所示的循环,试问:(1)该气体的 $C_{V,m}$ 是多少? (2)该循环中的功是多少? (3)循环效率是多少?

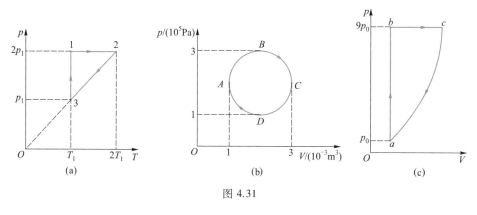

图 4.31

4.6.2　1 mol 单原子理想气体经历了一个在 p-V 图上可表示为一个圆的准静态过程[如图 4.31(b)所示],试求:(1)在一次循环中对外做的功;(2)气体从 A 变为 C 的过程中内能的变化;(3)气体在 A-B-C 过程中吸收的热量;(4)为了求出热机循环效率,必须知道它从吸热变为放热及从放热变为吸热的过渡点的坐标,试导出过渡点坐标所满足的方程.

4.6.3　1 mol 单原子理想气体经历如图 4.31(c)所示的可逆循环.连接 c、a 两点的曲线方程为 $p=\dfrac{p_0}{V_0^2}V^2$,a 点的温度为 T_0.试以 T_0、R 表示:(1)在 $a\rightarrow b$、$b\rightarrow c$、$c\rightarrow a$ 过程中传输的热量;(2)此循环效率.

4.6.4　理想气体经历一卡诺循环,当热源温度为 100 ℃、冷却器温度为 0 ℃时,做净功 800 J,今若维持冷却器温度不变,提高热源温度,使净功增为 1.60×10^3 J,则这时(1)热源的温度为多少? (2)效率增大到多少? 设这两个循环都工作于相同的两绝热线之间.

△**4.7.1**　将热机与热泵组合在一起的暖气设备称为动力暖气设备.其中带动热泵的动力由热机燃烧燃料对外界做出的功来提供.热泵从天然蓄水池或从地下水取出热量,向温度较高的暖气系统的水供热.同时,暖气系统的水又作为热机的冷却水.若燃烧 1 kg 燃料,锅炉能获得 H 热量,锅炉、地下水、暖气系统的水的温度分别为 210 ℃、15 ℃、60 ℃.设热机及热泵均是可逆卡诺机.试问每燃烧 1 kg 燃料,暖气系统所获得热量的理想数值(不计各种实际损失)是多少?

△**4.7.2**　某空调器是由采用可逆卡诺循环的制冷机所制成.它工作于某房间(设其温度

为 T_2）及室外（设其温度为 T_1）之间，消耗的功率为 P，试问：（1）若在 1 s 内它从房间吸取热量 Q_2，向室外放热 Q_1，则 Q_2 是多大？（以 T_1、T_2 表示之）.（2）若室外向房间的漏热遵从牛顿冷却定律，即 $\dfrac{\mathrm{d}Q}{\mathrm{d}t}=-D(T_1-T_2)$，其中 D 是与房屋的结构有关的常量.试问制冷机长期运转后，房间所能达到的最低温度 T_2 是多大？（以 T_1、P、D 表示之）.（3）若室外温度为30 ℃，温度控制器开关使其间断运转 30 %的时间（例如开了 3 min 就停 7 min，如此交替开停），发现这时室内保持 20 ℃温度不变.试问在夏天仍要求维持室内温度 20 ℃，则该空调器可允许正常连续运转的最高室外温度是多少？（4）在冬天，制冷机从外界吸热，向室内放热，制冷机起了热泵的作用，仍要求维持室内为 20 ℃，则它能正常运转的最低室外温度是多少？

第四章习题答案

△**4.7.3**　用一理想热泵从温度为 T_0 的河水中吸热给某一建筑物供暖.设泵的功率为 W，该建筑物的散热率即单位时间内向外散失热量为 $\dfrac{\mathrm{d}Q}{\mathrm{d}t}=-a(T-T_0)$，其中 a 为常量，T 为建筑物的室内温度.（1）试问建筑物的平衡温度 T_1 是多少？（2）若把热泵换成一个功率同为 W 的加热器直接对建筑物加热，其平衡温度 T_2 是多少？何种方法较为经济？

第五章

热力学第二定律与熵

自然界中有一大类问题是不可逆的,而有关可逆与不可逆的问题正是热学要研究的,这就是热力学第二定律(§5.1).为了把过程方向的判断提高到定量水平,必须引入态函数——熵(§5.3).为了引入熵,必须先介绍卡诺定理(§5.2)与克劳修斯等式(§5.3.1).从微观上考虑,熵是系统中微观粒子杂乱无章程度的度量(§5.3.8 及选读材料 5.1).若把这一概念进行推广,则可引入信息熵(选读材料 5.2)及生物中的负熵(选读材料 5.3).生物中的负熵的突出例子是生物基因 DNA 的遗传密码,它的重要应用是转基因技术,这将在选读材料 5.4中介绍。在选读材料 5.5 中还要介绍一个似是而非的问题——超流氦的喷泉效应,它违背热力学第二定律吗?

§5.1 热力学第二定律的表述及其实质

§5.1.1 热力学第二定律的两种表述及其等效性

一、第二定律的开尔文表述

蒸汽机大量推广应用以后,不少人试图设计制造各种不需要能源的热机,例如从河水、海水中吸取热量,把它全部转化为功,不需要向低于河水或海水的低温热源放热.而河水、海水中的热量可以说取之不尽,因而这种“能源”也用之不竭(可以估计到,若把地球上全部海水温度降低 0.01 K 所释放的热量全部用来做功,甚至可使全世界现有的机器开动很多年).大家把这类机器称为第二类永动机(它不违背热力学第一定律,因而与第一类永动机有本质不同).正因为第二类永动机不可能制造成功,所以才有现在的能源危机.大量事实均说明,一切热机不可能从单一热源吸热把它全部转化为功.功能够自发地、无条件地全部转化为热;但热转化为功是有条件的,而且其转化效率有所限制(这是功和热量的另一本质区别).也就是说功自发转化为热这一过程只能单向进行而不可逆转,因而是不可逆的.1851 年开尔文勋爵(即汤姆孙)把这一普遍规律总结为

> 第二定律的开尔文表述:不可能从单一热源吸收热量,使之完全变为有用功而不产生其他影响.

需要指出,开尔文表述中提到的"单一热源"指温度处处相同且恒定不变的热源."其他影响"指除了"由单一热源吸收热量全部转化为功"以外的任何其他变化.可以看出,开尔文表述并非仅针对第二类永动机不能造成这一点而言,而是指在任何热力学过程中,系统在吸热对外做功的同时必然会产生热转化为功以外的其他影响.例如,可逆等温膨胀确是从单一热源吸热全部转化为功的过程,但气缸中的气体在初态时体积较小,末态时体积较大,这是外界(气缸和活塞)对气体分子活动范围约束的不同,也就是对系统产生的不同影响.所以气体在等温膨胀从单一热源吸热全部转化为功的过程中,已对外界产生热转化为功以外的其他影响了.

二、第二定律的克劳修斯表述

开尔文表述揭示了自然界普遍存在的功转化为热的不可逆性.除此以外,自然界还存在热量传递的不可逆性(即热量总是自发地从高温热源流向低温热源,而不能自发地从低温热源流向高温热源)这一普遍现象.虽然我们可借助制冷机实现热量从低温热源流向高温热源,但这需要外界对制冷机做功(这部分功最后还是转变为热量向高温热源释放了).在制冷机运行过程中,除了热量从低温热源流向高温热源之外,还产生了将功转化为热这一"其他影响".为此,克劳修斯于1852年将这一规律总结为

> 第二定律的克劳修斯表述:不可能把热量从低温物体传到高温物体而不引起其他影响.也可表述为"热量不能自发地从低温物体传到高温物体".

文档:克劳修斯

※ 三、两种表述的等效性

开尔文表述和克劳修斯表述分别揭示了功转化为热及热传递的不可逆性.它们是两类不同的现象,它们的表述很不相同,只有在两种表述等价的情况下,才可把它们同时称为热力学第二定律.下面用反证法来证明这两种表述的等价性.按照反证法,假如开氏(或克氏)表述是正确的,克氏(或开氏)表述也是正确的,则必然有:若开氏(或克氏)表述不真,则克氏(或开氏)表述也不真.也就是说,只要违反其中的任一表述,必然会违反另一种表述,由此说明,两者都是等价的.

反证Ⅰ:若开氏表述不真,则克氏表述也不真.

设有某一违反开氏表述的热机 A[如图5.1(a)中的虚线方框所示]从 T_1 热源吸收热量 Q_1 把它全部转化为功 $W = Q_1$.现利用 W 去驱动另一制冷机 B(图中以一圆表示), B 工作于 T_1 与 T_2 热源之间($T_1 > T_2$),它从 T_2 吸热 Q_2,与 Q_1 一起向 T_1 热源释放,所释放热量为 $|Q_1| + |Q_2| = W + |Q_2|$.若把 A 和 B 一起看作一部联合制冷机,它们在一个循环过程中与外界之间的净的交往是把热量 Q_2 从低温热源输入到高温热源,因为外界并未对联合制冷机做功,因而没有产生其他影响,故这样的联合制冷机违背了克氏表述.产生了克氏表述不真的唯一可能是违背开氏表述的热机存在的假设是错误的.

反证Ⅱ:若克氏表述不真,则开氏表述也不真.

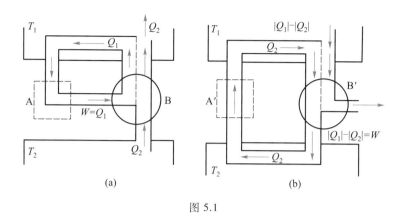

图 5.1

设有一违反克氏表述的制冷机 A′存在［如图 5.1(b)中虚线框所示］,它不断从低温热源 T_2 吸热 Q_2 传到高温热源 T_1 去,在一个循环中从 T_2 热源吸热 Q_2,外界不需对它做功.现设想另有一部热机 B′工作于 T_1、T_2 热源之间.它从 T_1 热源吸热 Q_1,向 T_2 热源放热 Q_2,同时向外输出功 $W=|Q_1|-|Q_2|$.现把 A′与 B′一起看作一部联合热机.其净效果是:它从 T_1 热源吸热 $|Q_1|-|Q_2|$,向外输出 $W=|Q_1|-|Q_2|$ 的功,而不产生其他影响,因而违背了开氏表述.这样就证明了开氏表述与克氏表述的等价性.

需要说明,热力学第二定律还可有其他很多种表述,例如普朗克表述(见思考题 5.3)以及在§5.3.4 中所提到的卡拉西奥多里表述等.由于自然界中所有的不可逆过程其本质相同,它们之间是相互关联的,因而可从一种不可逆过程的存在推断出另一种不可逆过程.

*§5.1.2 利用两种表述判别可逆、不可逆

一、自由膨胀是不可逆的

不仅热力学第二定律的开氏表述与克氏表述是等价的,而且一切不可逆过程都可利用开氏表述或克氏表述来说明过程进行的方向.例如可证明气体向真空自由膨胀是不可逆的.当将容器分隔为两部分的隔板被抽除时,左边容器内气体将自发地向右边真空容器自由膨胀,最后气体均匀地充满整个容器.这一过程的逆过程(即均匀地充满整个容器的气体自动地全部挤到左半容器中,而右半为真空的过程)始终看不到.这说明自由膨胀是不可逆过程.

我们可利用开氏表述证明自由膨胀是不可逆的.同样利用反证法.假如自由膨胀是可逆的,则在容器中均匀分布的气体就能自动地非常迅速地全部挤到左半容器中而使右半容器为真空,这时我们立即在容器左、右半的分界面上加上一隔板作为活塞,活塞另一端施于力 F 使活塞达到力平衡.然后逐渐减少 F,使气体作等温膨胀,从外界吸热 Q 同时活塞对外做功 W($W=Q$),最后气体又均匀充满整个容器.然后气体又自动地全部挤到左半容器中……如此往复不断地进行而构成一部第二类永动机,这样就违背了开氏表述,所以自由膨胀是不可逆的.同样,也可类似地利用克氏表述证明自由膨胀是不可逆的.

动画:自由膨胀是
不可逆的

二、扩散是不可逆的

实际上,可把扩散过程看做是两个自由膨胀过程的"叠加",如图 5.2 所示.图(a)中隔板把容器分隔为两部分,其中分别充有温度、体积及压强均相等的异种理想气体,图中空心圆圈

表示 A 种气体分子,实心小黑点表示 B 种气体分子.隔板抽开后将发生互扩散,最后 A、B 分子均匀散布于整个容器中,如图(b)所示.若把(a)右半容器中的 B 分子全部抽光就是(c).把(c)中隔板抽除将发生自由膨胀.达平衡态后,A 分子在整个容器中均匀分布的情况示于(d).(e)表示了把(a)中左半容器中 A 分子全部抽光时的情况.将(e)中隔板抽走后将产生自由膨胀而成(f).比较(b)、(d)、(f)可发现,若把(d)、(f)中分子在粒子空间分布不变的情况下,合并在同一容器中就是(b).从理论上能说明,可在不需做外功的情况下等温可逆地将(d)、(f)合并为(b)①.所以(a)变为(b)可以有两种方法.这两种方法的初态与末态都相同,且与外界都没有功和热量的交往,说明这两种过程是等价的.所以,可把扩散看做是两个自由膨胀过程的"叠加"[注意:这个"叠加"是指将(d)和(f)叠加为(b)的过程,这是一种特殊的叠加.故扩散过程并不能包括在自由膨胀过程中].既然利用开氏表述能证明自由膨胀是一种不可逆过程,当然也可利用开氏表述证明扩散是一种不可逆过程.

① 请见参考文献 2.

另外,一切溶解、渗透及混合的过程都与扩散过程类似,也都是不可逆的.

三、大多数的化学反应是不可逆②的

② 这里指的可逆、不可逆与可逆反应、不可逆反应其含意不同.

下面以燃烧过程作为例子.在宇宙火箭中常用液氢及液氧作为动力来源.氢气和氧气进入燃烧室燃烧后的产物是高温水蒸气,如图 5.3 中(a)所示.这样的化学反应过程是否可逆呢?我们利用反证法,由开氏表述来说明这是一个不可逆过程.设这样的化学反应是可逆的,即高温水蒸气可自发地反向分解为温度较低的氢气和氧气的气流,如图(b)所示.现使氢气、氧气分别流入可逆燃料电池的两极(如习题 4.4.8 中的燃料电池),使之发生化学反应而生成水,并将化学能直接转化为电池的电能.电池驱动电动机对外做出机械功,再把可逆燃料电池的排出物(水)通入锅炉吸热产生高温水蒸气,从而组成一个循环.水经历了这样一个循环以后,其净效果是水从锅炉单一热源吸热,自发分解为氢气、氧气,然后在可逆燃料电池中转化为电能后又变为机械功.这已经是从单一热源吸热,把它全部转化为机械功的第二类永动机了.显然这样的循环是不可能存在的.问题出在哪里?注意到在习题 4.4.8 中的燃料电池中发生的氢气、氧气变为水的化学反应(设这是正向反应)可以是可逆的,只要反应十分缓慢.这是因为燃料电池在反应十分缓慢时流过的电流强度足够小,电池内阻产生的热量就很少,因而可以认为不存在耗散;另外在反应足够缓慢时溶液中离子浓度差异也很小,它满足化学平衡条件,所以这是无耗散的准静态过程,这样的化学反应是可逆的.既然在此情况下的燃料电池可以是可逆的,则这一循环不可能发生的唯一原因是水自发分解为氢气、氧气的过程是不可能发生的,因而氢气、氧气燃烧为水的过程是不可逆过程.

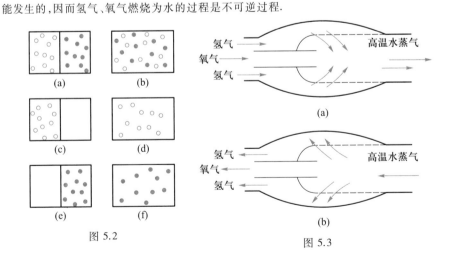

图 5.2

图 5.3

四、由两种表述判别过程可逆或不可逆的方法

从上面所举的证明自由膨胀以及证明氢和氧燃烧成为水是不可逆过程的例子中可看到,若要判别过程是可逆或不可逆的,其一种方法是需设想某种(可能是较为曲折复杂的)方法把这一过程与开氏表述或克氏表述联系起来,使系统回到初态.若因此将违背第二定律,则这样的过程是不可逆的,否则是可逆的.

实际上,除了开氏表述及克氏表述之外,也可建立第二定律的其他各种表述.例如我们也可针对氢、氧燃烧反应是不可逆的建立一种所谓氢、氧燃烧反应的表述.但是,因为所有这些第二定律的表述都是等价的,都可从一种表述出发导出另一种表述,所以大家公认以历史上最早出现的开氏表述及克氏表述作为热力学第二定律的传统的表述方法.

§5.1.3 利用四种不可逆因素判别可逆、不可逆

§4.1.3 中已指出,只有无耗散的准静态过程才是可逆过程.耗散过程就是有用功自发地无条件地转化为热的过程,因为功与热的相互转化是不可逆的,故有耗散的过程是不可逆的.另外,只有始终同时满足力学、热学、化学平衡条件的过程才是准静态过程.由此可见,任何一个不可逆过程中必包含有四种不可逆因素中的某一个或某几个.

> 四种不可逆因素是:耗散不可逆因素、力学不可逆因素(例如对于一般的系统,若系统内部各部分之间的压强差不是无穷小)、热学不可逆因素(系统内部各部分之间的温度差不是无穷小)、化学不可逆因素(对于任一化学组成,在系统内部各部分之间的差异不是无穷小).

例如对于扩散过程就是由于系统内部化学组成的差异不是无穷小而自发发生,因而包含有化学不可逆因素.对于氢、氧燃烧过程,一般都是在催化剂作用下或点火爆鸣而发生,并迅速蔓延扩大,这仍然不满足化学平衡条件.但是对于理想的氢、氧燃料电池,由于在溶液中发生的化学反应是足够缓慢的,在溶液中各化学组成之间的差异可近似认为是无穷小,因而它满足化学平衡条件,不包含有化学不可逆因素.

在§5.1.2 中曾指出,可利用两种表述中的任一种来判别过程是可逆还是不可逆的.虽然这种方法十分严密但对实际过程常难以判别.利用四种不可逆因素来判别过程的可逆与不可逆要简便得多.下面举一个例子:利用恒温浴槽加热开口容器中的水使水在恒温下蒸发,这样的过程是否可逆?它是在大气压下等压进行因而满足力学平衡条件;在恒温浴槽中因而满足热学平衡条件;另外,系统中也没有任何耗散因素,但是它却不满足化学平衡条件.由于蒸发是发生在液体表面的气化现象,在水面附近空气中的水汽含量要比在大气中的高些,会发生水汽的扩散,故在这样的过程中含有化学不可逆因素.但是若利用恒温浴槽来加热无摩擦气缸中的水使水蒸发,这样的过程却是可逆的.由于过程是在恒温气缸中准静态进行,因而满足热学与力学平衡条件,无摩擦因而无耗散,气缸中水面以上空间各部分水汽含量之间的差异可认为无穷小因而满足化学平衡条件.

§5.1.4　热力学第二定律的实质・第二定律与第一定律、第零定律的比较・可用能

一、第二定律的实质

虽然自然界中的不可逆过程多种多样,可能在一个过程中同时兼有力学、热学、化学及耗散过程不可逆因素中的某几种或全部,但它们都有如下特点:

> 在一切与热相联系的自然现象中它们自发地实现的过程都是不可逆的.这就是热力学第二定律的实质.

在前面已介绍过,一些近平衡的非平衡态过程(泻流、热传导、黏性、扩散以及大多数的化学反应过程)都是不可逆的;在远离平衡时自发发生的自组织现象(例如贝纳尔对流及化学振荡等,称为耗散结构,见参考文献 9),也是不可逆的.一切生命过程同样是不可逆的.

因为一切实际过程必然与热相联系,故自然界中绝大部分的实际过程严格讲来都是不可逆的.现举一例子以说明.水平桌面上有两只相同的杯子,杯子 A 中装满了水,杯子 B 是空的,现在要使杯子 A 中的水都倒到杯子 B 中,问这样的过程是可逆的还是不可逆的? 从力学上考虑它是可逆的,杯子 A 中的水倒到杯子 B 中后水的重力势能不变.但从热学上考虑它是不可逆的,因为要把 A 中的水全部倒到 B 中去,你总需额外做些功(例如把杯子抬高一些),这部分功使水从 A 倒到 B 中去后产生流动,而黏性力又使流动的水静止,人额外做的功全部转化为热,因而是不可逆的.

二、热力学第一定律与热力学第二定律的区别与联系・"可用能"

热力学第一定律主要从数量上说明功和热量的等价性,热力学第二定律却从转换能量的质的方面来说明功与热量的本质区别,从而揭示自然界中普遍存在的一类不可逆过程.人类所关心的是可用(做有用功的)能量.但是吸收的热量不可能全部用来做功,任何不可逆过程的出现,总伴随有"可用能量"被贬值为"不可用能量"的现象发生.例如两个温度不同的物体间的传热过程,其最终结果无非使它们的温度相同.若我们不是使两物体之间直接接触,而是借助一部可逆卡诺热机,把温度较高及温度较低的物体分别作为高温及低温热源,在卡诺机运行过程中,两物体温度渐渐接近,最后达到热平衡,在这过程中可输出一部分有用功.但是若使这两物体直接接触而达热平衡,则上述那部分可用能量就白白地被浪费了.读者可自己去证明,在自由膨胀、扩散及有耗散发生的过程中也都浪费了"可用能量".正因为如此,应特别研究各种过程中的不可逆性,应仔细地消除各种引起"自发地发生"的不可逆因素,以增加可用能量的比率,提高效率.

三、热力学第二定律与热力学第零定律的区别

在 §1.3.2 中曾介绍过热力学第零定律,并指出温度相同是达到热平衡的诸物体所具有的共同性质.热力学第零定律并不能比较尚未达热平衡的两物体间温度的高低,而热力学第二定律却能从热量自发流动的方向判别出物体温度的高低,所以热力学第零定律与热力学第二定律是两个相互独立的基本定律.

§5.2 卡诺定理

§5.1.2 和 §5.1.3 分别介绍了两种不同的方法来判别可逆过程与不可逆过程,这两种方法都有不足之处.前者比较严密,但很难实际应用;后者比较简便,但可能不太严密.正如马克思(K.Marx,1818—1883)曾经说过:一门学科只有在能够成功地运用数学时,才可说它真正的发展了.联想到热力学第一定律是因为找到了态函数内能,建立了热力学第一定律的数学表达式才能成功地解决很多实际问题.与此相类似,若要方便地判断可逆过程与不可逆过程,要更进一步地揭示可逆性与不可逆性的本质,也应找到一个与可逆过程、不可逆过程相联系的态函数——熵,再在此基础上进一步建立热力学第二定律的数学表达式,以便运用数学工具来分析和判断可逆过程与不可逆过程.为了能引入态函数熵,我们要分三步走:第一步建立卡诺定理,这是本节讨论的主要内容;第二步建立克劳修斯等式及不等式;第三步引入熵并建立熵增加原理.后两步将在下一节讨论.

§5.2.1 卡诺定理·※不可能性与基本定律

一、卡诺定理

早在开尔文与克劳修斯建立热力学第二定律前 20 多年,卡诺在 1824 年发表的《谈谈火的动力和能发动这种动力的机器》的一本小册子中不仅设想了卡诺循环,而且提出了卡诺定理.

> 卡诺定理叙述为:
>
> (1) 在相同的高温热源和相同的低温热源间工作的一切可逆热机其效率都相等,而与工作物质无关.
>
> (2) 在相同高温热源与相同低温热源间工作的一切热机中,不可逆热机的效率都不可能大于可逆热机的效率.

应注意:① 这里的热源都是温度均匀的恒温热源;② 若一可逆热机仅从某一温度的热源吸热,也仅向另一温度的热源放热,从而对外做功,那么这部可逆热机必然是由两个等温过程及两个绝热过程所组成的可逆卡诺机.所以卡诺定理中讲的热机就是卡诺热机(应该注意,卡诺是在 1824 年提出卡诺定理的,而热力学第一定律直到 1850 年左右才被公认.卡诺提出卡诺定理时人们不可能知道有什么绝热过程,按照当时的热质说,热量既然是热质,就没有热量传递也就没有绝热的说法,所以卡诺所理解的卡诺热机中不存在绝热过程.)

由于历史的局限性,卡诺信奉当时在科学界中据支配地位的"热质说".卡诺是在"热质说"的错误思想的指导下得出卡诺定理的,他把热机类比为水轮机,水能推动水轮机产生动力,而热质的流动也能释放出热动力,其大小必依赖于流过的热质的量及温度差.卡诺以永动机不可能存在这一科学信念为前提导出了卡诺定理①.下面介绍一种不采用"热质说"证明卡诺定理的方法.这是过了 26 年以后,在开尔文和克劳修斯提出了热力学第二定律以后所采用的证明方法.

※二、卡诺定理的证明

现有两部热机,一为可逆机 A,在图 5.4 中以圆圈表示;另有任何一部热机 B(是可逆的,也可是不可逆的),在图中以方框表示.它们都工作在相同的高温热源(温度为 T_1)及低温(温度为 T_2)热源之间.现在用反证法来证明卡诺定理.设可逆机 A 的效率 η_A 小于另一热机 B 的效率 η_B

$$\eta_{A可} < \eta_{B任} \tag{5.1}$$

若热机 A 从高温热源吸热 Q_1,向外输出功 W 后,再向低温热源放出 Q_2 的热,如图(a)所示.又设热机 B 从高温热源吸热 Q_1',有 W' 的功输出,另有 Q_2' 的热量释放给低温热源.调节这部机器的冲程(即活塞移动的最大距离),使两部热机在每

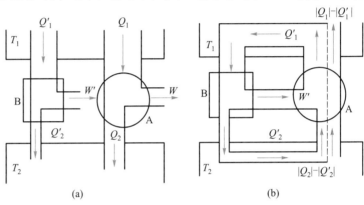

图 5.4

一循环中都输出相同的功($W = W'$),即

$$|Q_1'| - |Q_2'| = |Q_1| - |Q_2| \tag{5.2}$$

将(5.2)式代入(5.1)式,利用热机效率的定义,则有

$$\eta_{A可} = \frac{|Q_1| - |Q_2|}{|Q_1|} < \frac{|Q_1'| - |Q_2'|}{|Q_1'|} = \eta_{B任}$$

由(5.2)式及上可式知

$$|Q_1| > |Q_1'|, \quad |Q_1| - |Q_1'| > 0 \tag{5.3}$$

由(5.3)式及(5.2)式可得

$$|Q_1| - |Q_1'| = |Q_2| - |Q_2'| > 0 \tag{5.4}$$

现在把可逆机 A 逆向运转作为制冷机用,再把 A 机与 B 机联合运转[如图(b)

---

①　卡诺是在错误的热质说前提下,把热质类比为水,热机类比为水轮机,热机中的热质从高温物体流向低温物体,它与水轮机一样对外做功从而证明卡诺定理的(其详细论证见参考文献 3 的 183 页).但是逻辑学规定,只有同类事物才能作类比,虽然热质与水是同类事物,但热量与水不属同类事物.所以说卡诺是在错误的前提下,采用"诡辩论"的方法得到正确的卡诺定理的.卡诺为什么能得以成功,这主要依靠他的正确的物理直觉,即永动机是不可能实现的.另外,从卡诺利用热质说导出卡诺定理这一事实可以看到,对于任一科学理论都应以历史的观点予以评价.虽然热质说的基本假设是错误的,但在一定时期却对物理学的发展起了推进作用.

所示],这时热机 B 的输出功恰好用来驱动制冷机 A.联合运转的净效果是,高温热源净得热量 $|Q_1|-|Q_1'|$,低温热源净失热量 $|Q_2|-|Q_2'|$,因 $|Q_1|-|Q_1'|=|Q_2|-|Q_2'|$,则有热量 $|Q_2|-|Q_2'|$ 从低温热源不断流到高温热源去,而外界并未对联合机器做功,因而违背克氏表述.说明前面的假定 $\eta_{A可}<\eta_{B任}$ 是错误的.正确的表述只能是 B 机效率不能大于 A 机的效率,

$$\eta_{B任} \not> \eta_{A可} \quad 即 \quad \eta_{B任} \leqslant \eta_{A可} \tag{5.5}$$

若 B 机也是可逆机,按与上类似的证明方法,也可证明

$$\eta_{A任} \leqslant \eta_{B可} \tag{5.6}$$

(5.5)式及(5.6)式能同时成立的唯一可能是

$$\eta_{A可} = \eta_{B可} \tag{5.7}$$

(5.5)式可改写为

$$\eta_{B不} \not> \eta_{A可} \tag{5.8}$$

(5.7)式就是卡诺定理的表述(1),而(5.8)式就是表述(2).

在上述证明中我们并没有对工作物质作出任何规定,说明工作于相同高温热源及相同低温热源间的任何可逆卡诺热机,不管它采用何种工作物质,其效率 $\eta_可$ 都相等.当然,$\eta_可$ 也等于以理想气体为工作物质的可逆卡诺热机效率 $\dfrac{T_1-T_2}{T_1}$.

※ 三、不可能性与基本定律

(5.8)式是一个不等式,也即表述了某种不可能性.这正是热力学第二定律所揭示的不可逾越的某种限度.热力学中还有其他的"限度"的表述,例如"任何机器不可能有大于 1 的效率",实际上这就是第一类永动机不可能存在,是热力学第一定律的另一表述方法.其他如"绝对零度是不可能达到的",这是热力学第三定律的表述.这种否定式的陈述方式,并不局限于热力学范围.例如在相对论中的"真空中光速的不可逾越性";在量子力学中的"粒子的不可区分性"(即全同粒子性)以及"不可能同时测准确一个粒子的位置和动量"(即不确定关系).在热力学、相对论和量子力学中,正是由于发现了上述的"不可能性",并将它们作为各自的基本假定,热力学、相对论与量子力学才能很准确地表述自然界的各种规律.

文档:卡诺

· 四、卡诺的功绩

卡诺的伟大就在于,他早在 1824 年,即热力学第二定律发现之前 26 年就得到了(5.8)式的"不可能性",假如年轻的卡诺不是因霍乱病于 1832 年逝世,他完全可以创立热力学第二定律.因为卡诺只要彻底抛弃热质说的前提,同时引用热力学第一定律与热力学第二定律,就可严密地导出卡诺定理.事实上,克劳修斯就是从卡诺在证明卡诺定理的破绽中意识到在能量守恒定律之外还应有另一条独立的定律.也就是说作为热力学理论的基础是两条定律,而不是一条定律,于是他于 1850 年同时提出了热力学第一定律与热力学第二定律.他仅对卡诺的证明方法作极微小的修正,即严密地导出了卡诺定理①.正如恩格斯(F.Engles,1820—1895)所说:"他(卡诺)差不多已经探究到问题的底蕴,阻碍他完全解决这个问题的,并不是事实材料的不足,而只是一个先入为主的错误理论."②这个错误理论就是"热质说".卡诺于 36 岁英年早逝,他能在短暂的科学研究岁月中作出不朽贡献是因为他善于采用科学抽象的方法,他能在错综复杂的客观事物中建立理想模型.抽象过程中,把热机效率的主要特征以

① 详见参考文献 3 的 185 页.

② 恩格斯.自然辩证法.北京:人民出版社,1955:85.

纯粹理想化的形式呈现出来,从而揭示了客观规律.他撇开了这些对主要过程无关紧要的次要情况而设计了一部理想的蒸汽机(或煤气机),严格说来,这样一部机器就像几何学上的线和面一样是决不能制造出来的.但是他按照自己的方式起了像这些数学抽象所起的同样的作用,他表现纯粹的、独立的、真正的过程.卡诺热机与其他理想模型诸如质点、刚体、理想气体、理想流体、绝对黑体、理想溶液一样都是经过高度抽象的理想客体.它能最真实、最普遍地反映出客观事物的基本特征.卡诺死后,1878 年卡诺的弟弟公布了一束卡诺去世时幸免因患传染病而被毁的笔记残页.人们才看到,早在 1830 年,卡诺就意识到"热质说"的虚妄,他已认识到热只是改变了形式的运动.当时他已着手设计了测定热功当量的实验,并已有热功当量的数据.另外,他认为永动机不可能存在的信念实质上就是热力学第一定律的基本思想,所以卡诺是最早同时对热力学第一定律、热力学第二定律作出重要贡献的科学家.

[*]§5.2.2　卡诺定理的应用

卡诺定理有很多重要应用.它除了给出了热机效率的极限之外,还可被用于求出平衡物质所满足的某些基本关系式,下面举两个例子.

[**例 5.1**]　某一理想可逆电池,在 10 ℃ 时的电动势为 12.00 V(伏特),在 11 ℃ 时的电动势为 12.01 V,若在 10 ℃ 时充电 50 A·h(安培小时),试计算在此过程中交换的热量.

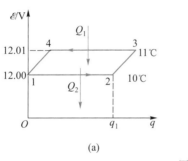
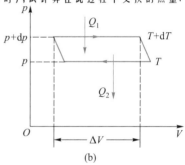

图 5.5

[**解**]　由 (4.10) 式知,外界对可逆电池所做元功为 $\mathrm{d}W = \mathscr{E}\mathrm{d}q$,由此可计算出充电 50 A·h 时所做的电功.若要求出在充电 50 A·h 所交换的热量,需知道在此过程中内能的变化.虽然题中未给出可逆电池内能的关系式,但却给出在 11 ℃ 时的电动势为 12.01 V 的条件,因为可逆电池在温度一定时的电动势是恒定的.我们可利用卡诺定理来解本题.设想这一可逆电池作为可逆卡诺热机的工作物质运行在 10 ℃ 与 11 ℃ 两个恒温热源之间.先使可逆电池在温度 10 ℃、电势差 12.00 V 等温地充电 50 A·h[如图 5.5(a) 所示],然后绝热充电到 11 ℃,再在 11 ℃ 等温放电,最后绝热地将电荷量全部放完,此时电池温度恰为 10 ℃.整个过程都是可逆的,这样就构成 1 → 2 → 3 → 4 → 1 的可逆卡诺循环.

注意到可逆电池的元功 $\mathrm{d}W = \mathscr{E}\mathrm{d}q$ 与机械功 $\mathrm{d}W = -p\mathrm{d}V$ 差一个负号,所以图中 1 → 2 的充电是外界对系统做功,3 → 4 的放电是系统对外做功,在 $\mathscr{E}\text{-}q$ 图上的逆时针循环表示系统对外做功,因而是热机循环(这与在 $p\text{-}V$ 图中顺时针循环表示热机这一点恰好相反.这是因为作为广义力,压强是负的,见 §4.2.3).现假设在温度较高的 3 → 4 中吸热 Q_1,在温度较低的 1 → 2 中放热 Q_2,循环功 W' 就是循环曲线所围面积

$$W' = q_1 \times (12.01 - 12.00)\ \text{V}$$

按卡诺定理

$$\frac{T_1 - T_2}{T_1} = \frac{W'}{Q_1} \quad \text{或} \quad \frac{T_2}{T_1 - T_2} = \frac{|Q_2|}{W'}$$

故

$$Q_2 = -\frac{T_2}{T_1 - T_2} \cdot W' = -509 \text{ kJ}$$

说明可逆电池在 10 ℃充电时放热 509 kJ.

[例 5.2]　试利用卡诺定理证明平衡热辐射光子气体的能量密度 u（单位体积中光子气体的能量）与绝对温度四次方成正比.已知光子气体光压 $p = \frac{u}{3}$，且 u 仅是 T 的函数.

[解]　在选 3.3.1 中曾经介绍了平衡热辐射.平衡辐射的光子气体与理想气体十分类同，其差异主要在于光子均以光速 c 运动，其能量差异来自频率不同，且光子数不守恒.在应用卡诺定理于光子气体时，可设想有一配有可移动、无摩擦活塞的真空空腔.假设活塞的质量可忽略，活塞及空腔壁的热容也可忽略.现使空腔内光子气体在光压驱动下先经历温度为 $T+\mathrm{d}T$ 的等温膨胀，使其体积扩大 ΔV，然后绝热膨胀到温度 T，再在温度 T 等温压缩减少 ΔV 体积，最后经绝热压缩回到原状态，如图 5.5(b) 所示.因为 $u = u(T)$，由 $p = \frac{u(T)}{3}$ 知 p 仅是 T 的函数，所以在 $p-V$ 图上的等温线也就是水平的等压线.设温度为 T 及 $T+\mathrm{d}T$ 时的压强分别为 p 及 $p+\mathrm{d}p$.由于 $\mathrm{d}p$ 很小，可把循环曲线近似看作一个很扁的平行四边形，则循环功为

$$W' = \Delta V(p + \mathrm{d}p - p) = \Delta V \mathrm{d}p \tag{5.9}$$

下面利用热力学第一定律求在 $T+\mathrm{d}T$ 温度下吸收的热量 Q_1.因为光子气体能量密度仅是 T 的函数，等温过程中内能改变只能来自体积的增大，即

$$\Delta U = u(T + \mathrm{d}T)\Delta V \approx u(T)\Delta V$$

利用热力学第一定律及 $p = \frac{u(T)}{3}$ 可知

$$Q_1 = \Delta U + (p + \mathrm{d}p)\Delta V \approx [u(T) + p(T)]\Delta V = \frac{4u(T)\Delta V}{3}$$

由于 $\mathrm{d}u = 3\mathrm{d}p$，故热机效率为

$$\eta = \frac{W'}{Q_1} = \frac{3\mathrm{d}p\Delta V}{4u(T)\Delta V} = \frac{\mathrm{d}u}{4u(T)}$$

根据卡诺定理知 η 应等于可逆卡诺热机效率

$$\eta = \frac{(T + \mathrm{d}T) - T}{T} = \frac{\mathrm{d}T}{T} \tag{5.10}$$

故

$$\frac{\mathrm{d}T}{T} = \frac{\mathrm{d}u}{4u}$$

两边积分,可以得到

$$u(T) = aT^4 + u_0$$

其中 u_0 为积分常量.当 $T \to 0$ K 时,光子气体的能量密度应该为零,所以 $u_0 = 0$,这样

$$u(T) = aT^4 \tag{5.11}$$

这说明光子气体的能量密度是和热力学温度的四次方成正比的.

※§ 5.2.3　热力学温标

在 §1.3.3 中已提到热力学温标是一种不依赖于任何测温物质的,适用于任何温度范围的绝对温标.实际上它是由开尔文于 1848 年在卡诺定理基础上建立起来的一种理想模型.

我们知道热机效率定义为

$$\eta = \frac{W'}{Q_1} = 1 - \frac{|Q_2|}{|Q_1|}$$

按卡诺定理,工作于两个温度不同的恒温热源间的一切可逆卡诺热机的效率与工作物质无关,仅与两个热源的温度有关,说明比值 $\frac{|Q_2|}{|Q_1|}$ 仅决定于两个热源的温度,即 $\frac{|Q_2|}{|Q_1|}$ 仅是两个热源温度的函数.为此开尔文建议建立一种不依赖于任何测温物质的温标.设由这一温标表示的任两个热源的温度分别为 θ_1 及 θ_2,在这两个热源间工作的可逆卡诺热机所吸、放的热量的大小分别为 $|Q_1|$ 及 $|Q_2|$.为了简单起见,规定有如下简单关系[①]

① 更严密的导出请见参考文献 1 的 164 页.

$$\frac{|Q_2|}{|Q_1|} = \frac{\theta_2}{\theta_1} \tag{5.12}$$

这种温标称为热力学温标,也称为开尔文温标.因为可逆卡诺热机的效率不依赖于任何测温物质的测温属性,而只与两个热源的温度有关,因而热力学温标可作为适用于任何温度范围测温的"绝对标准",故又称为绝对温标.初看起来这样的温标没有实际意义,因为不可能存在一部可逆卡诺热机,更不可能制造出一部工作于任何温度与水的三相点温度之间的可逆卡诺机.但注意到,在以前所有的可逆卡诺热机效率公式中的温度都是用理想气体温标表示的,即

$$\eta = 1 - \frac{|Q_2|}{|Q_1|} = 1 - \frac{T_2}{T_1} \tag{5.13}$$

将(5.13)式与(5.12)式比较则有

$$\frac{\theta_2}{T_2} = \frac{\theta_1}{T_1} = \frac{\theta_{tr}}{T_{tr}} = A \tag{5.14}$$

(其中 θ_{tr} 及 T_{tr} 分别表示由热力学温标及理想气体温标所表示的水的三相点温度)这说明用热力学温标及用理想气体温标表示的任何温度的数值之比是一常数.为简单起见,从 1954 年开始的历届国际度量衡会议上均统一规定

$$\theta_{tr} = 273.16 \text{ K} \tag{5.15}$$

现在令(5.14)式中常数 $A = 1$,因而在理想气体温标可适用的范围内,热力学温标和理想气体温标完全一致,这就为热力学温标的广泛应用奠定了基础.

§5.3　熵与熵增加原理

在得到卡诺定理,即不等式(5.8)式后,就可着手建立态函数——熵.在建立熵之前先要引入克劳修斯等式.

§5.3.1　克劳修斯等式

根据卡诺定理,工作于相同的高温热源及低温热源间的所有可逆卡诺热机的效率都应相等,即

$$\eta = 1 - \frac{|Q_2|}{|Q_1|} = 1 - \frac{T_2}{T_1} \tag{5.16}$$

因为 $|Q_1|$、$|Q_2|$ 都是正的,所以有

$$\frac{|Q_1|}{T_1} - \frac{|Q_2|}{T_2} = 0 \tag{5.17}$$

因为式中的 Q_2 是负的,所以(5.17)式可改写为

$$\frac{Q_1}{T_1} + \frac{Q_2}{T_2} = 0 \tag{5.18}$$

注意到 Q_1 及 Q_2 分别是在图 4.15 中温度为 T_1 的 $1 \to 2$ 的过程及温度为 T_2 的 $3 \to 4$ 过程中传递的热量,在 $2 \to 3$ 及 $4 \to 1$ 的两个绝热过程中无热量传递.可把(5.18)式再改写为

$$\int_1^2 \frac{\text{đ}Q}{T} + \int_2^3 \frac{\text{đ}Q}{T} + \int_3^4 \frac{\text{đ}Q}{T} + \int_4^1 \frac{\text{đ}Q}{T} = 0$$

或

$$\oint_{\text{卡}} \frac{\text{đ}Q}{T} = 0 \tag{5.19}$$

其中 $\oint_{\text{卡}}$ 表示沿卡诺循环的闭合路径进行积分.(5.19) 式说明对于任何可逆卡诺循环,$\dfrac{\text{đ}Q}{T}$ 的闭合积分恒为零.下面我们把(5.19)式推广到任何可逆循环.图 5.6(a) 上

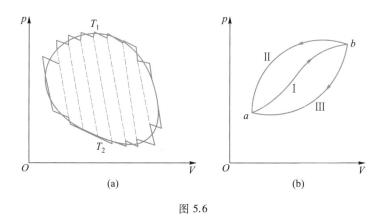

图 5.6

任意画了一条可逆循环曲线,然后再画上若干条绝热线(以虚线表示),这些绝热线相互十分接近,它们都与循环曲线相交.在相交点附近再作一系列等温线,这些等温线又与绝热线相交.等温线与绝热线可围成一个个微小的可逆卡诺循环.在任意两个相邻的微小卡诺循环中,总有一段绝热线是重合的,且这两个绝热过程所进行的方向相反,从而效果完全抵消.因此,这一连串微小的可逆卡诺循环的总效果就是图中所示锯齿形包络线所表示的循环过程.按照克劳修斯辅助定律(即每个小卡诺循环从热源吸取或放出的热量与该处原过程从热源吸取或放出的热量相同[①]),则只要这样的微小卡诺循环数目 n 足够多,它总能使锯

① 关于克劳修斯辅助定理及其证明,请见参考文献 1 之 199 页习题 27.

齿形包络线所表示的循环非常接近于原来的可逆循环,所以

$$\sum_{i=1}^{n} \frac{\Delta Q_i}{T} = \oint \left(\frac{\text{đ} Q}{T} \right)_{可逆} = 0 \qquad (克劳修斯等式) \tag{5.20}$$

这就是克劳修斯等式.

§ 5.3.2 熵和熵的计算

一、态函数——熵的引入

设想在 $p - V$ 图上有如图 5.6(b)所示 $a \to \text{I} \to b \to \text{II} \to a$ 的一任意可逆循环,它由路径 I 及路径 II 所组成.按照克劳修斯等式,有

$$\oint \left(\frac{\text{đ} Q}{T} \right) = \int_{a(\text{I})}^{b} \left(\frac{\text{đ} Q}{T} \right) + \int_{b(\text{II})}^{a} \left(\frac{\text{đ} Q}{T} \right) = 0$$

因为这是可逆过程,所以

$$\int_{b(\text{II})}^{a} \left(\frac{\text{đ} Q}{T} \right) = - \int_{a(\text{II})}^{b} \left(\frac{\text{đ} Q}{T} \right)$$

故

$$\int_{a(\text{I})}^{b} \left(\frac{\text{đ} Q}{T} \right) = \int_{a(\text{II})}^{b} \left(\frac{\text{đ} Q}{T} \right)$$

若在 a、b 两点间再画任意可逆路径 III,则必然有

$$\int_{a(\text{I})}^{b} \left(\frac{\text{đ} Q}{T} \right) = \int_{a(\text{II})}^{b} \left(\frac{\text{đ} Q}{T} \right) = \int_{a(\text{III})}^{b} \left(\frac{\text{đ} Q}{T} \right) \tag{5.21}$$

这就是说,积分 $\int_{a}^{b} \left(\frac{\text{đ} Q}{T} \right)$ 的值仅与处于相同初末态的 $\left(\frac{\text{đ} Q}{T} \right)$ 的值有关,而与路径无关.这个结论对任意选定的初末两态(均为平衡态)都成立.在力学中曾讲到,保守力所做的功和路径无关,仅与质点的初末位置有关.在热力学第一定律中也曾指出,功和热量都与变化路径有关,它们都不与系统状态有一一对应关系,因而都不是态函数.但从(5.21)式可见 $\left(\frac{\text{đ} Q}{T} \right)$ 的可逆变化却仅与初末状态有关,与所选变化路径无关,说明 $\left(\frac{\text{đ} Q}{T} \right)$ 是一个态函数的微分量,我们把这个态函数称为熵,以符号 S 表示.它满足如下关系:

$$S_b - S_a = \int_{a可逆}^{b} \frac{\text{đ} Q}{T} \tag{5.22}$$

对于无限小的过程,(5.22)式可写为

$$T \text{d} S = (\text{đ} Q)_{可逆} \tag{5.23}$$

或

$$dS = \frac{(đQ)_{可逆}}{T}$$

将(5.23)式代入热力学第一定律表达式,可得

$$TdS = dU + pdV \tag{5.24}$$

这是同时应用热力学第一定律与热力学第二定律后的基本微分方程,它仅适用于可逆变化过程.(5.23)式是熵的微分表达式.虽然 $đQ$ 不是态函数,但在可逆变化过程中的 $đQ$ 被温度 T 除以后就是态函数熵的全微分,在数学上把具有这类性质的因子(这里就是 T^{-1})称为积分因子.从(5.23)式可知,若系统的状态经历一可逆微小变化,它与恒温热源 T 交换的热量为 $(đQ)_{可}$,则该系统的熵改变了 $dS = \frac{đQ}{T}$,这是热力学对熵的定义.克劳修斯于1854 年引入了熵这一状态参量,1865 年他把这一状态参量称为 Entropy(德文),并说明它的希腊文(Entropie)的词意是转化,指热量转化为功的本领.熵的中文词意是热量被温度除的商.因 $đQ$ 是广延量, T 是强度量,故熵也是广延量,显然 1 mol 物质的熵 S_m 是强度量.由于 T 恒大于零($T>0$),所以系统可逆吸热($đQ>0$)时,熵是增加的;系统可逆放热($đQ<0$)时,熵是减少的.熵的单位是 J·K^{-1}.

　　二、关于熵应注意如下几点

　　(1)若变化路径是不可逆的,(5.22)式不能成立,因为(5.22)式是从仅适用于可逆循环的克劳修斯等式导出的.

　　(2)熵是态函数.系统状态参量确定了,熵也就确定了.若系统做功时仅改变体积(它没有电磁功或表面张力功等),且质量是不变的,则通常以两种方式来表示熵,即熵是 T,V 的函数 $S=S(T,V)$ 或熵是 T,p 的函数 $S=S(T,p)$

　　(3)若把某一初态定为参考态,则任一状态的熵可表示为

$$S = \int \frac{đQ}{T} + S_0 (可逆过程)$$

其中积分应是从参考态开始的路径积分. S_0 是参考态的熵,是一个任意常量(因为参考态可任意选定,正如内能的参考态也可任意选定一样).

　　(4)热力学只能对熵作(5.23)式的定义,并由此计算熵的变化,它无法说明熵的微观意义,这是热力学这种宏观描述方法的局限性所决定的.至于熵及热力学第二定律的微观意义,将在§5.3.8 及选读材料 5.1 中予以介绍.

　　(5)虽然"熵"的概念比较抽象,很难一次懂得很透彻,但随着科学发展和人们认识的不断深入,人们已越来越深刻地认识到它的重要性不亚于"能量",甚至超过"能量".1938 年,天体与大气物理学家埃姆顿(R.Emden)在"冬季为什么要生火?"一文中写道:"在自然过程的庞大工厂里,熵原理起着经理的作用,因为它规定整个企业的经营方式和方法,而能原理仅仅充当簿记,平衡贷方和

借方."①.

三、不可逆过程中熵的计算

初末态均为平衡态的不可逆过程的熵变的计算有如下三种方法:(1) 设计一个连接相同初、末态的任一可逆过程,然后用(5.22)式或(5.23)式计算熵变.(2) 计算出熵作为状态参量的函数形式,再以初、末两状态参量代入计算熵的改变.(3) 若工程上已对某些物质的一系列平衡态的熵值制出了图表,则可查图表计算初末两态熵的差.

四、以熵来表示热容

既然可逆过程中 $T\mathrm{d}S = \text{\dj}Q$,我们就可以用熵来表示 C_V 及 C_p

$$C_V = \left(\frac{\text{\dj}Q}{\mathrm{d}T}\right)_V = T\left(\frac{\partial S}{\partial T}\right)_V \tag{5.25}$$

$$C_p = \left(\frac{\text{\dj}Q}{\mathrm{d}T}\right)_p = T\left(\frac{\partial S}{\partial T}\right)_p \tag{5.26}$$

这是 $C_V = \left(\frac{\partial U}{\partial T}\right)_V$ [(4.19)式] 及 $C_p = \left(\frac{\partial H}{\partial T}\right)_p$ [(4.23)式]之外的另一种表达式.同样可把对于任一可逆过程"i"的热容(例如某一种多方过程,或其他的过程,只要这一过程是准静态的,在 p - V 图上可以一条实线表示)表示为

$$C_i = \left(\frac{\text{\dj}Q}{\mathrm{d}T}\right)_i = T\left(\frac{\partial S}{\partial T}\right)_i$$

五、理想气体的熵

由(5.24)式可得

$$\mathrm{d}S = \frac{1}{T}(\mathrm{d}U + p\mathrm{d}V)$$

对于理想气体, $\mathrm{d}U = \nu C_{V,\mathrm{m}}\mathrm{d}T$,又 $p = \dfrac{\nu RT}{V}$,故有

$$\mathrm{d}S = \nu C_{V,\mathrm{m}}\frac{\mathrm{d}T}{T} + \nu R\frac{\mathrm{d}V}{V} \tag{5.27}$$

因理想气体 $C_{V,\mathrm{m}}$ 仅是 T 的函数,故对上式两边积分时可对每一个变量单独进行,得

$$S - S_0 = \int_{T_0}^{T}\nu C_{V,\mathrm{m}}\frac{\mathrm{d}T}{T} + \nu R\ln\frac{V}{V_0} \tag{5.28}$$

在温度变化范围不大时, $C_{V,\mathrm{m}}$ 可认为是常量,则

$$S - S_0 = \nu C_{V,\mathrm{m}}\ln\frac{T}{T_0} + \nu R\ln\frac{V}{V_0} \qquad (\text{理想气体}) \tag{5.29}$$

(5.27)式、(5.28)式及(5.29)式中的熵均是以 T、V 为独立变量的.若要求出以 T、p 为独立变量的熵,则利用 $pV = \nu RT$ 可得

$$\frac{\mathrm{d}V}{V} = \frac{\mathrm{d}T}{T} - \frac{\mathrm{d}p}{p}$$

将它代入(5.27)式可得

$$\mathrm{d}S = \nu C_{p,\mathrm{m}}\frac{\mathrm{d}T}{T} - \nu R\frac{\mathrm{d}p}{p} \tag{5.30}$$

其中 $C_{p,\mathrm{m}} = C_{V,\mathrm{m}} + R$ 仅是 T 的函数.对上式两边积分,得

$$S - S_0 = \int_{T_0}^{T} \nu C_{p,\mathrm{m}}\frac{\mathrm{d}T}{T} - \nu R\ln\frac{p}{p_0} \tag{5.31}$$

在 T 变化范围不大时有

$$S - S_0 = \nu C_{p,\mathrm{m}}\ln\frac{T}{T_0} - \nu R\ln\frac{p}{p_0} \qquad (理想气体) \tag{5.32}$$

对于理想气体,只要初、末态的状态参量一经确定,就可利用(5.28)式或(5.31)式计算熵变,而与选取可逆的还是不可逆的过程以及如何的变化路径无关.

§5.3.3 温−熵图

在一个有限的可逆过程中,系统从外界所吸收的热量为

$$Q_{a-b} = \int_a^b T\mathrm{d}S \tag{5.33}$$

因为系统的状态可由任意两个独立的状态参量来确定,并不一定限于 T、V 或 T、p,故也可把熵作为描述系统状态的一个独立参量,另一个独立参量可任意取.例如以 T 为纵轴,S 为横轴,作出热力学可逆过程曲线图,这种图称为温−熵图即 $T-S$ 图.由(5.23)式可看出,在 $T-S$ 图中任一可逆过程曲线下的面积就是在该过程中吸收的热量.在图 5.7 中,顺时针可逆循环中的线段 $a - c - b$ 过程是吸热过程,$b - d - a$ 是放热过程.整个循环曲线所围面积就是热机在循环中吸收的净热量,

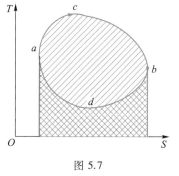

图 5.7

它也等于热机在一个循环中对外输出的净功.显然,$T-S$ 图上逆时针的循环曲线表示为制冷机,循环过程曲线所围面积是外界对制冷机所做的净功.

※温−熵图在工程中有很重要的应用,通常由实验对于一些常用的工作物质制作各种温−熵图以便于应用.图 5.8 是空气的温−熵图,其中向左倾斜的各条曲线是等压线.最左边的等压线的压强为 20.2 MPa(即 200 atm[①]),最右边等压线的压强为 0.1 MPa(即 1 atm),图中从 3.0 MPa(即 30 atm)到 0.1 MPa 间的六条等压线都分别在某一温度突然偏折成为水平线段(例如,0.1 MPa 的等压线在约 80 K 发生偏折),气体处于水平线段时的压强与温度均不变,这时已发生从气体转变为液体的相变(见§6.4.3).图中除画出等压线外,还画有一条条向右下倾斜的线,这是等焓线,$H = 120,110,100,\cdots$ 是每条等焓线的焓值.

① 1 atm = 1.01 × 10^5 Pa, 现已不推荐使用.

[例 5.3] 气体经膨胀机绝热膨胀而降温.若初态空气的压强为 $p_1 = 0.5$ MPa,温度为 $T_1 = 300$ K,它经透平膨胀机可逆绝热膨胀到压强为 $p_2 = 0.1$ MPa.(1)试利用空气的 T–S 图估计膨胀后气体的温度.(2)若 $T = 300$ K,$p = 15.2$ MPa 的空气被冷却到 200 K 后节流到 0.1 MPa,试问该气体节流后的温度是多少?

[解] (1)在图 5.8 中先找到表示平衡态(0.5 MPa,300 K)的点.由于在可逆绝热过程中熵不变,所以由这点作竖直的等熵线交 $p_2 = 0.1$ MPa 线于另一点,由这点的纵坐标就可求出终态的温度为 $T_2 \approx 193$ K.气体在膨胀机中进行的实际过程并非可逆,因而其温度高于 193 K.例如实验测出某膨胀机出口温度为 223 K,因而从温–熵图中可看出在绝热膨胀过程中系统的熵确实增加了.(2)从 T–S 图可找到 $T = 200$ K,$p = 15.2$ MPa 时的焓值为 $H = 80 \times 4.18$ kJ·kg^{-1}.在§4.7.2 中已说明,节流过程是不可逆过程,等焓线并非是节流中气体的状态变化曲线,它对应于同一初态不同末态(它们都是平衡态)的点的轨迹.现在节流后的压强为 0.1 MPa,它的焓值仍为 80×4.18 kJ·kg^{-1},从图中可看出节流后的温度是 125 K 左右.

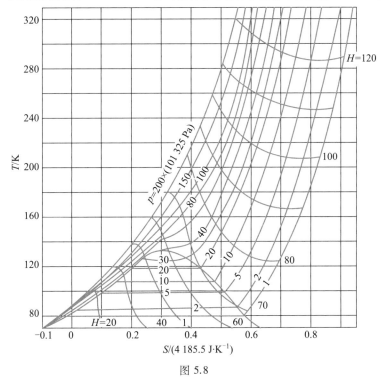

图 5.8

§5.3.4 熵增加原理

在§5.3 的引言中曾指出,引入态函数——熵的目的是建立热力学第二定律的数学表达式,以便能方便地判别过程是可逆还是不可逆的.为此,先利用熵变公式(5.22)式来计算一些不可逆过程中的熵变.

一、某些不可逆过程中熵变的计算

[例 5.4] 一容器被一隔板分隔为体积相等的两部分,左半中充有物质的量为 ν(以 mol 为单位)的理想气体,右半是真空,试问将隔板抽除经自由膨胀后,系统的熵变是多少?

[解] 理想气体在自由膨胀中 $Q = 0$,$W = 0$,$\Delta U = 0$,故温度不变.若将 $Q = 0$ 代入(5.22)

式,会得到自由膨胀中熵变为零的错误结论,这是因为自由膨胀是不可逆过程,不能直接利用 (5.22) 式求熵变,应找一个连接相同初、末态的可逆过程计算熵变.可设想物质的量为 ν 的气体经历一可逆等温膨胀.例如将隔板换成一个无摩擦活塞,使这一容器与一比气体温度高一无穷小量的恒温热源接触,并使气体准静态地从 V 膨胀到 $2V$,这样的过程是可逆的.因为等温过程 $\mathrm{d}U=0$,故 $đQ=p\mathrm{d}V$,利用 (5.22) 式可得

$$S_2 - S_1 = \int_1^2 \frac{đQ}{T} = \int_1^2 \frac{p}{T}\mathrm{d}V$$

$$= \nu R \int_V^{2V} \frac{\mathrm{d}V}{V} = \nu R\ln 2 \tag{5.34}$$

可见在自由膨胀这一不可逆绝热过程中 $\Delta S>0$.

[例 5.5] 在一绝热真空容器中有两完全相同的孤立物体,其温度分别为 T_1、$T_2(T_1>T_2)$,其定压热容均为 C_p,且为常量.现使两物体热接触而达热平衡,试求在此过程中的总熵变.

[解] 这是在等压下进行的传热过程.设热平衡温度为 T,则

$$\int_{T_1}^T C_p\mathrm{d}T + \int_{T_2}^T C_p\mathrm{d}T = 0$$

$$C_p(T-T_1) + C_p(T-T_2) = 0$$

$$T = \frac{1}{2}(T_1+T_2)$$

因为这是一不可逆的过程,在计算熵变时应设想一连接相同初末态的可逆过程.例如,可设想其中一物体依次与温度分别从 T_2 逐渐递升到 T 的很多个热源接触而达热平衡,使其温度准静态地从 T_2 升为 T;同样使另一物体依次与温度分别从 T_1 逐渐递减到 T 的很多个热源接触而达热平衡,使其温度准静态地从 T_1 降为 T.设这两个物体初态的熵及末态的熵分别为 S_{10}、S_{20} 及 S_1、S_2,则

$$S_1 - S_{10} = \int_{T_1}^{(T_1+T_2)/2} \frac{đQ}{T} = C_p\int_{T_1}^{(T_1+T_2)/2} \frac{\mathrm{d}T}{T}$$

$$= C_p\ln\frac{T_1+T_2}{2T_1}$$

$$S_2 - S_{20} = \int_{T_2}^{(T_1+T_2)/2} \frac{đQ}{T} = C_p\int_{T_2}^{(T_1+T_2)/2} \frac{\mathrm{d}T}{T}$$

$$= C_p\ln\frac{T_1+T_2}{2T_2}$$

其总熵变

$$\Delta S = (S_1-S_{10}) + (S_2-S_{20})$$

$$= C_p\ln\frac{(T_1+T_2)^2}{4T_1T_2}$$

当 $T_1\neq T_2$ 时,存在不等式 $T_1^2+T_2^2>2T_1T_2$,即 $(T_1+T_2)^2>4T_1T_2$,于是

$$\Delta S > 0$$

说明孤立系统内部由于传热所引起的总的熵变也是增加的.

[例 5.6] 电流强度为 I 的很小的电流通过电阻为 R 的电阻器,历时 5 s.若电阻器置于温度为 T 的恒温水槽中,(1) 试问电阻器及水的熵分别变化多少?(2) 若电阻器的质量为 m,比定压热容 c_p 为常量,电阻器被一绝热壳包起来,电阻器的熵又如何变化?

[解] (1) 可认为电阻加热器的温度比恒温水槽温度高一无穷小量,这样的传热是可逆的.利用 (5.23) 式可知水的熵变为

$$\Delta S_{\text{水}} = \int \frac{\text{đ}Q}{T} = \frac{1}{T} I^2 Rt$$

至于电阻器的熵变,初看起来好像应等于 $\frac{-Q}{T} = -\frac{1}{T} I^2 Rt$.但由于在电阻器中发生的是将电功转化为热的耗散过程,这是一种不可逆过程,不能用(5.23)式计算熵变.注意到 I 很小,电阻器的温度、压强、体积均未变,即电阻器的状态未变,故态函数熵也应不变

$$\Delta S_{\text{电阻器}} = 0$$

这时电阻器与水合在一起的总熵变

$$\Delta S_{\text{总}} = \Delta S_{\text{电阻器}} + \frac{I^2 Rt}{T} > 0$$

(2)电阻器被一绝热壳包起来后,电阻器的温度从 T 升高到 T' 的过程也是不可逆过程.与例5.5类似,也要设想一个连接相同初末态的可逆过程.故

$$\Delta S'_{\text{电阻器}} = \int_T^{T'} \frac{\text{đ}Q}{T} = \int_T^{T'} \frac{mc_p}{T} \text{d}T$$

$$= mc_p \ln \frac{T'}{T}$$

而

$$mc_p(T' - T) = I^2 Rt$$

$$\frac{T'}{T} = 1 + \frac{I^2 Rt}{mc_p T}$$

故

$$\Delta S'_{\text{电阻器}} = mc_p \ln \left(1 + \frac{I^2 Rt}{mc_p T} \right) > 0$$

二、熵增加原理

从上面举的三个例子中可看到,在违背力学平衡条件而引起的自由膨胀(绝热)过程中的熵是增加的;违背热学平衡条件的绝热系统传热过程中的熵也是增加的;在例5.6中电阻器不断向外传热,但恒温水槽与电阻器仍可组成一个绝热的大系统,有耗散的绝热系统的总熵也是增加的.同样可发现,在绝热扩散过程及很多绝热的化学反应过程中的总熵也是增加的.

大量实验事实表明,一切不可逆绝热过程中的熵总是增加的.而从(5.23)式可知,可逆绝热过程中的熵是不变的.把这两种情况合并在一起就得到一个利用熵来判别过程是可逆还是不可逆的判据——熵增加原理.它表述为:

> 熵增加原理:热力学系统从一平衡态绝热地到达另一个平衡态的过程中,它的熵永不减少.若过程是可逆的,则熵不变;若过程是不可逆的,则熵增加.

根据熵增加原理可知:不可逆绝热过程总是向熵增加的方向变化,可逆绝热过程总是沿等熵线变化.一个热孤立系[①]中的熵永不减少,在孤立系内部自发进行的涉及与热相联系的过程必然向熵增加的方向变化.由于孤立系不受

---

① 我们把与外界绝热的系统称为热孤立系.把有粒子出入的系统称为开系,反之称为闭系.把与外界不存在做功(或被做功)关系的绝热闭系称为完全孤立系,简称孤立系.

外界任何影响、系统最终将达到平衡态,故在平衡态时的熵取极大值.可以证明,熵增加原理与热力学第二定律的开尔文表述或克劳修斯表述等效,也就是说,熵增加原理就是热力学第二定律.卡拉西奥多里(Caratheodory,1873—1950)给出了热力学第二定律的**卡拉西奥多里原理**(也称卡拉西奥多里表述、喀氏表述、喀喇氏定律):一个物体系统的任一给定平衡态附近,总有这样的态存在,从给定的态出发,不可能经过绝热过程达到(应注意,该原理要求系统是热均匀的,对非热均匀系统,这一原理不适用).另外,从熵增加原理可看出:

> 对于一个绝热的不可逆过程,其按相反次序重复的过程不可能发生,因为这种情况下的熵将变小.

"不能按相反次序重复"这一点正说明了:不可逆过程相对于时间坐标轴是不对称的.但是经典力学相对于时间的两个方向是完全对称的.若以 $-t$ 代替 t,力学方程式不变.也就是说,如果这些方程式允许某一种运动,则也同样允许正好完全相反的运动.这说明力学过程是可逆的.所以"可逆不可逆"的问题实质上就是相对于时间坐标轴的对称不对称的问题.当然对于非绝热系的自发过程,熵可向减少方向变化.如生命过程总是自发向熵减少方向变化(见选5.3.1).

从熵增加原理中"对于绝热的不可逆过程,熵是增加的"这一点可估计出,任何不可逆过程的发生,都伴随有熵的产生.在不可逆过程热力学中就专门要讨论在不可逆过程中的熵的产生,并有所谓"**最小熵产生原理**",详见参考文献 3 之 275—281 页.

*§5.3.5　热寂说

克劳修斯把熵增加原理应用到无限的宇宙中,他于 1865 年指出,宇宙的能量是常量,宇宙的熵趋于极大,并认为宇宙最终也将死亡,这就是所谓的"**热寂说**".热寂说的荒谬,首先在于它把从有限的空间、时间范围内的现象进行观察而总结出的规律——热力学第二定律绝对化地推广到无限的宇宙中去.其次,从能量角度来考虑,热寂说只考虑到物质和能量从集中到分散这一变化过程.恩格斯指出[①]:"放射到太空中去的热一定有可能通过某种途径(指明这种途径将是以后自然科学的课题)转变为另一种运动形式,在这种运动形式中,它能够重新集结和活动起来".现代天文观察已发现不少新的恒星重新在集结形成之中.康德(Kant,1724—1804)在《宇宙发展史概论》中指出[②]:"自然界既然能够从混沌变为秩序井然,系统整齐,那么在它由于各种运动衰减而重新陷入混沌之后,难道我们没有理由相信,自然界会从这个新的混沌中……把从前的结合更新一番吗?"控制论创立者维纳(Wiener,1894—1964)认为[③]"当宇宙一部分趋于寂灭时却存在着同宇宙的一般发展方向相反的局部小岛,这些小岛存在着组织增加的有限度的趋势.正是在这些小岛上,生命找到了安身之处,控制论这门新科学就是以这个观点为核心发展起来的".另外,耗散结构的发现,也为"热寂说"的批判增加了新的论据.

所有上述批判热寂说的论点都说明了,宇宙中还有局部的从分散到集中的趋向,即宇宙中均匀物质凝成团块(星系、恒星等)的过程.但这种趋向存在的必然性却缺乏理论证明,因而多年来人们总感到批判力不强.而解决这个问题的关键有两点:一是宇宙在膨胀.二是宇宙引

① 恩格斯.自然辩证法.北京:人民出版社,1971.

② 康德.宇宙发展史概论.154,155.

③ 维纳.维纳著作选.上海译文出版社.

④ 请见参考文献 3 的 309 页.

⑤ 请见参考文献 6 的 58 页.

力系统所经历的是一个多方过程,它具有负热容特性(见§4.5.6四)④.而具有负热容的系统是不稳定的,它不满足稳定性条件⑤.泽尔多维奇(Zel'dovich)从理论上说明,天体形成是引力系统自发过程,不仅它的熵要增加,而且不存在恒定不变的平衡态,即使系统达到了平衡态,由于不满足稳定性条件,若稍有扰动,它就会向偏离平衡态的方向逐步发展又变为非平衡态,不会出现整个宇宙的平衡态,则熵没有恒定不变的极大值,熵的变化是没有止境的.从以上两点分析可知,宇宙绝不会走向热死.

※§5.3.6 "熵恒增"与"能贬值"·"最大功"与"最小功"

前面在谈到热力学第二定律的实质时曾指出,"任何不可逆过程的发生总伴随'可用能'被浪费的现象".现在在引入熵和熵增加原理后,对这一问题的认识可更进一步.按照熵增加原理,对于绝热系统(若系统不绝热,则系统与外界合在一起是绝热的),其不可逆过程的熵是恒增的,这时必伴随有"可用能"变为"不可用"现象的发生.即"熵恒增"必伴随"能贬值"(也有人称之为"能量退降").

*下面举一个例子.设理想气体与温度为 T_0 的恒温热源接触作可逆等温膨胀(这称为过程 I),从外界吸收 Q_0 热量,对外做 $-W_0$ 的功(显然 $W_0 = Q_0$),系统与热源合一起熵的增量为零,没有使"能贬值".但若气体从同一初态出发向真空自由膨胀到体积等于等温膨胀的末态体积(这称为过程 II),过程 II 中气体对外做的功为零,虽然气体和热源的内能均未变,但却有 W_0 的"可用能"被浪费,系统与热源合在一起有 $\Delta S_0 = \dfrac{Q_0}{T_0}$ 的熵增加.由于 $W_0 = Q_0$,故被贬值的"可用能" $W_贬 = T_0 \Delta S_0$.若在过程 I 中气体仍作等温膨胀,但活塞有摩擦,设这时系统和介质合在一起的熵增量(更确切些说,其熵增量是由于过程不可逆所导致的熵产生量,因为若过程可逆,其熵是不变的)为 $\Delta S'$,可以证明这时系统被贬值了的可用能 $W_贬' = T_0 \Delta S'$.由于 $W'_贬 < W_贬$,故 $\Delta S' < \Delta S_0$.从在有摩擦的等温膨胀中被贬值的能量比自由膨胀中贬值的能量小这一例子可见,**能量不可用程度与熵产生量有关**.

换言之,一切实际过程中能量的总值虽然不变,但其可资利用的程度总随着不可逆过程导致的熵的产生而降低,使能量"退化".被"退化"了的能量的多少与不可逆过程引起的熵的产生成正比.这就是熵的宏观意义,也是认识热力学第二定律的意义所在.我们在科学和生产实践中应尽量避免不可逆过程的发生,以减少"可用能"被浪费,提高效率.

既然只有可逆过程才能使能量丝毫未被退化,效率最高,所以在高低温热源温度及所吸热量给定情况下,只有可逆热机对外做的功才最大;与此类似,在相同情况下外界对可逆制冷机做的功最小,因而有"最大功"与"最小功"的问题.求"最大功"与"最小功"的关键是:只有当系统与外界合在一起的总熵变为零时的热机才可能对外做出最大功;同样只有在总熵变为零时,外界对制冷机做的功才可能最小.

*[例5.7] 有一热容为 C_p(C_p 与温度无关)、初始温度为 T_1 的物体及另一温度为 T_0($T_0 < T_1$)的恒温热源,若要使该物体等压降为 T_0 温度,它能对外做出的最大功是多少?若该物体初始温度与热源温度 T_0 相等,要使该物体温度等压降为 T_2'($T_2' < T_0$),试问外界所做出的最小功是多少?

[解] 设想一可逆卡诺热机工作于物体与热源之间,每作一次循环物体温度可降低一点,热机不断循环直到两者温度相等为止,按照卡诺定理,这样的热机的效率最高,因而能对外做的功最大.但是我们不是利用卡诺循环效率来求最大功,而是利用熵增加原理(即可逆绝热过程总熵不变)来求最大功.由于物体从 T_1 温度等压降为 T_0 温度过程中物体与热源的熵变分别为

$$\Delta S_1 = mC_p \ln \frac{T_0}{T_1}, \quad \Delta S_2 = \frac{Q_2}{T_0}$$

其中 Q_2 为热源得到的总热量.按熵增加原理 $\Delta S_1 + \Delta S_2 \equiv 0$,由此求得 $Q_2 = -mC_p T_0 \ln \frac{T_0}{T_1}$,整个过程中物体内能改变了 $\Delta U = mC_V(T_0 - T_1)$,物体获得 $-Q_2$ 热量.设物体对外做的功为 $-W_{max}$(显然,此为最大功,且 $W_{max} > 0$),则据热力学第一定律 $dU = -Q_2 - W_{max} - p(V_0 - V_1)$.可得

$$W_{max} = -Q_2 - \Delta H = mC_p T_0 \ln \frac{T_0}{T_1} + mC_p(T_1 - T_0)$$

对于第二问,可设想一可逆卡诺制冷机工作在物体与 T_0 热源之间.当物体降到 T_2' 温度时,物体与 T_0 热源的熵变分别为 $\Delta S_1' = mC_p \ln \frac{T_2'}{T_0}$,$\Delta S_2' = \frac{Q_1'}{T_0}$.其中 Q_1' 为 T_0 热源获得的总热量.由 $\Delta S_1' + \Delta S_2' \equiv 0$ 求得 $Q_1' = mC_p T_0 \ln \frac{T_0}{T_2'}$.在此过程中物体释放 Q_2' 的热量.而 $Q_2' = \Delta U' = mC_p(T_2' - T_0)$($\Delta U'$ 为物体内能变化).由于在制冷机中有 $|Q_2'| + W_{min} = |Q_1'|$,故

$$W_{min} = -|Q_2'| + Q_1' = mC_p(T_2' - T_0) + mC_p T_0 \ln \frac{T_0}{T_2'}$$

□ §5.3.7 热力学第二定律的数学表达式

一、克劳修斯不等式

克劳修斯等式[(5.20)式]仅适用于一切可逆的闭合循环过程.可以证明对于不可逆的闭合循环有

$$\oint \frac{dQ}{T} < 0 \quad (\text{不可逆过程}) \tag{5.35}$$

(5.35)式称为克劳修斯不等式[1].把(5.20)及(5.35)式合在一起可写出克劳修斯等式与不等式的统一表达式

$$\oint \frac{dQ}{T} \leqslant 0 \quad (\text{不可逆过程取不等号,可逆过程取等号}) \tag{5.36}$$

① 有关克劳修斯不等式的证明见参考文献3.

二、热力学第二定律的数学表达式

对于任一初末态 i、f 均为平衡态的不可逆过程(在 $p-V$ 图中可以用连接 i 到 f 的一条虚线表示),可在末态、初态间再连接一可逆过程,使系统从末态 f 回到初态 i,这样就组成一循环.这是一不可逆循环,由(5.35)式知

$$\int_i^f \left(\frac{dQ}{T}\right)_{\text{不}} + \int_f^i \left(\frac{dQ_r}{T}\right) < 0$$

其中下标"不"表示不可逆过程,下标 r 表示可逆过程.利用(5.22)式,上式可改写为

$$\int_i^f \left(\frac{\text{d}Q}{T}\right)_{\text{不}} < \int_i^f \left(\frac{\text{d}Q_\text{r}}{T}\right) = S_f - S_i \tag{5.37}$$

将代表可逆过程的(5.22)式与之合并,可写为

$$\int_i^f \frac{\text{d}Q}{T} \leqslant S_f - S_i \qquad (\text{等号表示可逆过程,不等号表示不可逆过程}) \tag{5.38}$$

这表示在任一不可逆过程中的 $\dfrac{\text{d}Q}{T}$ 的积分总小于末、初态之间的熵之差;但是在可逆过程中两者却是相等的,这就是热力学第二定律的数学表达式.

三、熵增加原理数学表达式

在(5.38)式中令 $\text{d}Q \equiv 0$,则

$$(\Delta S)_{\text{绝热}} \geqslant 0 \qquad (\text{等号表示可逆过程,不等号表示不可逆过程}) \tag{5.39}$$

它表示在不可逆绝热过程中熵总是增加的;在可逆绝热过程中熵不变.这就是熵增加原理的数学表达式.

最后必须指出,正如在§1.1.2中所提到的,热力学虽然具有普适性与可靠性,但也有它的局限性.就热力学第二定律而言,它只能说明自然界中任何宏观系统必遵从这一有关可逆与不可逆性的基本规律.关于熵,它只能作出(5.23)式的定义,它不能解释为什么热力学第二定律一定是普遍适用的,它不能从微观结构上说明熵是什么.要解释熵的物理意义,解释为什么一切与热相联系的宏观过程都是不可逆的,解释为什么处于非平衡态的孤立系一定要自发地向平衡态过渡,需采用统计物理及分子动理论的方法去探讨过程不可逆性的本质及熵的微观意义,只有这样才能更深刻地理解热力学第二定律.关于热力学第二定律与熵的微观意义,这将在§5.3.8及选读材料5.1中介绍.

四、热力学基本方程

在(4.15)式中表示了准静态过程的热力学第一定律数学表达式,$\text{d}U = \text{d}Q - p\text{d}V$,由于在可逆过程中 $\text{d}Q = T\text{d}S$,故热力学第一定律可写为

$$\text{d}U = T\text{d}S - p\text{d}V \tag{5.40}$$

这称为热力学的基本方程.对于理想气体,则

$$C_V\text{d}T = T\text{d}S - p\text{d}V \tag{5.41}$$

对于所有仅有体积功的纯物质的闭合系统,其可逆过程热力学基本上都是从上面两个式子出发讨论的.

※§5.3.8　熵的微观意义·玻耳兹曼关系

前面讲到,热力学对熵的定义为:$\text{d}S = (\text{d}Q)_{\text{可逆}}/T$,对于不可逆的绝热过程,不仅其熵变 $\Delta S > 0$,而且其熵增量(即熵产生)与能量不可用程度(即能贬值程度)大小有关(见§5.3.6).但到现在为止,对熵的认识只是"知其然而不知其所以然",对于熵究竟是什么?为什么不可逆的绝热过程总是向熵增加方向变化等问题,无法做出解释.这正印证了本书§1.1.2中所指出的热力学的局限性所在.热力学是热物理学的宏观理论,它不过问物质的微观结构和微观粒子的热运动,它只能说明宏观物理量(例

如熵)应如何变,而不能解释为什么要这么变.要从本质上去说明熵是什么,去理解熵的微观意义,去理解热力学第二定律的实质(即一切与热相联系的自发过程都是不可逆的),必须采用微观描述方法,即统计物理的方法.

一、熵是系统无序程度大小的度量

我们在这里将引入无序与有序的概念.无序是相对于有序来讲的.利用对称性[①]可以证明,粒子的空间分布越是处处均匀,分散得越开(即粒子数密度在空间分布上的差异越小)的系统越是无序,粒子空间分布越是不均匀、越是集中在某一很小区域内,则越是有序.在相同温度下,气体要比液体无序,液体又要比固体无序.在密闭容器的气体中,若有一部分变为液体,即其中部分分子密集于某一区域呈液体状态,这时无序度变小.其逆过程,液体蒸发为气体,无序度变大.

注意:有序并非整齐.气体分子均匀分布是整齐的,但它却是最无序的.相反,气体分子都集中于某一角落中,这并不整齐,却是较有序的.例如,从分子代表点在速度空间分布来看,在绝对零度所有代表点都集中于速度空间中的原点,这是最有序的,气体温度越高,代表点越是分散开来,其无序度不断增加.

由于液体在等温条件下蒸发为气体时要吸收汽化热 Q,这是一个可逆等温过程,其熵要增加 $\Delta S = \dfrac{Q}{T}$.又如,从理想气体熵的公式[(5.29)式]知,气体在等温膨胀从 V_1 增加为 V_2 过程中,熵也增加了 $\Delta S = \nu R \ln \dfrac{V_2}{V_1}$.而从有序、无序角度来看,在液体汽化及气体等温膨胀过程中气体分子分散到更大体积范围内,显然无序度增加了,这与在这两个过程中熵增加是一致的.

有序、无序不仅表现在粒子的空间分布上,也表现在时间尺度上.即反映在热运动的剧烈程度上.分子热运动越剧烈,即系统温度越高,其无序度越大.而从(5.29)式可知,一定量理想气体,在体积不变的情况下升高温度,其熵也是增加的.上述例子均说明:熵与微观粒子无序度之间有直接关系.或者说:熵是系统微观粒子无序度大小的度量.而宏观系统的无序度是以微观状态数 W 来表示的(关于什么是微观状态,什么是在某一宏观状态下对应的微观状态数,请见选5.1.1).通常人们又把微观状态数称为热力学概率(注意:热力学概率与通常所讲的概率不同,它不是小于1,相反一般都远远大于1).

二、玻耳兹曼关系 $S = k \ln W$

(一) 玻耳兹曼关系

系统的熵 S 与微观状态数 W 之间的函数关系可表示为

$$S = k \ln W \tag{5.42}$$

这称为玻耳兹曼关系,其中 k 为玻耳兹曼常量.这一关系的严格导出,要利用统计物理,请见参考文献 6.用概率的方法,也能证得这一关系.需要说明,玻耳兹曼本人的文章中并未将这一公式明显地写出,仅在 1872 年时说明,S 的改变与 $\ln W$(说明:这里的 $\ln W$ 即 $\log_e W$)的改变之间有正比关系.普朗克在《热辐射》

---

① 通常以对称性操作数的多少来表示无序度.对称性操作数越多,越是无序.请见参考文献 9.

的著名讲义中首次使用该公式,并称它为玻耳兹曼关系.

*（二）玻耳兹曼关系的得到

从单原子理想气体熵的表达式(5.29)式知,

$$S(T_2, V_2) - S(T_1, V_1) = \nu C_{V,m} \ln \frac{T_2}{T_1} + \nu N_A k \ln \frac{V_2}{V_1}$$

$$= k \ln \left\{ \left(\frac{V_2}{V_1} \right)^N \cdot \left[\left(\frac{T_2}{T_1} \right)^{3/2} \right]^N \right\} \tag{5.43}$$

文档:玻耳兹曼

前面讲到,熵是微观系统无序度大小的度量,而无序度首先反映在粒子的空间分布上.对于均匀分布的系统(平衡态的系统),在粒子数、温度一定的情况下,V 越大,无序度越大.无序度还反映在时间尺度上,在粒子数、体积一定情况下,T 越高,无序度越大,因为 T 是分子热运动强弱的度量.对于平衡态理想气体,一定的温度反映为在速度空间中的一定的分布.从(2.38)式知,在速度空间中距离原点 v 处的数密度是按 $\exp\left(-\dfrac{mv^2}{2kT}\right)$ 衰减的,其衰减因子与 T 有关.T 越小,衰减得越快,分子越是相对密集分布于原点附近区域;T 越大,分子越是向周围散开.气体分子在速度空间中分布的微观状态数与在位置空间中分布的微观状态数相类似,气体分子在速度空间中分布得越分散,系统的微观状态数越多,系统越是无序.气体分子越是密集分布于速度空间的原点附近区域,其微观状态数越小,系统越是有序.事实上,(5.43)式中的 $\left(\dfrac{T_2}{T_1}\right)^{3N/2}$ 就是温度分别为 T_2 及 T_1 的 N 个单原子分子所组成的理想气体系统在三维速度空间中分布的热力学概率之比[说明:一个单原子分子在速度空间中 v_x 方向(或 v_y 方向、v_z 方向)分布的热力学概率之比为 $\left(\dfrac{T_2}{T_1}\right)^{1/2}$,因三个平动自由度相互独立,故一个单原子分子在三维速度空间中分布的热力学概率之比为 $\left(\dfrac{T_2}{T_1}\right)^{3/2}$;又因为气体中 N 个分子相互独立,故相同体积的 N 个理想气体分子在 T_2 及 T_1 温度时的热力学概率之比应是 $\left(\dfrac{T_2}{T_1}\right)^{3N/2}$].既然气体分子在位置空间的分布与在速度空间的分布是相互独立的.从位置空间来考虑,平均说来,每一分子都占有容器中的一个小立方体,N 个小立方体的体积之和就是 V,所以 N 个分子在体积为 V_2 与 V_1 时占有的热力学概率之比为 $\left(\dfrac{V_2}{V_1}\right)^N$.这样由 N 个单原子分子组成的理想气体在 T_1、V_1 状态与在 T_2、V_2 状态的热力学概率之比就应是(5.41)式了.(5.41)式可改写为

$$S(T_2, V_2) - S(T_1, V_1) = k \ln \left[(V_2 \cdot T_2^{3/2})^N \right] - k \ln \left[(V_1 \cdot T_1^{3/2})^N \right]$$

从该式很明显可看出,单原子理想气体的熵可表示为

$$S = k \ln (V \cdot T^{3/2})^N + S_0$$

从上面分析可看出,N 个单原子分子组成的理想气体的微观状态数 W 与 V、T 间有如下关系

$$W \propto (V \cdot T^{3/2})^N$$

故系统的熵与微观状态数 W 之间的函数关系满足(5.42)式.

以上介绍了玻耳兹曼关系,即熵的微观意义,至于热力学第二定律的微观解释将在选读材料5.1中介绍.

三、墓碑上的公式

玻耳兹曼关系式不仅对熵作了微观解释,说明熵是系统微观粒子无序程度的度量,而且为 20 世纪下半叶信息时代的开创和揭开遗传密码的奥秘奠定了重

要基础,从而把熵的概念推广到信息系统及生命系统中(请见选读材料5.2和选读材料5.3).玻耳兹曼是统计物理学的泰斗,其贡献十分突出,以他的英名命名的方程、公式很多,也都很重要.但是,在他的墓碑上没有墓志铭,唯有玻耳兹曼关系式 $S = k \ln W$ 镌刻在他的胸像上面的云彩中(请看墓碑照片图5.9,它选自参考文献[3]).这是因为玻耳兹曼关系已远远超出他的其他贡献.玻耳兹曼关系不

图 5.9 墓碑上的公式

仅把宏观量熵与微观状态数 W 联系起来,从而以概率形式表述了熵及热力学第二定律的重要物理意义,而且对信息科学、生命科学乃至社会科学的发展都起了十分关键性的推动作用,对20世纪及21世纪科学和技术的发展产生极深远的影响.墓碑上的公式已足够使玻耳兹曼不朽功勋照耀千秋万代.

以上介绍了玻耳兹曼关系,即熵的微观意义,至于热力学第二定律的微观解释将在选读材料5.1中介绍.结束本小节之前应该强调,我们已经引入了两种熵:热力学熵(也称克劳修斯熵) $dS = dQ/T$(可逆过程),统计物理熵(也称玻耳兹曼熵) $S = k \ln W$.还有第三种熵——信息熵,也称香农熵(请见选读材料5.2).它们的基本精神是一致的,但是"热力学熵"主要用于宏观系统;"玻耳兹曼熵"主要用于微观系统;信息熵主要用于信息系统(请见选读材料5.2).至于在生命系统中的熵请见选读材料5.3,这三种熵中的任何一种都可以用来描述生命系统中的熵.

在结束本章之前要再次强调这样一点:热力学第二定律适用整个宇宙的一切宏观系统,到目前为止还没有发现有什么宏观现象是和热力学第二定律相矛盾的.但是有人对绝对温度2.17 K以下的液态氦做实验,用光照射液态氦周围的红粉会使得液态氦产全喷泉.这就产生疑问,红粉受到光照射而变热,液态氦从单一热源红粉吸收热量而全部转化为机械功,这不是违背了第二定律的开尔文表述了吗? 详细解释请见选书材料5.5.

选读材料 5.1　热力学第二定律的统计解释

§5.3.8 已指出,熵是系统微观粒子无序度的度量,它可由玻耳兹曼关系 $S = k \ln W$ 表示(其中 W 为系统宏观状态所对应的微观状态数).但是前面没有说明什么是微观状态? 宏观状态和微观状态之间有怎样的关系? 同一宏观状态所对应的微观状态数是多少? 另外,虽然热力学第二定律(即一切与热相联系的自发过程都是不可逆的)是从大量实验事实中总结出来的基本规律,但是热力学有它的局限性(请见 §1.1.2),它不能解释为什么必然是如此的.要给予解释,必须借助于统计物理的方法.本选读材料将以四种不可逆性的典型事例:自由膨胀、扩散、热传导、摩擦生热来说明虽然单个粒子的微观状态变化(如微观粒子之间的碰撞)是可逆的,但大数粒子组成的系统,其(与热联系的)自发过程必然是不可逆的.

选 5.1.1　宏观状态与微观状态

既然宏观状态出现的概率与微观状态数多少有关,则必须解释什么是宏观状态,什么是微观状态,以及它们之间有怎样的关系.现以理想气体为例予以说明.

一、微观状态

要确定每个分子的力学运动状态,需指出分子的位置和速度.要确定 N 个分子所组成的气体系统的微观状态,需确定 N 个打上标记以便识别的分子在容器的位置空间中的分布以及在速度空间中的分布.在位置空间或速度空间中,只要任何两个分子互换位置(因有标记,故可以识别),或者任一分子在位置空间或速度空间中的代表点的位置稍有改变,我们就说系统已处于不同的微观状态.

二、宏观状态

要确定气体的宏观热力学参量,并不需要那样详细的微观描述,因为宏观状态由宏观热力学参量来表示.例如处于平衡态的理想气体的压强可用 n、T 表示.又如若已知理想气体的速率分布,则我们可以利用它来计算系统的温度,这说明处于平衡态的理想气体的宏观状态与分子速率分布间有一一对应关系.我们知道,速率分布是指在图 2.11 所示速度空间中位于半径 $r \sim r+dr$ 的球壳内的平均分子数.不管可识别的分子在速度空间中是否已经对调了位置,只要球壳内平均分子数相同,所得到的速率分布必然相同,其宏观状态也必相同.因为宏观状态仅与微观系统的统计平均值有关,它不必考虑微观粒子已经打上了标记这一点,因而在位置空间或速度空间中,任意两个分子互换位置,对宏观状态不产生任何影响.而从微观上考虑,互换位置的微观状态是不同的,因为分子是被打上标记的,前后两张照片必然不同.所以同一宏观状态可对应很多种微观状态.

三、微观状态与宏观状态间的关系

为了对宏观状态与微观状态间的关系了解得更清楚,下面举一个 4 个可识别的粒子组成的系统在左、右 2 个相同容器中分配的简单问题.图 5.10 的第一列和第二列分别列出了 4 个分子分配于左、右容器中可能出现的全部 16 种微观态;第三列和第四列表示第一列和第二列组成的 16 种微观状态分别对应的宏观状态.例如,左半容器中有 3 个粒子、右半容器中有一个粒子的宏观态中就包括 4 种微观态,此即微观状态数,它列于该图的中心轴线上,并以 W_i 等于 4 表示,显然所有 W_i 之和等于 16 是所有各种宏观状态所对应的微观状态的总和.因为每一微观状态出现的概率相同,因而每一宏观状态所对应的微观状态数越多,这一宏观态出现的概率越大.在此例中,左右两半容器中各分配 2 个粒子的概率 $\dfrac{6}{16}$ 最大.可估计到,当容器中可识别的分子数为 N 时,粒子在左半容器和右半容器中分配的微观状态的总和为 2^N.图5.11就是容器中有很多分子时,在左边容器中分配 N_i 个粒子,右边容器中分配有 $N-N_i$ 个粒子时的微观状态数 W_i 的分布示意图.显然分布曲线下面的面积就是 2^N.由图可见,其极大值出现在 $N_i = \dfrac{N}{2}$ 处.由于曲线非常陡且很细,所以在 $N_i = \dfrac{N}{2}$ 时的微观状态数 $W_{\frac{N}{2}}$ 几乎等于 2^N.

$$W_{\frac{N}{2}} \approx \sum_{i=1}^{N} W_i = 2^N$$

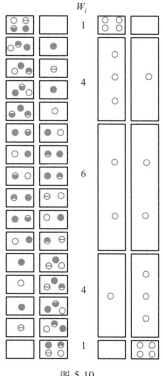

图 5.10

将 $N=4$ 及 N 很大这两种情况进行对照后可发现,当粒子数很多时,在极大值附近的相对偏离(涨落)非常小.在粒子数达宏观数量级时,就可认为其涨落为零.但在系统所包含的粒子数未达到宏观系统的数量级时,其涨落不能忽略,布朗运动就是由这种涨落引起的.

为了更形象地理解宏观状态与微观状态之间的关系,可作如下比喻:每一个微观状态相当于电影胶卷的每一张照片,系统的微观状态瞬息万变,相当于把所有 2^N 张照片连接起来成为一卷电影拷贝并在电影机上放映.但是观众在银幕上看不到这些照片.观众在银幕上看到的图形就相当于宏观状态.2^N 个微观状态都不相同,这相当于电影拷贝上的一张张微观照片都不一样.但是同一宏观状态却对应有很多的微观状态,即在银幕上同一幅图形所对应的电影拷贝上的照片可有很多张.若我们把 2^N 张照片从头放到末尾,在银幕上看到的总是有一半分子在左边容器,另一半分子在右边容器的这一图形所对应的宏观状态,这是因为几乎所有的微观照片都属于这幅宏观图形.而那些处于非平衡的宏观态所对应的微观照片所占百分比非常非常小,银幕上瞬息即逝,不会引起视觉的任何反映,所以这类宏观态始终看不到.

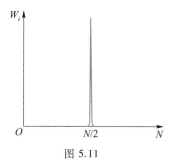

图 5.11

四、微观过程的可逆与宏观过程的不可逆

在 §5.1.4 中曾指出,一切与热相联系的自发过程都是不可逆的.换言之,一切不与热相联系的自发过程都是可逆的,因而单纯的力学问题、电磁学问题都应该是可逆的.对于那些主要表现为两个分子(原子或其他微观粒子)间的碰撞等相互作用的微观过程,均是单纯的力学(或量子力学)问题,这样的过程应该是可逆的.但是,假如把这两个分子分别作为两种气体分子的代表人物,每个分子的动能就是所在气体的平均动能,并利用这种模型去分析两种不同温度气体相互混合后的能量传递,显然这样的过程是不可逆的,因为分子平均动能仅与温度有关,它已经与热(即与宏观系统中微观热运动的随机性)相联系了.

换一个角度来讨论,若利用微观状态、宏观状态去分析同一问题,同样能得到满意的解释.例如假定某一气体所有的其他分子都不动,而仅某一分子从位置 1 变动到位置 2,然后又从位置 2 变回到位置 1,这纯粹是个力学问题,它应该是可逆的.若以概率来分析这个问题,则从位置空间来考虑,这是两个不同的微观状态.按照等概率原理,处于平衡态的系统,在同一外界条件下所有不同的微观状态出现的概率都是彼此相等的(等概率原理是玻耳兹曼于 19世纪 70 年代提出的统计物理的最基本假定,这一基本假定已由它的种种推论均与客观事物相符而得到肯定).这两个微观状态是等概率的,所以该分子从位置 1 移动到位置 2 和从位置 2 移动到位置 1 是可逆的.这都说明了从微观上考虑,单一的微观状态的变化过程是可逆的.但是,对于处于非平衡态的系统,在同一外界条件下,宏观状态的变化总是从出现概率小的(即微观状态数少的)宏观态向出现概率大的(即微观状态数多的)宏观态转变.因为电影拷贝上的照片数前者少而后者多(而且一般说来要多得多),所以在放电影时,在银幕上后者出现的机会要比前者多得多,所以这样的过程是不可逆的.由此我们可得到这样的结论:单个的微观过程总是可逆的,而系统所有微观过程的整体即宏观过程却是不可逆的,只要它和热相联系.

选 5.1.2   热力学第二定律的微观解释

本小节将以四种典型的不可逆现象为例说明孤立系中的自发过程总是从概率小的宏观态向概率大的宏观态转化,从而揭示热力学第二定律的微观本质.

一、自由膨胀是不可逆的微观分析

用隔板将容器分隔为体积相等的两部分,若隔板两边都是真空,仅在左半容器中有一个分子 a .把隔板抽掉后,a 可在左右两半容器中自由运动,显然它出现在左半容器中的概率是 $\frac{1}{2}$.若最初在左半容器中有 a、b 两个分子,隔板抽除后 b 分子出现在左半容器的概率也是 $\frac{1}{2}$.因两个分子出现在左半容器的概率彼此独立,故 a、b 分子同时出现在左半容器中概率是 $\frac{1}{2} \times \frac{1}{2} = \frac{1}{4}$.若左半容器中原有 a、b、c、d 四个分子,隔板抽除后它们同时出现在左半容器中的概率(或者隔板抽除发生自由膨胀达平衡后,四个分子又全部回到左半容器中的概率)是 $\frac{1}{2} \times \frac{1}{2} \times \frac{1}{2} \times \frac{1}{2} = \frac{1}{16}$.若开始时左半容器中有宏观的粒子数,即 $N \sim 10^{23}$,则隔板抽除后分子同时全部出现在左半容器中的概率仅为 $\left(\frac{1}{2}\right)^{N}$($N = 10^{23}$).这个概率如此之小,即使你等待与宇宙年龄($10^{10}$ a,说明:a 表示"年")相等的时间,也看不到全部分子都退回到左半容器去的现象.但是隔板抽除后气体均匀分布于整个容器的概率差不多等于 100%.所以一旦气体处于平衡态,只要外界条件不再改变,则再也看不到哪里气体稀一些,哪里气体密一些的现象.经过对这一具有力学不可逆性的典型例子进行微观分析,可得到这样的结论:一个不受外界影响的系统,由于力学平衡条件破坏而自发发生的过程,总是由概率较小的宏观态向概率较大的宏观态转变的.

二、扩散是不可逆的微观分析

在 §5.1.2 中已指出,扩散就是两个自由膨胀过程的"叠加",所以可用与解释自由膨胀不可逆性类似的方法来解释扩散也是不可逆的.如图 5.2 所示.设"·"和"○"代表两种不同气体的分子,总数都是 N ,则所有"○"分子全部退回到左半部中[即图 5.2 中的(d)变为(c)]的概率是 $\left(\frac{1}{2}\right)^{N}$,所有"·"分子全部退回到右半部中[即图 5.2 中的(f)变为(e)]的概率也是 $\left(\frac{1}{2}\right)^{N}$.因"·"分子与"○"分子相互独立,所以"○"分子退回到左半容器,"·"分子同时退回到右半容器中的概率为 $\left(\dfrac{1}{2}\right)^N \cdot \left(\dfrac{1}{2}\right)^N$. 通过这一具有化学不可逆性的典型实例的微观分析,同样可知这样一种不受外界影响的由于化学平衡条件破坏而自发发生的过程,也是从概率小的宏观态向概率大的宏观态转变的.

三、耗散功不可逆转变为热的微观分析

例如摩擦生热是物体的机械能(分子的定向运动动能)转化为内能的过程,内能既包括分子无规则热运动(平动、转动、振动)能量,也包括分子间互作用势能.但是,分子仅在一个自由度上运动的概率与分子可在所有对热运动作出实际贡献的自由度上运动的概率大不相同.同样分子仅在某一确定方向上作振动的概率也与分子可在 4π 空间立体角所包括的所有方向上振动的概率大不相同.对各向同性的固体,其中一个分子沿某一确定方向的 $\mathrm{d}\Omega$ 立体角内振动的概率应该是 $\dfrac{\mathrm{d}\Omega}{4\pi}$,第二个分子沿相同方向振动的概率也是 $\dfrac{\mathrm{d}\Omega}{4\pi}$,由于它们相互独立,两个分子都沿相同方向振动的概率为两者之乘积,则固体中 N 个分子都沿相同方向作定向振动的概率仅为

$$P = \left(\frac{\mathrm{d}\Omega}{4\pi}\right)^N$$

因为 $N \sim 10^{23}$,而 $\dfrac{\mathrm{d}\Omega}{4\pi} \ll \dfrac{1}{2}$,可见,所有气体分子都作定向运动的概率要比上述所有分子都退回到一半体积中的概率还要小得多.从上述分析可看到,外界对物体做了耗散机械功以后,物体分子所增加的定向运动能量,必然被均分到各个方向及各个自由度上去,最后使每一分子在每一自由度上均分到 $\dfrac{kT}{2}$ 的平均热运动动能.这是耗散功转变为热的微观解释,也是热运动能量之所以会按自由度均分的根本原因所在.

四、热传导不可逆性的微观分析

将一导热隔板与一很薄的绝热隔板叠在一起插入绝热容器中,把容器分隔为相等的两部分,左半容器装有 1 mol 压强为 p、温度为 T_1 的单原子理想气体,右半容器装有 1 mol 压强也为 p、温度为 T_2 的单原子理想气体.现将绝热隔板抽除使不同温度的气体相互热接触,最后达到热平衡,其热平衡温度为 $\dfrac{T_1 + T_2}{2}$.现以热力学概率来说明为什么它是不可逆的.显然,在这一过程中的总熵变为

$$\Delta S = \nu C_{V,\mathrm{m}} \ln \frac{T_1 + T_2}{2T_1} + \nu C_{V,\mathrm{m}} \ln \frac{T_1 + T_2}{2T_2}$$

$$= k \ln \frac{W_2}{W_1}$$

即

$$\frac{W_2}{W_1} = \left[\frac{(T_1 + T_2)^2}{4T_1 T_2}\right]^{3N/2} \tag{5.44}$$

由于 $(T_2 - T_1)^2 > 0$,故 $(T_1 + T_2)^2 > 4T_1 T_2$,而 N 取宏观的数量级,则末态热力学概率要比初态大无法比拟的倍数.

经过对上面四个分别具有力学、化学、耗散与热学不可逆性的典型例子的微观分析,可得如下结论:宏观状态的不可逆性与该宏观状态出现的热力学概率大小直接有关.孤立系的自发过程总是从热力学概率小的宏观状态向热力学概率大的宏观状态转变的.

① 关于信息熵，可参阅参考文献 3 和参考文献 7.

选读材料 5.2　熵与信息[①]

选 5.2.1　信息与信息量

一、信息

现在人人都会用"信息"这一名词,但信息是什么? 却不一定人人能给出确切的解释. 早年的信息只是消息的同义词.现今人们通常把信息看作由语言、文字、图像表示的新闻、消息或情报.维纳说:"信息就是我们适应外部世界和控制外部世界过程中,同外部世界进行交换的内容的名称".实质上,信息是人类认识世界、改造世界的知识源泉.人类社会发展的速度,在一定程度上取决于人类对信息利用的水平.信息、物质和能量被称为构成系统的三大要素.

二、信息论

既然信息是知识的源泉,很难对每一信息的价值作出准确的评价,不得已求其次,采用电报局的方法,不问其内容如何只计字数(即只计及信息量),这就是信息论这门学科的基本出发点.信息论研究的不是信息的具体内容,它抛弃信息的内容而研究信息的数量以及信息的转换、储存、传输所遵循的规律.

三、信息量

信息常需要以语言文字或数学公式、图表等作为载体予以表达,显然,要对采用不同载体所表达信息的数量进行比较是很难的.但是信息的获得是与情况的不确定度的减少相联系的.例如,假定我们最初面对一个可能存在 P_0 个解答的问题,只要获得某些信息,就可使可能解答的数目减少,若我们能获得足够的信息,就能得到单一的解答.举个例子,某人给出一张无任何信息的面朝下的扑克牌,则它可能是 52 张中的任一张;若被告知是一个"A",则它只能是四个"A"中的任一张;若又被告知是黑桃,则其解答是唯一的——黑桃 A.这说明信息获得愈多,不确定度愈少,信息获得足够,不确定度为零.

既然信息的获得能使不确定度减少,如何来计算信息量呢? 虽然通常的事物有多种可能性,但最简单的情况是仅有两种可能性,例如"是和否""有和无""生和死""红与黑",现代的计算机采用二进制,数据的每一位非 0 即 1,也是两种可能性,这类仅有两种可能情况的问题是概率论中的最简单的情况.1948 年,信息论的创始人香农(C.E.Shannon) 从仅有两种可能性的等概率出发给出信息量的定义,把从两种可能性中作出判断所需的信息量称为 1 bit(比特,这是"二进制数字"binary digit 的缩写),并把 bit 作为信息量的单位.当然,实际的问题并不一定是只有两种可能性.例如,假定有一事件可能有 $x_1, x_2, \cdots, x_N$ 种结果,每一种结果出现的概率为 $P(x_i)$,或简写为 P_i,香农把这类事件的信息量定义为

$$I = - \sum_{i=1}^{N} P_i \log_2 P_i \tag{5.45}$$

对于等概率事件, $P_1 = P_2 = \cdots = P_N = \dfrac{1}{N}$,则

$$I = - \left[\frac{1}{N}\log_2 \frac{1}{N} + \frac{1}{N}\log_2 \frac{1}{N} + \cdots + \frac{1}{N}\log_2 \frac{1}{N} \right]$$

$$= - \log_2 \frac{1}{N} = \log_2 N \tag{5.46}$$

这就是经常用到的计算信息量的公式.按照信息量的定义,如果我们得到了的信息量 ΔI 后,不确定度减少了,可供选择的等概率事件的不确定度从 N 减为 M,而这时的信息量为 $I' =$

$\log_2 M$. 由于 ΔI 是获得的信息量, ΔI 应大于零, 故

$$\Delta I = I - I' = \log_2 N - \log_2 M \tag{5.47}$$

选 5.2.2　信息熵

我们可发现, 香农对信息量的定义(5.46)式与熵的微观表达式(5.42)式 $S = k\ln W$ 十分类似. 实际上信息就是熵的对立面. 因为熵是体系的混乱度或无序度的数量, 但获得信息却使不确定度减少, 即减少系统的熵. 为此, 香农把熵的概念引用到信息论中, 称为信息熵. 信息论中对信息熵的定义是

$$S = -K \sum_{i=1}^{N} P_i \ln P_i \tag{5.48}$$

香农所定义的信息熵, 实际上就是平均信息量, 因为从(5.48)式可知

$$S = K \sum_{i=1}^{N} P_i \ln \frac{1}{P_i}$$

而 P_i 为 i 事件出现的概率, 则 $\ln \dfrac{1}{P_i}$ 为 i 事件的不确定度(例如, 当 $P_i = 1$, 即 100% 可能性出现时, 则 $\ln \dfrac{1}{P_i} = 0$, 表示不确定度为零; 当 $P_i = 0$, 即 100% 不可能出现时, 则 $\ln \dfrac{1}{P_i} \to \infty$, 表示不确定度为无穷大), 由信息量的定义知, $K\ln \dfrac{1}{P_i}$ 为第 i 事件的信息量. 既然 P_i 为 i 事件出现的概率, 则由利用概率分布求平均值的公式可知, 信息熵的表达式(5.48)式就是平均信息量. 很容易证明, 对于等概率事件, $P_i \equiv 1/N$, 将它代入(5.48)式有如下关系:

$$S = K\ln N \tag{5.49}$$

将上两式分别与(5.45)式和(5.46)式对照, 发现其不同仅在对数的底上, 前者为"e", 后者为"2", 因而差一个系数 K, 显然 $K = \dfrac{1}{\ln 2} = 1.443$.

下面举一个掷钱币的例子来说明信息熵与信息量之间的关系. 设有五个人每人手中各持一枚钱币并排成一行掷钱币, 看落地时所形成的国徽面向上的分布图形. 因每一钱币国徽面向上概率为 $\dfrac{1}{2}$, 由独立事件概率相乘法则知, 总共可能出现 2^5 种图形, 其不确定度为 2^5. 但是只要分别对五个人问五个相同的问题:"你这枚钱币的国徽面是向上的吗?"并得到正确的答案, 则图案就完全确定了, 说明在提问之前掷钱币这一事件的信息熵为

$$S_1 = K\ln 32 = \log_2 32 = 5 \text{ bit}$$

但在提问以后事件已完全确定, 故信息熵为零, $\Delta S = S_2 - S_1 = -5 \text{ bit}$. 同样从(5.47)式可知 $\Delta I = 5 \text{ bit}$, 由此可见, 信息的利用(即信息量的欠缺)等于信息熵的减少, 因而有

$$\Delta I = -\Delta S \tag{5.50}$$

信息量欠缺 = 负熵(熵的减少)

热力学指出, 孤立体系的熵绝不会减少, 相应地, 信息量也不会自发增加. 在通信过程中不可避免会受到外来因素干扰, 使接收到的信息中存在噪声, 信息变得模糊不清, 信息量减少. 若信号被噪声所淹没, 信息就会全部丢失.

选 5.2.3　麦克斯韦妖

19 世纪下半叶, 在热力学第二定律成为物理学家的热门话题时, 麦克斯韦曾虚构了一个小盒子, 这个盒子被一个没有摩擦的、密封的门分隔为两部分. 最初两边气体温度、

压强分别相等,门的开关被(后人称为麦克斯韦妖的)小妖精控制(如图 5.12 所示).当它看到一个快速气体分子从 A 边飞来时,它就打开门让它飞向 B 边,而阻止慢速分子从 A 飞向 B 边;同样允许慢速分子(而不允许快速分子)从 B 飞向 A.这样就使 B 气体温度越来越高,A 气体温度越来越低.若利用一热机工作于 B、A 之间就可制成一部第二类永动机.对这与热力学第二定律矛盾的设想,人们往往作这样的解释,当气体分子接近小妖精时,它必须做功. 1929 年西拉德(Szilard,1898—1964)曾设想了几种由小妖精操纵的理想机器,并强调指出,机器做功的

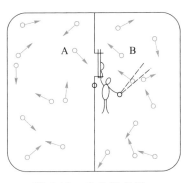

图 5.12　麦克斯韦妖

关键在于妖精取得分子位置的信息,并有记忆的功能.在引入信息等于负熵概念后,对此更易解释:小妖精虽未做功,但他需要有关飞来气体分子速率的信息.在他得知某一飞来分子的速率,然后决定打开还是关上门以后,他已经运用有关这一分子的信息.信息的运用等于熵的减少,系统熵的减少表现在高速与低速分子的分离.从对麦克斯韦妖这一假想过程的解释可知,若要不做功而使系统的熵减少,就必须获得信息,即吸取外界的负熵.但是在整个过程中总熵还是增加的,法国物理学家布里渊(Brillouin,1889—1969)于 1956 年在《科学与信息论》一书中指出:若要能看到分子必须另用灯光照在分子上,光会被分子散射,被散射的光子为小妖精的眼睛所吸收,这一过程中涉及热量从高温热源转移到低温热源的不可逆过程,致使熵增加.而前者系统减少的熵总是小于后者增加的熵.

选 5.2.4　信息处理消耗能量的下限

香农虽然提出了信息熵的概念,但他并未指出信息熵与热力学熵之间的关系.这种同一函数、同一名称的出现在物理学家中引起极大兴趣.布里渊在解释麦克斯韦妖时指出,如果没有足够的信息来控制分子的运动方向,"妖精"的活动就不可能.因此,这种不消耗功的"妖精"是不存在的.为此,他利用玻耳兹曼关系 $S = k \ln W$ 建立了信息和能量之间的内在联系,并以定量计算表示出来.他认为,在有 N 个等概率状态的物理系统中,若输入能量 Q,则所对应的信息熵的变化为

$$\Delta S = \frac{Q}{T} = k \ln N \tag{5.51}$$

其中 k 为玻耳兹曼常量,T 为热力学温度.若该系统仅有两种等概率状态,即 $N=2$,则该系统相应的信息熵的变化 $\Delta S = k \ln 2$,根据信息熵的单位 bit 的定义可知它等于 1 bit,故

$$1 \text{ bit} = k \ln 2 \text{ J} \cdot \text{K}^{-1} = 0.957 \times 10^{-23} \text{ J} \cdot \text{K}^{-1} \tag{5.52}$$

它表示信息熵与热力学熵之间的换算关系,它有重要的物理意义.例如,若要使计算机里的信息量增加 1 bit,则其热力学熵应减少 $k \ln 2$ J·K^{-1},而这种减少是以计算机向环境放热(即环境从计算机吸热)因而环境至少增加这么多的熵为代价的.在温度 T 下计算机处理每个比特,至少要消耗能量 $kT \ln 2$,这部分能量转化为热向环境释放.

这一点说明了两个重要问题:①即使没有任何耗散等不可逆因素,维持计算机工作也存在一个能耗的下限,这一理论下限为每比特消耗 $kT \ln 2$ 的能量.但实际能耗的数量级要比它大很多,例如当代最先进的微电子元件,每比特的能耗在 $10^8\ kT$ 量级以上;②即使没有任何耗散等不可逆因素,计算机工作时要维持温度不变,必须向外散热以获得负熵.计算机处理的信息量越大,向外释放的热也越多,所以在夏天,计算机应在有空调设备的环境

中工作.

① 关于生物中的负熵,可参阅参考文献 3、参考文献 7 和参考文献 17.

选读材料 5.3 生命"赖负熵为生"[1]

选 5.3.1 遗传密码·生物高聚物中的信息

按照达尔文(Darwin,1809—1882)的进化论,生命的起源是从无生命物质变为有生命物质,生物是从低等向高等进化,也就是从无序向有序自发地转化的.若将玻耳兹曼关系同样应用于生命过程,可发现这样的自发过程中的熵是减少的,说明生物熵与信息熵很类似,这正是理解和解决生物遗传密码问题的一把重要的钥匙.

遗传就是血统的性状一代一代相互传递.它依靠的是基因.基因这个词,是英语读音的翻译,如果按意思翻译的话,可以通俗地翻译为"血统".1944 年奥地利著名理论物理学家、量子力学创始人之一薛定谔(Schrödinger,1887—1961)在《生命是什么?》一书(见参考书[7])中首次提出以非周期晶体作为遗传密码的设想,他指出:"生命的物质载体是非周期性晶体,遗传基因分子就是这种由大量原子秩序井然地结合起来的非周期性晶体;这种非周期性晶体的结构,可以有无限可能的排列,不同样式的排列相当于遗传的微型密码……".薛定谔从分子的层次上来描述遗传,所以薛定谔是分子生物学的创始人.次年埃弗利(Avery)发现了细菌转化现象,首次证实了控制生物遗传的物质基因为脱氧核糖核酸(DNA),细胞的遗传信息蕴藏在 DNA 的分子结构内.1953 年美国生物学家沃森(Watson)和英国物理学家克里克(Crick)共同发现了 DNA 右手双螺旋结构(如图 5.13 所示),揭示了遗传信息及其复制规律,这是生物学特别是分子生物学的重大突破,被誉为 20 世纪生命科学最伟大成就.他们于 1962 年分获诺贝尔生理学或医学奖与诺贝尔化学奖.

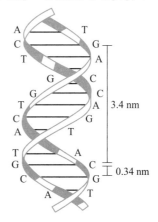

图 5.13 DNA 双螺旋结构

DNA 的基本结构单位是脱氧核苷酸(简称核酸),如果把 DNA 双螺旋结构拉展成为一直线,就相当于好像是一架很长很长的"梯子",或者说是一条"铁路".这条"铁路"的"铁轨"是由一截核苷酸、一截脱氧核糖这样排列下去组成的核苷酸链.每一个"枕木"都由一截嘌呤和一截嘧啶配对组成.嘌呤有两种,腺嘌呤(A)和鸟嘌呤(G).嘧啶也有两种,胞嘧啶(C)和胸腺嘧啶(T).嘌呤和嘧啶统称为碱基,四种碱基的配对排列组合共有四种方式.图中的双螺旋结构主要由两条互补的核苷酸链("铁轨")由氢键(它的作用相当于把"铁轨"固定在"枕木"上的铆钉)把一根根配对的碱基"枕木"使之整合在一起而成为一段"铁路",这就是基因.几十个、几百个基因组成一条 DNA,那么基因就是 DNA 的一个片段.由于碱基的配对是固定的,由此构成了遗传密码.

基因这个分子比较大.蛋白质也是分子,蛋白质分子更大.基因、蛋白质以及其他有机分子共同组成细胞,细胞才是生命.有单细胞生命体,比如细菌;有多细胞生命体,比如真菌、植物、动物.细胞里有细胞核,细胞核里有染色体.之所以叫做染色体,是因为发明显微镜以后,用显微镜观察细胞,看不清楚,就把细胞染色,染色以后,看到细胞核里有一个个深色的棒状物体,就把它叫做染色体.实际上染色体就是基因.

下面就分别来计算 DNA 分子和蛋白质分子的信息量.例如,一个分子质量为 10^6 个碳单位的 DNA 分子,若它由 4 000 个碱基组成,因而可能有 $4^{4\,000}$ 种不同的排列方式,则这一 DNA

的遗传密码的信息熵为

$$S_{\text{DNA}} = 4\ 000\log_2 4\ 000 = 8\ 000\ \text{bit}$$

我们知道,DNA 的遗传功能是它能在后代的个体发育中,使遗传信息以一定的方式反映到蛋白质分子结构上,从而使后代表现出与亲代相似的性状.那么蛋白质分子的信息熵又是多少呢? 典型的蛋白质分子质量为 120 000 个碳单位,一个蛋白质分子约含有 1 000 种氨基酸基,每个氨基酸基均是由 20 种氨基酸所组成,若按 16 种氨基酸作估算,则该蛋白质分子的信息熵为

$$S_{\text{蛋白质}} = 1\ 000\log_2 16 = 4\ 000\ \text{bit}$$

正因为 DNA 的双螺旋排列中的遗传密码信熵量要明显大于蛋白质分子的信息量,才能保证它能够复制合成新的具有相同遗传密码的蛋白质分子.那么这样的复制过程是怎样进行的呢? 实际上在细胞核里,有游离的核苷酸、核糖、嘌呤、嘧啶.在酶的催化下,以基因为样板,核苷酸、核糖、嘌呤、嘧啶合成一种新的分子,这种新的分子的结构相当于基因纵向的一半,叫做核糖核酸,英语缩写为 RNA.这个过程可以理解为基因产生 RNA 的过程,这一步称为转录. RNA 分子小,可以从细胞核里钻出来,来到细胞质里.在细胞质里按照 RNA 分子这个次级"模板"合成新蛋白质分子,这一步称为翻译,且该蛋白质分子保留了与亲代相似的性状.上述按照遗传密码复制新蛋白质分子的过程可以下面的简单式子予以表达

$$\text{DNA} \xrightarrow{\text{转录}} \text{RNA} \xrightarrow{\text{翻译,复制}} \text{新 DNA}$$

RNA 的作用是催化氨基酸合成所对应的 DNA 的蛋白质分子.不同的基因产生不同的 RNA,不同的 RNA 催化合成不同的蛋白质分子,不同蛋白质分子的氨基酸数量和排列顺序都不同.上述复制过程是与计算机的拷贝相类同的.但是 DNA 中复制每一 bit 的能耗仅 100 kT,它是当代最先进的微电子元件能耗 10^8 kT 的百万分之一.多年前人体的全部 22 万条全长基因的所有碱基及其排列顺序已经清清楚楚.即对任何人全部的基因(即 DNA 结构)进行测序的技术已经完全掌握,现在对于人的基因测序已经非常方便,成本也比较低.

基因技术的应用主要在三方面:(1)转基因技术:通过人工对 DNA 进行切割和重组,在里面引入外来基因,人为地改变遗传密码,形成新转基因生物,从而使之具备人们需要的性质,这就是转基因技术,请见选读材料 5.4 转基因技术.(2)克隆技术:就人体科学来讲,若能弄明白器官是怎样按时间顺序和空间位置发育的,则某器官坏了就能克隆新的器官.(3)精准医疗:一些遗传性疾病如高血压、肥胖症可进行基因治疗;对一些由于基因突变所导致的癌症等,可按照所获取的癌症病人的癌症细胞是什么基因,然后针对这种癌症细胞进行精准医疗.精准医疗作为下一代诊疗技术,较传统诊疗方法有很大的技术优势.相比传统诊疗手段,精准医疗具有精准性和便捷性,一方面通过基因测序可以找出癌症的突变基因,从而迅速确定对症药物,省去患者尝试各种治疗方法的时间,提升治疗效果;另一方面,基因测序只需要患者的血液甚至唾液,无须传统的病理切片,可以减少诊断过程中对患者身体的损伤.可以预见,精准医疗技术的出现,将显著改善癌症患者的诊疗体验和诊疗效果,发展潜力大.显然 DNA 的研究将提供关于人类及其他生物的组成和特性的详细信息,它对人类认识自身,揭开生命奥秘,奠定 21 世纪生命科学发展的基础具有重要意义.目前临床上对某些肺癌、乳腺癌等的特定基因已有精准医疗的药物在使用,效果很好,但是它仅限于某些特定的癌基因.

选 5.3.2   生物中的负熵(流)

既然信息等于负熵,则我们也可把负熵的概念应用到生物中.DNA 分子在按照亲代的遗传密码转录、翻译并复制后代的蛋白质分子时造成信息量的欠缺,按照(5.51)式,它造成生物体熵的减少,这就是生物中的负熵流,简称生物体的负熵.

生物体的集富效应是生物中负熵(流)的典型例子.如海带能集富海水中的碘原子,若设想一个模型,海水中的碘原子是在海水背景中的理想气体分子,则海带集富碘相当于把碘"气体"进行等温"压缩".显然在这样的过程中碘原子系统的熵是减少的(也就是说碘从无序向有序转化),这时海带至少必须向外释放 $T\Delta S$ 的热量.注意到理想气体等温压缩中外界要对系统做功,但在海带集富中外界并未做功,而是利用了一定的信息量(即造成信息的欠缺),从而使海带的熵减少.

从海带集富碘这一例子可清楚地看到,生命体是吸取了环境的负熵(流)而达到自身熵的减少的.在这里"吸取环境的负熵"可理解为是向外界放热,也即形成负熵流.1938 年天体与大气物理学家埃姆顿(Emden)在"冬天为什么要生火"?一文中指出:冬季在房间内生火只能使房间维持在较高的温度,生火装置供给的能量通过房间墙壁、门窗的缝隙散逸到室外空气中去了……与我们生火取暖一样,地球上的生命需要太阳辐射.但生命并非靠入射能量流来维持,因为入射的能量中除微不足道的一部分外都被辐射掉了,如同一个人尽管不断地汲取营养,却仍维持不变的体重.我们的生存条件是需要恒定的温度,为了维持这个温度,需要的不是补充能量,而是降低熵.埃姆顿的这一段话道出了生命体要维持生命的关键所在——从环境吸取负熵.以人类为例,人可数天不吃不喝,但不能停止心脏跳动或停止呼吸.为了维持心肌和呼吸肌的正常做功,要供给一定的能量,这些能量最后耗散变为热量.而人体生存的必要条件是维持正常的体温,所以要向外释放热量(也即从环境吸取负熵).人虽然能数天不吃不喝,但不能数天包在一个绝热套内,既不向外散发热量,也不与外界交换物质(如呼吸).这说明了,生命是一个开放的系统,它的存在是靠与外界交往物质和能量流来维持的,如果切断了它与外界联系的纽带,则无异于切断了它们的生命线.从外界吸取负熵就是一条十分重要的纽带.

薛定谔在《生命是什么?》一书中指出,生命的特征在于它还在运动,在新陈代谢.因此,生命不仅仅表现为它最终将死亡.使熵达到极大,也就是最终要从有序走向无序,更在于它要努力避免很快地衰退为惰性的平衡态,因而要不断地进行新陈代谢.薛定谔认为单纯地把新陈代谢理解为物质的交换或能量的转化是错误的.实际上生物体的总质量及总能量并不因此而增加.他认为,自然界中正在进行的每一种自发事件,都意味着它在其中的那部分世界(它与它周围的环境)的熵的增加.一个生命体要摆脱死亡,也就是说要活着,其唯一办法是不断地从环境中吸取熵.新陈代谢的更基本出发点,是使有机体能成功地消除它所产生的熵(这些熵是它活着时必然会产生的,因为这是一个不可逆过程),并使自己的熵变得更小,其唯一的办法就是不断地从环境中吸取负熵.吸取负熵的方法可有多种,除了上面提到的放热方式之外,也可从环境中不断地"吸取秩序".例如高等动物的食物的状态是极其有序的,动物在利用这些食物后,排泄出来的是有序性大大降低了的东西,因而使动物的熵减少,变得更有序.薛定谔把上述论点生动地以"生命赖负熵为生"这一句名言予以概括.生命离不开汲取负熵,但单单汲取负熵并不构成生命.

既然生命赖负熵为生,则如何去估算一个生物的熵呢?这是高压物理的开拓者,美国物理学家布里奇曼(Bridgeman,1882—1961)于 1946 年就热力学定律应用于生命系统的可能性问题提出的一个问题.布里渊的回答是:生命机体的熵含量是一个毫无意义的概念.要计算一个系统的熵,就要能以可逆的方式把它创造出来或破坏它,而这都是不可能的,因为出生和死亡都是不可逆过程.薛定谔指出,我们不可能用物理定律去完全解释生命物质,这是因为生命物质的构成同迄今物理实验过程中的任何东西都不一样.为此,我们必须去发现在生命物质中占支配地位的新的物理学规律.

选读材料 5.4　转基因技术

在"选 5.3.1 遗传密码·生物高聚物中的信息"中已经介绍了什么是基因,什么是遗传密码,以及 DNA 的结构是怎样的.文中把图 5.13 所表示的 DNA 双螺旋结构是这样来形象化描述的.如果把它拉展成为一直线,就相当于是一条"铁路".这条"铁路"每一根"枕木"都由一截嘌呤和一截嘧啶配对组成.嘌呤有两种,嘧啶也有两种,它们统称为碱基,所有碱基的配对排列组合方式就是基因.几十个、几百个基因组成一条 DNA,那么基因就是 DNA 的一个片段.基因这个词是英语单词 gene 的音译,可以意译为"血统".由于碱基的配对是固定的,由此构成了遗传密码.

一切生物的细胞里,都有蛋白质分子和核苷酸分子.核苷酸包括脱氧核糖核酸、核糖核酸,英语缩写分别为 DNA、RNA(RNA 是促使氨基酸合成为所对应的 DNA 的蛋白分子的催化物.关于什么是 RNA 请见选 5.3.1 遗传密码·生物高聚物中的信息).在细胞里,基因产生核糖核酸 RNA,RNA 催化氨基酸合成蛋白质.不同的基因通过不同的 RNA 决定不同结构的蛋白质,不同结构的蛋白质组成不同的细胞,不同的细胞组成不同的器官,不同的器官表现不同的功能或者说不同的性状.不同的基因也决定不同的酶,酶也是蛋白质.不同的酶在新陈代谢过程中催化不同的生化反应,各种生化反应也表现为各种性状.归根结底,基因决定性状.上代性状遗传给下代,也是基因决定的.选 5.3.1 中已经指出蛋白质都是由 20 种氨基酸组成,我们吃的食物都含有蛋白质和基因,它们都是大分子,它们都不能被消化系统吸收,都需要被消化酶分解为氨基酸、核苷酸,才能被吸收,然后进入血液,再被输送到全身的细胞,参与新陈代谢.如果蛋白质和基因不被消化酶分解,它们就被排出体外了.基因会发生突变,基因突变就是嘌呤、嘧啶的突变,嘌呤、嘧啶的突变就是嘌呤、嘧啶的脱落,或者是嘌呤、嘧啶的互换.基因突变每时每刻都在发生,但是基因也在每时每刻被修复.如果修复不了,那就真的突变了,但是修复不了的概率是很低的.基因转变随时随地都会发生.例如癌变就是人体某些细胞的基因突变,而这种突变在每个人身上随时可能发生,只不过个别细胞的基因突变并没有发展成为癌变.即使癌变了,一般不至于发展为癌症.

数百年来,粮食作物的亩产量只有一二百斤.100 年前,美国科学家开始研究玉米杂交育种,接着,全世界各种农作物都进行杂交育种.如今,粮食亩产量可以达到一千多千克.

杂交育种也是基因的转变,它是同种作物 DNA 的优化组合.杂交育种是人工的方法使之优化、组合,但是它不能对异种作物进行优化组合.而转基因技术可以弥补杂交育种的不足之处.杂交育种对同种作物 DNA 的优化组合,通过优化组合基因,提高了作物产量.一种作物有多条 DNA,一条 DNA 上包含几十个、几百个甚至成千上万个基因,DNA 的优化组合,就是基因的优化组合,其中通过优化组合高产基因,提高了作物产量,但是一直得不到抗虫性状,因为农作物的 DNA 上没有所需的抗虫基因.我们可以想想,植物是昆虫的食物,这是自然法则,植物怎么会那么轻易毒死昆虫呢? 所以植物一般不存在抗虫基因.但是,昆虫也会得病,昆虫的疾病是细菌导致的,那么细菌中一定有抗虫的基因.可喜的是,科学家在细菌中发现了所需的抗虫基因.植物的基因,细菌的基因,都是由核苷酸链相互连接组成的,既然都是核苷酸链,那么人们可以把细菌的抗虫基因和植物基因连接在一起,从而获得抗虫的植物,这就是转基因的原理.在自然界,某些细菌可以进入某些植物体内,给植物转基因,但是这是非常特殊的自然转基因现象.人工转基因就是对自然界转基因的模仿.如果把细菌的抗虫基因,转入棉花、玉米、水稻的基因中,它们就可以抗棉铃虫、玉米螟、水稻螟这些害虫.因为它们转入的抗虫基因以后可以产生一种蛋白质,这种蛋白质在这些害虫体内不能被分解,而且与害虫肠道壁上的糖蛋白结合,导致害虫患消化道疾病而死.所以害虫吃了这些农作物以后就死亡了,这样就可以大大减少农药用量.科学家是在苏云金芽孢杆菌中发现了抗虫基因的,把抗虫基因转入棉花、水稻、玉米,就育成了抗鳞翅目害虫的品种.另外,转基因产生的毒蛋白质,对害虫有害,对人是无害的,因为人的肠道壁上没有那种糖蛋白.既然人的消化酶可以分解普通食品中的蛋白质,当然也能够分解与之相同的食品中的转基因蛋白质,因为这两种蛋白质是完全相同的.所以,生产上推广的转基因农作物是安全的.

转基因除了抗虫,还可以抗病,还可以抗旱,且更优质,等等.转基因育种才有 30 年历史,而杂交育种有 100 多年历史了,如果转基因再发展 70 年,可能所有品种都是转基因品种.传统的杂交和选择技术一般是在生物个体水平上进行,操作对象是整个基因组,所转移的是大量的基因,不可能准确地对某个基因进行操作和选择,对后代的表现预见性较差.而人工转基因技术是在现代分子生物技术基础上,有的放矢地转变生物基因,所操作和转移的一般是经过明确定义的基因,功能清楚,后代表现可准确预期.

转基因的定义是:一种生物的一个基因,转移到另一种生物的 DNA 上.按照这个定义,观察自然界,高等生物之间不会发生转基因,但是低等生物之间的转基因却司空见惯,具体地说,细菌与细菌之间很容易自然而然地发生转基因.在自然界,细菌也可以给植物转基因,但是概率很低很低.人工转基因,其实是对自然界的模仿.科学家先从细菌之间转基因开始,又把细菌基因转给植物,这就是转基因农作物.人工转基因可以无所不能.我国的转基因鲤鱼,就是把草鱼的控制生长激素的基因转到鲤鱼的 DNA 上.现在医疗上用的胰岛素,就是把人的控制胰岛素的基因转到大肠杆菌的 DNA 上,然后让大肠杆菌繁殖,分泌胰岛素.为什么不同物种的生物之间可以人工转基因呢? 因为所有物种的 DNA 都是由几万到上亿个核苷酸和核糖连接组成的,可以称之为核苷酸长链,一种生物的一个基因,是几十个、几百个甚至成千上万个核苷酸短链相连而成的,我们就可以把某一个核苷酸短链连接到另一种生物的 DNA 的核苷酸长链上去,犹如一支小队伍,插入另一支大队伍中间.转基因的原理,就这么简单.

转基因技术的步骤如下:

(1) 提取目的基因 从生物有机体复杂的基因组中,分离出带有目的基因的 DNA 片段,或者人工合成的目的基因,或从基因文库中提取相应的基因片段.

(2) 将目的基因与运载体在细胞外结合,将带有目的基因的 DNA 片段通过剪切、粘合连接到能够自我复制的运载体分子(通常有质粒、T4 噬菌体、动植物病毒等)上,形成重组DNA 分子.这个重组 DNA 分子实际上就可以看成 RNA 模板.

(3) 将带有 RNA 模板的目的基因导入受体细胞.也就是把重组 DNA 分子注入受体细胞(亦称宿主细胞或寄主细胞),成为重组细胞.

(4) 将得到的重组细胞,进行大量的增殖(复制),得到相应表达的功能蛋白,表现出预想的特性,达到人们的要求.

(5) 再从复制得到的重组体进行数代的人工选育,从而获得具有稳定表现特定的遗传性状的个体.使重组生物增加人们所期望的新性状,培育出新品种.

例如很多食用农作物都会受到虫害,这严重影响产量,因而必须使用农药.使用农药不仅增加成本,并且影响食品的安全性.而常见的农作物可以转入前面提到的 Bt(苏云金芽孢杆菌)基因.这是一种能够抵抗虫害的基因片段,这就是目的基因.Bt 基因编码是苏云金芽孢杆菌分泌的一种对鳞翅目鞘翅目昆虫(比如小菜蛾)有毒的蛋白质,这种毒蛋白只对虫子有效,尚未证据显示其对人类或其他哺乳动物有致毒致敏作用.而携带有 Bt 基因的农作物在生长时亦能自己产生这种毒性蛋白,因此不需要使用农药,靠农作物自身杀虫.显然,我们只要测出该农作物的基因序列.转入 Bt(苏云金芽孢杆菌)基因的基因片段.然后把这样的 DNA 片段转入特定生物(农作物)的基因组中,也就是与其本身的基因组进行重组,再从重组体中进行数代的人工选育,从而获得具有稳定表现特定的遗传性状的个体(这就是转基因农作物).简单的说转基因技术就是用一种基因感染另一种基因,进行基因组重组,根据人类的要求进行自行调整.

另外,农田中的杂草也严重影响农作物的生长,人工除草工作量非常大.另一种称为 Ht 基因又叫抗除草剂的基因,它指导的蛋白质能够在植物体内分解除草剂物质,使植物获得抵抗高浓度除草剂的能力.因此在田间喷洒除草剂之后,杂草会因为对除草剂的抵抗力不足而被杀死,而农作物得以正常存活.相对于非转基因农作物使用机械来除草,种植转 Ht 基因的农作物更加经济.

现代遗传工程学还比较年轻,谁也说不清这些遗传改变将来会产生什么后果.因此,各国对这类食品的安全检验要求比用传统方法培育生产的食品的要求更加严格.截至 2013 年,国际上普遍采用的是以实质等同性原则为依据的安全性评价方法.但是只要经过美国食品和药物管理局(FDA)批准上市的转基因食品应该都是安全的.

转基因食品有较多的优点:可增加作物产量;可增强作物抗虫害、抗病毒等的能力,因而可以少使用甚至不使用农药和除草剂,从而降低生产成本,提高食品安全性;可以提高农产品耐储性;可以缩短作物生长周期;可以打破物种界限,不断培植新物种,生产出有利于人类健康的食品.

转基因食品的安全性:前面已经讲到,转基因农作物能够杀死昆虫不是依靠杀虫剂,而是依靠它能够分泌对于昆虫是有毒但是对于人类是无毒的毒蛋白.转基因食品中没有农药的任何成分,转基因食品含的是具有营养价值的蛋白质,蛋白质不会在人体内积累.转基因食品,不管是植物食品,还是动物食品,都不会把基因转给人.

关于转基因的争论:现在有人说"转基因在学术界有争论,公说公有理,婆说婆有理,谁也说服不了谁".这个说法对转基因科普有伤害,那些中间派会因此继续观望.为什么说转基因不是科学之争呢? 科学之争就是科学家之争,科学家之争就是论文之争.关于转基因论文,据学者统计,在世界著名的"科学引文索引"中,肯定转基因安全的论文,有 9 300 篇,占99.7%,否定转基因安全的论文只有 32 篇,占 0.3%,而这 32 篇论文所依据的实验,都是错误的实验,都被学术界彻底否定了,论文的作者大都承认实验做错了.这说明在转基因科学研究领域,没有争论.转基因之争,实际上是极端环保主义与科学之争.极端环保主义是什么呢?就是"自然崇拜".他们反对建设核电站,认为核电站可能会泄露;反对建设水电站,认为水电站改变了自然水系;反对化肥、农药,反对杂交品种,认为化肥、农药、杂交品种改变了农业的自然生态.其实农业自从 1 万年前诞生以来就是人工栽培和人工生态,只有农业诞生以前的采集业才是自然生态.20 世纪 80 年代,正当极端环保主义发展到高潮时,转基因出现了.极端环保主义者认为转基因改变了自然的基因型,从根上改变了自然,于是作为头号目标极力反对.极端环保主义在中国掀起了反对转基因的浪潮.2002 年以前,中国没有人反对转基因,转基因抗虫棉在中国得以迅速推广.网上的反转文章都是 2002 年以后出现的.如今,中国的极端环保主义思潮仍在蔓延,关于转基因食品安全性的争论,近期再次蹿红网络.所以必须加强转基因的科普宣传.在本教材中增加这一选读材料的目的就是做转基因的科普宣传.

选读材料 5.5　超流氦的喷泉效应,它违背热力学第二定律吗?

选 5.5.1　喷泉效应,它违背热力学第二定律吗?

热力学第二定律的开尔文表述指出:不可能从单一热源吸收热量,使之完全变为有用功

而不产生其他影响.但是有人对绝对温度 2.17 K 以下的具有超流动性的液态氦(称为液氦
Ⅱ,或者氦Ⅱ)做实验,发现了所谓的喷泉效应.这个实验是这样进行的,如图 5.14 所示.杜瓦
瓶中装有液态氦Ⅱ,把一实验容器插在其中,实验容器的下
部装满了极细小的 Fe_3O_4 抛光粉(俗称红粉).红粉被压得十
分密实.红粉层的下端由棉花塞与氦Ⅱ相通.实验容器上部为
一上端开口的细管,并露出到液氦表面之外.若用强光持续
照射该容器下部,红粉吸热,容器内部温度应该有所升高,这
时可看到在容器顶端开口处可有甚至高达 30 cm 的持续液
氦喷泉,这种现象称为喷泉效应.我们看见,强光照射红粉,
红粉所吸收的光能全部转变为热量,红粉把热量传递给氦原
子,氦原子把所吸收的热量全部转变为机械能而形成喷泉,
也就是说,吸的热能被吸收而全部转变为机械功,这不是违
背了热力学第二定律的开尔文表述了吗？对此如何解释？
喷泉效应是氦Ⅱ的超流动性的最典型的现象,也是人们感到
十分奇异,是完全不可思议的现象,好像这是违背热力学第
二定律的典型例子.

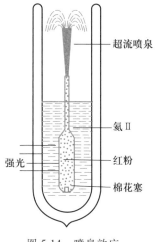

图 5.14　喷泉效应

为了解释这一现象,我们首先要介绍液氦Ⅱ的超流动性.

选 5.5.2　液氦Ⅱ的超流动性

一、液氦Ⅰ和液氦Ⅱ,它们之间的相变

1908 年荷兰物理学家昂内斯首次液化了氦气(液态氦的正常沸点为4.2 K).由于昂内斯
首次获得液态氦,并于 1911 年发现了超导电性而荣获 1913 年诺贝尔物理学奖.不久后昂内
斯将装有液氦的密闭玻璃杜瓦瓶,接上真空泵进行抽气减压,这时杜瓦瓶中的液氦总是处于
沸腾状态,其沸点随饱和蒸气压的减小而降低.但是当温度降到 2.17 K 时(这时的饱和蒸气
压仅 5.05×10^3 Pa),发现液氦表面突然变得十分平静,没有任何气泡出现.以后再继续减小饱
和蒸气压,总是看不到沸腾现象.昂内斯从这现象推断出,这时的液氦具有非常高的热导率,
也就是说沸点温度低于 2.17 K 的液氦的热导率其数量级要比 2.17 K 温度以上的液氦的热导
率数量级明显得多.为什么？

我们知道,沸腾是同时出现在液体内部及液体表面的气化现象(请见 §6.4.2).由于液体
内部出现很多气泡因而增加了气液接触表面积,特别是液体中发生逐步涨大的气泡及气泡
快速运动到表面而破裂的这种两相流动时,其传热效率明显高于一般的单相液体中的传热
(包括热传导与对流传热这两种形式)效率,故快速气化与高效传热是沸腾的主要特征.液体
可以借助两相流动来提高传热效率与气化的速率,热管就是利用两相对流传热来提高传热
效率的.

如今在 2.17 K 温度以下的液氦的传热效率是如此之高,从加热器壁传入的热量能立即
全部传到液体表面使液体蒸发,而不必借助气泡来完成,则在 2.17 K 以下温度的液氦的热导
率比 2.17 K 以上温度的液氦热导率高很多倍.实验测出前者热导率为后者的 5×10^6 倍.实验
发现,不仅热导率,而且电容率在 2.17 K 也有突变,其密度在 2.17 K 还有一个极大值.

这些实验结果都说明 2.17 K 温度以上及 2.17 K 温度以下的液氦属于不同的相(关于什
么是相,请见 §6.4.1).习惯上称前者为液氦Ⅰ,后者为液氦Ⅱ(简称 HeⅠ、HeⅡ,或氦Ⅰ、氦
Ⅱ).液氦Ⅰ与液氦Ⅱ发生的相变属于连续相变,更确切些说是 λ 相变(关于什么是连续相变
或者 λ 相变请见 §6.4.5),它与在临界点(关于什么是临界点请见 §6.4.5)时的相变一样,相

变时无潜热吸放,无两相共存及过冷、过热现象(关于什么是过冷、过热现象请见§6.4.4).

二、液氦 II 的超流动性

液氦 II 的最重要特性是它的超流动性,即它能畅通无阻地通过极细小(例如孔径小于 10^{-7} m)的管道或极窄的狭缝而不会损耗其任何动能,因而其黏度可认为是零.但是,大块流体氦 II (例如容器中的氦 II)的黏度确实很小但尚不可完全忽略,详细解释请见(选 5.4.3).实际上,氦 II 的极高的传热效率是和超流动性密切相关的.因为液体的传热主要依靠对流传热,流动性非常快,其热导率也就很高了.

选 5.5.3 液氦 II 的二流体模型

对于氦 II 的超流动性,即它能畅通无阻地通过极细小管道或极窄的狭缝而不会损耗其任何动能,因而其黏度为零的现象,人们始终无法解释,一直到 1938 年蒂萨(Tisza)首先提出了氦 II 的二流体模型,1941 年朗道(Landau)将它发展为稍为不同的形式为止,才得到解决.二流体理论是一种唯象理论,它将氦 II 看作是由相互独立又相互渗透的两部分流体组成.一部分是超流体,另一部分是正常流体.超流体都是由热运动动量 $p=0$ 的粒子组成,由于在绝对零度时热运动已经停止,所以超流原子是和绝对零度时的氦原子是完全一样的,虽然这时氦 II 所处的温度并不是绝对零度.正因为超流原子都是热运动动量 $p=0$ 的粒子,当然其单位质量内能 u 为零,即 $u=0$.而单位质量的熵 S 也应该为零,即 $S=0$.这是因为组成超流体的粒子的热运动动量 $p=0$ 都是相同的,其微观状态数为 $W=1$,熵 $S=k\ln W=0$.至于正常流体,它不是绝对零度下的分子,其粒子处于能量较高的激发态(我们把处于热运动动量 $p=0$ 的状态称为基态,而热运动动量 $p\neq0$ 的状态称为激发态),故正常流体的原子的热运动动量 $p\neq0$,对内能、熵均有贡献(即 $u\neq0,S\neq0$).若设超流体部分及正常流体部分的密度分别为 ρ_s 和 ρ_n,则两部分流体密度之和应等于整个流体的密度 ρ_0,即

$$\rho_0=\rho_n+\rho_s$$

我们还假定在 $T=T_c$ (T_c 为 He II 和 He I 之间的相变温度)时 $\rho_s=0$,则 $\rho_n=\rho_0$.随着温度降低,ρ_s 逐步增加,当 $T\rightarrow0$ K 时,$\rho_s\rightarrow\rho_0,\rho_n\rightarrow0$.以上就是二流体模型.

利用二流体模型能成功解释超流体的零黏度问题.按照二流体模型,在 $0<T\leqslant T_c$ 的温度范围内,总或多或少地存在超流原子.超流原子的动量 $p=0$,它不参与热运动.由于在流体发生流动时,只有正常原子才会在层与层之间交换粒子对,因而会发生由此而伴随的定向动量的输运,即黏性.而超流原子不参与热运动,就不会在层与层之间交换粒子对,所以超流原子对黏性不作贡献,它在 He II 中的流动总是无黏性的,所以超流原子可透过极细小的通道.当 He II 流过狭窄缝隙时,正常原子通不过,只有超流原子才能穿过,故这时 He II 的黏度为零.但在大块 He II 中,由于正常原子也参与运动,正常原子所受到的黏性阻力使 He II 的黏度不为零.

需要说明,虽然二流体理论能成功地解释很多超流动性的奇异现象,但它仅是一种模型.实际上,两种流体成分在物理上是彼此不能分离的.更不能认为,某些原子属于正常原子,另一些原子属于超流原子,因为所有的 He 原子都是全同的,所谓正常原子的成分或超流原子的成分,都是指的统计平均值.

选 5.5.4 喷泉效应的解释

根据二流体模型,能通过微小孔隙的只能是超流原子.而超流原子的单位质量内能 $u=0$,所以超流原子在流动时并不伴随有热运动能量的迁移,只有在吸收足够能量并转变为正常原子后才可能传递热量.红粉经强光照射后,实验容器内温度将升高,它应该向外传递热量,

但缝隙内只有超流原子,它们不能传递热量.假如超流原子变为正常原子(这当然要吸收热量),但又会由于正常原子的黏性而被锁在缝隙中不能流动.热量能及时地从实验容器输到 He Ⅱ 液池的唯一方法,是使 He Ⅱ 池中的超流原子透过极细缝隙向实验容器中流动,这些超流原子流动到实验容器上部细管的开口处转变为正常原子,这样要吸收能量.假如还有多余的能量,这部分能量可以转变为正常原子的定向运动动能,其定向运动动量会产生压强,形成喷泉.应该说明,超流原子的热运动动量 $p=0$,对压强是不作贡献的,只有正常原子才对压强作贡献,所以喷出的只能是正常原子.对于实验容器外的氦 Ⅱ 池来讲,它流进实验容器的是超流原子,从喷泉流回来的是带有定向运动动量的正常原子,获得了能量,而定向运动动能最后也转变为热能.热量就是这样从实验容器传到氦 Ⅱ 池中的.

喷泉效应是不违背热力学第二定律的.因为红粉吸收的光能转化为热能后,首先把这部分能量传给超流原子,使得它们转变为正常原子(所转变的能量仍然是热运动动能).其多余的能量才转变为机械能,所以转变为机械能的热能只是一部分,而不是全部,所以不违背热力学第二定律.

氦 Ⅱ 的超流动性和超导电性一样都是宏观量子现象.一般认为,量子理论是用来解释微观现象的,而经典理论是用来解释宏观现象的.而氦 Ⅱ 的超流动性和超导电性是经典理论无法解释的宏观现象,所以它们才那么奇异(零黏度和零电阻),这只能利用量子理论才能得到满意的解释.

思考题

5.1 为什么热力学第二定律可以有许多不同的表述?

5.2 由热力学第二定律及焦耳定律说明,在导体中通有电流的过程是不可逆的.

5.3 普朗克针对焦耳热功当量实验提出:不可能制造一个机器,在循环动作中把一重物升高而同时使一热库冷却,这就是热力学第二定律的普朗克表述.试由开尔文表述论证这一表述成立.

5.4 下列过程是否可逆?若是不可逆的,它分别存在何种不可逆性?(1)由外界做功设法使水在恒温下蒸发;(2)将 0 ℃ 的冰投入 0.01 ℃ 的海洋中;(3)高速行驶的汽车突然刹车停止;(4)肥皂泡突然破裂;(5)食盐在水中溶解;(6)岩石风化;(7)木柴燃烧;(8)腌菜使菜变咸;(9)拉伸的弹簧突然撤除外力.分两种情况讨论:(a)在真空容器中;(b)在空气中.

5.5 试对下列不可逆过程分别设计一个相同始末状态的可逆过程.(1)理想气体从压强 p_1 向真空自由膨胀至 $p_2(p_1>p_2)$;(2)两块温度分别为 T_1 和 T_2 的相同物体($T_1>T_2$)接触达到热平衡;(3)理想气体经绝热不可逆过程从 p_1、V_1、T_1 状态变为 p_2、V_2、T_2 状态.

5.6 若要利用大气的对流层中不同高度温度不同(即大气温度绝热递减率见 §4.5.4)来制造一部热机,在原则上是否可行?

5.7 图 5.15(a)表示一体积为 $2V$ 的导热气缸,正中间用隔板将它隔开,左边盛有压强为 p_0 的理想气体,右边为真空,外界温度恒定为 T_0.

(1)将隔板迅速抽掉,气体自由膨胀到整个容器,问在过程中气体对外做的功及传的热各等于多少?(2)然后利用活塞将气体缓慢地压缩到原来体积 V_0,在这过程中外界对气体做的功及传的热各等于多少?由于有过程(2),能否说过程(1)是可逆过程?为什么?

5.8 在密闭的房间里,有两个开口容器一高一低,都盛有同一种液体[见图 5.15(b)].假定起初两液体的温度相同.设上面容器中液体蒸发的蒸气凝结于下方容器中,同样下方容器

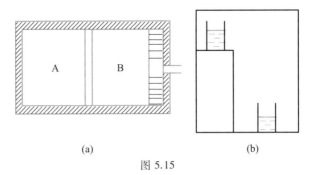

图 5.15

中蒸发的蒸气也凝结于上方容器中,从而使下方容器中的液体变暖而上方液体变冷.这是否与热力学第二定律相矛盾? 若下边容器中水温为 17 ℃,两容器水面相距 1 m,求两容器最大温度差的数量级.

5.9　有人把冰箱门开开,希望这样作为空调机来降低房间温度,试问能否达到降低室温的要求?

5.10　热力学第二定律能适用于我们这个宇宙,例如:(1) 热量自动地从高温物体流向低温物体.按照傅里叶定律(见 § 3.3.1),温度差越大传递的热量越多.另外任何物体的 $C_V > 0$,$C_p > 0$,因此在有限范围内,可以达到热平衡.假如另有一个宇宙,它的热力学第二定律正好与我们这个宇宙相反,即热量自发地由低温物体流向高温物体,你能够想象出该宇宙中的一些情况吗?(2) 同样,在我们这个宇宙中,气体总是自动地从高压流向低压的,且压强差越大,气体流动也越快,在不受外界影响的条件下,气体最终总能达到平衡.假如在另一个宇宙中,气体是自发地从低压流向高压的,你也能想象出该宇宙中的一些情况吗? 试问在违反热力学第二定律的世界中生物能否生存? 由此去体会热力学第二定律是自然界的普适规律.

5.11　试问在自由膨胀、扩散、摩擦生热现象中分别有怎样的可用能量被浪费?

5.12　燃料电池(见习题 4.4.8)的效率要受卡诺定理限制吗?

5.13　在纯粹(即不与热相联系)的机械运动中,熵改变吗?

5.14　把 1.00 kg、0 ℃ 的冰投入大湖中,设大湖温度比 0 ℃ 高出一微小量,冰被湖水逐渐熔解,试问:(1) 冰的熵有何变化? (2) 大湖的熵有何变化? (3) 两者熵变之和是多少?

5.15　试在 $p - V$ 图、$T - S$ 图、$T - u$ 图、$T - h$ 图、$T - V$ 图上分别画出理想气体的卡诺循环曲线.

5.16　西风吹过南北纵贯的山脉:空气由山脉西边的谷底越过,流动到山顶到达东边,再向下流动.空气在上升时膨胀,下降时压缩.若认为这样的上升、下降过程是准静态的,试问这样的过程是可逆的吗?

若空气包含有大量的水汽,空气从西边流到山顶时就开始凝结成雨,试问这样的过程也是可逆的吗? 若仅凝结为云而没有下雨又如何? 在这两个过程中的熵是如何变化的?

5.17　试判断下列结论是否正确? 为什么? (1) 不可逆过程一定是自发的,而自发过程一定是不可逆的;(2) 自发过程的熵总是增加的;(3) 在绝热过程中 $\mathrm{d}S = \dfrac{\mathrm{d}Q}{T}$,$\mathrm{d}Q = 0$,所以 $\mathrm{d}S = 0$.(4) 为了计算从初态出发经绝热不可逆过程达到终态的熵变,可设计一个连接初末态的某一绝热可逆过程进行计算.

5.18　把盛有 1 mol 气体的容器等分成 100 个小格,如果分子处在任一小格内的概率都相等,试计算所有分子都跑进同一小格的概率.

5.19　潘诺夫斯基(Ponofsky)和菲利普斯(Phillips)曾评论说:从形式上来看,仅仅有一个概念在时间上是不对称的,叫做熵.这就使我们有理由认为,可在不依赖任何参考系的情况下用热力学第二定律判定时间的方向.也就是说,我们将取统计上无规增加的方向为时间的正方向,或取熵增加的方向为时间的正方向.你认为这种论点正确否? 试讨论之.

5.20 X 射线衍射实验发现,橡胶在可逆等温拉伸时出现结晶,试问这时橡胶的熵如何变化? 在等温拉伸时是吸热还是放热? 为什么?

5.21 在进行可逆的绝热膨胀过程中,其热力学系统的热力学概率 W 将如何变化?

第五章思考题提示

习题

5.1.1 试用反证法证明绝热线与等温线不能相交于二点(注意:不一定是理想气体).

5.1.2 试用反证法证明两绝热线不能相交(注意:不一定是理想气体).

5.3.1 如图 5.16(a)所示,1 mol 氢气(理想气体)在 1 点的状态参量为 $V_1 = 0.02$ m^3, $T_1 = 300$ K ;3 点的状态参量为 $V_3 = 0.04$ m^3, $T_3 = 300$ K .图中 1—3 为等温线,1—4 为绝热线,1—2 和 4—3 均为等压线,2—3 为等体线.试分别用如下三条路径计算 $S_3 - S_1$: (1) 1—2—3;(2) 1—3;(3) 1—4—3.

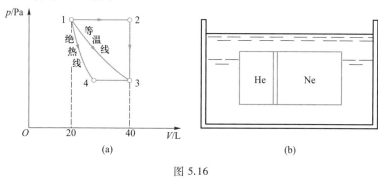

图 5.16

5.3.2 一长为 0.8 m 的圆柱形容器[见图 5.16(b)]被一薄的活塞分隔成两部分.开始时活塞固定在距左端 0.3 m 处.活塞左边充有 1 mol 压强为 5×10^5 N·m^{-2} 的氢气,右边充有压强为 1×10^5 N·m^{-2} 的氖气.它们都是理想气体.将气缸浸于 1 L 水中,开始时整个物体系的温度均匀地处于 25 ℃,气缸及活塞的热容可不考虑.放松以后振动的活塞最后将处于一新的平衡位置.试问这时(1)水温升高多少? (2)活塞将静止在距气缸左边多大距离处? (3)物体系的总熵增加多少?

5.3.3 水的比热容是 4.18×10^3 kJ·kg^{-1}·K^{-1}.(1) 1 kg、0 ℃的水与一个 373 K 的大热源相接触,当水到达 373 K 时,水的熵改变多少? (2)如果先将水与一个 323 K 的大热源接触,然后再让它与一个 373 K 的大热源接触,求整个系统的熵变.(3)说明怎样才可使水从 273 K 变到 373 K 而整个系统的熵不变.

5.3.4 一直立的气缸被活塞封闭有 1 mol 理想气体,活塞上装有重物,活塞及重物的总质量为 m,活塞面积为 A,重力加速度为 g,气体的摩尔热容 $C_{V,m}$ 为常量,活塞与气缸的热容及活塞与气缸间摩擦均可忽略,整个系统都是绝热的.初始时活塞位置固定,气体体积为 V_0,温度为 T_0.活塞被放松后将振动起来,最后活塞静止于具有较大体积的新的平衡位置,不考虑活塞的环境压强.试问:(1)气体的温度是升高、降低,还是保持不变? (2)气体的熵是增加、减少还是保持不变? (3)计算气体的末态温度 T.

5.3.5 有一热机循环,它在 $T-S$ 图上可表示为其半长轴及半短轴分别平行于 T 轴及 S 轴的椭圆.循环中熵的变化范围为从 S_0 到 $3S_0$,T 的变化范围为 T_0 到 $3T_0$,试求该热机的效率.

5.3.6　理想气体经历一正向可逆循环,其循环过程在 T-S 图上可表示为从 300 K、$1×10^6$ J·K^{-1} 的状态等温地变为 300 K,$5×10^5$ J·K^{-1} 的状态,然后等熵地变为 400 K,$5×10^5$ J·K^{-1},最后按一条直线变回到 300 K、$1×10^6$ J·K^{-1} 的状态.试求循环效率及它对外所做的功.

5.3.7　绝热壁包围的气缸被一绝热活塞分隔成 A、B 两室.活塞在气缸内可无摩擦地自由滑动.A、B 内各有 1 mol 双原子分子理想气体.初始时气体处于平衡态,它们的压强、体积、温度分别为 p_0、V_0、T_0,A 室中有一电加热器使之徐徐加热,直到 A 室内压强为 $2p_0$,试问:(1) 最后 A、B 两室内气体温度分别是多少? (2) 在加热过程中,A 室气体对 B 室做了多少功? (3) 加热器传给 A 室气体多少热量? (4) A、B 两室的总熵变是多少?

5.3.8　在一绝热容器中,质量为 m、温度为 T_1 的液体和相同质量但温度为 T_2 的液体在一定压强下混合后达到新的平衡态;求系统从初态变到终态熵的变化,并说明熵是增加的,设已知液体比定压热容为 c_p 却是常量.

△**5.3.9**　某热力学系统从状态 1 变到状态 2.已知状态 2 的热力学概率是状态 1 的 2 倍,试确定系统熵的增量.

△**5.3.10**　一定质量的气体在某状态时的热力学概率为 W_1,试问当其质量增大为 n 倍时的热力学概率 W_2 是多少? 设两种情况下气体的温度与压强均相同.

5.3.11　已知 24 ℃,2 982.4 Pa 的饱和水蒸气的比焓(比焓是单位质量的焓)是 2 545.0 kJ·kg^{-1},而在同样条件下的水的比焓是 100.59 kJ·kg^{-1},求 1 kg 这种水蒸气变为在相同条件下的水的熵变.

第五章习题答案

△**5.3.12**　设有 1 mol 的过饱和水蒸气(关于什么是过饱和水蒸气请见 §6.4.3),其温度和压强分别为 24 ℃ 和 $1×10^5$ Pa.当它转化为 24 ℃、2 982.4 Pa 的饱和水(所谓饱和水是指它的压强恰好是它所在温度的水蒸气的饱和蒸气压)时,熵的变化是多少? 计算时假定可把水蒸气看作理想气体,可以利用上一题的结果.

5.3.13　根据图 5.19 中的空气的温熵图,对下列问题作出估算:(1) 空气由 p_1 = 3.5 MPa,T_1 = 260 K,节流膨胀到 p_2 = 0.1 MPa,温度降低多少? (2) 若等熵膨胀到 p_2 = 0.1 MPa,温度降低多少? 试比较之.

第六章

物态与相变

§6.1 物质的五种物态

§6.1.1 引言

前面第一章主要介绍了热物理学的特点和描述方法以及一些基本概念和基本物理量,如平衡态、温度、压强、物态方程、分子作用力势能等.第二章和第三章介绍了微观描述方法——分子动理论的平衡态理论和非平衡态理论.第四章和第五章介绍了宏观描述方法——热力学第一定律和热力学第二定律.在学习了这些热物理学理论以后就可以利用它来讨论各种物质的性质,这就是所谓物性.在前面五章中都是以气体,特别是以理想气体为例进行讨论的.我们对理想气体的性质已经很熟悉了.但是对于液体和固体了解很少.无论是气态、液态还是固态都只是一种物态.

构成物质的分子的聚合状态称为物质的聚集态,简称物态.

气态、液态、固态是常见的物态.液态和固态统称为凝聚态,这是因为它们的密度的数量级与分子密堆积时的密度的数量级相同.自然界中还存在另外两种物态:等离子态(这将在选读材料 6.2 中介绍)与超密态(这将在选读材料 6.1 中介绍).

实际上同一化学纯的同一物态中可以存在几种性质不同的物质,所以我们还要引入"相"这一概念.而我们通常说的物态之间的转变(如气体和液体之间的转变)严格说应该称为相之间的转变,简称为相变.这就是在 §6.4 和 §6.5 中所描述的.

气态的性质已经在前面做了详细讨论,所以本章除了对固态作简单介绍外,重点讨论液体(以及它的表面性质).在液体中要介绍在物理教学中常常被忽视的重要内容——水,这将介绍选读材料 6.4 水和冰的结构及其特殊性质·水是生命之源;还要介绍和通常液态不同的另一个相——液晶相,请见选读材料 6.3 液晶及液晶显示器基本原理.在选读材料 6.6 中要介绍表面活性剂.它是和液体的表面性质相联系的.实际上固体也有表面,还有不同固体之间的界面,所以在选读材料 6.7 中介绍固体的表面与界面.石墨烯目前已经应用于很多领域有非常大应用前景的材料,所以选读材料 6.8 中介绍石墨和石墨烯.

§ 6.1.2 固态

固态也称为固体,其主要特征是它具有保持自己一定体积(这与气态不同)和一定形状(又与液态不同)的能力.固体分为晶体、非晶体两大类.属于非晶体的有非晶态以及近数十年来发展起来的以准晶、团簇及纳米材料为代表的结构性材料.

一、晶体的宏观特征

(一)晶体具有规则的几何外形

例如图 6.1(a)表示 NaCl 晶体的各种外形,(b)表示方解石晶体的外形.它们的外形都是由平面(称为晶面)围成的凸多面体.晶面的交线称为晶棱,晶棱汇集点称为顶点.但非晶体则没有规则的形状.

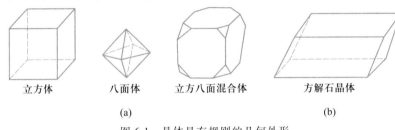

立方体　　　八面体　　　立方八面混合体　　　方解石晶体

(a)　　　　　　　　　　　　　　　　(b)

图 6.1　晶体具有规则的几何外形

(二)晶体具有各向异性的特征

所谓各向异性是指各方向上的物理性质如力学性质(硬度、杨氏模量)、热学性质(热膨胀系数、热导率)、电学性质(电容率、电阻率)、光学性质(吸收系数、折射率)等都有所不同.例如在云母片上涂一层薄的石蜡,用烧热的钢针接触云母片反面,熔化的石蜡呈椭圆形,但对薄玻璃片做同样试验,熔化的石蜡却呈圆形.这一简单实验说明呈晶体结构的云母片热导率是各向异性的,而非晶体的玻璃呈各向同性.又如石墨加热时,某些方向膨胀,另一些方向收缩,而玻璃没有这种现象,说明石墨晶体热膨胀也呈各向异性.再如方解石有双折射现象,这是光学各向异性的例子.

(三)晶体有固定的熔点和熔解热

晶体在熔点下加热时,只要压强不变,其温度也不变,这时晶体逐步熔化为液体,直到全部变为液体为止.单位质量晶体全部熔化所吸收的热量称为熔化热.实验发现任一种晶体,压强一定时其熔点及熔化热也一定.但对于非晶体,例如沥青却不同,它没有一定的熔点,加热熔化过程中,先是变软,后是由稠变稀.

二、晶体有单晶体和多晶体之分

某些晶体(如常见金属)并无规则外形及各向异性特征.若将金属表面磨光和侵蚀后由金相显微镜观察,发现它是由许多线度 $10^{-4}\text{m} \sim 10^{-6}\text{m}$ 范围内的微晶粒组成,实验发现这样的晶粒也具有晶体的上述宏观特征.但微晶粒之间结晶排列方向杂乱无章[如图 6.2(a)所示],这样的晶体称多晶体.显然多晶体在宏观上必然是无规则形状及各向同性的.

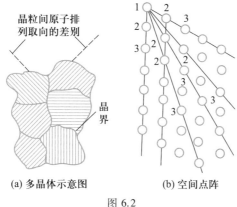

(a) 多晶体示意图　　　　(b) 空间点阵

图 6.2

三、晶体的微观结构

1912 年德国物理学家劳厄(Laue,1879—1960)最早用 X 射线衍射现象证实了晶体内部粒子呈规则排列的假设,他因此而荣获 1914 年诺贝尔物理学奖.至今人们仍把 X 射线衍射作为确定物质晶体结构的重要手段.现已能利用电子显微镜对晶体内部结构进行直接观察和照相.大量实验事实都证实晶体内粒子是规则地、周期性地排列的.如果用点表示粒子(分子原子、离子或原子集团)的质心,则这些点在空间的排列具有周期性.晶体粒子质心所在位置的这些点称为结点,结点的总体称为空间点阵.图 6.2(b)表示某种二维空间点阵.可看到,沿图中 1 点发出的 5 条不同方向的射线中,若沿任一条射线平移某一确定距离整数倍后,均能遇到一个结点(图中标出了各条射线遇到的第二个、第三个结点),所平移的距离称平移周期.不同方向有不同的平移周期,这是晶体结构周期性排列的主要特征.

四、晶体在长程与短程上均有序

从图 6.2(b)看到晶体只要足够大,它就能在较大范围内保持平移周期性.例如一块每边边长 1 cm 的单晶铜,沿任一方向可出现约 10^7 个铜原子作规则直线排列,即使在 10^{-4}cm 线度的微晶粒中,也可出现数千个粒子规则地沿直线排列,这种有序称为长程有序.

＊五、非晶态(固体)

非晶态固体分为四大类:①传统的玻璃(也称玻璃体);②金属玻璃(即非晶态金属及合金);③非晶态半导体;④高分子聚合物.

非晶态(固体)只能在极小的范围内(例如几个原子的尺度内)显示出规则性排列,因而具有长程无序、短程有序的特点.非晶态固体的长程无序主要反映在其原子排列缺乏周期性,因而整体结构缺乏规律性.但是在任一中心原子周围数个原子线度范围内,其近邻原子配位数,近邻原子间相对位置及形貌、组分等都存在一定程度的规律性,即在短程有一定有序性,因而称它具有长程无序和短程有序的结构特点.现以二氧化硅所组成的石英晶体和石英玻璃为例予以说明.图 6.3 的(a)和(b)分别表示石英晶体和石英玻璃在某一方向的平面投影图.在图(a)中各个六角形环大小相等,且周期性地沿各方向重复,它呈现长程有序;但在图(b)所示的石英玻璃中,却看到组成非晶态的粒子不呈现周期性和平移对称性.晶态的长程有序受到破坏,只是由于原子间相互作用,使其在小于几个粒子间距的小区间内,仍然保持形貌和组分有某些类似于石英晶体有序排列的特征,因而具有短程有序.

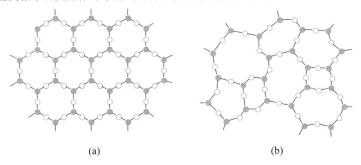

(a)   (b)

图 6.3 非晶态(固体)的长程无序、短程有序

非晶态固体的热运动形式与晶体一样,也是内部分子或原子的振动,这可从它的比热容与同种材料晶体的比热容十分接近这一点看出.至于液体和非晶态固体,它们之间没有本质区别(详见 §6.2.1 三).非晶态固体的结构比液体更紧密,分子间作用力更强,它有固有形状和很大刚硬性,这些性质与晶态固体相似.

六、固体材料与固体物理学

(一) 固体材料

长期以来,固体材料在科研、生产和日常生活中都广泛地被应用,生产和科学技术特别是各种尖端技术的不断发展也向材料科学不断提出新的要求.例如原子能技术需要耐放射性辐射(中子、γ 射线)的固体材料;高速飞行、火箭导弹、宇航技术需要耐高温、耐低温、耐辐射、强度高、质地轻的材料;无线电电子技术的发展也对半导体材料、各种磁性材料以及它们的器件的制备提出了越来越苛刻的要求.而固体在材料科学技术中占有特殊的重要的地位.

(二) 固体物理学

固体物理学是一门对固体材料的内部结构,以及对其中的电子、原子的各种运动规律作系统研究的综合性学科.近一个世纪以来,由于量子力学和 X 射线、中子、电子衍射技术、各种电子显微镜技术及各种磁共振技术等的发展,物理学家们都致力于研究各种理想晶体的缺陷、能带结构、电子输运、超流和超导、发光和色心以及其他物理特性,而且逐渐向着超高纯度、微量掺杂、无位错等高度均匀、规则、有序化方向发展.另一方面,固体物理学的研究又向另一极端,即离开理想晶体的要求越来越远的方向发展.例如非晶态(固体)、准晶、团簇及纳米材料.很多固体物理研究的前沿课题都在这些领域.

正因为固体物理是一门与实际应用紧密结合的学科,任何新兴领域的开拓都会孕育着为人们提供新材料和新应用的途径.环顾人们的衣食住行和浩瀚的自然界,人们常见的玻璃、塑料、陶瓷、高分子聚合物以及千变万化的生物体,其中相当一部分都是非晶体或由非晶体所组成.20 多年来,由于多种新技术、新工艺的发展和应用,各种具有特殊性能的非晶态材料不断涌现,并逐渐得到广泛应用.非晶材料已成为一大类重要的新型固体材料,非晶态物理、准晶、纳米材料、团簇、超晶格和无序理论已是固体物理中一个飞跃发展的重要的前沿领域.另外,对固体表面与界面(见选读材料6.6)、各种固体电子器件、各种新型复合材料例如纤维(碳纤维、晶须)增强复合材料等一些新兴领域的研究已逐渐成为许多实验室注视的中心.而且,还有一些物理学家正开始迈向生物科学等其他领域.

＊§6.2　液体

液态与气态不同,它有一定的体积.液态又与固态不同,它有流动性,因而没有固定的形状.除液晶外,液态与非晶态固体一样均呈各向同性,这些都是液态的主要宏观特征.本节将介绍液体的微观结构与彻体性质,至于液晶的微观结构与性质,将在选读材料6.3中介绍.

§6.2.1　液体的微观结构

本小节将从液体的微观结构来说明,为什么液体既有短程有序又有长程无序的性质? 为什么液体有流动性?

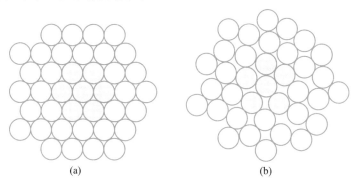

(a)　　　　　　　　　(b)

图 6.4

一、液体的短程有序结构

通常晶体熔解时其体积将增加 10% 左右,可见液体分子间平均距离要比固体约大 3%.这说明,虽然液体的分子也与固体中分子一样一个紧挨一个排列,但却不是具有严格周期性的密堆积,而是一种较为疏松的长程无序、短程有序堆积.这是液体微观结构的重要特征之一.下面我们举一个二维系统的例子予以说明.若认为每一个粒子都是大小相同的刚性球,这些小球密堆积后的图形如图6.4(a)所示.这是一种规则的晶体结构.每一个粒子周围有 6 个最近邻粒子.但是若先在某个中心粒子周围排列 5 个粒子,然后由里向外,也按每一个原子周围均有 5 个近邻粒子那样去排列,就得到图6.4(b)的图形,它是比较疏松的排列,而且离开中心粒子愈远,粒子的排列也愈杂乱,粒子之间的空隙也越大.这样的系统仅在中心粒子周围数个粒子直径的线度内反映出具有排列的有序性(即每个中心原子周围有 5 个近邻原子).我们把能反映出一定的排列规律性的粒子的群体称为一个单元.液体由很多个类似这样的单元组成,同一单元中粒子排列取向相同,相邻单元中粒子的排列取向不相同,所以说液体具有短程有序、长程无序的特征.

物质的有序结构可以由实验来测定,其中一种常用的方法就是利用 X 射线、电子或中子射线衍射来测定物质的径向分布函数.径向分布函数 $\rho(r)$ 是这样来定义的:任选其中的一个分子,以它的质心为中心,画出不同半径的一系列同心球面,要求每相邻两个球面所决定的球壳的体积都相等,而球壳的厚度又要足够小,测出每个球壳中的平均分子数与球壳半径 r 的函数关系,这就是径向分布函数.显然,理想气体的径向分布函数是一条没有任何起伏的水平线.图6.5是用 X 射线衍射方法对液体汞(波浪曲线)及晶体汞(矩形脉冲状曲线)所测得的径向分布函数 $\rho(r)$.由 X 射线衍射可知,波浪曲线中出现的峰相应于汞晶体中原子的规则排列情况:近邻、次近邻及次次近邻……这说明晶体汞确有规则的晶体结构.而液体的曲线在距离足够大($r>1\times10^{-9}$m)时 $\rho(r)$ 趋向一条水平直线,说明液体确实和气体一样具有长程无序性.但是在 $r<0.9\times10^{-9}$m 时曲线却有了起伏.第一个峰出现的中心位置与晶体衍射第一个峰出现位置十分接近.同样第一个谷出现的中心位置与晶体衍射第二个峰出现的位置差不多.这说明在短程(几个分子直径线度)的范围内,液体具有与晶体类似的有序性.液体在小范围内出现"半晶体状态"的微观结构.

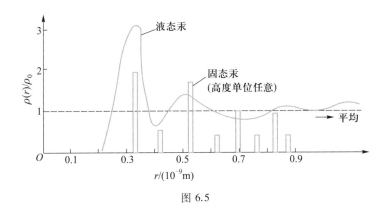

图 6.5

每个液体分子周围由最邻近的分子围绕着,形成某种规则的几何构形,但这种规则性只能维持在几个分子直径之内.即使这样的几何构形也是各不相同且变化不定的.不仅不同分子周围的几何构形会有差异,而且任何一种几何构形保持一定时间后均会被破坏.有人把这种具有局部的"结晶结构"的单元称为类晶胞.此外,因为液体分子排列得较为松散,液体内部就有许多微小的空隙,这些空隙就为"类晶胞"的拆散与重组创造了条件.此外,液体微观结构中所存在的空隙也能使液体可溶解或吸收少量气体分子.液体沸腾需先在液体内部形成气泡(见§6.4.2),而气泡又是由溶解在液体内部的气体分子积聚而成的.水生生物就是依靠在水中溶解的空气而得到氧气的.

二、液体分子的热运动

实验充分说明,液体中的分子与晶体及非晶态固体中的分子一样在平衡位置附近作振动.在同一单元中的液体分子振动模式基本一致,不同单元中分子振动模式各不相同,这与多晶体有些类似.但是,在液体中这种状况仅能保持一短暂时间.以后,由于涨落等其他因素,单元会被破坏,并重新组成新单元.液体中存在一定分子间隙也为单元破坏及重新组建创造条件.虽然任一分子在各单元中居留时间长短不一,但在一定温度、压强下,液体分子在单元中平均居留时间 $\bar{\tau}$ 却相同.一般分子在一个单元中平均振动 $10^2 \sim 10^3$ 次.对于液态金属,$\bar{\tau}$ 的数量级为 10^{-10} s.

可将液体分子的热运动作如下比喻.所有分子都过着游牧生活,短时间的迁移和比较长期的定居生活相互交替.两次迁移之间所经历平均定居时间 $\bar{\tau}$ 比分子在单元中振动的周期长得多.$\bar{\tau}$ 大小与分子力及分子热运动这一对矛盾有关.分子排列越紧密,分子间作用力越强,分子越不易移动,$\bar{\tau}$ 也越大;温度越高,分子热运动越剧烈,$\bar{\tau}$ 越小,分子也越易迁移.通常情况下,外力作用在液体上的时间总比平均定居时间 $\bar{\tau}$ 大得多.在这时间内,液体分子已游历很多个单元,从而产生宏观位移.例如,在单元中的某一分子,由于涨落的结果,可从周围其他分子处吸收足够能量而跳过一定距离后与邻近分子结合为新的单元,然后再居留一段时间再做跳跃,液体的流动就这样产生.若外力作用时间远小于 $\bar{\tau}$,液体不会流动.

需说明,液体具有长程无序、短程有序性质,它既不像气体那样分子之间相互作用较弱;也不像固体那样分子间有强烈相互作用,而且由于短程有序性质的不确定性和易变性,很难像固体或气体那样对液体作较严密的理论计算.有关液体的理论至今还不是十分完善的.

三、非晶态固体与液体

虽然非晶态固体[见§6.1.2中五、非晶态(固体)]属于固态材料,但它的微观结构却与液体非常类同,非晶态固体可认为是一种没有流动性的液体或是 $\bar{\tau} \rightarrow \infty$ 的液体.正因为 $\bar{\tau} \rightarrow \infty$,外力作用于非晶态固体的时间总是远小于 $\bar{\tau}$,所以它能呈现弹性形变.可以估计到,当外力作用的时间远小于液体的 $\bar{\tau}$ 时,液体也会发生弹性形变、范性形变与断裂.在非常强的冲击力作用下,液体也会像玻璃那样碎裂.

§6.2.2 液体的彻体性质

一、热传导

与非晶态固体相似,液体的热传导主要借助于分子间的振动.液体与非金属固体一样,热导率很低.熔融的金属中因有电子气体,所以热导率要大很多.

二、热容

按能量均分定理,热容决定于分子或原子的热运动形式.(2.85)式已指出,按杜隆-珀蒂定律,固体的摩尔热容为 $3R$,说明每个固体分子都在做三维振动.实验又发现,在熔化的前后,固体与液体的热容相差甚小(见表6.1),说明液体分子也是在平衡位置附近做振动.另外,虽然固体的体胀系数很小,因而可认为

固体的 $C_{p,\mathrm{m}} \approx C_{V,\mathrm{m}}$，但液体的体胀系数比固体大得多，所以液体的 $C_{p,\mathrm{m}} - C_{V,\mathrm{m}}$ 要比固体大.例如对于 20 K 的液氢，其 $C_{p,\mathrm{m}} = 18.42$ J·mol^{-1}·K^{-1}，$C_{V,\mathrm{m}} = 11.72$ J·mol^{-1}·K^{-1}；在 298 K 时的水，其 $C_{p,\mathrm{m}} = 75.41$ J·mol^{-1}·K^{-1}，$C_{V,\mathrm{m}} = 74.64$ J·mol^{-1}·K^{-1}.实验还证实，液体的热容与温度有关.例如水的热容在 313 K 附近有一明显的极小值.

表 6.1　固体在熔化前后的摩尔定压热容　　　　单位:J·mol^{-1}·K^{-1}

物　质	钠 Na	汞 Hg	铅 Pb	锌 Zn	铝 Al	氯化氢 HCl	甲烷 CH_4
（固）$C_{p,\mathrm{m}}$	31.82	28.05	30.14	30.14	25.71	51.37	41.87
（液）$C_{p,\mathrm{m}}$	33.50	28.05	32.24	33.08	26.17	61.81	56.52

三、扩散

实验表明物质在液体中的扩散系数比在固体中稍大，又比在气体中的扩散系数小得多，其数量级是气体扩散系数的 10^{-5}.虽然液体中扩散也来自热运动，但液体分子热运动形式与气体不同.按照前面提到的液体的单元结构，液体分子在平均定居时间 $\bar{\tau}$ 内应位于某一单元中.假设在单原子分子组成的二维液体中，有一标号为 i 的分子，它与邻近分子 p、q、r、s、t 组成一个单元，从而存在一定的短程有序，如图 6.6(a)所示.其中 i 分子受到单元中其他分子作用而处于如图 6.6(b)所示的深度为 E_d 的势阱中做热振动.它在平衡位置时的势能为零，动能为 E_k.只有在克服了 r、s、t 分子的吸引力，同时把 p、q 分子推开后，它才能穿过单元的边界而向右逸出.接着 p、q 分子闭合，i 分子在新的位置又与其他分子组成新的单元.以后它又在一新的势阱中振动.故其势能曲线如图 6.6(b)那样具有空间周期性，其周期的长度为 a（说明：为讨论简单起见，在图中假定中心分子 i 仅与最近邻分子组成单元，实际上单元的范围要大些）.液体中分子的扩散就是这样一步步跳过去的，其形式与固体中的填隙原子的扩散十分类似.与固体中的扩散一样，液体中的分子越

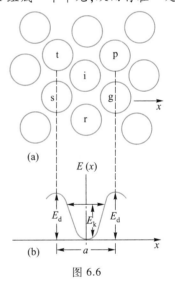

图 6.6

过势垒 E_d 的能量来源于热运动.液体分子越过能量 E_d 的势垒的概率正比于 $\exp\left(-\dfrac{E_\mathrm{d}}{kT}\right)$，故液体的扩散系数

$$D = D_0 \cdot \exp\left(-\frac{E_\mathrm{d}}{kT}\right) \tag{6.1}$$

其中 D_0 是某一常量，E_d 称为液体扩散的激活能.

在液体分子一步步地从一个单元跳到相邻的另一个单元的过程中，伴随有旧的单元的破坏和新的单元的建立，故可近似认为，平均每一分子在两次跳动之

间的时间间隔就等于平均居留时间 $\overline{\tau}$.显然, $\overline{\tau}$ 越短,扩散速率就越大,故 $\overline{\tau}$ 与 D 成反比.由(6.9)式知,

$$\overline{\tau} = \tau_0 \cdot \exp\left(\frac{E_{\mathrm{d}}}{kT}\right) \tag{6.2}$$

其中 τ_0 是与居留时间有关的常量.

四、黏性

与气体不同,液体的黏性较气体大,且随温度的升高而降低.这是因为液体分子受到它所在单元中其他分子作用力的束缚,不可能在相邻两层流体间自由运动而产生动量输运之故.液体的黏性与单元对分子的束缚力直接有关.单元对分子束缚的强弱体现在单元中分子所在势阱的深度 E_{d} 的大小上(见图 6.6(b)),而 E_{d} 又决定了分子在单元中的平均定居时间 $\overline{\tau}$.因为 $\overline{\tau}$ 越长,流体的流动性就越小,而流动性小的流体的黏度大.可估计到, η 应该与 $\overline{\tau}$ 有类似的变化关系.实验证明,液体的黏度

$$\eta = \eta_0 \cdot \exp\left(\frac{E_{\mathrm{d}}}{kT}\right) \tag{6.3}$$

其中 η_0 是某一常量.

§6.3　液体的表面现象

一种物质与另一种物质(或虽是同一种物质,但其微观结构不同)的交界处是物质结构的过渡层(这称为界面),它的物理性质显然不同于物质内部,具有很大的特殊性.其中最为简单的是液体的表面现象,至于固体的表面及界面性质,请参阅选读材料 6.6 固体的表面与界面.

§6.3.1　表面张力与表面能

一、表面张力

当液体与另一种介质(例如与气体、固体或与另一种液体)接触时,在液体表面上会产生一些与液体内部不同的性质.现在先考虑液体与气体接触的自由表面中的情况.在 §4.2.3 中已指出,液体有尽量减少液体表面积的趋势.

在自然界中有很多液体表面积尽量缩小的现象.例如液滴常常是球形的,因为相同的体积以球形的表面积最小.人们在水面下时其头发在浮力作用下是四处散开而竖起的,但浮出水面后,头发都紧贴在皮肤上了,因为这样头发上水的表面积最小.诸如此类的现象很多,二维码视频"牛奶皇冠"就使用慢速摄影技术形象地记录了这一现象.

表面张力是作用于液体表面上的使液面具有收缩倾向的一种力.液体表面单位长度上的表面张力称为表面张力系数,以 σ 表示.

二、表面能与表面张力系数

从微观上看,表面张力是由于液体表面的过渡区域(称为表面层)内分子力作用的结果.表面层厚度大致等于分子引力的有效作用距离 R_0 ,其数量级约为

视频:牛奶皇冠

10^{-9}m, 即两三个分子直径的大小. 设分子互作用势能是球对称的, 我们以任一分子为中心画一以 R_0 为半径的分子作用球, 显然在液体内部, 其分子作用球内其他分子对该分子的作用力是相互抵消的, 但在液体表面层内却并非如此. 若液体与它的蒸气相接触, 其表面层内分子作用球的情况如图 6.7 所示. 因表面层分子的作用球中或多或少总有一部分是密度很低的气体, 使表面层内任一分子所受分子力不平衡, 其合力是垂直于液体

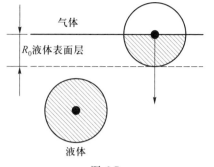

图 6.7

表面并指向液体内部. 在这种分子力的合力的作用下, 液体有尽量缩小它的表面积的趋势, 因而使液体表面像拉紧的膜一样. 表面张力就是这样产生的.

当外力 F 在等温条件下拉伸铁丝[见图 4.4(b)]以扩大肥皂膜的表面积时, 一部分液体内部的分子要上升到表面层中, 而进入表面层的每一个分子都需克服分子力的合力(其方向指向液体内部)做功. 扩大 dA 表面积所做的功为 $dW = \sigma dA$. 既然分子力是一种保守力, 外力克服表面层中分子力的合力所做的功便等于表面层中的分子引力势能的增加, 我们把这种分子引力势能称为表面自由能 $F_{表}$(有时也称为表面能), 故

$$dW = dF_{表} = \sigma dA \qquad (6.4)$$

由(6.4)式可知, 表面张力系数 σ 就等于在等温条件下增加单位面积液体表面所增加的表面自由能. 正因为表面张力系数有两种不同的定义. 它的单位也可写成两种不同的形式: $N \cdot m^{-1}$ 及 $J \cdot m^{-2}$.

表面张力也可从另一角度去理解: 既然表面能是表面层中分子比液体内部分子多出来的分子互作用(吸引力)势能, 可见在表面层中分子的平均间距要比液体内部大, 说明在表面层中分子排列要比液体内部疏松些(而且越是沿液面向外, 其排列越疏松), 从图 1.7(b)的分子互作用势能曲线图可估计到, 平均说来, 在表面层中分子间的吸引力要明显大于液体内部, 使液体表面宛如张紧的膜一样, 表面张力的产生机理就在于此. 可见表面张力仅是分子间吸引力的一种表现形式.

※ 三、负表面能

以上仅考虑液体与气体接触的自由表面. 实际上, 在两种不同种类液体的接触面上, 也都各自有一个表面层. 例如若把图 6.9 中的气体换为另一种分子间作用力较弱的液体 B, 而原来的液体称为 A, 且设 A 中液体表面层中的分子力的合力方向仍垂直向下, 则 A 的表面能是正的. 这时液体 B 的表面层中分子力合力方向也垂直向下. 液体 A 的表面层中的分子要上升进入 B 液体内部, 需克服分子吸引力做功, 说明 B 液体内部的能量要比 A 液体表面层中的能量高. 也就是说, B 液体的表面层具有负的表面能. 类似地, 在液体与固体的接触面上也可出现负表面能的情况, 而且负表面能也可出现在与不同介质相互接触的固体界面上.

※四、表面张力系数与温度的关系

实验发现,液体的表面张力系数与液体的表面积的大小无关,而仅是温度的函数.表面张力系数随温度的升高而降低,即 $\dfrac{\mathrm{d}\sigma}{\mathrm{d}T}<0$.对于与其蒸气相平衡的纯液体,其表面张力系数可表示为

$$\sigma = \sigma_0 \left(1 - \frac{t}{t'}\right)^n \tag{6.5}$$

其中 σ_0 是 $t=0\ ℃$ 时表面张力系数;t' 是比该液体的临界温度(什么是临界温度,请见§6.4.5)t_C 低几度的摄氏温度,它是一常量;n 是一常数,其数值在 1 与 2 之间.当 $t' \le t \le t_C$ 时,$\sigma = 0$.关于 σ 随 T 增加而减少,在接近临界温度时趋于零的物理解释将在§6.4.3的第六点中进行.表6.2列出了一些液体的表面张力系数.

表6.2 与空气接触时液体的表面张力系数

液体	$t/℃$	$\sigma/(10^{-3}\ \mathrm{N \cdot m^{-1}})$	液体	$t/℃$	$\sigma/(10^{-3}\ \mathrm{N \cdot m^{-1}})$
水	0	75.6	O_2	-193	15.7
	20	72.8	水银	20	465
	60	66.2	肥皂溶液	20	25.0
	100	58.9	苯	20	28.9
CCl_4	20	26.8	乙醇	20	22.3

§6.3.2 弯曲液面附加压强

很多液体表面都呈曲面形状,常见的液滴、毛细管中水银表面及肥皂泡的外表面都是凸液面,而水中气泡、毛细管中的水面、肥皂泡的内液面都是凹液面.由于表面张力存在,致使液面内外存在的压强差称为曲面附加压强.

一、球形液面的附加压强

考虑一半径为 R 的球形液滴,在液滴中取出平面中心角为 2φ 的球面圆锥,如图6.8(a)所示.现研究这一部分球面 S 所受外力的情况.显然,球面 S 边界线上受到其他部分球面的表面张力作用,其方向沿球面切线向外.设 $\mathrm{d}l$ 周界的表面张力为 $\mathrm{d}F$,由于边界上的 $\mathrm{d}F$ 沿 OC 中心轴对称,因而水平分量 $\mathrm{d}F_2$ 相互抵消,而垂直分量

$$\mathrm{d}F_1 = \mathrm{d}F \cdot \sin\varphi = \sigma \cdot \mathrm{d}l \cdot \sin\varphi$$

其合力 $F = \int \mathrm{d}F_1 = \sigma \cdot \sin\varphi \int \mathrm{d}l = \sigma \cdot \sin\varphi \cdot 2\pi r$,因 $\sin\varphi = \dfrac{r}{R}$,且合力 F 指向球心,其大小为

$$F = \frac{2\pi r^2 \sigma}{R}$$

这一部分曲面的表面张力所产生的附加压强为

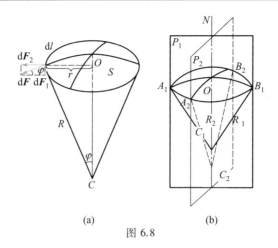

图 6.8

$$p_{附} = \frac{F}{\pi r^2} = \frac{2\sigma}{R} \qquad (\text{球内比球外增加的附加压强}) \qquad (6.6)$$

因为这一球面圆锥是任意取的,所以任何一个球面,或者任一半径为 R 的凸液面,都作用于球面内的液体一个数值由 (6.6) 式表示的附加压强.若是凹液面,则液体内部压强小于外部压强,附加压强是负的.不管如何,球形液面内外处于力学平衡时,球内压强总要比球外大 $\frac{2\sigma}{R}$.

很易证明,对于一个球形液膜 (如肥皂膜),只要内、外球面半径相差很小,则膜内压强总比膜外压强高出

$$p_{内} - p_{外} = \frac{4\sigma}{R}$$

*二、任意弯曲液面内、外压强差

有不少液面并不呈球形.为了计算由任意弯曲液面的表面张力所产生的附加压强,考虑如图 6.8(b) 所示的一任意的微小曲面.在曲面上任取一点 O,过 O 点作互相垂直的正截面 P_1 和 P_2.截面与弯曲液面相交而截得 $\overset{\frown}{A_1B_1}$ 与 $\overset{\frown}{A_2B_2}$,设 $\overset{\frown}{A_1B_1}$ 及 $\overset{\frown}{A_2B_2}$ 的曲率中心分别为 C_1 和 C_2,所对应的曲率半径分别为 R_1 和 R_2.可以证明[①],这样的曲面将产生一方向向下的附加压强

① (6.7) 式的证明见参考文献 1.

$$p = \sigma\left(\frac{1}{R_1} + \frac{1}{R_2}\right) \qquad (6.7)$$

这一公式称为拉普拉斯公式,人们常利用它来确定任意弯曲液面下的附加压强.对于球形液面 (6.7) 式中的 $R_1 = R_2$,则 $p = \frac{2\sigma}{r}$.对于柱形液面,$R_1 = R$,$R_2 \to \infty$,则 $p = \frac{\sigma}{R}$.因为附加压强是指向主曲率中心的,为了便于区分,把液体表面呈凸面的曲率半径定为正,呈凹面的曲率半径定为负.例如,若在两块水平放置的清洁的玻璃板间放上一滴水以后,将这两玻璃板进行挤压,使两玻璃板间有一层很薄的

水,设这层水的厚度为 $d = 10^{-4}$ m,且这层水与空气的接触面是曲率半径为 R 的凹曲面.由于水平截面在曲面上截得的是一大圆,而大圆半径比 d 大得多,故可设 $R_1 = -\dfrac{d}{2}$,而 $R_2 \to \infty$,又 $\sigma = 0.073$ N·m^{-1},利用(6.7)式,可知曲面对液体所产生的附加压强为

$$p = -\frac{\sigma}{d/2} = -1.4 \times 10^3 \text{ N·m}^{-1}$$

附加压强是负的,这表明液体内部的压强要比外面的大气压强低 1.4×10^3 N·m^{-2}.附加压强要使两玻璃板相互挤得更为紧密,使 d 变得很小,这时若要把两玻璃板沿法线方向拉开,就需施加大于附加压强所产生的力,所以这样拉开是很费力的.但是,若使两板沿切向滑移,就很易使两板分离,因为这样不必克服附加压强做功.与此相反,若在两板间放的不是水而是水银,则两板间液体的自由表面是凸面,它所产生的附加压强是正的,其方向沿板面法线向外.这时若有人想把水银从两板的间隙中挤出,则越往下挤越费力.

三、弹性曲面的附加压强

拉普拉斯公式(6.7)式不仅适于液体表面,也可适于弹性曲面(如橡皮曲面膜、气球膜、血管等)所产生的附加压强.例如半径为 R 的弹性管腔或管状弹性膜,设单位长度的膜张力为 T,则其附加压强

$$p = \frac{T}{R} \tag{6.8}$$

这称为弹性管状膜的拉普拉斯公式.这一公式在医学上常用作血管跨膜压的分析.例如毛细血管内,由于附加压强较大,因而要使血液流出就需要大的压强差,而截面积很小的毛细血管的大的流阻(见§3.1.2)更使血液流动减慢.当软组织受到破坏时,常因毛细血管回流的血液进入静脉不畅而出现水肿.

§6.3.3 润湿与不润湿·毛细现象

一、润湿与不润湿

(一) 润湿现象与不润湿现象

水能润湿(或称浸润)清洁的玻璃但不能润湿涂有油脂的玻璃.水不能润湿荷花叶,因而小水滴在荷叶上形成晶莹的球形水珠.在玻璃上的小水银滴也呈球形,说明水银不能润湿玻璃.自然界中存在很多与此类似的液体润湿(或不润湿)与它接触的固体表面的现象.润湿现象与不润湿现象是在液体、固体及气体这三者相互接触的表面上所发生的特殊现象.

(二) 对润湿与不润湿的定性解释

前面提到,在液体与固体接触的液体表面上,也存在一个界面层,习惯把这样的界面层称作*附着层*.在附着层中的表面能与液体界面层中的表面能一样,也是可正可负的,这决定于液体分子之间及液体分子与邻近的固体分子之间相互作用强弱的情况.若固体分子与液体分子间吸引力的作用半径为 l,而液体分子之间的吸引力作用半径为 R_0,则不妨设附着层的厚度是 l 与 R_0 中的较大者.现考虑附着层中某一分子A,它的分子作用球如图6.9所示,作用球的一部分在液

体中,另一部分在固体中.由于 A 分子作用球内的液体分子的空间分布不是球对称的,球内液体分子对 A 分子吸引力的合力不为零.若把这一合力称为内聚力.则内聚力的方向垂直于液体与固体的接触表面而指向液体内部.若把固体分子对 A 分子的吸引力的合力称为附着力.则附着力的方向是垂直于接触表面指向液体外部.虽然附着层中的分子离开固体与液体接触面的距离可各不相同,使所受到的内聚力与附着力也不同,但对于附着层内的分子来说,总存在一个平均附着力 $F_{附}$ 及平均内聚力 $F_{内}$.若 $F_{附}<F_{内}$,附着层内分子所受到的液体分子及固体分子的分子力的总的合力 F 的方向指向液体内部.这时与液体表面层内的分子一样,附着层内分子的引力势能要比在液体内部分子的引力势能大.引力势能的差值称附着层内分子的表面能,显然,这时的表面能是正的.相反,若 $F_{附}>F_{内}$,附着层内分子受到的总的合力的方向指向固体内部,说明附着层内分子的引力势能比液体内部分子的引力势能要小,则附着层内分子的表面能是负的.我们知道,在外界条件一定的情况下,系统的总能量最小的状态才是最稳定的.若 $F_{附}>F_{内}$,液体内部分子尽量向附着层内跑,但这样又将扩大气体与液体接触的自由表面积,增加气液接触表面的表面能.总能量最小的表面形状是如图 6.9(a) 所示的弯月面向上的图形,这就是润湿现象.与此相反,若 $F_{附}<F_{内}$,就有尽量减少附着层内分子的趋势,而附着层的减小同样要扩大气液的接触表面,最稳定的状态是如图 6.9(b) 所示的弯月面向下的表面形状,这就是不润湿现象.

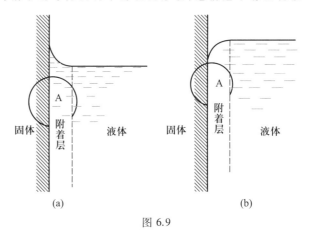

图 6.9

（三）接触角

润湿、不润湿只能说明弯月面向上还是向下,不能表示弯向上或弯向下的程度.为了能判别润湿与不润湿的程度,引入液体自由表面与固体接触表面间的接触角 θ 这一物理量.它是这样定义的:在固、液、气三者共同相互接触点处分别作液体表面的切线与固体表面的切线(其切线指向固液接触面这一侧),这两切线通过液体内部所成的角度 θ 就是接触角,如图 6.10 所示.显然,$0°\leqslant\theta<90°$ 为润湿的情形,$90°<\theta\leqslant180°$ 为不润湿的情形.习惯把 $\theta=0°$ 时的液面称为完全润湿,$\theta=180°$ 的液面称为完全不润湿.例如,浮在液面上的完全不润湿的均质立方体木块所受的表面张力的方向是竖直向上的,这时物体的重力被浮力与物体所受表面

张力所平衡.若液体能完全润湿木块,物体所受表面张力的合力方向向下,这时重力与表面张力被浮力所平衡,木块浸在液体中的体积要相应增加.

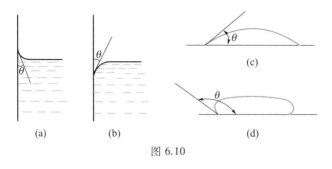

图 6.10

（四）日常生活及工业生产中的润湿与不润湿现象

用自来水笔写字是利用笔尖与墨水间的润湿现象.当笔尖上附有油脂时墨水与笔尖不润湿,因而写不出字,这时只要用肥皂水清洗笔尖,写起字来就流利得多.焊接金属时,首先要用焊药将金属表面上的氧化层洗掉,这样焊锡才能很好地润湿金属.在冶金工业中所用的浮游选矿法也是利用了润湿与不润湿现象.例如,把矿物细末与一定液体混合成泥浆,然后加入酸使之与砂石发生反应而生成气泡.由于矿物与液体不润湿,矿粒黏附在气泡上被气泡带到液体表面上,而砂石能润湿液体,因而沉在槽底,这样就使矿粒与砂石分离.

二、毛细现象

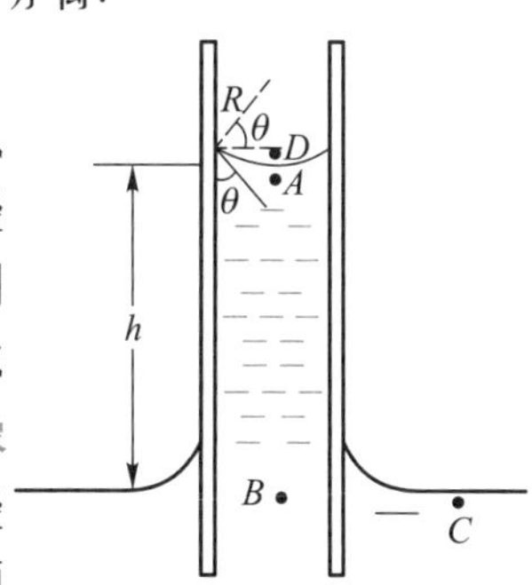

内径细小的管子称为毛细管.把毛细玻璃管插入可润湿的水中,可看到管内水面会升高,且毛细管内径越小,水面升得越高;相反,把毛细玻璃管插入不可润湿的水银中,毛细管中水银面就要降低,内径越小,水银面也降得越低,这类现象就称为毛细现象.毛细现象是由毛细管中弯曲液面的附加压强引起的.若将内径较大的玻璃管插入可以润湿的水中,虽然管内的水面在接近管壁处有些隆起,但管内的水面大部分是平的,

图 6.11

不会形成明显的曲面,不会产生附加压强,故管内外液面处于相同高度.但是,若插入水中的是毛细圆管,则管内液面便形成半径为 R 的向下凹的曲面,如图 6.11 所示.附加压强使图中弯液面下面的 A 处压强比弯液面上面的 D 点压强低 $\dfrac{2\sigma}{R}$,而 D、C、B 处的压强都等于大气压强 p_0,所以弯曲液面要升高,一直升到其高度 h 满足

$$p_0 - p_A = \frac{2\sigma}{R} = \rho g h \qquad (6.9)$$

的关系为止,其中 ρ 为液体的密度.由图可见,毛细管半径 r,液面曲率半径 R 及接触角 θ 间有如下关系

$$R = \frac{r}{\cos \theta}$$

将它代入(6.9)式,可得

$$h = \frac{2\sigma \cos \theta}{\rho g r} \qquad (6.10)$$

说明毛细液面上升高度与毛细管半径成反比,也与液体润湿与不润湿的程度有关.若液体是不润湿的,这时 $90° < \theta \leqslant 180°$,$\cos \theta < 0$,$h < 0$,毛细管中液面反而要降低.

　　自然界中有很多现象与毛细现象相联系.植物和动物的大部分组织都是以各种各样管道连通起来的.植物根须吸收的水及无机质靠毛细管把它们输送到茎、叶上去.土壤中的水分根据储存情况不同分为重水、吸附水和毛细管水三种.重水在土壤中不能长久保持,它会渗透到地层深处;在土壤颗粒上吸附的水不能被植物吸收;由土壤中细小孔隙形成的毛细管能使深处的水分源源不断提升到地表的潜水面以上.毛细管水易被植物所利用,它是植物吸收水分的主要来源.根据农作物生长的不同特点,保持恰当的土壤的毛细结构,是丰产的一个重要因素.毛细管水过多,使空气不能流通,过少则植物得不到充足的水分,另外,有时毛细管水上升过高,也会引起土壤的盐渍化及道路冻胀和翻浆等.在防止土壤盐渍化、沼泽化及道路的冻胀和翻浆时,常需了解毛细管水上升的最大高度.地层的多孔矿岩中,也有很多相互联通的极细小的孔道———毛细管.地下水、石油和天然气就储存于这些孔道中.石油与水在和天然气的接触处形成弯曲液面.石油弯曲液面所产生附加压强阻碍石油在地层中的流动,会降低石油流动速度,使产量降低,情况严重时会使油井报废.在采油工业中,控制和克服毛细管压力是个重要问题,其办法之一是将加入表面活性物质的热水或热泥浆打入岩层,以降低石油的表面张力系数.

　　[例6.1]　在一根两端开口的毛细管中滴上一滴水后将它竖直放置.若这滴水在毛细管中分别形成长为(1) 2 cm;(2) 4 cm;(3) 2.98 cm 的水柱,而毛细管的内(直)径为 1 mm.试问:在上述三种情况下,水柱的上、下液面是向液体内部凹的还是向外凸出的? 设毛细管能完全润湿水,水的 $\sigma = 0.073$ N·m^{-1}.

　　[解]　因完全润湿,水柱的上弯月面总是凹向液体内部的,液体内部紧靠上液面的 B 点[见图6.12(a)]的压强 $p_B = p_0 - \frac{2\sigma}{r} = p_0 - \frac{4\sigma}{d}$,其中 $p_0 = p_A$ 是大气压强.设 C 是紧靠下液面液体中的一点,D 在下液面之下,显然 $p_C - p_B = \rho g h$,又 $p_A = p_B + \frac{4\sigma}{d}$,$p_A = p_D$,故 $p_C - p_D = p_C - p_A = p_C - p_B - \frac{4\sigma}{d} = \rho g h - \frac{4\sigma}{d}$.现分三种情况讨论:

　　(1) $\rho g h < \frac{4\sigma}{d}$,这时下液面仍凹向液体内部.这是因为

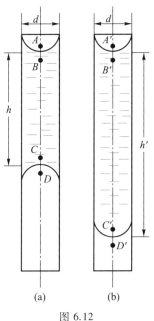

图 6.12

$p_D = p_A = p_0$；$p_A = p_B + \dfrac{4\sigma}{d}$；$p_C = p_B + \rho g h$，故

$$p_D - p_C = \frac{4\sigma}{d} - \rho g h$$

当 $p_D - p_C > 0$（即 $\rho g h < \dfrac{4\sigma}{d}$ 时），下液面液体外部压强大于液体内部压强，这时液面凹向液体内部.

（2）$\rho g h = \dfrac{4\sigma}{d}$，下液面是平的.

（3）$\rho g h' > \dfrac{4\sigma}{d}$，下液面凸向外，如图 6.12(b) 所示，原因如下：因为 $p_{C'} = p_{B'} + \rho g h' = p_0 - \dfrac{4\sigma}{d} + \rho g h'$，$p_{A'} = p_{D'} = p_0$，故 $p_{C'} - p_{D'} = \rho g h' - \dfrac{4\sigma}{d}$. 在凸液面时，$p_{C'} - p_{D'} > 0$，故 $\rho g h' > \dfrac{4\sigma}{d}$. 下面进行具体计算. 因为 $\dfrac{4\sigma}{d} = 292\ \text{N} \cdot \text{m}^{-2}$，则

① 若 $h' = 2\ \text{cm}$，则 $\rho g h' = 196\ \text{N} \cdot \text{m}^{-2} < \dfrac{4\sigma}{d}$，故下液面凹向液体内部. 由 $p_D - p_C = \dfrac{4\sigma}{d} - \rho g h$，可算出下液面曲率半径 $R' = 1.52\ \text{mm}$.

② 若 $h' = 4\ \text{cm}$，则 $\rho g h' = 392\ \text{N} \cdot \text{m}^{-2} > \dfrac{4\sigma}{d}$，故下液面凸向外. 由 $p_{C'} = p_{D'} + \dfrac{2\sigma}{R'}$ 及 $p_{C'} = p_{A'} - \dfrac{4\sigma}{d} + \rho g h'$ 可得 $-\dfrac{4\sigma}{d} + \rho g h' = \dfrac{2\sigma}{R'}$ 从而定出下液面曲率半径 $R' = 1.46\ \text{mm}$.

③ 若 $h' = 2.98\ \text{cm}$，则 $\rho g h' = 292\ \text{N} \cdot \text{m}^{-2} = \dfrac{4\sigma}{d}$，这时下液面为平面.

§6.4　气液相变

§6.4.1　相与相变

前面已详细地讨论了气体、液体、固体这三种物态.也有人把气体、液体、固体称为气相、液相和固相.但应注意，相与物态的内涵并不完全相同.

> 相是指在没有外力作用下，物理、化学性质完全相同且成分相同的均匀物质的聚集态.

通常的气体及纯液体都只有一个相.但有例外情况，例如能呈现液晶的纯液体有两个相：液相和液晶相（见选读材料 6.3）；在低温下的液态 ^{4}He 有氦 Ⅰ 及氦 Ⅱ 两个液相［氦 Ⅱ 具有超流动性［见选读材料 5.5］.同一种固体可有多种不同的相.如冰有 9 种晶体结构，因而有 9 种固相.又如把压强 0.101 MPa、1 808 K 温度下的液态铁逐步降温时，先结晶出体心立方的 δ 铁，在 1 673 K 时又变为面心立方的 γ 铁，在 1 183 K 时又转变为体心立方的 β 铁，在 1 059 K 时再变为具有铁磁性的、体心立方结构的 α 铁.可见铁有四种固相.类似这些从一种晶体结构转变为另一种晶体结构的相变均为同素异晶转变.

> 物质在压强、温度等外界条件不变的情况下,从一个相转变为另一个相的过程称为相变.

相变过程也就是物质结构发生突然变化的过程.在相变过程中都伴随有某些物理性质的突然变化,例如液体变为气体时,其密度突然变小,体胀系数、压缩系数都突然增加等.由上述对相变的定义可知这种相变是发生在平衡态条件之下,因而是平衡相变,它与非平衡相变即耗散结构(见参考文献9)的出现是本质不同的.平衡相变又主要分为一类相变与连续相变,本章主要讨论一类相变.

本章讨论的相变只针对化学纯物质.至于两种以上组元所构成的混合气体、溶液、固溶体等之间的相变,情况较为复杂,这里仅对溶液的沸点与凝固点作简单介绍(见§6.5.1二).

图 6.13

对于化学纯的物质,其气、液、固三相之间的相变有 6 种方式,它们分别是汽化、液化、凝固、熔化、凝华、升华.图 6.13 就表示了这 6 种过程.

在"选读材料6.5雨·雪·雹的形成"中的"图6.37云、雨、雪、雾、霜、冰雹形成的简明图"中就有这 6 种相变过程的具体实际例子.

§6.4.2　汽化和凝结

物质从液态变为气态的过程称为汽化,它有蒸发和沸腾两种形式.蒸发发生在任何温度下的液体表面,沸腾则发生在沸点时的整个液体中.物质由蒸气变为液体的过程称为凝结.

一、蒸发与凝结

液体表面分子处于永不停息的热运动中,只有那些热运动能足够大的分子才能挣脱其他分子对它的吸引而逸出并扩散到空间去.逸出液面的分子数多于被液面俘获的分子数时的物质迁移称为蒸发,反之称为凝结.显然,蒸发与渗透、溶解等现象一样,是一种与力学、热学相互作用不同的化学相互作用.

液体蒸发时,从液体表面上跑出的分子要克服液体表面分子对它的吸引力做功,故需吸收热量.单位质量液体在一定温度下蒸发为蒸气时所吸收的热量称为汽化热(蒸发热).液体温度越低,蒸发热越大.若外界不供热或供热不够,液体蒸发时温度要降低,称为蒸发制冷.

二、饱和蒸气及饱和蒸气压

装在密闭容器里的液体,在进行汽化的同时,液面上方的部分蒸气分子会返回到液体中.随着液体不断蒸发,液面上蒸气的密度逐渐增大,使返回液体中分子数增多,只要密闭容器中的温度不变,最后总能达到动态平衡,这时液面上方蒸气的密度不再改变,液体也不会减少.我们把跟液体处于动态平衡的蒸气称为饱和蒸气.饱和蒸气的压强称为饱和蒸气压.显然,饱和蒸气是在气、液两相共存时满足力学、热学及化学平衡条件的蒸气相.饱和蒸气压与液体种类及温度有关.温度增高,分子热运动剧烈,有较多分子能逸出液面,饱和蒸气分子数密度 n 将增加,由 $p=nkT$ 知,饱和蒸气压也将随温度升高而增加(这里我们利用了理想气体的公式,因为饱和蒸气压一般不大,故用它来讨论是允许的).实验证实,在一定温度下,同一物质的饱和蒸气压是一定的,但不同物质的饱和蒸气压不同.描述饱和蒸气压随温度变化的曲线称为饱和蒸气压曲线.

※三、液面弯曲对饱和蒸气压的影响

　　实验发现在相同温度下弯曲液面的饱和蒸气压与同种液体在平液面时的饱和蒸气压不同,这是由弯液面表面张力所产生的附加压强引起的.既然弯液面附加压强的大小可由完全润湿(或完全不润湿)的毛细管中液体上升(或下降)的高度表示,就可设想有如图6.14(a)所示的一个与温度为 T 的热源接触的密闭容器,其中部分充有密度为 ρ、摩尔质量为 M 的液体,液体中竖直插入一根内半径为 r 的可完全润湿(或完全不润湿)液体的毛细管.显然,毛细管中液面上升或下降高度为

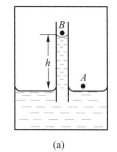

$$h=\pm\frac{2\sigma}{\rho gr} \qquad (6.11)$$

其中正号表示完全润湿,负号表示完全不润湿.设达到气液平衡后,紧贴平液面附近的 A 点的饱和蒸气压为 p_0(说明:由于在重力场中的大气

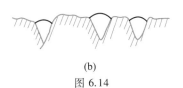

(b)

图 6.14

压强与高度有关,故与液面平衡的饱和蒸气压只能是紧贴液面附近的蒸气压强),图6.14(a)中毛细管内凹液面附近 B 点的饱和蒸气压为 p_r(它表示与半径为 r 的凹液面所共存的饱和蒸气压),利用等温大气压强公式(2.61)式,有

$$p_r=p_0\exp\left(-\frac{Mgh}{RT}\right)$$

将(6.11)式代入后取对数,则有

$$\ln\frac{p_r}{p_0}=\mp\frac{M}{\rho RT}\cdot\frac{2\sigma}{r} \quad (负号凹液面,正号凸液面) \qquad (6.12)$$

虽然(6.12)式是针对插有毛细管的密闭容器中的饱和蒸气导出的,但它也可用于任何处于相同温度下,同种液体的 p_r 与 p_0 之间的关系.可见在相同温度下,液体中气泡内的饱和蒸气压要小于平液面上方的饱和蒸气压,而液滴附近的饱和蒸气压又要高于相同温度平液面附近的饱和蒸气压.例如,在温度为291 K时水的表面张力系数为 $0.073\text{ N}\cdot\text{m}^{-1}$,其密度为 $1\times10^3\text{ kg}\cdot\text{m}^{-3}$,若液滴的半径为 $r=10^{-7}\text{m}$,由(6.12)式可算出在这种水滴附近的饱和蒸气压 $p_r=1.011p_0$;若 $r=10^{-8}\text{m}$,则 $p_r=1.115p_0$;若 $r=10^{-9}\text{ m}$,则 $p_r=2.966p_0$.说明液滴愈小,与液滴达平衡所需的饱和蒸气压愈高,这种液滴愈难形成并长大.

※四、液滴凝结的临界半径、凝结核、云及人工降水

　　若饱和蒸气与液体相接触,则凝结常在液面上进行,但是若要在蒸气内部凝

结成液滴,则只有以凝结核为中心逐渐增大的方式.从(6.12)式可以看到,与半径为 r 的液滴达到平衡的饱和蒸气压 $p_r>p_0$,且液滴越小,对应的 p_r 越大,就越难达到饱和.设大气温度为 T 时,与该温度相对应的平液面的饱和蒸气压为 p_0,而大气中的实际蒸气压为 p,能与 p 相平衡的液滴半径 r_c 可从(6.12)式得到,只要将式中的 p_r 以 p 代替

$$r_c = \frac{2\sigma M}{\rho RT\ln(p/p_0)}$$

显然,对于 $r>r_c$ 的液滴,因其实际蒸气压强 p 大于液滴的饱和蒸气压 p_r 而处于过饱和状态,这类液滴能不断增大;而 $r<r_c$ 的液滴,因其实际蒸气压强 p 小于液滴的饱和蒸气压 p_r 而尚未达饱和,这类液滴将不断蒸发最后消失,故 r_c 称为在温度 T、实际蒸气压为 p 时的凝结临界半径.通常超过临界半径的液滴是以凝结核(如灰尘、杂质微粒)为中心凝结成的.带电的粒子和离子也都是很好的凝结核,因为静电作用力有利于蒸气分子聚集在带电粒子的周围使之形成液滴.

大气中的云有暖云、冷云及混合云之分.暖云中大小水滴共存,由于不同半径水滴的饱和蒸气压不同,平衡不能维持,$r<r_0$ 的水滴要蒸发,$r>r_0$ 的水滴会不断长大,降落到云外成雨.温度部分(或全部)低于 0 ℃的云称为冷云,它由冰晶所组成;由冰晶和水滴组成的云称为混合云.在冷云和混合云中,由于冰晶大小不同,也由于冰晶上的饱和蒸气压总是小于水滴上的饱和蒸气压,有些冰晶能不断长大;与此相反,水滴要不断缩小.当冰晶大到气流托不住时,它们将纷纷下落,在下落过程中逐渐熔化和蒸发,落到地面成为雨、雪或冰雹.大气中的水汽绝大部分存在于对流层中.从对流层中的大气温度绝热垂直递减率(见§4.5.4)知,在对流层中,对流层顶温度最低,故在对流层顶部的云常是冷云或混合云,其中的冰晶可达到很大,它们下落时常形成大雨或暴雨.雷阵雨常发生在很厚的一直延伸到对流层顶的云层中.所谓人工降水就是在不降水的冷云或混合云中,用人工方法将适当的化学药剂(如碘化银粉等)作为凝结核、冰核或冷冻剂播入云中,使云中产生大量冰晶,从而破坏水滴、蒸气、冰晶的相对稳定的状态,使冰晶不断长大达到降水的目的.详细介绍请见选读材料6.5 雨·雪·雹的形成.

凝结不仅可发生于蒸气内部,也可发生于器壁表面.因为即使非常光滑的固体表面,放大后看起来仍是凹凸不平,存在许多微孔的.通常在器壁表面总吸附一些水汽分子.蒸气压越大,表面吸附分子数就越多,而在微孔处吸附分子数就更多,更密集,因为这样更利于液体表面自由能的降低.当空间蒸气分压达到该温度下的饱和蒸气压时,就可在微孔已吸附分子的基础上形成曲率半径大于临界半径的露滴,如图 6.14(b)所示.在一定温度及一定的水汽分压下,$r>r_c$(r_c 为临界半径)的露滴会和悬浮的液滴一样不断增大.光滑的固体表面上存在很多微孔,它们的半径比较接近大气中饱和水汽的临界半径,故露滴极易形成.我们在潮湿而尚未下雨的天气里可看到光滑的柏油路面上已是潮的,但附近人行道的粗糙水泥路面及泥地上都是干的,就与此有关.另外,在潮湿天气里,室内底层及地下室的水磨石地面比水泥地面易于潮湿,也与此有关.

※ 五、过饱和蒸气·亚稳态·云室

蒸气凝结为液滴需有一定的凝结核.若没有足够的凝结核,或凝结核过小,即使蒸气压强超过该温度下的饱和蒸气压,液滴仍不能形成并长大(有时甚至其蒸气压为饱和蒸气压的数倍时,还不能发生凝结),因而出现过饱和现象,这样的蒸气称为过饱和蒸气,或称过冷蒸气(因为按它的实际蒸气压,应该在较高的温度下就发生凝结,但现在在较它为低的温度下仍不凝结,所以这样的蒸气是过冷的).过冷状态是一种亚稳态.

亚稳态可这样去理解:设在光滑曲面上有如图 6.15 所示的三个小球.这三个小球都满足力平衡条件.但是若外界给以某一扰动(例如,设想小球是中空的,内壁爬上一

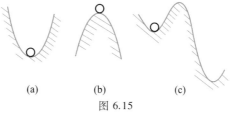

图 6.15

些小虫.在平衡时小虫都不动,但是突然这些小虫都爬动而偏向某一边,使小球重心偏离,因而小球将偏离平衡位置).显然,(a)中的小球最后仍能回到平衡位置,因而状态(a)是稳定的平衡;(b)中小球回不到平衡位置,故(b)是不稳定平衡;而(c)中小球,对足够小的扰动是稳定的,较大的扰动将使它翻过势能"小丘"而落到另一势能更低的平衡态去,我们就称(c)状态是亚稳的平衡态,或称为亚稳态.对于过冷蒸气这一亚稳态来说,若它受到外界干扰(如掉入灰尘、杂质,特别是带电粒子)时,这些微粒可作为凝结核而使过饱和蒸气冷凝成液滴,使整个系统从亚稳态变为稳定的状态.

过饱和现象在云、雨的形成中起重要作用.原子核物理中的云室(用于显示高速带电粒子径迹的仪器)也是根据这一现象设计的.这种仪器利用绝热膨胀降温来产生并保持过饱和蒸气.如果带电粒子进入云室,它们就对处于亚稳态的过饱和蒸气产生扰动,使粒子径迹附近的过饱和蒸气凝结为液滴.这时若用强光束照射,并同时对粒子径迹进行立体摄影,就能记录云室中带电粒子的径迹.根据轨迹的形状,可研究有关带电粒子的性质及粒子间的相互作用.第一个云室是英国物理学家威耳孙(Wilson,1869—1959)在 1912 年设计的,为此他荣获 1927 年诺贝尔物理学奖.后来英国科学家布莱克特(Blackett,1897—1974)由于改进了威耳孙云室法,并利用它在核物理学和宇宙射线领域中作出许多发现而荣获 1948 年诺贝尔物理学奖.

※ 六、沸腾

沸腾是在液体表面及液体内部同时发生的剧烈的汽化现象.

要了解沸腾如何发生,可先观察一下水壶烧水的过程.水烧到一定程度,可在水壶底看到一些小气泡.这是因为空气在水中的溶解度随水温升高而降低,温度较高的下层水中的部分空气分子首先脱溶,积聚在水壶底器壁的微孔中,从而形成小气泡(如图 6.16 所示),这样可减少气泡的表面积,以减少表面自由能.液体在泡内蒸发而达到饱和状态.设泡内饱和蒸气压为 p_r(说明:由(6.12)式知,p_r 是温度及 r 的函数,但由于所形成的气泡一般较大,故可认为 p_r 仅是液体温度 T 的函数),液体上方的大气压强为 p_0,气泡距液面距离为 h,则半径为 r 的气泡所

满足的力学平衡条件为

$$\frac{\nu RT}{V} + p_r = p_0 + \frac{2\sigma}{r} + \rho gh$$

因通常 $\rho gh \ll p_0$，上式可写为

$$\frac{\nu RT}{V} + p_r = p_0 + \frac{2\sigma}{r} \quad (6.13)$$

以后,随着容器底部液体温度的升高,泡内饱和蒸气压 p_r 也随之增大.如果 V 不变,则(6.13)式左边(泡内)压强将大于右边(泡外)压强,这时气泡要胀大,但气泡体积 V 的增大要使(6.3)式左边 $\frac{\nu RT}{V}$ 减小,结果在新的体积下重新达到平衡.只要温度升得不太快,就可认为气泡的增长是准静态的.这时液体的温度 T 与气泡的体积 V 之间成一一对应关系 [需要说明,虽然(6.13)式中的 $\frac{2\sigma}{r}$ 中的 r 也是与 V 有关的,但是因为在容器壁上形成的气泡的半径已较大,这时 $\frac{2\sigma}{r}$ 的

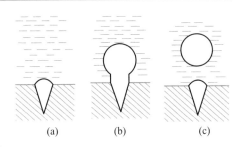

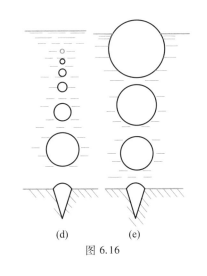

图 6.16

数值要比 $\frac{\nu RT}{V}$ 小得多.另外, $r \propto V^{1/3}$，即 $\frac{2\sigma}{r} \propto \frac{2\sigma}{V^{1/3}}$，说明 V 的变化对 $\frac{2\sigma}{r}$ 的影响远小于 V 对 $\frac{\nu RT}{V}$ 的影响].图 6.16(a)、6.16(b)、6.16(c)依次表示了附在器壁上的气泡的增大过程.在图 6.16(b)中的气泡的球形部分,既受到方向向上的浮力,也受到方向向下的、泡的颈部表面张力对它的拉力.当泡的体积增大到浮力大于表面张力的拉力时,气泡的球形部分将被拉脱而悬浮在液体中,同时在原来的器壁微孔处留下一个新的汽化核.悬浮气泡在浮力作用下不断上升.由于液体温度随深度的减小而降低,故气泡中的饱和蒸气压 p_r 也边上升边降低.由(6.13)式知, p_r 的降低将使 V 减小,致使气泡体积边升高边缩小.升到液面时变成很小的空气气泡而破裂,如图 6.16(d)所示.这时能听到吱吱的声音,这是气泡在不断地产生、上升、缩小过程中所发出的声音.以上的讨论均是在泡内的饱和蒸气压 p_r 小于大气压强 p_0 的条件下进行的.但是一旦液体被加热到其饱和蒸气压等于大气压强时的平衡温度时,液体上、下部分的温度差一般已不大,由(6.13)式知,此时泡内压强始终大于泡外压强,不仅微孔中的气化核能迅速胀大而脱离容器壁,而且脱开后的气泡边上升边扩大,升到液面而破裂,如图(e)所示.整个液体呈现上下翻滚的剧烈汽化的状态,这就是沸腾现象.

七、沸点

从以上分析可知,一般说来,只要液体内溶解有可形成足够的汽化核的气

体,且液体中气泡内的饱和蒸气压等于或超过液体上方的气体压强,沸腾现象就可发生.发生沸腾时,液体的温度不变.沸腾时液体汽化的剧烈程度决定于外界供热的快慢.通常把发生沸腾的温度称为沸点.

> 通常人们简单地认为,沸点也就是其饱和蒸气压等于液体上方气体压强时的液体温度.外界气体压强为 $1.013×10^5$ Pa 时的沸点称为正常沸点.

需要说明:沸腾要比液滴凝结情况复杂些.这是因为:① 在气泡中除存在饱和蒸气外还存在空气或其他沸点非常低的气体;② 在液体上方也可能有蒸气之外的其他气体存在;③ 气泡还受到液体静压强的作用.但只要液体的静压强不太大,上述对沸点的定义一般就能近似成立.

因为饱和蒸气压随液体温度的升高而增加,所以沸点也随外界压强的增大而升高.高压锅炉、压力锅就是依据这一理论来获得高于 100 ℃ 的蒸气的.从卡诺定理知,要提高热机效率应尽量提高高温热源的温度.蒸汽机、汽轮机的高温热源就是锅炉.高压锅炉内的蒸气的温度可达数百摄氏度.低温技术中的抽气减压制冷,也利用了沸点随外界压强减小而降低这一性质.若用真空泵抽除液氮或液氦上方的蒸气,以降低蒸气压强,就可看到杜瓦瓶中的液氮或液氦处于沸腾状态.沸腾要吸收汽化热,若外界流入的热量很少,则液氮和液氦的温度要降低.达到动态平衡时,被抽气的容器中气体的压强就是饱和蒸气压.这时液体的温度就是该饱和蒸气压所对应的沸腾的温度.所以在抽气减压的过程中,达到动态平衡时的液体的状态是沿着饱和蒸气压曲线随沸点变化而变化的.

※八、过热液体、气泡室

液体产生正常沸腾的条件是在液体内部或容器器壁上有足够的小气泡,这些小气泡起着汽化核的作用.液体汽化主要在气泡内进行.久经煮沸的液体因缺乏汽化核,致使温度被加热到沸点以上时仍不能沸腾,这种液体称为过热液体.过热液体与过冷蒸气一样处于亚稳态.外界干扰可使过热液体中的某些分子有足够能量彼此相互推开而形成极小的气泡.不过由此而形成的气泡很小,其半径仅数倍于分子半径.由(6.11)式知,这时气泡内的饱和蒸气压 p_r 将远小于平液面的饱和蒸气压,即远小于液体上方气体压强 p_0,这时不能沸腾.但只要对过热液体继续加热,使其温度远高于沸点,这时平液面的饱和蒸气压也会变得很大,由(6.11)式知 p_r 也随之增大.当液体加热到 p_r 大于液体上方的气体压强 p_0 时,从(6.13)式可看到,这时气泡将不断张大.从(6.11)式又可知,随着 r 的增大 p_r 又要增加,这样就使气泡迅速膨胀,甚至发生爆炸,这种现象称为暴沸.在锅炉中为避免暴沸应经常加入一些溶有空气的新水或附着空气的细玻璃管、无釉陶瓷块等.

利用过热液体显示带电粒子运动轨迹的仪器是气泡室.在一个能耐高压的容器中装有透明液体(如液氢、液氦、液丙烷等),被压缩液体由于突然减压而处于过热的亚稳态,当有带电高能粒子通过时,在粒子飞行路线上与液体中的原子碰撞而产生低能电子,并形成很多离子对.这些离子对复合时引起局部发热,从而形成胚胎气泡,经过约 1 ms 后气泡长大.把这一连串气泡拍摄下来,即得高能带电粒子径迹照片.高能物理实验上很多重大发现都是在气泡室检测到的.气泡室首先由美国科学家格拉泽(D.A.Glaser,1926—2013)发现,为此他荣获 1960 年诺贝尔物理学奖.美国科学家阿耳瓦雷茨(L.W.Alvarez,1911—1988),由于发展了气泡室和数据分析技术,从而发现大量共振态而荣获 1968 年诺贝尔物理学奖.

§6.4.3　真实气体等温线

一、真实气体等温线的测定

实验说明,气液相变不仅可通过单纯改变温度而发生,也可通过温度、压强同时改变,或单纯改变压强而发生.对最后一种变化的研究可如下进行:使真实气体维持在定温下,连续改变气体的压强,测量在不同压强下系统的体积及物态,画出在该温度下的真实气体等温线,然后使系统维持在另一个定温下,测出另一温度下的等温线……图 6.17 为测定真实气体等温线的过程示意.有一密封气缸,内装 1 mol 某种真实气体,把气缸置于温度为 T 的恒温浴槽中,对它进行缓慢的等温压缩,以便在 $p-V_m$ 图上表示出在压缩过程中气体的状态变化情况.其中气体体积以气缸中气体的长度来表示.实验发现,气体从图中 a 状态被压缩到 b 状态时压强(即气体的密度)是增加的.但在 b 以后,对气体的压缩并不能增加气体的压强,等温线是沿一条水平的等压线变化,说明这时气体的密度始终不变,这样的蒸气就是饱和蒸气(或称湿蒸气),这时的压强就是在该温度下的饱和蒸气压.当气体被压缩到状态 c 时,气缸中出现部分液体.这说明从 b 变为 c 的过程中,在气缸中已有部分饱和蒸气变为液体而积存在气缸中.当活塞运动到状态 d 时,气缸中的饱和蒸气已全部压缩为同温、同压下的液体.显然,

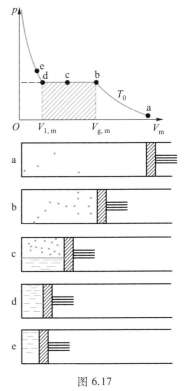

图 6.17

在 c 中的液体与在 d 中的液体状态是相同的,同样在 c 中的蒸气也是与在 b 中的蒸气状态相同的,所以 1 mol 温度为 T_0 的饱和蒸气的体积可以状态 b 的摩尔体积 $V_{g,m}$ 来表示;而与饱和蒸气共存的温度为 T_0 的液体的摩尔体积以状态 d 的摩尔体积 $V_{l,m}$ 来表示.若对状态 d 的气缸中的液体继续压缩,需施加极大的压强才能使体积明显减小,这是因为液体的压缩系数很小.在图 6.17 中的 $p-V_m$ 图中,a — b 表示气体的状态;b — d 表示气液共存的混合状态,从 b 向 d 变化过程中,气液比例逐步缩小.b — d 直线下的面积是液体全部转变为饱和蒸气时,外界对系统所做的等压功 $p_0(V_{g,m}-V_{l,m})$.

若设图 6.17 的等温线中 c 点的摩尔体积为 V_m,由于 $x_g+x_l=1$,$V_m=x_lV_{l,m}+$

$x_g V_{g,m}$,则很易证明,在 c 中气体含量的百分比 x_g 及液体含量的百分比 x_1 分别为

$$x_g = \frac{V_m - V_{1,m}}{V_{g,m} - V_{1,m}}$$

$$x_1 = \frac{V_{g,m} - V_m}{V_{g,m} - V_{1,m}} \quad (6.14)$$

这一关系称为以体积表示的杠杆定则.

二、安德鲁斯实验

历史上最早系统地研究真实气体等温线的人是英国物理学家安德鲁斯(Andrews, 1813—1885),他于 1869 年在英国皇家学会所做的题为"论物质液态和气态的连续性"的报告中介绍了他对二氧化碳等温线做的实验研究后所得到的结果.安德鲁斯是用一个下端开口的玻璃管把二氧化碳限制在水银面上,调节管中水银量以改变玻璃管上半部的容积和压强,从而测得不同温度下的安德鲁斯等温线.图 6.18 是后人作同类测量所得的曲线.从图可见,$T = 350$ K 的等温线较接近于理想气体等温线,增大压强绝对不会出现液态.在 $T = 294.5$ K 以下的三条等温线与图 6.17 中所画出的等温线十分类同,实际上,在所有温度等于或大于 304 K 的等温线中均没有类似于图 6.17 中 b—d 线段那样的气液共存状态出现,这说明温度高于 304 K 就不可能通过等温压缩使气体液化.304 K 温度称为二氧化碳的临界温度 T_c,它是二氧化碳能呈现液体状态的最高温度.304 K 以下存在一个由一些气液共存水平线段所组成的气液共存区,在图 6.18 中以 g—l 表示这一区域.它的边界在图中以虚线标出.虚线的最高点 K 就是临界点.临界点把虚线分为两部分.左边虚线上的各点表示不同温度下气液共存液体的状态,该虚线称为液体沸腾曲线(因为液体处于该曲线上各点时就开始沸腾);右边虚线上的各点表示诸温度下的饱和蒸气的状态,它称为蒸气冷凝曲线.我们可发现,临界温

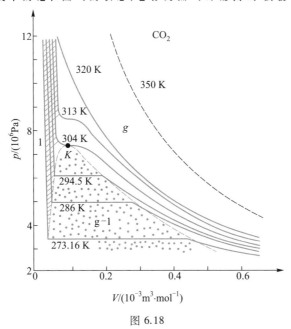

图 6.18

度等温线的左半部分(临界点之左)、液体沸腾曲线及蒸气冷凝曲线把 $p - V_m$ 图划分为三个区域:除气液共存区 g-l 外,图中以 l 表示的为液态区域,以 g 表示的为气态区域.在 g-l 区域中,每一条等压线的压强都是所对应温度的饱和蒸气压,或者说每一条等压线所对应的温度就是在该压强下的沸点.随着温度的升高,g-l 区域中的水平线段逐步缩短,即 $V_{g,m}-V_{l,m}$ 逐步变小;当温度升高到临界温度时,水平线段缩小为临界点 K,这时的 $V_{g,m} = V_{l,m}$.

三、真实气体的 $T-S$ 图与 $p-V$ 图的比较

我们再看一下第五章中图 5.8 所示的空气的温-熵图,发现有些等压线也会突然偏折为若干水平线段.在同一水平线上诸状态的压强、温度均相等,所有这些水平线段均在某一点 K 之下.为了看得更清楚,我们把它画在图 6.19 中的上图中.将它与图 6.18 比较可知,$T-S$ 图中水平线段的状态都是气液两相共存态,它们所组成的区域就是两相共存区 g-l.共存区中气相状态由蒸气冷凝曲线 $K—B—A$ 表示,液相状态由液体汽化曲线 $D—C—K$ 表示,K 为临界点.下图画出了上图中某一条等压线,其中 B 点及 C 点的熵 S_g 及 S_l 分别代表气相及液相的熵.可看到 $S_g > S_l$,说明处于相同温度、相同压强下的蒸气的熵恒大于液体的熵.这是易于理解的,因为液体有短程有序性,而气体即使在短程中也是无序的,所以在相同的温度、压强下,摩尔熵 $S_{g,m} > S_{l,m}$.

考虑到对可逆过程有 $T dS = dQ$,故 BC 线段下的面积

$$T(S_g - S_l) = \nu T(S_{g,m} - S_{l,m}) = \nu L_{v,m} \qquad (6.15)$$

表示从液相全部转变为同温、同压的气相所吸收的热量,此即汽化热,而 $L_{v,m}$ 为摩尔汽化热(说明:相变时吸或释放的热量也被称为相变潜热,所以汽化热也可称为汽化潜热,$L_{v,m}$ 的下标 v 表示汽化,下标 m 表示"每摩尔".)

从图 6.19 上图可见,随着压强的升高,水平线段的长度 $\nu(S_{g,m} - S_{l,m})$ 逐渐变短,水平线段下的面积 $L_{v,m}$ 逐步变小.当 T 等于临界温度 T_c 时,$S_{g,m} = S_{l,m}$,摩尔汽化热 $L_{v,m} = 0$.既然高于临界温度不可能存在液体状态.故上图中打斜线的区域应是液体状态区域,而区域 g 是气体状态区域.

※四、杠杆定则

若要利用温熵图求出气液共存态中的饱和蒸气及液体分别所占的百分比,常利用以熵表示的杠杆定则来计算.设图 6.19 下图中 E 点的熵为 S,E 点中的液体及蒸气所占百分比分别为 x_l 及 x_g,与(6.14)式的导出完全类同,同样可得

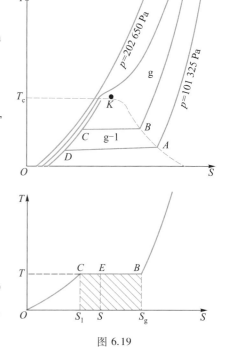

图 6.19

$$x_1 = \frac{S_g - S}{S_g - S_1}$$

$$x_g = \frac{S - S_1}{S_g - S_1} \tag{6.16}$$

五、汽化热

考虑到汽化是在可逆等温下进行的,因而得到(6.15)式;实际上汽化也是在可逆等压下进行的,而等压过程中吸收的热量就等于焓的增加,故有

$$\begin{aligned} L_{v,m} &= H_{g,m} - H_{1,m} \\ &= U_{g,m} - U_{1,m} + p_0(V_{g,m} - V_{1,m}) \end{aligned} \tag{6.17}$$

其中 $H_{g,m}$、$H_{1,m}$ 及 $U_{g,m}$、$U_{1,m}$ 分别是液体及蒸气的摩尔焓和摩尔内能.从(6.17)式可见,汽化热包括两个组成部分.$p_0(V_{g,m} - V_{1,m})$ 是液体汽化时扩大体积所需对外做的等压功,而 $U_{g,m} - U_{1,m}$ 是液体分子变为相同温度下的气体分子所需克服周围分子吸引力做的功.

※六、液体表面张力系数随温度升高而降低的定性解释

在§6.3.1中曾指出,液体表面张力系数随温度升高而降低,现以液体仅与它自己的饱和蒸气接触为例来定性解释其原因.液体的饱和蒸气压随温度升高而增大,因而液体上方的气体密度也增大.若这时在表面层中有一分子作用球(见图6.7),则在球内的液体与气体的密度差异将使表面层中分子所受到的分子力的合力变小,也使得液体内部的分子上升到表面层所需克服周围分子作用力做的功变小,最后使表面张力系数变小.当气体状态非常接近或到达临界点时,气液差异消失,表面张力系数变为零.

※§6.4.4 范德瓦耳斯等温线

一、范德瓦耳斯等温线

范德瓦耳斯方程 $\left(p + \dfrac{a}{V_m^2}\right)(V_m - b) = RT$ 可改写为

$$V_m^3 - \frac{pb + RT}{p}V_m^2 + \frac{a}{p}V_m - \frac{ab}{p} = 0 \tag{6.18}$$

它可看为是一个在 T、p 不变时的三次方程.有三个根能同时满足(6.18)式,设这三个根分别为 $V_{1,m}$、$V_{2,m}$、$V_{3,m}$.它们可能全是实根,也可能有一个实根,两个共轭复数根.因容积只能取正实数,故仅考虑正实根的情况.在图6.20(a)中画出了在 T 维持不同数值时,p 随 V_m 变化的范德瓦耳斯等温线.可看到,温度较高的 T_3 曲线与理想气体等温线相差甚小,这时范德瓦耳斯方程对任意压强均只有一个实根.当温度降低到低于 T_c 时,等温线上出现波折(图中每条等温线的波折部分的最高点与最低点之间的线段以虚线画出).温度越低,波折程度越严重.在波折区域中,任一压强有三个实根.若以水平虚线段 AA'、BB'、DD' 分别代表各条波折的曲线段,则等温线与图6.18所示的安德鲁斯等温线十分相似.图6.20(a)中虚线 $A—B—D—K—D'—B'—A'$ 所围区域就是气液共存区,虚线的最高点 K 就是

文档:范德瓦耳斯

临界点(在临界点的压强、摩尔体积及温度分别以 p_c、$V_{c,m}$、T_c 表示).由此可见,范德瓦耳斯方程是能统一描述气相、液相及气液相变的方程.下面具体讨论图6.20(a)中某一条等温线.

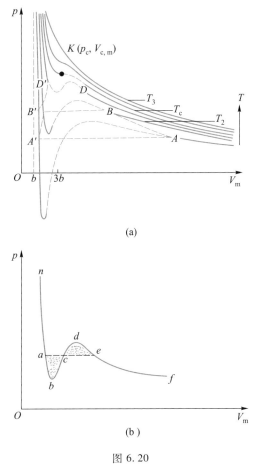

图 6.20

二、麦克斯韦构图法

由图 6.20(b)可看到,范德瓦耳斯等温线 $n—a—b—c—d—e—f$ 与安德鲁斯等温线十分相似,只要在图 6.20(b)中以一段水平直线段 $a—c—e$ 代替范德瓦耳斯等温线中的弯曲线段 $a—b—c—d—e$,则曲线 $n—a—c—e—f$ 就是安德鲁斯等温线.这说明这两种曲线之间的差别仅在 a 到 e 这一段线段上.那么水平横线段 $a—c—e$ 应画在何处呢? 可设想有 1 mol 的气体按图中的路径 $e—d—c—b—a—c—e$ 做一可逆循环,它是由 $a—c—b—a$ 及 $e—d—c—e$ 两个子循环所组成.前者为正循环,后者为逆循环.总的循环功是两个循环曲线所围面积之差

$$W = A_{acba} - A_{edce}$$

若 $W>0$,说明它有净功输出,这是一台热机.但是整个循环仅与一个热源相接触,因而是违背热力学第二定律的.若 $W<0$,则可使循环逆向进行,这时仍有净功输出,这样也违背热力学第二定律.唯一的可能是 $W=0$,即面积

$$A_{acba} = A_{edce}$$

这就是<u>麦克斯韦构图法</u>.它表示实验测出的等温线中的气液共存水平线段,是按照把范德耳斯等温线中出现波折的区域平分上下面积的法则画出的.

三、范德瓦耳斯等温线中各线段状态的讨论

既然安德鲁斯测到的气液共存等温线都是水平线,是否范德瓦耳斯等温线中出现波折的线段毫无意义呢? 并不是,这一线段包含着极为丰富的相变特征.

（一） 不稳定的 d—c—b

在图 6.20(b) 中的 d—c—b 线段上的斜率是正的 $\left[\left(\dfrac{\partial p}{\partial V_{\mathrm{m}}}\right)_T>0\right]$,说明压强增大,气体体积反而增大.这与我们在自然界中所观察到的任何物体(不管它是气体、液体还是固体)受到压缩时体积缩小的规律截然相反.实际上,由于外界因素的极微小干扰,或其他难以说清楚的原因,处在图(b)中 d—c—b 曲线上的诸状态的系统随时可能发生涨落.设某一处于状态 c 的系统由子系Ⅰ及子系Ⅱ所组成,由于涨落,子系Ⅰ在维持总体积不变的情况下突然受到压缩,因而子系Ⅰ体积缩小 ΔV,子系Ⅱ体积增大 ΔV.对于正常的 $\left(\dfrac{\partial p}{\partial V_{\mathrm{m}}}\right)_T<0$ 情况,子系Ⅰ体积缩小后压强应增大〔因为 $\left(\dfrac{\partial p}{\partial V_{\mathrm{m}}}\right)_T<0$,所以在 $\Delta V<0$ 时,必然 $\Delta p>0$〕,反之子系Ⅱ压强要减小,这时在子系Ⅰ与Ⅱ之间由于产生压强差而破坏了力学平衡.在不平衡力的作用下,子系Ⅰ要膨胀,子系Ⅱ要压缩,其稳定的状态仍然使子系Ⅰ与子系Ⅱ相互处于力学平衡,这说明在 $\left(\dfrac{\partial p}{\partial V_{\mathrm{m}}}\right)_T<0$ 时,系统的状态是稳定的,因而是正常的.相反,若系统的 $\left(\dfrac{\partial p}{\partial V_{\mathrm{m}}}\right)_T>0$,某时刻由于涨落,使子系Ⅰ的体积突然缩小 ΔV,由 $\left(\dfrac{\partial p}{\partial V_{\mathrm{m}}}\right)_T>0$ 知,它的压强因而变小.对于子系Ⅱ,由于体积突然胀大 ΔV 而使压强变大,致使子系Ⅱ的压强大于子系Ⅰ的压强,子系Ⅱ要压缩子系Ⅰ,子系Ⅰ的体积继续缩小,子系Ⅱ的体积继续胀大.而 $\left(\dfrac{\partial p}{\partial V_{\mathrm{m}}}\right)_T>0$,故子系Ⅱ与子系Ⅰ的压强差又进一步增加……如此不断反复,结果使子系Ⅰ越压越小,子系Ⅱ越胀越大.这时子系Ⅰ将沿图 6.20(b) 中 $c{\to}b$ 方向变化而变为液体,子系Ⅱ将沿 $c{\to}d$ 方向变化而变为气体.

从以上的分析可以说明,$\left(\dfrac{\partial p}{\partial V_{\mathrm{m}}}\right)_T>0$ 的状态都是不稳定的,这时系统内部必然要做新的调整,相的分离也就发生了.

（二） 处于亚稳态的过冷蒸气 e—d 及过热液体 b—a

图 6.20(b) 中线段 e—d 、b—a 中诸状态的 $\left(\dfrac{\partial p}{\partial V_{\mathrm{m}}}\right)_T<0$,说明这些状态都是稳定的,为什么在安德鲁斯实验中并未出现呢? 对此可如此理解:设 e—d 中某一点的压强为 p,体积为 V,其温度即图 6.20(b) 曲线所对应的温度 T_0.设直线 a—c—e 的压强为 p_0,则 $p>p_0$.很显然,在图 6.18 的安德鲁斯等温线中,与 p、V 相等的点仍在气-液共存区中,它的每一个压强(即饱和蒸气压)对应一个沸点温度.由于 $p>p_0$,

故与 p 所对应的沸点 $T > T_0$. 这说明在图 6.20(b) 中 e—d 线段上诸点的蒸气温度均要低于在图 6.18 中所对应的饱和蒸气的温度, 故我们称 e—d 线段上的蒸气为过冷蒸气. 前面曾指出, 当蒸气中没有足够的凝结核时, 不能凝结为液体的过饱和蒸气就是过冷蒸气. 相反, 在 b—a 中诸状态的温度均比图 6.18 中的饱和蒸气压所对应的沸点高, 这种液体是过热液体. 当液体中没有足够的汽化核时, 即使温度超过沸点, 液体也不会沸腾, 这种液体是过热液体. 过冷、过热的状态都是亚稳态. 亚稳态对于小的扰动是稳定的, 但对于足够大的扰动却是不稳定的, 最终它们必将成为最稳定的两相共存态. 其中的液相由图 6.20(a) 中虚线 A'—B'—D'—K 上的诸状态表示, 而气相由虚线 A—B—D—K 上的诸状态表示.

□ §6.4.5 临界点 · [※] 一级相变与连续相变 · [※] 临界乳光

在安德鲁斯等温线和范德瓦耳斯等温线中都有一个特殊的状态——临界点. 在临界点所发生的气液相变与在低于临界温度时的相变完全不同, 它有很多特殊性质, 所以临界点非常重要, 下面专门予以讨论.

一、临界点状态参量的确定

现以范德瓦耳斯方程为例来说明如何确定临界点状态参量: 临界压强 p_c、临界摩尔体积 $V_{c,m}$、临界温度 T_c.

由图 6.20(a) 可见, 范德瓦耳斯等温线的波折部分随温度的升高而逐步缩小, 在临界温度 T_c 时, 它缩为一个点——临界点. 每一波折线段中都各有一个极大值和极小值, 它们都满足 $\left(\dfrac{\partial p}{\partial V_m}\right)_T = 0$, 但又分别满足 $\left(\dfrac{\partial^2 p}{\partial V_m^2}\right)_T < 0$ 及 $\left(\dfrac{\partial^2 p}{\partial V_m^2}\right)_T > 0$ 的条件. 既然临界点同时兼有极大和极小的特征, 则唯一的可能是, 它们都同时满足下述两个条件:

$$\left(\frac{\partial p}{\partial V_m}\right)_T = 0$$

$$\left(\frac{\partial^2 p}{\partial V_m^2}\right)_T = 0$$

满足上式条件的点称为拐点. 若将范德瓦耳斯方程写为

$$pV_m + \frac{a}{V_m} - pb - \frac{ab}{V_m^2} = RT$$

将此式对 V_m 在定温下求偏微商, 注意到 $\left(\dfrac{\partial p}{\partial V_m}\right)_T = 0$, 故

$$p = \frac{a}{V_m^2} - \frac{2ab}{V_m^3} \tag{6.19}$$

这就是范德瓦耳斯方程中各等温线的极大值和极小值共同满足的曲线方程. 图 6.21 中的虚线 (1) 是气液共存区的边界线, 而虚线 (2) 是由各条范德瓦耳斯等温线的极大值及极小值诸点联结而成的, 虚线 (2) 上的点均满足 $\left(\dfrac{\partial p}{\partial V_m}\right)_T = 0$ 的条

件,其曲线方程就是(6.19)式,而虚线(2)的极值又有 $\left(\dfrac{\partial^2 p}{\partial V_m^2}\right)_T = 0$ 的关系,所以

(6.19)式中能满足极大值的点就是虚线(2)的顶点.此即临界点.只要对(6.19)式中的 V_m 作偏微商,并令其等于零,即

$$\left(\frac{\partial^2 p}{\partial V_m^2}\right)_T = -\frac{2a}{V_{c,m}^3} + \frac{6ab}{V_{c,m}^4} = 0$$

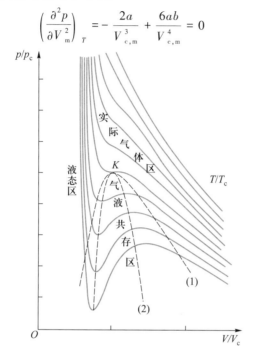

图 6.21 由范德瓦耳斯等温线求临界点

则可解得摩尔临界体积

$$V_{c,m} = 3b \tag{6.20}$$

然后将它代入(6.19)式,即可得临界压强

$$p_c = \frac{a}{27b^2} \tag{6.21}$$

将(6.20)式、(6.21)式代入范德瓦耳斯方程,从而得

$$T_c = \frac{8a}{27Rb} \tag{6.22}$$

可看到 T_c、$V_{c,m}$、p_c 之间有

$$\frac{RT_c}{p_c V_{c,m}} = \frac{8}{3} = 2.667 \tag{6.23}$$

的关系.这一比值称为临界系数.对于所有遵从范德瓦耳斯方程的各种气体,其临界系数都应满足(6.23)式.实验测出各种气体的临界系数均不同,而且相差甚大.例如,二氧化碳的 $T_c = 304.19$ K,$p_c = 73.80 \times 10^5$ N·m^{-2},$V_{c,m} = 94.01 \times 10^{-6}$ m^3·mol^{-1},由此算出其临界系数为 3.64.水的 $T_c = 647.30$ K,$p_c = 220.43 \times 10^5$ N·m^{-2},$V_{c,m} = 56.25 \times 10^{-6}$ m^3·mol^{-1},所算出的临界系数为 4.34.这些数据正好说明,范德瓦耳斯方程是有很大近似性的,它仅适用于温度不是太低,压强不

是太高的气体.

※二、一级相变和连续相变

(一) 一级相变

前面在讨论气液相变时已指出:当温度$T<T_c$而发生相变时,其熵和体积均发生突变,即$S_{g,m}\neq S_{l,m}$,$V_{g,m}\neq V_{l,m}$,因而在相变时会有汽化热的吸放.这种摩尔熵和摩尔体积的突变来源于气相与液相在微观结构上的差异,所以在相变时一定需要经历一个气液共存的阶段,只有这样才能逐步调整内部的微观结构.系统吸收多少热,就相应有多少液体从液相变为气相.但是要在液体内部出现气泡,或在饱和蒸气内部出现液滴,均需满足一定的条件.若对没有足够汽化核的液体加热,会产生过热液体;若对没有足够凝结核的蒸气冷却,可形成过冷蒸气.我们把摩尔熵和摩尔体积均发生突变的,可出现过冷、过热现象的相变称为一级相变,或称为一类相变.一级相变的特征还反映在相变前后定压热容随温度的变化曲线上.图 6.22(a)表示了一级相变时的$C_p - T$的变化曲线.可见比定压热容在相变温度T_0处是不连续的.例如,在100 ℃以下水的比定压热容为4.18 kJ·kg^{-1}K^{-1},而在100 ℃时水蒸气的比定压热容为2.09 kJ·kg^{-1}K^{-1}.而且,物体在发生相变时的比热容应趋于无穷大.这是因为,在出现两相共存时,系统的温度没有变化(即$\Delta T=0$),但却吸收(或放出)了汽化热(即$\Delta Q\neq 0$),由公式$C_p=\left(\dfrac{\mathrm{d}Q}{\mathrm{d}T}\right)_p$知,$C_p$应趋于无穷.

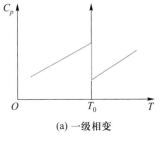

(a) 一级相变

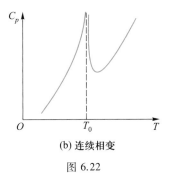

(b) 连续相变

图 6.22

所有发生在气、液、固三种物态之间的相变及同素异晶转变均属于一级相变.

(二) 连续相变

前面提到,在临界点时所发生的相变有$S_{g,m}=S_{l,m}$,$V_{g,m}=V_{l,m}$的特征,因而无潜热的吸放,也无两相共存,没有过冷过热现象,而且其$C_p - T$变化曲线也与一级相变完全不同,如图 6.22(b)所示.虽然它的C_p也是在相变温度T_c时发散,但是在温度尚未升到T_c时,它已有趋向发散的趋势,使$C_p - T$的曲线呈λ形.所以这种相变称为λ相变.λ相变是连续相变中见得最多的一种相变.由于发生相变时,相变前后两种相的摩尔熵和摩尔体积均不发生突变,也就是说它们作连续变化,因而把这种相变称为连续相变.注意到在发生连续相变时没有潜热吸放,也不需对外做功(或外界对系统做功),它不需通过二相共存阶段来逐步调整内部的微观结构,而可以像在临界点时那样,从一相(如气相)一下子全部变为另一相(如液相).它也不会出现过冷过热现象.只要T、p同时满足连续相变条件,相变总能发生,这些都是连续相变的共同特征.除在临界点发生的相变属于连续相变之外,液晶与液体之

间的相变(见选读材料6.3)、具有超流动性的液氦Ⅱ与正常流体液氦Ⅰ之间的相变
(见选读材料5.5)、在无外磁场的情况下超导体与正常导体之间的相变以及铁磁
体与顺磁体之间的转变等都是连续相变的典型例子.

※三、临界点的性质

（一）处于临界点的液体的摩尔体积是同种液体中摩尔体积最大的

由图 6.18 可见,处于临界点的液体的摩尔体积是同种液体中摩尔体积最大
的,这说明在临界点的液体是最稀疏的液体;而临界点的蒸气的摩尔体积又是饱
和蒸气中最小的,说明在临界态的蒸气是最稠密的饱和蒸气.为了能对这一性质
了解得更清楚,我们估计一下在临界点时分子间的平均间距.

由(6.20)式知,$V_{c,m}=3b$,而 b 等于分子固有体积的四倍(见选读材料1.4).
设分子是直径为 d 的刚球,则

$$V_{c,m} = 3 \cdot 4 \cdot \frac{4}{3}\pi \cdot \left(\frac{d}{2}\right)^3 N_A$$

若临界点时分子间距为 l,则

$$V_{c,m} = N_A \left(\frac{l}{2}\right)^3$$

由上两式相等可得

$$l = (16\pi)^{1/3} \cdot d = 3.7d$$

这说明,在临界态时每两个分子之间还有足够空间再塞入另一个分子.

（二）临界态时气相与液相一切差别趋于消失

例如,因为 $V_{g,m}=V_{l,m}$ 致使气相与液相的折射率相等,所以在临界点或在接
近临界点时看不到气、液的分界面.液体的表面张力系数也已在低于临界温度
2~4 ℃时趋于零.

（三）临界乳光现象

透明液体处于临界点附近时会呈现不透明的乳白色,这种现象称为临界乳
光现象.图6.23是所观察到的二氧化碳临界乳光现象实验的示意图.玻璃容器中
充满密度等于临界密度的二氧化碳的气体.容器中放有密度分别稍高于、等于及
稍低于 ρ_c 的三个小球 A、B、C.三个小球位置的高低可反映出容器中密度分布的
变化情况.现使容器中的二氧化碳的状态沿图 6.23 中 $V_m=V_{c,m}$ 的竖直直线缓慢
地等体降温.图中(a)、(b)、(c)、(d)分别对应于四种不同温度时所观察到的情
况.图(a)的温度稍高于 T_c,这时的二氧化碳处于接近于临界点的气态,临界乳
光现象已开始出现.由于容器中的密度还是比较均匀的,所以 C、B、A 三球分别
顶在容器顶部、悬浮于容器中部及沉在容器底部.图(b)的温度比图(a)的稍低,
它的状态更接近临界点,故乳光现象也较为明显.但这时 B 球并非悬浮于中
部,而是沉下去了①.图(c)的温度稍低于临界温度,这时气、液两相已分离,虽然
图片上看不出气、液分界面,但这可从 C 球下落到容器中部,又 C 球高度稍高于

---

①　此时 B 球下沉是因为在临界点时液体的热膨胀系数很大,密度分布对温度的不均匀性十分敏
感,很难恰到好处地把小球控制在中部.

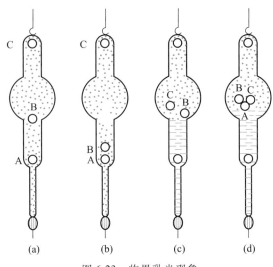

图 6.23　临界乳光现象

B 球而判断出.图(d)的温度更低,液相的密度更大,使 A 球也上升,并与 B、C 球一起浮在液面上.由于 A、B、C 球的密度不同,故它们浸在液体中的体积也各不相同.显然,在图(c)及图(d)中的临界乳光现象已不明显.

临界乳光现象与在选读材料 1.4 中所介绍的晴朗的天空呈现蓝色一样,都来源于分子散射.在理想气体中的分子散射的强度与波长的四次方成反比,所以能看到天空的蓝色.但对于在液体或在密度较大的临界态物质中所发生的分子散射,其散射光强度与波长的关系不太明显,所以看到的是乳白色.云雾(其液滴的线度在 10^{-6}m 数量级)呈白色也与光的散射有关,但这不是分子散射,而是丁铎尔散射,也称大粒子散射(见选 1.4.2),其光线强度与光波波长关系不大,所以云呈乳白色.在选读材料 1.4 中指出,分子散射是由密度涨落引起的.在临界点时能看到分子散射这一实验事实,正说明了在临界点时的涨落特别明显.

※ §6.5　固-液、固-气相变·相图

§6.5.1　固-液及固-气相变

一、固-液及固-气相变

物质三相之间的变化,除了气液相变之外,还有固液相变(即熔解或凝固)及固气相变(即升华或凝华).它们与气液相变一样都是在两相共存状态下进行的,它们都伴随有潜热的吸放或体积的突变.通常在相变时有如下关系:$S_{s,m}<S_{l,m}$,$S_{s,m}<S_{g,m}$ 及 $V_{l,m}<V_{g,m}$(其中下标 s、l、g 分别表示固、液、气,下标 m 表示为单位摩尔).相变时熵与体积的突变来源于相变前后物质微观结构的不同.

二、固-液及固-气相变与气-液相变类似

正因为发生固—液、固—气相变时其摩尔熵及摩尔体积要发生突变,所以它

们都需通过两相共存阶段来完成物质结构的改变,这就是一级相变.在一级相变中可出现过冷、过热现象.例如,若要在已完全熔化的液体中产生结晶,就应先存在结晶核,然后以结晶核为中心,沿着与结晶核相同的晶面方向生长晶体.结晶核可由液体中的原子自发聚集而成,也可在杂质基础上形成,还可人为地加入小块晶体作为结晶核.结晶是晶核产生和晶体生长同时并进的过程.在通常的熔液中可同时存在很多晶面方向互不一致的结晶核.每个晶核都生长成一个晶粒.到了晶粒所占的体积约等于整个熔液的体积的 50% 时,正在生长的晶粒之间一般都要相互接触.这时,晶体只能朝尚有液体的方向生长,使晶粒具有不规则的外形.这样凝成的晶体就是多晶体.在不存在结晶核时,即使温度低于结晶温度 T_s,熔液也不会结晶,这种熔液称为过冷液体.过冷液体处于亚稳态.在过冷液体的温度大大低于它的压强所对应的熔点时,只要投入极少量固体微粒,或给予微弱的机械振动,结晶就能立即很快进行.单晶常是利用过冷液体来制备的.§6.1 中曾提到,非晶态固体也是一种过冷液体,它较之相应的结晶态具有较高的内能.在一定条件下,它也会逐步向结晶态过渡.经过这种过渡,非晶态材料的原有特征随之丧失,它的体积、熵,以及力学、电学性质也随之变化.非晶态固体转变为晶体同样需经历晶核形成、晶体生长的过程.过冷液体另一重要应用实例是人体器官、种畜的精液、食品等的速冻低温保存.我们知道,细胞内部绝大部分是水,还有少量离子,因而其凝固温度约为 0~2 ℃左右.细胞在降温达到或稍低于凝固温度时,细胞液会结晶,由于水的反常膨胀而胀破细胞膜.若要在低温下保存完整的细胞,应使器官或食品整体都降温,且快速降到远低于凝固温度[通常用液氮(77 K)为冷冻剂],使细胞液成为过冷液体.而且在低温保存时不宜给予外界的扰动(如振动等),以免从亚稳态变为稳态而结晶.关于冻结的过程,请见二维码视频"冻结瞬间动作"和"偏振显微镜下水的结晶".

视频:冻结瞬间动作

视频:偏振显微镜下水的结晶

　　饱和蒸气在凝华过程中也需有结晶核,在低于凝华温度仍不结晶的蒸气称为过冷蒸气或称过饱和蒸气.在 §6.4.2 的"四"中曾提到在冷云和混合云中均存在冰晶.由于与冰晶相平衡的饱和蒸气压总是低于与水滴相平衡的饱和蒸气压,所以在混合云中的水蒸气对于冰晶来说处于过饱和状态,使冰晶能不断长大.降水过程,特别是大雨的形成与大块冰晶的大量生成直接有关.

　　三、凝固热与升华热

　　与汽化热(或称凝结热)$L_{v,m}$ 相类似,熔解热(或称凝固热 $L_{m,m}$)及升华热(或称凝华热 $L_{s,m}$)可分别表示为

$$
\begin{aligned}
L_{m,m} &= T_m(S_{l,m} - S_{s,m}) = H_{l,m} - H_{s,m} \\
&= (U_{l,m} - U_{s,m}) + p_0(V_{l,m} - V_{s,m})
\end{aligned} \tag{6.24}
$$

$$
\begin{aligned}
L_{s,m} &= T_s(S_{g,m} - S_{s,m}) = H_{g,m} - H_{s,m} \\
&= (U_{g,m} - U_{s,m}) + p_0(V_{g,m} - V_{s,m})
\end{aligned} \tag{6.25}
$$

其中 T_m、T_s 分别表示熔点与升华点.S、H、U、V 的下标 l、s、g 分别表示液相、固相及气相.

表 6.3 给出了某些物质的汽化热与临界温度等数据,以供参考.

表 6.3   各种纯物质在 1.01×10⁵ Pa 时的熔点 T_m、单位质量熔解热 l_m、沸点 T_B、

单位质量汽化热 l_v 及临界温度 T_c [1]

物　质	T_m /K	l_m /(kJ·kg⁻¹)	T_B /K	l_v /(kJ·kg⁻¹)	T_c /K
酒精	159	109	351	879	
CO_2	—	—	194.6 [2]	573 [2]	304.2
H_2O	273.15	333.5	373.15	2 257	647.3
Zn	692	102	1 184	1 768	
Cu	1 356	205	2 869	4 926	
Au	1 336	62.8	3 081	1 701	
Pb	600	24.7	2 027	858	
Hg	234	11.3	630	296	
He	—	—	4.2	21	5.3
N_2	63	25.7	77.35	199	126
O_2	54.4	13.8	90.2	2 313	154.8
H_2	14.0	58.5	20.2	452	33.3

① 数据部分取自参考文献 3 的 25 页及 53 页.

② CO_2 在 1.01×10⁵ Pa 时不存在液态,这里指的是升华点与升华热.

四、能统一描述气、液、固相的 p-V 图

图 6.18 仅画出了在压强与温度均较大时纯物质的 p-V 图中的状态.若把压强与温度进一步降低,液体会凝固成晶体,蒸气也会凝华为晶体.图 6.24 就是能统一描述纯物质的气、液、固三态以及三种两相共存区域的 p-V 图.图中画出了温度 $T(T<T_c)$ 时的一条等温线 A—B—C—D—E—F,它穿过固液共存、液气共存区域时压强均不变.穿过固液共存区 BC 时的压强 p_m 称为熔解压强.图中 $p=p_{tr}$

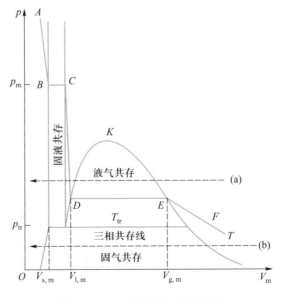

图 6.24 p-V 图上的一条等温线

时的等压线也就是 $T=T_{tr}$ 时的等温线,由 p_{tr} 及 T_{tr} 所共同决定的状态称为三相点,这是气、液、固三相同时存在而达相平衡的唯一状态,而 p_{tr} 及 T_{tr} 分别称为三相点压强及三相点温度.可注意到,在 $p-V_m$ 图上,三相点并不是一个点,而是一条三相共存直线,如图 6.24 所示.三相共存线上的气相、液相及固相的摩尔体积分别为 $V_{g,m}$、$V_{l,m}$、$V_{s,m}$.与两相共存区类似,三相共存线上的各点都是气相、液相、固相按不同比例的混合物.在三相共存线上任一点上的气、液、固比例不服从(6.14)式所表示的杠杆定律.因为三相点上的气、液、固比例有两个独立变量,而三相点时只有总体积一个参量,一个参量无法确定两个独立数值.

五、二元系的凝固点与沸点

以上讨论的都是单元系的情况.当单元液体中溶解了另一种组元物质,且两组元间不发生化学反应而构成二元系时,其凝固点将变化(例如凝固点降低).所谓正常凝固点是指液体和固体在 $1.01×10^5$ Pa 时能共存的温度.盐的饱和水溶液在 $1.01×10^5$ Pa 时冷却到 -20 ℃时才有冰从溶液中析出,而纯水的正常凝固点为 0 ℃(当然,当盐水溶液浓度降低时,其固、液共存温度也随之升高).由此可见,二元互溶体系的凝固点不仅与压强有关,也与组元的成分有关,这正是二元系或多元系与单元系的差异.这一性质早被人们所利用.例如人们在发明制冷机之前,就利用盐水浴槽来获得低温.又如冬天汽车用的防冻剂是用来降低汽车冷却器中水的凝固点的,以免由于水凝固时反常膨胀(见§6.5.3)而冻裂冷却器.另外,由于水溶液凝固时,只是溶液中的水凝固成冰,结果使剩下的溶液的浓度更为增大,这时只有继续降低温度,直到水和溶质同时结晶而成为所谓低共熔冰盐结晶时才全部变为固态.

液体的沸点也随溶解物质的存在而变化,但其沸点可低于或高于纯物质时的沸点(如水与酒精溶液的沸点低于纯水沸点;而盐水溶液的沸点高于纯水沸点).

§6.5.2 相图

一、$p-V_m-T$ 图

在§1.4.1 中曾指出,描述可压缩系统的状态需 p、V_m、T 三个状态参量(这主要是针对单元系而言的,对二元系还应有组分这一独立变量),在物态方程已知时,p、V_m、T 三者并非完全独立.虽然我们无法找到能较准确地同时描述气、液、固三种物态的物态方程,但我们可通过实验测量,作出所研究物质的 $p-V_m-T$ 图,如图 6.25 就表示了某纯物质的 $p-V_m-T$ 图.若沿坐标轴($-T$)的方向看图,曲面在 $p-V_m$ 图上得到一个投影,所得图形与图 6.24 完全相似,可见 $p-V_m$ 图就是 $p-V_m—T$ 图的某种投影.与图 6.24 相对应,在图 6.25 中,画出了 $p-V_m$ 图中的某一条等温线.

二、$p-T$ 相图

若沿图 6.25 的 V_m 坐标轴方向看过去,则所有的两相共存曲面均合并为一条相平衡曲线.其中的固-液共存曲面合并为熔化曲线,固-气共存曲面合并为升华曲线,气-液共存曲面合并为汽化曲线,而三相共存线合并为三相点"O".各相

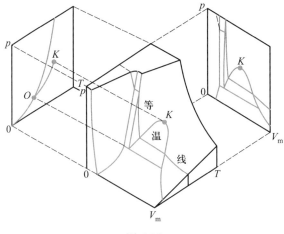

图 6.25

平衡曲线把 p - T 图划分为若干区域,每一区域代表一个相.图6.26(a)就是为了把图 6.25 中的 p - T 图表示得更清楚而画出的.在这里只出现气、液、固三个相.其临界点"K"及三相点"O"已在图中标出.其中虚线"(a)""(b)"都表示等压冷却时系统状态变化的情况.

若与图 6.24 配合起来看,则更为清楚.从图 6.26(a) 中的虚线"(a)"沿箭头所示方向先后跨过气液共存区、液态区及液固共存区,从 100% 液体变为同温、同压下的 100% 的晶体.与此相似,图 6.24 及图 6.26(a) 中的虚线(b)均表示气体等压冷却,最后凝华为晶体的过程.

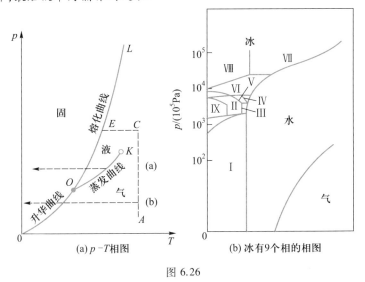

图 6.26

考虑到在 p - V_m 图中的所有两相共存区中的状态都是混合态,在同一条等温等压线上各点的液体(或饱和蒸气、固体)的状态都是相同的,同一状态可有很多个点与之相对应,p - V_m 图与状态参量之间无一一对应关系,所以常用 p - T 图,而不用 p - V_m 图来表示系统各相的状态.这样的 p - T 图称为相图.

图 6.26(b) 是表示(液态)水、水汽以及 9 种冰的相的相图.这 9 种冰都是同

素异构体.通常说的冰为冰Ⅰ相,它处于较低压强下,它与水、气三相共存的点在横轴上的投影位于 0.01 ℃附近(图中未画出).而其他 8 种相的冰均处于高压或特高压强下.

三、超临界区域

从图 6.26 可看到,所有的相平衡曲线均是相互连结的,这些曲线与坐标轴 T、p 一起把 p-T 图划分为若干个封闭的区域,每一个区域代表一个相.但也有例外,如气液共存曲线在临界点中断了,使 p-T 图上的气相与液相可相互联通.在图 6.26(a)中 K 点所对应的坐标为 p_c、T_c,即临界压强与临界温度.对于 $p>p_c$(p_c 为临界压强)的区域,人们习惯上把 $T>T_c$ 时的状态称为气态,把 $T<T_c$ 时的状态称为液态,这完全是人为的划分,其科学根据不足.实际上,在 p-T 图中临界点上面的一部分区域内,气与液的性质并无明显差异,在图 6.18 及图 6.26(a)中把 $p>p_c$ 的那一部分临界等温线看作气相与液相的分界线完全是人为的.例如,若气体从图 6.26(a)中的 A 点状态出发,使它先等温升压到 C 点,然后等压降温到 E 点,然后等温降温到 D 点(D 点在熔化曲线和饱和蒸气压曲线之间),这样我们就可把气体连续地变为液体,而并未经过气-液共存阶段.在气液相变中存在这种不经过两相共存就可把系统从一相连续地变为另一相的原因,是因为气体和液体一样,它们都是长程无序的.若把气体压缩得十分稠密,分子间几乎快要相互接触,分子间作用力已相当强,但是只要分子热运动的动能比分子引力势能还要大,使分子的总能量是正的(见图 1.7),这时分子并未束缚在势阱中,因而还是自由的,这时仍是气体.只有再降低温度以进一步减少热运动动能,使总能量是负的,分子间作用力足以使分子束缚在势阱中,并使分子具有短程有序性以后,气体才变为液体.正因为气体与液体都是长程无序的(也就是说,它们本质上是都无序的,只不过无序的程序不同),从短程无序的气体变为短程有序的液体并不一定要经历两相共存阶段来调整内部的微观结构,而可通过状态的连续变化逐步达到.另外,图 6.26(a)中沿 A—C—E—D 路径的变化过程中没有发生熵与体积的突变,也可说明在这一过程中系统的微观结构并未发生过突然的变化.通常把图 6.26(a)中 K 点以上区域称超临界区.高效率大型汽轮机的高压蒸气就是处于亚临界或超临界状态,以获得具有特高的温度与特高的压强的气体(见选读材料 4.3).

四、三相点

由图 6.24、图 6.25、图 6.26(a)可见,三相点是气、液、固三相能同时平衡共存的状态,它也是 p-T 图上的饱和蒸气压曲线、熔化曲线及升华曲线三者交汇之点.考虑到熵及焓都是态函数,利用(6.17)式及(6.24)式、(6.25)式可证明,在三相点时的升华热、熔化热与汽化热间有如下关系:

$$L_{s,m} = L_{v,m} + L_{m,m} \tag{6.26}$$

水的三相点温度为 273.16 K,三相点压强为 611 N·m^{-2}.

§6.5.3 克拉珀龙方程

一、克拉珀龙方程

表示 p-T 相图上相平衡曲线微分斜率 $\dfrac{\mathrm{d}p}{\mathrm{d}T}$ 的公式称为克拉珀龙方程. 下面利用卡诺定理来推导这一公式. 设想某一物质的蒸气在气液共存区内经历一可逆卡诺循环, 如图 6.27 所示. 物质的量为 ν 的某种液体从温度为 $T+\mathrm{d}T$、压强为 $p+\mathrm{d}p$, 且全部处于液相的 A 点出发, 先后经过如下四个过程: $A{\to}B$, 等温加热使之全部变为蒸气; $B{\to}C$, 绝热微小膨胀, 使温度降为 T, 压强降为 p; $C{\to}D$, 在压强 p、温度 T 下等温压缩; $D{\to}A$, 绝热压缩回到初态 A. 由于在绝热膨胀及绝热压缩过程中的温度变化 $\mathrm{d}T$、$\mathrm{d}p$ 均很小, 在 p-V 图上可近似以两相共存区中的梯形来表示这一循环. 系统从高温热源吸收汽化热 $\nu L_{\mathrm{v,m}}$, 对外做功 $\nu(V_{\mathrm{g,m}}-V_{\mathrm{l,m}})\mathrm{d}p$, 其效率应等于卡诺热机效率, 即

$$\eta = \frac{\mathrm{d}T}{T} = \frac{\mathrm{d}p \cdot \nu(V_{\mathrm{g,m}} - V_{\mathrm{l,m}})}{\nu L_{\mathrm{v,m}}}$$

$$\frac{\mathrm{d}p}{\mathrm{d}T} = \frac{L_{\mathrm{v,m}}}{T(V_{\mathrm{g,m}} - V_{\mathrm{l,m}})}$$

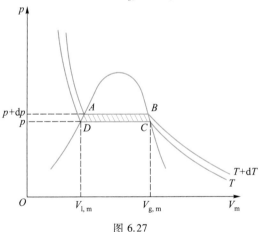

图 6.27

这就是法国铁路桥梁工程师克拉珀龙 (Clapeyron, 1799—1864) 于 1834 年建立的克拉珀龙方程, 也称克拉珀龙-克劳修斯方程. 虽然上述推导是以气液相变为例而进行的, 但对于所有可发生熵和体积突变的一级相变, 上式均成立. 对于一般情况, 克拉珀龙方程可写为

$$\frac{\mathrm{d}p}{\mathrm{d}T} = \frac{L_{12,\mathrm{m}}}{T(V_{1,\mathrm{m}} - V_{2,\mathrm{m}})} = \frac{l_{12}}{T(v_1 - v_2)} \qquad (6.27)$$

其中 $L_{12,\mathrm{m}}$ 表示从 "2" 相转变为 "1" 相时的摩尔潜热, $V_{1,\mathrm{m}}$ 及 $V_{2,\mathrm{m}}$ 分别为 "1" "2" 相的摩尔体积, l_{12} 为单位质量的相变潜热, v_1 及 v_2 分别为 "1" 相及 "2" 相单位质量的体积称为比容, 而 T 为相变温度. 因为 $L_{12,\mathrm{m}} = T(S_{1,\mathrm{m}} - S_{2,\mathrm{m}})$, 故上式又可改写为

$$\frac{\mathrm{d}p}{\mathrm{d}T} = \frac{S_{1,\mathrm{m}} - S_{2,\mathrm{m}}}{V_{1,\mathrm{m}} - V_{2,\mathrm{m}}} \qquad (6.28)$$

这表示相图上相平衡曲线的斜率等于一级相变中摩尔熵和摩尔体积突变量的比率.

[例 6.2] 若地幔内某一深度恰好处于熔岩与岩石的分界面上,它的温度是 1 300 ℃,熔岩与岩石的密度之比为 $\frac{\rho_1}{\rho_2} \approx 0.9$. 设在这一深度处的重力加速度仍为 g,硅石的熔解热为 $4.18 \times 10^5 \, \mathrm{J \cdot kg^{-1}}$,试问在此深度附近,每降低 1 km 熔点变化多少?

[解] 由(6.28)式可得

$$\frac{1}{T_{\mathrm{m}}} \cdot \frac{\mathrm{d}T_{\mathrm{m}}}{\mathrm{d}p} = \frac{V_{1,\mathrm{m}} - V_{s,\mathrm{m}}}{L_{\mathrm{m,m}}}$$

其中 T_{m} 是熔解温度,$l_{\mathrm{m,m}}$ 为摩尔熔解热,$V_{1,\mathrm{m}}$ 及 $V_{s,\mathrm{m}}$ 分别为液态硅石及固态硅石的摩尔体积.因地球内部压强是由重力加速度引起的,有

$$\mathrm{d}p = -\rho_s g \mathrm{d}r$$

考虑到 $V_{1,\mathrm{m}} = \frac{M_{\mathrm{m}}}{\rho_1}$,$V_{s,\mathrm{m}} = \frac{M_{\mathrm{m}}}{\rho_s}$ 及 $\frac{\rho_1}{\rho_s} \approx 0.9$.将这些关系代入,可得

$$\frac{\mathrm{d}T_{\mathrm{m}}}{T_{\mathrm{m}}} = -\frac{g \mathrm{d}r}{9 L_{\mathrm{m,m}}}$$

$$\frac{\mathrm{d}T_{\mathrm{m}}}{\mathrm{d}r} = -\frac{T_{\mathrm{m}} g}{9 L_{\mathrm{m,m}}} = -4.1 \, \mathrm{K \cdot km^{-1}}$$

说明在该处每降低 1 km,熔点就升高 4.1 K.

二、蒸气压方程

描述液-气及固-气的饱和蒸气压随温度变化的方程称为蒸气压方程.对饱和蒸气一般可作如下近似处理:(1) 在温度变化范围不大时,可认为汽化热(或升华热)不随温度变化.(2) 液相及固相的摩尔体积比气相少得多而可予忽略(在通常情况下这一条件总能成立.例如 $1 \times 10^{-6} \, \mathrm{m}^3$ 的水在 100 ℃ 时可变为 $1.63 \times 10^{-3} \, \mathrm{m}^3$ 的蒸气.一般说来,从液相或固相变为蒸气时体积可扩大 10^3 数量级).(3) 在饱和蒸气压不大时,蒸气可看作理想气体.在作了上述近似处理后,克拉珀龙方程可写为

$$\frac{\mathrm{d}p}{\mathrm{d}T} = \frac{L_{\mathrm{v,m}}}{T(RT/p)} \qquad (6.29)$$

$$\frac{\mathrm{d}p}{p} = \frac{L_{\mathrm{v,m}}}{R} \cdot \frac{\mathrm{d}T}{T^2} \qquad (6.30)$$

$$\ln p = -\frac{L_{\mathrm{v,m}}}{RT} + C \qquad (6.31)$$

$$p = p_0 \exp\left(-\frac{L_{\mathrm{v,m}}}{RT}\right) \qquad (6.32)$$

其中 p_0 是常量.(6.32)式说明饱和蒸气压随温度的增加而迅速增加.

[例 6.3] 已知水在 100 ℃ 时的汽化热为 $2.26 \times 10^6 \, \mathrm{J \cdot kg^{-1}}$,试问从海平面每上升 1 km,其沸点变化多少?设大气温度为 300 K.

[解]　液体沸腾的条件是其饱和蒸气压等于液体上方的气体压强,即大气压强.

$$\frac{dp}{dT} = \frac{dp}{dz} \cdot \frac{dz}{dT} = -\rho g \frac{dz}{dT}$$

设大气温度为 T_0,大气摩尔质量为 M,由理想气体物态方程可得

$$\rho = \frac{Mp}{RT_0}$$

将这两个式子与(6.29)式联立并考虑到有 $L_{v,m} = l_v \cdot M$ 关系,最后可得

$$\frac{dT}{dz} = -\frac{T^2 g}{L_v T_0}$$

将有关数据代入,可得

$$\Delta T = -(2.0\ K \cdot km^{-1}) \times \Delta z$$

说明每升高 1 km,沸点降低 2.0 K.

[例6.4]　设从热金属丝蒸发出电子气体的过程可看作是固体中自由电子气体的升华过程.若金属丝外的电子可看成单原子理想气体,且金属丝内的自由电子对金属的热容不起作用,试求在达到平衡后,电子蒸气的压强与温度的关系.已知在 $T \to 0$ K、压强为 p 时的升华热为

$$(L_{s,m})_0 = H_{g,m}(0, p) - H_{s,m}(0, p)$$

[解]　与(6.29)式类似,对于电子气体仍有

$$\frac{dp}{dT} = \frac{p l_{s,m}}{RT^2}$$

而升华热

$$L_{s,m} = H_{g,m} - H_{s,m}$$
$$= \int_0^T (C_{p,g,m} - C_{p,s,m})\,dT + H_{g,m}(0, p) - H_{s,m}(0, p)$$

因金属内电子气体对热容不作贡献,即 $C_{p,s,m} = 0$,而 $C_{p,g,m} = \dfrac{5R}{2}$,故 $l_{s,m} = \dfrac{5}{2}RT + (l_{s,m})_0$.代入可得

$$\frac{dp}{p} = \frac{5}{2} \cdot \frac{dT}{T} + (l_{s,m})_0 \cdot \frac{dT}{RT^2}$$

$$d(\ln p) = d(\ln T^{5/2}) - d\left[\frac{(l_{s,m})_0}{RT}\right]$$

$$p = A T^{5/2} \cdot \exp\left[-\frac{(l_{s,m})_0}{RT}\right]$$

三、冰的熔化反常现象

在前面已说明并解释了冰的体积在熔化时有反常现象,即熔化时 $V_{s,m} > V_{l,m}$;另外,冰在熔化时要吸热,即 $S_{l,m} > S_{s,m}$,由克拉珀龙方程知,在相图中熔化曲线斜率 $\dfrac{dp}{dT} < 0$.下面计算 $\dfrac{dp}{dT}$ 的数值.在 0.101 MPa 下冰的熔点为 $T = 273.15$ K,在此时冰和水的比容(单位质量的体积)分别为 $v_s = 1.090\ 8 \times 10^{-3}\ m^3 \cdot kg^{-1}$,$v_l = 1.000\ 21 \times 10^{-3}\ m^3 \cdot kg^{-1}$,单位质量熔化热为 $l_m = 335 \times 10^3 J \cdot kg^{-1}$,则

$$\frac{dT}{dp} = \frac{T(v_l - v_s)}{l_m} = 0.007\ 28\ K \cdot MPa^{-1}$$

可见每增加 0.1 MPa 的压强,其熔点将降低 0.007 28 K.这一反常现象使冰的熔化

曲线向左略微偏斜.日常生活中能见到很多冰的反常熔化现象.例如,下雪天孩子们常去滚雪球,他们会发现,雪球越大越好滚.这是因为雪球大时它对下面的雪所产生的压强也增大,在大的压强下,雪的熔点可降低到低于室温从而使雪熔化.熔化了的雪与雪球粘在一起.雪球翻过来时它又重新结冰,雪球就这样越滚越大.冬天滑冰时所穿的滑冰鞋底下为一把刀,且冰刀越锋利滑冰时越省力.这是因为缩小了接触面积,使冰刀底下的压强显著增加,从而降低了熔点而使冰熔化为水,宛如在冰刀与冰之间加了一层润滑剂.运动员滑过后在冰面上留下一条细凹槽.

冰川是在极地或高山地区由降落在雪线以上的大量积雪,在重力和巨大压力下而形成的巨大的冰体,它能以每年几米到几十米的速度沿地面移动.这是因为冰川底部由于受到巨大压力使熔点降低,冰熔化为水,因而使整个冰川产生滑移.详细介绍请见选 6.4.6.冰川滑移严重的情况会导致雪崩.关于雪崩请见二维码视频雪崩.

视频:雪崩

※ **四、固 ^{3}He 的熔化反常现象及帕末朗丘克制冷**

由于极强的零点能[①]的影响, ^{3}He[②] 至少在 2.9 MPa 的压强以上才能液化,这是一种宏观量子行为.这种宏观量子行为还反映在 ^{3}He 在 $T<0.3$ K 两相共存时,其固态熵反而要大于液态熵,即 $S_{s,m}>S_{l,m}$.它的体积变化仍属正常情况 $V_{s,m}<V_{l,m}$,由(6.28)式知 $T<0.3$ K 时固 ^{3}He 熔化曲线斜率 $\dfrac{dp}{dT}<0$,这也是一种熔解反常行为.20 世纪 60 年代及 70 年代初低温物理研究中曾用过一种称为波梅兰丘克(Pomeranchuk)制冷的方法.它对 $T<0.3$ K 的液 ^{3}He 或液-固 ^{3}He 混合物进行加压.由于是加压,因而总体积减小,而 $V_{s,m}<V_{l,m}$,故固相百分比增加,又因为 $S_{s,m}>S_{l,m}$,故 ^{3}He 总熵应增加.它若能从周围吸热,就会制冷;若不能吸热就会降温(加压 $\Delta p>0$,而 $\dfrac{dp}{dT}<0$,故 $\Delta T<0$).由于这种制冷方法不能连续运转,很快就被稀释制冷机所替代.

选读材料 6.1　超密态物质

人们发现宇宙中的某些星体其密度的数量级非常大,甚至可以与质子或中子的密度相比拟.我们知道,质子或中子的线度为 10^{-15} m 数量级,其质量为 1.67×10^{-27} kg,故其密度为 10^{17} kg·m^{-3}(按照这样的数量级,每 1 cm^3 的体积中有 10^{11} kg,即 1 亿吨的质量).其极高的密度是由极高的压力压缩而成的.可以证明,当密度超过 5×10^{15} kg·m^{-3} 时,高压使原子中的电子不为个别原子核所束缚,而成为能在整个原子核的正电荷背景上做自由运动的电子气体,它与金属中的自由电子气体十分类似.这种电子气体在绝对零度时也并非静止不动,其速率分布与金属自由电子一样是在速度空间中的费米球分布(见§2.4.5),在温度从绝对零度逐

[①]　零点能泛指由于量子效应,原子(离子)、分子或自由电子等在绝对零度时的能量.如在绝对零度时金属中自由电子做高速运动(见§2.4.5)而具有的动能,以及晶体格点上的粒子在绝对零度时所做的振动(即零点振动也称为零点运动)所具有的能量.

[②]　^{3}He 是 ^{4}He 的同位素, ^{3}He 的原子核中只有一个中子. ^{3}He 在普通氦中仅含有 $1/10^7$,通常 ^{3}He 是从原子能反应堆的副产物中提取的.

渐升温时,自由电子的速度分布是速度空间中的表面逐步模糊的费米球,温度越高,表面越"模糊".这样的电子气称为简并电子气(而在绝对零度时的电子气称为完全简并性电子气).在绝对零度时金属中自由电子由于动量不为零,因而会产生简并压强(见§2.5.2 二).同样,在超密态物质中,由于数密度很大,因而简并压强也非常大.在超密态中如此大的简并压强使超密态物质具有与一般物质完全不同的性质,因而人们把它们称为物质的第五态——超密态.

自然界中的超密态仅存在于宇宙的星体中,它们都是老年期恒星的星体.白矮星、中子星(脉冲星)、黑洞和褐矮星,它们统称为致密星.致密星是恒星在核能耗尽后,经引力坍缩而形成的星体.它们均靠引力收缩减少引力势能来提供向外辐射的能量.

选 6.1.1 白矮星

除太阳以外,天空中最亮的恒星是大犬座中的天狼星.早在 19 世纪早期,天文学家就观测到这颗星会微小的前后摆动,这表明它和一颗看不见的伴星绕质心转动.而且它非常暗,其亮度约为太阳的万分之一,天文学家称它为天狼 B 星.天狼星和天狼 B 星构成一对双星.天狼 B 星的质量接近于太阳的质量,由它发射的光的光谱分布可确定它的表面温度大约为 27 000 K,远远高于太阳表面温度 6 000 K.这样的温度和质量,如果它是一颗像太阳一样的主序星的话,它应当比天狼星还要亮,但是它的亮度比天狼星低得多,这是第一个特点.其次,天狼 B 星的半径小得令人吃惊,只有太阳半径的 0.01 倍,和地球差不多,可见它的密度很大.天文学家把类似天狼 B 星的星体称为白矮星.说它们为"白"是因为它的温度非常高,呈白色.称它为"矮"是因为它们的尺寸小.科学家研究发现,白矮星是质量小于 1.44 倍太阳质量的恒星演化到晚年期的星体.它已经停止收缩,因而核能已消耗光,万有引力势能也不再减小,它没有多少能量来维持发光,所以亮度小,而很高的密度使它的电子与接近绝对零度时金属中的简并电子气体一样能产生很大的简并压强.当天狼 B 星中的简并电子气的压力能与万有引力的自引力相平衡时,恒星不再收缩,只靠它的剩余热量发光,这种致密星体称为白矮星.随着余热逐渐消失,表面温度逐渐降低,最后人们将无法观察到

图 6.28 天狼星和天狼 B 星

它.图 6.28 是拍得的天狼星与天狼 B 星的照片,其中在天狼星中心水平线上的右侧有一个小白斑就是天狼 B 星.

选 6.1.2 中子星

中子星是密度与质子或中子密度的数量级相同(即$\rho \sim 10^{17}$ kg·m^{-3})的超密状态星体,也是一种晚年期恒星.这种超密态星体由于密度非常大,其内部受到严重的压缩而产生非常非常大的压强.如此巨大的压强足以把电子"压缩"到质子"内部"而"变成为"中子(这是形象化的语言,并不严密).而整个星体主要由中子及少量电子、质子等组成,故称为中子星.由于中子是有磁矩的(通俗地讲,磁矩就相当于一个个小磁针),中子星中密集的中子之间的磁相互作用,使"磁针"有整齐排列的趋势.所以中子星有很强的磁场.电子在中子星的磁场的加速下发射强电磁波.另外,恒星都有自转角动量.恒星演变为晚年期的中子星后,半径缩得非常小,因而转动惯量明显减小,由角动量守恒定律知中子星将做高速旋转(现在发现有的中子星每

秒旋转 300 次).中子星的高速旋转使得发射的电磁波有灯塔效应,即它脉冲式地向外辐射强电磁能量,因而也把中子星称为脉冲星.

选 6.1.3　黑洞

黑洞是广义相对论所预言的一种特殊天体,其基本特征是:它是一个封闭的视界(通俗地讲,这是一个空间范围).由于它的万有引力非常强,任何物质(甚至包括光子)都逃脱不了它的束缚,使视界内的任何物质(包括光子)都不能跑到视界之外.由于外界接收不到从它发出的任何光波,我们观察不到它而呈黑色,这就是"黑".而在它周围的外界物质和辐射在强引力作用下可以被吸积到视界之内,故又类似一个"洞",所以称它为黑洞.早在 1798 年,拉普拉斯即预言存在类似于黑洞的天体.我们知道,任一星体均有一个第二宇宙速度,即逸出这一星体的最小逃逸速度.星体在演变过程中,由于引力坍缩,半径变小,密度变大,因而所需逃逸速度也变大,当逃逸速度达到并超过光速时,则该星体变为黑洞.

选读材料 6.2　等离子体

等离子体也就是等离子态,它是由有足够数量的自由带电粒子和正离子所组成(也可包含一些中性粒子)的在宏观上呈现电中性的物质系统.它有较大的电导率,其运动主要受电磁力支配.由于带电粒子之间的相互作用是长程的库仑力,每个粒子都同时和周围很多粒子发生作用,因此等离子体在运动过程中表现出明显的集体行为.

通常,等离子体由电子和被电离的分子或原子组成,这些带电粒子可在空间相当自由地运动和相互作用,这很像气体,所以有人把它称为超气体.虽然电子和离子可相碰而复合成中性粒子,但同时也存在由于中性粒子相碰而电离为电子和离子的过程,整个系统处于动态平衡.因此,可在宏观尺度的时间范围内在空间存在总数量大体不变的大量的电子、各种离子和中性粒子.这使得我们可以针对不同的组分定义不同的温度:电子温度和离子温度.轻度电离的等离子体,离子温度一般远低于电子温度,称之为"低温等离子体".高度电离的等离子体,离子温度和电子温度都很高,称为"高温等离子体".由于等离子体存在带负电的自由电子和带正电的离子,所以它有很高的电导率,它和电磁场的耦合作用也极强:带电粒子可以同电场耦合,带电粒子流可以和磁场耦合.描述等离子体要用到电动力学,并因此发展起来一门叫做磁流体动力学的理论.一般气体的速率分布满足麦克斯韦分布,但等离子体由于与电场的耦合,可能偏离麦克斯韦分布.

正因如此,等离子体的许多性质才明显地不同于固体、液体和气体,被称为物质的第四态.早在 1897 年,英国物理学家、化学家克鲁克斯(Crookes)即把放电管中的电离物质称为物质的第四态.1928 年朗缪尔首先引入等离子体(plasma)这一名词.

在地球环境中,天然等离子体主要存在于大气层中的电离层(见选 4.2.1)及以上空间.极光、闪电以及火焰上部的高温部分都是地球上存在的天然等离子体辐射现象.人造的等离子体有:电焊时产生的高温电弧、荧光灯(如日光灯)、霓虹灯灯管中发光的电离气体,以及核聚变等实验中的高温电离气体.在地球以外,太阳及其他恒星大气、太阳风(见选 2.1.5)以及很多种星际物质也都是等离子体.等离子体在宇宙中是物质存在的主要形式.它占宇宙间物质总量的 99%.

选读材料 6.3   液晶及液晶显示器原理

一、液晶[①]

① 关于液晶可参阅参考文献 19 的 1139 页.

1888 年奥地利植物学家莱尼泽(F.Reinitzer)在研究胆甾醇脂类化合物时发现把它加热到 145.5 ℃时,晶体熔化了,但得到的却不是透明的液体,而是一种混浊黏稠的具有流动性的液体,在光学性能上呈现晶体那样的各向异性.继续加热到 178.5 ℃时,这种混浊黏稠的液体变得透明了,光学各向异性也随之消失,好像又经历了一次熔融,因而又出现第二个熔点.另外在加热冷却过程中还观察到颜色的变化.以后德国的物理学家雷曼(O.Lehmann)发现许多有机化合物也都和胆甾醇脂类似,在从固态变为液态的过程中要经历一个呈现光学各向异性,但又具有液体流动性的状态,他把这种特殊的状态称为液晶态,如下图所示:

$$\text{晶 体} \xrightarrow{T_1} \text{液 晶} \xrightarrow{T_2} \text{液 体}$$

$$\left\{\begin{array}{c}\text{各向异性}\\\text{不 流 动}\end{array}\right\} \quad \left\{\begin{array}{c}\text{光学各向异性}\\\text{流动}\end{array}\right\} \quad \left\{\begin{array}{c}\text{各向同性}\\\text{流动}\end{array}\right\}$$

液晶有流动性,因而在力学性质上呈各向同性,而光学性质又像是晶体.从某个方向看,液晶分子排列较整齐,具有长程有序特点;但从另一方向看分子是杂乱排列的,只有短程有序特点,所以它又有些类似于晶体.有人把液晶看做是介于晶体和液体之间的另外一种物态.习惯上 T_1 称为熔点,T_2 称为清亮点.

液晶有热致液晶与溶致液晶之分.在一定温度范围内呈现液晶态的称为热致液晶,如上面介绍的液晶.另有一类液晶是由某些化合物溶解于溶剂中而获得,随着浓度的改变,在某些合适的浓度范围内呈现液晶态,且可在不同的浓度范围内呈现不同的液晶态,这种液晶称为溶致液晶.

二、热致液晶的结构

根据早先的研究,能够呈现液晶态的有机化合物都是一些线形分子,可把它们看作是一种刚性的、不易弯曲的棒状分子,分子长度约为直径的 4~8 倍,摩尔质量一般在 0.2~0.5 kg 范围内.分子中含有一些呈现极性的基团,由于这些极性分子相互间的吸引作用,在结晶固体中的这些分子按一定的规律有序地排列.当温度升高到熔点 T_1 时,原来的晶体结构已不存在,但此时处于液体状态的分子并不是杂乱无章的,在分子力的作用下仍保持一定的有序性.棒状分子按分子的长轴方向互相平行或接近平行地作三种方式排列:(1) 层状排列(近晶型),(2) 交错排列(向列型),(3) 螺旋形层状排列(胆甾型).这三种排列都在某一方向上呈现长程有序性,因而是液晶相.当温度继续升高到清亮点 T_2 时,分子热运动破坏了棒状分子相互平行排列的这种有序性,这时的化合物变为透明的液体.现对上述三类液晶作简要介绍.

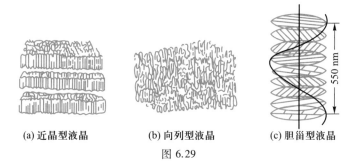

(a) 近晶型液晶   (b) 向列型液晶   (c) 胆甾型液晶

图 6.29

（一）近晶型液晶

如图 6.29（a）所示，液晶分子作分层排列，每一层分子就像一盒铅笔，彼此长轴保持平行，可自由转动或来回滑动，但不能在上下层间移动；分子运动受到较大约束，因而黏度大，流动性差.因分子排列较整齐，近似于晶体，故称近晶型液晶.

（二）向列型液晶

如图 6.29（b）所示，在这种液晶中分子作交错平行排列，分子除可转动和来回滑动外还可上下滑动.与近晶型比较，它黏度低，流动性好.

（三）胆甾型液晶

如图 6.29（c）所示，这种液晶分子也作层状排列（这点类似于向列型），但层与层间分子取向不同，相邻层之间偏转一固定的角度，使重叠的各层中的排列方向形成螺旋状结构.在旋转了 360°后，又回复到原来方向，我们把这样的层间距离称为螺距.

三、液晶的性质及其应用

液晶具有如下特殊性质：

（一）双折射

所有的液晶均由平行排列的棒状分子所构成，在分子长轴方向与分子垂直方向上物理性质不同，故呈现双折射这种光学各向异性现象.

（二）旋光性

白光照射到胆甾型液晶的表面上时，不但被分解成两束偏振光，而且透过液晶的偏振光，其线偏振方向也被强烈地旋转了，这种现象称为旋光性.胆甾型液晶的旋光性来自于它的螺旋状结构.当偏振光沿着垂直于图 6.29（c）的层平面方向照射时，偏振光将被旋转而产生强烈的旋光性.每毫米的石英晶体切片可使偏振光旋约 39°，而 1 mm 胆甾型液晶切片可使偏振光旋转达 100°~1 000°之多，说明此类液晶旋光性能很强.

（三）电光效应

液晶分子是一些棒状极性分子，也就是说分子具有一定的固有电偶极矩.在电场作用下，由于偶极要按电场方向重新取向，分子原有排列方式受到破坏，必然要引起光学性质的改变，称为液晶的电光效应.液晶显示主要利用这一特性.

（四）彩色效应

胆甾型液晶的螺距会随温度而改变，它所反射光的波长也随之变化，因而会发生色彩的变化.例如最初出现浅绿色，随温度降低依次出现深绿色、深藏青色、黄色、橙红色和鲜红色，凝固为固体时呈无色.它的颜色随温度的变化非常敏感，而且颜色的变化是可逆的，不同的颜色对应于不同的温度，这种现象称为热色效应.胆甾型液晶温度计就是根据此性质来确定温度的.另外，胆甾型液晶螺距会随所加电压不同而敏感地改变，从而显示色彩的变化.胆甾型液晶螺距对有机溶剂的气体也非常敏感，极小量溶剂分子，即使少到百万分之几的含量，仍可使螺距发生改变而产生色彩变化，不同有机物对螺距的影响也不同，这一性质可用于大气污染的监测及其他气体探测器的制作上.

（五）宾主效应

在向列相液晶（主）中掺少量多色性染料（宾），染料分子会随同液晶分子定向排列.在沿面排列液晶盒中，装有向列相液晶与染料，若电压为零，则染料分子均平行于基片排列，这时可见光有一吸收峰.当施加电压，其电压超过某一阈值时，液晶分子平行于电场排列，这时吸收峰大为降低因而可观察到色彩变化.

四、溶致液晶与生物中的液晶

表面活性分子（见选读材料 6.6）都是由亲水的头部和疏水的尾部组成的长条形分子.其中肥皂的水溶液，在某一温度以上，随浓度增加可产生片状或六角柱状液晶态.另外类脂化合物有一个亲水的头部和两条孪生的疏水的尾链.在水溶液中可成为片状液晶,是生物膜的主要构成部分.目前在实验室中,已能成功地在生物膜中注入离子,研究离子的渗透性,用以揭示人体中药物作用和麻醉效应的过程.另外,片状的磷脂水溶液是一个理想的二维体系,可用来检验二维相变理论.

实际上,液晶既有流动性又有某些长程相关性的特点,是与生物组织的特点吻合的.在人体中,脑、肌肉、肾上腺皮质、卵巢、神经髓梢、眼的光感受器膜层等都发现有液晶结构.细胞癌变可能与细胞膜的液晶态相变有关.由此可见,生命现象与生物液晶直接相关.早年的高分子液晶(即液晶的聚合物)都是首先在溶致液晶中探索出来的,现在正在大力研究热致液晶聚合物,例如,把高分子聚对苯甲酰胺溶于硫酸,可得向列相高强度的纤维,其纺丝的强度比合金钢还高,并具有高模量、高化学稳定性和耐高温的特点.溶致液晶在石油化工和医学方面也都有重要应用.

五、液晶显示器基本原理

我们知道,不久以前,电视机和计算机中的显示器绝大部分还是采用以电子枪和荧光屏为主要元件的显示器或者显像管.但是现在的计算机差不多全部改用液晶显示器,而电视机的显像管也即将被液晶显示器等平板型显示器所全部代替.这是因为传统的使用电子枪和荧光屏的显示器等,皆受制于体积过大、耗电量甚巨、辐射太强等因素,无法满足使用者的实际需求.而液晶显示技术的发展正好切合目前信息产品的潮流,无论是直角显示、低耗电量、体积小、还是零辐射等优点,都能让使用者享受最佳的视觉环境.

（一）单色液晶显示器的原理

液晶显示器主要利用液晶的电光效应以及旋光性.

LCD(英文全称为 Liquid Crystal Display,LCD 是液晶显示的缩写)是依赖偏振滤光器(片)来完成的.我们知道,自然光线的偏振方向(也就是电磁波的电场振动方向,或者是磁感应强度振动方向)是朝垂直于光线传播方向的平面内向四面八方随机发散的,因而称为非偏振光.非偏振光(太阳光线,照明光线等)可认为是由两束偏振方向相互垂直的,强度相同的完全偏振光(简称偏振光)所共同组成.自然光线经过偏振滤光器以后,自然光中偏振方向和偏振滤光器(片)的偏振方向平行的偏振光能够通过,而和偏振滤光器(片)的偏振方向垂直的偏振光不能通过,这样自然光经过透射以后就变为和偏振滤光器(片)的偏振方向一致的偏振光了.显然,假如有两个相互平行放置的偏振滤光器(片),其第一个偏振滤光器的偏振方向恰好与第二个偏振滤光器的偏振方向垂直,它就能够完全阻断所有透过它们的光线.只有两个滤光器的偏振方向完全平行,或者透过第一个偏振滤光器(片)的偏振光线本身的偏振方向已扭转到与第二个偏振滤光器偏振方向相一致时,光线才得以完全穿透这两个偏振滤光器(片).

液晶显示器的 LCD 技术是把液晶灌入两个刻有细槽的平行平板之间,如图 6.30 所示.这两个平板上的槽互相垂直(相交成 90°).也就是说,若下面的平板上的分子南北向排列.则上面平板面上的分子东西向排列.LCD 正是由这样两个相互垂直的偏振滤光器构成,所以在正常情况下应该阻断所有试图穿透它的光线.但是,由于两个滤光器之间充满了液晶,所以在光线穿出第一个滤光器后,会由于液晶的旋光效应,使得其偏振方向被液晶分子逐步扭转,假如最后偏转了 90°,就能够从第二个滤光器中穿出(图中的一个个长椭圆液晶分子的方向表示了液晶分子的取向).光线顺着液晶分子的排列方向传播,所以光线经过液晶时也被扭转 90°,如图 6.30(a)所示.另一方面,若为液晶加一个电压,如图 6.30(b)所示,分子又会由于电光效应而重新按照电场方向完全平行排列,使光线的偏振方向不再扭转,所以正好被第二个滤光器挡住,使光线不能射出.总之,加电将光线阻断,不加电则使光线能够射出.

当然,也可以改变 LCD 中的液晶排列,使光线在加电时射出,而不加电时被阻断.

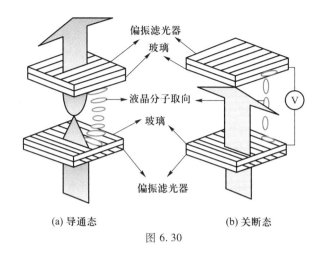

(a) 导通态　　　　　　　(b) 关断态

图 6.30

　　从液晶显示器的结构来看,无论是电脑还是液晶电视机,采用的 LCD 显示屏都是由不同部分组成的分层结构.LCD 由两块玻璃板构成,厚约 1 mm,其间由包含有液晶(LC)材料的 5 μm 均匀间隔隔开.因为液晶材料本身并不发光,所以在显示屏两侧都设有作为光源的灯管,而在液晶显示屏背面有一块背光板(或称匀光板)和反光膜,背光板是由荧光物质组成,可以发射光线,其作用主要是提供均匀的背景光源.背光板发出的光线在穿过第一层偏振滤光器之后进入液晶层.液晶层中的液晶分子都被包含在细小的单元格结构中,一个或多个单元格构成屏幕上的一个像素.在玻璃板与液晶材料之间是透明的电极,电极分为行和列,在行与列的交叉点上,通过改变电压而改变液晶的旋光状态,液晶材料的作用类似于一个个小的光阀.在液晶材料周边是控制电路部分和驱动电路部分.当 LCD 中的电极产生电场时,液晶分子就会产生扭转,从而将穿越其中的光线进行有规则的折射,然后经过第二层过滤层的过滤在屏幕上显示出来.

　　(二)彩色 LCD 显示器的工作原理

　　对于电脑或者彩色液晶电视机而言,还要具备专门处理彩色显示的色彩过滤层.通常,在彩色 LCD 面板中,每一个像素都是由三个液晶单元格构成,其中每一个单元格前面都分别有红色、绿色,或蓝色的过滤器.这样,通过不同单元格的光线就可以在屏幕上显示出不同的颜色.三种颜色的组合就形成了液晶显示器所显示的色彩.

选读材料 6.4　水和冰的结构及其特殊性质·水是生命之源

选 6.4.1　地球因为有了水才使得它是宇宙中存在丰富物种的唯一星球

　　地球是一颗宇宙中独特的星球,其独特的地方在于有了水.虽然科学家已经确定太阳系某些星球上也存在水,但是都不可能同时存在汽、水、冰三态.水让地球上出现了生命奇迹,是因为地球绕太阳的轨道竟然是一个半径合适的近似圆形,这样地球绕太阳转动时离开太阳的距离变化不大,所以一年四季温度变化不大.不会出现温度非常高(近日点)或温度非常低(远日点)导致生命无法生存的情况.这样生命才能长期生存.而它在太阳系中又处于一个非常适的位置.地球表面平均温度基本上为 273 K(请见"选 3.3.4 温室减少热辐射　地球表面平均温度的估计"),地面大气压强基本上为 1.01×10^5 Pa.地球表面的温度和大气压强处于

$p-T$(压力-温度)图中三相点附近一个比较小的范围(请见图6.32简化的水的相图,图中 TP 点就是水的三相点),在这个范围内,汽、水、冰三态都可以同时出现.地球的近邻,金星因为离开太阳近一些以及由于浓密的二氧化碳大气层产生的严重的温室效应,其表面平均温度高达 500 ℃,表面大气压强为 $9×10^6$ Pa.火星,远一些,表面平均温度为 −63 ℃ ,表面大气压强为 700 Pa(请见选2.1.3行星大气).显然在它们上面生命是没有办法生存的.至于太阳系中离开地球更远的星球,则更不符合这一条件.虽然最初地球的大气温度和大气压强要高得多,但是经过数十亿年的演化,才成为现在这样的情况.

虽然宇宙中有数不胜数的恒星,但是能存在生命的恒星必须不是双星,而且其大小必须和太阳差不多,这样其表面温度才能和太阳差不多是 6 000 K,其热辐射最强的频率范围在可见光,植物能够发生光合作用而产生氧气.当然这样的恒星必须有像地球那样的轨道合适且内部结构类似地球那样的行星存在.目前还没有发现一个类似于有太阳系那样存在类似地球那样的恒星.星球表面存在生命需要非常苛刻的条件,除了它应该有合适的地面温度和大气压强之外,它应该有合适的地磁场,因而能够存在类似地球磁层那样的磁场结构,以便把从恒星发射出的宇宙射线抵挡在外面,这是生命必须具有的第一层保护伞(请见"选2.1.6 ").另外,恒星发出的紫外线也是生命存在的一种杀手.地球大气层中有臭氧层,它是地球上生命的第二把保护伞(请见"选4.2.2").臭氧层中的臭氧来源于地球上有足够的氧气.当然氧气也是生命维持生存必不可少的.

最初地球的大气中的氧气是非常少的.地球大气中有21%的氧气主要来源于植物的光合作用.但是没有臭氧层的保护,地面上的植物不能够生存.一般认为早期植物只能够生存在 10 m 深的水下,因为紫外线经过 10 m 深的水已经被吸收光了(也就是说,地球上没有足够的水是不可能出现生命的).早期植物在透过 10 m 深的水的微弱可见光的光合作用下,把从二氧化碳中转化出氧气释放到水中.氧气再从水中逸出到大气中.随着大气中氧气浓度的增加,大气中开始出现薄薄的一层臭氧.臭氧吸收了一部分紫外线,水中的植物可以从 10 m 的水深处逐步向上活动,最后可以在地面上生存,这是在大气中有足够厚的臭氧层为条件的,同时臭氧层的存在又依靠大量植物的光合作用.当然在水下有植物时水下动物也开始出现,当地面上有植物时动物也同时存在了.总之,大气中的氧气主要来源于植物的光合作用,而原初植物能够存在必须有足够量的水,所以水是生命之源,这种说法非常正确.实际上地球上出现生命还有很多其他的十分苛刻的条件.编者认为地球几乎是宇宙中极可能存在的这样具有丰富物种的唯一的星球,这种说法可能太武断.

选6.4.2 水是生命之源

生命来自于水、依赖水,因此各种生命都发展出了令人惊奇的利用水的策略.生命依赖于水的一个关键性质,是因为水几乎是一种万能溶剂,各种物质都多少会溶解于水,这样水就给生命带来了其所必需的各种物质,尤其是那些微量的物质.其实,这个问题应该反过来看,是早期地球上水中物质的构成决定了生命的物质构成.生命占据了地球的各个角落,在没有水的地方,动植物会发展出令人叫绝的收集和储存水的本领.

地球表面约有 70% 的面积被水覆盖,假设均匀全覆盖的话,水深约为 2.7 km.此外,地球气圈中的水蒸气,若当作液态水且按均匀全覆盖计算,也厚达 5 cm.水让地球灵动起来,从而产生了生命.其实,在有了原生物、细胞、病毒和动植物这类所谓的生命之前,水一直带动着地球表面上各种物质的流动,这样地球已经可算是活的、有生命的了——生命在于流动.

众所周知,空气、阳光和水是生命存在的三个必要条件.而生命赖负熵为生(见选读材料5.3),生物在生存期间必须不断地从环境吸取负熵,从而达到使自身熵的减少.或者说生命体必须从环境中吸取空气、水和其他有序食物,同时向外界排泄无序物质并散发热量,而这整个过程是排熵过程.淡水在各个层次上对排熵起着关键性作用:把排泄物的废热(熵)从细胞输送给排泄器官而排出到外界,都必须以水作为载体.

虽然地球的总水量为 $1.4×10^{21}$ kg,但是淡水仅是地球总水量的 2.7%,其余 97.3%均为咸水,而咸水是不能够参与生命的循环过程的.就是地球总水量的 2.7%的淡水,其中的极大部分在南极洲(在两极、冰帽和高山上的淡水占 77.2%),土壤水和地下水占 22.4%,而湖泊、沼泽、河流的水仅占 0.36%,大气中的水占 0.04%.从这里可以知道人类能够利用的水资源是很少的.随着经济的飞速发展,水资源紧缺已成为影响全球特别是我国可持续发展的一个十分突出的问题.虽然我国水资源总量为 $2.8×10^{15}$ kg,但人均水资源量远低于世界平均水平,这已引起有关方面及人们越来越多的关注.

选 6.4.3　水的分子结构·氢键

水分子为 H_2O,是三原子分子,两个氢氧键的键长约为 0.096 nm,夹角约为 104.45°,好像很简单[图 6.31(a)].然而,这种分子的简单是一种极具欺骗性的简单,由其构成的水的性质之奇异与复杂却让科学家头疼不已.在聚集体中,水分子会和多达 4 个其他水分子通过氢键相结合[图 6.31(b)],水分子会形成大小不同的团簇,且这些团簇是动态的,在皮秒(1 ps = 10^{-12}s)量级的时间尺度上不断地分裂、重组.水分子中共价键 H—O 键的键长和键角以及分子间氢键 H⋯O 的键长与取向(说明:其中符号 — 表示共价键,符号 ⋯ 表示氢键),都可以在较大的范围内灵活地调节.因此,也就容易理解为什么水有复杂多样的结构了.

日常生活中见到的冰、霜、雪均呈四面体的结构形式,如图 6.31(b)所示.其中每个水分子与另外四个水分子搭成一个正四面体的结构.每个氧原子周围有四个氢原子,其中有两个氢原子离得较近,它们与氧原子以共价键 H—O 结合,另外两个氢原子离得稍远,它们以氢键 H⋯O 相结合.这四个氢原子中的每一个又分别联结另外一个氧原子.其中两个氢原子以共价键与氧原子结合,而另外两个氢原子以氢键与氧原子结合.这四个氧原子正好位于正面体的四个顶点上.这是一种较为疏松的结构,所以冰的密度较小.至于水在液态时的结构,已研究得很多.水中存在相当多的氢键,所以会出现这样的 O—H⋯O 结构状态(氢原子是 1 价的,但是它却和 2 个氧原子相结合).水中也可存在类似于冰那样的四面体结构,这些均已被实验所证实.但水的真实结构图尚不十分清楚,因而目前对磁化水、π 水等的结构、作用和机理也都有待研究.

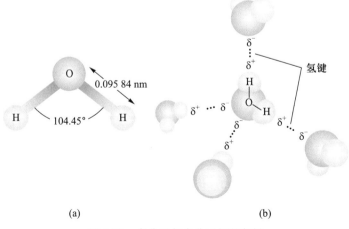

图 6.31　水分子与水分子间的氢键

选 6.4.4　水的一些特殊性质

（1）水的密度反常

水的密度不是在 0 ℃,而是在 4 ℃时最大.这是因为冰和水中都有以氢键相结合的部分.当冰熔化为 0 ℃的水时,热运动能破坏了部分氢键的结构,部分水分子填补了原来的四面体结构中的空隙,故 0 ℃的水要比 0 ℃的冰的密度大,这就是冰的熔化反常现象,这在 §6.5.3 的"三"中已经有所表述.水的温度从 0 ℃逐渐升高时,有两种使其密度改变的因素:一是由于继续有部分氢键遭破坏,空隙继续被水分子填入而使密度增加;另一种是正常液体的热膨胀现象,其密度随温度升高而降低.在 4 ℃以下第一种因素占优势,故在 0~4 ℃间,其密度随温度升高而增加,这就是水的反常膨胀现象.4 ℃以上第二种因素占优势,发生正常膨胀.正因为冰的密度比水小,而水在 4 ℃时密度又最大,水总是在冰的下面,因而江河湖海一般不致冻结到底,幸亏自然条件下结的冰比水轻,寒冷地区的江河的水体一般不会完全冻到最低层,水中的生物才能熬过漫长的冬天,得以越冬.除冰以外,铋、锑也有熔化时的反常膨胀.

（2）水有很高的摩尔热容

水在升温时不仅增加热运动能量,还要不断地破坏氢键,这需要能量,所以水的比热容特别大.幸亏水的比热容很大,赤道附近的水也不会被轻易烧开,因此水中生物避免了被自然煮熟的命运.

（3）冰的熔化热较低,但升华热又较高.前者是因为冰是由氢键参与结合的四面体结构,在每一个共价键的另一侧又附加上一个氢键.冰熔化时只有 15%的氢键被破坏,升华时破坏的键能多,所以升华热较高.

（4）水的汽化热很高,它甚至比任何氢化物都要高得多.这是因为当温度升高到沸点时,水中仍有相当数量的氢键.而其他液体是不存在氢键的.水的汽化热很高为蒸汽机,汽轮机的应用提供很好的条件.

（5）水的黏度和表面张力系数均较大,这也是因为水中存在氢键,使分子之间作用力加强的缘故.幸亏水的表面张力很大,相当多的小动物才可以生活在水面上.

（6）水是应用最广的极性溶剂.水分子的两个氢氧键夹角约为 104.45°,而不是 180°,这使得水分子的正电荷中心和负电荷中心不重合,说明水是极性分子.所以水有很高的电容率.水又可形成氢键,因而水对盐类有极高的溶解能力.水可溶解如氯化钠、硫酸那样的离子化合物,以及如氨、糖、氯化氢等许多有极性的共价键分子.在离子化合物硫酸分子溶解于水的过程中,由于水分子的正负极分别与 SO_4^{2-} 离子及 H^+ 离子之间的作用力均大于硫酸分子内部离子间作用力,所以当硫酸分子被加入水中时,具有极性的水分子会将硫酸分子拆开,使每个离子均被水分子所包围.水分子的负极性与 H^+ 离子结合,而水分子的正极性与 SO_4^{2-} 离子结合.在这种溶解过程中常伴有能量的释放和吸收,所释放的能量称为溶解热.例如未溶解前一个硫酸分子的能量要比溶解后硫酸离子的总能量高 0.8 eV,所以硫酸溶解于水时要发热.像硫酸那样溶解于水时会产生离子的物质很多,它们统称为电解质.而对于极性共价键分子,由于它也是有极性的,所以溶于水时虽然不产生离子,但是水中有大量的氢键,共价键分子的正极性端也面对水分子的负极性端,它的负极性端也面对水分子的正极性端,这样同样能组成溶液.

（7）水对红外线的吸收能力特强.实验发现,纯水对波长在 $(1.7-2.1)\times10^{-5}$ m 范围内的红外线其吸收能力明显强于水对其他波长光的吸收,且明显强于一般的其他分子对该红外线的吸收.这一性质有很多实际应用.如工业上的低温高效干燥器的原理是,从红外辐射器辐射出来的红外线,照射在含水物体上,大部分为水所吸收,使水分子很快被蒸发掉,而整体温度并不高,这样不仅节能,而且能保存营养物质如维生素 C.这一性质被用于食品的干燥和脱水(例如制作奶粉等).在医疗上的红外治疗,是利用肌体中的水及其他蛋白质、糖和核酸等物质中的 O—H、N—H 键很容易吸收红外线,从而增加活动机能.

（8）水的其他物理性质:水在 20 ℃时的等温压缩系数为 45×10^{-10} m·N^{-1};在 20 ℃时的黏度为 1.01×10^{-3} N·s·m^{-2};水的临界温度为 647.30 K,临界压强为 220.43×10^{5} N·m^{-2},临界摩尔体积为 56.25×10^{-5} m^{3}·mol^{-1};水在 20 ℃的体胀系数为 0.207×10^{-3} K^{-1}.

（9）水的反常性质非常多,除了水的膨胀和比热容的反常之外,其他的反常性质还有:(a) 冰的热导率随压力增加而减小;(b) 水的熔点、沸点和临界点都反常地高;(c) 热水可能比冷水结冰快;(d) 液态水容易过热;(e) 液态水容易过冷(关于什么是过冷和过热,请见"§6.4.4 范德瓦耳斯等温线");(f) 过冷水密度最小,但很难玻璃化;(g) 水在液-气相变时体积变化极大,约 1800 倍(一般液体在 1000 倍左右,而蒸汽机的广泛应用得益于水的液气相变的一个重要性质——气态水的体积约是液态水的 1800 倍);(h) 水的压缩率极小,利用水压机可以得到非常大的压强;(i) 水的折射率在低于 0 ℃ 附近取极大;(j) 水的导热率很高,在 130 ℃ 时取极大……

水有这么多独特的性质,这些性质反常是水科学研究的主题之一.但是我们对水之反常性质的定量研究还远远不足,对有些问题可能连定性的理解都不能达成一致.

选 6.4.5　水的复杂的相图

对一种物质的初步理解见于该物质的 $p-T$ 相图.图 6.32 是简化的水的 $p-T$ 相图,其气液固三相共存的点(即三相点 TP)对应的压强为 6.1×10^{2} Pa,对应的温度为三相点温度 $T_e=273.16$ K,是绝对温标的唯一参考点(请见 §1.3.3 温标).气液两相的分界线终结于处于 $(2.21\times10^{7}$ pa,647 K)的临界点(CP)(关于临界点请见 §6.4.5),在此处右上角一定 $p-T$ 范围内的水处于超临界状态(关于什么是超临界状态请见 §6.5.2).水的液固两相界限的斜率 $\mathrm{d}p/\mathrm{d}T<0$,就是说压力增加会降低冰的熔点,这称为冰的反常熔化,请见 §6.5.3.

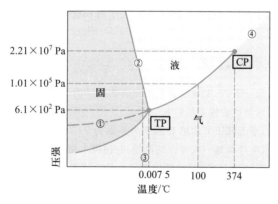

图 6.32　简化的水的相图

一般物质的液相和固相可能只有一种或者不多的几种不同结构,而水的结构却是十分复杂.如果我们考虑冰的结构,并考察更高压强的区域,我们会得到如"§6.5.2 相图"的图 6.26 中的(b)中的水的相图,该图表示水有 9 种固相.实际上目前已知冰的晶体结构有 15 种之多,这也是水的又一反常性质.

由于水存在过冷态,则水在摄氏零度以下也有液态.水可以坚持到−41 ℃ 才开始结冰.更为奇怪的是,水在 T 为 150 K 以下的极冷区域也存在液态,且这个液态,如同非晶固态,随着温度升高到一定温度时会自发结冰.如何研究无定形态的水,是水科学的一个难题.

选 6.4.6　雪·冰川·雪崩

视频:雪花

水的小尺寸固体也各具特色.水的小尺寸固体包括雪、霜、冻雨、冰雹、雾凇、软雹等.雪花基本都呈六角对称的形状,但是却很难找到两片形状相同的(图 6.33),19 世纪科学家威耳孙用毕生经历研究雪花,他拍摄了 5 500 张雪花的照片,发现没有两张是完全相同的.这简直太神奇了.更加详细的了解请见二维码资源"雪花".据信,软雹(graupel)下落时同上升的温暖水蒸气摩擦,是云层带电的原因.如何在实验室再现和证实这个过程,也是一个难题.

图 6.33　雪花都呈六角对称形状却几乎不重复

由于冰熔化有反常现象,即液固界限斜率 $dp/dT<0$,压强越大熔点越低,高山上的积雪层的下层的雪受压而成为冰,当冰的厚度很大时,就形成冰川.在底部的冰由于压强很大因而熔点降低,从而发生熔化.在重力的分力作用下整个冰层会发生滑移,这称为冰川的移动.冰川是地质学和地理学研究重要领域之一.冰川移动到极不稳定的情况时,受到微小的扰动就可能产生非常可怕的雪崩.所以考察队常常规定在冰山附近不准大声叫喊,以免引起雪崩.二维码资源"雪崩"就介绍了发生雪崩时的恐怖情况.关于雪和雹在"选读材料 6.5 雨·雪·雹的形成"中还有专门的介绍.

选 6.4.7　水和物理学

视频:雪崩

如果我们稍微注意一下,会发现水的形象充满物理学的很多方面,物理学上的许多根本性的概念都来自水的形象或者性质的启发.

首先,在室温和标准大气压下水的表面张力系数为 72.74 mN/m,仅次于水银.水的表面张力恰到好处,使得水面好像是一张弹性的薄膜,它使得水面能很容易波动起来,蜻蜓点水就足以引起可观察的水面波动.因此,波也就成了通用的物理学概念.惠更斯用水塘石子激起的水波来类比光的本质;两只水面荡漾的小船造成的水波波前的高低起伏给了托马斯·杨做光的双缝干涉实验的灵感,来自两个源的水波表现出相干条纹,这启发了所谓的光的双缝干涉及其解释,从而建立了波动光学.

水给我们带来的另一个形象是流(flow,current),因此流也就成了我们描述物理的概念,古希腊人说万物皆流.物理学中的流的概念包括热流、电流、概率流,连续性方程和各种动力学方程也都是在谈论流.

温标的建立也和水有密切的联系.维也纳夏天的气压下水的冰点和沸点提供了摄氏温标的两个参考点.从而建立了摄氏温标.另外一个经验温标——理想气体温标的固定点为水的三相点温度 273.16K,其选定也和水有关系,见§1.3.3.

就单一物质而言,再也没有比水对我们来说更重要、更有意义的了;而就复杂性与奇异性而言,恐怕水也是其他物质所没有的.在所有的物质当中,可以说水是研究得最多但却理解得最少的.对水的理解每前进一步,我们对这个世界和我们自身的理解都会加深一层,这算是水和水科学最迷人的地方吧.

选读材料 6.5　雨·雪·雹的形成

在§3.1.4中已经介绍了云、雾中水滴大小的数量级为微米,由此估计出云雾水滴下落的收尾速度非常非常小,它只能被气流推动悬挂在空中而不下落到地面;而空中水滴大小数量级为毫米甚至更大时,其水滴收尾速度能足够大并且下落到地面,这就成为雨了.那么下落到地面的雨、雪、冰雹在天空中是如何形成的? 我们应该了解.

由于大气中有非常多的气溶胶(aerosol).所谓气溶胶是由固体或液体小质点,分散并悬浮在气体介质中形成的胶体分散体系,又称气体分散体系.其分散相为固体或液体小质点,其大小为 1~100 nm,分散介质为气体.尘埃、工业上和运输业上用的锅炉和各种发动机里未燃尽的燃料所形成的烟,采矿、采石场磨材和粮食加工时所形成的固体粉尘等都是气溶胶的具体实例.

当陆地和海洋表面的水蒸发变成水蒸气,水蒸气上升到一定高度之后,就可以以气溶胶的微粒为核心凝结为小水滴,这样的微粒称为凝结核.在§6.4.2中的"三、液面弯曲对饱和蒸气压的影响"中已经说明,只有小水滴的半径大于临界半径 r_c 时,这样的小水滴才可能不断增大,否则小水滴会不断蒸发最后消失.这样大量的又小又轻的能够稳定存在的小水滴聚在一起,被大气中的气流托在空中就组成了云.由于小水滴或小冰晶的微粒组成的云被太阳光散射(这样的散射称丁铎尔散射或大粒子散射)的光与波长关系不大,因而云看起来呈乳白色或青白色和灰色.

(一)雨是如何形成的

高空中的温度比较低,并且随着高度的增加温度更加降低,其中不少小水滴结为冰,称它为小冰晶.我们把高空中的云分为 3 种:① 暖云,也称为水成云,它全部由小水滴组成.② 混合云,它的温度要比暖云低.虽然它是由小水滴和小冰晶混合组成,但是这些水滴的温度已经低于它的大气压强所对应的热平衡温度,它处于过冷状态(关于什么是过冷,请见§6.4.4).过冷状态是一种亚稳态,在一定的扰动下就会自发地转变到稳定的状态.例如过冷时水会转变为冰.③ 冷云,也称为冰成云,它全部由小冰晶组成.

雨形成的基本过程是:地球上的水受到太阳光的照射之后,被蒸发变成水蒸气,空气中的水蒸气上升在高空受冷,凝结成小水滴或小冰晶.在暖云中会不断发生小水滴和小水滴的相互碰撞,为了减少表面能它们会合并而成为比较大的小水滴,因为这样能够减少表面积,减少表面能.经过这样频繁的不断的碰撞,水滴会变得越来越大,大到其空气托不住的时候(其大小为毫米甚至更大的数量级)便会降落下来.但是在降落过程中会不断地蒸发,雨滴越来越小,降落到地面就成为小雨甚至成为毛毛雨了.例如在沙漠地带由于气候非常干燥,即使比较大的雨在降落过程中也全部蒸发光了.又如在美国的大峡谷每年的降雨量为 40.6 cm,但是在其下面 5 000 m 的大峡谷底,由于气候干燥,每年的降雨量只有 15.2 cm,其他 25.4 cm 的降雨都在降落过程中被蒸发了.

上面的讨论忽略了一个重要因素——气流.即冷空气的气流和热空气的气流相互作用.一般北方干燥的冷空气和南方的暖湿热空气相遇时,冷空气密度比较大,热空气密度比较小,热空气被推向高空而温度降低,其中的水蒸气会凝结为小水滴和小冰晶构成了厚厚的云,然后是下雨.而冷空气在云层下面的地面附近,因而地面气温降低.这就是为什么在寒潮来临以后首先刮大风,接下来就是降雨,同时气温明显下降.图 6.34 就表示了这样的过程.二维码视频"大雨和小雨"就形象地描述了这一过程.

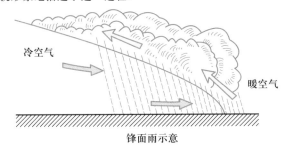

锋面雨示意

图 6.34 冷空气和热空气相遇时的情况

大多数的雨都是在混合云和冷云中形成的.混合云中由于水滴和冰晶共存,冰的饱和蒸气压明显低于水的饱和蒸气压,所以小水滴要不断蒸发成为水蒸气,水蒸气再凝结到小冰晶的表面,这样小冰晶越来越大,小水滴的数量越来越少.另外,在混合云中大量发生小水滴和小冰晶之间的相互碰撞,因为水滴处于过冷的不稳定状态,小水滴碰撞以后立即凝结为冰黏附在小冰晶上,这样小冰晶不断扩大.同样小冰晶和小冰晶之间碰撞以后,冰晶表面会增热而有些熔化,并且会互相黏合又重新冻结起来并合成为比较大的冰晶.还应该考虑到从低空上升的水汽会凝华到冰晶上的过程.总之,冰晶会不断增大,最后大到气流托不住时就会下落.但是在下落过程中,在暖云中或小水滴碰撞时还能够继续扩大.另外冰的升华不如水蒸发那样容易发生,所以落到地面前虽然已经熔化为雨滴,但是这样的雨滴就比较大.至于在冷云中的冰晶温度更低,所处高度更高.即使它下落,它经过的路程更多,和其他小冰晶碰撞并且相互结合的机会更多,融化后下落的地面形成的雨滴更大.大雨基本上都发源于高度更高的冷云.当天空乌云蔽日之时,说明这时的云层已经非常厚,它的顶层常常已经达到对流层顶(关于对流层的介绍请见选读材料 4.2 大气层结构和臭氧层),其温度非常低,形成的冰晶很大,落下来的雨就是暴雨.图 6.35 是介绍雨的形成过程的.

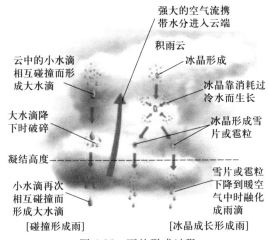

图 6.35 雨的形成过程

(二)雪是怎样形成的

上面已经说明,冰成云(即冷云)是全部由微小的冰晶组成的.这些小冰晶可以利用多种方式继续增长.但是,冰成云一般都很高,而且也常常不厚,在那里水汽不多,凝华增长很慢,相互碰撞的机会也不多,所以常常不能增长到很大而形成降水.即使引起了降水,也往往在下降途中被蒸发掉,很少能落到地面.

最有利于云滴增长的是在混合云中.混合云是由小冰晶和过冷水滴共同组成的.当一团空气对于冰晶说来已经达到饱和的时候,对于水滴说来却还没有达到饱和.这时云中的水汽向冰晶表面上凝华,而过冷水滴却在蒸发,这时就产生了冰晶凝华了过冷水滴上蒸发的水汽的现象.在这种情况下,冰晶增长得很快.

另外,过冷水滴是很不稳定的.一碰到它,它就要冻结起来.所以,在混合云里,当过冷水滴和冰晶相碰撞的时候,就会冻结黏附在冰晶表面上,使它迅速增大.当小冰晶增大到能够克服空气的阻力和浮力时,便落到地面,而还没有融化时,这就是雪花.在初春和秋末,靠近地面的空气在 0 ℃以上,但是这层空气不厚,温度不很高,会使雪花没有来得及完全融化就落到了地面.这叫做降湿雪,或雨雪并降.这种现象在气象学里叫"雨夹雪".

（三）冰雹的形成过程

在混合云中过冷水滴在大气层的高处集结,当一个被称为软雹的晶体或小雪球接触到过冷水时,水就会在冰上凝结,形成雹胚.雹胚会层层地变大.在高空的过冷水滴集结的地方,水会慢慢冻结成透明光滑的一层,称为薄冰层.当集结体降落到低处时,水一接触到冰球立即会冻结,形成白霜,即一个结霜的带有许多条状气泡的表层不透明的物体.科学家们曾打开了一个雹体,并用这种方法数出了 25 层独立的冰层.最终,以 160 km/h 的速度下落过程中,冰雹会达到像拳头和铅锤一样的尺寸.其杀伤力可以想象.在德国的慕尼黑,1984 年的一场雹暴导致了 10 亿美元的损失.另一场同样的雹暴则是 1995 年发生在得克萨斯州的福特沃斯和达拉斯.最糟糕的雹暴能够降下接近 300 000 000 m³ 的冰.科学家们对一场雹暴能够产生如此多的冰十分惊讶.一些雷暴有许多短期的上升气流,能够使冰雹在上空保持长一点时间.形成大冰雹最好的条件是带有强劲的能够承受重物的上升气流,并且水分又足够多的风暴.只有最猛烈的带有 64 km/h 的上升气流的风暴,才能维持更大尺寸的冰雹.长时期旋转的上升气流,能够把雹胚带到湿空气地带,并使其滞留在那里最终快速增长,形成大型冰雹滑落.图 6.36 是关于冰雹形成过程的示意图.

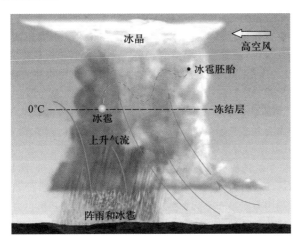

图 6.36　关于冰雹形成过程的示意图

图 6.37 是关于云、雨、雪、雾、露、霜、冰雹形成的简明图,表示了这些司空见惯的自然现象的形成过程.

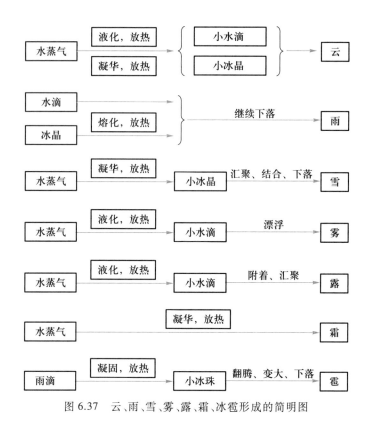

图 6.37　云、雨、雪、雾、露、霜、冰雹形成的简明图

选读材料 6.6　表面活性剂[1]

[1] 关于表面活性剂,请参阅参考文献 11 的 202 页.

既然表面张力系数 σ 随液体种类而异,则杂质的存在对 σ 会有影响.能使 σ 明显变小的物质称为表面活性物质(肥皂就是最常见的能使水的表面张力系数变小的表面活性物质).实验发现,溶液的表面张力系数随溶质的浓度而变.若一种物质甲能显著降低另一种物质乙的表面张力系数,就说甲对乙具有表面活性.因为水是最重要的溶剂.若不另加说明,表面活性都是对水而言.能显著降低水的表面张力系数的溶质称为表面活性剂.水溶液中的溶质分子有疏水基团与亲水基团之分.疏水基团又称非极性基团(如碳氢链).疏水基团和水不能形成氢键,相互作用力也较弱.亲水基团又称极性基团,如烃基,它们和水能生成氢键,相互作用力较强.碳氢链和水分子间并不存在排斥作用,只是它们间的吸引力小于水—水和极性基团—水间的吸引力,故碳氢链表现出逃离水面自相缔合的趋势.疏水基团的相互作用是由于亲水基团有聚集在一起的倾向,从而反映出疏水基团也会聚合在一起.表面活性剂均是一些有机化学试剂.其分子结构是线型分子,且它同时兼有亲水性与疏水性.它一端带有极性基团,能和水形成氢键,因而亲水;而另一端为非极性烃基,疏水.作为表面活性剂,每个烃基应含有 8 个碳原子以上的链,才具有表面活性所具有的优良性能.表面活性剂因为含有亲水基团,具有亲水性,利用亲水性可制作洗涤剂和消泡剂.表面活性剂因为含有疏水基而具有疏水性.疏水基是亲油的.根据"相似、相容"原理,疏水基和油的结构越相近,两者亲和性越好.

表面活性剂在溶剂中可形成胶团,在溶液表面(包括液-汽、液-液和液-固界面)可生成吸附膜,形成分子有序组合体.当表面活性剂超过某一特定浓度时,就会在溶液内部产生胶团.胶团的结构特点是:分子的极性端(常称为极性头)朝向极性介质(一般为水),而非极性端(称为极性尾,为碳氢链)相互缔合.表面活性剂在表面(或界面)也是定向排列的.极性端进入水相,非极性端进入空气或油相,可形成各种有序排列的表面层,图 6.38 为分别在肥皂泡(图中的"①"),在容器中的肥皂水的表面"②"及在肥皂水内球状胶团"③"表面形成的表面层(说明:球状胶团是最小的表面活性剂的聚集体,它具有溶解油的能力,即加溶作用).由于表面层将液体表面与空气分隔开,也由于表面活性剂极性头的亲水性,因而降低了水的表面张力系数,改变了表面的润湿性能,并产生乳化、破乳、起泡、消泡、分散、絮凝等方面的作用.

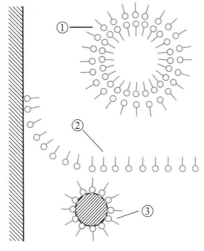

图 6.38 在①肥皂泡表面②容器中肥皂水表面③胶团表面的表面吸附层. ⸜ 表示肥皂分子

表面活性剂在洗涤中起了重要作用,洗涤有物理洗涤及化学洗涤两种.物理洗涤主要通过形成泡沫来达到洗涤的目的,洗衣时揉和搓的动作就有外力做功使之转变为泡沫的表面能的作用,而利用肥皂及热水能降低水的 σ,使之易于起泡.在冶金工业上,为了促使液态金属结晶速度加快,也在其中加入表面活性物质.

选读材料 6.7 固体的表面与界面

选 6.7.1 界面与表面

通常把固体与其他物质接触的边界层称为界面,因而有固–气、固–真空、固–液、固–固界面之分.人们把固体与气体(或与真空)的接触面称为固体表面.界面不是几何学上抽象的平面或曲面,而是具有一定厚度(一般仅几个或十几个原子的线度)的,在两个均匀相之间的不均匀的过渡层,它取决于这两个均匀相之间的热力学平衡条件.界面层的物理和化学性质与界面两侧均匀相的性质相比有显著的特殊性.在界面层中,原(离)子、分子的组分比例、排列方式、原(离)子间电子转换的数量,其化学键的特征等都同体内不同,以适应界面层中的电势分布.所以,在界面层中电子的状态、原子振动模式及它们同电磁场相互作用的模式等均不同于体内.其杂质和缺陷在界面层中的分布和聚合状况也与体内不同.它可发生成分的偏析、结构的变化、电子态的改变,也可形成吸附层或表面化合物等.表面的物理状态对固体的许多物理、化学性质有很大的影响,如金属和合金的腐蚀、断裂、氧化和磨损等;又如催化剂表面上进行的化学反应速率就和表面上的吸附、凝聚等密切有关.再如半导体表面的研究一直是器件工艺和物理研究中的重要课题,它促进一些新表面器件的发展,对电子技术、计算机技术的发展产生新的影响.表面物理学的研究成果也对冶金学、材料科学、固体物理、石油化工、半导体和微电子学、真空技术等的发展起着重要的影响.

1982 年德国科学家宾尼希(G.Binnig)和罗雷尔(H.Rohrer)制造出世界第一台扫描隧穿

显微镜(简称 STM)①,为物理学特别是表面物理学的研究及医学、生物学、化学的研究工作提供了十分重要的测试手段.为此,他们两人与第一台电子显微镜的发明者德国科学家鲁斯卡(E.Ruska)一起同获 1986 年诺贝尔物理学奖.

选 6.7.2　固体表面吸附

一、固体吸附

在固体内部,形成点阵的每个粒子受到的周围粒子的作用力会相互抵消,而位于固体表面层的粒子,仅受到固体表面层及固体内部粒子的吸引作用,固体外部又几乎没有粒子,因而表面层中分子的合力不为零,合力方向垂直于固体表面指向固体内部,于是在固体表面层附近形成一个表面势场.当环境中的异种气体分子运动到足够靠近固体表面时,在这势场作用下被吸附到表面上,同时减少了固体的表面势能.这种现象就称为固体的表面吸附.在吸附过程中,固体所减少的表面能以热量方式不断向外释放,所释放的热量称为吸附热.被固体表面吸附的气体分子将参与固体的热运动(振动),那些热运动动能足够大的吸附质分子,可克服吸附剂分子的吸引力而重新回到气体中.通常在与气体接触的固体表面上总保留着一些被吸附的气体分子.温度越低,被吸附的分子也越多.

吸附作用分为两类:一种是物理吸附.在物理吸附中,吸附质分子与吸附剂分子之间的相互作用力是范德瓦耳斯力,所以物理吸附能保证吸附质分子的完整性不被破坏.例如活性炭可吸附各种气体分子,也可吸附溶液中的某些溶质分子等.物理吸附不稳定,它易于退吸附,对吸附物质无选择性,在一定温度下,任何固体表面都可吸附气体.另一种是化学吸附.在化学吸附中,吸附质分子与吸附剂分子之间形成表面化学键.使被吸附的气体分子内部结构发生变化,这类同于气体分子与固体表面层分子发生的化学反应.例如镍吸附氢时,氢气分子分解为氢原子后,再被吸附到镍的表面上.在有的化学吸附中常伴随有被吸附分子中的价电子的重新分配.化学吸附较稳定,不易退吸附,有一定的选择性.一般很难判断所产生的吸附是物理吸附还是化学吸附.因为这两种吸附常同时出现.

二、吸附等温线

一般说来,在吸附质气体的临界温度(关于临界温度,请见§6.4.5)以上时,在非反应的固体表面上所吸附的常是单层的吸附分子.只有在临界温度以下才可能在固体表面上吸附多层分子.对于单层吸附,可将单位面积固体表面所覆盖的吸附分子数定义为覆盖率 θ.在等温条件下,覆盖率 θ 随吸附气体的压强 p 变化的关系称为吸附等温线.利用统计物理可证明,单分子层的吸附等温方程为

$$\theta = \frac{bp}{1 + bp} \tag{6.33}$$

其中 b 是一与温度有关的常量.θ 与 p 之间的关系曲线称为朗缪尔单分子吸附等温线.当压强增大到一定程度,整个固体表面已差不多覆盖满一层吸附分子时,θ 已基本不变,吸附已接近饱和.实验测出的单分子层吸附等温线与(6.33)式符合得很好.另外,温度越低,也越有利于

---

① 扫描隧穿显微镜(STM)的简单原理如下:当金属探针与试样表面之间距离仅零点几纳米时,探针与试样表面原子的电子云相互重叠.若在探针与试样之间施加电压,将有(隧穿)电流通过.电流大小随表面距离而指数衰减.利用(隧穿)电流产生的原理,让探针沿试样表面扫描.探针与试样之间的距离只要有一个原子直径的变化,就会使电流有 1 000 倍的变化.实际上隧穿显微镜不一定在真空中,也可在空气、水中进行工作,因而可直接观察表面现象及表面的原子结构.实现了人类长期以来希望能看到原子真面目的美好愿望.扫描隧穿电子显微镜具有原子级的高分辨率.它对制备超晶格、制备常温超导材料及纳米材料、团簇,对观察 DNA 分子,对研究摩擦、精密加工等十分有用.

吸附,因为这时已被吸附的分子更不容易挣脱吸附剂分子的吸引力而逸出到气体中.所以在 p 一定时,T 越小,θ 越大.因为(6.33)式中的 b 是 T 的函数,且 b 随 T 的增大而减小,所以 θ 也随 T 的增大而减小.

三、固体的比表面积

显然,固体表面的吸附能力不仅与被吸附气体的压强、温度有关,也与固体表面积的大小有关.通常我们所接触的是大块固体,虽然固体表面总是凹凸不平的,但单位质量固体所具有的表面积(称为比表面积)仍很小.为了扩大比表面积,常把吸附剂制成多孔性的物质.常用的吸附剂如分子筛、活性炭、硅胶等都是多孔性物质.

四、退吸附与吸附能

当吸附剂所吸附的气体分子达到饱和或接近饱和时,需进行退吸附处理,以便下次再投入使用.与吸附相反,退吸附应在加热、抽真空条件下进行.因为吸附分子热运动越剧烈,越有利于挣脱吸附剂对它作用的分子力而逸出,而抽真空不仅可把已退吸附的分子及时抽走,使之不致再次碰到固体表面而重新被吸附,而且也利于被吸附分子的逸出.因为在退吸附过程中需克服分子力做功,所以在退吸附时固体表面要吸收能量.我们把平均每个分子退吸附所需吸收的能量称为吸附能,它表示平均说来一个吸附分子比一个气态自由粒子所降低的能量.物理吸附的吸附热与升华热的数量级一般相同.简单分子的物理吸附热在 $4\sim20\ \text{kJ}\cdot\text{mol}^{-1}$ 范围内.复杂分子的物理吸附热在 $40\sim80\ \text{kJ}\cdot\text{mol}^{-1}$ 范围内.化学吸附热可与化学反应热相比拟,一般在 $40\sim400\ \text{kJ}\cdot\text{mol}^{-1}$ 范围内.

吸附在实验及生产技术中有很多重要应用.抽真空过程中,真空容器表面吸附气体的慢性释放是影响抽真空的速度及真空度提高的重要因素之一.提高真空部件表面的光洁度及对表面进行清洁处理可减少所吸附的气体及表面杂质.相反,钛泵是利用吸附作用来获得超高真空的设备.若在真空容器中加入一些被液氮冷却的活性炭,也能明显提高真空度.吸附在防毒、脱色、脱臭以及对混合物进行分离、提纯及污水处理、净化空气中都有重要的应用.它对催化剂的研究起重大作用.

选 6.7.3　二维物理　膜的功能

凝聚态物理的研究和新材料、新器件的发展是相辅相成的,很多已获广泛应用或具有应用前景的新材料和新器件,由于有强的各向异性,因而具有明显的一维或二维的特点(例如聚合物材料的结构是线状的,半导体表面器件具有二维特点),这些材料可分别近似认为是一维固体或二维固体.一维体系和二维体系不同于三维体系而具有一些独特的现象.对于二维体系,在层与层之间或层与衬底之间仍存在一定的相互作用,故只能是准二维的.下面介绍几个典型的例子.

一、半导体界面与量子及分数量子霍耳效应

半导体界面上所形成的积累层异质结界面以及反型层是一种二维电子系统.1980 年克利青(Klitzing)在 $Si\text{-}SiO_2$(半导体与绝缘体界面)上发现了量子霍耳效应.为此他获得 1985 年诺贝尔物理奖.1982 年美籍华裔科学家崔崎(1939—　　)在半导体异质结上发现了分数量子霍耳效应,为此他获得 1998 年诺贝尔物理学奖,成为第六位获得诺贝尔奖的华裔科学家.这两种效应均涉及固体物理基本问题,受到物理学家普遍关注.

二、膜的功能

膜是向二维伸展的结构体,在膜的两侧均可存在固体与气体或固体与液体间的界面.膜的基本功能是它能从物质群中有选择地透过或输送特定的物质(如分子、离子、电子、光子等),因而把膜视为一种基础功能材料.膜的主要功能有:

（一）分离功能

①不同气体透过膜的透过系数不同,据此可以集富所需气体(如集富氧气),浓缩天然气等.②离子交换膜,可用于海水淡化、硬水软化.③反渗透膜,是一种选择性薄膜(如醋酸纤维素膜),它只让水通过而不让盐等杂质离子通过,将未净水或盐水加压到几十或上百大气压,从而超过其渗透压,杂质离子等不能通过膜,而水可以通过,从而达到海水淡化或制备超纯水的目的(市场上供应的超纯水中的某些工序即利用反渗透膜制备).④超滤膜,可用于胶体分离、废液处理、溶液浓缩.⑤透析膜,用于人工肾等人工器官.

（二）能量转化功能

它能将光能向化学能转化(如光解水以产生氢和氧),也可将光能转化为电能,用于有机薄膜太阳能电池,这是今后大面积利用太阳能的最好形式之一.

（三）生物功能

例如大多数动物细胞中,细胞膜内 K^+ 的浓度高于膜外,而 Na^+ 浓度低于膜外.细胞上的膜蛋白能帮助维持这种浓度梯度,通常把这种作用分别称为钾泵和钠泵.又如肺泡的薄膜可扩张、收缩,使血液在膜上和空气接触,而血液又不会外流.在自然界中,生物体从体内细胞到外皮,其膜的功能得到精巧的发挥.

其他如层状化合物与石墨夹心化合物、表面吸附膜等,也是二维或准二维系统的典型例子.

选 6.7.4　温差电现象·温差发电与温差电制冷

温差电是主要发生在不同种类固体接触界面的热电现象.在选读材料 1.1 中曾介绍了泽贝克效应及温差热电偶温度计.实际上,温差电现象除了泽贝克效应之外还有佩尔捷效应和汤姆孙效应.

一、泽贝克效应

正如在选读材料 1.1 中的图 1.13(a)中提到的,若将导体(或半导体)A 和 B 的两端相互紧密接触组成环路,若在两连接处保持不同温度 T_1 与 T_2,则在环路中将有由于温度差而产生温差电动势.在环路中流过的电流称为温差电流,这种由两种物理性质均匀的导体(或半导体)组成的上述装置称为温差电偶(或热电偶),这是法国科学家泽贝克(Seebeck,1780—1831)于1821 年发现的.后来发现,温差电动势还有如下两个基本性质:① 中间温度规律,即温差电动势仅与两结点温度有关,与两结之间导线的温度无关.② 中间金属规律,即由 A、B 导体接触形成的温差电动势与两结点间是否接入第三种金属 C 无关,如图 6.39 所示.只要(a)、(b)图中的两结点温度 T_1、T_2 分别相等,则图中的温差电动势也相等.正由于①、②两点性质,温差电现象才会被广泛应用.

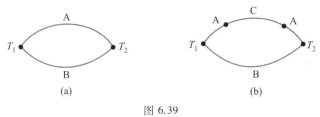

图 6.39

二、佩尔捷效应

1834 年佩尔捷(Peltier,1785—1845)发现,电流通过不同金属的结点时,在结点处有吸放热量 Q_p 的现象.吸热还是放热由电流方向确定,Q_p 称为佩尔捷热.其产生的速率与所通过的

电流强度成正比,即

$$\frac{\mathrm{d}Q_\mathrm{p}}{\mathrm{d}t} = \Pi_{12}J \tag{6.34}$$

其中 Π_{12} 称佩尔捷系数,其大小等于在结点上每通过单位电流时所吸放的热量.电流通过两种不同金属构成的结点时会吸放热的原因是在结点处集结了一个佩尔捷电动势,佩尔捷热正是这个电动势对电流做正功或负功时所吸放的热量.考虑到不同的金属具有不同的电子浓度和费米能 E_F(它等于 $\frac{1}{2}mv_\mathrm{F}^2$, v_F 即 §2.4.5 中所提到的费米速率,速度空间中费米球的半径),两金属接触后在结点处要引起不等量的电子扩散,致使在结点处两金属间建立了电场,因而建立了电势差(当然,上述解释仅考虑了产生温差电现象的某一方面因素,实际情况要复杂得多).由此可见,佩尔捷电动势应是温度的函数,不同结的佩尔捷电动势对温度的依赖关系也可不同.上述观点也能用来解释当电流反向时,两结对佩尔捷热的吸放应倒过来,因而是可逆的.一般金属结的佩尔捷电势为 μV 量级,而半导体结可比它大数个量级.

三、汤姆孙效应

1856 年汤姆孙(即开尔文)用热力学分析了泽贝克效应和佩尔捷效应后预言还应有第三种温差电现象存在.后来有人从实验上发现,如果在存在有温度梯度的均匀导体中通有电流时,导体中除了产生不可逆的焦耳热外,还要吸收或放出一定的热量,这一现象定名为**汤姆孙效应**,所吸放的热量称为**汤姆孙热**.汤姆孙热与佩尔捷热的区别是,前者是沿导体(或半导体)做分布式吸放热,后者在结点上吸放热.汤姆孙热也是可逆的,但测量汤姆孙热比测量佩尔捷热困难得多,因为要把汤姆孙热与焦耳热区分开来较为困难.

四、温差发电器

温差电现象主要应用在温度测量、温差发电器与温差电制冷三方面.温差发电是利用泽贝克效应把热能转化为电能.当一对温差电偶的两结处于不同温度时,热电偶两端的温差电动势就可作为电源.常用的是半导体温差热电偶,这是一个由一组半导体温差电偶经串联和并联制成的直流发电装置.每个热电偶由一个 n 型半导体和一个 p 型半导体串联而成,两者连接着的一端和高温热源接触,而 n 型和 p 型半导体的非结端通过导线均与低温热源接触,由于热端与冷端间有温度差存在,使 p 的冷端有负电荷积累而成为发电器的阴极;n 的冷端有正电荷积累而成为阳极.若与外电路相连就有电流流过.这种发电器效率不大,为了能得到较大的功率输出,实用上常把很多对温差电偶串、并联成**温差电堆**.

五、温差电制冷器

根据佩尔捷效应,若在温差电材料组成的电路中接入一电源,则一个结点会放出热量,另一结点会吸收热量.若放热结点保持一定温度,另一结点会开始冷却,从而产生制冷效果.半导体温差电制冷器也是由一系列半导体温差电偶串、并联而成.温差电制冷由于体积十分小,没有可动部分(因而没有噪音),运行安全故障少,并且可以调节电流来正确控制温度.它可应用于潜艇、精密仪器的恒温槽、小型仪器的降温、血浆的储存和运输等场合.随着生产成本逐步降低,它在科研、生产及生活中的应用范围越来越广.

选读材料 6.8　石墨和石墨烯

碳原子最外层有 4 个电子,由它们自己组成为晶体时可以成为性质完全不同的物质,石墨、金刚石、碳-60、碳纳米管等都是碳元素的单质,它们互为同素异形体.常见的是石墨与金刚石.而石墨烯是近十多年来发现具有重大应用前景的新材料.

一、石墨与金刚石

（一）金刚石

金刚石的每一个碳原子最外层的 4 个电子分别和另外 4 个碳原子的其中一个电子配对以共价键结合，从而组成四面体结构，如图 6.40(a) 所示.它的共价键的键长都是 0.154 nm.因为四面体结构是非常稳定的，所以它是目前在地球上发现的众多天然存在的材料中最坚硬的物质.金刚石的用途非常广泛，例如：工艺品、工业中的切割工具.石墨可以在高温、高压下形成人造金刚石.金刚石是贵重宝石.

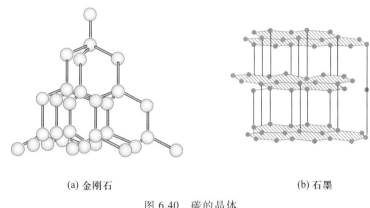

(a) 金刚石 　　　　　　　　　　　　　(b) 石墨

图 6.40　碳的晶体

（二）石墨

石墨是碳质元素另外一种结晶物，它的结晶结构为六边形层状结构，如图 6.40(b) 所示.每个碳原子最外层的 4 个电子中的 3 个电子在同一平面内和其他 3 个碳原子中的 1 个电子配对以共价键结合，这样在同一平面层内成为六边形网络结构，伸展成片层结构.同一网层中碳原子之间的间距为 0.142 nm.而同一网层中每一个碳原子的外层第 4 个电子为这一层碳原子所共有，而成为共有化的自由电子，也称为电子云，这和金属的结构完全类似的（关于这一点见 §2.4.5 绝对零度时金属中自由电子的速度分布与速率分布（费米球）这一节中对于金属中自由电子的描述）.石墨的同一层的晶格像金属晶体.但是石墨的相邻层按照范德瓦耳斯键结合，层之间的距离为 0.34 nm.范德瓦耳斯键的结合力也是静电力，不过它不是带电系统之间的吸引力，而是整体不带电系统之间的偶极力.它来源于分子或者原子内正负电荷的微小分离而产生的偶极力.范德瓦耳斯键以分子键为主，其吸引力较弱.石墨晶体中层与层之间属于分子晶体.这样我们说石墨晶体是一种复合晶体，它兼有金属晶体和分子晶体这 2 种晶体的特殊性质.

石墨由于其以上特殊结构，而具有如下特殊性质：

（1）由于石墨每一层碳原子的外层第 4 个电子是自由电子，相当于金属中的自由电子，它们可以传输电荷，当然这样的传输主要是沿层面上的传输；所以石墨能导电，导电性比一般非金属要高一百倍，这正是金属晶体特征.（2）导热性能也比较好.这是因为导电性质好的物质其导热性能一般也比较好.它的导热性超过钢、铁、铅等金属材料.（3）润滑性能好.这是因为石墨的层与层之间为范德瓦耳斯键，而层内碳原子之间为共价键，范德瓦耳斯键要比共价键要弱得多，层和层之间容易分离而产生滑移，所以润滑性能好.石墨的润滑性能取决于石墨鳞片的大小，鳞片越大，摩擦系数越小.石墨是非常好的固体润滑剂.（4）耐高温.（5）石墨在常温下有良好的化学稳定性，能耐酸、耐碱和耐有机溶剂的腐蚀.（6）石墨的可塑性好，韧性好，可碾成很薄的薄片.（7）抗热震性：石墨在常温下使用时能经受住温度的剧烈变化而不致破坏,温度突变时,石墨的体积变化不大,不会产生裂纹.(8)石墨极难破坏,石墨的熔点也很高.上述从4到8点的性质和石墨同一平面层上的碳原子间成六边形结构以及共价键的结合力很强有关.

　　二、石墨烯

　　由于石墨晶体中层与层之间相隔0.34 nm,距离较大,并且是以范德瓦耳斯力结合起来的,结合力比较弱,所以可以从石墨材料中剥离出只有一层原子厚度的,由碳原子组成的六边形网络结构的二维晶体,这就是石墨烯(Graphene).2004年,英国曼彻斯特大学物理学家安德烈·海姆(Geim)和康斯坦丁·诺沃肖洛夫(Novoselov)成功从石墨中分离出石墨烯,证实它可以单独存在.

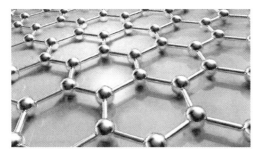

图6.41　石墨烯

　　石墨烯是最薄的材料,又因为六边形结构非常稳定且共价键的结合力很强,所以也是最强韧的材料,断裂强度比最好的钢材还要高200倍.同时它又有很好的弹性,拉伸幅度能达到自身尺寸的20%.它是目前自然界最薄、强度最高的材料.石墨烯目前最有潜力的应用之一是成为硅的替代品,制造超微型晶体管,用来生产未来的超级计算机.用石墨烯取代硅,计算机处理器的运行速度将会快数百倍.另外,石墨烯几乎是完全透明的,只吸收2.3%的光.另一方面,它非常致密,因为它是六边形结构,即使是最小的气体原子(氦原子)也无法穿透.这些特征使得它非常适合作为透明电子产品的原料,如透明的触摸显示屏、发光板和太阳能电池板.作为目前发现的可以做到最薄、强度最大、导电导热性能最强的一种新型纳米材料,石墨烯被称为"黑金",是"新材料之王",有的科学家甚至预言石墨烯将"彻底改变21世纪".极有可能掀起一场席卷全球的颠覆性新技术新产业革命.

　　实际上石墨烯本来就存在于自然界,只是难以从石墨中剥离出单层结构而成为石墨烯.石墨烯一层层叠起来就是石墨,厚1 mm的石墨大约包含300万层石墨烯.铅笔在纸上轻轻划过,留下的痕迹就可能是几层甚至仅仅一层石墨烯.

　　2004年,英国曼彻斯特大学的两位科学家安德烈·海姆和康斯坦丁·诺沃消洛夫发现他们能用一种非常简单的方法得到越来越薄的石墨薄片.他们从高定向热解石墨中剥离出石墨片,然后将薄片的两面粘在一种特殊的胶带上,撕开胶带,就能把石墨片一分为二.不断地这样操作,于是薄片越来越薄,最后,他们得到了仅由一层碳原子构成的薄片,这就是石墨烯.这以后,制备石墨烯的新方法层出不穷,经过5年有了极大发展.在随后三年内,发现石墨烯的安德烈·海姆和康斯坦丁·诺沃肖洛夫又在单层和双层石墨烯体系中分别发现了整数量子霍尔效应及常温条件下的量子霍尔效应,他们也因此而获得2010年度诺贝尔物理学奖.

　　在发现石墨烯以前,大多数物理学家认为,热力学涨落不允许任何二维晶体在有限温度下存在.所以,它的发现立即震撼了凝聚态度物理学学术界.虽然理论和实验界都认为完美的二维结构无法在非绝对零度稳定存在,但是单层石墨烯却在实验中被制备出来了.

　　石墨烯是由碳六元环组成的两维(2D)周期蜂窝状点阵结构,它可以翘曲成零维(0D)的富勒烯(fullerene),卷成一维(1D)的碳纳米管(carbon nanotube,CNT)或者堆垛成三维(3D)的石墨(graphite),因此石墨烯是构成其他石墨材料的基本单元.石墨烯的基本结构单元与有机材料中最稳定的苯六元环相类似,是目前最理想的二维纳米材料.

石墨烯:是一种二维碳材料,是单层石墨烯、双层石墨烯和多层石墨烯的统称.

石墨烯的合成方法主要有两种:机械方法和化学方法.机械方法包括微机械分离法、取向附生法和加热 SiC 的方法;化学方法是化学还原法与化学解离法.

石墨烯结构非常稳定,具有非常好的导电性.迄今为止,研究者仍未发现石墨烯中有碳原子缺失的情况.石墨烯中各碳原子之间的连接非常柔韧,当施加外部机械力时,碳原子面就弯曲变形,从而使碳原子不必重新排列来适应外力,也就保持了结构稳定.这种稳定的晶格结构使碳原子具有优秀的导电性.石墨烯最大的特性是其中电子的运动速度达到了光速的 1/300,远远超过了电子在一般导体中的运动速度.

石墨烯的极高导电性质为制造大容量电池创造条件.而石墨烯具有极高导热系数也被用于散热等方面.在散热片中嵌入石墨烯或数层石墨烯可使得其局部热点温度大幅下降.电池充电时由于电池内阻要发热,充电速度不能太快,否则电池要烧坏.解决电池充电时的散热问题是提高手机、电动汽车性能的重大问题.石墨烯超级电池的成功研发,也解决了新能源汽车电池的容量不足以及充电时间长的问题,极大加速了新能源电池产业的发展.石墨烯的这一系列的研究成果为石墨烯在新能源电池行业的应用铺就了道路.目前,电动汽车充一次电大约可跑 300 km,但充一次电至少需花 2 个小时,且这已经是当前极高的效率了.因此,容量大,充电速度快的石墨烯电池的任何消息出来时,自然会引发众多的关注.我国华为公司的瓦特实验室 2016 年很巧妙地利用了石墨烯高导热性能来为他们的锂电池散热.这种石墨烯基锂离子电池主要用于高温极端的环境.因为锂离子电池在温度过高时会让其容量损失加快,且不可逆.所以石墨烯在这种新型锂离子电池当中担当着最为重要的散热材质.但是它仅是石墨烯基锂电子电池还不是石墨烯电池.性能更为优越的石墨烯基锂电池已被研制出.而续航能力若达 600~1 000 km 的石墨烯电池的电动汽车的出现,将秒杀天然油车.另外,之前美国麻省理工学院已成功研制出表面附有石墨烯纳米涂层的柔性光伏电池板,可极大降低制造透明可变形太阳能电池的成本,这种电池有可能在夜视镜、相机等小型数码设备中应用.新能源电池是石墨烯最早商用的一大重要领域.利用石墨烯制成的显示器、彩色电视机已生产出.它能卷曲变形.可以预期在不久的将来出现像纸一样的一卷石墨烯彩色显示屏,把它打开就成为大屏幕彩电.

在塑料里掺入百分之一的石墨烯,就能使塑料具备良好的导电性;加入千分之一的石墨烯,能使塑料的抗热性能提高 30℃.在此基础上可以研制出薄、轻、拉伸性好和超强韧新型材料,用于制造汽车、飞机和卫星.

石墨烯对物理学基础研究有着特殊意义,它使一些此前只能纸上谈兵的量子效应可以通过实验来验证,例如电子无视障碍、实现幽灵一般的穿越.但更令人感兴趣的,是它那许多"极端"的物理性质.

由于高导电性、高强度、超轻薄等特性,石墨烯在航天军工领域的应用优势也是极为突出的.前不久美国 NASA 开发出应用于航天领域的石墨烯传感器,就能很好地对地球高空大气层的微量元素、航天器上的结构性缺陷等进行检测.而石墨烯在超轻型飞机材料等潜在应用上也将发挥更重要的作用.

随着批量化生产以及大尺寸等难题的逐步突破,石墨烯的产业化应用步伐正在加快,基于已有的研究成果,最先实现商业化应用的领域可能会是移动设备、航空航天、新能源电池及显示器等领域.

前面已经对石墨烯的很多重要应用作了介绍,但这还不是最主要的,其最重要的应用前景是石墨烯时代将彻底颠覆硅时代.

学术界一直对石墨烯有个共同的看法,即目前制造石墨烯的成本过高并且技术方面并不完善,若要实现工业化应用现在还存在很大的困难,但其发展速度十分惊人.

思考题

6.1　制造金属小圆球的一种方法是在高处将金属熔液经筛板的小孔流出而形成许多小液滴,它们落到地上即形成一个个球形小金属球.试问为什么要使液滴在自由下落过程中凝固?

6.2　有一个由相同直径的玻璃管连接而成的连通器,如图 6.42 所示.连通器的三个支管上各装有一只旋塞阀 C_1、C_2、C_3.若先打开 C_1、C_2,关闭 C_3,在连通器右端管口吹出一个肥皂泡 A;再关闭 C_2,打开 C_3,在连通器左端管口吹出肥皂泡 B,最后关上 C_1,打开 C_2.试问:(1) A、B 泡的半径不等.则 A、B 泡的半径的大小将如何变化? 为什么? (2) 为什么达到平衡时的泡不足半个球壳时,平衡是稳定的;而达到平衡时的泡超过半个球壳时,平衡是不稳定的? 说明:所谓稳定与不稳定是指:设系统已经达到平衡态

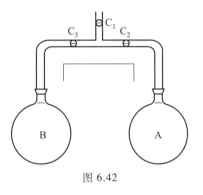

图 6.42

若由于涨落,其中某一部分称为某子系的某物理量例如体积突然增加一个小量,则外界系统中子系以外部分会使子系向该物理量减小的方向变化,这样的系统是稳定的,否则称为不稳定的.

6.3　为什么把沾有油脂的钢针小心地平躺在水的表面上不会下沉? 为什么雨伞的布有小孔而不会漏雨?

6.4　毛细管插入水中时,管内液面会上升;插入水银中时,管内液面要降低.液面升高或降低,重力势能就要增加或减少,试问所增加的能量从何而来? 所减少的能量到何处去?

6.5　当液体在毛细管中上升高度 h 时,表面张力 $F = 2\pi r\sigma$,所做功为 $Fh = \dfrac{\pi\sigma^2}{\rho g}$.但液柱所具有的重力势能为 $\pi r^2 \cdot \rho g h \cdot \dfrac{h}{2} = \dfrac{2\pi\sigma^2}{\rho g}$.可见表面张力克服重力所做的功中只有一半转化为重力势能,试问另一半能量到何处去了?

6.6　有两块轻质板,将它们相互平行地竖直浮在液体中,并使两板靠得很近而不接触.试就液体是水及水银这两种情况,解释为什么均有一对相互作用力作用在两板之间? 它们是吸引力还是排斥力?

6.7　有同种材料制成的金属薄圆盘(其密度为 ρ),其厚度均为 t,其半径从小到大有很多种,它们对水都是完全不润湿的.现在把它们轻轻地放在水面上,试问是半径大的易于下沉还是半径小的易于下沉? 若水的表面张力系数为 σ,试求出从下沉过渡到不下沉的临界半径是多少?

6.8　有学生画图表示半径相同的玻璃毛细管直管和弯管分别插在水中的情况(见图 6.43).你认为其中正确的图是哪一个? 为什么? 其他两个图不正确的原因是什么?

6.9　若在人造地球卫星内部有两只玻璃杯,在杯中分别装有可完全润湿的水及完全不润湿的水银,试讨论杯中液体的形状.设杯中液体较少.

6.10　试尽可能多地列举测定表面张力系数的各种方法.

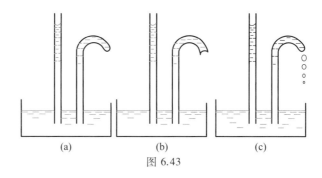

图 6.43

6.11 为什么土壤中的吸附水不能被植物根须吸收?

6.12 何谓饱和蒸气压? 它和温度之间有什么关系? 为什么饱和蒸气压与蒸气所占体积大小无关? 若液体上方还存在其他种类的气体,饱和蒸气压会不会发生变化? 为什么?

6.13 饱和蒸气压与液面的形状有怎样的关系? 为什么?

6.14 说明蒸发和沸腾的异同.沸腾是如何发生的? 发生沸腾的条件是什么? 什么是沸点? 什么是正常沸点?

6.15 为了研究在完全失重情况下的液体的沸腾现象,有人设计了这样的一个在航天飞机中进行的实验.以能伸缩的医用注射针筒作为容器盛满清水,内装电阻丝及温度计各一.在电阻丝通电加热期间,针筒与活塞可自动调节,以保持液体压强与外压强始终相等.试问当电阻丝上开始出现气泡,并达到水的沸点时,可能观察到什么现象? 为什么?

6.16 蒸气凝结为液滴时需满足什么条件? 为什么?

6.17 云室及气泡室中能观察到基本粒子的径迹是据何原理?

6.18 能否通过对密闭容器中的液体加热而使它沸腾? 为什么?

6.19 若在低于临界温度的情况下对气体等温压缩,在压缩到已有部分气体转变为液体以后,接着在总体积 V 不变的情况下升高系统的温度,一直升到临界温度以上.试将这一变化过程分别在 $p-V$ 图及 $p-T$ 图上表示出来.分三种情况予以讨论: $V<V_c$、$V=V_c$、$V>V_c$(V_c 为临界体积).

6.20 高压锅中的水开了以后,把锅盖上气阀扣上,继续加热,锅内水还处于沸腾状态吗? 若把扣有气阀,并处于沸腾状态的高压锅从炉子上取下,用少量冷水冲锅盖,试问会发现什么现象? 为什么? 正确使用高压锅的方法是,气阀要到锅内的食品沸腾以后才扣上,否则达不到预定的温度.为什么?

6.21 什么是过冷、过热现象? 它们分别对应于范德瓦耳斯方程等温线中的哪一段? 为什么把过饱和蒸气称作过冷蒸气?

6.22 何谓亚稳态? 为何过冷蒸气及过热液体处于亚稳态?

6.23 系统处于临界态时有哪些基本特征?

6.24 一级相变与连续相变的基本区别是什么?

6.25 何为临界乳光现象? 从该现象可说明临界态有何特征?

6.26 结晶过程由哪两种过程组成? 为什么熔液一般都凝固成多晶体?

6.27 试将过冷蒸气与过热液体在 $p-T$ 相图上表示出来.过冷蒸气转变为相同温度、相同压强下的液体所释放的相变潜热如何求? 熵变如何求? 设已知水和蒸气的比热容以及饱和蒸气的凝结热.

6.28 威耳孙云室中的过饱和蒸气常常是将无杂质、纯净的水汽经绝热膨胀而制得,试在 $p-T$ 图上大致画出这一过程.

6.29　为什么在液固共存曲线中不存在临界点？试从液、气、固微观结构出发予以说明.

6.30　水在 0 ℃时结冰与三相点温度为 0.01 ℃是否矛盾？已知水的三相点压强为 611 Pa.

6.31　若某物质在熔化时体积增大,如何使它重新凝固？

6.32　证明在三相点时有 $L_{s,m}=L_{v,m}+L_{m,m}$.

6.33　在一个上部被活塞堵住的绝热密闭容器中,水的三相达平衡时,其中气相为纯的水蒸气,试回答下列问题,并将下述过程分别在 $p-V$ 图、$p-T$ 图上表示出来.(1) 把活塞绝热下压,若冰很少,三相间如何变化？(2) 把活塞绝热上提,若水很少,则三相如何变化？

6.34　(1) 一种液体放在密闭容器中,对液体不停地加热,并保持容器中压强不变,例如容器为带有活塞的气缸.试问会发生什么情况？(2) 在相变过程中,固定容器体积继续加热,试问在 $p-V$ 图及 $p-T$ 图上此过程沿什么路径变化？

6.35　为什么可用克拉珀龙方程是否成立来验证第二定律的正确性？

6.36　用克拉珀龙方程分别说明液体沸点和压强的关系以及固体熔点和压强的关系.

6.37　你注意过吗？冬天结冰时总是表面先结冰,而油脂凝结都是从容器底部开始的,试说明其原因.

第六章思考题提示

习题

6.3.1　试问从液体中移出而成半径为 r 的液滴所做的功与把此液滴举高 h 所做的功之比是什么？已知该液体的密度为 ρ,表面张力系数为 σ.

6.3.2　在深为 2.0 m 的水池底部产生许多直径为 5.0×10^{-5} m 的气泡,当它们等温地上升到水面上时,这些气泡的直径是多大？设水的表面张力系数 0.073 N·m^{-1}.

6.3.3　将一充满水银的气压计下端浸入一个广阔的盛水银的容器中,其读数为 $p=0.950\times10^5$ N·m^{-2}.(1) 求水银柱的高度.(2) 考虑到毛细现象后,真正的大气压强多大？已知毛细管的直径 $d=2.0\times10^{-3}$ m,接触角 $\theta=\pi$,水银的表面张力系数 $\sigma=0.49$ N·m^{-1}.(3) 若允许误差0.1%,试求毛细管直径所能允许的最小值.

6.3.4　试证半径为 r 的肥皂泡的泡内气体压强要比泡外大气压强高出 $4\sigma/r$ 的数值.

△**6.3.5**　测定液体表面张力系数 σ 的一种简便方法是称量从毛细管下端滴出液滴的重量,并利用快速连续摄影方法,测定液滴在脱离毛细管下端的瞬间液滴颈的直径 d.实验测出 $d=0.7$ mm,318 滴液滴的总重量为 5 g,试问此种液体的表面张力系数是多少？

△**6.3.6**　把一根表面涂有油脂,因而水完全不能润湿的钢针轻轻地平放在水面上,试问要使钢针不下沉,钢针的最大直径是多大？已知水的 $\sigma=0.073$ N·m^{-1},钢的密度为 7.8×10^3 kg·m^{-3}.

6.3.7　将两滴半径都为 1 mm 的水滴合并为一滴水时产生的温度改变是多少？设水的表面张力系数为 0.073 N·m^{-1}.

6.3.8　两个表面张力系数都为 σ 的肥皂泡,半径分别为 a 和 b,它们都处在相同大气中,泡中气体都可看作理想气体.若将它们在等温下聚合为一个泡,泡的半径为 c(这时外界压强仍未变化).试证泡外气体压强的数值是

$$p = 4\sigma\frac{c^2 - b^2 - a^2}{a^3 + b^3 - c^3}$$

6.3.9　在内半径为 $R_1=2.0\times10^{-3}$ m 的玻璃管中,插入一外半径为 $R_2=1.5\times10^{-3}$ m 的玻璃棒,棒与管壁间的距离到处一样,求水在管中上升的高度.已知水的密度 $\rho=1.00\times10^3$ kg·m^{-3},表面张力系数 $\sigma=7.3\times10^{-2}$ N·m^{-1},与玻璃的接触角 $\theta=0$.

△**6.3.10** 一自由长度为 l_0、截面积为 A、杨氏模量为 E 的橡皮丝环用棉丝拴在一铁丝圆环上,将铁丝圆环从肥皂液中慢慢拉出,在铁丝圆环上就形成一层肥皂膜.用烧热的大头针将橡皮丝环所围的那部分肥皂膜刺破后,橡皮丝被拉成长为 l 的圆环.试问该肥皂膜的表面张力系数 σ 是多大?

△**6.3.11** (1)水滴在空气中匀速下降,若水滴上端与下端间距为 d,设水的表面张力系数为 σ,水的密度为 ρ.试估算下端曲率半径与上端曲率半径之差;(2)若匀速下降的水滴突然完全失重,则水滴上、下液面将在平衡位置附近近似做简谐振动,试解释其原因.

6.4.1 在大气压强 $p_0 = 1.013 \times 10^5$ Pa 下,有 4.0×10^{-3} kg 酒精沸腾变为蒸气.已知酒精蒸气比容(单位质量的体积)为 0.607 m³·kg⁻¹,酒精的汽化热为 $l = 8.63 \times 10^5$ J·kg⁻¹,酒精的比容(单位质量的体积)v_1 与酒精蒸气比容 v_2 相比可以忽略不计,求酒精内能的变化.

6.4.2 质量为 $m = 0.027$ kg 的气体体积为 1.0×10^{-2} m³,温度为 300 K.已知在此温度下液体的密度为 $\rho_1 = 1.8 \times 10^3$ kg·m⁻³,饱和蒸气的密度为 $\rho_g = 4$ kg·m⁻³,设用等温压缩的方法可将此气体全部压缩成液体,问:(1)在什么体积时开始液化?(2)在什么体积时液化终了?(3)当体积为 1.0×10 m⁻³ 时,液气各占多大体积?

△**6.4.3** 一密封绝热容器的体积为 $V = 6.0 \times 10^{-3}$ m³,其中水的温度为 $T_1 = 393$ K,相应的饱和蒸气压为 $p_1 = 1.96 \times 10^5$ Pa.如在其中喷进 10 ℃ 的水,则水的温度降为 $T_2 = 373$ K,相应的饱和蒸气压为 $p_2 = 9.81 \times 10^4$ Pa,求喷进去的水的质量.已知水的比热为 4.186×10^3 J·kg⁻¹,汽化热为 2.26×10^6 J·kg⁻¹,水蒸气的摩尔定容热容 $C_{V,m} = 3R$,R 为摩尔气体常量.

6.4.4 假设从 $T = 300$ K 的液面释放一个分子需 0.05 eV,试问以 J·mol⁻¹ 为单位所表示的汽化热是多少?

6.4.5 在标准大气压和 100 ℃ 时,单位质量水的熵为 1.30×10^3 J·kg⁻¹·K⁻¹,相同条件下单位质量水蒸气的熵为 7.36×10^3 J·kg⁻¹·K⁻¹.试问在此温度下的汽化热是多少?

6.4.6 假设水的 c_p 是常量,它等于 4.18×10^3 J·kg⁻¹·K⁻¹.在 0.1 MPa 下水蒸气的 c_p 也是常量,它等于 1 985 J·kg⁻¹·K⁻¹;又知水蒸气的潜热是 2.26×10^6 J·kg⁻¹,试问将 1 kg 水在 0.1 MPa 下从 273 K 加热到 433 K 时所发生的焓变和熵变分别是多少?

6.4.7 假定在 100 ℃ 和 1.01×10^5 Pa 下水蒸气的潜热是 2.26×10^6 J·kg⁻¹,比容(单位质量的体积)是 $1\,650 \times 10^{-3}$ m³·kg⁻¹,试计算在汽化过程中所提供的能量用于做机械功的百分比.1 kg 水在正常沸点下汽化时,其焓、内能、熵的变化分别是多少?

6.4.8 若已知遵从范德瓦耳斯方程的氧气的临界温度和临界压强,试问氧分子的有效直径是多大?

△**6.4.9** 试确定狄特里奇(Dieterici)方程 $p(V_m - b) = RT \cdot \exp\left[-\dfrac{a}{RTV_m}\right]$ 的临界点坐标 $V_{c,m}$、T_c、p_c 及临界系数.

△**6.4.10** 已知乙醚的摩尔质量为 0.074 kg·mol⁻¹,临界温度为 467 K,临界压强为 36×10^5 N·m⁻².把一装有乙醚的密封小管徐徐加热,若欲使该系统在临界温度时恰好处于临界点,试问在 20 ℃ 温度下,应预先向管中加入密封小管容积的百分之几的乙醚?已知 20 ℃ 时乙醚的密度为 0.714×10^3 kg·m⁻³.

6.5.1 压强为 0.101 3 MPa 时水在 100 ℃ 沸腾,此时水的汽化热为 2.26×10^6 J·kg⁻¹,比容(单位质量的体积)为 1.671 m³·kg⁻¹.求压强为 0.102 4 MPa 时水的沸点.

6.5.2 已知水在下列温度下的饱和蒸气压,试问水在 278 K 时的汽化热是多少?

T/K	273	274	276	278	280	282
$p/(\mathrm{N \cdot m^{-2}})$	6.1	6.6	7.6	8.7	10.3	11.5

6.5.3 设某种液体在某一压强下的沸点为 400 K,且沸点每升高 1 K,其平衡压强升高 5%,试估计这种液体的汽化热.

6.5.4 水银扩散泵[①]的冷却水温度为 15 ℃,若此扩散泵不另设水银冷凝陷阱,试问此泵所能达到的极限真空度是多少? 已知在 0 ℃时水银的饱和蒸气压为 $2.1 \times 10^{-2}\,\mathrm{N \cdot m^{-2}}$,在 0~15 ℃范围内水银的汽化热为 $3.16 \times 10^{5}\,\mathrm{J \cdot kg^{-1}}$.如果汽化热的数据不变,请问在 -15 ℃时的极限真空度是多少? 请问在水银扩散泵中增加一个液氮(温度为 77 K)冷阱,其效果如何?

① 关于水银扩散泵的原理和构造,请见参考文献 1.

△**6.5.5** 在三相点附近,固态氨的蒸气压方程和液态氨的蒸气压方程(其单位均为 mmHg[②])分别为

② 1 mmHg = 133.3 Pa,.已不推荐使用.

$$\ln p = 23.03 - \frac{3\,754}{T}$$

$$\ln p = 19.49 - \frac{3\,063}{T}$$

试求氨的三相点温度和压强及氨在三相点的汽化热、升华热和熔解热.

△**6.5.6** 某物质的摩尔质量为 M,三相点温度及压强分别为 T_0、p_0,三相点时固态及液态的密度分别为 ρ_s,ρ_1,其蒸气可视为理想气体;又知在三相点时的熔化曲线的斜率为 $\left(\dfrac{\mathrm{d}p}{\mathrm{d}T}\right)_{\mathrm{m}}$,饱和蒸气压曲线斜率为 $\left(\dfrac{\mathrm{d}p}{\mathrm{d}T}\right)_{\mathrm{v}}$.(1) 试求升华曲线斜率 $\left(\dfrac{\mathrm{d}p}{\mathrm{d}T}\right)_{\mathrm{s}}$;(2) 证明通常情况下有如下关系:

$$\left(\frac{\mathrm{d}p}{\mathrm{d}T}\right)_{\mathrm{s}} > \left(\frac{\mathrm{d}p}{\mathrm{d}T}\right)_{\mathrm{v}}$$

△**6.5.7** 一块高为 a、宽为 b 的长方形钢板放在边长为 c 的立方体的冰块之上,钢板两端分别各挂上一质量为 m 的重物.整个系统及周围环境均在 0 ℃温度下.

(1) 证明钢板下面冰的温度降低了

$$\Delta T = \frac{2mgT(V_{\mathrm{l,m}} - V_{\mathrm{s,m}})}{bcL_{\mathrm{m,m}}}$$

(2) 在钢板下面的冰熔化,在板上的水又凝结,热量从钢板往下传,若在单位时间内从单位面积钢板下传的热量 $J_T = -\kappa \Delta T$,其中 κ 为常量,试证钢板下坠速度为

$$\frac{\mathrm{d}y}{\mathrm{d}t} = \kappa \cdot \frac{2mgT(V_{\mathrm{s,m}} - V_{\mathrm{l,m}})}{\rho L_{\mathrm{m,m}}^{2} bca}$$

其中 ρ 为冰的密度,$V_{\mathrm{s,m}}$、$V_{\mathrm{l,m}}$ 分别为冰和水的摩尔体积,$L_{\mathrm{m,m}}$ 为冰的摩尔熔化热,κ 为钢板的热导率.忽略钢板质量.

△**6.5.8** 一竖直放置的长圆柱形容器内装满了温度为 T 的物质,它处于重力加速度为 g 的重力场中.已知在某一高度以下该物质处于液态,而在这一高度以上为固态.若将整个系统的温度降低 ΔT,发现固-液分界面改变了 x.忽略固体的热膨胀,试找出液体的密度 ρ_1 的关系式(以固体的密度 ρ_s 摩尔熔化热 $L_{\mathrm{m,m}}$,以及 x、g、T、ΔT 表示),设 $\dfrac{\Delta T}{T} \ll 1$.

△**6.5.9** 液态 $^4\mathrm{He}$ 的正常沸点为 4.2 K,压强降为 $1.33 \times 10^{2}\,\mathrm{N \cdot m^{-2}}$ 时的沸点为 1.2 K.试估计 $^4\mathrm{He}$ 在这一温度范围内的平均汽化热.

第六章习题答案

附录

（Ⅰ）二维码目录

（一）文档

（二）视频

（三）动画

（Ⅱ）书中所列表格的索引

（Ⅲ）常用物理学常量

物理量	符号	数 值	单位	相对标准不确定度
真空中光速	c	299 792 458	$m \cdot s^{-1}$	精确
引力常量	G	$6.674\,08(31) \times 10^{-11}$	$m^3 \cdot kg^{-1} \cdot s^{-2}$	4.7×10^{-5}
阿伏伽德罗常量	N_A	$6.022\,140\,857(74) \times 10^{23}$	mol^{-1}	1.2×10^{-8}
摩尔气体常量	R	$8.314\,459\,8(48)$	$J \cdot mol^{-1} \cdot K^{-1}$	5.7×10^{-7}
玻耳兹曼常量	k	$1.380\,648\,52(79) \times 10^{-23}$	$J \cdot K^{-1}$	5.7×10^{-7}
元电荷	e	$1.602\,176\,620\,8(98) \times 10^{-19}$	C	6.1×10^{-9}
原子质量常量	m_u	$1.660\,539\,040(20) \times 10^{-27}$	kg	1.2×10^{-8}
电子静止质量	m_e	$9.109\,383\,56(11) \times 10^{-31}$	kg	1.2×10^{-8}
普朗克常量	h	$6.626\,070\,040(81) \times 10^{-34}$	$J \cdot s$	1.2×10^{-8}
真空电容率	ε_0	$8.854\,187\,817\cdots \times 10^{-12}$	$F \cdot m^{-1}$	精确
真空磁导率	μ_0	$4\pi \times 10^{-7}$	$N \cdot A^{-2}$	精确
玻尔半径	a_0	$0.529\,177\,210\,67(12) \times 10^{-10}$	m	2.3×10^{-10}
玻尔磁子	μ_B	$927.400\,999\,4(57) \times 10^{-26}$	$J \cdot T^{-1}$	6.2×10^{-9}
斯特藩-玻耳兹曼常量	σ	$5.670\,367(13) \times 10^{-8}$	$W \cdot m^{-2} \cdot K^{-4}$	2.3×10^{-6}

注：表中的数据为国际科学联合会理事会科学技术数据委员会（CODATA）2014 年的国际推荐值.

参考文献

读者意见反馈

为收集对教材的意见建议,进一步完善教材编写并做好服务工作,读者可将对本教材的意见建议通过如下渠道反馈至我社。

咨询电话　400-810-0598

反馈邮箱　hepsci@pub.hep.cn

通信地址　北京市朝阳区惠新东街4号富盛大厦1座
　　　　　高等教育出版社理科事业部

邮政编码　100029

防伪查询说明

用户购书后刮开封底防伪涂层,使用手机微信等软件扫描二维码,会跳转至防伪查询网页,获得所购图书详细信息。

防伪客服电话　(010)58582300